Andrei Dörre

Naturressourcennutzung im Kontext struktureller Unsicherheiten

ERDKUNDLICHES WISSEN

Schriftenreihe für Forschung und Praxis

Begründet von Emil Meynen

Herausgegeben von Martin Coy, Anton Escher und Thomas Krings

Band 154

Andrei Dörre

Naturressourcennutzung im Kontext struktureller Unsicherheiten

Eine Politische Ökologie der Weideländer Kirgisistans in Zeiten gesellschaftlicher Umbrüche

Gedruckt mit Unterstützung des Förderungs- und Beihilfefonds
Wissenschaft der VG Wort

Bibliografische Information der Deutschen Nationalbibliothek:
Die Deutsche Nationalbibliothek verzeichnet diese Publikation in der Deutschen Nationalbibliografie; detaillierte bibliografische Daten sind im Internet über <http://dnb.d-nb.de> abrufbar.

Zugl. Dissertation, Fachbereich Geowissenschaften, Freie Universität Berlin, 2013
Druck: Laupp & Göbel GmbH, Nehren
Gedruckt auf säurefreiem, alterungsbeständigem Papier.
Printed in Germany.
ISBN 978-3-515-10761-7 (Print)
ISBN 978-3-515-10766-2 (E-Book)

INHALTSVERZEICHNIS

ABBILDUNGSVERZEICHNIS

Schwarz-Weiss-Abbildungen

Farbabbildungen

TABELLENVERZEICHNIS

TEXTBOXEN

HINWEISE ZUR TRANSLITERATION KYRILLISCHER SCHRIFTSYSTEME

Um eine möglichst flüssige Leseweise der in den herangezogenen Referenzen in kyrillischen Zeichen wiedergegebenen russischen, kirgisischen und usbekischen Begriffe, geographischen Eigennamen und Toponyme zu gewährleisten, wurden diese in lateinische Schriftzeichen umgesetzt. Die durchgängig konsistente Wiedergabe geographischer Eigennamen und Toponyme stellte angesichts dreier Umstände eine besondere Herausforderung dar: sprachabhängig unterschiedliche Bezeichnungen und Schreibweisen, der historische Wandel der Bezeichnungen und Schriftsysteme sowie die Vielfalt von Transliterationssystemen, die unterschiedlichen Leitvorgaben folgen.

Die Umsetzung russischer Termini sowie der in russischsprachigen Referenzen aufgeführten geographischen Begriffe erfolgte entsprechend den Transliterationsvorgaben der *Updated rules for the application of the romanization system for the cyrillic alphabet in Russia*, beschlossen auf der 7. Konferenz der Vereinten Nationen zur Standardisierung geographischer Namen in New York im Januar 1998 (ECOSOC, 1998). Für Begriffe aus dem Kirgisischen und Usbekischen sowie in Referenztiteln verwendete geographische Bezeichnungen fand die Regelung ISO 9 der Internationalen Organisation für Standardisierung(ISO, 1995) Anwendung. Die im Text verwendeten Bezeichnungen für Orte und Gegebenheiten des Untersuchungsgebiets stellen gegenwärtige, lokal gebräuchliche Benennungen dar. Im Deutschen gebräuchliche Eigennamen und Ortsbezeichnungen, zum Beispiel das gleichnamige Zentrum des landwirtschaftlichen Kollektivbetriebs *Karl Marx*, wurden in der im Deutschen etablierten Form übernommen. Dies galt auch für bereits lange Zeit im Deutschen anerkannte Exonyme wie *Moskau*, *Kokand* und andere. Der nachstehenden Tabelle sind die phonologie- und morphologiegetreuen Umwandlungen zu entnehmen (vgl. ECOSOC, 1998; ISO, 1995).

kyrillischer Buchstabe	lateinische Umschrift	kyrillischer Buchstabe	lateinische Umschrift
А, а (rus., krg., usb.)	A, a	П, п (rus., krg., usb.)	P, p
Б, б (rus., krg., usb.)	B, b	Р, р (rus., krg., usb.)	R, r
В, в (rus., krg., usb.)	V, v	С, с (rus., krg., usb.)	S, s
Г, г (rus., krg., usb.)	G, g	Т, т (rus., krg., usb.)	T, t
Ғ, ғ (usb.)	Ġ, ġ	У, у (rus., krg., usb.)	U, u
Д, д (rus., krg., usb.)	D, d	Ү, ү (krg.)	Ù, ù
Е, е (rus., krg., usb.)	E, e	Ў, ў (usb.)	Ŭ, ŭ
Ё, ё (rus., krg., usb.)	Ë, ë	Ф, ф (rus., krg., usb.)	F, f
Ж, ж (rus., krg., usb.)	Ž, ž	Х, х (rus., krg., usb.)	H, h
З, з (rus., krg., usb.)	Z, z	Ҳ, ҳ (usb.)	H, h
И, и (rus., krg., usb.)	I, i	Ц, ц (rus., krg., usb.)	C, c
Й, й (rus., krg., usb.)	J, j	Ч, ч (rus., krg., usb.)	Č, č
К, к (rus., krg., usb.)	K, k	Ш, ш (rus., krg., usb.)	Š, š
Қ, қ (usb.)	Ķ, ķ	Щ, щ (rus., krg.)	Ŝ, ŝ
Л, л (rus., krg., usb.)	L, l	ъ (rus., krg., usb.)	″
М, м (rus., krg., usb.)	M, m	Ы, ы (rus., krg.)	Y, y
Н, н (rus., krg.)	N, n	ь (rus., krg., usb.)	′
Ң, ң (krg.)	Ņ, ņ	Э, э (rus., krg., usb.)	E, e (ECOSOC), È, è (ISO)
О, о (rus., krg., usb.)	O, o	Ю, ю (rus., krg., usb.)	Ju, ju (ECOSOC), Û, û (ISO)
Ө, ө (krg.)	Ô, ô	Я, я (rus., krg., usb.)	Ja, ja (ECOSOC), Â, â (ISO)

VERWENDETE ABKÜRZUNGEN

AAIW	Asia Africa Intelligence Wire
Abb.	Abbildung
Abs.	Absatz
ADB	Asian Development Bank
AEB	Asiatische Entwicklungsbank
AI	Amnesty International
AKUF	Arbeitsgemeinschaft Kriegsursachenforschung der Forschungsstelle Kriege, Rüstung und Entwicklung am Institut für Politische Wissenschaft der Universität Hamburg
AN SSSR	Akademie der Wissenschaften der Union der Sozialistischen Sowjetrepubliken (Akademija Nauk Sojuza Sovetskih Socialističeskih Respublik, rus.)
AN KSSR	Akademie der Wissenschaften der Kirgisischen Sozialistischen Sowjetrepublik (Akademija Nauk Kirgizskoj Sovetskoj Socialističeskoj Respubliki, rus.)
AN USSR	Akademie der Wissenschaften der Usbekischen Sozialistischen Sowjetrepublik (Akademija Nauk Uzbekskoj Sovetskoj Socialističeskoj Respubliki, rus.)
AN TSSR	Akademie der Wissenschaften der Tadschikischen Sozialistischen Sowjetrepublik (Akademija Nauk Tadžikskoj Sovetskoj Socialističeskoj Respubliki, rus.)
AÔA	Administration der lokalen Selbstverwaltung Arslanbob (ajyl ôkmôty Arstanbab, krg.)
arab.	auf Arabisch, aus dem Arabischen
ARC	The Anglo-Russian Convention
ARIS	Agentur für kommunale Entwicklung und Investitionen (Agentstvo Razvitija i Investirovanija Soobŝestv, rus.)
Art.	Artikel
ASSR	Autonome Sozialistische Sowjetrepublik
BBC	British Broadcasting Corporation
Bd.	Band
BF	Bertelsmann Foundation
BIP	Bruttoinlandsprodukt
BK RKŽ	Mitteilung über die Pacht- und Bodensteuerzahlungen für die Weiden des *rajon* Bazar Korgon (Bazarkorgon rajonuna karaštuu orto žajyttardyn ižara akysy žana žer salygy bojunča. Maalymat, krg.)
BlF	Bleyzer Foundation
CAC	Citizens against Corruption
CACIA	Central Asia-Caucasus Institute Analyst

CACO	Central Asian Cooperation Organisation
CAEC	Central Asian Economic Community
CAES	Zentralasiatische Wirtschaftsgemeinschaft (Central'no-aziatskoe Ekonomičeskoe Soobŝestvo, rus.)
CAEU	Central Asian Economic Union
CAMP	Central Asia Mountain Partnership of the Swiss Agency For Development and Cooperation
CAREC	Central Asia Regional Economic Cooperation
CARU	Zentrales Archiv der Republik Usbekistan (Central'nyj Arhiv Respubliki Uzbekistan, rus.)
CEU	Council of the European Union
CGA USSR	Zentrales Staatsarchiv der Usbekischen Sozialistischen Sowjetrepublik (Central'nyj Gosudarstvennyj Arhiv Uzbekskoj Sovetskoj Socialističeskoj Respubliki, rus.)
CGAKFFD KSSR	Zentrales Staatliches Archiv für Kino-, Foto- und Phonodokumente der Kirgisischen SSR (Central'nyj Gosudarstvennyj Arhiv Kinofotofonodokumentov Kirgizskoj SSR, rus.)
CIA	Central Intelligence Agency
CIK RDKD	Zentrales Exekutivkomitee der Deputierten der Arbeiter, Bauern und Rotarmisten (Central'nyj Ispolnitel'nyj Komitet Rabočih, Dehkanskih i Krasnoarmejskih Deputatov, rus.)
CIK KASSR	Zentrales Exekutivkomitee der KASSR (Central'nyj Ispolnitel'nyj Komitet KASSR, rus.)
CIKS TASSR	Zentrales Exekutivkomitee der Räte der Turkestanischen Republik (Central'nyj Ispolnitel'nyj Komitet Sovetov Turkestanskoj Respubliki, rus.)
CKO	Zentralasiatische Organisation für Zusammenarbeit (Central'no-aziatskaja Kooperacionnaja Organizacija, rus.)
CK VKP(b)	Zentralkomitee der Kommunistischen Partei der Sowjetunion (Bolševiki) (Central'nyj Komitet Vsesojuznoj Kommunističeskoj Partii (bol'ševiki), rus.)
CLP	Zentraler Betrieb für Forstwesen (Central'noe Lesoustroitel'noe Predprijatie, rus.)
CPI	Corruption Perceptions Index
CSTO	Collective Security Treaty Organisation
CSU KSSR	Zentralverwaltung für Statistik der Kirgisischen SSR (Central'noe Statističeskoe Upravlenie Kirgizskoj SSR, rus.)
CSU TR	Zentralverwaltung für Statistik der Turkestanischen Republik (Central'noe Statističeskoe Upravlenie Turkestanskoj Respubliki, rus.)
CSU USMKSSR	Zentrale Statistische Verwaltung beim Ministerrat der Kirgisischen SSR (Central'noe Statističeskoe Upravlenie pri Sovete Ministrov Kirgizskoj Sovetskoj Socialističeskoj Respubliki, rus.)
DIE	Deutsches Institut für Entwicklungspolitik
DLD	Direktor des Forstdepartments (Direktor Lesnogo Departamenta, rus.)

DOKASSR	Deklaration über die Bildung der Kirgisischen ASSR (Deklaracija ob Obrazovanii Kirgizskoj Avtonomnoj SSR, rus.)
DOLUGOOSLKh	Departements für Jagdwesen und Waldeinrichtung der Staatlichen Agentur für Umweltschutz und Forstwirtschaft (Departament Ohotničego i Lesnogo Ustrojstva Gosagentstva po Ohrane Okružajušej Sredy i Lesnomu Hozjajstvu)
DOZ	Dekret Nr. 2 des Allrussländischen Rätekongresses „Über den Boden“ (Dekret II Vserossijskogo S’’ezda Sovetov „O Zemle“, rus.)
DREF	Disaster Relief Emergency Fund
EAPR	Euro-Atlantisches Nato-Partnerschaftsratsprogramm
EAWG	Eurasische Wirtschaftsgemeinschaft
EBRD	European Bank for Reconstruction and Development
EBWE	Europäische Bank für Wiederaufbau und Entwicklung
ECO	Economic Cooperation Organisation
ECOSOC	United Nations. Economic and Social Council
EP	European Parliament
ESRI	Environmental Systems Research Institute
EU	Europäische Union
EURASEC	Eurasian Economic Community
EVRAZES	Eurasische Wirtschaftsgemeinschaft (Evroaziatskoe Ekonomičeskoe Soobšestvo, rus.)
EZ	Entwicklungszusammenarbeit
FAOSTAT	Food and Agricultural Organization of the United Nations
FH	Freedom House
FIDH	Fèdèration Internationale des ligues des Droits de l’Homme
FPS	Umverteilungsfonds landwirtschaftlicher Nutzflächen (Fond Pereraspredelenija Sel’skohozjajstvennyh Ugodii, rus.)
FKRE	Forschungstelle Kriege, Rüstung und Entwicklung am Institut für Politische Wissenschaft der Universität
FN	Fußnote
FOES	Wirtschaftskonferenz der Provinz Fergana (Ferganskoe Oblastnoe Ekonomičeskoe Sovešanie, rus.)
FOSK	Statistisches Komitee der Provinz Fergana (Ferganskij Oblastnoj Stastičeskij Komitet, rus.)
GAKR	Staatliches Archiv der Kirgisischen Republik (Gosudarstvennyj Arhiv Kyrgyzskoj Respubliki, rus.)
GAOŽ	Staatliches Archiv des oblast’ Žalal-Abad (Gosudarstvennyj Arhiv oblasti Žalal-Abad, rus.)
GAPOOSLH PKR	Staatliche Agentur für Umweltschutz und Waldwirtschaft bei der Regierung der Kirgisischen Republik (Gosudarstvennoe Agentstvo po Ohrane Okružajušej Sredy i Lesnomu Hozjajstvu pri Pravitel’stve Kyrgyzskoj Respubliki, rus.)

GAPOOSLHPKR-ŽTURLROS — Staatliche Agentur für Umweltschutz und Waldwirtschaft bei der Regierung der Kirgisischen Republik. Žalal-Abader territoriale Leitung für Waldentwicklung und Regulierung der Jagdressourcen (Gosudarstvennoe Agentstvo po Ohrane Okružajuŝej Sredy i Lesnomu Hozjajstvu pri Pravitel'stve Kyrgyzskoj Respubliki. Žalalabatskoe Territorial'noe Upravlenie Razvitija Lesa i Regulirovanija Ohotničih Resursov, rus.)

GAZZR PKR — Staatliche Agentur für Raumordnung und Landressourcen bei der Regierung der Kirgisischen Republik (Gosudarstvennoe Agentstvo po Zemleustrojstvu i Zemel'nym Resursam pri Pravitel'stve Kyrgyzskoj Respubliki, rus.)

GBP — Gesellschaftliches Bruttoprodukt

GEM — Gender Empowerment Measure

GDI — Gender-related Development Index

GIPROZEM — Staatliches Projektierungsinstitut für Raumordnung „Kyrgyzgiprozem" (Gosudarstvennyj Proektnyj Institut po Zemleustrojstvu „Kyrgyzgiprozem", rus.)

GIS — Geographisches Informationssystem

GIZ — Deutsche Gesellschaft für Internationale Zusammenarbeit GmbH

GK KRS — Staatliches Komitee der Kirgisischen Republik für Statistik (Gosudarstvennyj Komitet Kyrgyzskoj Respubliki po Statistike, rus.)

GK KSSR IPK — Staatliches Komitee der Kirgisischen SSR für Verlagswesen, Druck und Buchhandel (Gosudarstvennyj Komitet Kirgizskoj Sovetskoj Socialističeskoj Respubliki po Delam Izdatel'stv, Poligrafii i Knižnoj Torgovli, rus.)

GK KSSRS — Staatliches Komitee der Kirgisischen SSR für Statistik (Gosudarstvennyj Komitet Kirgizskoj SSR po Statistike, rus.)

GKR — Hymne der Kirgisischen Republik (Gimn Kyrgyzskoj Respubliki, rus.)

GK SSSRL — Staatliches Komitee der UdSSR für Wald (Gosudarstvennyj Komitet SSSR po Lesu, rus.)

GLF — Staatlicher Waldfonds (Gosudarstvennyj Lesnoj Fond, rus.)

GLSKR — Staatlicher Forstdienst der Kirgisischen Republik (Gosudarstvennaja lesnaja služba Kyrgyzskoj Respubliki, rus.)

GOSREGISTR KR — Staatliche Agentur zur Registrierung der Rechte auf immobiles Vermögen bei der Regierung der Kirgisischen Republik (Gosudarstvennoe Agentstvo po Registracii Prav na Nedvižimoe Imuŝestvo pri Pravitel'stve Kyrgyzskoj Respubliki, rus.)

GPKNK SSSR — Staatliche Planungskomission beim Rat der Volkskomissare der UdSSR (Gosudarstvennaja Planovaja Komissija pri Sovete Narodnyh Komissarov SSSR, rus.)

GPS — Global Positioning System

GSA PRK — Staatliche Agentur für Statistik bei der Regierung der Republik Kirgisistan (Gosudarstvennoe Statističeskoe Agentstvo pri Pravitel'stve Respubliki Kyrgyzstan, rus.)

GUGK — Hauptleitung für Geodäsie und Kartografie beim Ministerrat der UdSSR (Glavnoe upravlenije Geodezii i Kartografii pri Sovete Ministrov SSSR, rus.)

GUL	Hauptleitung des Forstwesens (Glavnoe Upravlenie Lesoustrojstva, rus.)
GUS	Gemeinschaft Unabhängiger Staaten
GUZZ PU	Hauptleitung für Raumordnung und Landwirtschaftschaft. Amt für Übersiedlung (Glavnoe Upravlenie Zemleustrojstva i Zemledelija. Pereselenčeskoe Upravlenie, rus.)
GZZ	Staatliche Landreserve (Gosudarstvennyj Zemel'nyj Zapas, rus.)
HDI	Human Development Index
HH	Haushalt(e)
hind.	auf Hindu, aus dem Hindu
HLTF GFSC	High-Level Task Force on the Global Food Security Crisis
HRW	Human Rights Watch
HPI	Human Poverty Index
IBRD	International Bank for Reconstruction and Development
IBU	Islamische Bewegung Usbekistans
ICG	International Crisis Group
ICWC	Interstate Commission for Water Coordination
IDA	International Development Association
IE	Institut für Wirtschaft (Institut ekonomiki, rus.)
IEA	International Energy Agency
IEB	Islamische Entwicklungsbank
IFAS	Internationalen Fond zur Rettung des Aralsees/ International Fund for Saving the Aral Sea
IFC	International Finance Corporation
IFOZS	Instruktion zur Erhebung der Viehsteuer in der Provinz Fergana (Instrukcija Otnositel'no Vzimanija v'' Ferganskoj Oblasti Ustanovlennago Zjakatnago Sbora so skota, rus.)
IMF	International Monetary Fund
ISO	International Organization for Standardization
IWF	Internationaler Währungsfond
Izd.	Verlag (izdatel'stvo, rus.)
k.A.	keine Angaben
KASSR	Kirgisische Autonome Sozialistische Sowjetrepublik (Kirgizskaja Avtonomnaja Sovetskaja Socialističeskaja Respublika, rus.)
Kap.	Kapitel
KIRGIZGIPROZEM	Kirgisisches staatliches Projektierungsinstitut für Raumordnung (Kirgizskij Gosudarstvennyj Proektnyj Institut po Zemleustrojstvu, rus.)
KKR	Verfassung der Kirgisischen Republik (Konstitucija Kyrgyzskoj Respubliki, rus.)
KP	Kommunistische Partei
KPdSU	Kommunistische Partei der Sowjetunion

KR	Kirgisische Republik
krg.	auf Kirgisisch, aus dem Kirgisischen
KROKKTČBMA-ŽATKŽARŽSB	Staatliche Agentur für Umweltschutz und Waldwirtschaft bei der Regierung der Kirgisischen Republik. Territorialverwaltung Žalal-Abad für Waldentwicklung und Jagdressourcenregulierung (Kyrgyz Respublikasynyn Okmotuno Karaštuu Kurčap Tokoj Čarbasy Bojunča Mamlekettik Agenttigi. Žalalabat Ajmaktyk Tokojdu On Kturuu Žana Ančylyk Resurstaryn Žongo Saluu Baškarmasy, krg.)
KRPKMTBUK	Nationale Kommission für die Staatssprache beim Präsidenten der Kirgisischen Republik (Kyrgyz Respublikasynyn Prezidentine Karaštuu Mamlekettik Til Bojunča Uluttuk Komissija, krg.)
KRS	Großboviden (= Krupnyj Rogatyj Skot, rus.)
KRSU	Kirgisisch-Russländisch Slawische Universität (Kyrgyzsko-Rossijskij Slavjanskij Universitet, rus.)
KRTSSBMK	Staatliches Komitee für Tourismus, Sport und Jugend der Kirgisischen Republik (Kyrgyz Respublikanynyn Turizm, Sport Žana Žaštar Sajasaty Bojunča Mamlekettik Komiteti, krg.)
KS	Kylym Shamy
K.S.	Kirgisische Som
KSAP	Kyrgyz-Swiss Agricultural Project
KSSR	Kirgisische Sozialistische Sowjetrepublik
LARC	Legal Assistance to Rural Citizens
LKKR	Waldkodex der Kirgisischen Republik (Lesnoj Kodeks Kyrgyzskoj Respubliki, rus.)
LK KSSR	Waldkodex der Kirgisischen SSR (Lesnoj Kodeks Kirgizskoj SSR, rus.)
LKU	Forstbetrieb Kyzyl Unkur (= leshoz Kyzyl Unkur, rus.)
MAWRPI KR	Ministry of Agriculture, Water Resources and Processing Industry of the Kyrgyz Republic
MČSKR-DMPČOH	Ministerium für Notstandssituationen der Kirgisischen Republik. Department für Monitoring, Prognose von Notstandssituationen und Umgang mit Absetzbecken/Abraumhalden (Ministerstvo Črezvyčjajnyh Situacij Kyrgyzskoj Respubliki. Departament monitoringa, prognozirovanija črezvyčjajnyh situacij i obraŝenija s hvostohranilišami, rus.)
MIGA	Multilateral Investment Guarantee Agency
MLH SSSR	Ministerium für Forstwirtschaft der UdSSR (Ministerstvo Lesnogo Hozjajstva SSSR, rus.)
mong.	auf Mongolisch, aus dem Mongolischen
MWLVI	Ministerium für Wasser- und Landwirtschaft und verarbeitende Industrie
MZ PU SOSR	Landbauministerium. Umsiedlungsamt. Statistische Abteilung des rajon Syr Dar'ja (Ministerstvo Zemledelija. Pereselenčeskoe Upravlenie. Statističeskij Otdel Syr-Dar'inskago Rajona, rus.)
N, No, Nr.	Nummer
NANKR	Nationale Akademie der Wissenschaften der Kirgisischen Republik (Na-

	cional'naja Akademija Nauk Kyrgyzskoj Respubliki, rus.)
NASA	National Aeronautics and Space Administration
NATO	North Atlantic Treaty Organisation
NSCKR	National Statistical Committee of the Kyrgyz Republic
NSKKR	Nationales Statistisches Komitee der Kirgisischen Republik (Nacional'nyj Statističeskij Komitet Kyrgyzskoj Respubliki, rus.)
O.A.	ohne Autorenangabe
ODBK	Organisation des Vertrages über kollektive Sicherheit (Organizacija Dogovora o Kollektivnoj Bezopasnosti, rus.)
ODIHR	Office for Democratic Institutions and Human Rights
OECD	Organization for Economic Co-operation and Development
OIK	Organisation der Islamischen Konferenz
o.J.	ohne Jahresangabe
OK VKP(b)	Oblast'komitee der Kommunistischen Partei der Sowjetunion (Bolševiki) (Oblastnoj Komitet Vsesojuznoj Kommunističeskoj Partii (bol'ševiki), rus.)
o.O.	ohne Ortsangabe
OOMSDA	Staatliches Archiv politischer Dokumente des oblast' Osch (Oš Oblustuk Mamlekettik Saâsij Dokumentter Arhivi, krg.)
o.S.	ohne Seitenangabe
OSCE	Organization for Security and Co-operation in Europe
OSCE PA	Organization for Security and Co-operation in Europe. Parliamentary Assembly
OSZE	Organisation für Sicherheit und Zusammenarbeit in Europa
OUSHŽ	Provinzleitung Landwirtschaft des oblast' Žalal-Abad (Oblastnoe Upravlenie Sel'skogo Hozjastva Oblasti Žalal-Abad, rus.)
o.V.	ohne Verlagsangabe
OVKS	Organisation des Vertrages über kollektive Sicherheit
OWZ	Organisation für wirtschaftliche Zusammenarbeit
PCIK SNKTR	Verordnung des Zentralen Exekutivkomitees und des Rates der Volkskommissare der Turkestanischen Republik „Über die Befreiung von der einheitlichen Landwirtschaftssteuer für den Zeitraum 1923 - 1924" (Postanovlenie Central'nogo Ispolnitel'nogo Komiteta i Soveta Narodnyh Komissarov Turkestanskoj Respubliki „Ob osvoboždenii ot obloženii edinym sel'sko-hozjastvennym nalogom v 1923 - 1924 g.", rus.)
PCIK STR	Verordnung des Zentralen Exekutivkomitees des Rates der Turkestanischen Republik „Über die Maßnahmen zur Wiederherstellung und Entwicklung der Viehwirtschaft" (Postanovlenie Central'nogo Ispolnitel'nogo Komiteta Soveta Turkestanskoj Respubliki „O merah k vosstanovleniju i razvitiju životnovodstva", rus.)
PCK VKP(b)	Politbüro des Zentralkomitees der Kommunistischen Partei der Sowjetunion (Bolševiki) (Politbjuro Central'nogo Komiteta Vsesojuznoj Kommunističeskoj Partii (bol'ševikov), rus.)

PD MAA	Pasture Department of the Ministry for Agriculture and Amelioration
pers.	auf Persisch, aus dem Persischen
PFCA	Public Foundation „Camp Ala-Too"
PGR ABK	Verordnung des Leiters der Rajonadministration Bazar Korgon „Die Grenzen der Ferntriebsweiden sind bestätigt" (Postanovlenie Glavy Rajonnoj Administracii Bazar Korgon „Granicy otgonnyh pastbiŝ utverždeny")
PKE	Pro-Kopf-Einkommen
Pkt.	Punkt
PLE	Erste Forsteinrichtungsexpedition (Pervaja Lesoustroitel'naja Ekspedicija, rus.)
PMLECAT	Erste Moskauer Forsteinrichtungsexpedition des zentralen Luftbildforsteinrichtungstrustes (Pervaja Moskovskaja Lesoustroitel'naja Ekspedicija Central'nogo Aerofotolesoustroitel'nogo Tresta, rus.)
PNGRNRA	Verordnung des 2. Treffens des Allrussländischen Zentralen Exekutivkomitees der RSFSR über die national-staatliche Delimitierung der Völker Mittelasiens (Postanovlenie 2. Sessii Vserossijskogo Central'nogo Ispolnitel'ogo Komiteta RSFSR o Nacional'no-Gosudarstvennom Razmeževanii Narodov Srednej Azii, rus.)
POPKR	Listung der siedlungsfernen Weiden der Kirgisischen Republik (Perečen' otgonnyh pastbiŝ Kyrgyzskoj Respubliki, rus.)
p.P.	pro Person
PPP	Purchasing Power Parity
PPPAIP	Vorschrift „Über das Verfahren der Zuweisung von Weideflächen zur Pacht und ihre Nutzung" (Položenie „O porjadke predostavlenija v arendu i ispol'zovanija pastbiŝ", rus.)
PPKR MIOP	Verordnung der Regierung der Kirgisischen Republik „Über Maßnahmen bezüglich der Nutzung der Ferntriebweiden der Kirgisischen Republik" (Postanovlenie Pravitel'stva Kyrgyzskoj Respubliki „O merah po ispol'zovaniju otgonnyh pastbiŝ Kyrgyzskoj Respubliki", rus.)
PR KKAO OATD	Verordnung des Revolutionskomitees der Kara-Kirgisischen Autonomen Provinz über die administrativ-territoriale Teilung (Postanovlenie Revkoma Kara-Kirgizskoj Avtonomnoj Oblasti o Administrativno-Territorial'nom Delenii, rus.)
PROONKR	Entwicklungsprogramm der Vereinten Nationen in der Kirgischen Republik (Programma Razvitija Organizacii Ob''edinënnyh Nacij v Kyrgyzskoj Respublike, rus.)
PSM SSSR	Verordnung des Ministerrates der UdSSR „Über die Maßnahmen zur Vergrößerung kleiner Kollektivbetriebe" (Postanovlenie Soveta Ministrov SSSR „O meroprijatijah v svjazi s ukrupneniem melkih kolhozov", rus.)
PSNK TRS	Erlass des Rates der Volkskommissare der Turkestanischen Sowjetischen Republik (Postanovlenie Soveta Narodnyh Komissarov Turkestanskoj Sovetskoj Respubliki, rus.)
PSNK TRS PPS	Erlass des Rates der Volkskommissare der Turkestanischen Sowjetischen Republik „Über die Bereitstellung des Rechts der werktätigen, Viehwirtschaft betreibenden Bevölkerung, Vieh in staatlichen Walddatschen kos-

	tenfrei zu weiden“ (Postanovlenie Soveta Narodnyh Komissarov Turkestanskoj Sovetskoj Respubliki „O predostavlenii trudovomu skotovodčeskomu naseleniju prava besplatnoj past'by skota v gosudarstvennyh lesnyh dačah“, rus.)
PTSDSH	Protokol der technischen Besprechung des Landwirtschaftsdepartements mit Spezialisten der Agentur für Raumordnung und Landressourcen des Bezirks Bazar Kurgan der Provinz Žalal-Abad der Kirgisischen Republik (Protokol Tehničeskogo Soveŝanija Departamenta Sel'skogo Hozjajstva Sovmestno so Specijami Agentstva po Zemleustrojstvu i Zemel'nym Resursam Bazar-Korgonskogo Rajona Žalal-Abadskoj Oblasti Kyrgyzskoj Respubliki, rus.)
PUSSO	Verordnung über die Verwaltung der Provinzen Semireč'e u. Syr' Dar'ja (Položenija ob Upravlenii Semirečinskoj i Syr'Dar'inskoj Oblastej, rus.)
PUTK	Verordnung über die Verwaltung der Region Turkestan (Položenija ob Upravlenii Turkestanskogo Kraja, rus.)
PZKPPKS	Verordnung „Über die Landeinteilung der Nomaden, der Siedlungen der Übersiedler und der Kosaken-Stanizas“ (Položenie „O zemleustrojstve kočevnikov, pereselenčeskih posëlkov i kazač'ih stanic“, rus.)
PZZ TR	Verordnung „Über die Landnutzung und Raumordung in der Turkestanischen Republik der Russländischen Sowjetischen Föderation“ (Položenie „O Zemlepol'zovanii i Zemleustrojstve v Turkestanskoj Respublike Rossijskoj Sovetskoj Federacii, rus.)
RABK	rajon Administration Bazar Korgon
RADS	Rural Advisory and Development Service
Red.	Redakteur, Redaktion
RSFSR	Russische Sozialistische Föderative Sowjetrepublik (offizielle, jedoch unzutreffend übersetzte Bezeichnung, deren korrekte Form ‚Russländische SFSR‘ wäre) (Rossijskaja Soveckaja Federativnaja Socialističeskaja Respublika, rus.)
rus.	auf Russisch, aus dem Russischen
SAEPFUGKR	State Agency on Environment Protection and Forestry under the Government of the Kyrgyz Republic
SCO	Shanghai Cooperation Organisation
SIPS	Rat zur Erforschung der Produktionskräfte (Sovet po Izučeniju Proizvoditel'nyh Sil, rus.)
SKRK	Steuerkodex der Republik Kirgisistan
SNK KASSR	Rat der Volkskommissare der Kirgisischen Autonomen Sowjetrepublik (Sovet Narodnyh Komissarov Kirgizskoj Avtonomnoj Sovetskoj Socialističeskoj Respubliki, rus.)
SNK RSFSR	Rat der Volkskommissare der RSFSR (Sovet Narodnyh Komissarov Rossijskoj Soveckoj Federativnoj Socialističeskoj Respubliki, rus.)
SNK SSSR	Rat der Volkskommissare der Union der Sozialistischen Sowjetrepubliken (Sovet Narodnyh Komissarov Sojuza Sovetskih Socialističeskih Respublik, rus.)
s.o.	siehe oben

ŠOS	Shanghai Organisation für Zusammenarbeit (Šanhajskaja Organizacija po Sotrudničestvu, rus.)
ŠOSK	Stab des selbständigen sibirischen Korps (Štab Otdel'nago Sibirskago Korpusa, rus.)
SOZ	Shanghai Organisation für Zusammenarbeit
SPOT	Satellite Pour l'Observation de la Terre
SREDAZGOSPLAN	Mittelasienbüro der Staatlichen Planungskommission der UdSSR (Sredne-Aziatskoe Bjuro Gosudarstvennoj Planovoj Komisii Sojuza Sovetskih Socialističeskih Respublik, rus.)
SRTM 90	Shuttle Radar Topographic Mission 90m. Digital Elevation Database v4.1.
SSR	Sozialistische Sowjetrepublik (Sovetskaja Socialističeskaja Respublika, rus.)
SSSR	Union der Sozialistischen Sowjetrepubliken (Sojuz Sovetskih Socialističeskih Respublik, rus.)
t.	Band (tom, rus.)
tadsch.	auf Tadschikisch, aus dem Tadschikischen
TASS	Telegraphische Agentur der Sowjetunion (Telegrafnoe Agentstvo Sovetskogo Sojuza, rus.)
TASSR	Turkestanische Autonome Sozialistische Sowjetrepublik
TCA	The Times of Central Asia
TNIRVU 2008	Tarife und Richtsätze für die Berechnung der Strafen für die Schädigung der Forstwirtschaft, der Flora und der Fauna (Taksy i Normativy dlja Isčislenija Razmerov Vzyskanij za Uŝerb, Pričinënnyj Lesnomu Hozjajstvu, Resursam Životnogo i Rastitel'nogo Mira, rus.)
TP PUPIP	Mustervorschrift „Über die Festellung der Entgelte für Weidenutzung" (Tipovoe Položenie „O porjadke ustanovlenija platy za ispol'zovanie pastbiŝ", rus.)
TSK	Statistisches Komitee Turkestans (Turkestanskij Statističeskij Komitet, rus.)
TSSR RSF	Turkestanische SSR der Russländischen Sozialistischen Föderation (Turkestanskaja Socialističeskaja Respublika Rossijskoj Socialističeskoj Federacii, rus.)
TVSK	Dritter Gesamtsowjetischer Kongress der Kollektivbetriebsmitglieder (Tret'ij Vsesojuznyj S''ezd Kolhoznikov, rus.)
TVTC	Turkestanische Militärtopographische Abteilung (Turkestanskij Voenno-Topografičeskij Otdel, rus.)
turk.	auf Turki, aus dem Turki
USAID	United States Agency for International Development
UdSSR	Union der Sozialistischen Sowjetrepubliken
UNCTAD	United Nations Conference on Trade and Development
UNDG	United Nations Development Group
UNDP	United Nations Development Programme
UNDPK	United Nations Development Programme in Kyrgyzstan

UNDPKR	United Nations Development Programme in the Kyrgyz Republic
UNDP RBECIS	UNDP Regional Bureau for Europe and the Commonwealth of Independent States
UNEP	United Nations Environment Programme
UNITAR	United Nations Institute for Training and Research
UNS KR	United Nations System in the Kyrgyz Republic
UPKR- MNRGPZAR	Erlass des Präsidenten der Kirgisischen Republik „Über Maßnahmen zur weiteren Entwicklung und staatlichen Unterstützung der Boden- und der Agrarreform in der Kirgisischen Republik" (Ukaz Prezidenta Kyrgyzskoj Respubliki „O merah po dal'nejšemu razvitiju i gosudarstvennoj podderžke zemel'noj i agrarnoj reformy v Kyrgyzskoj Respublike", rus.)
usb.	auf Usbekisch, aus dem Usbekischen
USGS.EROS	United States Geological Survey. Earth Resources Observation and Science Center
USSR	Usbekische Sozialistische Sowjetrepublik (Usbekskaja Sovetskaja Socialističeskaja Respublika, rus.)
US$	Dollar der Vereinigten Staaten von Amerika
UZGIPROZEM	Usbekisches staatliches Projektierungsinstitut für Raumordnung (Uzbekskij Gosudarstvennyj proektnyj institut po zemleustrojstvu, rus.)
VOL	Allsowjetische Vereinigung „Lesprojekt" (Vsesojuznoe Ob"edinenie „Lesproekt", rus.)
VRCIK	Allrussländisches Zentrales Exekutivkomitee (Vserossijskij Central'nyj Ispolnitel'nyj Komitet, rus.)
VSNH	Höchster Volkswirtschaftlicher Rat der RSFSR (Vysšij Sovet Narodnogo Hozjajstva Rossijskoj Soveckoj Federativnoj Socialističeskoj Respubliki, rus.)
V-UdSSR	Verfassung der Union der Sozialistischen Sowjetrepubliken
v.u.Z.	vor unserer Zeitrechnung
WTO	World Trade Organisation
ZAA	Zentralasien-Analysen
ZAU	Zentralasiatische Wirtschaftsunion
ZAWG	Zentralasiatische Wirtschaftsgemeinschaft
ZKKR	Bodenkodex der Kirgisischen Republik (Zemel'nyj Kodeks Kyrgyzskoj Respubliki, rus.)
ŽK KR	Höchster Rat der Kirgisischen Republik (Žogorku Keŋeš Kyrgyzkoj Respubliki, krg./rus.)
ZK KSSR	Bodenkodex der Kirgisischen Sozialistischen Sowjetrepublik (Zemel'nyi Kodeks Kyrgyzskoj Soveckoj Federativnoj Socialističeskoj Respubliki, rus.)
ZKRK	Bodenkodex der Republik Kirgisistan (Zemel'nyj Kodeks Respubliki Kyrgyzstan, rus.)
ZKR MSMGA	Gesetz der Kirgisischen Republik „Über die lokale Selbstverwaltung und die lokale staatliche Administration" (Zakon Kyrgyzkoj Republiki „O mestnom samoupravlenii i mestnoj gosudarstvennoj administracii", rus.)

ZKR NRKKRVKR	Gesetz „Über die Neufassung des Kodex der Kirgisischen Republik über Wahlen in der Kirgisischen Republik“ (Zakon „O Novoj Redakcii Kodeksa Kyrgyzskoj Respubliki o Vyborah v Kyrgyzskoj Respublike“, rus.)
ZKR OP	Gesetz der Kirgisischen Republik „Über die Weiden“ (Zakon Kyrgyzkoj Respubliki „O pastbiŝah“, 26.1.2009)
ZKR ORBKR	Gesetz der Kirgisischen Republik „Über den republikanischen Haushalt der Republik Kirgisistan für das Jahr 2007“ (Zakon Kyrgyzkoj Respubliki „O respublikanskom bjudžete Kyrgyzskoj Respubliki na 2007 god“, rus.)
ZKR RBKR	Gesetz der Kirgisischen Republik „Über das republikanische Budget der Kirgisischen Republik“ (Zakon Kyrgyzkoj Respubliki „O respublikanskom bjudžete Kyrgyzkoj Respubliki“, rus.)
ZKR UZSN	Gesetz der Kirgisischen Republik über das Management landwirtschaftlicher Nutzflächen (Zakon Kyrgyzkoj Respubliki „Ob upravlenii zemljami sel'skohozjastvennogo naznačenija“, rus.)
ZKWK	Zwischenstaatlichen Kommission für die Wasserkoordination
ŽOUGS	Leitung des Staatlichen Statistikamtes des *oblast'* Žalal-Abad (Žalal-Abadskoe Oblastnoe Upravlenie Gosudarstvennoj Statistiki, rus.)
ZOZ	Zentralasiatische Organisation für Zusammenarbeit
ZRWK	Zentralasiatische Regionale Wirtschaftskooperation
ŽTURLROR	Žalal-Abader Gebietsleitung für die Waldentwicklung und Regulierung von Jagdressourcen (Žalalabatskoe Territorial'noe Upravlenie Razvitija Lesa i Regulirovanija Ohotnič'ih Resursov, rus.)
ZKR MSMGA	Žalal-Abader Raumordnungsekspedition (Žalal-Abadskaja Zemleustroitel'naja Ekspedicija, rus.)

VORWORT

Sowohl die der vorliegenden Studie zugrunde liegende empirische Forschungsarbeit, als auch die Anfertigung der Monographie wären ohne die Unterstützung vieler Menschen und Institutionen kaum möglich gewesen. Ich danke an dieser Stelle daher ausdrücklich allen meinen Unterstützerinnen und Unterstützern und bitte zugleich zu entschuldigen, wenn die Eine oder der Andere sich im Folgenden nicht namentlich genannt sehen. Die Auswahl steht stellvertretend für alle.

Meine Forschungen wurden durch die großzügige Unterstützung der VolkswagenStiftung im Rahmen des von ihr geförderten transdisziplinären Forschungsprojektes „The Impact of the Transformation Process on Human-Environmental Interactions in Southern Kyrgyzstan“ ermöglicht, an dem Kolleginnen und Kollegen aus Kirgisistan und Deutschland beteiligt waren. Mein tiefer Dank gilt daher der VolkswagenStiftung.

Prof. Dr. Hermann Kreutzmann danke ich besonders für die kritische Begleitung und anregende Betreuung meines Forschungsvorhaben sowie die Möglichkeit, dieses am von ihm geleiteten Centre for Development Studies (ZELF) des Instituts für Geographische Wissenschaften der Freien Universität Berlin durchführen zu können. Insbesonders glücklich schätze ich mich, von seinen schier unerschöpflichen Kenntnissen der Region Zentralasien profitiert und seine wertvollen Hinweise über die Bedeutung historischer Prozesse und Vorbedingungen für aktuelle Phänomene aufgegriffen und berücksichtigt zu haben. Prof. Dr. Jörg Stadelbauer (i.R.) (Institut für Umweltsozialwissenschaften und Geographie der Albert-Ludwigs-Universität Freiburg i.B.) verdanke ich meine bereits im Studium erfolgten, ersten vertieften wissenschaftlichen Auseinandersetzungen mit der Region aus geographischer Perspektive. Hierfür, für sein wiederholtes interessiertes Nachfragen nach dem Voranschreiten meiner Arbeit sowie die Übernahme der Zweitgutachterschaft danke ich ihm herzlichst.

Die am Schreibtisch getätigten konzeptionellen Vorüberlegungen und theoretischen Fundierungen der Untersuchung hätten ohne die in mehreren Feldforschungsaufenthalten generierte empirische Datengrundlage nur geringen Wert besessen. Der Erfolg meiner Besuche Kirgisistans hing ganz stark von der Hilfestellung, dem Interesse, Verständnis und Entgegenkommen unzähliger Personen vor Ort ab. Allen voran danke ich dem Geographie- und Ökologielehrer der Schule von Gumhana – Bolotbek Tagaev – und seiner Familie für die Gastfreundschaft und den gemeinsamen Spaß, die Einführung in das Untersuchungsgebiet und die langjährige Zusammenarbeit im Projekt. Dem Koordinator der Community Based Tourism-Gruppe von Arslanbob – Hayat Tarikov – und seinem Team gilt mein tiefer Dank für die logistische Unterstützung der teilweise mehrwöchigen Weideaufenthalte und der Reisen vor Ort. Allen befragten Respondentinnen und Respondenten danke ich für ihre Geduld, Auskunftsfreude und Mitteilsamkeit. Ich bin mir des großen Vertrauens bewusst, das sie mir entgegengebracht haben. Aufgrund ihrer Schilderungen war die Anfertigung der Arbeit in der vorliegenden Form überhaupt erst möglich geworden.

Der hier linear erfolgten Darstellung ging tatsächlich ein hermeneutischer Erkenntnisprozess voran, der immer wieder von ergiebigen und inspirativen Diskussionen mit am Projekt beteiligten Kolleginnen und Kollegen sowie mit Mitarbeiterinnen und Mitarbeitern des ZELF genährt wurde. PD Dr. Matthias Schmidt vom ZELF ist dabei an erster Stelle zu danken, zumal auf Grundlage unserer Zusammenarbeit meine ersten auf empirischem Material basierten Publikationen entstehen konnten. Zudem gilt mein Dank Dr. Tolkunbek Asykulov von der Kirgisischen Staatlichen Universität Bischkek, Dr. Peter Borchardt von der Universität Hamburg sowie meinen Kolleginnen und Kollegen am ZELF: Dr. Stefan Schütte, Dr. Mary Beth Wilson, Dr. Henryk Alff, Dr. Andreas Benz, Tobias Kraudzun, Bettina Wenzel und Fanny Kreczi. Dr. Matthias Naumann vom Leibniz-Institut für Regionalentwicklung und Strukturplanung (IRS) Erkner bin ich für das konstruktiv-humorige Hinterfragen meiner Argumentation und die penible Durchsicht meiner Arbeit zu Dank verpflichtet. Die Verantwortung für verbliebene Tippfehler liegt ausschließlich bei mir.

Schließlich wäre es mir ohne den Rückhalt meiner Eltern Natalja und Wolfram Dörre, ohne die kritischen Überprüfungen meiner Übersetzungen und Transliterationen durch meinen Bruder Alexej sowie ohne die neugierigen Erkundigungen meiner Schwester Katharina über das Voranschreiten des Forschungsprozesses deutlich schwerer gefallen, die Arbeit zu einem Abschluss zu bringen.

Berlin, September 2013

ZUSAMMENFASSUNG

Die vorliegende Studie widmet sich am Beispiel von Weideland den postsowjetischen gesellschaftlichen Naturressourcenverhältnissen in Kirgisistan. Es wird davon ausgegangen, dass diese maßgeblich durch Akteure konstituiert werden, die in Kontexten der postsozialistischen Transformationsgesellschaft agieren. Am Beginn steht die Feststellung, dass soziale Umbrüche grundsätzlich Veränderungen in der politisch-rechtlichen und sozioökonomischen Sphäre einer Gesellschaft implizieren. Solche tiefgreifenden Prozesse verändern Handlungsspielräume von Menschen indem sie einerseits differenzierte und zuvor nicht existierende Möglichkeiten eröffnen sowie andererseits bisher gegebene Optionen und Freiheitsgrade einschränken oder ganz unterbinden. Wie in anderen Staaten Zentralasiens führte die Desintegration des sowjetischen Unionsverbandes und die zuvor über Jahrzehnte aufrecht erhaltene, strukturelle Abhängigkeit der ehemaligen Teilrepublik vom politisch-ökonomischen Zentrum auch in Kirgisistan zu einem vorübergehenden Niedergang der Volkswirtschaft und zum Verschwinden jahrelang gegebener sozialer Sicherheiten. Das hatte für Kirgisistans Bevölkerung gravierende Folgen. Verfügungsmöglichkeiten über natürliche bzw. naturbasierte Ressourcen gewannen in der stark agrarisch geprägten Gesellschaft massiv an einkommensrelevanter Bedeutung. Vor dem Hintergrund veränderter gesellschaftlicher Rahmenbedingungen wurden neue Formen, Muster und Intensitäten der Inwertsetzung von Naturressourcen etabliert. Zum Einstieg zeigt die Studie, wie im Zuge des postsozialistischen Transformationsprozesses vielfältige strukturelle Unsicherheitsdimensionen entstanden, die wichtige Rahmenbedingungen für naturressourcenbezogene Akteurshandlungen darstellen. Anhand einer kritischen Diskussion des Begriffes ‚Transformation' wird aufgezeigt, dass er nur bei einer ausdrücklich ergebnisoffenen Konzipierung hilfreich sein kann für das Verständnis von sozialen Prozessen und Mensch-Umwelt-Beziehungen in im Umbruch befindlichen Gesellschaften.

Die Entscheidung, gesellschaftliche Naturressourcenverhältnisse in Kirgisistan anhand von Weideland zu untersuchen basiert auf mehreren Beobachtungen. Zunächst besitzen Weiden als große Landesflächen einnehmende naturbasierte Ressourcen erhebliche Bedeutungen für die Volkswirtschaft, für regionale und lokale Ökonomien sowie für die Lebenssicherungen ländlicher Haushalte. Daneben erfüllen Weiden wichtige, über ihre unmittelbare räumliche Lage hinausreichende ökologische Funktionen. Zudem ereignen sich nach der Auflösung der UdSSR in verschiedenen Landesteilen wiederholend und teilweise dauerhaft weidelandbezogene soziale Konflikte und ökologische Probleme. Dabei treten diese Herausforderungen kontextabhängig und räumlich differenziert auf, das heisst in unterschiedlichen Formen, Intensitäten und Qualitäten. Schließlich bilden Weideländer eine Ressource, die in Mittelasien über lange Zeit insbesondere durch mobile Pastoralisten genutzt wurde. Pastoralgesellschaften standen wiederholt im Fokus von modernisierungstheoretisch begründeten Entwicklungsbemühungen externer Akteure. Das zeigt die vorliegende Studie in historischer Perspektive anhand der mit der kolonialen Eroberung Mittelasiens im 19. Jahrhundert sowie der Errichtung der Sowjetmacht im 20. Jahrhundert einhergehenden Prozesse. Es werden Parallelen und Unterschiede zwischen den Ansätzen, Maßnahmen und Wirkungen dieser beiden Transformationen herausgestellt und deren Resultate als historische Vorgaben für den jüngsten gesellschaftlichen Umbruch interpretiert, bei dem erneut von Entwicklungsvorstellungen geprägte externe Interventionen lokalspezifische Wirkungen auf Weidelandverhältnisse entfalten. Die Beschäftigung mit Kirgisistans Weiden aus sozialwissenschaftlicher Sicht entspricht damit einer Beschäftigung mit einer für das Land wichtigen politischen, sozioökonomischen und historischen Thematik.

Räumlich konzentriert sich die Untersuchung auf den Bezirk Bazar Korgon, der einen Teil der im Südwesten des Landes liegenden Walnuss-Wildobst-Waldregion bildet. Hier wurden auf relativ engem Raum mehrere als pars pro toto stehende Weidelandherausforderungen identifiziert und aus Perspektive eines politisch-ökologischen Analyseansatzes untersucht. Seine Grundposition besagt, dass Umwelt und Naturressourcen Schauplätze von Kämpfen ungleich mächtiger Akteuren sind, die diesen Ressourcen unterschiedliche Bedeutung zuweisen. Umwelt- und naturressourcenbezogene ökologische Probleme und soziale Konflikte sind als Resultate dieser Auseinandersetzungen und längerfristiger gesellschaftlicher Prozesse anzusehen. Sie allein aus den Aktivitäten lokaler Nutzer heraus zu erklären, greift daher zu kurz. Deshalb liegt der Fokus der Studie generell auf in die Weidelandverhältnisse involvierten Akteuren und Organisationen und deren weiderelevanten Handlungen. Er richtet sich zudem auf eine historische Vertiefung. Um die Herausforderungen im Einzelnen in ihren Entstehungen und Wirkungsweisen zu verstehen, rückten zudem die in jeder Situation unterschiedlich wirkenden sozioökonomischen Rahmenbedingungen, Rechtsnormen und Wege der Entscheidungsfindung und deren Implementierung in der Praxis in den Blick. Aus der Darstellung des historischen Wandels der Weidelandverhältnisse in der Provinz Fergana im Zuge der russländischen Kolonisierung heraus werden Veränderungen im Verlauf der Errichtung der Sowjetmacht thematisiert und anhand von Beispielen aus dem *rajon* Bazar Korgon illustriert. Vor diesem Hintergrund erfolgt die Herausarbeitung des Wandels der gesellschaftlichen Weidelandverhältnisse in der Nusswaldregion in der postsowjetischen Transformation. Dabei wurde im Zuge einer standardisierten Studie zur diachronischen Veränderung des Einkommensstrategien lokaler Haushalte, von Weidebegehungen, Beobachtungen, Gesprächen mit Weidenutzern und Konsultationen von Experten deutlich, dass insbesondere die schwierige Einkommenssituation der Nutzer und der mit Managementaufgaben betrauten Akteure, die strukturelle Unterausstattung der für die Verfügungsrechtallokation und das Weidemanagement Verantwortung tragenden Organisationen mit Kapital und Personal, das auf simplifizierten Vorannahmen basierende und daher nicht intendierte Wirkungen im Lokalen generierende Weiderecht sowie die Unkenntnis vieler Nutzer über die weidebezogenen Rechtsverhältnisse bei gleichzeitiger Unzuverlässigkeit des Rechtswesens als zentrale Ursachen sozio-ökologischer Weidelandprobleme wie Zugangskonflikte, Nutzungskonkurrenzen, unzureichende Managementpraktiken und Weidedegradation Bedeutung besitzen. Indem gezeigt wird, dass während der kolonialen Epoche etablierte Raumvorstellungen das kodifizierte Weiderecht bis in die postsowjetische Zeit geprägt haben und dass sowjetische Nutzungsmuster aktuelle Regime der Weideinwertsetzung in der Untersuchungsregion stark beeinflussen wird zudem deutlich, dass diese historischen Vorbedingungen erstaunliche Langzeitwirkungen besitzen. Schließlich wird gezeigt, dass die im Lokalen beobachteten fragmentierten Weidenutzungsmuster, -formen und -intensitäten als ein Spiegelbild der sozioökonomisch stratifizierten postsozialistischen Gesellschaft Kirgisistans interpretiert werden können. Illustriert werden die Erkenntnisse mittels Portraits weidenutzender Akteure der sowjetischen und postsozialistischen Zeit.

Da Kirgisistans mannigfache Weidelandherausforderungen in ihrer Konsequenz Bedrohungspotentiale für die fragile Integrität des Landes bergen, besteht ein nicht zu unterschätzender gesellschaftlicher Handlungsbedarf zur konstruktiven Bearbeitung dieser Herausforderungen. Dies setzt ein Verständnis der vielfältigen und multiskalaren Bedeutungen, Verursachungs- und Wirkungszusammenhänge der Problematik voraus. Hierfür möchte die Studie grundlegende Kenntnisse liefern.

SUMMARY

The study is devoted to the post-Soviet societal relationships with nature resources in Kyrgyzstan through the example of pasturelands. It is assumed that these relationships are decisively constituted by players who act in the context of the post-socialist transformation society. Social transformations basically imply changes in the political-juridical and the socioeconomic spheres of a society. Such radical processes change the scopes of action of the people, on the one hand, creating differentiated opportunities not given before and, on the other hand, they limit hitherto existing options and degrees of freedom, or even completely prevent them. As in other Central Asian Countries, the disintegration of the Soviet Union and the decade-long structural dependence of the former association members on the political-economic centre led to a temporary decline of the national economy and to the disappearance of long lasting social securities also in Kyrgyzstan. This had serious impacts on Kyrgyzstan's population. The ability to have nature-based resources at one's disposal became more important within the income generation strategies of the people that live in a society, which is characterized by a strong agrarian sector. Against the background of changed social conditions, new forms, patterns, and intensities of usage of nature resources were established. This study shows that in the course of the post-socialist transformation process, varied forms of structural insecurity came into existence, constituting an important framework for nature resource-related practices of actors and organizations. Utilizing a critical discussion of the concept of ‚transformation', it is highlighted that only an explicitly results-open conceptualized term can be useful for the understanding of social processes and human-environment-relations in transforming societies.

The decision to examine societal relationships with nature resources in Kyrgyzstan in regards to pastureland is based on several observations. First, pastures have considerable importance to the national economy, to regional and local economic systems, as well as for the livelihoods of rural households, as nature-based resources covering an immense share of the country's territory. Pastures also fulfill important ecological functions, reaching beyond their immediate spatial location. Additionally, after the dissolution of the USSR, pasture-related social conflicts and ecological problems have occurred repeatedly, and have become permanent in different parts of the country. These challenges appear contextually and spatially differentiated in diverse forms, intensities, and qualities. Finally, pastures form a resource which was used in Central Asia for a long time, in particular by mobile pastoralists. Pastoral societies repeatedly were the focus of modernization theory-backed development efforts pursued by external players. This is shown in the present study from a historical perspective with the help of processes attending the colonial conquest of Central Asia in the 19th century, as well as the establishment of the Soviet power in the 20th century. Parallels and differences between the attempts, measures, and effects of both these transformations are pointed out, and their results are interpreted as the historical setting for the latest social transformation, which is strongly influenced again by external interventions. These interventions informed by ideas of ‚development‘ unfold specific impacts on pasture relations on the local level. Therefore, the study of questions related to Kyrgyzstan's Pastures from a social-scientific perspective corresponds to the study of political, socioeconomic, and historical topics important to the country.

Spatially, this investigation concentrates on the *rayon* Bazar Korgon, which forms a part of the walnut-fruit forest region located in the country's southwest. Several pasture-related challenges were identified here in a relatively small area, and they were examined from the perspective of a political-ecological analytical approach. This approach is based on the idea that the environment and nature resources are arenas of struggles between dissimilar actors who assign different meanings to these resources. Environment- and nature resource-related ecological problems and social conflicts have to be seen as results of such contests and of long-ranging social processes. Hence, it is not enough to explain them only through the activities of local users. Therefore, the focus of this study rests on actors and organizations involved in pasture relations in general, and on their pasture related interest-driven actions. Additionally, the focus is also directed towards a historical deepening of the analysis. Observed challenges, their emergences and impacts, have been highlighted, along with the different impacts based on the socioeconomic conditions, legal rules, and processes of decision-making and their practical implementation. From the presentation of the historical change of the societal pasture relations in the Fergana Province due to Russian Colonization, the changes in the course of the establishment of the Soviet Power are addressed and illustrated through examples from the Bazar Korgon *Rayon*. Against this background, the post-Soviet changes of the societal pasture relations in the nut forest region were carved out. This was done through a standardized survey on the diachronic change of the income strategies of local households, pasture visits, observations, talks with pasture users, and consultations with experts. From these sources, it became clear that the following root causes are the central reasons for socio-ecological pasture problems like conflicts about the access to pasture resources, utilization rivalries, insufficient management practices, and degradation processes: the difficult income situation of the resource users and of the actors entrusted with management duties, in particular; the structural inadequacies of the organizations responsible for resource management and the allocation of pasture entitlements with capital and staff; the pasture legislation that is based on simplified presuppositions, and therefore not generating the intended effects in local contexts; as well as the unawareness of many pasture users about the relevant legal relationships with a concurrently unreliability of the judiciary. By showing that the conceptualizations of pastoral spaces established during the colonial time do inform the codified pasture legislation until the post-Soviet time, and that the Soviet utilization patterns strongly influence the current ones, it also becomes clear that these historical preconditions have astonishingly long term effects. Finally, it is shown that the fragmented pasture usage patterns, utilization forms, and intensities can be interpreted as a reflection of Kyrgyzstan's socioeconomic stratified post-socialist society. The findings are illustrated by means of portraits of individual actors and organizations involved in pasture relations of the Soviet and the post-socialist eras.

Because Kyrgyzstan's manifold pasture-related challenges harbor potential threats to the country's fragile integrity, a social need for action exists for constructive management of these challenges that must not to be underestimated. This assumes an understanding of the varied and multi-scalar meanings, the causes, and the effects of the pasture-related challenges. This study contributes to establishing this basic knowledge.

РЕЗЮМЕ

Настоящее исследование посвящено общественным соотношениям с природными ресурсами в постсоветском Кыргызстане на примере пастбищ. Предполагается, что эти соотношения в значительной степени устанавливаются актёрами, которые действуют в контексте пост-социалистического преобразования общества. Исследование начинается с констатации, что социальные перевороты в основном подразумевают изменения в политико-правовой и социально-экономической сфере общества. Такие коренные процессы меняют возможности действия людей таким образом, что с одной стороны открывают дифференцированные и ранее не существующие возможности действий, а с другой стороны, также и ограничивают или даже прекращают бывшие свободы действий. Как и в других странах Центральной Азии распад Советского Союза и длительная структурная зависимость бывшей Советской Социалистической Республики от политического и экономического центра привели и в Кыргызстане к временному спаду национальной экономики и к исчезновению надёжного социального обеспечения. Это имело серьезные последствия для населения страны. Возможности распоряжаться естественными ресурсам получили более высокое доходное значение в кыргызстанском аграрном обществе. На фоне изменившихся социальных условий были созданы новые формы и интенсивность использования природных ресурсов. В начале исследование показывает, как в ходе пост-социалистической трансформации возникли разнообразные структурные области неопределенности, являющиеся важными условиями, в которых действуют актёры. На основе критического обсуждения термина „трансформация“ будет показано, что для понятия социальных процессов и соотношений человеческого общества с окружающей средой в переходных обществах этот концепт может быть полезен только в его явно открытом подходе.

Решение провести исследование общественных отношений с природными ресурсами на примере пастбищ основано на нескольких наблюдениях. Во-первых, пастбища, занимая большие площади страны, имеют большое значение, как для национальной, региональной и местной экономики, так и для выживания индивидуальных сельских домохозяйств. Кроме того, пастбища имеют важные экологические функции. Дополнительно следует отметить, что непосредственно после распада СССР в разных местах страны возникают социальные конфликты и эколо-гические проблемы, связанные с пастбищами. Эти проблемы возникают дифференцировано в зависимости от пространственного и социального контекста, то есть в разных формах, различно по интенсивности и качеству. В конце концов пастбища представляют собой ресурс, которым в Средней Азии пользовались в частности кочующие животноводы. Животноводы неоднократно находились в фокусе усилий внешних актёров, чтобы развить эти общества методами, основанными на теориях модернизации. Данное исследование показывает это с исторической перспективы путём ссылок на процессы, связанные с колониальным завоеванием Средней Азии в 19-м веке и с установлением Советской власти в 20-м веке. В настоящей работе раскрываются сходства и различия между подходами, мерами и последствиями этих двух трансформаций. Результаты трансформаций интерпретируются, как исторические примеры пост-социалистического переворота, при котором на местные пастбищные соотношения вновь специфически влияют внешние вмешательства, базирующиеся на теории модернизации. Работа с пастбищами Кыргызстана с точки зрения общественной науки соответствует работе над важной для Кыргызстана политической, социально-экономической и исторической проблемой.

Исследование было проведено в районе Базар Коргон, который является частью региона орехово-плодовых лесов, находящегося на юго-западе страны. Здесь, на относительно небольшой площади, были выявлены и рассмотрены с применением политико-экологического анализа различные пастбищные проблемы. Исследование предполагает то, что окружающая среда и природные ресурсы являются полем борьбы неравно мощных актёров, придающим различные значения этим ресурсам.

Экологические проблемы и социальные конфликты, связаные с природными ресурсами, должны рассматриваться, как результаты этих сражений и долгосрочных социальных процессов. Объяснение их возникновения исключительно деятельностью местных пользователей является недостаточным. Поэтому основное внимание исследования уделяется актерам и организациям, играющим роль в пастбищных соотношениях, и их соответствующим действиям. Кроме того исследование рассматривает историческое углубление этого вопроса. Для того чтобы подробно понять проблемы, их возникновение и принципы действия, объектом обследования становятся, в каждой ситуации разнодействующие, социально-экономические условия, законодательство, способы принятия решений и их реализации на практике. Исходя от представления исторических изменений положения пастбищ в Ферганской области в результате колонизации, обсуждаются изменения в ходе установления Советской власти, проиллюстрированые примерами из района Базар Коргон. На этом фоне разрабатываются изменения общественных соотношений с пастбищами в регионе орехо-плодовых лесов во времена постсоветского трансформационного периода.

В ходе стандартизированного исследования диахронического изменения доходных стратегий местных домохозяйств, осмотра пастбищ, наблюдений и бесед с пастбище-пользователями и консультаций специалистов по данной теме стало ясно, что центральными причинами социально-экологических пастбищных проблем, как например, конфликтов связанных с доступом, конкуренцией между разными формами использования пастбищ и деградацией пастбищ, являются в частности сложная доходная ситуация пользователей и актёров, отвечающих за управление пастбищами, структурная нехватка персонала и капитала в управляющих учреждениях, на не реальных предположениях основанное законодательство и поэтому вызывающее непредвиденные последствия в местностях, а также незнание правовой системы многими пользователями, при одновремменной ненадёжности правовой системы. Показав, что пространственные представления, сформировавщиеся в колониальной эпохе действуют на пастбищное законодательство до настоящего времени, и что советские формы использования влияют на нынешние режимы валоризации пастбищ, становится понятно, что эти исторические предпосылки являются удивительно долгосрочными последствиями. Наконец показывается, что наблюдаемые в местностях фрагментированные формы и интенсивность использования пастбищ можно рассматривать, как отражение социально-экономически стратифицированного общества пост-социалистического Кыргызстана. Результаты исследования проиллюстрированы портретами пастбищепользователей советского и настоящего времени.

Так как эти разнообразные проблемы в конечном счёте представляют потенциальную угрозу хрупкой целостности страны, возникает требование к обществу действовать, которое нельзя не дооценивать. Всё это требует понимания разнообразных и мультискалярных значений и причинно-следственных связей этого проблемного комплекса. Настоящее исследование дает основные познания в этой области.

GESELLSCHAFTLICHE UMBRÜCHE UND SOZIO-ÖKOLOGISCHE HERAUSFORDERUNGEN

Russländische Kolonisierung, Errichtung der Sowjetmacht und Etablierung staatlicher Souveränität im Zuge der Auflösung der UdSSR: Wie in anderen Epochen und Regionen der Welt waren die im Machtbereich des Russländischen Imperiums und der Sowjetunion erfolgten Umbrüche von politisch-rechtlichen, wirtschaftlichen und sozialen Veränderungen begleitet. Etablierte Akteursgefüge, Machtbeziehungen und Institutionen wurden in Frage gestellt, blieben in veränderter Form bestehen oder wurden durch völlig neue ersetzt. Diese Prozesse stellten Menschen vor unterschiedliche Belange betreffende Unsicherheiten und eröffneten ihnen zugleich neue und differenzierte Gelegenheitsstrukturen für zuvor nicht bestehende Handlungsmöglichkeiten. Auch der postsowjetische Umbruch ist ein Zeitraum, in dem viele vorher existierende gesellschaftliche Organisations- und Regulationsprinzipien radikale Wandlung erfuhren, gänzlich demontiert und durch völlig neue ersetzt wurden.

Die jüngste Gesellschaftstransformation im zentralasiatischen Hochgebirgsland Kirgisistan ist von wiederholt krisenhaften Prozessen geprägt. Abgesehen von historisch geprägten Vorbedingungen werden diese die gesamte Gesellschaft betreffenden Vorgänge stark von endogenen und exogenen Faktoren der jüngeren Vergangenheit und der Gegenwart beeinflusst. Hierzu lassen sich, ohne durch die Reihenfolge ihrer Nennung eine vorzeitige Gewichtung ihrer Bedeutung vorwegzunehmen, autoritäre und personalisierte politische Strukturen sowie eigennutzorientierte Instrumentalisierungen politischer und wirtschaftlicher Macht durch gesellschaftliche Eliten, die zu erheblichem Teil von aussen erzwungene Politik radikaler Zuwendung zum Kapitalismus, der vom Verlust eines funktionierenden sozialen Sicherungssystems begleitete volkswirtschaftliche Niedergang, unzuverlässige Institutionen[1] und schwache gesellschaftliche Organisationen, geringe Partizipationsmöglichkeiten der Bevölkerung an politischer Willensbildung und Gestaltung der Gesellschaft, von gegenseitiger Abgrenzung geprägte staatliche Alleingänge sowie geopolitische Interessen und Handlungen politisch und ökonomisch unterschiedlich starker Akteure der internationalen Ebene zählen.[2] Charakteristisch für die zwei Dekaden währende postsowjetische Umbruchepoche sind Unbeständigkeiten im politischen System, Fragilität und Ineffizienz staatli-

1 Institutionen werden hier verstanden als etablierte Spielregeln der Gesellschaft sowie als gelebte Verhaltensweisen, kodifizierte, formelle und informelle Normen und Regeln von Individuen, gesellschaftlichen Gruppen und Organisationen (vgl. Krings/Müller, 2001: 103; Watts, 2005: 268).

2 vgl. Mangott, 1996a; Anderson/Pomfret, 2003; Huskey, 2003; Kreutzmann, 2004; UNDP RBECIS, 2005; Schmidt, 2006a; Schmidt, 2007; Starr, 2006; Eschment, 2007; Marat, 2008

cher Strukturen sowie die Unzuverlässigkeit und Schwäche gesellschaftlicher Institutionen. Als Rahmenbedingungen beeinflussen diese Umstände gesellschaftliche Prozesse und Interaktionen auf allen räumlich-administrativen Ebenen, durchdringen sämtliche soziale Subsysteme und üben dabei großen Einfluss auf die alltägliche Lebensführung der Bevölkerung aus.

Im Zuge des Übergangs von plan- zu marktwirtschaftlichen Organisationsprinzipien in Kirgisistan verloren viele zuvor in Kollektiv- und Staatsbetrieben tätige Menschen die bis dahin gesicherten Lohnarbeitsverhältnisse und damit ihre Haupteinkommensquelle oder sie mussten gravierende Lohneinbußen hinnehmen. Trotz neuer Möglichkeiten privaten Unternehmertums entwickelte sich bis in die Gegenwart kein hinreichend funktionierender und adäquaten Ersatz für die entstandenen Verluste bietender Arbeitsmarkt – eine der zentralen Ursachen der umfangreichen Arbeitsmigration nach Russland und Kasachstan. Umfang und Qualität staatlicher sozialer Sicherungsleistungen nahmen rapide ab. Für große Bevölkerungsteile nahm in Folge dieser Entwicklung ihre sozioökonomische Verwundbarkeit zu und sie waren gefordert, kreativ neue und flexible Lebenssicherungsstrategien zu entwickeln, insbesondere durch die Diversifizierung von Einkommensquellen. Unmittelbar nutzbare, lokal verfügbare Naturressourcen gewannen für die individuellen und insbesondere in den frühen Jahren der staatlichen Souveränität auf schiere Überlebenssicherung zielenden Einkommensgenerierungen immense Bedeutung, vor allem für die im ländlichen Raum lebenden Menschen.[3]

Dabei war und ist der essentiell wichtige Zugang zu naturbasierten Ressourcen für viele Menschen keineswegs garantiert: Im Kampf um Verfügungsmöglichkeiten treffen unterschiedliche Interessenten[4] auf einander. Gewinnern dieser Konflikte stehen Verlierer gegenüber. Zusätzlich führte das Zusammenwirken neu entwickelter, wechselhafter und inkonsistenter rechtlicher Regelungen mit der unzureichend umsetzbaren Einklagbarkeit von Ansprüchen zu einer auf individuelle Nutzungsrechte bezogenen, weit verbreiteten und anhaltenden Situation rechtlicher Unsicherheit sowie zu stark eingeschränkter Kalkulierbarkeit des zeitlichen Horizonts der Ressourcennutzung. Diese Situation wird durch ungleiche Abhängigkeiten zwischen Akteuren, sich daraus speisende Korruptions- und nepotistischen Praktiken sowie unzuverlässige informelle Übereinkünfte gefördert.

Im Zusammenspiel fördern diese Rahmenumstände unregulierte und auf kurzfristig generierbaren Ertrag orientierte Ressourcenaneignungen. Diese haben landesweit zu unterschiedlich gelagerten Problemen geführt, indem sie einerseits Konstellationen ergeben, bei denen Verfügungspotentiale zu hohem Maße ungleich zwischen den Menschen verteilt sind. Dies führt zu einer Zunahme von sozialen Konflikten. Andererseits initiieren sie ökologische Schadensphänomene in neuer Intensität und Qualität, gefährden damit die Aufrechterhaltung der öko-

3 vgl. IBRD, 1993; Brylski et al., 2001: 1; IBRD, 2001; UNDP, 2003; Asykulov/Schmidt, 2005: 371; Schmidt, 2006a; 52–53; NSKKR, 2009b: 63; Schoch et al., 2010

4 Die Verwendung der leichter lesbaren maskulinen Formen für Personenbezeichnungen erfolgt aus sprachökonomischen Aspekten. Eine Aussage über das natürliche oder sozial zugeschriebene Geschlecht der Bezugspersonen wird damit ausdrücklich nicht getroffen.

logischen Funktionen naturbasierter Ressourcen und verschärfen deren Knappheit. Die gegenwärtigen naturressourcenbezogenen Verhältnisse in Kirgisistan sind daher von verschiedenen Herausforderungen charakterisiert. Sie vereinen soziale und ökologische Aspekte und lassen sich deshalb als sozio-ökologische Krisenphänomene bzw. Probleme bezeichnen. Als Folgen sozioökonomisch und ökologisch nicht nachhaltiger Praktiken gefährden sie den langfristigen Erhalt von Naturressourcen als immens wichtigen Wirtschaftsfaktoren des gering industrialisierten Landes. Dies trägt zur Bedrohung der Integrität der Gesellschaft Kirgisistans bei und darüber hinaus der zentralasiatischen Region.

Die Grundannahme lautet hier, dass multidimensionale Rahmenherausforderungen des postsowjetischen Wandels in Kirgisistan zu einer Situation struktureller Unsicherheit geführt haben, welche einen wirkungsmächtigen Kontext für naturressourcenbezogene Aktivitäten von Akteuren bildet. Sozio-ökologische naturressourcenbezogene Herausforderungen werden dabei als Resultate von Akteurshandlungen verstanden, die im Kontext struktureller Unsicherheit ausgeführt wurden. Um Verursachungs- und Wirkungszusammenhänge dieser Probleme systematisch aufzudecken, müssen daher bereits veränderte und sich verändernde gesellschaftliche Rahmenbedingungen sowie von ihnen beeinflusste Akteure mit ihren Handlungen Bestandteile der Analyse sein.

Diese aktuelle Thematik wird am Beispiel der fast die Hälfte des Hochgebirgslandes einnehmenden und damit bereits von ihrer territorialen Ausdehnung her bedeutenden Umweltressource Weideland untersucht. Weideland gilt in Kirgisistan als einer der zentralen, lokal verfügbaren Produktionsfaktoren sowohl im volkswirtschaftlichen Sinn, als auch in seiner Bedeutung für die individuelle Lebenssicherung ländlicher Haushalte. Pastoralwirtschaftliche Praktiken bilden dabei die Hauptform der ökonomischen Inwertsetzung der Weiden. Durch ihre strukturelle Bedeutung sind Weideländer potentieller Gegenstand von über sie hinaus gehenden gesellschaftlichen Konflikten.

In einem ersten Schritt der Untersuchung werden daher die gesellschaftlichen Rahmenbedingungen der den individuellen Akteurshandlungen übergeordneten Ebenen umrissen: Der Blick wird auf politisch-rechtliche, ökonomische und soziale Aspekte gelegt, die der These nach im Zusammenwirken und in ihrer Gesamtheit sowohl zu in der sozialistischen Zeit nicht vorhandenen Handlungsmöglichkeiten, als auch zu struktureller Unsicherheit als dem maßgeblichen Hauptproblem der postsowjetischen Gesellschaft im Allgemeinen und der alltäglichen Überlebenskämpfe vieler Menschen im Speziellen geführt haben.

Nach der Vorstellung der Weidelandressourcen Kirgisistans und mit ihnen in Beziehung stehender sozio-ökologischer Herausforderungen werden die aktuellen Weidelandverhältnisse, ihre Entstehung und ihr Wandel anhand konkret beobachtbarer Situationen und Prozesse auf regionaler und lokaler Ebene untersucht. Hierfür wird der analytische Ansatz der ‚Politischen Ökologie‘ herangezogen. Sich regional und lokal manifestierende, weidebezogene soziale Konflikte und ökologische Probleme werden dabei als Resultate historischer Prozesse und Zusammenspiele umweltwirksamer Handlungen und Interaktionen interessensgeleiteter und ungleich mächtiger Akteure unter sich wandelnden Rahmenbedingungen der

Gesellschaft interpretiert, die hier als „Ensemble politischer und ökonomischer Strukturen und Prozesse" (Flitner, 2003: 223) verstanden werden.

Als Beispielregion bot sich der im Südwesten Kirgisistans liegende *rajon* Bazar Korgon an, auf dessen Gebiet sich ein bedeutender Teil der unikalen Walnuss-Wildobst-Wälder – im Folgenden kurz ‚Nusswälder' – befindet. Anhand vor Ort empirisch untersuchter weidelandbezogener Herausforderungen werden Genese, Ursachen- und Wirkungszusammenhänge sich wandelnder Weidelandverhältnisse im postsowjetischen Kirgisistan rekonstruiert. Indem strukturelle Rahmenbedingungen essentielle Bestandteile der Untersuchung sind, ermöglicht die im Sinne eines induktiven Ansatzes als pars pro toto getätigte Gebietswahl gemeinsam mit der Analyse der Situationen und Prozesse in der Studienregion einerseits, Erkenntnisse über und Rückschlüsse auf Funktionsweisen und Wirkungsmacht gesellschaftlicher Rahmenbedingungen weidebezogener Mensch-Umwelt-Verhältnisse von landesweiter Gültigkeit zu generieren. Andererseits versprach die Entscheidung, im Gebiet der Nusswälder zu forschen sowohl regionalspezifische Mensch-Umwelt-Beziehungen anhand der Besonderheiten des Untersuchungsraumes, als auch individuelle Umgänge der Menschen mit den Möglichkeiten und den Herausforderungen der postsowjetischen Transformation historisch abgeleitet zu veranschaulichen.

Angesichts der strukturellen Bedeutung der angesprochenen Herausforderungen und der latenten Gefahr des Ausbruchs gewaltsamer Auseinandersetzungen zwischen Bevölkerungsgruppen – wie jüngst im Juni 2010 – besitzt der konstruktive und verantwortungsvolle Umgang mit naturressourcenbezogenen sozio-ökologischen Problemen eine besondere Bedeutung. Auch aus diesem Grund geht die Studie dem komplexen Gefüge von Verursachungen und Wirkungen einer für Kirgisistans Gesellschaft aktuellen und wichtigen Frage nach. Durch das systematische Erfassen und die theoretisch fundierte Darstellung weidelandbezogener sozio-ökologischer Herausforderungen soll ein produktiver Beitrag zu ihrem Verständnis geleistet werden. Dies ist, davon ist der Autor überzeugt, eine essentielle Grundlage konstruktiver Konfliktbearbeitung.

1 STRUKTURELLE GESELLSCHAFTLICHE UNSICHERHEIT IM POSTSOWJETISCHEN KIRGISISTAN

Beginnend mit den Unabhängigkeitserklärungen der baltischen Teilrepubliken stellt die mit dem Abkommen von Minsk und der Erklärung von Alma-Ata Ende 1991 aus der Taufe gehobene Gemeinschaft Unabhängiger Staaten [GUS] das völkerrechtliche Ende der Sowjetunion dar, deren Auflösungsprozess schon früher einsetzte.[1] Das Zusammenwirken verschiedener desintegrativ wirkender Prozesse, insbesondere nicht intendierte Wirkungen der *Glasnost'*-und *Perestrojka*-Politik, die nicht aufgehaltene Schwächung der zentral geplanten und verwalteten sowjetischen Volkswirtschaft und das unter anderem hiervon genährte Erstarken nationaler Unabhängigkeitsbewegungen der 1980er Jahre in einigen Teilrepubliken trug maßgeblich zur Auflösung des ersten sozialistischen Staates der Welt und somit zum Scheitern des sowjetischen Gesellschaftsmodells in der Praxis bei.[2] Auf globaler Ebene markierte das Ende der Sowjetunion den Bruch der die Weltgeschichte des 20. Jahrhunderts prägenden bipolaren Ordnung zwischen dem kapitalistischen und sozialistischen Gesellschaftsentwurf. Zugleich bedeutete es auch auf nationalstaatlicher Ebene für sämtliche ehemaligen sowjetischen Republiken eine Zäsur historischen Ausmaßes: Galt die wirtschaftliche Selbstbestimmung für die UdSSR-Nachfolgestaaten des Baltikums und Ostmitteleuropas als das „Kernelement ihrer Souveränitätsbehauptung" (Halbach, 2007: 94), so zweifelte die Führung der zentralasiatischen Republiken anfänglich an der Praktikabilität staatlicher Unabhängigkeit. Die Hintergründe der Zweifel bildeten gewachsene Dependenzen vom sowjetischen Wirtschafts- und Sozialsystem, das Fehlen eines verlässlichen Instrumentariums der Staaten zur Einkommensgenerierung sowie die daraus resultierenden Schwierigkeiten des Aufbaus eigener Streitkräfte, Grenzsicherungssysteme, Währungsautonomien und anderer staatlicher Souveränitätsattribute.[3] Konsequenterweise unterstützten sämtliche zentralasiatische Sozialistische Sowjetrepubliken noch 1990 das von Mihail Gorbatschow angeregte Reformwerk zur Neugestaltung des Wirtschaftssystems, zur gesellschaftlichen Erneuerung und zur Sicherung der Integrität der Sowjetunion – den sogenannten ‚Allunionsvertrag' – und hielten trotz ihrer formellen Souveränitätserklärungen am Verbleib in der

1 Mit dem ‚Abkommen von Minsk' vereinbarten Belarus', Ukraine und Russland im nahe Minsk gelegenen Naturschutzgebiet Beloveżskaja Puŝa am 8. Dezember 1991 die Gründung der GUS, der am 21. Dezember desselben Jahres die anderen Unionsrepubliken beitraten, mit Ausnahme Georgiens und der Baltikstaaten (vgl. TASS, 1991; Dörre, 2008: 1).

2 vgl. Beckherrn, 1990; Stölting, 1991; Kappeler, 2008: 314-318

3 vgl. Mangott, 1996a: 3; Huskey, 2003: 112, 115; Lowe, 2003: 114; Starr, 2006: 12; Eschment, 2007: 60–62; Dörre, 2008: 1

UdSSR fest.[4] Mit der Erklärung von Alma-Ata trat für die Länder jedoch eine Situation ein, die die zunächst nur befürchteten „Bürden auferlegter Unabhängigkeit“ (Mangott, 1996c) real werden ließ:[5] Die neuen Staaten standen vor Herausforderungen, welche in ihrer Omnipräsenz die nunmehr in Souveränität verlaufenden Entwicklungswege prägen sollten. Diese Herausforderungen lassen sich in zwei Komplexe unterteilen: Bis in die Gegenwart wird der erste vom zwingenden internen Wandel der Gesellschaften gebildet. Dieser erfordert moralisch-ethische Umorientierungen, mit identitären Neuverortungen einhergehende unumgängliche Neuaushandlungen von Leitbildern und Symbolen, eine grundsätzliche politisch-rechtliche und wirtschaftliche Neukonstituierung, Umstrukturierungen der Administration sowie den neuen Bedingungen entsprechende Umorganisierungen sozialer Beziehungen auf allen gesellschaftlichen Wirkungsebenen. Den zweiten Komplex stellt die Positionierung der Länder in internationalen Zusammenhängen entsprechend ihrer jeweiligen politischen und wirtschaftlichen Interessen und Möglichkeiten dar in einer Zeit, die global von zunehmenden interregionalen und internationalen Wettbewerben sowie auf der Regionalebene Zentralasiens von forcierten zwischenstaatlichen Abgrenzungen im Verbund mit erstarkenden, staatlich geförderten Nationalismen geprägt ist.[6] Für das in Zentralasien gelegene, aus einer der wirtschaftlich ärmsten und bis 1991 strukturell vom gesamtsowjetischen Wirtschafts- und Sozialsystem abhängigen Sozialistischen Sowjetrepublik hervorgehende, stark agrarisch geprägte Hochgebirgsland Kirgisistan gestaltet sich die Lösung beider Aufgabenkomplexe bis in die Gegenwart sehr schwierig, was sich im bewegten Lauf seines postsowjetischen Entwicklungspfades niederschlägt.

Die vorliegende Arbeit widmet sich anhand der Betrachtung naturressourcenbezogener Herausforderungen aktuellen gesellschaftlichen Prozessen eines Landes, von dem in westlichen Staaten noch zum Ende der ersten Dekade staatlicher Unabhängigkeit aufgrund des unter dem ersten und durch relativ freie Wahlen legitimierten Präsidenten Askar Akaev eingeleiteten „parlamentarischen Frühlings“ (Halbach/Eder, 2005: 2) als einer ‚Insel der Demokratie‘ (vgl. Anderson, 1999) mit regionaler Vorbildfunktion im ‚Meer autoritärer Herrschaftssysteme‘ die Rede war.[7] Infolge durchgreifender wirtschaftlicher Strukturanpassungsmaß-

4 vgl. Bozdağ, 1991: 375. Kirgisistans Unabhängigkeitserklärung vom 31. August 1991 erfolgte im unmittelbaren Anschluss an den Moskauer Augustputsch, in dem eine die Reformpolitik verurteilende Minderheit der Kommunistischen Partei [KP] die Macht zu übernehmen versuchte. Zuvor verurteilte Kirgisistans Präsident Askar Akaev den Umsturzversuch und verbot die KP in der Republik (vgl. Eschment, 2007: 61). Usbekistan erklärte sich ebenso am 31. August für unabhängig, Tadschikistan am 9. September und Turkmenistan am 27. Oktober. Kasachstan folgte seinen Nachbarn nach der GUS-Gründungsvereinbarung am 16. Dezember 1991.

5 vgl. Halbach, 2007: 94–95; Laruelle, 2007: 139

6 vgl. Ossenbrügge/Schätzl, 1996; Bürkner, 1996; Roy, 2000; Fassmann, 2000: 15; Stadelbauer, 2000a: 60–61; Young/Light, 2001: 942; Huskey, 2003: 111; Kreutzmann, 2004: 4–5; Beyer, 2010

7 Indem Akaev, beruflich Nuklearphysiker und Leiter der Akademie der Wissenschaften, zwar Mitglied der KP war – niemals jedoch in einer leitenden Funktion, wurden im Gegensatz zu

nahmen nach den Vorgaben internationaler Geberorganisationen unter Federführung des Internationalen Währungsfonds wurde Kirgisistan durch politische Eliten des Landes und Vertreter der westlichen Welt vorübergehend gar eine „Führungsrolle in Marktreformen“ (James Rubin, Sprecher des US-amerikanischen Aussenministeriums, 22.12.1998)[8] zugeschrieben und eine im Entstehen begriffene „Schweiz Zentralasiens“ (A. Akaev zitiert in Havlik/Vertlib, 1996: 203; ICG, 2001a: 1) vorausgesagt.

Aus heutiger Sicht kann keine der beiden Vorstellungen als erfüllt gelten: Bereits um die Wende zum 21. Jahrhundert berichteten internationale Beobachter ernüchtert von Unruhen auf der vermeintlich demokratischen Insel aufgrund zugenommener Beschneidungen demokratischer Rechte. Neoklassischen Wirtschaftstheorien folgende Marktreformen konnten in der Praxis nicht verhindern, dass sich Kirgisistan als Empfänger der regional durchschnittlich höchsten ausländischen Finanzhilfen pro Einwohner bei gleichzeitig stark defizitärer Zahlungsbilanz eine extrem hohe Auslandsverschuldung auflud und große Bevölkerungsteile zugleich verarmten.[9] Im Zusammenwirken mit der Auflösung struktureller Verflechtungen mit anderen ehemaligen Sowjetrepubliken zu Beginn der postsowjetischen Transformationsperiode, der einsetzenden Deindustrialisierung und der Krise des Rubels von 1998 - 1999 trugen diese Zahlungsverpflichtungen zu einem lang anhaltenden Niedergang der Ökonomie bei. Wirtschaftlich blieb das Land und damit viele Einwohner über den gesamten bisherigen Transformationsverlauf stark verwundbar und erlebt ein nur zögerliches, wiederholt stagnierendes Wachstum.[10]

Spätestens die nach dem Bekanntwerden von Manipulierungen bei der Parlamentswahl erfolgte Absetzung der Regierung Akaev im Zuge der sogenannten ‚Tulpenrevolution‘ vom Frühjahr 2005 machte über Fachkreise hinaus deutlich, dass Kirgisistans Entwicklung nach Erlangung der staatlichen Unabhängigkeit nicht westlichem Wunschdenken entsprechend problemslos und reibungsfrei zur angestrebten Trias von Demokratie, Marktwirtschaft und Rechtsstaatlichkeit verlaufen war. Bereits ab der zweiten Hälfte der 1990er Jahre entsprach sie eher einem Abgleiten in ein zunehmend autoritäres, korruptes und kleptokratisches Regime.[11] Indem die Krise ein Ausmaß erreichte, in dem anfänglicher Protest in einen von den Protagonisten als Revolution bezeichneten Aufstand mündete, zeigte sich, dass die Probleme der postsowjetischen Umbruchperiode tief sitzender Natur waren und von großen Bevölkerungsanteilen als nicht zu akzeptierende gesell-

anderen Ländern Zentralasiens personelle Kontinuitäten in den höchsten politischen Ebenen nach der Auflösung der UdSSR aufgebrochen (vgl. Mangott, 1996b: 67–68, 101–102; Eschment, 2007: 59).

8 zitiert in ICG, 2001a: 1

9 vgl. Huskey, 2003: 123; Gisiger/Thomet, 2008

10 vgl. EBRD, 2000: 178; ICG, 2001a: 1; UNS KR, 2003: 9-10; Halbach/Eder, 2005: 2; Nogojbaeva, 2007: 119

11 vgl. Halbach/Eder, 2005: 4; Efegil, 2006: 111; Nogojbaeva, 2007: 119; Eschment, 2007: 66, 70

schaftliche Entwicklung angesehen wurden.[12] Als sich das Land im April und Juni 2010 erneut, diesmal mit drastischeren Bildern eines in Gewaltexzesse mündenden zweiten „Kollapses eines ausgehöhlten Regimes“ (vgl. ICG, 2010a, Übersetzung AD) sowie einer hunderte Opfer fordernden pogromartigen „Explosion von Gewalt, Zerstörung und Plünderungen“ (vgl. ICG, 2010b: i, Übersetzung AD) in das Blickfeld der Weltöffentlichkeit zurückmeldete, wurde die Brisanz und Tragweite der strukturellen Probleme offensichtlich, die auch unter der 2005 ins Amt gekommenen Regierung des Hoffnungsträgers Kurmanbek Bakiev nicht beseitigt wurden, zum Teil gar eine Verschärfung erfuhren.[13]

Eingebettet in diese krisenhaften ökonomischen und politischen Prozesse ereigneten sich markante Veränderungen der Mensch-Umwelt-Verhältnisse in Kirgisistan, dessen agrarisch geprägte Volkswirtschaft stark auf der unmittelbaren Nutzung vor Ort verfügbarer Naturressourcen basiert. Den Fokus der vorliegenden Arbeit darstellend, wird dieser Wandel anhand der spezifischen Veränderungen der weidelandbezogenen gesellschaftlichen Verhältnisse thematisiert. Diese flächig größte und zugleich ökonomisch wichtige Ressource des heutigen Kirgisistan besaß bereits historisch große Bedeutung vornehmlich für Pastoralwirtschaft betreibende Nomaden und für die unter der Sowjetmacht geplant und intensiv von landwirtschaftlichen Großbetrieben betriebene Viehwirtschaft. Besondere Aufmerksamkeit gilt in der Studie daher den Handlungen der für pastoralwirtschaftliche Belange relevanten Akteure samt ihren Folgen, den relevanten institutionellen Regelungen und den gesellschaftlichen Rahmenbedingungen.

Bevor die gesellschaftlichen Rahmenbedingungen und ihre postsowjetische Entwicklung entlang der landesspezifischen Ausprägungen der beiden eingangs genannten Aufgabenkomplexe skizziert werden, ist die Klärung des dieser Arbeit zugrunde liegenden Verständnisses Zentralasiens als der Großregion hilfreich, die für Kirgisistan den primär relevanten, räumlich-regionalen Verortungsrahmen bildet (Abb. A.1).

12 vgl. ICG, 2005a; Halbach/Eder, 2005; Schmidt, 2006a: 48. Dies heißt nicht, dass tatsächlich ein revolutionärer Prozess im Sinne eines System- und Elitenwechsels stattgefunden hatte sowie emanzipatorische Überzeugungen und das Ziel der Überwindung bestehender Herrschaftsverhältnissen die Triebfedern des Protests waren (vgl. Sehring, 2005; Geiß, 2007: 156; ICG, 2010a: 2). So lautete die populäre Losung der Proteste von 2005 „Akaev ketsin!“ (krg., „Hinweg mit Akaev!“), was keinen Appell nach einer ideologischen Umorientierung darstellte sondern lediglich eine Forderung nach der Absetzung der aktuell Herrschenden (vgl. Nogojbaeva, 2007: 126). In diesem Sinne schreibt Eschment den 2005er Frühjahrsereignissen Merkmale eines Staatskollapses und Umsturzes zu, in dem lediglich ein „Wechsel der Gesichter“ (ebd., 2007: 70) der Eliten stattfand, nicht jedoch ein grundlegender Gesellschaftswandel. Die Wahrnehmung regional und verwandtschaftlich organisierter Gruppen, unzureichend wirtschaftlich zu partizipieren, so Eschment weiter, hätte eine deutliche höhere Bedeutung als Beweggrund des Protestes besessen, als demokratische Motive und Gesinnung (vgl. ebd., 2007: 70–71).

13 vgl. Halbach/Eder, 2005: 4; Eschment, 2007: 59, 69; ICG, 2010a; ICG, 2010c; Melvin, 2011

Diese in Form eines Exkurses vorangestellte Skizze ist insofern wichtig, als dass Kirgisistan und seine zentralasiatischen Nachbarn seit der russländischen[14] Kolonisierung eine sich ähnelnde Geschichte teilen, welche die aktuellen gesellschaftspolitischen Prozesse erheblich beeinflusst (Box 1.1).

Box 1.1: ‚Zentralasien' als Begriff und Region

Aufgrund der Schwierigkeiten, diskrete räumliche Abgrenzungen zu definieren und der unterschiedlichen, häufig geopolitisch und militärstrategisch motivierten Anwendungszusammenhänge besitzt ‚Zentralasien' als Regionalbezeichnung seit seiner Einführung keine einheitliche Bedeutung.[15] Die im Deutschen bis in das 19. Jahrhundert hinein häufig als ‚Tartarei' bezeichnete Region wurde bereits in den ersten Dekaden des 19. Jahrhunderts in französischen und englischen Karten mit Begriffen wie ‚Asie Centrale' bzw. ‚Central Asia' umschrieben.[16] International etablierte sich der Begriff als wissenschaftlicher und politischer Fachterminus im Zuge des von Alexander von Humboldt veröffentlichten französischsprachigen Werkes „L'Asie-Centrale" von 1843.[17] ‚Zentral-Asien' als wortgetreue deutsche Entsprechung erschien publizistisch erstmals 1844 in der ins Deutsche übersetzten Ausgabe. Bereits von Humboldt stellt fest, dass der Begriff im allgemeinen Sprachgebrauch seiner Zeit aufgrund räumlicher Unschärfe und Abgrenzungsprobleme „unbestimmt und unpassend" (ebd., 2009 (1844): 16) eingesetzt wird. Auf Vorarbeiten Carl Ritters basierend, leitet er deshalb eine geometrisch abgeleitete räumliche Abgrenzung her. Ohne Schwächen seines Ansatzes zu verschweigen, stellt er dabei von einem geometrisch konstruierten und vermeintlich südöstlich des an der heutigen kasachstanisch-chinesischen Grenze liegenden Tarbagataigebirges befindlichen Mittelpunktes Asiens ausgehend Überlegungen an, regionale Grenzen anzugeben. Diese werden bei ihm durch Breitengrade gebildet, die jeweils etwa fünf Grad nördlicher bzw. südlicher von der vermeintlichen mittleren asiatischen Breite von 44,5°N verlaufen, sowie durch unscharf gehaltene Längenangaben und naturräumliche Formationen. Ohne explizit genannt zu werden, liegt seinen Textausführungen folgend nahe, dass er das Ust-Jurt Plateau als Teil der westlichen und die Kette des Großen Chingan als Teil der östlichen Begrenzung der Region ansieht. Die sich ergebende, annähernd trapezoide Landfläche ergibt ‚Zentral-Asien'.[18] Der russische Wissenschaftler und Forschungsreisende Nikolaj Vladimirovič Hanykov kritisiert diese Abgrenzungsmethode und verweist auf die Bedeutung der physischen Charakteristika der Region, insbesondere die Binnenentwässerung der Flüsse.[19] Im späteren 19. Jahrhundert greift Ferdinand von Richthofen diese Kritik auf und stellt den fehlenden Wasserabfluss zu den Weltmeeren als das wesentliche regionale Charakteristikum Zentralasiens heraus. Folglich bilden die Wasserscheiden zwischen den Einzugsgebieten der endor-

14 Die Verwendung auf Staaten verweisender Attribute erfolgt hier bewusst, auch wenn dies im allgemeinen deutschen Sprachgebrauch eher ungewöhnlich ist. Damit wird unterstrichen, dass die Zuweisung von Gesellschaft, Territorien, Orten oder Prozessen nicht über das Kriterium der Nationalität sondern das des Landes bzw. Staates erfolgt. Sei dieser Gedanke am hier behandelten Beispiel verdeutlicht: Die Kolonisierung fand nicht allein durch Russen statt – was erlauben würde, das Projekt als ‚russische' Kolonisierung zu benennen – sondern ist als Projekt der Imperialmacht Russland zu verstehen, an dem Akteure unterschiedlicher Nationalitäten beteiligt waren. Daher trifft das Attribut ‚russländisch' zu (vgl. zu dieser Argumentation Stadelbauer, 1994: 190).

15 vgl. Frank, 1992: 5–7

16 vgl. Arrowsmith et al., vor 1805; Smith, 1808; Klaproth et al., 1836

17 vgl. von Richthofen, 1877: 3

18 vgl. ebd., 2009 (1844): 17–18; von Richthofen, 1877: 3–4, 6; Miroshnikov, 1992: 477

19 vgl. Khanykoff, 1862

heeischen und der sich in die Weltmeere ergießenden Vorfluter Zentralasiens Grenzen.[20] Wie andere Geographen unternimmt auch der Historiker Gavin Hambly den Versuch, die durch weltweit höchste Distanz zu Meeren und deren klimatischen Einflüssen charakterisierte Region durch einerseits klare, andererseits unscharfe naturräumliche Säume bzw. menschlich geschaffene Strukturen einzugrenzen: im Norden durch den Beginn des sibirischen Waldgebiets der Taiga, im Süden gegen Südasien durch die nahezu ununterbrochenen Gebirgsketten vom Nan Shan im Osten bis zum Kaukasus im Westen, im Osten durch die Wälder der Mandschurei und die Große Chinesische Mauer sowie die sich im Westen bis nach Rumänien und Ungarn hinziehenden „eurasischen Steppengebiete" (Hambly, 1966a: 11).[21] In der vorliegenden Abhandlung wird der Begriff hingegen einem politisch-administrativen Verständnis folgend verwendet, welches sich nach dem Ende der Sowjetunion etabliert hat und das die Territorien der fünf ehemaligen Sowjetrepubliken Kasachstan, Kirgisistan, Tadschikistan, Turkmenistan und Usbekistan umfasst (Abb. A.1). Dieses Verständnis entspricht einerseits einer verbreiteten Ansicht in den Gesellschaften dieser Länder und deckt sich andererseits mit einer etablierten äusseren Sichtweise der Gegenwart auf die Region.[22] Zählt Hambly dem politisch-administrativen Ansatz folgend die Mongolei sowie die im Westen und Norden Chinas liegenden Provinzen Xinjiang, Tibet und Innere Mongolei noch zur zentralasiatischen Region – Kappeler auch Afghanistan und die UNESCO sogar zusätzlich Pakistan, Nordindien und den Nordosten Irans – gilt dies in der vorliegenden Arbeit ausdrücklich nicht.[23] Mit dem Distinktionsmerkmal neu erworbener staatlicher Souveränität wird die grundsätzliche Andersartigkeit der jüngeren Zeitgeschichte der postsowjetischen Staaten im Vergleich zu den Ländern angrenzender Regionen hervorgehoben und zugleich auf die sich daraus ergebenden, abweichenden aktuellen Herausforderungen sowie die spezifischen historischen Vorbedingungen verwiesen. Räumlich gesehen, geht der Begriff somit auch über den sowjetischen Mittelasien-Begriff *Srednjaja Azija* hinaus, der einer wirtschaftszonalen Gliederungslogik territorialer Arbeitsteilung folgte und die Usbekische, Turkmenische, Tadschikische sowie Kirgisische SSR als einen Wirtschaftsbezirk mit „spezifischer Verflechtung seiner Produktionszweige und [...] Verbindungen zu den anderen bestehenden Wirtschaftsbezirken" (Steinberger/Göschel, 1979: 279) fasste, während Kasachstan einen eigenen Wirtschaftsbezirk bildete.[24]

Bei genauer Betrachtung des Charakters und der Abfolge der für Kirgisistans Gesellschaft relevanten Prozesse und Ereignisse, schälen sich politische, rechtliche und sozioökonomische Gegebenheiten heraus, die im Zusammenspiel zu struktureller Unsicherheit als der gesellschaftlichen Kernherausforderung des bisherigen postsowjetischen Entwicklungspfads führten. Diese Rahmenbedingungen beeinflussen umweltbezogenes menschliches Handeln. Da sie damit im Zusammenhang mit den Bedingungen, Formen und Wirkungen von Inwertsetzungen von Umweltressourcen – hier Weideland – stehen, gilt es, diese Bedingungen von Anfang an

20 vgl. von Richthofen, 1877: 4–7
21 Insbesondere Hamblys Ansinnen, den westlichen Grenzsaum zu definieren, wirft mehr Fragen auf, als es Antworten liefert.
22 vgl. Stadelbauer, 2003: 61; 2004: 325; 2007b: 10–11
23 vgl. Hambly, 1966b: 9; UNESCO, zitiert in Miroshnikov, 1992: 480; Kappeler, 2008: 160
24 vgl. ebd.: 295–299; Pickart/Stadelbauer, 1988; Hirsch, 2000: 206, 208. Zur weiteren Lektüre zu unterschiedlichen Verständnissen von ‚Zentral-, und ‚Mittelasien', deren Genese und die Diskussionen um Verwendung, Konnotation und Gehalt der Begriffe im deutsch-, englisch- und russischsprachigen Raum sei hier auf folgende Beiträge verwiesen: Giese, 1973; Miroshnikov, 1992; Frank, 1992; Geiß, 1995: 27–32; Bregel, 1996; Stadelbauer, 1997, 2003; Cowan, 2006; Fragner, 2006; Sidikov, o.J.; Paul, 2012: 23–28

bei bei der Untersuchung zu berücksichtigen. Daher werden zunächst folgende Aspekte diskutiert: Wodurch ist Kirgisistans Gesellschaft nach rund zwei Jahrzehnten staatlicher Souveränität geprägt? Wie gestaltete sich der Weg zur gegenwärtigen Situation?

1.1 GESELLSCHAFTLICHE RAHMENBEDINGUNGEN UND ENTWICKLUNGEN

Im Sommer des bewegten Jahres 2010 stand Kirgisistan vor mehreren offensichtlichen, die Integrität der Gesellschaft und damit die generelle Zukunftsfähigkeit des Landes bedrohenden Problemen: Kurz zuvor wurde im April zum zweiten Mal innerhalb nur weniger Jahre eine Staatsführung gestürzt. Anschließend präsentierte sich die Übergangsregierung über Monate hin schwach, indem sie in gesellschaftspolitischen Maßnahmen und Personalfragen mangelnde Kontinuität bewies sowie gewaltsame Ausschreitungen in verschiedenen Landesregionen nicht unterband. Deutlich wurde ihre Durchsetzungsunfähigkeit insbesondere im Vorfeld und während der pogromartigen Ausschreitungen in den südlichen und südwestlichen Landesteilen vom Juni, die vor allem aufgrund des Fehlens einer regierungsloyalen, hinreichend starken politischen Basis sowie einer handlungsfähigen und handlungswilligen Exekutive vor Ort nicht verhindert wurden.[25] Mehrere Nachbarländer verhängten nach diesen Ereignissen vorübergehende Grenzsperrungen für den Personen- und Güterverkehr. Der ausbleibende grenzüberschreitende Handel und das nahezu vollständige Versiegen des internationalen Tourismus verschärften die ohnehin schwierige wirtschaftliche Lage des Landes, das in jener Zeit mit zeitlicher Verzögerung die Folgen der globalen Finanz- und Bankenkrise vor allem in Form der massiven Abnahme der strukturell wichtigen Rücküberweisungen kirgisistanischer Arbeitsmigranten zu spüren bekam.[26]

Die politischen Entwicklungen nach Beendigung der Ausschreitungen geben zwar Hoffnung auf den Beginn eines neuen Zeitabschnitts mit stärkerer Bevölkerungsteilhabe an politischen Prozessen und damit an der Gestaltung gesellschaftli-

25 Bereits 20 Jahre zuvor kam es zu opferreichen Gewaltausbrüchen zwischen Angehörigen der kirgisischen und usbekischen Bevölkerung. Diese im kollektiven Gedächtnis der Menschen verbliebenen ‚Ereignisse von Osch und Özgen‘ wurden nicht systematisch aufgearbeitet und stellen externen Einschätzungen nach eine Teilerklärung für die jüngste Eskalation dar. Die in der Zwischenzeit zwar nicht spannungsfreien, jedoch langjährig weitgehend gewaltlosen und auf gegenseitiger Kooperation und Toleranz basierenden Beziehungen zwischen beiden Bevölkerungsgruppen wurden mit den jüngsten Gewaltausbrüchen stark beschädigt. Für beide Fälle gilt, dass eine auf ethnischen Animositäten abstellende Ursachenerklärung zu kurz greift und sozioökonomische Probleme sowie ungelöste Fragen gesellschaftlicher Partizipation und Repräsentanz entscheidend beitrugen (vgl. Bozdağ, 1991; Tishkov, 1995; ICG, 2010b; Beyer, 2010; Melvin, 2011).

26 vgl. EBRD, 2009: 180; Marat, 2009; CEU, 2010: 5; ICG, 2010c; Steimann/Thieme, 2010: 9

cher Entwicklungen.[27] Doch ist bei der Bewertung der aktuellen Situation angesichts bisheriger Erfahrungen Vorsicht geboten. Die strukturelle Schwäche des Staates in Form einer lediglich partiell durchsetzungsfähigen Regierung und einer ineffektiven Exekutive, die sich aus dem Ergebnis der Parlamentswahl ergebende langwierige Regierungsbildung sowie die stark zersplitterte, in eine Vielzahl von partikulare Interessen vertretenden Parteien fragmentierte politische Landschaft ließen die gesellschaftliche Lage Kirgisistans nach den Ereignissen des Jahres 2010 zumindest temporär schwieriger koordinier- und steuerbar erscheinen, als sie es zuvor war. Für den Staat schränkt die wirtschaftliche Schwäche Handlungs- und damit gezielte Gestaltungsfähigkeiten sozialer Prozesse ein und festigt seine Abhängigkeit von externen Gebern. Für große Bevölkerungsteile erschweren diese strukturellen Probleme die sich ohnehin schwierig gestaltende alltägliche Lebensführung.

Die Krisenhaftigkeit dieser politischen und sozioökonomischen Lage allein als gegenwärtigen Zustand zu verstehen, greift zu kurz. Unsicherheit ist vielmehr als Resultat langjähriger, entwicklungsbeeinträchtigender gesellschaftlicher Prozesse zu verstehen.[28] Dabei werden in der vorliegenden Studie unter Entwicklung[29] grundsätzlich mehrdimensionale, gleichzeitig wirkende Prozesse verstanden, welche

> „die eigenständige Entfaltung der Produktivkräfte zur Versorgung der gesamten Gesellschaft mit lebensnotwendigen materiellen und lebenswerten kulturellen Gütern und Dienstleistungen im Rahmen einer sozialen und politischen Ordnung, die allen Gesellschaftsmitgliedern Chancengleichheit [gewähren], sie an politischen Entscheidungen mitwirken und am gemeinsam erarbeiteten Wohlstand teilhaben [lassen]" (Nohlen/Nuscheler, 1992: 73).

Die für Kirgisistan entscheidenden, bisher nicht überwundenen und zum Teil an Schärfe gewonnenen krisengenerierenden Entwicklungshemmnisse sind auf sehr unterschiedlichen, jeweils über ihren unmittelbaren Begriffsrahmen hinausreichenden Feldern verortet. Von verschiedenen Autoren unterschiedlich gewichtet, werden sie hier entsprechend ihrer primären, damit jedoch nicht ausschließlichen Wirkungssphäre folgendermaßen systematisiert: a) Bündelung politischer und wirtschaftlicher Macht bei strategischen Gruppen sowie durch sie praktizierte Machtinstrumentalisierung, b) der volkswirtschaftliche Niedergang im Verbund mit zugenommenen räumlichen Disparitäten und ökonomischer Stratifizierung der

27 So wurde im Zuge des Verfassungsreferendums vom 27. Juli 2010 das von den beiden vorherigen Amtsinhabern zu eigenen Vorteilen instrumentalisierte Präsidentenamt zugunsten des Parlaments geschwächt und damit die Grundlage für ein semiparlamentarisches System gelegt (vgl. Eschment, 2010: 19). Ebenso wurde die Parlamentswahl vom 10. Oktober 2010 von internationalen Beobachtern grundsätzlich positiv beurteilt (vgl. OSCE/ODIHR, 2010; OSCE/ODIHR/OSCE PA/EP, 2010).

28 vgl. Schmidt, 2006a

29 Da der Entwicklungsbegriff stark normativ besetzt ist sowie in Abhängigkeit des situativen Kontexts seiner Verwendung und der avisierten Ziele inhaltlich unterschiedlich gefüllt wird, existiert eine Vielzahl von Verständnissen. Gesellschaftliche Entwicklung spielt in der vorliegenden Studie eine wichtige Rolle, weshalb die Definition des hier verwendeten, emanzipatorischen Entwicklungsbegriffs notwendig erscheint.

Gesellschaft im Zuge des radikalen Übergangs von der Planwirtschaft zum Kapitalismus, c) Partizipationsdefizite der Bevölkerung an politischen Entscheidungsfindungen und gesellschaftlicher Gestaltung, d) Rechtsunsicherheit in Folge mangelnder Rechtsstaatlichkeit und unzuverlässiger Rechtsinstitute, e) die aus der nationalistisch begründeten und auf ethnischen Abgrenzungen basierten Staatlichkeit resultierende Gefahr gesellschaftlicher Dissoziation sowie f) die von Kooperationsunwilligkeit geprägten zwischenstaatlichen Verhältnisse in Zentralasien.[30] Die naturräumlichen Bedingungen und die spezifische Ausstattung mit inwertsetzbaren Naturressourcen haben ebenfalls Bedeutung, indem sie aufgrund ihres Charakters einerseits gesellschaftlichen Progress erschweren, andererseits aber auch spezifische Entwicklungspotentiale bieten. Diese Rahmenbedingungen sind miteinander verflochten, beeinflussen einander und entfalten ihre vollen entwicklungshemmenden Wirkungen im gemeinsamen Zusammenspiel.

Um Charakter, Struktur, Verursachungs- und Wirkungszusammenhänge weidelandbezogener Herausforderungen zu verstehen, müssen diese im Kontext der genannten Rahmenbedingungen betrachtet werden. Indem sich diese Bedingungen von der gesamtstaatlichen Ebene bis in die lokalen Kontexte der alltäglichen Lebensführung der Bevölkerung niederschlagen, lassen sich ihre Wirkungen empirisch beobachten und bei der Analyse berücksichtigen. Wie oben angemerkt wurde, werden die aufgrund ihrer primären Wirkungssphäre typologisierten Hemmnisse nicht auf ihre verursachende bzw. beeinflussende Funktion problematischer Entwicklungen reduziert. In Anlehnung an Anthony Giddens' Strukturationsprinzip[31] werden sie sowohl als Einfluss auf künftige Entwicklungen ausübende, das heisst strukturierende Ursachen und Rahmenbedingungen, als auch als strukturierte Resultate sozialer Prozesse verstanden (Abb. 1.1).

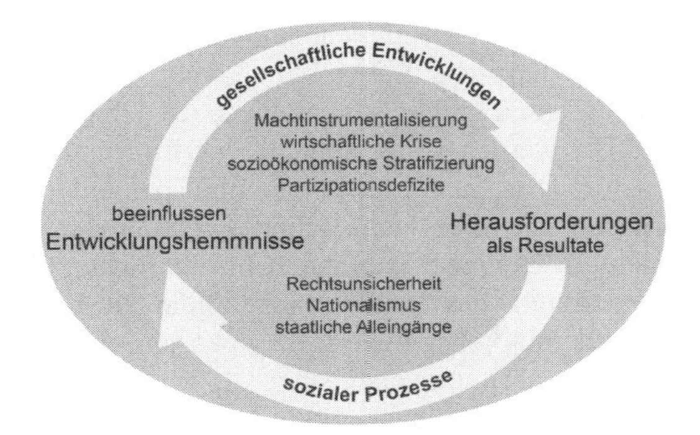

Abb. 1.1: Strukturationszirkel gesellschaftlicher Herausforderungen und Prozesse. Gestaltung: AD (2012) in Anlehnung an Giddens, 1997

30 vgl. Mangott, 1996b: 97–112; Anderson/Pomfret, 2003; Huskey, 2003: 111; Kreutzmann, 2004; UNDP RBECIS, 2005; Schmidt, 2006a; Starr, 2006; Eschment, 2007; Marat, 2008

31 vgl. Giddens, 1997

Gleichzeitig gilt es, die im Folgenden in einzelnen Abschnitten dargestellten Herausforderungen als zeitlich parallel ablaufend sowie sich zu gewissem Grade beeinflussend, bedingend und ergänzend zu verstehen. Diese verschränkte Bedeutung macht ihre konstruktive Bearbeitung besonders schwierig.

Im Anschluss an die Skizze der naturräumlichen Bedingungen und Ressourcenausstattung Kirgisistans werden im weiteren Verlauf des ersten Kapitels die genannten Problemfelder zunächst umrissen, um danach zueinander in Beziehung gesetzt und zu einem Bild des Kernproblems der postsowjetischen Umbruchphase synthetisiert zu werden.

1.1.1 Territoriale Fragmentierung und natürliche Ressourcenausstattung

Bei einer Fläche von 199950 km² grenzt das in Randlage des postsowjetischen Raumes liegende Binnenland Kirgisistan an vier Staaten. Nördlich schließt sich Kasachstans Territorium an. Der östliche und südöstliche Nachbarstaat ist China. Tadschikistan liegt im Süden und Südwesten. Die westlichen Grenzen trennen das Land von Usbekistan (Abb. A.2).

Einige Entwicklungsexperten machen die Haupthemmnisse für Kirgisistans postsowjetische Entwicklung an seiner kontinentalen Lage und seinen naturräumlichen Charakteristika fest. Die vornehmlich auf die Topographie des Landes zielende Frage der Weltbank „Geographie als Schicksal?" (vgl. IBRD, 2001: 1, Übersetzung AD) bedient dieses Verständnis und suggeriert, mit der Reduktion auf Naturraummerkmale einen verlockend eingängigen und hinreichenden Ansatz für die Klärung der Frage gefunden zu haben, warum Entwicklungsprozesse bisher nicht im erwünschten Maße eintraten. Die sich anschließenden Darstellungen der komplexen gesellschaftlichen Rahmenbedingungen machen jedoch deutlich, dass Kirgisistans gesellschaftliche Entwicklung nicht geodeterministischen Argumentationsmustern folgend allein aus natürlichen Phänomenen und seiner räumlichen Lage erklärt werden kann, sondern hierfür verschiedene und miteinander wirkende Faktoren, das heisst natürliche und soziale Umstände in zeitspezifischen Kontexten und mit ihren historischen Veränderungen einbezogen werden müssen. Zugleich gilt es, Spezifiken des naturräumlichen Charakters und der Umweltressourcenausstattung des Landes nicht allein als Hemmnisse, sondern gleichfalls als Potentiale möglicher Inwertsetzungen und damit als Ansatzpunkte für gesellschaftlichen Fortschritt zu verstehen.

Die Topographiedes zu 94 % über 1000 m hoch liegenden Landes wird maßgeblich durch zwei Gebirgssysteme geprägt. Während die Gebirgsketten, Täler und intramontanen Becken des Tien Shan[32], die so genannten Syrten, das Relief des nördlichen, nordöstlichen und zentralen Landesraumes prägen und mit dem *Žeņiš Čokusu* (krg.) im Landesosten Höhen bis zu 7439 m erreichen, ist es das Pamiro-Alajische System mit dem 7134 m hohen Pik Lenin als höchstem Gipfel,

32 krg. *Tengir Too*, dt. ‚Himmelsgebirge'

das für Viehwirtschaft ausserordentlich relevante Alaj-Tal und das intensiv ackerbaulich genutzte Fergana-Becken, welche die naturräumlichen Strukturen im Süden und Südwesten bestimmen.[33]

Zum großen Teil wurden die heutigen Erhebungen des Tien Shan und Alaj bereits in der paläozoischen Ära, dem Erdaltertum, gefaltet. Die Hebung der im heutigen Nord-, Zentral- und Westteil befindlichen, im geologischen Sinn als jung geltenden Gebirgsabschnitte fand wahrscheinlich in der Ära des Känozoikum, dem Erdneuzeitalter, statt. Sie intensivierte sich in der Auslaufphase der oligozäischen Periode und setzte sich bis in das Oberpliozän fort.[34] Der Pamir und die südlichen Bereiche des Tien Shan begannen sich noch später zu entwickeln – vermutlich in der jüngeren Hälfte der Pliozän-Periode. Starke seismische Aktivitäten verweisen darauf, dass diese tektonischen Prozesse andauern. Sie treten vor allem in Verwerfungszonen in Gebirgsrand- und Tallagen auf.[35] Sich daraus ergebende Erdbebenereignisse stellen bis heute eine latente Bedrohung für die Bevölkerung der Region dar, indem sie hohe zerstörerische Wirkung entfalten können.[36]

Das extrem montane Relief Kirgisistans ist in der Hinsicht besonders bemerkenswert, als dass es zu einer diffizilen naturräumlichen Fragmentierung und Kammerung des Landes führt, die agrarwirtschaftlichen Potentiale eingrenzt und die Inwertsetzung verschiedener natürlicher Ressourcen erschwert, wie des Wassers als einer der zentralen. Ebenso stehen interregionale Vernetzung, Kommunikation und Handel, das heisst die räumliche Mobilität von Menschen, von Produktionsfaktoren und von Gütern zwischen verschiedenen Landesteilen durch die erschwerte verkehrsinfrastrukturelle Erschließung vor besonderen Herausforderungen. Die naturräumliche Fragmentierung erhöht den für den Ausgleich regionaler sozioökonomischer Disparitäten notwendigerweise zu investierenden Kapitalbedarf, das für Kirgisistan aufgrund seiner geringen Wirtschaftskraft schwer aufzubringen sind. Insbesondere Gebiete in peripherer Hochgebirgslage leiden unter der schlechten Erreichbarkeit.[37] Das annähernd nord-südlich verlaufende Beispielprofil (Abb. A.3) verdeutlicht das Bild des charakteristischen Reliefs und die mit ihm verbundenen Herausforderungen der verkehrsinfrastrukturellen Vernetzung des Nordens und des Südens des Landes. Seine Lage ist dem Höhenschichtenplan (Abb. A.2) zu entnehmen.

Die wichtige verkehrsinfrastrukturelle Nord-Süd-Verbindung zwischen den zwei zentralen Siedlungsschwerpunkten des Landes, dem Čuj-Tal im Norden und

33 vgl. GUGK, 1987a, b

34 vgl. Succow, 1989: 191

35 vgl. GUGK, 1987a; Succow, 1989: 191

36 Nach der kolonialen Eroberung durch Russland sind für die vergangenen zwei Jahrhunderte mehrere solcher Ereignisse dokumentiert worden: 1868, 1924, 1938 und 1966 (Succow, 1989: 191). Das schwerste Unglück der jüngeren Vergangenheit ereignete sich am 6. Oktober 2008 im südlichen Tien Shan, wobei die Siedlung Nura nahezu völlig zerstört wurde und über 70 Menschen den Tod fanden (vgl. DREF, 2008).

37 vgl. UNDPK, 2002; Schuler et al., 2004: part 3; Schmidt, 2006a: 49

dem Fergana-Becken[38] im Südwesten wird maßgeblich durch eine einzige asphaltierte Trasse gebildet. Diese überwindet zwei jeweils über 3000 m hohe Pässe und wird häufig nach Niederschlägen und Massentransporten – Lawinen, Muren und Bergstürzen – insbesondere im Winter, während der frühjährlichen Tauwetterperioden und nach extremen Niederschlagsereignissen beeinträchtigt. Einige unbefestigte Passstraßen sowie zwischen der Hauptstadt Bischkek und Osch, Žalal-Abad und Batken als den regionalen Zentren des Landessüdens bestehende Flugverbindungen können durch Unterbrechung der Straßenverbindung entstehende Mobilitäts-, Versorgungs- und Absatzschwierigkeiten nur teilweise substituieren, da sie ergänzende inländische Eisenbahnverbindungen oder andere komplementäre Transportmittel nicht bestehen. Die mit hohen Zeit und Transportkosten verbundenen, über die Territorien Kasachstans, Usbekistans und Tadschikistans führenden Eisenbahnverbindungen haben im Zusammenhang mit den rigiden Grenzregimen lediglich marginale Bedeutung und tragen unter den gegebenen Umständen nicht zur gesellschaftlichen Entwicklung bei.[39] Es sei noch einmal darauf hingewiesen, dass diese Umstände nicht per se eine Einschränkung für die Entwicklung Kirgisistans darstellen, vor dem Hintergrund der eingeschränkten eigenen wirtschaftlichen Potentiale des Landes aber entwicklungshemmende Wirkung entfalten.

Der Umstand der kontinentalen Position und die Randlage an der Zone der aussertropischen Westwinddrift der höheren Mittelbreiten (ca. 35-65° Nord/Süd) führen zu einem Klima, das allgemeine Charakteristika strenger Kontinentalität aufweist: Es zeichnet sich durch ausgeprägte Temperaturjahresgänge, das heisst heisse Sommer und kalte Winter, durch saisonale Niederschlagsverteilungen mit Spitzen in den kurzen Übergangsjahreszeiten sowie durch Dominanz arider Wasserhaushaltsregime aus.[40] Im Zusammenwirken mit den orographischen Gegeben-

38 Bei der allgemein als Tal bekannten Region Fergana handelt es sich im geomorphologischen Sinn um ein intramontanes Becken, das eingeschlossen ist zwischen den Gebirgsketten Čatkal und Fergana des Tien Shan im Norden und der die südliche Grenze bildenden Zerafšan-, Turkestan- und Alajketten des Pamiro-Alaj. Eine Besonderheit stellt seine Gunstlage dar, die sich in der Fruchtbarkeit der Lössböden abbildet, welche durch die stark entwickelte landwirtschaftliche Bewässerungskultur seit Jahrhunderten nutzbar gemacht worden sind. Das Gebiet gilt als wichtigste agrarwirtschaftliche und am dichtesten besiedelte zentralasiatische Region, in der bis zu drei Ernten im Jahresverlauf möglich sind und ungefähr ein Viertel der Bevölkerung Zentralasiens auf ca. fünf Prozent der Fläche der Region leben. Neben der Landwirtschaft, seit der Kolonialzeit insbesondere Baumwollanbau, bilden reiche Rohstoffvorkommen eine wirtschaftliche Grundlage für Bergbau, chemische und Schwerindustrie, insbesondere in Usbekistan. Die für verschiedene gewaltsame Ereignisse in historischer, aber auch der jüngeren und jüngsten Vergangenheit bekannte Region wird heute von Austausch und Mobilität behindernden Grenzen zwischen den drei postsowjetischen Staaten Kirgisistan, Tadschikistan und Usbekistan zerschnitten.

39 vgl. Huskey, 2003: 126; Kreutzmann, 2004: 8–9; Schmidt, 2006a: 49, Stadelbauer, 2007a: 39–40

40 Jedoch sind eine Vielzahl regionaler klimatischer Varietäten aufgrund der physischen Fragmentierung des Landes, der Höhenlage, der Höhe und Exposition begrenzender Gebirgszüge oder der räumlichen Nähe zu Wasserflächen, wie der des Sees Issyk Kul', zu beobachten.

heiten beeinflusst das Klima Möglichkeiten der landwirtschaftlichen Inwertsetzung. Mit rund 107000 km² Areal können ca. 54 % der Landesfläche agrarisch genutzt werden. Ackerbaulich inwertsetzbare Flächen nehmen hiervon unter zwölf Prozent ein, das heisst rund 1,2 Mio. ha, bzw. knapp über sechs Prozent der gesamten Landesfläche. Zum größten Teil ist für die ackerbauliche Inwertsetzung Bewässerung erforderlich, was in der Regel in Tieflandbereichen mit ausreichender Wasserversorgung praktiziert wird. Bewässerungsloser Regenfeldbau wird lediglich in kleinen Gebieten mit Jahresniederschlagssummen von 300 bis 500 mm, stellenweise deutlich darüber, umgesetzt. Als Bogharfeldbau bezeichneter Schmelzwasserlandbau ist nur auf relativ kleinen Flächen in Gebirgsfußlage möglich.[41] Dieser natürliche Umstand ist einer der Gründe, warum Kirgisistan gezwungen ist, einen nicht unerheblichen Teil der benötigten Grundnahrungsmittel, insbesondere Getreide, zu importieren.[42] Der weitaus größere Anteil agrarisch genutzter Territorien wird von Grasländern eingenommen, die als Saisonalweiden pastoralwirtschaftlich inwertgesetzt werden. Sie nehmen mit ca. 9,2 Mio. ha fast 86 % der agrarischen Nutzflächen ein und bedecken annähernd 46 % des Landesterritoriums.

In dem mit lediglich rund fünf Prozent Waldbedeckung der Landesfläche ansonsten waldarmen Land befinden sich in montanen Höhenlagen an südlichen und südwestlichen Abdachungen des westlichen Tien Shan global gesehen seltene Walnuss-Wildobst-Wälder.[43] Sie zeichnen sich durch hohe Gehölzdiversität aus, wurden in sowjetischer Zeit forstwirtschaftlich bewirtschaftet und besitzen gegenwärtig hohe Bedeutung für die Einkommensgenerierung der lokalen Bevölkerung. Unterschiedliche Ursachen haben dazu geführt, dass diese Wälder in ihrem Zustand als bedroht gelten.[44] Höher in subalpinen und alpinen Bereichen gelegen befinden sich neben weiträumigen Grassteppen lichte Nadelgehölzwälder, bestehend vor allem aus Tien Shan-Fichten (*Picea schrenkiana*) und unterschiedlichen Wacholderarten (z.B. *Juniperus seravschanica, Juniperus turkestanica*).[45]

Ein weiteres Potenzial, über welches das durchschnittlich auf ca 2750 m und zu mehr als 40 % über 3000 m liegende Land verfügt, sind einige der größten ‚Wassertürme der Menschheit‘[46], das heisst in Gletschern und perennierenden

Maximale Niederschlagswerte werden im Landeswesten mit über 1500 mm Jahresniederschlag an den in Luvlage befindlichen Abdachungen der Fergana- und der Kirgisischen Kette gemessen, minimale im westlichen Teil des Issyk Kul'-Beckens mit etwas über 140 mm (vgl. AN KSSR/GK KSSR IPK, 1982: 57; GUGK, 1987a: 16; 1987e: 62–63; GUGK, 1987f: 64–65; Succow, 1989: 192–193; von Gumppenberg, 2004a: 154–155).

41 vgl. Steinberger/Göschel, 1979: 499–500; GUGK, 1987a; Succow, 1989: 192–193

42 vgl. Stadelbauer, 2007a: 37–38; SAEPFUGKR/UNDPKR, 2007: 19-20

43 vgl. Griza et al., 2008: 31

44 vgl. Blaser et al., 1998; Schmidt, 2005a, 2006b; SAEPFUGKR/UNDPKR, 2007; 14–17; Dörre/Schmidt, 2008

45 vgl. Steinberger/Göschel, 1979: 499–500; GUGK, 1987a; Succow, 1989: 197; Brylski et al., 2001: ii; SAEPFUGKR/UNDPKR, 2007: 14–17; Shamsiev et al., 2007: 53–54

46 vgl. Kreutzmann, 2000a

Schneefeldern gespeicherte Wasserressourcen.[47] Dieses Medium stellt in der zentralasiatischen Region einen Gegenstand von internationaler Bedeutung dar, da das vorherrschende kontinentale und trockene Klima Wasser zu einer der wichtigsten natürlichen Ressourcen der Region werden lässt. Alle größeren Flüsse fließen grenzüberschreitend und das größte Bevölkerungssegment lebt vom Wasser transnationaler Wasserläufe. Im Zusammenhang mit den in der postsowjetischen Periode vorherrschenden unkooperativen zwischenstaatlichen Verhältnissen in Zentralasien entfaltet das natürliche Kernmerkmal des flüssigen Rohstoffs – seine ungleiche raumzeitliche Verteilung – entwicklungsbeeinträchtigende Wirkung. Unterschiede zwischen den dominierenden Nutzungsinteressen führten seit der staatlichen Unabhängigkeit der zentralasiatischen Republiken weitaus seltener zu gemeinsam verfolgten konstruktiven Umgängen mit der Herausforderung, als zu sich am ‚Wasser-Energie-Nexus'[48] entzündenden Meinungsverschiedenheiten zwischen den politischen Führungen der Ober- und Unterliegerstaaten grenzüberschreitender Flüsse um die Gestaltung der den Abflusszeitraum, die Abflussdauer und das Abflussvolumen umfassenden Flussregimeregulierung, was zu hohen politischen und wirtschaftlichen Kosten führt.[49]

Die sich aus der naturräumlichen Ausstattung ergebenden Herausforderungen werden von weiteren Faktoren flankiert. Die Bündelung politischer und ökonomischer Macht bei „strategischen Gruppen" (Evers/Schiel, 1988: 10) sowie die Instrumentalisierung der Macht durch diese stellt dabei eine zentrale Herausforderung dar.

1.1.2 Konzentration und Instrumentalisierung politischer und wirtschaftlicher Macht

Die Bündelung politischer und wirtschaftlicher Macht lässt sich als mit Kalkül betriebene Integration zweier konträr zueinander stehender Handlungsaufträge verstehen: Während der an politische Funktionsträger verliehene Auftrag in sich ‚demokratisch' bezeichnenden politischen Systemen – wie Kirgisistan für sich in Anspruch nimmt[50] – in der anzustrebenden Entwicklung und zu verfolgenden Wohlfahrtsmehrung der gesamten Gesellschaft besteht, ist es in erster Linie die eigennützige Gewinngenerierung, die unternehmerisches Handeln unter marktwirtschaftlichen Konkurrenzbedingungen antreibt. Die Bündelung politischer und wirtschaftlicher Macht bei gesellschaftlichen Eliten birgt daher grundsätzlich die Gefahr der Kollision öffentlicher und individueller Interessen. Dem sich in dieser Hinsicht ergebenden moralischen Konflikt können sich diese mächtigen Akteure entziehen, indem sie einen Auftrag dem anderen vorziehen. So können sie bei-

47 vgl. GUGK, 1987a
48 World Bank (2004) zitiert in UNEP et al., 2005: 22
49 vgl. Bensmann, 2010: 2–5
50 vgl. KKR 1993: Art. 1 Abs. 1. Dieser Passus hatte bisher in allen Fassungen der Konstitution Bestand.

spielsweise politische und wirtschaftliche Macht zur Verfolgung eigener Ziele und damit zu ihren eigenen Gunsten instrumentalisieren und Schlüsselpositionen in Politik und Wirtschaft mit loyalen Partnern besetzen. Die resultierenden Opportunitätskosten solcher Praktiken werden durch den weitgehenden Ausschluss der Gesellschaft von politischen Willensbildungs- und Gestaltungsprozessen sowie von privat abgeschöpften, nicht in die soziale Entwicklung reinvestierten Gewinnen und damit der Allgemeinheit entgangenen Wohlfahrtsmehrungen gebildet. Die politischen und wirtschaftlichen Lasten ausschließlich private Ziele verfolgender Politik und eigennutzorientierter Profitabschöpfung durch die Eliten werden damit externalisiert, was hier der Gesellschaft auferlegt heisst. Weltweit ist zu beobachten, wie Eliten im Bewusstsein, dass Verluste politischer Macht mit Einbußen wirtschaftlicher Privilegien einhergehen, es für legitim erachten, „Stabilität durch Repression" (Mangott, 1996b: 70) durchzusetzen.[51] Sie greifen dabei auf verschiedene autoritäre, sowohl allgemeine Menschenrechte und bürgerliche Freiheiten beschneidende Maßnahmen, als auch auf gezielte Verfolgung und Kriminalisierung von ihre Positionen bedrohenden bzw. das Potential dazu besitzenden Einzelpersonen und Organisationen oder aber deren Kooptierung in die Funktionsmechanismen des Systems zurück.[52] Aufgrund dieser Zusammenhänge lassen sich an Personen bzw. an gemeinsame Interessen verfolgende Gruppen gebundene Verquickungen politischer und ökonomischer Macht als potentielles gesamtgesellschaftliches Entwicklungshemmnis bezeichnen.

Im stark personalisierten politischen System Kirgisistans fanden solche Akkumulierungen von Verfügungsgewalten über politische und ökonomische Ressourcen durch die politisch Herrschenden sowohl unter der Führung des Präsidialapparates Askar Akaevs, als auch unter Kurmanbek Bakiev statt mit allen genannten Begleiterscheinungen: mangelnde gesellschaftliche Partizipation an politischen Entscheidungen, entgangene Wohlfahrt und repressive Maßnahmen.[53] Als treibendes Motiv hinter diesen Praktiken lässt sich die Sicherung der bestehenden Herrschaftsstrukturen ausmachen. Das Konzept der „strategischen Gruppen" nach Evers und Schiel (vgl. ebd., 1988) ermöglicht eine theoretisch fundierte Beschreibung dieses Phänomens.

Zunächst ist es hilfreich, eine differenzierte Bedeutungsbestimmung der elementaren Grundlage vorzunehmen, aus der Macht gespeist und gesichert wird: Ressourcen. Anthony Giddens folgend lassen sie sich als allokative und autoritative Ressourcen fassen.[54] Grundlage der ersten sind physisch-materielle Aspekte und Bedingungen, beispielsweise Rohstoffe und andere Umweltgüter, Produktionsmittel und -einrichtungen sowie Erzeugnisse, die aus der Nutzung oder Umwandlung der Rohstoffe und Umweltgüter in Produktionseinrichtungen entstehen.

51 vgl. Efegil, 2006: 112

52 vgl. Heinemann-Grüder/Haberstock, 2007: 121

53 vgl. Mangott, 1996b: 69-70, 103; ICG, 2004, 2005a, 2005b, 2008a, 2010a; Halbach/Eder, 2005: 2–3; Starr, 2006; Akmatjanova, 2006: 196–198; Schmidt, 2006a: 54–55; Efegil, 2006; Nogojbaeva, 2007; Eschment, 2007: 66–70; Kobonbaev, 2007: 319; FIDH et al., 2010: 7–8

54 vgl. ebd., 1997: 315–316

Finanzielle Ressourcen lassen sich ebenso den allokativen zurechnen. Die Grundlage autoritativer Ressourcen umfassen die für soziales Handeln relevanten Aspekte der räumlichen und zeitlichen Organisation von Gesellschaften, von zwischenmenschlichen Beziehungen und von individellen Entwicklungsmöglichkeiten. Die zentrale Position nehmen hierbei Regelungen gesellschaftlicher Verhältnisse, Interaktionen und Beziehungen ein, zu denen sowohl kodifiziertes Recht und formelle Rechtsakte, als auch informelle Regelungen gehören. Auch der moralische Wertekanon von Gesellschaften kann als Aspekt autoritativer Ressourcen gelten. Für die Beantwortung der Frage nach der Ressourcenaneignung durch die politischen Eliten Kirgisistans ist jedoch nicht die Existenz der Ressourcen an sich entscheidend, sondern die Fähigkeit der Eliten, vorhandene Ressourcen zielgerichtet zur Verfolgung eigener Partikularinteressen zu nutzen und bei vermeintlicher Notwendigkeit zu verändern.[55] Das setzt – auch gegen das Interesse und den Widerstand anderer Akteure – voraus, eine bestimmte Kontrolle über den Zugang Dritter zu und deren Zugriff auf Ressourcen auszuüben sowie gleichzeitig selbst über die betreffenden Ressourcen zu verfügen. Dieses entscheidende Moment bildet zugleich den Kern des hier verwendeten Machtbegriffs: ‚Macht', ein – wie später an konkreten Beispielen gezeigt wird – zentraler Aspekt gesellschaftlicher Naturressourcenverhältnisse, wird in der vorliegenden Arbeit folglich nicht als Ressource an sich verstanden, sondern als ein relationales Konzept in Anlehnung an Michel Foucault, der sie als „Vielfältigkeit von Kraftverhältnissen" (ebd., 1998: 113) versteht, die ein „offenes, mehr oder weniger [...] koordiniertes Bündel von Beziehungen" (ebd., 1978: 126) abbildet. Allokative und autoritative Ressourcen bilden daher die elementare Basis von sich in zwischenmenschlichen Verhältnissen darstellender Macht. Die gezielte Ausweitung der Möglichkeiten zur Ressourcenappropriation als Strategie der Machtausübung durch die politische Elite diente – der Theorie entsprechend[56] – auch in Kirgisistan in erster Linie der Herrschaftssicherung in Form der Reproduktion von Herrschaftsstrukturen und damit der Erfüllung des zentralen, gemeinsam geteilten Interesses der Eliten.[57] Die Instrumentalisierung staatlicher Strukturen als Mittel zum Zweck erlaubt es, diese nichtstaatlichen Interessensgruppen als ‚strategische Gruppe' zu bezeichnen.[58] Als strategisch bezeichnen Evers/Schiel jene Gruppen, die von Menschen gebildet werden,

55 vgl. Nogojbaeva, 2007. Um bei einer für Zentralasien relevanten Thematik zu bleiben, soll das folgende Beispiel den Charakter beider Ressourcenformen illustrieren: Der in Staubecken gespeicherte Rohstoff Wasser stellt eine allokative Ressource dar, die durch Turbinen eines Wasserkraftwerkes geleitet zunächst der Gewinnung von Elektroenergie und im weiteren Verlauf als Bewässerungswasser dem Landbau dient. Wenn – wie mehrfach geschehen – durch einen Entscheidungsträger eine Veränderung des raumzeitlichen Abflussregimes eines Speicherbeckens angeordnet wird, spielt er seine Macht durch Rückgriff auf eine autoritative Ressource aus.

56 vgl. Giddens, 1997: 315

57 vgl. ICG, 2004

58 vgl. Evers/Schiel, 1988: 10; Evers, 1999

„ […] die durch ein gemeinsames Interesse an der Erhaltung oder Erweiterung ihrer gemeinsamen Aneignungschancen verbunden sind. […] Das gemeinsame Interesse ermöglicht strategisches Handeln, d.h. langfristig ein „Programm“ zur Erhaltung oder Verbesserung der Appropriationschancen zu verfolgen“ (ebd., 1988: 10).

In der Gesellschaft Kirgisistans besitzen Tribalismus, Verwandtschaft und regionale Herkunft bis in die höchsten Ebenen des politischen Systems hohe Bedeutung für Identitätsstiftung, soziale Organisation und strategische Verfolgung von Zielen. Die hierbei zentralen Beziehungen mit der in diesem Zusammenhang häufig zitierten Kategorie der ‚Klanzugehörigkeit‘ zu erklären trifft nicht den Kern der Sache. Es handelt sich vielmehr um individuell geknüpfte Beziehungsnetze regionalen Charakters, in denen ausser verwandtschaftlichen Bindungen auch Freundschafts-, andere Loyalitäts- sowie Abhängigkeitsbeziehungen hohe Bedeutung besitzen.[59]

Anders ausgedrückt, wurde im postsowjetischen Kirgisistan das Ringen um politische Macht seit längerem insbesondere zwischen in Konkurrenz zueinander stehenden Netzwerken ausgetragen. Zwischen Gruppen aus dem Landesnorden und -süden bestehen besondere Konkurrenzen.[60] Wie bereits angerissen wurde, können sowohl Askar Akaev, als auch Kurmanbek Bakiev als Vertreter unterschiedlicher, auf Verwandtschaft und regionaler Herkunft basierender strategischer Gruppen gelten, die die jeweiligen gesellschaftspolitischen Umstände, dabei insbesondere neue Ressourcenaneignungsmöglichkeiten, zu ihren Gunsten zu nutzen und zu manipulieren wussten. Im Fall des aus dem Norden stammenden Askar Akaev waren es die Bedingungen des Niedergangs des sozialistischen Systems mit den bekannten Begleiterscheinungen und der marktwirtschaftlich orientierte Neuanfang des souveränen Kirgisistan. Für Kurmanbek Bakiev, aus dem Gebiet Žalal-Abad im Landessüden stammend, ergaben hingegen die im Zuge der Absetzung der Regierung Akaev gebildeten Vakanzen in Politik und Wirtschaft Möglichkeiten zur Protegierung des eigenen Verwandtschafts-, Unterstützer- und

59 vgl. Finke, 2002: 147; Sehring, 2005; Koichumanov et al., 2005; Starr, 2006

60 Auch wenn das Narrativ der Rivalität zwischen dem russifizierten und stärker nach Westen ausgerichteten Norden und dem stärker religiös und von althergebrachten Werten geprägten Süden simplifiziert ist, besitzt es doch nicht zu unterschätzende praktische Relevanz, da es in Kirgisistan weit verbreitet ist und der identitären Selbst- und Fremdzuschreibung dient (vgl. ICG, 2004: 5, 17–18; Efegil, 2006: 115; Nogojbaeva, 2007: 125). Temirkoulov erklärt die Nord-Süd-Rivalität aus historischer Perspektive auf Kultur, Wirtschaft und Politik. Während sich die nördlichen Stammesverbände dem Russischen Imperium unterwarfen, widersetzte sich der Süden länger der russischen Eroberung. Durch die frühe arabische Eroberung und die stärkere Prägung durch sesshafte Kulturen sei der Islam im Süden tiefer als im Norden verwurzelt. Der Widerstand der *basmači* gegen die Sowjetmacht bis in die 1930er Jahre hatte im Süden seinen Schwerpunkt, während die den Aufstand bekämpfenden und die spätere Politik dominierenden Kirgisen aus dem Norden stammten. Im Wettbewerb um den Erhalt knapper Ressourcen und Macht spielten subnationale Loyalitäten und Netzwerke auch danach eine große Rolle. Indem sich aus dem Norden stammende Netzwerke behaupteten, dominierten deren Vertreter die politischen und wirtschaftlichen Entscheidungsebenen der Sowjetrepublik (vgl. ebd., 2004: 94–95).

Entsendekreises.[61] Um eigene politische und ökonomische Ziele aktiv zu vertreten, wurden unter beiden Präsidenten Vertreter aus der jeweils eigenen Gruppe für politische Führungs- und wirtschaftliche Entscheidungspositionen rekrutiert oder aber aus Reihen, deren Loyalität gewiss schien bzw. benötigt wurde.[62] Auch informelle Absprachen mit Vertretern mächtiger, in Rivalität zur herrschenden Gruppe stehender Gruppierungen dienten der Balancierung innerstaatlicher Machtverhältnisse und damit der Sicherung des errungenen Herrschaftsstatus. In reziproken Abhängigkeitsverhältnissen stehend handelten die nominierten Vertreter in der Regel im Sinne ihrer Gruppe und fanden deren Rückhalt.[63]

Unter Askar Akaev fand eine sukzessive „Präsidentialisierung" (Mangott, 1996b: 103) des politischen Systems und damit eine Stärkung der Exekutive bei paralleler Entmachtung der Legislative statt.[64] Bereits vor der ersten und für ihn überaus erfolgreichen Präsidentschaftswahl am 12. Oktober 1991 sorgte Akaev dafür, als einziger Wahlkandidat aufgestellt zu werden. Manipulationen von Wahlvorbereitungen und -ergebnissen stellten bis zum Ende seiner Herrschaft ein Machtinstrument der politischen Herrschaftssicherung dar.[65] Im Vergleich zum Gesetz „Über die Einführung des Präsidentenamtes" weitete die im Mai 1993 beschlossene Verfassung die präsidialen Kompetenzen aus und definierte die Position des Präsidenten als ‚Staatsoberhaupt' und damit als oberstes Organ der Exekutive. Zudem konnte Akaev auf der neuen Rechtsgrundlage in den ihm übertragenen Politikfeldern unter Umgehung des Parlaments mittels landesweit verbindlicher Dekrete regieren.[66] Im Zuge eines im Oktober 1994 abgehaltenen Referendums verlor das Parlament das Privileg, Verfassungsänderungen und Entscheidungen zentraler Staatsfragen per Beschluss vorzunehmen. Diese konnten nunmehr auch durch vom Präsidenten initiierte Volksabstimmungen erfolgen.[67] Weitere von Akaev veranlasste und auf Volksentscheiden basierende Verfassungsänderungen weiteten die präsidiale Macht auf Kosten der Parlamentsbefugnisse beständig aus.[68] Dabei erfüllten diese Referenden mindestens drei zentrale

61 vgl. ICG, 2005b: 2; Akmatjanova, 2006: 197

62 vgl. ICG, 2004; Efegil, 2006

63 vgl. ICG, 2004; Efegil, 2006: 112

64 vgl. Mangott, 1996b: 106; Eschment, 2007: 63-67; Nogojbaeva, 2007: 120

65 vgl. ICG, 2004: 3; Eschment, 2007: 63–67

66 vgl. KKR 1993: Art. 42 Abs. 1, Art. 46, Art. 48; Mangott, 1996b: 102–103; Gönenç, 2002: 291–293. Dieses Privileg hatte bis zum Ende der Präsidentschaft Kurmanbek Bakievs Bestand und wurde erst mit der Verfassungsrefom vom Juni 2010 abgeschafft, indem mit der für eine Inkrafttretung präsidialer Dekrete notwendigen parlamentarischen Zustimmung ein neues Gewaltenteilungs- und Kontrollinstrument der Legislative eingeführt wurde (vgl. KKR 2007: Art. 47 Abs. 1; KKR 2010: Art. 74 Abs. 5).

67 vgl. Mangott, 1996b: 106; Eschment, 2007: 63

68 Mit dem aus Sicht des Präsidenten erfolgreichen Referendum vom 10. Februar 1996 wurde die präsidale Richtlinienkompetenz in innen- und außenpolitischen Fragen, bei Besetzungen von Leitungspositionen in staatlichen Einrichtungen und deren Entlassung ohne parlamentarische Beteiligung sowie auf anderen Feldern ausgeweitet. Hierzu zählen neben dem Zentralbanksvorsitzenden, dem Vorsitzenden der Zentralen Wahlkommission und den regierungsbildenden Ministern weitere Führungsstellen, aber auch Richterposten. J. Conen kommentiert

Funktionen: sie suggerierten der Bevölkerung direkte Teilhabe am politischen Geschehen, verliehen der präsidialen politischen Praxis Legitimität und wichen durch Umgehung des Parlaments politischem Gegenwind während der Gestaltungsphase politischer Maßnahmen aus. Von entscheidender Bedeutung in der Frage der präsidialen Machtausweitung ist der dritte Punkt, da die Beschränkung der Kontrollfähigkeit des Parlaments mit der Ausweitung präsidialer Kompetenzen einherging und damit das Institut der Gewaltenteilung geschwächt wurde. Entgegen geltenden Verfassungsvorgaben stellte sich Akaev 2000 schließlich für eine dritte Amtsperiode zu einer seit dem Vorfeld manipulierten Wahl auf und gewann diese.[69]

War der politische Bereich vom Amt und der Person des Präsidenten dominiert, waren in die ökonomischen Aktivitäten der herrschenden strategischen Gruppe insbesondere in Verwandtschafts- bzw. engen Loyalitätsverhältnissen zum Präsidenten stehende Personen eingebunden. Ihre Betätigungen spielten sich in besonders lukrativen Geschäftsfeldern ab, nachdem sie sich im Zuge der offiziellen und von internationalen Geberorganisationen geforderten Privatisierungspolitik die ‚Filetstücke' der Unternehmen Kirgisistans gesichert hatten.[70] Zum Ende ihrer Herrschaft besaß der engere Verwandtschaftskreis Akaevs neben Hotels, Supermarktketten und Banken das bedeutendste Mobiltelefonunternehmen des Landes sowie mehrere Medienunternehmen wie Zeitungen, Rundfunk- und Fernsehsender, was die Unabhängigkeit der Medien stark behinderte.[71] Ausserdem standen über 200 Unternehmen in mehr oder weniger engen Beziehungen zu Akaevs Familiennetzwerk. Eine Untersuchungskommission ging verschiedenen Hinweisen nach, wonach Geld aus dem Staatsbudget und von in Kirgisistan investierenden ausländischen Unternehmen auf Privatkonten im Ausland transferiert wurde sowie eine Reihe von Unternehmen informelle Absprachen mit dem Präsidialapparat über Steuervergünstigungen getätigt hatten. Insbesondere die zunehmende Bereicherung und der wachsende Nepotismus störten die fragile Machtba-

dies treffenderweise so: „Der Präsident beschäftigt sich mit allem und ist für alles verantwortlich. Er tauscht und mischt Minister wie Karten in einem Spiel." (ebd., 1996: 18) Im weiteren Verlauf seiner Herrschaft erhielt der Präsident die Kompetenz, unter Zustimmung der lokalen Parlamente die Leiter der staatlichen Administration der *oblast'*- und *rajon*-Ebenen zu ernennen und abzusetzen sowie das Vorschlagsrecht für den Posten des Ministerpräsidenten, der vom Parlament bestätigt werden musste. Zugleich durfte er die Auflösung der Versammlung veranlassen, wenn sein Vorschlag dreimal abgelehnt wurde. Sein auf parlamentarische Gesetzesbeschlüsse bezogenes Vetorecht wurde ausgebaut und die Enthebungen aus seinem Amt durch das Parlament erschwert (vgl. Mangott, 1996b: 110–111; KKR 1993: Art. 46, Art. 52; KKR 1996: Art. 46 Art. 51; KKR 1998: Art 46 Abs. 1; Temirkoulov, 2004: 95).

69 Das nicht unabhängige Verfassungsgericht ermöglichte Akaevs dritte Kandidatur, indem es seine erste Amtsperiode nicht die Zählung einbezog, da seine Erstwahl noch unter sowjetischer Verfassung stattgefunden hatte (vgl. KKR 1998: Art. 43 Abs. 2; vgl. Eschment, 2007: 63–66).

70 vgl. ICG, 2005b: 4; Nogojbaeva, 2007: 120; Ein Bericht der ICG zitiert einen Bankangestellten zu diesem Thema mit folgenden Worten: „Serious business is selected by and works for the family, and all the rest is smaller business [...]" (ebd., 2004: 11).

71 vgl. ICG, 2004: 7–8

lance zwischen der herrschenden und anderen mächtigen regionalen Gruppen, ließen die weitverbreitete Unzufriedenheit der Bevölkerung anwachsen, führten zur Schmälerung der Unterstützungsbasis des Regimes und trugen so zur Schwächung und schließlich zu seiner Absetzung bei.[72]

Mit der Übernahme der Macht durch zuvor oppositionelle Kräfte unter Anführung Kurmanbek Bakievs, eines ehemaligen Gouverneurs der Provinzen Žalal-Abad und Čuj und späteren Premierministers, waren in Teilen der Gesellschaft Erwartungen auf eine Aufklärung der Machenschaften der abgesetzten Herrscherelite, die Abkehr von autoritären Praktiken, Reformen zu einem ausgeglichenem Verhältnis zwischen Parlament und Präsident sowie größerer Teilhabe der Bevölkerung an wirtschaftlichen Wertschöpfungen und gesellschaftlicher Gestaltung verbunden. Obwohl er zuvor getroffenen Absprachen entsprechend seinen aus dem Norden stammenden politischen Kontrahenten Feliks Kulov zum Premierminister ernannte und damit den Rivalitäten zwischen Einflussgruppen aus dem Landesnorden und -süden sogar strukturell die Schärfe zu nehmen schien, wurden sämtliche Erwartungen im weiteren Verlauf seiner Präsidentschaft enttäuscht. Nach einer Phase heftiger ausserparlamentarischer Proteste 2005-2006[73] setzte die neue Elite das Projekt der Fortsetzung eines streng zentralisierten politischen Systems durch, indem sie die politische Herrschaftssicherung durch strategische Ämterbesetzungen aus dem engsten Verwandtschaftskreis und durch Machtverschiebung zu Gunsten der nunmehr mit Vertretern des Südens dominierten Exekutive unter Anwendung verschiedener Mittel in radikalisierter Weise umsetzte.[74] Hierbei galt das Putinsche Modell der ‚Machtvertikale' als Vorbild, bei der zunehmend staatliche Organe der für das Überleben des Regimes wichtigen Politikfelder der direkten Verantwortlichkeit des Präsidialapparates unterstellt sowie die Staatsführung einer kleinen Elite aus dem engsten Familienkreis Bakievs übertragen wurde.[75] Zudem zeigte sich zunehmend, dass für das Präsidentenamt ein Nachfolger aus der Verwandtschaft und damit ein dynastisches Herrschaftssystem vorbereitet wurden.[76] Eine erneut mittels Referendum legitimierte Verfassungsänderung vom Oktober 2007 ermöglichte die Änderung des Gesetzes zu Parla-

72 vgl. ICG, 2004: 6; Akmatjanova, 2006: 198; Schmidt, 2006a: 54; Starr, 2006

73 Die erneut einen Wechsel der Elite fordernden Losungen wie „Bakiev ketsin!" und „Kulov ketsin!" deuten an, dass erneut bestimmte gesellschaftliche Zusammenhänge von der wirtschaftlichen und politischen Teilhabe ausgeschlossen wurden. Emanzipatorische Forderungen nach einem grundsätzlichen Wechsel zu einer allen Gesellschaftsmitgliedern Partizipationsmöglichkeiten bietenden Politik blieben marginal (vgl. Nogojbaeva, 2007: 126).

74 vgl. ICG, 2005b: 2, 12–13; ICG, 2006: 1–2, 7; Eschment, 2007: 69; ICG, 2008a: 1, 5–6; So schreibt die ICG vom „Aufstieg des Ein-Familien-Staates" (vgl. ebd., 2010a: 2, Übersetzung AD). Vor allem Kurmanbek Bakievs jüngster Sohn Maksim und sein Bruder Janysh galten als machtvollste Akteure innerhalb der Herrscherfamilie. Maksim Bakiev war insbesondere in wirtschaflichen Belangen tätig. Als Janysh Bakievs Aktivitätsfelder galten Strafverfolgung, Verteidigungs- und Sicherheitsfragen (vgl. ICG, 2008a: 7; ICG, 2010a: 2, 7, 10).

75 vgl. ICG, 2006:1; ICG, 2008a: 6; ICG, 2010a: 3. Dies waren innere Sicherheit, Verteidigung, auswärtige Beziehungen und Finanzen (vgl. ICG, 2010a: 7).

76 vgl. ICG, 2010a: 2–3, 6–7; FIDH et al., 2010: 7–8

mentswahlen. Ausgehend von dem neu eingeführten Parteilistensystem führten mehrere Neuerungen zu einer hohen Zustimmung durch die Bevölkerung, da diese Reformen zunächst als angemessene Maßnahmen schienen, um künftig Überrepräsentierungen von als Parteien verdeckten regionalistischen Interessensvertretungen im Parlament zu verhindern. Das waren einerseits eine allgemeine Fünf-Prozenthürde sowie andererseits zwingend zu erreichende Mindestergebnisse von mindestens einem halben Prozent aller Wahlberechtigten in jedem der sieben Verwaltungsgebiete sowie in den beiden Städten Bischkek und Osch.[77] Das Gesetz fand nach vorzeitiger Auflösung des Parlaments durch den Präsidenten bereits im Dezember desselben Jahres bei der vorgezogenen Wahl Anwendung. Dabei entpuppte sich der zweite Aspekt faktisch als Instrument zur Etablierung eines Ein-Parteien-Systems der Partei des Präsidenten und damit als „Falle für die Opposition“ (vgl. ICG, 2008a: 1, Übersetzung AD). Die wichtigste Oppositionspartei *Ata Meken*[78] scheiterte an diesem Punkt und konnte entgegen der erst unmittelbar vor der Wahl durch den Präsidenten gegründeten Partei *Ak Žol*[79] keine parlamentarische Vertretung bilden. Das somit faktisch oppositionslose Parlament mutierte zum Erfüllungsgehilfen des Präsidenten, anstatt die Funktion eines Kontrollorgans auszuüben.[80] Zudem war diese Parlaments- und die Präsidentenwahl vom Juli 2009 erneut von massiven Manipulationen zu Gunsten der Herrschenden begleitet.[81] Verstärkt gerieten wieder staatliche und unabhängige Medien unter exekutive Kontrolle und sahen sich vor die Wahl gestellt, entweder regierungsfreundlich zu berichten oder ihre Arbeit einzustellen. Kriminalisierung, Gewaltandrohung und -einsatz gegen kritische Journalisten und oppositionelle Politiker wuchsen an. Der Sicherheitsapparat wurde reformiert mit dem Ziel, schlagkräftiger auf Kritik und Bedrohungen aus dem Inneren reagieren zu können, als es unter der Vorgängerregierung praktiziert wurde.[82] Neue Gesetze zur Finanzierung nichtstaatlicher Organisationen, zum Schutz von Staatsgeheimnissen oder zum Kampf gegen Terrorismus wurden zur Einschränkung der Versammlungs- und Vereinigungsfreiheit instrumentalisiert.[83] Es wurde deutlich, dass die Grenzen des willkürlichen Agierens der herrschenden strategischen Gruppe’ durch interne Machtverhältnisse und funktionelle Spielräume gesetzt wurden, nicht jedoch durch formelle rechtliche Institutionen.[84]

Parallel zur politischen fand eine gezielte wirtschaftliche Machtausweitung statt, da „Geld als Lebenssaft politischer Prozesse“ (vgl. ICG, 2008a: 10, Übersetzung AD) galt. Nach Akaevs Abtritt brachen zunächst latente Rivalitäten zwischen unterschiedlichen Akteuren in offenen, teilweise gewaltsamen Kämpfen um

77 vgl. ZKR NRKKRVKR 2007: Art. 77 Abs. 2
78 krg. für ‚Mein Vaterland‘
79 krg. für ‚Heller/Leuchtender Weg‘
80 vgl. Eschment, 2008: 16; ICG, 2008a: 2-7; ICG, 2010a: 3
81 vgl. OSCE, 2007; ICG, 2008a: 1, 4; Eschment, 2008: 16; ODIHR, 2009; FIDH et al., 2010: 7–8
82 vgl. ICG, 2006: 3; ICG, 2008a: 2; ICG, 2010a: 2–4, 8
83 vgl. ICG, 2005b: 2; FIDH et al., 2010: 8
84 vgl. ICG, 2008: 7

die Übernahme von, Anteile an und Einflüsse auf zuvor privatisierte Wirtschaftsunternehmen aus. Die neue, an lukrativen Unternehmen interessierte politische Herrscherelite sah sich mit offen artikulierten Interessen lokaler und krimineller Autoritäten konfrontiert, die ebenso Schlüsselpositionen und Anteile einforderten und nach politischem Einfluss strebten.[85] Durch fehlende Transparenz und Fairness in Privatisierungsprozessen sank die Glaubwürdigkeit des neuen Regimes frühzeitig, da offensichtlich wurde, dass diese zu Gunsten der herrschenden Gruppe und auf Kosten der Gesellschaft stattgefunden hatten. Um die Loyalität potentieller Rivalen und Untergebener dauerhaft zu sichern, benötigte die Bakiev-Regierung kontinuierlich umfangreiche Finanzmittel. Kontrolle über den Finanzsektor und Kapitalmarkt verschaffte sie sich durch eine eigens gegründete und von Maksim Bakiev geleitete Zentrale Agentur für Entwicklung, Investment und Innovation, über die die wichtigsten Finanzagenturen des Landes koordiniert wurden.[86] Vor diesen Hintergründen wuchsen illegale Abzweigungen öffentlicher Mittel, Erpressungen von Unternehmen, Betrug und Korruption in Häufigkeit und Umfang und führten zur Zuspitzung gravierender gesellschaftlicher Probleme und breiter Unzufriedenheit. Als herausragend in diesem Zusammenhang gilt der unauthorisierte und intransparente Verkauf von Elektroenergie durch Regierungsmitglieder an Nachbarländer, in dessen Folge das Land von schmerzhaften Einschnitten in der Bereitstellung von Elektroenergie und ihrer rasanten Verteuerung betroffen war. Als ebenso markanter Einfluss des Bakievschen Systems auf die Wirtschaft des Landes gilt der strukturelle Klientelismus, von dem von den höchsten bis auf die lokalen Ebenen unhinterfragte Loyalität und Unterordnung bekundende Beamte, Angestellte, Unternehmer und Bittsteller profitieren konnten. Kritik übende Personen wurden hingegen verdrängt und erlitten andere schwerwiegende Nachteile.[87] Fünf Jahre nach der Wahl Bakievs zum Präsidenten Kirgisistans warfen ihm seine Kritiker und Gegner schließlich dieselben Praktiken zunehmender autoritärer Führung, der Vetternwirtschaft und Korruption vor, wie er es selbst ursprünglich Askar Akaev vorgehalten hatte. Nach einem in den regionalen Zentren Talas und Naryn beginnenden und sich schließlich auf Bischkek konzentrierenden, kurzen aber sehr gewalttätigen Aufstand verkündete die Interimsregierung unter Rosa Otunbaeva am 7. April 2010 den Sturz Bakievs und erklärte den 27. Juni desselben Jahres zum Tag eines Referendums über die zukünftige Ausrichtung des politischen Systems Kirgisistans als parlamentarische Demokratie, welches von der Bevölkerung befürwortet wurde.[88]

Was Barbara Christophe für das Staatswesen des postsozialistischen Georgien feststellt, gilt als Folge der während beider Präsidentschaften sukzessive akkumulierten politischen und ökonomischen Macht und deren Instrumentalisierung

85 vgl. ICG, 2005b: 4; ICG, 2006: 2; ICG, 2010a; Melvin, 2011: 14–15

86 vgl. ICG, 2008a: 1; ICG, 2010a: 7-8; FIDH et al., 2010: 8

87 vgl. ICG, 2005b: 4–17; ICG, 2008a: 10, 15; ICG, 2010a: 3, 5–10; EBRD, 2008: 140

88 Nach seiner Flucht in seine Heimatsiedlung Tejit nahe Žalal-Abad versuchte sich Kurmanbek Bakiev noch wenige Tage in der Mobilisierung von Widerstand, um danach über Kasachstan nach Belorus zu fliehen (vgl. Eschment/Alff, 2010: 10; ZAA, 2010: 11–17; ICG, 2010a).

durch die herrschenden strategischen Gruppen auch für Kirgisistan: Strukturelle sozioökonomische Probleme der Gesellschaft blieben bestehen, da die staatliche Seite die Erfüllung hoheitlicher Aufgaben, die verlässliche, ausreichende und für alle Bürger zugängliche Bereitstellung öffentlicher Güter in Form öffentlicher Infrastruktur der Bereiche soziale Fürsorge, Bildung und Gesundheit sowie die Produktion zuverlässiger Regulierungen bzw. „Räumen der Vorhersehbarkeit" (Christophe, 2005: 13) durch das Setzen klarer Regeln als Voraussetzung für Kooperation und Planungssicherheit weitgehend vernachlässigte. Diesen Defiziten entgegenstehend, entwickelte der Staat erstaunlich effiziente Mechanismen zur Ressourcenextraktion und Einkommensabschöpfung zu Gunsten der herrschenden Elite.[89] Dass diese kein Interesse an der Lösung gesellschaftlicher Aufgaben entwickelte, ist nicht verwunderlich. Es lässt sich dadurch erklären, dass die Missstände in erheblichem Maße eine Grundvoraussetzung elitärer Ressourcenverfügung und Einkommensgenerierung darstellen. Zwischen der Verquickung politischer und wirtschaftlicher Macht auf der einen sowie der von politischer Instabilität und volkswirtschaftlicher Schwäche gekennzeichneten gesellschaftlichen Situation Kirgisistans auf der anderen Seite bestehen insofern enge Zusammenhänge.

1.1.3 Der ‚schocktherapeutische' Übergang vom Plan zum Markt

Im ökonomischen Bereich hatte das souveräne Kirgisistan nach 1991 ein besonders schweres Erbe zu übernehmen, da die vertikale Wirtschaftsintegration in der UdSSR zu ungleichen Dependenzen zwischen den Teilrepubliken geführt hat: Durch die strategisch kalkulierte, starke horizontale und vertikale interrepublikanische Arbeitsteilung bestand für die Teilrepublik hohe Abhängigkeit von der zentral organisierten, planbasierten Kommandowirtschaft.[90] Einer Strategie regionaler wirtschaftlicher Spezialisierung folgend, wurde bereits im Rahmen des ersten volkswirtschaftlichen Fünfjahrplanes 1928/1929 - 1932/1933 der Grundstein für die Entwicklung einer agroindustriellen, das heisst einer intensiven und relativ hoch mechanisierten Landwirtschaft unter besonderer Entwicklung der Viehzucht in der damals noch zur Russischen Sozialistischen Föderativen Sowjetrepublik [RSFSR][91] zählenden Kirgisischen Autonomen Sozialistischen Sowjetrepublik [KASSR] gelegt, mit der die Republik zum viehwirtschaftlichen Rückgrat der Region entwickelt werden sollte.[92] Neben forcierten Industrialisierungsbemühungen gelang es, die Viehzucht der 1936 aus der KASSR hervorgegangenen Kirgisischen Sozialistischen Sowjetrepublik[KSSR] auf Grundlage einer vornehmlich

89 vgl. Christophe, 2005: 13
90 vgl. Kobonbaev, 2007: 316
91 Dies war die offizielle deutschsprachige, jedoch unzutreffend übersetzte Bezeichnung. Ihre korrekte Form wäre „Russländische SFSR".
92 vgl. Mininzon, 1929: 59; VSNH, 1929: 121; GPKNK SSSR, 1934: 243; Rakitnikov, 1934; Abolin, 1934; Saharov, 1934a; Ludi, 2003: 123

von Großbetrieben gebildeten Landwirtschaft zu einem zentralen volkswirtschaftlichen Standbein und zur drittstärksten unter den Unionsrepubliken aufzubauen. Die Konzentration lag auf dem edelwoll- und fleischproduzierenden Zweig der Schafzucht sowie der Milcherzeugnisse und Fleisch produzierenden Rindviehhaltung. In der Rohwollproduktion galt die Republik schließlich als ‚Wollfabrik' für den gesamten sowjetischen Raum, während die Weiterverarbeitung – das heisst die im Vergleich zur Rohstofferzeugung höhere Wertschöpfung im Zuge ihrer Veredlung – zum größten Teil in der RSFSR und den Republiken des Baltikums stattfand.[93]

Eine Reihe von Merkmalen und Erbschaften der sowjetischen Wirtschaftsorganisation ergab für Kirgisistan Schwierigkeiten beim Start in eigenständige Wirtschaftsaktivitäten. Herausragende sind dabei die Folgenden: Die Aussenhandelsorientierung der Republik beschränkte sich nahezu ausschließlich auf den ehemaligen sowjetischen Raum und wies in den letzten sowjetischen Jahren einen defizitären Saldo von 14 % auf. Mit dem Zusammenbruch der UdSSR gingen diese Aussenhandelsverflechtungen und damit Versorgungs- und Absatzmöglichkeiten weitgehend verloren mit der Wirkung massiver volkswirtschaftlicher Einbußen. Die mit ehemals weniger als zwei Prozent des Exportvolumens als marginal einzustufende Verflechtung der KSSR mit dem nichtsowjetischen Raum erwies sich aufgrund des Mangels an Marktkontakten und wettbewerbsfähigen Produkten vorerst für nicht geeignet, als Ansatzpunkt wirtschaftlicher Prosperität entwickelt zu werden.[94] Zusätzlich hatte die Republik jahrelang den Status eines Nettoempfängers staatlicher Transferzahlungen, die zwischen 1989 und 1991 einer Höhe von über zehn Prozent des Gesellschaftlichen Bruttoprodukts [GBP] der KSSR entsprachen. Das GBP als Messgröße der volkswirtschaftlichen Gesamtrechnung der sozialistischen Planwirtschaft sowjetischen Typs wurde definiert als „Gesamtheit der von der Gesellschaft in einem bestimmten Zeitabschnitt erzeugten materiellen Güter und produktiven Leistungen" (Waterkamp, 1983: 195). Auch diese Transfers versiegten mit dem Ende der Sowjetunion völlig, ohne dass das Land über hinreichende eigene Substituierungsmöglichkeiten verfügte.[95]

Als ungünstig ist ausserdem der Umstand zu bewerten, dass im Land als einer der ärmsten Sowjetrepubliken im Zuge des sowjetischen Modernisierungsprojektes eine volkswirtschaftlich zwar bedeutende, jedoch nur in bescheidenem Maße diversifizierte Wirtschaft aufgebaut werden konnte. Der sekundäre Sektor wurde dabei von relativ wenigen Großbetrieben der Leicht- und Lebensmittelindustrie sowie des Maschinenbaus gebildet, die besonders hohe Anpassungsschwierigkeiten an die neue, auf marktwirtschaftlichen Prinzipien basierende Situation hatten.[96] Die Industrie trug unmittelbar vor der wirtschaftlichen Krise der späten

93 Mit der Zucht von Edelwollschafen der Rassen ‚Merino' und ‚Kirgisisches Edelvlies' (Abb. 5.6) sollten teure Importe substituiert werden (vgl. Isakov, 1974a: 3; Ljašenko/Botbaeva, 1976; Kvitko, 1981; Wilson, 1997: 58; Undeland, 2005: 19).

94 vgl. Havlik/Vertlib, 1996: 206; IBRD, 1993: XV, 1; Anderson/Pomfret, 2003

95 vgl. IBRD, 1993; Kobonbaev, 2007: 316

96 vgl. Moldokulov, 1982: 197; IBRD, 1993: XV, 1; Gisiger/Thomet, 2008: 53

sowjetischen Periode Mitte der 1980er Jahre nahezu zwei Drittel zur volkswirtschaftlichen Wertschöpfung der Republik bei und bot bereits 1979 mit rund 53 % dem Großteil der arbeitsfähigen Bevölkerung Beschäftigung. Der zum überwiegenden Teil von öffentlichen Diensten und dem staatlich kontrolliertem Handel gebildete tertiäre Sektor wies hingegen mit rund zehn Prozent GBP-Anteil ein geringes Gewicht auf. Die relative Bedeutung des primären Sektors pendelte langfristig um die Marke eines Viertels der volkswirtschaftlichen Produktion und nahm in der letzten sozialistischen Dekade entgegen dem früheren Trend sukzessive zu (Abb. 1.2).[97]

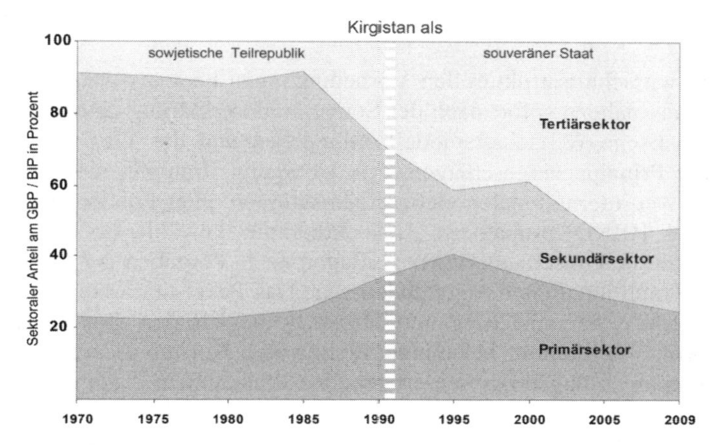

Abb. 1.2: Wirtschaftssektorale Entwicklung des GBP 1970-1990 und des BIP 1991-2009. Gestaltung: AD (2012) auf Grundlage von CSU KSSR, 1979: 18 (1970-1975); GK KSSRS, 1991: 9 (1980-1985); IBRD, 1993: 7 (1990); UNS KR, 2003: 4 (1995-2000); CIA, 2009 (2009); UNDP, 2010: 83 (2005)

Das Gesellschaftliche Bruttoprodukt [GBP] als Messgröße der volkswirtschaftlichen Gesamtrechnung der sozialistischen Planwirtschaft sowjetischen Typs wurde definiert als „Gesamtheit der von der Gesellschaft in einem bestimmten Zeitabschnitt erzeugten materiellen Güter und produktiven Leistungen" (Waterkamp, 1983: 195). Das Bruttoinlandprodukt [BIP] wird vom Nationalen Statistischen Komitee der Kirgisischen Republik [NSKKR] definiert als Summe sämtlicher Werte aller für den Endverbrauch produzierten Leistungen (Waren, Bereitstellung und Dienste), die von allen im Inland aktiven Produktionssubjekten innerhalb eines Abrechnungszeitraums (Jahr) erbracht worden sind (vgl. NSKKR, 2006a: 55). Der Primärsektor umfasst hier Fischereiwesen, Forst- und Landwirtschaft. Kirgisistans offizielle Sta-

97 vgl. Černova, 1982: 244–245. Bei Betrachtung der hier präsentierten makroökonomischen Daten ist zu beachten, dass diese lediglich Teilausschnitte und Tendenzen der wirtschaftlichen Prozesse und Strukturen wiedergeben. Schwer oder nicht quantifizierbare subsistenzorientierte Strategien und informelle Praktiken der quantitativ erheblichen Schattenwirtschaft werden lediglich schätzweise bzw. gar nicht erfasst. Für ausgewählte Jahre der ersten Dekade des 21. Jahrhunderts werden schattenwirtschaftliche Wertschöpfungsumfänge von rund einem Viertel bis zu über 40 % des BIP angenommen (vgl. Kojčumanov et al., 2005: 9; UNDPK, 2006: 8).

tistik subsummiert dabei markt- und subsistenzorientierte Produktion. Auf die entstehende Frage, mithilfe welcher Instrumente und Methoden die subsistenzorientierte Produktion quantifiziert wird, gibt das Zahlenwerk keine Antwort (vgl. NSKKR, 2009a: 85). Der Sekundärsektor umfasst hier Industrie, Bauwesen sowie die Energiegewinnung und den Montansektor. In den tertiären Sektor sind sämtliche Dienstleistungen, Besteuerungen und andere Einkünfte des Staates aufgenommen worden. Da die offiziellen Daten des NSKKR häufig inkonsistenten Charakter aufweisen und an einigen Stellen offensichtlich fehlerbehaftet sind, eignen sie sich nur beschränkt als Grundlage einer deskriptiven Abbildung. Die Darstellung der Entwicklungen der postsowjetischen Periode basiert daher auf Angaben unterschiedlicher Quellen internationaler Geberorganisationen. In Klammern hinter den Referenzen sind die Jahre angegeben, für die die entsprechenden Referenzen Auskunft geben. Da zu Redaktionsschluss der vorgelegenen Referenz noch keine offiziellen Daten vorlagen, handelt es sich bei den Werten für 2009 um Schätzungen.

Aus diesen wirtschaftsstrukturellen Vorbedingungen heraus wurde unter der Regierung Akaev nahezu sofort nach der Souveränitätserklärung das planwirtschaftlich zentralistische Wirtschaftsmodell aufgegeben und der Weg des marktwirtschaftlichen Prinzips eingeschlagen. Als Übergangsstrategie zum Kapitalismus wurde eine von internationalen Geberorganisationen unter Führung des IWF und der Weltbank [IBRD] propagierte ‚Schocktherapie' gewählt, bei der die Kreditgewährung an die Umsetzung harter Auflagen nach Vorgaben der Geber – die so genannten Konditionalitäten – gebunden war. Das Paket umfasste auf fiskalische Austeritätspolitik, Privatisierung und Marktöffnung als den drei Säulen des als ‚Konsens von Washington' bekannten neoliberalen Konzeptes marktwirtschaftlicher Strukturanpassungsprogramme bezogene Maßnahmen.[98] Zu den Kerninhalten zählten hierbei weitreichende Privatisierungen staatlicher und kollektiver Unternehmen und öffentlicher Einrichtungen unter Begleitung einer formellen rechtlichen Kodifizierung privater Eigentumstitel, die Liberalisierung des grenzüberschreitenden Handels durch Senkung und Vereinfachung tarifärer und nichttarifärer Handelshemmnisse, die Freigabe von Preisen und Zinsen, die Schaffung einer frei konvertiblen Nationalwährung sowie verschiedene makroökonomische Stabilisierungsmaßnahmen durch Inflationskontrolle und Reduzierung des Bud-

98 vgl. Im/Jalali/Saghir, 1993: 43–44; IBRD, 1993; Havlik/Vertlib, 1996: 203–207; Stiglitz, 2004: 78; Kobonbaev, 2007. Der ‚schocktherapeutische' Ansatz fand seine wissenschaftliche Legitimation in der neoklassischen Wirtschaftstheorie, die effizienten Märkten die Bedeutung der treibenden Kraft für wirtschaftliches Wachstum zuschreibt. Marktteilnehmer entsprechen dem Bild des homo oeconomicus und handeln demnach rational, nutzenmaximierend und entscheiden auf Grundlage vollkommener Information. Freie Preisbildung führt zur effizienten Allokation der Ressourcen. Verzerrungen werden durch die Adam Smith'sche ‚unsichtbare Hand' des Marktes verhindert oder – wenn sie bereits entstanden sind – beseitigt. Staatliche Einflussnahme wird als Störfaktor angesehen, den es zu minimieren gilt. Indem Entwicklung nicht als historischer Prozess betrachtet wurde und soziale, kulturelle und politische Spezifiken des Landes unberücksichtigt blieben, wurde die ‚Schocktherapie' als Modell nachholender Entwicklung von ihren Apologeten unter Federführung des IWF und der IBRD als universell einsetzbar angesehen (vgl. Petroniu, 2007: 48–50).

getdefizits (Abb. A.4).[99] Der Verlauf der postsowjetischen Wirtschaftsentwicklung lässt sich in unterschiedliche Etappen unterteilen. Die erste Phase zwischen 1991 und 1995 war von einem extremen volkswirtschaftlichen Niedergang geprägt, der sich in einem bis 1995 anhaltenden Negativwachstums des BIP, wachsenden regionalen Disparitäten und zunehmender ökonomischer Stratifizierung der Bevölkerung bei weitgreifender Verarmung niederschlug. Der Niedergang war so massiv, dass trotz des 1996 einsetzenden unstetigen Aufschwungs erst wieder gegen Ende der ersten Dekade des 21. Jahrhunderts eine volkswirtschaftliche Wertschöpfung erreicht wurde, die dem Umfang der ausgehenden sowjetischen Periode nahe kam. In dieser ersten Periode führte Kirgisistan als erstes GUS-Mitglied 1993 eine eigene Währung ein – den *Kirgisischen Som* [K.S.]. Der überwiegende Teil kleiner und mittlerer Unternehmen wurde zu dieser Zeit privatisiert (Abb. 1.3, Abb. 1.4).[100] Die zweite, von 1996 bis 1999 andauernde Phase, wird als Periode einsetzender makroökonomischer Stabilisierung gewertet, in der ein großer Teil „strategisch wichtiger Objekte" (vgl. Baum, 2007: 113, Übersetzung AD), das heisst großer Staatsunternehmen in Schlüsselbranchen privatisiert wurde. Im Zuge der bereits zu sowjetischer Zeit angedachten und für den Agrarsektor zentralen Reformprozesse wurden in dieser Zeit die bereits früher begonnene Auflösung der meisten Kollektiv- (*kolhoz*) und Staatsbetriebe (*sovhoz*) durch Privatisierung der technischen und baulichen Ausstattung, der Ackerflächen sowie der Viehbestände fortgesetzt.[101] Häufig wurde mit der von Oben verordneten Auflösung dem Bankrott der Betriebe proaktiv zuvorgekommen.[102] Als zentral muss im Zusammenhang mit der Privatisierung von Agrarbetrieben die Ackerlandvergabe an Privatpersonen und ab 1998 die Privatisierung des Bodens gelten.[103] Private Landwirte lösten kollektive und staatliche Großbetriebe allmählich als wichtigste Akteure ab.[104] So entstand der in der Gegenwart massgeblich durch klein-

99 vgl. Williamson, 1990; IBRD, 1993; Havlik/Vertlib, 1996: 203-207; Toktogulowa, 1998: 26; Kolodko, 1999; EBRD, 1999: 234–235, 2009: 180; Kojčumanov et al., 2005: 17–18; Nuscheler, 2006: 82–83

100 vgl. Havlik/Vertlib, 1996: 203–207; Bloch/Rasmussen, 1998: 116; Dekker, 2003: 49–50; IBRD, 2004a: 12; IBRD, 2004b: 1; Baum, 2007: 112; Kobonbaev, 2007: 315, 318

101 vgl. Kirsch, 1997; Bloch/Rasmussen, 1998: 116–127; Ludi, 2003: 120–121

102 vgl. Delehanty/Rasmussen, 1995: 570-573; Bloch/Rasmussen, 1998. Im Zusammenhang mit der Gorbatschowschen Reformpolitik wurde bereits im Februar 1991 ein „Gesetz über das bäuerliche Farmwesen" verabschiedet, das eine Landreform im Sinne der Parzellierung und anschließenden Verteilung landwirtschaftlicher Nutzflächen der Kollektiv- und Staatsbetriebe an Betriebsangehörige zur privaten Bewirtschaftung vorsah (vgl. Bloch/Rasmussen, 1998: 113–114).

103 Hierzu wurde aus den Nutzflächen der ehemaligen Großbetriebe ein spezieller Landumverteilungsfonds gegründet. Auf Russisch trug er das Akronym FPS, welches für *fond pereraspredelenija sel'skohozjajstvennyh ugodii* steht. Ehemalige *kolhoz*- und *sovhoz*-Angestellte konnten aus diesem Fonds Ackerländer erhalten, um auf privatwirtschaflicher Basis Landwirtschaft zu betreiben.

104 vgl. Schuler et al., 2004: part 8; Sie stellten rund 98,5 % der im Jahre 2008 registrierten 326740 Agrarbetriebe und leisteten mit über 97,5 % den Hauptanteil der agrarischen Produktion. Staatlich und kollektiv organisierte Betriebe bildeten im selben Jahr mit einer Anzahl

bäuerliche Betriebe geprägte Agrarsektor der nicht allein durch gelernte Landwirte, sondern durch viele zuvor in anderen Berufen Tätige gebildet wird.[105] Neben den Branchen der Landwirtschaft und Energieproduktion trug die durch einen kanadischen Investor wiederbelebte Goldförderung in der Mine Kumtor stark zur Trendwende in der Entwicklung des BIP bei (Abb. 1.3). Die auf bis zu 1000 % wachsende Inflation während der ersten Phase konnte bis 1998 – dem Jahr des Beitritts Kirgisistans zur Welthandelsorganisation [WTO] – auf rund zehn Prozent gesenkt werden.

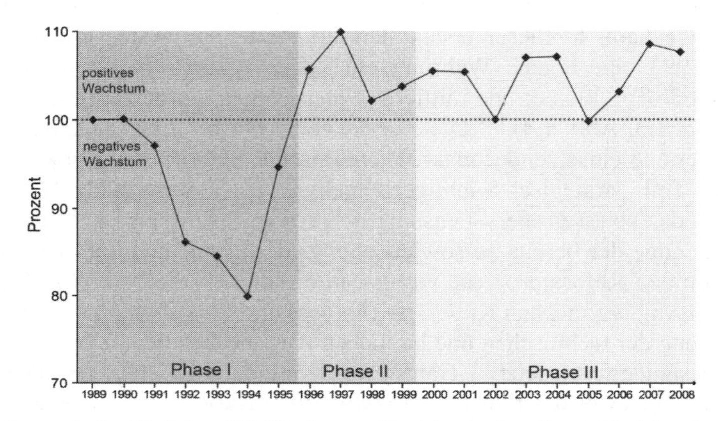

Abb. 1.3: Dynamik des jährlichen BIP-Wachstums Kirgisistans, jeweils mit Vorjahresbezug. Gestaltung: AD (2012) auf Grundlage von GK KRS, 1994: 3,5 (1989 - 1991); NSKKR, 1996: 11 (1992 - 1995); NSKKR, 1997: 10 (1996); UNDG, 2004: 3 (1997 - 1999); NSKKR, 2005a: 32 (2000 - 2004); NSKKR, 2009a: 32 (2005 - 2008)

Die zentralen Inhalte der um die Jahrtausendwende einsetzenden dritten Phase gruppieren sich um das zentrale Anliegen der Deregulierung: Gemeint ist damit der sukzessive Rückzug des Staates aus dem Marktgeschehen, die Senkung administrativer Barrieren für Unternehmer und die Verschlankung der staatlichen Bürokratie.[106] Entsprechend fiel in diese Phase die Verabschiedung einer in erster Linie marktwirtschaftlichen Prinzipien folgende rechtliche Richtlinie für die Allokation von Weidelandverfügungsrechten, auf die später vertieft eingegangen wird. Durch die ebenfalls in dieser Phase erfolgten Absetzungen zweier Regierungen und Veränderungen der Politiken verlief und verläuft der Deregulierungsprozess unstetig (Abb. A.4, 1.3).

von rund 4300 nur noch rund 1,5 % der registrierten Wirtschaftssubjekte in der Landwirtschaft. Diese Kategorie umfasst neben reinen staatlichen und kollektiven Landwirtschaftsbetrieben auch agrarische Nebenwirtschaften staatlicher und kollektiver Organisationen und Unternehmen sowie die staatlichen Forstbetriebe (vgl. NSKKR, 2009a: 27, 71, 88–91; EBRD, 2009: 183).

105 vgl. Bloch/Rasmussen, 1998: 116; IBRD, 2004a: 12; IBRD, 2004b: 1; Baum, 2007: 112

106 vgl. UNS KR, 2003: 9–10; Trouchine/Zitzmann, 2005: 30; Baum, 2007: 111–120

Was sich in dieser knappen Darstellung als geradlinige und relativ reibungsarme Entwicklung darstellt täuscht. Die neoliberale Politik der Schocktherapie, welche mit dem Ziel angetreten war, wirtschaftliche Entwicklung zu generieren, trug zu verschieden gelagerten gesellschaftlichen Problemen bei – allem voran zur Verarmung großer Bevölkerungsteile, zur Zunahme regionaler Disparitäten und sich daraus speisenden Desintegrationstendenzen in der Gesellschaft.[107] Es zeigte sich rasch, dass viele der sowjetischen Industriebetriebe sowie Einrichtungen der vor- und nachgelagerten agrarischen Produktion angesichts von Lieferengpässen, verlorenen Absatzmöglichkeiten, verändertem Nachfrageverhalten, unzureichenden finanziellen Spielräumen und mangelnden betriebswirtschaftlichen Kenntnissen den neuen Marktbedingungen nicht gewachsen waren. Da nun, abgesehen von Privatisierungen, keine Instrumente zur Rettung der Betriebe vorgesehen waren, setzte eine beispiellose Deindustrialisierung infolge von Konkursen und Zerschlagungen privatisierter Unternehmen ein. Der Anteil des sekundären Sektors am BIP sank bis 2008 von annähernd 60 auf einen Wert von 14 %. Die allgemeine industrielle Beschäftigtenquote reduzierte sich bis zu diesem Zeitpunkt auf knapp unter neun Prozent aller Menschen im arbeitsfähigen Alter. Unter den aktuellen marktwirtschaftlichen Bedingungen steuern nunmehr Handel und Dienstleistungen zum kirgisistanischen BIP den Hauptanteil bei. Der bereits in den 1980er Jahren beginnende Trend der relativen Bedeutungszunahme des Primärsektors setzte sich in den ersten Jahren der postsowjetischen Transformationsperiode fort, um erst nach 1996 sukzessive zu sinken. Dabei wurden im Zusammenhang mit der alltäglichen individuellen Überlebenssicherung subsistenzorientierte Versorgungsstrategien zur verbreitetsten agrarischen Aktivität. Die allgemeine Bedeutungszunahme des primären und tertiären Sektors in der volkswirtschaftlichen Wertschöpfung der frühen postsowjetischen Periode ist daher weniger mit deren absolutem Wachstum zu erklären, als mit der gleichzeitig stattfindenden absoluten Abnahme industrieller Wertschöpfung und ihrem damit verbundenen relativen Bedeutungsverlust. Als Folge dieses Prozesses wurde die Bildung einer diversifizierteren und resilienten, das heisst hier Schockereignisse hinreichend absorbierenden, realwirtschaftlich basierten Wirtschaftsstruktur unter Nutzung der sowjetischen infrastrukturellen Vorleistungen verfehlt.

Bemerkenswert sind die räumlichen Unterschiede der ökonomischen Wertschöpfung und des Wandels der Wirtschaftsstruktur nach der Jahrtausendwende. So besitzen die nichtagrarischen Sektoren in den Bevölkerungsschwerpunkten des Landesnordens – in Bischkek als Hauptstadt sowie in der Provinz Čuj – eine höhere Bedeutung, als im sowohl vom wirtschaftssektoralen Anteil, als auch vom Beschäftigtenstand agrarischer geprägten Landessüden, zu dem die Gebiete Batken, Osch und Žalal-Abad gerechnet werden, wobei sich letztgenanntes durch einen stärkeren sekundären Sektor von den beiden anderen abhebt. Zur relativen Stärke der Industrie tragen hier die Elektroenergiegewinnung durch die Wasserkraftwerkkaskade am Narynfluss, die Steinkohlegewinnung im Kogart-Tal nahe

107 vgl. Anderson/Pomfret, 2003

Žalal-Abad, die Unterhaltung der zur Exploitation bescheidener Erdöllagerstätten am nördlichen Ferganabeckenrand bestimmten Anlagen sowie das Leuchtröhrenwerk in Majly-Suu bei.[108] Von wenigen Ausnahmen abgesehen, korrespondiert mit diesen wirtschaftssektoralen Disparitäten auch das Bild verfestigter regionaler Ungleichheiten in den Bereichen der Lohneinkommen und der Wirtschaftskraft. In beiden Dimensionen werden im Landesnorden höhere Werte erreicht (Abb. A.5).[109] Eine weitere problematische Konditionalität stellte die Haushaltskonsolidierung dar. Die infolge des allgemeinen volkswirtschaftlichen Niedergangs sowie des schwach entwickelten Finanzsektors leeren öffentlichen Haushalte zwangen das Land zur wiederholten Aufnahme von Finanzmitteln externer Kreditgeber, was einen rasanten Anstieg der Staatsverschuldung bedingte.[110] Um der Budgetkonsolidierung als einer der zentralen Forderungen der Gläubiger nachzukommen, wurde die Staatsquote mittels Drosselung staatlicher Wirtschaftsaktivitäten und Sozialleistungenskürzungen gesenkt.[111] Diese Austeritätspolitik führte für eine große Zahl von Menschen, die im Zuge des konjunkturellen Abschwungs bereits tiefe wirtschaftliche Verluste erlebt hatten, zu existenzbedrohenden Härten. Viele mit Reallohnkürzungen und Arbeitslosigkeit konfrontierte Personen standen plötzlich einem komplexen, von Verlusten zuvor garantierter Sicherheiten gezeichneten Dilemma gegenüber. Arbeitsplatz- und Lohnsicherheit, kostengünstige bzw. -freie öffentliche Dienste und subventionierte Grundnahrungsmittel gehörten der Vergangenheit an, während soziale Sicherungsleistungen gestrichen wurden oder auf für das Überleben unzureichende Beträge schrumpften. In Verbindung mit einer grassierenden Inflation und extremen Preissteigerungen für Lebensmittel und öffenliche Dienste wuchsen diese faktischen Verschlechterungen der Daseinsbedingungen zu omnipräsenten Rahmenbedingungen des alltäglichen

108 vgl. Schuler et al., 2004; Temirkoulov, 2004: 95; UNDP, 2010

109 Die Erhebung der Wirtschaftskraft bereitet große Schwierigkeiten, da synchrone internationale Einkommensvergleiche über das reale Pro-Kopf-Einkommen durch ungleiche Preisverhältnisse in den Ländern kaum möglich sind. Es wird daher versucht, dieses Problem durch das Konzept der Kaufkraftparität [PPP] zu fassen, deren Einheit eine zu 1,00 US$ in den USA äquivalente Kaufkraft aufweist (vgl. UNDP, 2009: 212). Die nördlichen Gebiete wiesen 2007 eine höhere jährliche Produktivität auf – ausgedrückt in US$ PPP – als die südlichen: Bischkek 4832, Issyk-Kul' 2513, Čuj 2201, Talas 1799, Naryn 1539, Batken 704, Osch 1042 und Žalal-Abad 1114 (vgl. UNDP, 2010: 84–94). Der erstaunlich hohe Wert des im Osten Kirgisistans befindlichen *rajon* Džeti-Oguz (*oblast'* Issyk-Kul') wird vor allem durch die Wertschöpfung des in der Goldschürfung tätigen kanadischen Unternehmens Centerra Gold erzielt. Indem der größte Anteil jedoch dem Unternehmen zugute kommt und mit dem Goldabbau zusammenhängende ökologische Probleme bestehen, ist das kanadische Engagement nicht unumstritten (vgl. Posdnjakova, 2007). So entzündeten sich um Versammlungen, bei denen höhere Gewinnbeteiligungen des Staates gefordert wurden Ende Mai 2013 heftige Auseinandersetzungen zwischen Polizei und Protestierenden (vgl. BBC, 2013).

110 vgl. Gisiger/Thomet, 2008. Bis 2000 erhielt Kirgisistan rund 1,7 Mrd. US$ Auslandsunterstützung (vgl. UNS KR, 2003: 9).

111 vgl. EBRD, 2000; EBRD, 2003; EBRD, 2004; EBRD, 2006; EBRD 2007; EBRD, 2008; EBRD, 2009; Gisiger/Thomet, 2008

Existenzkampfes vieler Menschen heran und führten zu massiver Verarmung, insbesondere im ländlichen Raum.

Nach der schärfsten postsowjetischen Krisenperiode in den frühen 1990er Jahren lebten nach Angaben des UNS KR um die Jahrtausendwende noch immer über 50 % der Bevölkerung in Armut. In den Folgejahren entspannte sich die Lage zwar allmählich: Doch galten 2003 weiterhin rund 50 und 2007 noch immer 35% der Bevölkerung als arm, wobei der Anteil in den südlichen Landesteilen und Hochgebirgsregionen jeweils höher liegt, als im Norden bzw. den Tiefländern. Im selben Jahr war für fast sieben Prozent die tägliche Ernährung nicht gesichert, regionale Werte lagen sogar deutlich darüber (Abb. 1.4).[112]

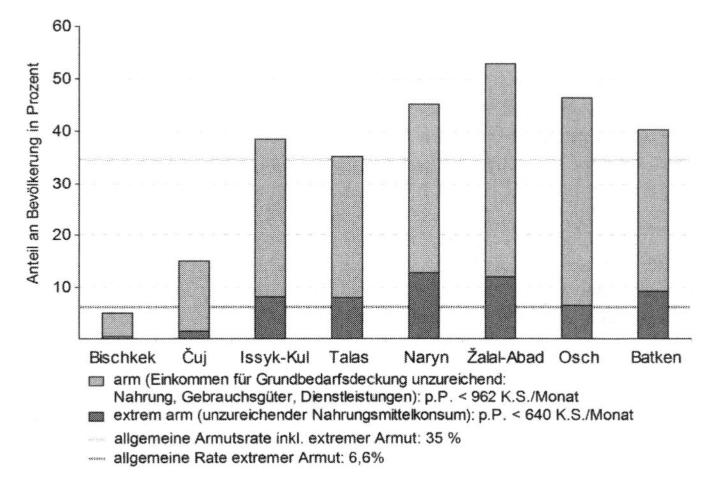

Abb. 1.4: Raten der Einkommensarmut, differenziert auf oblast'-Ebene (Stand 2007). Gestaltung: AD (2012) in Anlehnung an Schmidt (2006a: 53) auf Datengrundlage von UNDP, 2010: 83–93

Eine rasche Senkung der pekuniären Armutsrate ist angesichts des von Bevölkerungswachstum begleiteten niedrigen Wirtschaftsaufschwungs, ungleicher Wohlfahrtsverteilung und bescheidener Sozialleistungen nicht zu erwarten, so dass auch nur marginale Abnahmewerte prognostiziert werden. Unmittelbar mit der Einkommenshöhe verbunden ist der Aspekt der menschlichen Entwicklung der

112 vgl. UNS KR, 2003: Statistical addendum 10, table 18; NSKKR, 2006a: 19–22; UNDP, 2010: 83. In Kirgisistan galt 2003 eine Person als arm, der weniger als 636 K.S. monatlich zur Verfügung standen (vgl. UNS KR, 2003: 13). 2007 lag der Grenzwert bei 963 K.S.. Als extrem arm galten Menschen 2007, denen weniger als 640 K.S. je Monat zur Verfügung standen und deren tägliche Ernährung damit ungesichert war (vgl. UNDP, 2010: 10; Kurs vom 31.12.2007: 1,00 US$ = 35,50 K.S. [http://www.wechselkurs24.de/, 21.9.2010]). Damit lagen die offiziellen Grenzwerte unterhalb der Grenzwerte der Weltbank.

Gesellschaft.[113] Auch in diesen Dimensionen herrschen in Kirgisistan starke regionale Gefälle, was von der Höhe des die menschliche Entwicklung darstellenden HDI abgebildet wird (Abb. 1.5).

Wenn die in den südlichen Verwaltungsgebieten und ländlichen Regionen stärker ausgeprägte Armut, niedrigere Einkommen und geringere Lohnarbeitsmöglichkeiten infolge von Betriebsschließungen auch nicht die einzigen push-Faktoren für Wanderungsentscheidungen darstellen, so stellen sie doch wichtige Ursachen der lohnarbeitsmotivierten Binnenmigration insbesondere in die Hauptstadt Bischkek und die umfangreichen Arbeitswanderungen in wohlhabendere GUS-Republiken dar, insbesondere nach Russland und Kasachstan.[114] Den mittlerweile essentielle Bedeutung innerhalb der Lebenssicherungsstrategien errunge-

113 Menschliche Entwicklung ist von einer Reihe nicht endgültig definierbarer Voraussetzungen, Fähig- und Fertigkeiten abhängig. Zu ihnen gehören Gesundheit, Bildung und Ressourcenzugang für einen akzeptablen Lebensstandard als basale Dimensionen, jedoch ebenso die Möglichkeit kreativer und produktiver Entfaltung, gesicherte persönliche Freiheit von Bedrohungen und individuelle Menschenrechte sowie politische, wirtschaftliche und soziale Freiheiten als Rahmenbedingungen. Um menschliche Entwicklung in Gesellschaften voranzubringen, müssen zwei gleichberechtigte, auf den Befähigungsausbau bezogene Herausforderungen systematisch unterschieden und umgesetzt werden: Die erste Herausforderung stellt die grundlegende Herausbildung und die stetige Mehrung menschlicher Fähig- und Fertigkeiten dar. Die zweite Herausforderung baut auf der ersten auf und wird von der Notwendigkeit gebildet, erworbene Befähigungen auch zielgerichtet einsetzen zu können (vgl. UNDP, 1990: 10). Kritische Stimmen merken an, dass mit der Vorstellung, menschliche Entwicklung beziehe sich auf objektivier- und quantifizierbare Dimensionen Bildung, Gesundheit und menschliche Lebensbedingungen fälschlicherweise ein stark vereinfachtes Verständnis des Entwicklungsbegriffs etabliert hat. Der Grund läge darin, dass aufgrund von Quantifizierungsschwierigkeiten menschlicher Fähig- und Fertigkeiten lediglich diese drei basalen Dimensionen in den erstmals 1990 Anwendung findenden Human Development Index [HDI] aufgenommen wurden. Entwicklung würde seitdem häufig auf diese Index-Teilgrößen reduziert (vgl. Fukuda-Parr, 2002, zitiert in UNDP, 2002: 53; UNDP, 2004: 128). Dem kann entgegnet werden, dass der Index ein komplexitätsreduzierendes Modell darstellt, das trotz seiner eingeschränkten Aussagekraft sinnvoll einsetzbar ist, wenn zugleich berücksichtigt wird, dass das Konzept menschlicher Entwicklung grundsätzlich breiter und komplexer gedacht werden muss. Seine drei basalen Dimensionen sind ‚langes und gesundes Leben' (gemessen in der durchschnittlichen Lebenserwartung bei Geburt), ‚Zugang zu Bildung' (berechnet aus der Erwachsenen-Alphabetisierungsrate und der allgemeinen Einschulungsquote, die zu zwei bzw. einem Drittel in den Indikator einfließen) und ‚menschenwürdiger Lebensstandard', gemessen in US$ PPP. Während der Bildungs-Index Aussagen über formelle Bildungszugänge trifft, sagt er jedoch nichts über die Qualität der Bildung aus. Es existiert eine Reihe weiterer Indikatoren zur ergänzenden Messung spezifischer Zusammenhänge und Dimensionen menschlicher Entwicklung, die nicht durch den HDI abgedeckt werden. Die wichtigsten sind: der Gender-related Development Index [GDI] zur Messung geschlechtsspezifischer Unterschiede menschlicher Entwicklung, das Maß der geschlechtsspezifischen beruflichen und sozialen Ermächtigung Gender Empowerment Measure [GEM], der Index zur Messung menschlicher Armut Human Poverty Index [HPI], welcher für ‚Entwicklungs-', und ‚entwickelte Länder' der OECD spezifisch kalkuliert wird (vgl. UNDP, 2009a: 209-210). Die Formel findet sich jeweils in den Anhängen der Berichte über die menschliche Entwicklung der UNDP.

114 Mitte der ersten Dekade des 21. Jahrhunderts arbeitete rund ein Drittel der wirtschaftlich aktiven Bevölkerung Kirgisistans in Russland (vgl. Schmidt/Sagynbekova, 2008: 117).

nen Rücküberweisungen als einem von Migranten gewünschtem Zweck der Arbeitsmigration stehen unerwünschte Auswirkungen in den Herkunftsgebieten gegenüber: veränderte Haushaltsstrukturen, neue und höhere Arbeitsbelastung für Zurückgebliebene, Belastungen der familiären Beziehungen bis hin zu Scheidungen und sich daraus ergebende wirtschaftliche Marginalisierungen der Haushalte.[115]

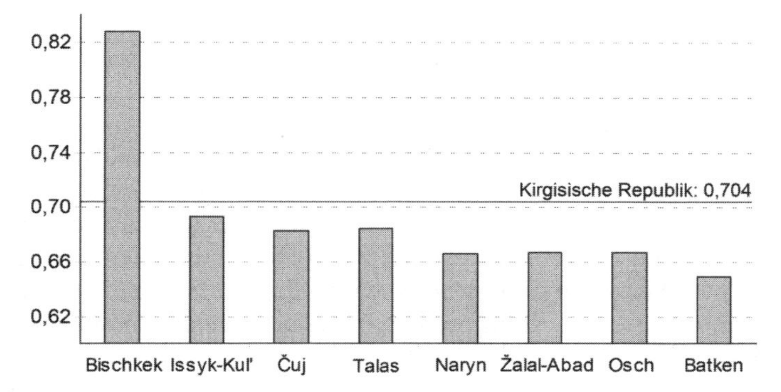

Abb. 1.5: HDI, differenziert auf oblast'-Ebene (Stand 2007).
Gestaltung: AD (2012) in Anlehnung an Schmidt (2006a: 53) auf Datengrundlage von UNDP, 2010: 83–93

Im Zusammenhang mit der Umsetzung der Privatisierung ergab sich eine weitere beeinträchtigende Wirkung der ‚Schocktherapie'. Indem die den Privatisierungen des Volksvermögens vorangehenden Klärungen wettbewerbs- und aufsichtsrechtlicher Fragen sowie die Sicherstellung egalitärer Partizipationsmöglichkeiten der Bevölkerung versäumt wurden, befeuerte die sich ergebende Privatisierungspraxis die ökonomische Stratifizierung der Gesellschaft. Häufig wurden im Rahmen intransparenter Verfahren Personen bevorzugt, die bereits zuvor hohe Funktionen in der ehemaligen kommunistischen Partei und die betriebliche Leitungspositionen besaßen, die gute Verbindungen zur herrschenden politischen Elite vorweisen konnten oder die selbst Teil von ihr waren. Informationen über anstehende Privatisierungen, privilegierte Ausgangspositionen bei Betriebsauktionen und gar direkte Zugänge zu den zu privatisierenden Einrichtungen konnten von zahlungskräftigen Interessenten häufig durch Bestechungszahlungen erkauft werden.[116] So gab es entgegen den vielen Krisenverlierern durchaus Gewinner, die durch Ver-

115 vgl. Bloch/Rasmussen, 1998; Schmidt/Sagynbekova, 2008: 120–122; Steimann/Thieme, 2010: 9

116 vgl. Kobonbaev, 2007: 319. Bichsel et al. (2010: 261) präsentieren in diesem Zusammenhang den in die Umgangssprache der postsowjetischen Gesellschaft eingegangen Begriff *prihvatizacija* (rus.), der aus den Wörtern *privatizacija* (rus. für ‚Privatisierung') und *hvatat'* (rus. für ‚ergreifen') zusammengesetzt auf die unrechtmäßige private Aneignung ehemals staatlichen oder kollektiven Eigentums verweist.

äusserung betrieblichen Sachkapitals und durch anschließende Zerschlagungen der Einrichtungen profitierten, neue ungleichgewichtete Abhängigkeiten kreierten und die Kosten ihres Tuns der Gesellschaft auferlegten, wie sich häufig im ländlichen Raum studieren lässt (Abb. A.6).

Wenn die Verbesserung der menschlichen Lebensverhältnisse als Erfolgsmaß gilt, kann die Politik der ‚Schocktherapie' in Kirgisistan daher nicht als erfolgreich gelten. Für ihr Scheitern sind unterschiedliche Gründe verantwortlich. Insbesondere die Vertreter des IWF vertrauten zu stark auf ihr simplifiziertes, vermeintlich global einheitlich geltendes Dogma, Marktkräfte seien grundsätzlich hinreichend, um wirtschaftliche Prosperität und gesellschaftlichen Progress anzuregen. Sie ignorierten die spezifischen Vorbedingungen und Wirklichkeiten postsozialistischen Gesellschaften sowie die sich abzeichnenden problematischen Folgen der praktischen Umsetzung der von ihnen diktierten Konditionen. Sie unterschätzten die Notwendigkeit für Gesellschaften, über verlässliche und anwendbare Rahmeninstitutionen zu verfügen, deren Entwicklung und Implementierung insbesondere in Phasen sozialer Umbrüche unverzichtbar ist. Sie negierten die Bedeutung des Staates in seiner Rolle, gesellschaftlichen Interessensausgleich zu fördern, Wohlfahrtsallokationen sicherzustellen und aktiv gegen negative Auswirkungen der Unzulänglichkeiten des Marktes einzugreifen.[117] Liberalisierungs-, privatisierungs-, stabilisierungs- und reregulierungsbezogene Maßnahmen waren ausserdem nicht als Wachstumsprogramm konzipiert worden, sondern als eines, das erst die Voraussetzungen für Wachstum schaffen sollte. Szenarien eines Scheiterns blieben bei den Überlegungen unberücksichtigt. Bei der ganzen Strategie handelte es sich daher um ein hochriskantes Unternehmen – insbesondere da auf Drängen der Geber von Seiten des Staates weitreichende Steuerungsmechanismen abgegeben wurden.[118] Was der ehemalige Weltbank-Ökonom Joseph Stiglitz zunächst mit „die Leitlinien des Washington Consensus haben letztlich eine kleine Minderheit auf Kosten der großen Mehrheit, die Wohlhabenden auf Kosten der Bedürftigen, begünstigt" (ebd., 2004: 37) allgemein und später spezifisch für Russland mit „Nicht nur die Größe des Kuchens der nationalen Wirtschaft schrumpfte, sondern er wurde auch immer ungleicher verteilt …" (ebd., 2004: 206) feststellt, besitzt – wie soeben gezeigt wurde – auch für Kirgisistan Gültigkeit. Angesichts dieser realen soziökonomischen Resultate und der mit ihnen einhergehend wachsenden Korruptions- und Schattenpraktiken muss die den Übergang zum Kapitalismus gestaltende schocktherapeutische Strategie daher als Hemmnis der gesellschaftlichen Entwicklung Kirgisistans bewertet werden, da sie bisher nicht zur nachhaltigen Lebensverbesserung der Bevölkerungsmehrheit beigetragen hat, sondern deren Lage häufig sogar verschlechterte.

117 vgl. Stiglitz, 2004: 51, 54–57, 80; Kobonbaev, 2007: 315
118 vgl. Stiglitz, 2004: 190–195

1.1.4 Partizipationsdefizite in Willensbildungs- und Entscheidungsprozessen

Dezentralisierung gilt als prominente Strategie, die von internationalen Organisationen propagiert wird, um eine gute Regierungsführung zu erreichen. Der Hintergrund dieser Empfehlung wird von der Argumentation gebildet, dass nah an und mit der Bevölkerung durchgeführte gesellschaftspolitische Willensbildungs- und Entscheidungsverfahren zu effizienteren Prozessen sowie Ergebnissen mit höherer Legitimität, Wirksamkeit und Nähe zu tatsächlichen Bedürfnissen führen.[119]

In Kirgisistan sehen die im Zuge einer ambitionierten Dezentralisierungspolitik eingeführten rechtlichen Regelungen formal weitreichende Möglichkeiten und Kompetenzen der Selbstverwaltung auf der lokalen Ebene innerhalb der ihren jeweiligen Territorien entsprechenden räumlichen Wirkungssphäre vor. Die Gremien der kommunalen Selbstverwaltung sind de jure unabhängig von den staatlichen Organen. Als ihre wichtigsten Aufgaben und Kompetenzen gelten die Verwaltung des kommunalen Eigentums, die Bildung und Nutzung des lokalen Etats, die Definierung und Erhebung lokaler Steuern und Abgaben im Einklang mit übergeordneten Gesetzen und die Aufrechterhaltung der sozialen Ordnung. Das Exekutivorgan der lokalen Selbstverwaltung *ajyl ôkmôty* [aô] (krg.) ist der direkt gewählten, aus Vertretern der Bevölkerung bestehenden, repräsentativen Versammlung *ajyl keņeš* [ak] (krg.) des administrativen Gebiets rechenschaftspflichtig. Ebenso wird das Oberhaupt des Exekutivorgans direkt von der Bevölkerung der Gebietskörperschaft gewählt. Bei regelmäßig stattfindenden öffentlichen Volksversammlungen *kurultaj* (krg.) haben interessierte Bürger und Vertreter der Verwaltungsorgane Gelegenheit, Fragen lokaler gesellschaftspolitischer Bedeutung zu diskutieren und so auf anstehende Entscheidungen Einfluss auszuüben. Formal bekam die Bevölkerung somit weitreichende Möglichkeiten, auf lokal relevante und die alltägliche Lebensführung unmittelbar tangierende gesellschaftspolitische Aspekte einzuwirken, wie beispielsweise in der Frage der Nutzungsregime von im Allgemeinbesitz der lokalen Gebietskörperschaften befindlichen Landflächen.[120]

Real jedoch stellen Diskrepanzen zwischen Anspruch und Wirklichkeit auch in diesem Bereich bedeutende Probleme dar. Die ungleiche Machtverteilung zwischen staatlichen Verwaltungen der übergeordneten *oblast'*- und *rajon*-Ebenen einerseits und den lokalen Selbstverwaltungen andererseits, die unklaren funktionalen Abgrenzungen zwischen den administrativen Ebenen sowie der strukturelle Mangel an Finanzmitteln und qualifiziertem Fachpersonal auf der lokalen Ebene

119 vgl. Pandey/Misnikov, 2001: 226; Grävingholt et al., 2006: 15. Unter Legitimität eines politischen Systems wird hier im Sinne Larry Diamonds und Seymour M. Lipsets eine Konstellation verstanden, bei der politische Führung und Bevölkerung dieselbe Ansicht zum Gegenstand teilen: „Elites and the masses must share the belief that the system – that is, the set of constitutional arrangements, not the particular administration – is the best form of government (or the least evil)." (ebd., 1995: 747)

120 vgl. KKR 1998: Art. 91–95; KKR 2007: Art. 93-97; KKR 2010: Art 110–113; ZKR MSMGA 2006: Art. 2–33, 41–45; Grävingholt et al., 2006: 5–10

sind dabei wichtige Ursachen. Geld und Fachpersonal konzentrieren sich in übergeordneten staatlichen Organen, auf deren Ebenen Bevölkerungsteilhabe jedoch zu weitaus geringerem Maße vorgesehen ist. Folglich wirken diese Administrationen zumeist gestaltender auf lokale Gegebenheiten ein, als die entsprechenden Gremien der Selbstverwaltung. Nicht zuletzt weil Schlüsselpositionen von den Präsidenten Akaev und Bakiev mit loyalen und abhängigen Personen besetzt wurden, konnten diese Strukturen in der Vergangenheit als Kanäle der Durchsetzung der Interessen der politisch Mächtigen bis auf die lokale Ebene instrumentalisiert werden.[121] Dabei waren Richtung und Inhalte der politischen Strategien der staatlichen Verwaltungen selten an lokalen Bedürfnissen ausgerichtet und mit ihnen gemeinsam Synergieeffekte generierend. Durch die resultierende geringe Gestaltungskraft bedingt, wird die Arbeit lokaler Selbstverwaltungsorgane von der Bevölkerung häufig als wirkungslos wahrgenommen. Dementsprechend gelten auch die offiziell sanktionierten Partizipationsinstitutionen auf lokaler Ebene als weitgehend bedeutungslos und das Engagement in ihnen häufig als unnütz. Indem sie erfolgversprechender sind, haben sich hingegen individuelle Einflussnahmen auf die häufig intransparent ablaufenden Entscheidungsfindungen etabliert, was weitere Gelegenheiten für die Anwendung von Schatten- und Korruptionspraktiken bietet. Doch stehen diese nur jenen offen, die über entsprechende finanzielle und soziale Ressourcen verfügen. Ökonomisch Schwache und Marginalisierte sind daher von der Partizipation an gesellschaftpolitischen Prozessen auf lokaler Ebene häufig ausgeschlossen. Wie bereits gezeigt wurde, handelt es sich angesichts der strukturellen Armut in der kirgisistanischen Gesellschaft hierbei um große Bevölkerungsanteile.[122]

Wie in anderen Rechtsbereichen, liegt ein zentrales Problem der rechtlichen Regelung der lokalen Selbstverwaltung darin, dass ihre Ausarbeitung weitgehend Empfehlungen externer Berater folgte. Spezifika der postsowjetischen Gesellschaft und des Befindens der lokalen Bevölkerung blieben dabei ebenso unzureichend berücksichtigt, wie die Gesetzesimplementierung begleitende Qualifizierungsmaßnahmen des lokalen Personals sowie ausreichende materielle Förderungen der Selbstverwaltungsorgane.[123] Das rechtliche Grundwissen vieler Menschen ist marginal. Ein großer Bevölkerungsteil ist unerfahren im sinnvollen Gebrauch und in den Möglichkeiten der zur Verfügung stehenden Instrumentarien. Als Erbe des sowjetischen Systems besitzen viele Menschen großen Respekt vor Hierarchien, treten Amtsträgern ungern gegenüber und scheuen Verantwortungsübernahme. Auf der anderen Seite lehnen offizielle Amtsträger häufig Teilhabe und Transparenz in Entscheidungsfindungen ab – ebenso ein Erbe des sowjetischen

121 vgl. KKR 1998: Art. 46 Abs. 1 (5); Temirkoulov, 2004: 96. Insbesondere im Zuge der Präsidentschaft Bakievs hat die staatliche Einflussnahme auf lokale Politik massiv zugenommen, indem Mitglieder der Präsidentenpartei und sich dem Präsidenten loyal verhaltende Vertreter in Ämter erhoben wurden, Opponenten verdrängten und Interessenspolitik im Sinne der herrschenden Elite praktizierten.

122 vgl. Grävingholt et al., 2006: 6, 115–118

123 vgl. Koichumanov et al., 2005: 16; Geiß, 2007: 156–157, 169

Narrativs eines allmächtigen und unfehlbaren Zentralstaates.[124] Als stark westlich-modern geprägte Norm politischer Regulierung trifft die Gesetzgebung vor Ort daher auf Kontexte, welche ihre Entfaltung beeinträchtigen. Indem sie nur bedingt funktioniert, fördert die durchaus emanzipatorisches Potential bergende Gesetzgebung als externe Intervention auf lokaler Ebene nicht intendierte Wirkungen mit langfristigen negativen Folgen, insbesondere die Entstehung von Misstrauen in das geltende Recht.

Auf Partizipationsdefizite der Bevölkerung an überlokalen gesellschaftspolitischen Prozessen wurde bereits in Kap. 1.1.2 eingegangen. Abgesehen von Manipulationen der Volksvertreterwahlen für das nationstaatliche Parlament waren über längere Zeit Defizite an den Kompetenzen und damit in der Wirkungsmächtigkeit des Gremiums feststellbar: Indem das Parlament zuletzt unter der Präsidentschaft Bakievs zum bloßen Akklamationsorgan des Präsidenten mutierte, waren Parlamentswahlen als Instrument der Bevölkerungsteilhabe an gesellschaftspolitischen Prozessen nahezu konsequenzlos geworden und die vermeintlich repräsentative Demokratie zeitweise ihren Namen nicht wert. Das verfassungsmäßig garantierte Mittel der Referenden bot der Bevölkerung formal zwar unmittelbare Teilhabe an Grundsatzentscheidungen. Indem das Parlament als Legislative und zugleich als die die Exekutive kontrollierende Macht umgangen wurde, wurden Referenden mehrfach zur Legitimierung der Partikularinteressen der herrschenden Elite instrumentalisiert mit dem an die Bevölkerung gerichteten Suggestiveffekt, an gesellschaftpolitischen Entscheidungen unmittelbar und zeitnah beobachtbare Wirkungen erzielend mitzuwirken.

Durch defizitäre gesellschaftspolitische Partizipationschancen gesellt sich zur sozioökonomischen Unsicherheit daher die geringe Vorhersehbarkeit gesellschaftspolitischer Entwicklungen. Indem viele politische Prozesse entsprechend den partikularen Interessen der politisch Mächtigen gelenkt werden, gleichen sie Nullsummenspielen, in denen Vorteile privat abgeschöpft und Lasten der Gesellschaft auferlegt werden. Anstatt einer Identifizierung mit dominieren Skepsis, Misstrauen und Entfremdung die Verhältnisse der Bürger gegenüber staatlichen Institutionen und Repräsentanten der bürokratischen Verwaltung. Diese Verhältnisse bilden zugleich die Basis des geringen gesellschaftspolitischen Bürgerengagements und damit ein weiteres Hemmnis für die gesellschaftliche Entwicklung.

1.1.5 Mangelnde Rechtsstaatlichkeit und unzuverlässige Rechtsinstitute

Aufgrund ihrer erheblichen Tragweite ist es notwendig, auch Rechtsunsicherheit in Folge mangelnder Rechtsstaatlichkeit sowie unzuverlässiger formeller und informeller Rechtsinstitute als Entwicklungshemmnis explizit herauszustellen.[125] Rechtsunsicherheit hat sich im postsowjetischen Kirgisistan zu einem strukturellen Phänomen entwickelt und ist untrennbar mit den bereits diskutierten Heraus-

124 vgl. Grävingholt et al., 2006: 6, 118; Kojčumanov et al., 2005: 13

125 vgl. Deppe, 2008: 2

forderungen verwoben. Sie wird hier als das Resultat des Zusammenspiels der Missachtung des Rechtsstaatsprinzips durch den Staat, Gesetzen mit inkonsistentem und wechselhaftem Charakter, dem Mangel an unabhängigen, personell und materiell hinreichend ausgestatteten Gerichten zur Anwendung und Durchsetzung des Rechts sowie dem gering verbreiteten juristischen Wissen in der Gesellschaft verstanden.

Rechtsstaatlichkeit meint hier die Einhaltung des Gebundenheitsgebots des Staates an das geltende kodifizierte Recht. Waren Gesetze im planwirtschaftlichen System in erster Linie Instrumente staatlicher Kontrolle, so sind sie in sich demokratisch definierenden Systemen hingegen zentraler Bestandteil der gesellschaftlichen Spielregeln. Sie sollen Individuen Rechte und Möglichkeiten geben, individuelle Freiheitsrechte durchzusetzen und diese vor Übergriffen und Willkür des Staats zu schützen, indem die Macht des Staates definiert und eingeschränkt wird. Rechtsstaatlichkeit meint weiter, dass Gesetze fair, transparent und egalitär angewendet werden. Neben der Höchstrangigkeit des Rechts gelten Gewaltenteilung und Unabhängigkeit der Gerichte als maßgebliche Prinzipien.[126] Diese Ansprüche wurden in Kirgisistan über lange Zeit systematisch missachtet, obwohl sich das Land laut Verfassung als Rechtsstaat definiert.[127] Hierzu trug die Schwierigkeit bei, mit einem sowjetisch sozialisierten und in einem ehemals uneingeschränkt mit Kontrollbefugnissen ausgestatteten Staatsapparat tätigen Personalstamm einen zur Durchsetzung neuer Gesetze und zur Kreierung neuer, das kodifizierte Recht durchsetzender Institutionen hinreichend starken Staat zu schaffen unter gleichzeitiger Begrenzung seiner Macht. Im Zusammenhang mit diesem Vorhaben wurde die klare Kompetenzen- und Gewaltenteilung sowie die gegenseitige Kontrolle zwischen der legislativen Autorität des Parlaments, der Exekutive und der Jurisdiktion unter den beiden ersten Präsidenten gezielt missachtet. De facto stand der Präsidialapparat als Führung der Exekutive über dem Gesetz und kolonisierte die anderen Zweige der Staatsmacht für seine Zwecke.[128] Insofern kann von der Missachtung des Rechtsstaatsprinzips durch den Staat gesprochen werden.

Gesellschaftliche Umbrüche sind als Zeiten anzusehen, in denen institutionelle Regeln neu formuliert und implementiert werden, wobei nicht bekannt ist, inwiefern diese in den spezifischen Kontexten funktionieren und ob sie die erwünschten Wirkungen erzielen. Mit dem Druck der Notwendigkeit neuer rechtlicher Regelungen entstanden viele, sich später als unvollständig, inkonsistent oder gar widersprüchlich erweisende Gesetze und untergesetzliche Rechtsakte der Exekutive, die teilweiseganz ins Leere liefen und sich praktisch als lediglich eingeschränkt anwendbar gestalteten. Infolge unklarer Kompetenzverteilungen kreierten unterschiedliche staatliche Einrichtungen Gesetze zu denselben Thematiken und produzierten damit ein Geflecht mehrdeutiger und widersprüchlicher

126 vgl. Benda, 1994: 632; IBRD, 1996: 87–88; Deppe, 2008: 2–3; ICG, 2008b: 1

127 vgl. KKR 1993: Art.1 Abs. 1 und folgende Fassungen der Konstitution

128 vgl. IBRD, 1996: 88, 93, 95. So lag die Entscheidungsgewalt in Verfassungsfragen unter Akaev und Bakiev praktisch beim Präsidenten und nicht beim Verfassungsgericht (vgl. BF, 2003: 3–4).

Regeln. Durch das Fehlen von Erfahrungen ähnelte dieser Prozess einem trial and error-Verfahren aus Kreierung, Anpassung, Modifikation bis hin zu intentionalem Richtungswechsel von Gesetzen.[129] Ein weiteres Problem liegt darin, dass – wie im bereits erwähnten Falle der lokalen Selbstverwaltung – mit der Hilfe externer Berater formulierte Gesetze lokale Besonderheiten und die Einzigartigkeit der Transformationsperiode nicht ausreichend berücksichtigten und so Regelungen schufen, die praktisch schwer anwendbar waren.[130] Gerade in ihrer Anwendbarkeit liegt jedoch letztendlich der praktische Sinn von Gesetzen.

Kompetente Gerichte und Durchsetzungsinstitutionen wie Sicherheitskommissionen oder Antimonopolagenturen stellen eine wesentliche Grundlage der Umsetzung und damit der praktischen sozialen Bedeutung von Gesetzen dar. Diese Einrichtungen ziehen Rechtsnormen als argumentative Bemessungsgrundlage ihrer Entscheidungen heran, setzen ihre Inhalte im gesellschaftlichen Leben durch und füllen unvermeidliche Rechtslücken mit ihren Interpretationen. Daher ist die Rolle von Gerichten und Durchsetzungsinstitutionen in der Betrachtung der Problematik Rechtssicherheit zentral.[131]

In Kirgisistan schränken mehrere Faktoren die Funktionalität des Justizwesens als Korpus neutraler juristischer Entscheidungsinstanzen massiv ein. Die wichtigsten sind der Mangel an Unabhängigkeit von politischer, ökonomischer oder anderer Einflussnahme, das Versagen bei der Entwicklung nachhaltiger Finanzierungsmechanismen sowie die unzulängliche Organisiertheit und unzureichende Ausstattung mit qualifiziertem Personal und materieller Infrastruktur.[132] In der Frage des Gerichtswesens setzten sich unter kapitalistischen Bedingungen trotz Reformen der Gerichtsbarkeit „Relikte des sowjetischen Rechts“ (L. Chanturia, zitiert in Deppe, 2008: 5) fort, indem das alte Ethos der allmächtigen Strafverfolgungsbehörden, insbesondere der Staatsanwaltschaft, bis heute fortlebt. Das Versagen des Gerichtswesens begleitete die nahezu ungehemmte Entwicklung der autoritären Herrschaften Akaevs und Bakievs, indem es Resultat und Bedingung des Machtausbaus beider Präsidenten war. Als Instrument der Mächtigen bot es gewöhnlichen Bürgern kaum faire rechtliche Behandlung. Institutionell ermöglicht und bedingt wurde die Abhängigkeit der Gerichte die nicht zuletzt durch per Referendum vom 10. Februar 1996 legitimierte, verfassungsmäßig garantierte präsidiale Kompetenz, Richter zu benennen und abzusetzen.[133] Die einseitige Abhängigkeit der Richter machte diese beeinflussbar und willfährig gegenüber Weisungen von oben. Faktisch gaben sie damit ihre Unabhängigkeit auf. Praktisch

129 vgl. IBRD, 1996: 88, 95; Deppe, 2008: 2; Koichumanov, 2005: 16. Zu den Schwierigkeiten der rechtlichen Regelungen der Landprivatisierung siehe Dekker, 2003. Speziell auf die später dezidiert behandelten Schwierigkeiten der Weidegesetzgebung bezogen sei bereits hier auf die Bewertungen und Standpunkte Undelands (2005: 4, 22-23) und Zholchubekovnas (2005) verwiesen.

130 vgl. IBRD, 1996: 87; Koichumanov, 2005: 16; IUCN, 2011: 38

131 vgl. IBRD, 1996: 87, 93; Deppe, 2008: 2–5

132 vgl. IBRD, 1996: 88, 91; BF, 2003: 4; Koichumanov et al., 2005: 16; Grävingholt, 2007: 3; ICG, 2008b: i, 1, 6

133 vgl. KKR 1996: Art. 46 Abs. 2

wurde dies sichtbar, als Gerichte im Vorfeld von Wahlen oder beim Wettlauf um die Kontrolle über Wirtschaftsunternehmen wiederholt als Instrument zur Ausschaltung von politischen Opponenten und Mitbewerbern missbraucht wurden.

Bis heute bleiben informelle Methoden der Kontrolle von Gerichten, Vorverurteilungen und Einflussnahme auf Entscheidungen durch politisch und wirtschaftlich Mächtige ein wesentliches Problem.[134] Insbesondere in politisch motivierten Prozessen fand nachweislich bis vor kurzem die bereits zu sowjetischer Zeit angewendete Praxis des ‚Telefonrechts' Verwendung, bei der Richter telefonisch unter Druck gesetzt werden, bestimmte Urteile zu fällen.[135] In Folge ihrer spezifischen Machtposition bei gleichzeitig extrem niedriger Entlohnung hat sich auch im Richterstand eine weit verbreitete Korruption etabliert.[136] Ungleiche Abhängigkeiten, informelle Machtstrukturen und niedrige Löhne der Richter führten daher häufig zu Wunschurteilen und Prozessausgängen, in denen anstatt gesetzlich begründeter Rechtsfindung Machteinsatz in Form von Beeinflussung und informellen Zahlungen durch bestimmte Akteure maßgeblich bestimmend waren.

Durch die mangelnde Transparenz der Gesetzgebungsverfahren und unzureichende Informierung sowohl der Öffentlichkeit als auch der für die jeweiligen Aspekte relevanten staatlichen Gremien und Organe über vorgenommene Änderungen im Rechtssystem ist die gesellschaftliche Rechtsunwissenheit sehr hoch. Zwar veröffentlicht die Regierung neue Gesetze und andere Rechtsnormen offiziell in der Zeitung *Erkin Too*. Doch ist deren Auflage und Verbreitung relativ gering und eine allein über dieses Medium zu erzielende, weit reichende Informierung der Gesellschaft unwahrscheinlich. Infolge dieses Umstandes sowie der häufigen Ergänzungen und Änderungen besitzen tatsächlich nur wenige Experten Kenntnisse über aktuelle Fassungen und Inhalte von Gesetzen, während es sogar Fälle gibt, dass staatliche Einrichtungen nicht hinreichend über die jeweils eigenen aktuellen Kompetenzen und Pflichten informiert sind. Für rechtlich nicht vorgebildete Menschen ist es angesichts der Vielfalt, Kurzlebigkeit und Widersprüchlichkeit vieler Gesetze ungleich schwerer, hinreichend informiert zu sein und von ihren rechtlichen Möglichkeiten Gebrauch zu machen.[137] Rechtliche Misserfolge infolge Bezugnahme auf veraltete und ungültige Regelungen fördern das Misstrauen in die Institutionen des Rechtssystems.[138] Negativ wirkt sich dieser Mangel auch auf den unmittelbar die wirtschaftliche Entwicklung Kirgisistans betreffen-

134 vgl. FIDH, 2010: 31–33; HRW, 2010; Beyer, 2010: 14

135 vgl. ICG, 2008b: i, 1-2, 6–7. Im Zusammenhang hiermit stand der im Sprachgebrauch der sowjetischen Zeit verwendete Begriff *vertuška* (rus.). Gemeint ist damit ein mit einer Drehscheibe versehener Typ eines analogen Telefonapparats, der innerhalb der politischen Elite verbreitet war und die direkte Anwahl gewünschter Gesprächspartner erlaubte. Gewöhnliche Telefonverbindungen wurden über zentrale Vermittlungsämter hergestellt.

136 vgl. IBRD, 1996: 91; BF, 2003: 4

137 vgl. Steimann, 2009: 5; eigene Beobachungen

138 vgl. IBRD, 1996: 88

den Aspekt der Investionen in den Agrarsektor[139] und Auslandsdirektinvestitionen aus (Box 1.2).

Box 1.2: Auslandsdirektinvestitionen und Rechtssicherheit

Auslandsdirektinvestitionen können die Entwicklung von Volkswirtschaften stimulieren. Auch Kirgisistan bemüht sich daher, ausländische Direktinvestoren anzulocken. Die Bemühungen der Regierung erzielten bisher aber einen geringeren Erfolg, als erhofft wurde. Das legt nahe, dass bisher nicht jene Bedingungen bereitgestellt werden konnten, die von ausländischen Direktinvestoren als attraktiv und für ihr Engagement notwendig erachtet werden. Eine von der Bleyzer Foundation [BlF] gegründete internationale Kommission ermittelte für ausländische Direktinvestoren wichtige Vorbedingungen am Beispiel der Ukraine und identifizierte die zentralen Aspekte. Als die drei wichtigsten gelten das Ausmaß der Liberalisierung und Deregulierung von wirtschaftlichen Aktivitäten, die Bereitstellung eines stabilen und vorhersagbaren und damit verlässlichen Rechtsrahmens sowie eine gute Führung von Unternehmen und Gesellschaft.[140] Rechtssicherheit zählt demnach für viele Investoren zu den notwendigen Vorbedingungen wirtschaftlichen Engagements im Ausland. In diesem Zusammenhang sollen verlässliche Wirtschaftsgesetze bestimmte Funktionen erfüllen: Sie definieren und verteidigen Eigentumsrechte, setzen Regeln für die Veräusserung dieser Rechte, regulieren den Eintritt in und den Austritt aus Produktionstätigkeiten, fördern den Wettbewerb und korrigieren schließlich Marktversagen.[141] Sind diese Gesichtspunkte nicht gesichert und die erfolgreiche Einklagbarkeit rechtlicher Ansprüche unwahrscheinlich, steigt das Risiko des Verlustes einer Investition. Daher verwundert es im Falle Kirgisistans nicht, dass im Zuge der Verschlechterung der rechtsstaatlichen Lage einem anfänglichen Hoch starke Einbrüche ausländischer Direktinvestitionen folgten. Im Verlauf der postsowjetischen Transformation bis 2005 zählen ausländische Direktinvestitionen in Kirgisistan vom Umfang her gesehen zu den Geringsten innerhalb der GUS. Zu hohem Maße ist dies Folge der wahrgenommenen rechtlichen Unsicherheit.[142]

Die aus den genannten Teilproblemen resultierende Rechtsunsicherheit stellt weniger eine „Pathologie“ oder einen „Geburtsfehler“ (vgl. Koichumanov et al., 2005: 12, Übersetzung AD) des neuen politischen Systems dar, als eine von Menschen verursachte, gesamtgesellschaftliche Problematik mit weitgreifenden Folgen. Denn das praktische Versagen von theoretisch ausgearbeiteten Gesetzen und Gerichten in konkreten Verfahren verursacht über ihren unmittelbaren Gegenstand hinausreichende Wirkungen, indem die gesamte Integrität des Rechtssystems durch den Vertrauensverlust der Gesellschaft Schaden erleidet. Menschen und Unternehmen benötigen für die eigene Lebensführungs- und Entwicklungsplanung verlässliche formale Institutionen, um zu gewissem Grad künftige Prozesse in Verlauf und Gestalt sowie die aufzubringenden Transaktionskosten prognostizieren zu können. Gesetze, welche durch staatliche Vertreter missachtet werden und die geringe regulative Wirkungskraft besitzen, sind hingegen nicht verläss-

139 Rechtsunsicherheit als Hindernis für Agrarsektorinvestitionen wird von Humphrey/Sneath allgemein für den postsozialistischen, ehemals von der UdSSR dominierten Raum konstatiert (vgl. ebd., 1999: 6–7).

140 vgl. BlF, 2002: 9; Kenisarin/Andrews-Speed, 2008: 302–303, 313–314

141 vgl. IBRD, 1996: 88

142 vgl. UNCTAD, 2003: 9; Raschen, 2005, 2; Kenisarin/Andrews-Speed, 2008: 305, 314

lich. Sie signalisieren vielmehr, dass Rechtsnormen schlechte Qualität haben dürfen, ihr Befolgen unnötig und Angelegenheiten auf extralegalem Wege zu regeln die erfolgversprechendere beider Alternativen sei.[143] Sich bis in die Ebene der alltäglichen Lebenswelt durchziehende Korruption trägt schließlich dazu bei, dass Kirgisistan – wie auch andere zentralasiatische Länder – im Länderranking des von Transparency International [TI] kalkulierten Korruptionswahrnehmungsindex seit Jahren im unteren Viertel der bis 2009 180 gelisteten Länder rangiert.[144]

Doch selbst informell erkaufte Urteilsvereinbarungen bieten keine Garantie für ihre tatsächliche Umsetzung. Am Beispiel von Landtiteln berichtet die ICG von Vorfällen, bei denen entgegen ursprünglich getroffenen Zahlungen und Absprachen Grundstücksenteignungen durchgeführt wurden.[145] In solchen Fällen zeigte sich, dass die Unzuverlässigkeit formeller Regeln, informeller Absprachen und schwacher Durchsetzungsinstitutionen Richtern und anderen Entscheidungsträgern viele Möglichkeiten geben, ihre Machtposition als Ressource zur Generierung individueller Einkommen durch intransparente und unvorhersehbare Entscheidungsfindungen strategisch auszunutzen. Dabei haben sie selten Sanktionen zu befürchten.[146] Aus Vertrauensverlust, Ungewissheit und geringer Erfolgserwartung heraus wenden sich daher viele Menschen freiwillig informellen Formen der Rechtssprechung zu, um zu ihrem Recht zu kommen.[147]

Das Problem der Rechtsunsicherheit scheint mittlerweile so tiefgreifend zu sein, dass nur tiefgreifende Reformen zur Wiedergewinnung institutioneller Unabhängigkeit und des Vertrauens der Bevölkerung in die Jurisdiktion führen können. Ohne diese scheint der gesellschaftliche Wandel hin zu einem pluralistischen und belastbaren politischen System, ökonomische und gesellschaftliche Entfaltung sowie die Bewältigung der Korruption als gesamtgesellschaftliche Herausforderung nicht möglich, womit das entwicklungshemmende Potential der Rechtsunsicherheit deutlich wird.[148] Transparenz von und stärkere öffentliche Partizipation an Gesetzbildungsprozessen könnten die Legitimation des Rechts-

143 vgl. IBRD, 1996: 87; Koichumanov et al., 2005: 17

144 vgl. Graf Lambsdorff, 2006: 301–302; Graf Lambsdorff, 2009: 401–402; Grävingholt, 2007: 3. Der Corruption Perceptions Index [CPI] reiht Länder in Bezug auf den Grad auf, zu dem Geschäftsleute und Experten die Bestechlichkeitsverbreitung unter Beamten und Politikern wahrnehmen. Er speist sich aus Gutachten elf voneinander unabhängiger Institute: Asiatische Entwicklungsbank, Afrikanische Entwicklungsbank, Transformationsindex der Bertelsmann Stiftung, Country Policy and Institutional Assessments der Weltbank, Economist Intelligence Unit, Freedom House, Global Insight, IMD International World Competitiveness Center, Merchant International Group, Political and Economic Risk Consultancy und das Weltwirtschaftsforum. Der Vorteil liegt darin, daß die Vielseitigkeit der Einschätzungen die Wahrscheinlichkeit einer angemessenen Darstellung der Korruptionswirklichkeit der Länder erhöht (vgl. Graf Lambsdorff, 2009: 395).

145 vgl. ICG, 2008b: 9

146 vgl. IBRD, 1996: 93–96

147 vgl. IBRD, 2007: 93; ICG, 2008b: 8–11; Beyer, 2010: 13

148 Diese Argumentation schließt sich an Geiß' Feststellung an, dass nachhaltige Umgestaltungen des Rechts- und Verwaltungssystems Voraussetzungen für einen nachhaltigen politischen Wandel einer Gesellschaft sind (vgl. ebd., 2007: 156).

wesens in der Gesellschaft erhöhen und Möglichkeiten politischer Machtinstrumentalisierung senken.[149] Anhand des Weiderechts wird die hier zunächst allgemein gehaltene Betrachtung des Problems der Rechtsunsicherheit im späteren Verlauf der Arbeit konkretisiert.

1.1.6 Ethno-Nationalisierung der Eigenstaatlichkeit

Merkmale, Ausprägungsformen und Entwicklungsrichtungen postsowjetischer Eigenstaatlichkeiten werden in erheblichem Grad von historischen und dabei besonders stark von während der sozialistischen Ära stattgefundenen Prozessen sowie dabei geschaffenen Bedingungen beeinflusst.[150] Besondere Bedeutung besitzt in diesem Zusammenhang die Definierung staatskonstituierender Kollektive als einer Frage sozialer Inklusion und Exklusion von Bevölkerungsgruppen durch die politisch Mächtigen anhand von Kriterien, die der Erreichung ihres übergeordneten Ziels dienlich sind. Auch Kirgisistans politische Führung instrumentalisierte diese Frage für machtpolitische Zwecke und konnte dabei an in der sowjetischen Zeit geschaffenen Grundlagen ansetzen. Indem im Zuge der von den Vertretern der gesellschaftlichen Elite bewusst gewählten Strategie der Staatsvolkdefinierung über das Merkmal der nationalen Zugehörigkeit Ausschluss- und gegenseitige Abgrenzungsmechanismen innerhalb der Bevölkerung forciert wurden, wurden auch soziale Spannungen belebt. Diese entzünden sich häufig an Fragen des Zugangs zu und der Nutzung von Ressourcen und traten mehrfach auch im Zusammenhang mit weidelandbezogenen Verfügungsrechten auf.

Früh schon wertete die Führung der Sowjetmacht historisch gewachsene, auf Herkunft, auf Verwandtschaft, auf Zugehörigkeit zu Gruppen sozialer Organisation und auf soziokulturellen Praktiken basierende Konstruktionen der Selbstverortung und der Fremdzuschreibung der Menschen in Zentralasien und in anderen Regionen des Landes als potentielle Bedrohung des sozialistischen Projektes. Mittels ‚doppelter Assimilierung' sollten diese Identitäten und Identifizierungen der sozialistischen Gesellschaft dienlich gemacht bzw. überwunden werden. Retrospektiv betrachtet, kreierte die Sowjetmacht mit den eurozentrischen und ursprünglich bürgerlichen Konzepten ‚Nationalität' und ‚Nation' ausserordentlich wirkungsvolle Identitätsparadigmen.[151] Mittels der Formel ‚national in der Form, sozialistisch im Inhalt' wurden sozialistische Nationen zu Trägern der Revolution gemacht und zugleich ideologisch vertretbar.[152] Im modernisierungstheoretisch geprägten sozialistischen Entwicklungsparadigma der Stufenlehre wurden sie als

149 vgl. Koichumanov, 2005: 35
150 vgl. Roy, 2000; Halbach, 2007: 77, 92–93
151 vgl. Bennigsen, 1979: 51–52, 60, 64; Simon, 1982: 51; Hirsch, 2000: 201–202, 204, 213–214, 225; Lowe, 2003: 109; Abašin, 2004: 39
152 vgl. Simon, 1982: 51

notwendige Zwischenetappe der zivilisatorischen Entfaltung zur klassenlosen Gesellschaft angesehen.[153]

Als primärer Faktor bei der Identifizierung und gegenseitigen Abgrenzung von Nationen galt die Sprache der Alltagskommunikation. Auf Erhebungen und Nomenklaturen kolonialer Zensen aufbauend, wurden für sogenannte ‚Titularnationen' in Form ethnonymisierter nationaler Republiken Sozialräume für die Entwicklung eines entsprechenden nationalen Bewusstseins kreiert.[154] Nach einer nur kurzen Existenz der nicht national verfassten Turkestanischen Autonomen Sozialistischen Sowjetrepublik [TASSR] und Volksrepublik Buchara in der postrevolutionären Phase begann 1924 das Projekt der räumlichen Delimination national verfasster Sowjetrepubliken *razmeževanie* (rus.).[155]Als Vorlage galt hierfür die von Joseph Stalin um die Kategorie des Territoriums erweiterte Leninsche Nationendefinition:[156]

> „Eine Nation ist eine historisch entstandene stabile Gemeinschaft von Menschen, entstanden auf der Grundlage der Gemeinschaft der Sprache, des Territoriums, des Wirtschaftslebens und der sich in der Gemeinschaft der Kultur offenbarenden psychischen Wesensart." (Stalin, 1950: 272)

Historische Herleitungen sowie praktikable, eindeutige und justiziable Grenzverläufe spielten lediglich eine Nebenrolle, waren die Entitäten doch nicht für eine

153 vgl. Meissner, 1982: 12; Kreutzmann, 2004: 4–5; Dörre, 2007: 5. Die marxistisch-leninistische Theorie postuliert eine global geltende und über mehrere Stufen verlaufende gesetzmäßige Entwicklung menschlicher Gesellschaften von der Urgesellschaft, über die Sklavenhaltergesellschaft, den Feudalismus und Kapitalismus zum Kommunismus. Lediglich die erste und die letzte Entwicklungsstufe weisen Klassenlosigkeit und damit Freiheit von Ausbeutung auf. Im Sozialismus als der Frühstufe der von übernationaler Identität und Gleichheit geprägten kommunistischen Weltgesellschaft soll der Abbau bestehender sozioökonomischer und internationaler Ungleichheiten und die Auflösung der sich mehrheitlich im bürgerlichen Zeitalter des Kapitalismus herausgebildeten Nationen stattfinden (vgl. Hirsch, 2000: 225; Young/Light, 2001: 944; Lowe, 2003: 109). Der Theorie der nationalen Auflösung nach sollte der Zyklus ebenfalls über mehrere Stufen ablaufen: zunächst eine beschleunigte Annäherung der Nationen *zbliženie*, einhergehend ihr engerer Zusammenschluss *spločenie* (rus.), die Vermischung der Bevölkerungen *smešivanie* (rus.), die Verwischung der Grenzen *stiranie* (rus.) und schließlich die sukzessive Verschmelzung *slijanie* (rus.) zu einer „neuen historischen Menschengemeinschaft" (Meissner, 1982: 17).

154 vgl. Kreutzmann, 1997: 177; Hirsch, 2000: 204; Lowe, 2003: 109; Abašin, 2004: 38–40

155 Die nationale Delimination wurde am 14.9.1924 vom Obersten Sowjet der KPdSU beschlossen. Legitimiert wurde das Projekt durch Lenins Forderung nach dem Selbstbestimmungsrecht der Völker von 1916 und Stalins Deklaration zur Nationalitätenfrage von 1917. Als Hauptargumente galten dort die Gleichheit und die Souveränität aller Völker der UdSSR, wobei nationale Selbstbestimmung als Antwort auf den russischen Großmacht-Chauvinismus unter der kolonialen Herrschaft galt. Sie sollte die zuvor unterdrückte freie Entwicklung ethnischer Gruppen und Nationalitäten garantieren und sogar bis zur Frage der Sezession reichen. Dieser Anspruch offenbarte sich jedoch als ‚Papiertiger' (vgl. Steinberger/Göschel, 1979: 17; Zimm/Markuse, 1980: 104; Trofimov, 2002: 64; Eschment/Mielke, 2002: 13; Dörre, 2004: 65).

156 vgl. Meissner, 1982: 13

tatsächliche Eigenständigkeit entworfen worden, wie der Koordinator der Vereinten Nationen in Südkirgisistan Bruno Decordier rückblickend treffend feststellt:

> „The border areas were drawn for political administrative entities that were never meant to become independent." (zitiert in Makarenko, 2001: 24)

Vielmehr sollten durch die doppelte Assimilierung frühere Identitäten durch die an der nationalen Ebene ansetzenden ersetzt sowie religionsbasierte übernationale Loyalitäten und pan-regionale Bewegungen zerschlagen werden.[157] Als weitere Ziele galten die sozioökonomische Entwicklung der Region im sozialistischen Stil, die administrative Handhabbarkeit kleinerer räumlicher Entitäten sowie die Schaffung von Interdependenzen innerhalb der UdSSR zur Vermeidung separatistischer Bewegungen.[158] Obwohl die sowjetischen Teilrepubliken Zentralasiens im Laufe der Zeit zu wirtschaftlichen und administrativen Einheiten wurden, blieben sie aufgrund gemeinsam geteilter Geschichte und nicht mit Republiksterritorien übereinstimmenden Sprachverbreitungsgebieten sprachlich und kulturell heterogen. Ethnisch strukturierten sich die Bevölkerungen in eine die Mehrheit bildende und mit politischen und kulturellen Privilegien ausgestattete Titularnation sowie eine Vielzahl von Minoritäten, die über geringere Rechte sozialer Repräsentation verfügten und bereits früh Diskriminierungen ausgesetzt waren. Das sowjetische Projekt der nationalen Teilung löste zwischen Titularnationen und Minderheiten somit schließlich unbeabsichtigt Konkurrenzen und Konflikte aus.[159]

Die Politik der doppelten Assimilierung führte zu einem paradoxen Modell doppelter und rechtlich sanktionierter Identitäten.[160] Hinter der auf der Unionsebene verankerten sowjetischen Staatsbürgerschaft *graždanstvo* (rus.) besaß ein jeder Staatsbürger eine nicht mit der Staatsbürgerschaft kongruente Nationalität *nacional'nost'* (rus.).[161] Das Erstarken nationaler Bewegungen zu Ende der 1980er Jahre im Zuge der *Perestrojka* – sich in einigen zentralasiatischen Teilrepubliken in der Einführung von den Verständigungssprachen der Titularnation

157 So sahen pan-turkische Ideen der frühen sowjetischen Zeit vor, das von Turksprachensprechern bewohnte Gebiet zu einen. Es reicht über Zentralasien hinaus und umfasst Gebiete im Ural, an der Wolga und im Kaukasus (vgl. Bennigsen, 1979: 60; Kreutzmann, 2004: 5; Halbach, 2007: 97; Halbach, 2008: 4).

158 vgl. Hirsch, 2000: 209, 211–212

159 vgl. Stölting, 1991: 15; Elebaeva et al., 2000: 345; Hirsch, 2000: 214-218; Ejvazov, 2002: 27, Trofimov, 2002: 66; Dörre, 2004: 64; Kreutzmann, 2004: 4-5; Grävingholt, 2004: 14; Melvin, 2011: 19; Dörre, 2008: 7

160 vgl. Elebaeva et al., 2000: 345; Huskey, 2003: 124

161 vgl. Karklins, 1986: 31; Roy, 2000: 173–174; Huskey, 2003: 113; Lowe, 2003: 109. Konnte die erste jeder Inhaber eines sowjetischen Passes für sich beanspruchen, gab der berüchtigte ‚fünfte Punkt' der Sozialdaten im Pass explizite Auskunft über die Nationalität des Inhabers. Der Passeintrag leistete willkürlicher positiver und negativer Diskriminierung im Alltag Vorschub, indem er als wichtiges Personaldokument obligatorisch mitgeführt und bei Hochschulimmatrikulationen, Arbeitsaufnahmen, beim Kauf hochwertiger Konsumgüter und Reisetickets, der Inanspruchnahme von Postdiensten und anderen Gelegenheiten vorgelegt werden musste (vgl. Dörre, 2004: 68).

höheren Rang zuweisenden Gesetzen abbildend[162] – leitete die Schwächung der supranationalen Identität der sowjetischen Staatsbürgerschaft ein, die mit der Auflösung der UdSSR völlig verschwand. Das nationale Kriterium hingegen blieb erhalten.[163]

Immer deutlicher werdende Schwächen des Sowjetstaates zwangen die politischen Führungen der Teilrepubliken, die für die Konsolidierung neuer Staatlichkeit wichtigen Fragen der Legitimierung und Bezugsgrundlage staatlicher Souveränität zu überdenken. Nennenswerte Abwägungen unterschiedlicher Ansichten über mögliche Umgänge mit diesem Problem fanden in Zentralasien aber nicht statt: Die bereits vor der Alma-Ataer Erklärung erfolgten Souveränitätserklärungen der Sowjetrepubliken zeigten, dass nicht feudale Emirate und Khanate von Chiwa, Buchara und Kokand, koloniale administrative Einheiten der Generalgouvernements *general-gubernatorstva* (rus.) Turkestan und Steppe oder aber die von Vertretern der Jadiden – einer muslimischen Aufklärungsbewegung – favorisierten Ideen einer pan-turkischen bzw. muslimischen Nation als historische Bezugsvorlagen künftiger Staatlichkeiten in Zentralasien herangezogen wurden.[164] Indem die politischen Führungen auf das Paradigma ethno-national verfasster Staaten in den Grenzen ehemaliger Teilrepubliken mit den jeweiligen Titularnationen als Staatsvolk zurückgriffen, wurde vielmehr die tiefgreifende Wirksamkeit und die den gesellschaftlichen Umbruch überdauernde Persistenz des in Zentralasien vor 1924 nicht existierenden sowjetischen Nationenmodells deutlich, das geschlossene Einheiten von Sprache, Kultur und Territorium postulierte und damit der Vorstellung eines ‚Containerraums' anhing.[165] Identifizierungen und Identifikationen dieser Art implizieren Abgrenzungen von ‚Anderen' und vermeintlich ‚Fremden'.[166] Im Zuge der Neukonzipierung der Staatlichkeiten wurden damit starke Veränderungen der kollektiven und individuellen identitären Selbstverortungen und Fremdzuschreibungen in den Bevölkerungen mit teilweise nicht intendierten und verheerenden Folgen initiiert.

Wie in anderen ehemaligen Sowjetrepubliken, griff das im Zuge der *Perestrojka*-Politik das Phänomen des „Nomenklatur-Nationalismus" (vgl. Young/Light, 2001: 949) auch in Kirgisistan. Staatsführungsvertreter bezogen sich unter Instrumentalisierung von „Ethnizität als Strategie" (Kreutzmann, 1996: 7) auf ein dezidiert ethnozentrisches Staatskonzept:[167] In erster Linie wurde der Staat verstanden als „Ansammlung von Institutionen, die sich spezifisch mit der Durchsetzung der Ordnung" (Gellner, 1991: 12) befassen *für* die Aufrechterhaltung der

162 vgl. Roy, 2000: 168–170

163 vgl. Bozdağ, 1991: 370–371; Elebaeva et al., 2000: 345; Lowe, 2003: 112–113; Laruelle, 2007: 139; Schmidt, 2007: 218

164 vgl. Bennigsen, 1979: 60; Hirsch, 2000: 226; Roy, 2000: 161, 166; Young/Light, 2001: 941; Allison, 2007: 259; Laruelle, 2007: 144

165 vgl. Gellner, 1991: 8–9; Young/Light, 2001: 943; Huskey, 2003: 113; Lowe, 2003: 106; Abašin, 2004: 38–40; Kreutzmann, 2004: 6; Laruelle, 2007: 149; Schmidt, 2007: 209, 214–215

166 vgl. Kreutzmann, 1996: 7, 9

167 vgl. Kreutzmann, 1996: 9

Ordnung der Gesellschaft der kirgisischen Titularnation sowie überproportional *aus* kirgisischen Vertretern der multiethnischen Bevölkerung gebildet.[168] Die Staatsführung folgte damit einem essentialistischen Verständnis der Kongruenz von Nation und Staat, wonach die Nation als „quasinatürliche Einheit" (Wehler, 2001: 7) ein natürliches Recht auf einen eigenen Staat hat.[169] In diesem Zusammenhang wird bis in die Gegenwart negiert, dass die vielzitierte ‚wiedergeborene' Nation kein vorsowjetisches Erbe, sondern ein sowjetisches Produkt auf kolonial geschaffenen Vorlagen ist.[170] Zunächst nationalistischen Forderungen und später dem befeuerten, nationalistisch gefärbten Diskurs folgend, fördert die Regierung bis heute die nationale Findung der stark in Verwandtschaftsgruppen, Solidaritätsnetzwerken, regionalen Landsmannschaften und Nord-Süd-Rivalitäten segmentierten kirgisischen Bevölkerung.[171] Der zentrale Zweck dieser Strategie besteht darin, den die kirgisische Gesellschaft durchziehenden und als desintegrative Gefahr eingestuften sub-nationalen Loyalitäten entgegenzuwirken sowie die sich als unterschiedliche Gruppen verstehenden Zusammenhänge in einer gemeinsamen Identität des staatstragenden ‚Volkes der Kirgisen' zu vereinen.[172] Mit dem Ziel der Schwächung sub-nationaler Loyalitäten weist Kirgisistans ethnonationale Politik funktionale Parallelen zur sowjetischen Verfahrensweise auf. Gleichzeitig bietet sie jedoch keine adäquate supra-nationale Identitätsebene an und schließt damit Nicht-Kirgisen aus dem Prozess aus. Es kann daher von einer top-down vorangetriebenen Ethno-Nationalisierung des Staates als einem Prozess gesprochen werden, der als Reaktion auf die radikal „veränderte gesellschaftliche Konstellation" (Kreutzmann, 1996: 7) im Zuge des postsowjetischen Umbruchs vorangetrieben wurde.[173]

Durch den anfänglichen Mangel einer distinkten Staatsideologie, eines nationalen Kollektivbewusstseins und nachweisbarer nationaler Kontinuität bestand die Schwierigkeit, dass die Idee der Nation nur schwer über ein „Cluster folkloristischer Referenzen mit relativ geringer Bindungskraft" (Heinemann-Grüder/ Haberstock, 2007: 122) hinauswachsen würde. Es war für die politisch Mächtigen daher notwendig, ein Spektrum nationaler Leit- und Sinnbilder zu kreieren, die in einer unverkennbaren Symbolik, in einer ex post konstruierten Kontinuität und genea-

168 vgl. Young/Light, 2001: 949; Beyer, 2010: 11, 13

169 vgl. Wehler, 2001: 7; Schmidt, 2007: 214–215

170 vgl. Huskey, 2003: 113; Abašin, 2004: 39; Laruelle, 2007: 140. Zu diesem Problem meinte der russische Orientalist Vasili Bartol'd, dass der Nationenkreierungsprozess ein eurozentrisches Projekt war: „an adaptation of a nineteenth-century West European historical tradition, alien to the region" (zitiert in Hirsch, 2000: 214). Er hätte zur Europäisierung der Region geführt und die „Fakten der lokalen Geschichte" verzerrt, so Bartol'd weiter (vgl. Hirsch, 2000: 214).

171 vgl. Huskey, 2003: 114

172 vgl. Elebaeva et al., 2000: 343; Huskey, 2003: 114; Lowe, 2003: 114, 125–126; Temirkoulov, 2004: 94, 98; Schmidt, 2007: 209, 218, 220; Heinemann-Grüder/Haberstock, 2007: 127; Geiß, 2007: 158

173 vgl. Young/Light, 2001: 949; Huskey, 2003: 115; Lowe, 2003: 124; Halbach, 2007: 92; Laruelle, 2007: 139; Beyer, 2010

logischen Abfolge historischer Staatlichkeit der Kirgisen auf dem heutigen Landesterritorium, in vermeintlich essentialistischen Werten und Normen des Kirgisentums sowie in politischen und rechtlichen Regelungen Ausdruck finden, welche die schwierig zu legitimierende und zu belegende Kernbotschaft ‚Kirgisistan als manifestierter Staat der kirgisischen Nation' transportieren.[174] Die folgenden Beispiele nationaler Strategien, Leit- und Sinnbilder verdeutlichen, dass kirgisische Nationalität und Nation – wie auch alle anderen – kein natürliches Phänomen, sondern eine begrenzt und souverän „vorgestellte politische Gemeinschaft" (Anderson, 1996: 15) ist bzw. „Konstrukte des menschlichen Geistes und seiner Kategorien" (Wehler, 2001: 8).[175]

Zu den frühesten politischen Maßnahmen des souveränen Staates zählt die nach einer nur für kurze Zeit gültigen und keiner Nationalität Vorrang gewährenden offiziellen Bezeichnung als ‚Republik Kirgisistan' erfolgte Umbenennung des Landes in eine die kirgisische Nation explizit herausstellende ‚Kirgisische Republik', ähnlich der offiziellen sowjetischen Republikbezeichnung.[176] Bemerkenswert und demselben Verständnis folgend fordert der Refrain der 1992 eingeführten Staatshymne ausdrücklich das kirgisische Volk – nicht die Bevölkerung Kirgisistans – auf, zu erwachen, zu erblühen und den Weg der Freiheit zu beschreiten.[177] 1993 wurde das Kirgisische verfassungsrechtlich zur einzigen und von in staatlichen Institutionen Tätigen zwingend zu beherrschenden Staatssprache erhoben. Russisch als langjährige lingua franca der Sowjetunion verlor den verfassungsrechtlichen Status als staatliche und als sogenannte zwischenethnische Sprache.[178] Führungspositionen in Politik und Wirtschaft wurden zunehmend mit Angehörigen der Titularnation besetzt, was die Herausbildung einer Ethnokratie förderte. Diese Maßnahmen bargen für viele Russisch sprechende und des Kirgisischen nicht mächtige Menschen die Gefahr relativer Analphabetisierung, führten zu Ar-

174 vgl. Elebaeva et al., 2000: 345; Roy, 2000: 161, 167; Lowe, 2003: 114–115; Halbach, 2007: 78; Heinemann–Grüder/Haberstock, 2007: 122; Laruelle, 2007: 149; Schmidt, 2007: 215; Beyer, 2010: 11, 13

175 vgl. Gellner, 1991: 16-17; Kreutzmann, 1996: 6; Gellner, 1997: 128; Young/Light, 2001: 943. Anderson argumentiert, dass Nationen vorgestellt seien, weil die Mitglieder einander niemals vollständig kennen [können]. Begrenzt sind sie durch die Vorstellung, dass alle Mitglieder in bestimmten abgegrenzten Territorien leben. Das Souveränititätsattribut ist untrennbar mit dem situativen Kontext der Entstehung des Nationenbegriffs verbunden, als in Zeiten der Aufklärung vermeintlich von Gottes Gnaden gegebene hierarchische Dynastien zerstört, Freiheit zum Maßstab und der souveräne Staat zum Leitbild wurde. Mit der ‚Gemeinschaft' schwingt schließlich die Vorstellung mit, dass unabhängig von Ungleichheit und Ausbeutungsverhältnissen ein „ ‚kameradschaftlicher' [Hervorhebung im Original] Verbund von Gleichen" (ebd., 1998: 16) bestünde (vgl. ebd., 1998: 14–16). Gellner, der Nationen ebenso als Imaginationen versteht, verweist bezüglich der Verbindungen zwischen Nationsgemeinschaft und Nationalismus ebenfalls auf deren konstruierten Charakter: „Nicht die Bestrebungen von Nationen schaffen den Nationalismus, vielmehr schafft sich der Nationalismus seine Nation." (zitiert in Wehler, 2001: 9)

176 vgl. Bozdağ, 1991: 387; Lowe, 2003: 114–115

177 vgl. GKR, 1992

178 vgl. KKR 1993: Art. 5. Abs. 1; Lowe, 2003: 124

beitsplatz- und Statusverlust und damit zu sozioökonomischer Unsicherheit. Die frühen Jahre der staatlichen Souveränität waren daher neben ökonomischem Abschwung auch von einer anwachsenden Emigrationswelle überdurchschnittlich ausgebildeter und zuvor in politisch-gesellschaftlichen sowie ökonomischen Führungsebenen tätiger Russen und Inhabern anderer slawischer Nationalitäten geprägt. Dem konnte auch die rethorische Beteuerung eines alle Nationalitäten ‚gemeinsamen Hauses Kirgisistan' durch den Präsidenten Akaev nichts entgegensetzt.[179] Insofern trug Kirgisistans nationalistische Sprachpolitik der frühen Unabhängigkeitsjahre zur gesellschaftlichen Desintegration bei.[180] Der mit der Auswanderung verbundene massive brain-drain führte rasch zu einem spürbaren Mangel an Fach- und Führungspersonal und bewog die Regierung schließlich zu einer erneuten Aufwertung des Russischen zur offiziellen Sprache.[181] Ähnliche Forderungen der usbekischen als der zweiten großen Minorität blieben selbst nach den 2010er Gewaltereignissen bisher unerfüllt.[182] Jüngste sprachpolitische Entscheidungen bauen die sprachbasierte Ausgrenzungen von Minoritäten sogar aus.[183]

Bei dem Anspruch, den ethno-nationalistisch verfassten Staat mit der Erfindung einer kontinuierlichen Staatlichkeit des kirgisischen Volkes auf dem heutigen Landesterritorium historisch und genealogisch zu legitimieren, werden von der politischen Führung und den Gremien des zentral verwalteten Bildungssektors bewusst historische Lücken übersprungen, Brüche akzeptiert, Bezugspunkte neu kreiert und Aspekte der jüngeren kolonialen und sowjetischen Vergangenheit umgangen.[184] Abgeleitet aus chinesischen Quellen gilt im offiziellen Curriculum der schulischen und universitären Geschichtsbildung Kirgisistans das Jahr 201 v.u.Z. als Geburtsstunde kirgisischer Staatlichkeit. Um das Leitnarrativ kontinuierlicher Staatlichkeit im Bewusstsein der Bevölkerung und dabei insbesondere der jungen Generationen zu verankern, erschienen im Rahmen der offiziellen Kampagne zum vermeintlich 2200-jährigen Jubiläum kirgisischer Staatlichkeit um die Wende zum dritten Jahrtausend u.Z. eine Reihe wissenschaftlicher Publikationen zum Thema,

179 zitiert in Marat, 2008: 33

180 vgl. Bozdağ, 1991: 384; Dieter, 1996: 16; Roy, 2000: 169; Lowe, 2003: 124; UNDP RBECIS, 2005: 2; Halbach, 2007: 93–94; Schmidt, 2007: 218; Marat, 2008: 33; Melvin, 2011: 9

181 vgl. KKR 1998: Art. 5 Abs. 2

182 vgl. KKR 1998: Art. 5; KKR 2010: Art. 10; Melvin, 2011: 9

183 Im Januar 2013 vom Parlament verabschiedete und bereits Gültigkeit besitzende Gesetze regeln, dass juristische Dokumente nurmehr in kirgisischer Sprache ausgearbeitet werden müssen und die Kommunikation innerhalb der Verwaltungen lokaler Gebietskörperschaften mit kirgisischer Mehrheitsbevölkerung nurmehr auf Kirgisisch zu erfolgen habe. In der Konsequenz behindert diese sprachbasierte Diskriminierung die gesellschaftspolitische Teilhabe anderssprachiger Bürger (vgl. Djatlenko, 2013).

184 vgl. Tchoroev, 2002: 355; Lowe, 2003: 121; Laruelle, 2007: 139. Bereits der sowjetische Ethnologe S.M. Abramzon warnte, dass die Frage der Herkunft der Kirgisen zu den komplexesten und kontroversesten Aspekten der Geschichte in Zentralasien zählt (zitiert in Lowe, 2003: 107).

darunter viele Lehrbücher.[185] Die einfach zu arrangierende und effektvolle politische Instrumentalisierung runder Jubiläen dürfte dazu beigetragen haben, dass trotz wissenschaftlicher Bedenken aufgrund nicht hinreichend belastbarer historischer Informationen 1995 offizielle Festlichkeiten zum tausendjährigen Bestehen des Manasepos' und im Jahr 2000 Feiern zur dreitausendjährigen Existenz von Osch abgehalten wurden (Abb. A.7).[186] Entgegen dem sowjetischen Ursprung der kirgisischen Nationalität, der ethnisch-sprachlichen Heterogenität der Bevölkerung und trotz vager Quellenlage werden vorsowjetische und sowjetische historische Prozesse auf dem Territorium Kirgisistans konsequent in eine Geschichte der kirgisischen Nation umgeschrieben.[187] Alternative Interpretationen bleiben unberücksichtigt.[188] Da lediglich eine einzige zentrale Kommission am Historischen Institut der eng mit der politischen Sphäre verwobenen Nationalen Akademie der Wissenschaften [NANKR] über die rechtliche Kompetenz der Durchführung von Promotionsverfahren im Fach Geschichte verfügt, besteht die Gefahr der Fortführung monopolisierender Geschichtsschreibung.[189]

Ein weiteres wichtiges Mittel zur Herstellung einer gemeinsamen nationalen Erfahrung von Geschichte und Gegenwart stellte die Kirgisifizierung der Toponymik besonderer Naturobjekte, von Ortschaften, Straßen und Plätzen dar.[190] Auch bestehengebliebene und neu geschaffene politische Institutionen und gesellschaftliche Organisationen erhielten kirgisische Bezeichnungen.[191] Der Fundus kirgisischer Mythologie und idealisierte Vorstellungen über die traditionellen Lebensweltender Kirgisen lieferten die Vorlagen für die nationale Symbolik.[192]

Mit dem Rückgriff auf vorsowjetische Heldenepen fand ein Ersatz sowjetischer Heroen statt: Zuvor den Namen Pišpek tragend, wurde die nach dem sowje-

185 z.B. Džumanaliev, 2003. Einige Werke weisen bereits im Titel, andere in Kapitelüberschriften auf den Gegenstand hin. So ist ein ganzes Kapitel eines unter der Redaktion des Historikers und stellvertretenden Präsidenten der Nationalen Akademie der Wissenschaften Vladimir M. Ploskih erstellten Werkes dem „Zerfall des Imperiums der Mongolen. Kirgisistan (sic!) im Čagataj-Staat" (vgl. NANKR/KRSU, 2003: 105–107) gewidmet.

186 vgl. Tchoroev, 2002: 367–368; Marat, 2008: 34–38, 74

187 vgl. Roy, 2000: 165; Tchoroev, 2002: 351, 358; Lowe, 2003: 107; Beyer, 2010: 13

188 vgl. Laruelle, 2007: 139, 143–144; Schmidt, 2007: 209–210, 215; Beyer, 2010: 11

189 vgl. Tchoroev, 2002: 367–368. Ähnliche Strategien lassen sich in allen zentralasiatischen Staaten beobachten (vgl. Roy, 2000: 165–168).

190 vgl. Roy, 2000: 162; Laruelle, 2007: 140–144; Schmidt, 2007: 215. So erhielt die nach dem russischen Entdeckungsreisenden und Forscher Nikolaj M. Prževal'skij benannte ostkirgisistanische Stadt die Bezeichnug *Karakol*. Der höchste Gipfel des Tien Shan, zu sowjetischen Zeiten als *Pik Pobedy* bekannt, wird unter der Bezeichnung *Žeņiš Čokusu* geführt.

191 vgl. Roy, 2000: 162–163

192 vgl. Laruelle, 2007: 140, 143; Schmidt, 2007: 209; Marat, 2008: 72–73; Kerven et al., 2012: 375. So zeigt das Emblem der Staatsflagge das offene Dachkreuz kirgisischer Jurten namens *tunduk*, durch das der Rauch der Feuerstellen abzieht sowie Licht und Frischluft eintritt. Umgeben ist dieses von einer vierzigstrahligen Sonne, welche die 40 mythologischen Ursprungsstämme repräsentiert. Im Staatssiegel dominiert eine romantische Naturlandschaft, bestehend aus der über dem Alatoo-Gebirgsmassiv und See Issyk-Kul aufgehenden Sonne, vor der ein Adler seine Schwingen spreizt.

tischen Heerführer Mihail Frunze benannte Hauptstadt in Anlehnung an einen mythologischen Helden regionaler Bedeutung in Bischkek umbenannt. Von besonderer Bedeutung ist die Vereinnahmung des mythologischen Hauptprotagonisten und Namensgebers des Manas-Epos als nationalen Kirgisen sowie seine Stilisierung zur moralischen Instanz und Lichtfigur des Landes. Das Epos wurde zum Pflichtstoff an Schulen, wobei die Kinder lernen, den Maximen des Helden als der Essenz des nationalen Wertekanons der Kirgisen *kyrgyzčylyk* (krg.) Folge zu leisten. Zu kämpfen, der eigenen Gemeinschaft zu helfen und diese zu rächen, eine patriotische Gesinnung aufzuweisen sind dabei zentrale Inhalte. Auch die höchste offizielle Auszeichnung des Landes, der größte zivile Flughafen, Straßen und Plätze, Kinder- und Jugendorganisation tragen den Namen des mythischen Recken. ‚Manasologie' wurde als universitäres Studienfach etabliert.[193] Mit der rückwirkend konstruierten ‚Realitäts-Machung' des Abstammungsmythos wird zum einen eine vermeintlich organische Verbindung zum historischen Erbe einer idealisierten, freiheitsliebenden und kampferprobten kirgisischen Nation als der edlen Quelle der derzeitigen Staatlichkeit erschaffen und zum anderen die Suggestion staatlicher Kontinuität unterstützt.[194]

Der Zweck all dieser in erster Linie Kirgisen, nicht Kirgisistans Bevölkerung ansprechenden Maßnahmen gesellschaftlicher Eliten liegt darin, eine Identifizierung des modernen kirgisischen Volkes mit der natürlichen Heimat, der Lebenswelt und den sozialen Umständen und Prozessen ihrer nomadischen Vorfahren zu schaffen, um ein exklusives Anrecht des kirgisischen Volkes auf die Ressourcen innerhalb des Staatsgebiets Kirgisistans zu legitimieren.[195] Dies scheint gelungen zu sein. Durch anhaltende Indoktrination existiert unter vielen Kirgisen auf individueller und kollektiver Ebene ein starker Glauben an die eigene Zugehörigkeit zu einer real existierenden antiken und glorreichen Nation, an das exklusive Recht der Kirgisen, als den Repräsentanten des vermeintlich einzigen indigenen Volkes auf dem Territorium ihres Nationalstaats zu leben sowie daran, dass Republik, Ressourcen und Staat Eigentum der kirgischen Nation sind. Abweichungen von diesem Weltbild wurden wiederholt als falsch, absurd und widersprüchlich oder gar als feindliche Verschwörung abgetan.[196] In Krisensituationen besitzt ein solches Konzept potentiell konfliktverschärfende Bedeutung, weil durch interessengeleitete Akteure vom Kriterium der Nationalität und unter Ablenkung von tieferen Ursachen abgeleitete Antworten auf Schuldfragen gesellschaftlicher Probleme formuliert werden, die auf fruchtbaren Boden fallen.[197] Zugleich können unge-

193 vgl. Elebaeva et al., 2000: 345; Temirkoulov, 2004: 96; Schmidt, 2007: 216; Marat, 2008: 34–39; Beyer, 2010: 11

194 vgl. Elebaeva et al., 2000: 345; Lowe. 2003: 116–117; Laruelle, 2007: 145, 148–149

195 vgl. Lowe, 2003: 115–116; Schmidt, 2007: 209; Beyer, 2010: 13

196 vgl. Tishkov, 1995: 147; Tchoroev, 2002

197 vgl. Schmidt, 2007: 214–215, 217; Beyer, 2010: 12. Ethnische Homogenität als Ziel lässt sich nur durch Identifizierung, Abgrenzung und Ausschluss Nicht-Zugehöriger herstellen. „Nationale Reinigungsprozesse" (Gellner, 1991: 10) sind deshalb grundsätzlich potentiell gewalttätig, da sie die Entscheidungsmacht über das Schicksal der ‚Fremden' für sich beanspruchen (vgl. ebd.).

wollt sezessionistische Tendenzen benachteiligter Minoritäten geweckt oder verstärkt werden.[198]

Vorhaben der Nationalisierung des Staates durch eine nationale Majorität sind daher grundsätzlich hochproblematisch, insbesondere in einem multinationalen Staat wie Kirgisistan. Gegenwärtig repräsentiert die Bevölkerung des Landes über 100 Ethnien.[199] Dies ist das Ergebnis historischer Prozesse wie den Folgen der während der russländischen Kolonialherrschaft und der frühen Jahre der sowjetischen Ära konstruierten ethnisch-nationalen Kategorien, der künstlichen Grenzziehungen sowie freiwilligen und erzwungenen Migrationsbewegungen.[200] Aktuellen Volkszählungsdaten folgend, nahm der Anteil kirgisischer Staatsbürger nach 1991 sukzessive zu und lag im Jahre 2009 bei 71 % von insgesamt rund 5,36 Mio. Einwohnern. Die größten Minoritäten wurden dabei von Bürgern usbekischer und russischer Nationalität mit rund 14 bzw. rund acht Prozent gebildet. Ihre Siedlungsgebiete sind höchst ungleich verteilt. Der Hauptteil der russischen Bevölkerung lebt in der Hauptstadt und in den Verwaltungsgebieten des Landesnordens, während die Mehrheit der Usbeken in den Gebieten Žalal-Abad, Osch und Batken residiert (Abb. A.8).[201]

Aufgrund der ethno-nationalistisch gefärbten Politik erleben nicht-kirgisische Minoritäten wiederholt rethorische und symbolische Ausgrenzungen sowie Erschwernisse bei Versuchen, sich in gleichberechtigter Weise öffentlich zu artikulieren, zu repräsentieren und an politisch-gesellschaftlicher Willensbildungs- und Entscheidungsfindung sowie materieller Wohlfahrt teilzuhaben. In öffentlichen Repräsentationen fallen Nicht-Kirgisen zumeist nur subalterne Plätze zu.[202] In dieser Weise generierte soziale Konflikte sind zu einer die Integrität der Gesellschaft bedrohenden Intensität herangewachsen. In der jüngeren Vergangenheit spielten sich die bisher heftigsten einer ganzen Reihe von Gewaltereignissen ab, in denen der Nationalität durch die beteiligten Akteure eine zentrale Rolle zugewiesen wurde: Illegitime Besetzungen von im Besitz von Staatsbürgern mit türkischer Nationalität befindlichem Ackerland durch Menschen kirgisischer Nationalität und deren Forderungen nach Übergabe der Ländereien an Mitglieder der Titularnation mündeten im Mai 2010 im Bischkeker Vorort Maevka in menschliche Opfer und große materielle Verluste fordernde Gewalt.[203] In den Verwaltungsgebieten Osch und Žalal-Abad ereigneten sich im Juni des selben Jahres pogromartige Auseinandersetzungen zwischen lange Zeit zwar nicht spannungsfrei, doch aber nachbarschaftlich zusammenlebenden, kollegial zusammenarbeitenden, teil-

198 vgl. Kreutzmann, 1996: 9

199 vgl. Lowe, 2003: 106; NSCKR, 2010: 88–90

200 vgl. Simon, 1982: 55; Roy, 2000; Huskey, 2003: 113; Abašin, 2004; Halbach, 2007: 79–80; Schmidt, 2007: 218; Beyer, 2010: 12

201 vgl. NSCKR, 2010: 88–98

202 vgl. Elebaeva et al., 2000: 347; Lowe, 2003: 127; Schmidt, 2007: 209, 218

203 Ähnliche gelagerte Vorfälle ereigneten sich seit 1990 mehrfach, beispielsweise 2006 in der 70 km von Bischkek entfernten, dunganisch geprägten Siedlung Iskra und nach den Pogromereignissen von 2010 erneut im Verwaltungsgebiet von Kara Su (vgl. Fergana.ru, 2010a; Sanghera, 2010; Trilling, 2010; Melvin, 2011: 12, 20).

weise verwandtschaftlich und freundschaftlich verbundenen Vertretern der kirgisischen und usbekischen Bevölkerungsgruppen.[204]

Wie bei historischen Ereignissen, sind auch bei den 1990ern und den jüngsten Ausschreitungen tiefer angelegte gesellschaftliche Konflikte, wie politische Machtkämpfe und sozioökonomische Probleme als wichtige Ursachen zu verstehen, wobei sich letztere stark aus Ressourcenknappheit und Verteilungsproblemen speisen. Die Ethnizität bzw. nationale Zugehörigkeit der Beteiligten wurde durch gezielte Instrumentalisierung zum Mittel der Gewalt.[205] Bedauerlicherweise ist selbst nach diesen Ereignissen keine ausdrückliche Abkehr der Vertreter der politischen Führung und der Exekutivorgane von nationalistisch motivierten Abgrenzungen erkennbar, wie die Worte „kirgisische Helden" der Interimspräsidentin Roza Otunbaeva zur Ehrung der Opfer des Aprilaufstandes 2010 erkennen lassen, den das „Volk der Kirgisen" (beides zitiert in Beyer, 2010: 13) gegen die Präsidentschaft Bakievs geführt hatte. Doch es waren Staatsbürger Kirgisistans unterschiedlicher Nationalität, die sich am Aufstand beteiligten und Verluste beklagen mussten. Die international kritisierte Behandlung von durch kirgisischstämmige Sicherheitskräfte und Vertreter von Strafverfolgungsbehörden im Zuge der Pogrome verhafteten Usbeken und deren Kriminalisierung ist bei der Überwindung des Problems ebenfalls kontraproduktiv.[206]

Die insbesondere in ländlichen Gebieten bestehenden strukturellen sozioökonomischen Probleme blieben ungelöst und bilden damit weiterhin eine Quelle für soziale Krisen. Solange eine überparteiliche Aufklärung gewaltsamer Ereignisse wie im Jahr 2010 ausbleibt und im Zuge nationalistisch gefärbter Politik nationalen Minoritäten größere gesellschaftliche Partizipations- und Entfaltungsmöglichkeiten verweigert werden[207], besteht auch zukünftig die Gefahr, dass interessengeleitete Akteure ‚ethnische Zugehörigkeit' und ‚Nationalität' zur Schuldzuweisung

204 vgl. Beyer, 2010: 12; Osmonov, 2010a; Melvin, 2011

205 vgl. Bozdağ, 1991; Tishkov, 1995: 133–134, 143; Lowe, 2003: 113; Halbach, 2007: 90; Beyer, 2010: 12, 14; Melvin, 2011: 17, 19–20, 26–28. Die durch Tishkov für 1990 und durch Melvin für 2010 herausgearbeiten unterschiedlichen Gewaltformen stützen den Befund, dass Ethnizität lediglich einen von mehreren Faktoren darstellt, die zu der Ausformungen der Exzesse beitrugen (vgl. Tishkov, 1995; Melvin, 2011). Melvin unterscheidet organisierte Gewalt vorbereiteter Gruppen, die nach Beginn der Ausschreitungen rasch einsetzende und eigenen Dynamiken folgende ethnische Gewalt ursprünglich nicht in Planungen Involvierter, präventive Verteidigungsschläge, Racheakte, Opportunitätsgewalt im Kontext der Pogrome, Plünderungen und ökonomisch motivierte Kriminalität (vgl. ebd., 2011: 27–28).

206 vgl. FIDH, 2010: 31–33; HRW, 2010; Beyer, 2010: 11–12, 14; Melvin, 2011: 29–31, 43; ICG, 2012. Insbesondere der Fall des auf lebenslängliche Haft verurteilten usbekischstämmigen Juristen und Menschenrechtsaktivisten Azimžan Askarov sorgte international für Wirbel (vgl. AI, 2010; FH, 2010; Abashin, 2013).

207 So fordern Vertreter der usbekischen Minderheit in Kirgisistan bisher vergeblich, dass Usbekisch zur offiziellen Sprache erhoben wird und Quotenregelungen für Repräsentanten der Minderheit in staatlichen Institutionen garantiert werden (vgl. KKR 2010; Beyer, 2010: 14).

missbrauchen und zur gewaltsamen Lösung sozialer Probleme instrumentalisieren.[208]

Die beschriebenen Mechanismen, negativen Begleiterscheinungen und Folgen lassen die ethno-nationalistische Färbung der offiziellen Politik als erhebliche Entwicklungsbeeinträchtigung erscheinen, da sie bis in die Ebene lokaler Politik wirkt, Ressourcenallokationen beeinflusst und die Gefahr gesellschaftlicher Dissoziation erhöht. Die anhaltende Fixierung der politischen Führung Kirgisistans auf eine nationalistisch verfasste Staatlichkeit wirkt sich auch aussenpolitisch in einer Abgrenzhaltung aus, die von den postsowjetischen Nachbarn in der Region geteilt wird.

1.1.7 Kooperationsunwilligkeit und Integrationsverweigerung auf Staatsebene

Zunächst ist festzustellen, dass verschiedene Anläufe für regionale und transregionale zwischenstaatliche Organisationen und Programme mit zentralasiatischer Beteiligung nach 1991 gestartet wurden und parallel zueinander existieren. Gemeinsam mit der hohen Anzahl multilateraler Treffen und Konferenzen auf Regierungsebene der vergangenen Jahre erweckt dies den Eindruck, regionale Kooperation und Integration gehörten zur gelebten Praxis des politischen Geschehens in Zentralasien (Box 1.3; Abb. A.9).[209]

Box 1.3: Multilaterale Organisationen in Zentralasien

Als erster bedeutender Anlauf gilt die Gründung der Zentralasiatischen Wirtschaftsunion [ZAU][210] durch Kasachstan, Kirgisistan und Usbekistan 1994. Der Fokus der relativ wirkungslos gebliebenen Organisation lag auf ökonomischen Themen, wie der Einrichtung einer zu einem Binnenmarkt zu entwickelnden Freihandelszone, der Sicherung der Freizügigkeit, der Abstimmung von Wirtschafts- und Handelspolitik, dem Umweltschutz sowie der Kooperation in Wassermanagement- und Energieversorgungsfragen. Im Zuge des Eintritts Tadschikistans 1998 nach Beendigung des Bürgerkrieges wurde das Bündnis in eine weniger ambi-

208 vgl. Huskey, 2003: 114; Marat, 2006; Schmidt, 2007: 218; FIDH, 2010: 36; HRW, 2010; Melvin, 2011; ICG, 2012

209 vgl. Dadabaev, 2004; Krumm, 2005: 18; Halbach, 2008: 3. Im folgenden Überblick werden Organisationen berücksichtigt, an deren Initiierung zentralasiatische Staaten beteiligt waren (vgl. EAWG, o.J.; OVKS, o.J.; OWZ, o.J.; SOZ, o.J.; ZOZ, o.J.; ZRWK, o.J.; Seliwanowa, 2003: 330–332; Giese et al., 2004a: 12–13; Richter, 2004: 165–169; ADB, 2005: 4, 16–17; Krumm, 2005: 18–19; Allison, 2007; Dadabaev, 2007; Halbach, 2007: 97–98; Jackson, 2007: 358, 361–362; Halbach, 2008; Aris, 2010). Ungenannt bleiben transkontinentale Bündnisse wie die Organisation für Sicherheit und Zusammenarbeit in Europa [OSZE], die Organisation der Islamischen Konferenz [OIK], das INOGATE-Abkommen mit der Europäischen Union [EU], das Euro-Atlantische Nato-Partnerschaftsratsprogramm [EAPR] und andere, an denen zentralasiatische Länder beteiligt sind.

210 engl. Central Asian Economic Union [CAEU]. Nach Einführung der vollständigen Bezeichnungen und Abkürzungen der Organisationen werden im Weiteren die der deutschen Bezeichnung entsprechenden Abbreviaturen verwendet, da sie im deutschsprachigen Raum verbreitet sind und der Wiedererkennungswert daher hoch sein dürfte.

tioniert klingende Zentralasiatische Wirtschaftsgemeinschaft [ZAWG][211] umbenannt. Auch hier lag der Schwerpunkt auf wirtschaftlichen Themen. Das Nichteinhalten von Absprachen, geringe Wirkkraft und Schwerfälligkeit der ZAWG ließen jedoch verschiedene ökonomische Projekte und damit Kerninhalte des Bündnisses scheitern. Zunehmende Bedrohungen der inneren Sicherheit durch grenzüberschreitenden Terrorismus[212], organisierte Kriminalität und Drogenschmuggel in Verbindung mit den Entwicklungen in Afghanistan im Anschluss an den 11. September 2001 veranlassten die Mitgliedsländer zu stärkerer formaler Zusammenarbeit bei sicherheitspolitischen Aspekten.[213]Aufgrund der Bedeutungszunahme der Sicherheitspolitik und ausbleibender wirtschaftlicher Kooperationserfolge wurde die ZAWG in die Zentralasiatische Organisation für Zusammenarbeit [ZOZ][214] überführt. Der öffentlich geäusserte Wunsch wirtschaftlich zu kooperieren bildete auch hier neben Sicherheitsfragen die Grundlage des Zusammenschlusses. Indem Afghanistan den Rang eines Beobachters erhielt und Russland 2004 beitrat, verlor die ZOZ ihren Status als reines Regionalbündnis.[215] Zementiert wurde diese Entwicklung, indem sie 2006 in der bereits 2000 gegründeten Eurasischen Wirtschaftsgemeinschaft [EAWG][216] aufging, der gegenwärtig Armenien, Belorus, Kasachstan, Kirgisistan, Moldawien, Russland und Tadschikistan angehören. Usbekistan kündigte seine Mitgliedschaft aufgrund des übermäßigen Gewichts Russlands in der Organisation 2008 auf.[217] Die Ziele einer Freihandelszone, des Grenzkontrollabbaus, der Angleichung der Aussenzölle und Vereinheitlichung der Zollverfahren blieben zumeist Absichtserklärungen und praktische Integrationseffekte im zentralasiatischen Raum folglich gering. Eine weitere, bereits 1985 von Iran, Pakistan und der Türkei gegründete transregionale Organisation für wirtschaftliche Zusammenarbeit [OWZ][218] widmet sich ebenfalls ökonomischen Aufgaben, insbesondere im Kommunikations- und Transportsektor. Seit 1992 beteiligen sich hieran Afghanistan, Aserbaidschan, Kasachstan, Kirgisistan, Tadschikistan und Usbekistan. Um Fort-

211 engl. Central Asian Economic Community [CAEC], rus. Central'no-aziatskoe ekonomičeskoe soobŝestvo [CAES]

212 So erfolgten in Usbekistan in den ausgehenden 1990er Jahren mehrere Anschläge mit Todesopfern, deren Urheberschaft nicht eineindeutig geklärt wurde. In Südkirgisistan ereigneten sich 1999 und 2000 gewaltsame, vor Ort als ‚Krieg von Batken' bezeichnete Zusammenstöße zwischen aus Tadschikistan eingesickerten Gruppierungen der Islamischen Bewegung Usbekistans [IBU] und staatlichen Sicherheitskräften. Zu Gegenstand, Hintergründen und Ergebnissen dieses Konfliktes sei auf den Bericht „Central Asia: Islamist Mobilisation and Regional Security" der ICG (2001b), auf Knjazev (2002: 178–202) und auf den Eintrag von B. Conrad (2007) im Kriege-Archiv der Arbeitsgemeinschaft Kriegsursachenforschung [AKUF] der Forschungsstelle Kriege, Rüstung und Entwicklung [FKRE] am Institut für Politische Wissenschaft der Universität Hamburg verwiesen.

213 Dabei sind viele der Sicherheitsprobleme hausgemacht: Die autoritäre Unterdrückung von Meinungsfreiheit und politisch-gesellschaftlicher Teilhabe generierte Widerstandshandlungen und erhöhte innenpolitische Sicherheitsrisiken (vgl. Jackson, 2007: 357).

214 engl. Central Asian Cooperation Organisation [CACO], rus. Central'no-aziatskaja kooperacionnaja organizacija [CKO]

215 vgl. Halbach, 2008: 3. Allein aus zentralasiatischen Staaten bestehende Zusammenschlüsse existieren seit der Auflösung der ZAWG nicht mehr.

216 engl. Eurasian Economic Community [EURASEC], rus. Evroaziatskoe ekonomičeskoe soobŝestvo [EVRAZES]

217 Die Gewichtung der Stimmanteile entspricht den Beitragszahlungen. Russland verfügt daher über 40 Prozent Stimmkraft. Da für Beschlüsse eine qualifizierte Mehrheit verlangt wird, besitzt das Land eine Sperrminorität. Kasachstan und Belarus verfügen über jeweils 20, Kirgisistan und Tadschikistan über jeweils zehn Prozent der Stimmen. Damit reproduzieren die Regeln der EAWG wirtschaftliche Stärke in institutionellen Machtverhältnissen.

218 engl. Economic Cooperation Organisation [ECO]

schritte in den Handelspolitiken der Teilnahmeländer und Infrastrukturprojekte in Transport-, Energie- und Handelsbereichen zu fördern, initiierten internationale Geberinstitutionen die Zentralasiatische Regionale Wirtschaftskooperation [ZRWK].[219] Seit 1997 nehmen an ihr Afghanistan, Aserbaidschan, China, Kasachstan, Kirgisistan, Mongolei, Tadschikistan, Turkmenistan und Usbekistan teil. Im sicherheitspolitischen Bereich spielen zwei transregionale Bündnisse bedeutende Rollen. Die 2001 gegründete Shanghai Organisation für Zusammenarbeit [SOZ][220] widmete sich zunächst vornehmlich dem Kampf gegen die nicht näher definierten ‚drei Übel' Terrorismus, Separatismus und Extremismus, weitete ihre Arbeit später auf Themen der Grenzstreitigkeitsbelegung, der Wirtschaft und Transportinfrastruktur, der Kultur, Bildung und Wissenschaft und des Umweltschutzes aus. Neben China und Russland als externen Mitgliedern wird der Kreis von den zentralasiatischen Staaten Kasachstan, Kirgisistan, Tadschikistan und Usbekistan gebildet.[221] Mongolei, Indien, Iran und Pakistan besitzen Beobachterstatus. Sri Lanka und Belarus sind Dialogpartner. Die 2003 gegründete und mit Armenien, Belarus, Kasachstan, Kirgisistan, Russland, Tadschikistan und Usbekistan ausschließlich aus Mitgliedern der GUS bestehende zweite relevante, wenn auch bisher nur wenige Erfolge vorzeigende Organisation des Vertrages über kollektive Sicherheit [OVKS][222] widmet sich der militärischen Kooperation und Terrorismusbekämpfung. Weiter bestehen mit dem internationalen Vertrag über die Nutzung der Wasser- und Energieressourcen des Syr Dar'ja-Beckens, dem Internationalen Fond zur Rettung des Aralsees [IFAS][223] und der Zwischenstaatlichen Kommission für die Wasserkoordination [ZKWK][224] Strukturen zum gren-

219 engl. Central Asia Regional Economic Cooperation [CAREC].Zu den Initiatoren gehören die Asiatische Entwicklungsbank [AEB], die Europäische Bank für Wiederaufbau und Entwicklung [EBWE], der IWF und die Weltbank, die Islamische Entwicklungsbank [IEB] und das Entwicklungsprogramm der Vereinten Nationen [UNDP].

220 engl. Shanghai Cooperation Organisation [SCO], rus. Šanhajskaja Organizacija po Sotrudničestvu [ŠOS]

221 Durch institutionelle Beteiligung am bisher erfolgversprechendsten Bündnis sind China und Russland als stärkste und außerhalb der Region liegende Akteure in regional relevante Strukturen eingebunden. Die SOZ wird daher zum Teil als russisch-chinesische Organisation betrachtet, in der die zentralasiatischen Länder eine periphere Rolle spielen (vgl. Aris, 2010: 2). Doch würde eine solche Einschätzung zu kurz greifen, da sich die zum Teil widersprechenden Interessen der beiden großen Spieler kompensieren, die Dominanz einer Agenda verhindern und so den kleineren Mitgliedern durchaus Handlungsspielraum verschaffen. Die positive Bewertung der SOZ durch die zentralasiatischen Mitgliedsländer und der ihr zugeschriebene Erfolg liegen vor allem darin begründet, dass die SOZ ihnen eine Stimme gibt, sie gleichberechtigt behandelt, ihre Souveränität nicht antastet und den Erhalt bestehender Regierungssysteme und innenpolitischer Stabilität anstrebt. Vereinbarungen werden im Einvernehmen der Regierungschefs getroffen, wobei jedes Mitglied das Recht hat, an beschlossenen Maßnahmen nicht teilzunehmen. Außerdem bleiben grundlegende Normen, wie Menschenrechte und das Selbstbestimmungsrecht der Völker in der SOZ-Charta unberührt. Die Mitgliedsstaaten können daher selbst „entscheiden, welche innenpolitischen Krisensituation auf welches der drei Übel zurückgeführt" (Sergej Strokan, russischer Kommentator, bei seiner Bewertung des Astana-Gipfels vom Juli 2005, zitiert in Allison, 2007: 272) wird, was alle möglichen Formen staatlichen Vorgehens gegen politischen Widerspruch im Inland ermöglicht. Die dem offiziellen Nichteinmischungsprinzip zugrunde liegende Denkweise interpretiert politische, bürgerliche und individuelle Menschenrechte nicht als universell geltend sondern relativ gültig (vgl. Allison, 2007: 272; Aris, 2010: 2–3).

222 engl. Collective Security Treaty Organisation [CSTO], rus. Organizacija dogovora o kollektivnoj bezopasnosti [ODBK]

223 engl. International Fund for Saving the Aral Sea [IFAS]

224 engl. Interstate Commission for Water Coordination [ICWC]

züberschreitenden Management von Wasser, das als knappe und raumzeitlich sehr ungleich verteilte Ressource im vornehmlich ariden zentralasiatischen Raum höchste Bedeutung besitzt.

Setzen die Staaten Zentralasiens durch ihre Einbindung in multilaterale Bündnisse somit die seit vorkolonialen Zeiten praktizierten regionalen Interaktionen lediglich in Form formalisierter Kooperation in institutionalisierten Organisationen fort? Bei genauer Betrachtung wird deutlich, dass diese multilateralen Strukturen nicht zu stetiger Zusammenarbeit geführt haben und an formalen Ansprüchen gemessen zwischen offiziellen Bekenntnissen und wortgewaltig formulierten Bündniszielen einerseits sowie tatsächlich praktizierten aussenpolitischen Strategien der einzelnen Staaten andererseits deutliche Unterschiede bestehen.[225] Der Werdegang regionaler Bündnisse läuft eher auf ein „Experimentieren mit wechselnden Bezeichnungen und Formaten" (Halbach, 2007: 98) hinaus und steht „für ein Integrationstheater mit immer neuen Aufführungen" (ebd.), während reale Kooperation in den „Integrationsblasen" (Halbach, 2008: 4) kaum stattfindet. Staatliche Alleingänge in regional wichtigen Fragen sind die Regel, so auch beim Management und der Nutzung grenzüberschreitender Ressourcen wie bestimmten Wasserläufen und Graslandfluren.

Dies ist insofern erstaunlich, als dass die Länder Zentralasiens doch einerseits gravierenden regionalen Entwicklungs- und Sicherheitsproblemen ausgesetzt sind, welche in staatlichen Alleingängen nur schwer zu lösen scheinen, sowie andererseits über Kooperation und regionale Integration fördernde Voraussetzungen und Erfahrungen verfügen.[226] Sämtliche Länder befinden sich aufgrund räumlich ungleich verteilter Ressourcen sowie unter sowjetischer Zeit nicht für eigenständige Nationalstaaten geschaffener technischer Infrastruktur in gegenseitigen Abhängigkeitsverhältnissen. Sie sind grenzüberschreitenden, natürlich und menschlich verursachten Risiken ausgesetzt.[227] Von Kasachstan abgesehen, verfügen die Länder über relativ gering diversifizierte Volkswirtschaften mit verhältnismäßig großen Agrarsektoren und geringer industrieller Wertschöpfung. Insbesondere transnationales Ressourcenmanagement, vor allem bei der Wassernutzung und Energieversorgung, Umweltschutz[228], Mobilität, Migration, Handel, Transit und Aus-

225 vgl. ICG, 2002: 6, 23; UNEP et al., 2003: 13; Bohr, 2004: 486-487; IMF/IBRD, 2004: 29; Richter, 2004: 168; Krumm, 2005: 18; List, 2005: 211; Halbach, 2008: 3–4

226 vgl. Dieter, 1996; Dörre, 2007

227 Natürliche Ereignisse wie Erdbeben, Bergrutsche oder durch Gletscherseeausbrüche induzierte Fluten können im Zusammenspiel mit anthropogen verursachten Bedingungen in der zentralasiatischen Region zu viele Menschen betreffenden, grenzüberschreitenden Katastrophenereignissen führen. Hierzu zählen ebenso hohe Kosten verursachende Rutschungen von Uranresthalden, wie am Bergwerk Kadamžaj im südlichen Ferganabecken bereits geschehen. Erfahrungen der letzten Jahre zeigen, dass auch allein menschgemachte Bedrohungen wie Terrorismus und organisierte Kriminalität grenzüberschreitend wirken und regionale Sicherheitsbedrohungen darstellen (vgl. UNDP RBECIS, 2005; Torgoev et al., 2009; Trenin/Malašenko, 2010: 16–20).

228 Eine besondere Notwendigkeit eines grenzüberschreitenden Umweltschutzes und Ressourcenmanagements liegt darin, dass durch Umweltschäden und unzuverlässige Grundversor-

tausch behindernde Grenzregime bilden daher Imperative für regionale Zusammenarbeit.[229] Tatsächlich jedoch hat der intraregionale Handel innerhalb der vergangenen 20 Jahre massiv abgenommen. Er stellt gegenwärtig nur einen Bruchteil des ausserregionalen dar. Keines der Länder Zentralasiens hat einen regionalen Nachbarn als wichtigsten Aussenhandelspartner (Tab. 1.1).

Tab. 1.1: Für wirtschaftliche Kooperation sprechende Merkmale der Länder Zentralasiens

	Wasser / Hydroenergie	**fossile Energieträger**	**wichtigster Exportpartner**	**wichtigster Importpartner**	**Wirtschaftsstruktur**		
					1.	**2.**	**3.**
Kasachstan	–	+	China	Russland	5	43	52
Kirgisistan	+	–	Schweiz	China	24	26	50
Tadschikistan	+	–	Russland	Russland	19	23	58
Turkmenistan	–	+	Ukraine	China	10	30	60
Usbekistan	–	+	Ukraine	Russland	21	32	47

Quelle: CIA, 2011

Für die zweite und dritte Spalte gilt: ‚+' entspricht einem im Land verfügbarem Überangebot, ‚–' einem Unterangebot. Der Gesamtexport- bzw. Gesamtimportanteil bildet das Merkmal, nach dem die wichtigsten Handelspartnerländer identifiziert wurden. Die Zahlenwerte geben die sektoralen Anteile am BIP des Jahres 2010 gerundet in Prozent an.

Wiederholt ist festzuhalten, dass die Staaten Zentralasiens zu einer historisch gewachsenen, sozial vernetzten und infrastrukturell zumindest partiell integrierten Region gehören, in welcher nationale Abgrenzungen sowie durch geschlossene Grenzen voneinander getrennte räumliche Entitäten bis vor wenigen Jahren nicht existierten. Abgesehen vom Tadschikischen und von den von relativ kleinen Gruppen gesprochenen ostiranischen Sprachen im Westpamir handelt es sich bei den einheimischen Sprachen um Turksprachen mit großen Parallelen zueinander.[230] Russisch wird zudem als supranationale Sprache in allen Ländern von vielen Menschen noch immer verstanden und nicht nur in Verbindung mit Migrationsaktivitäten aktiv verwendet. Historisch besaß die Region eine Mittlerposition zwischen Europa und Asien und war von Kooperation und Kommunikation zwischen Menschen geprägt, die unterschiedliche Lebens- und Wirtschaftsweisen praktizierten. Durch die rund siebzigjährige sowjetische Ära teilen die zentralasiatischen Länder zudem eine sich ähnelnde politische, ökonomische, soziale und kulturelle jüngere Vergangenheit. Neben Notwendigkeiten sind demnach auch viele Potentiale für ertragreiche Kooperationen gegeben. Wieso blieb der Erfolg bisher dennoch aus?

gungen insbesondere mit Wasser- und Elektroenergie grenzübergreifende Konflikte ausgelöst werden können.

229 vgl. Dieter, 1996; Sidorov, 2003; UNEP et al., 2003: 13; Dadabaev, 2004; Kreutzmann, 2004: 4, 8; Richter, 2004: 165; ADB, 2005: 4; List, 2005: 121–122; UNDP RBECIS, 2005: 1–18; UNEP et al., 2005: 4, 34–37; Dörre, 2007: 6–10; Halbach, 2007: 97; Halbach, 2008: 3–4

230 vgl. Schmitt, 2000: 92–93

Die Kooperationsvorhaben scheiterten aus verschiedenen Gründen: Zunächst sind die autoritären und personalisierten Machtstrukturen zu nennen, welche die politischen Sphären prägen. Aussen- wie innenpolitische Strategien sind kaum durch demokratische Willensbildungsprozesse legitimiert. Vielmehr sind sie am Hauptinteresse der herrschenden strategischen Gruppen ausgerichtet – dem Machterhalt. Deren Verständnis nach werden auf echte Integration abzielende Projekte häufig als Nullsummenspiele interpretiert, bei denen die von beteiligten Parteien erzielten Vorteile zum eigenen Nachteil führen. Kooperation und Integration in Form der Teilung von Entscheidungskompetenzen und Ressourcen gefährden dieser Auffassung nach bestehende Herrschaftsstrukturen und finden daher Ablehnung.[231]

Unmittelbar mit dem Problem mangelnder Kooperationsbereitschaft und Integrationsverweigerung verbunden sind zudem die Thematiken rund um die neuen völkerrechtlichen Grenzen. Sie stellen vor dem Hintergrund globaler Herausforderungen und ungelöster gesellschaftlicher Probleme „retardierende Momente" (Kreutzmann, 2004: 8) der ohnehin schwierigen Bedingungen der Systemtransformation dar.[232] In diesem Zusammenhang sind unilaterale Grenzregimeverschärfungen und Sicherungsmaßnahmen zunächst weniger als Ursache, denn als Ausdruck der bisher gescheiterten Integration und des gegenseitigen Misstrauens der Staatsführungen zu verstehen.[233] Gemeinsam mit nationalen Abgrenzungsprozessen entwickeln restriktive Grenzregime antagonistische Wirkungen, indem sie die historisch gewachsene Region in inselhafte Entitäten zerteilen und durch Initiierung entwicklungshemmender Prozesse sozioökonomischen Fortschritt behindern. In solchen Situationen staatlicher Abgrenzung gewinnt auch der strategische Umgang mit auf dem eigenen Territorium befindlichen Umweltressourcen an Bedeutung. Besonders auffällig ist dies in Fragen des grenzüberschreitenden Managements und Nutzung von Naturressourcen wie Wasser und Weideland. Obwohl

231 Zusätzlich werden Entscheidungen von staatlicher und internationaler Tragweite durch persönliche Konkurrenzen und Antipathien der Staatsführer beeinflusst (vgl. Richter, 2004: 166, 169; List, 2005:124; UNDP RBECIS, 2005: 12–13; Allison, 2007: 257–261; Dörre, 2007: 8; Halbach, 2007: 98; Jackson, 2007: 366; Halbach, 2008: 5).

232 vgl. ICG, 2002; UNDP RBECIS, 2005: 2

233 vgl. IMF/IBRD, 2004: 29; Halbach, 2008: 329. Ein prominentes Beispiel für unilaterale Grenzsicherungen sind Grenzabschnittverminungen durch Usbekistan, die mit Verweis auf die Instabilität insbesondere in Afghanistan und Tadschikistan, aber auch Kirgisistan, sicherheitspolitisch begründet und nicht mit den betroffenen Anrainern abgestimmt wurden. Das entspricht einem Verstoß gegen die völkerrechtliche Konvention der Ottawa Convention on Mines Prohibition (vgl. Makarenko, 2001: 23). Das restriktive Grenzregime und der Isolationismus Usbekistans sind bis heute Ausdruck seines Misstrauens gegenüber seinen Nachbarn. Tadschikistan mit Usbekistan verbindende Verkehrswege wurden unterbrochen, die Wirtschaftspolitik beider Länder weist stark protektionistische Züge auf. Für Bürger Kirgisistans und Tadschikistans besteht Visumspflicht. Dabei sind sowohl die Konsularkosten hoch, als auch das Bearbeitungsprozedere umständlich. Visa werden in den Hauptstädten, nur teilweise in Regionalzentren und lediglich in Ausnahmen an der Grenze ausgestellt (vgl. Freitag-Wirminghaus, 1992: 194; ICG, 2002: 3–4, 7-8, 14, 24; Trofimov, 2002: 64; Kreutzmann, 2004: 6; Krumm, 2005: 18–19; Dörre, 2007: 7).

multilaterale Institutionen existieren, wird aufgrund sich konträr gegenüberstehender Haltungen der beteiligten Akteure über Ressourcenverfügung und Nutzungsrechte sowie mangelnder Kompromiss- und Kooperationsbereitschaft kein adäquates und gemeinsames Ressourcenmanagement praktiziert.

Im sozialen Bereich ziehen die Grenzschließungen massive Mobilitätseinschränkungen für die Menschen sowie Trennungen gewachsener sozialer Netzwerke und materieller Infrastruktur nach sich, während der Ausbau von Alternativen vernachlässigt wird. Sie forcieren die Internalisierung gegenseitiger Abgrenzungstendenzen auf Grundlage nationaler Zugehörigkeit und territorialer Herkunft, was zu regionalen Destabilisierungen führen kann.[234]

In der ökonomischen Sphäre bremsen sie durch Behinderung des Handels und der Mobilität der Produktionsfaktoren Arbeitskraft und Kapital notwendige Entwicklungsprozesse aus. Restriktive Grenzregime verkomplizieren die Lebenssicherung der Menschen durch Erschwerung des kleinen Grenzverkehrs und gefährden die sozioökonomische Situation ambulanter Händler. Landwirte werden von zuvor genutzten landwirtschaftlichen Nutzflächen und Wasserressourcen getrennt. Die aufgrund regionaler natürlicher Bedingungen notwendige saisonale Viehmobilität wird massiv behindert. Während eine Vielzahl von Veröffentlichungen auf die Wasserproblematik[235] in Zentralasien eingeht, sind zwischenstaatliche Weidefragen bisher wenig thematisiert worden.

Im Zusammenspiel mit mangelnder Rechtsstaatlichkeit verleihen restriktive Grenzregime Grenztruppen, Sicherheits- und Zollbeamten Macht, die sie durch intransparente Entscheidungen, Schikane und Korruption zur Generierung informeller Einkommen einsetzen und dabei die trennende Wirkung der Staatsgrenzen verstärken.[236] Weiter verursachen restriktive Grenzregime und protektionistische Wirtschaftspolitiken hohe Kosten, die aus Ressourcen aufgewendet werden, welche in gesellschaftliche Entwicklung investiert werden könnten.[237] Die Entschärfung der bestehenden Grenzregime zu „Grenzen mit menschlichem Antlitz" (vgl. UNDP RBECIS, 2005: 2, Übersetzung AD) könnte daher zu positiven Effekten für die regionale sozioökonomische Entwicklung, für die zwischenethnischen Beziehungen und für die Bekämpfung grenzübergreifender Sicherheitsgefahren führen.[238]

In der historischen Erfahrung sowjetischer Suprastaatlichkeit liegt eine weitere Teilerklärung für ausbleibende substantielle grenzüberschreitende Zusammenarbeit. Nationsbildung und Souveränitätskonsolidierung sind in allen zentralasiatischen Republiken bis in die Gegenwart zentrale Pole staatlicher Politik. Selbst

234 vgl. Eschment/Mielke, 2002; Trofimov, 2002: 73; Usubaliev/Usubaliev, 2002: 76; Kreutzmann, 2004: 6

235 vgl. Usubaliev/Usubaliev, 2002; Wegerich, 2002; Horsman, 2003; Giese et al., 2004a, 2004b; Sehring, 2004; Krumm, 2005; List, 2005; UNDP RBECIS, 2005; UNEP et al., 2005; Dörre, 2007; Sehring, 2008a, 2008b; Bichsel, 2009

236 vgl. Eschment/Mielke, 2002: 13; ICG, 2002: 2-3

237 vgl. ICG, 2002: 2; Dadabaev, 2004; Richter, 2004: 166, 169; Krumm, 2005: 18; UNEP et al., 2005: 11; Allison, 2007: 271; Jackson, 2007: 366; Halbach, 2008: 4

238 vgl. UNDP RBECIS, 2005: 17

eine nur partielle „Vergemeinschaftung politischer Entscheidungsgewalt" (Halbach, 2007: 98) im Zuge regionaler Integration, das heisst die Delegierung staatlicher Souveränitätsattribute und Kompetenzen – aus Sicht herrschender Eliten Machtinstrumente – an supranationale Gremien, wird als dieser Programmatik widersprechend und als Rückfall in durch Fremdbestimmung charakterisierte Zeiten interpretiert. Folglich behindert die so umgesetzte nationalstaatliche Souveränitätskonsolidierung regionale Integration.[239] Als ‚defensive Integration' bezeichnete Einbindungen in internationale Strukturen unterstützen hingegen die Legitimität der bestehenden Herrschaftsregime in erheblichem Maße, indem sie den Schein kooperativen Verhaltens erzeugen ohne den Anspruch zu hegen, dieses auch substantiell zu füllen.[240] Solange daher die Wirkungsmacht formeller Bündnisse gering bleibt, stehen sie in keinem Widerspruch zur isolationistischen Praxis und ablehnenden Haltung der Staatsführungen Zentralasiens gegenüber substantiellen Integrationsprojekten.[241] Auch dank des Nichteinmischungsgrundsatzes in nationale Angelegenheiten dienen pathetisch formulierte Ziele verfolgende, jedoch in praktischen Integrationsfragen wirkungslose Bündnisse der Stabilisierung bestehender Machtstrukturen.

Auch wenn positive Ansätze vorhanden sind, bestimmen Alleingänge und Kooperationsunwilligkeit die staatlichen Beziehungen in Zentralasien, nicht aber multilaterale Zusammenarbeit oder gar Integration, wie die Vielzahl der genannten Bündnisse vorzugeben scheint.[242] Die Priorisierung nationaler Partikularpolitiken führt zur Zersplitterung der historisch zusammenhängenden Region. Damit vergeben die Staaten Zentralasiens Chancen, regionale Herausforderungen mit eigener Kraft zu meistern, ihre gesellschaftliche Entwicklung voranzubringen und sich in globalen Wirtschaftsverflechtungen als wettbewerbsfähige Region zu positionieren. Scheitern aus der Region kommende Kooperations- und Integrationsbemühungen, besteht aufgrund der Einbindung starker internationaler Akteure in transregionale Bündnisse die Gefahr, dass die regionale Entwicklung mittel- und langfristig wieder maßgeblich von Aussen bestimmt wird.[243] Die politischen Führungen und Menschen in den Staaten Zentralasiens sollten daher erkennen, dass strukturelle nationale Herausforderungen zum großen Teil an regionale Probleme

239 vgl. Dieter, 1996: 14; Seliwanowa, 2003: 332; Dadabaev, 2004; IMF/IBRD, 2004: 29; Richter, 2004: 169; List, 2005: 122; UNDP RBECIS, 2005: 12; Allison, 2007: 265–275; Dörre, 2007: 5; Halbach, 2007: 98; Halbach, 2008: 4–5; Aris, 2010: 2

240 vgl. Allison, 2007: 268

241 vgl. IMF/IBRD, 2004: 29; Jackson, 2007: 366; Halbach, 2008: 5; Aris, 2010: 2; ICG, 2011: 36

242 vgl. Halbach, 2007: 97–98. Als Positivbeispiele können einige infrastrukturelle Erschließungs- und Vernetzungsprojekte gelten. So wird im Rahmen eines Zentralasien mit China verbindenden Eisenbahnprojektes eine von Andižan über Osch, den Grenzpass Torugart und Kaschgar bis nach Urumchi verlaufende Schienenverbindung gebaut werden. Weitere Verkehrs- und Energietransportprojekte werden zwischen Kasachstan und China entwickelt (vgl. Kreutzmann, 2004: 8; Aris, 2010: 3).

243 vgl. Dadabaev, 2004; IMF/IBRD, 2004: 29; List, 2005: 211–212; Jackson, 2007: 357; Halbach, 2008: 6

gekoppelt sind, welche nur in Kooperation gelöst werden können. Es steht daher die Herausforderung, Wege zu finden, welche die neu erworbene Souveränität würdigen und zugleich Entgrenzungen, Marktöffnungen und der neuen Rolle des Staates als den zentralen Erfordernissen der Globalisierung entsprechen.[244]

1.2 STRUKTURELLE UNSICHERHEIT ALS FOLGE GEMEINSAM WIRKENDER ENTWICKLUNGSHEMMNISSE

In den vorangegangenen Ausführungen wurden zentrale, den Gesellschaftswandel des postsowjetischen Kirgisistan prägende Herausforderungen differenziert benannt und anhand ihrer multiplen und Entwicklung beeinträchtigenden Wirkungen umrissen. Sie wirken zeitlich parallel, einander überlappend und gegenseitig beeinflussend. Der eingangs formulierten These folgend wird postuliert, dass ihre gemeinsame Wirkung einen sämtliche gesellschaftliche Teilbereiche und Subsysteme durchdringenden, sich reproduzierenden und damit strukturellen politisch-rechtlichen und sozioökonomischen Unsicherheitskomplex schuf, der eine zentrale Herausforderung des postsowjetischen Umbruchs in Kirgisistan darstellt.

Mit der Bündelung politischer und wirtschaftlicher Macht und möglichem Wandel politischer Herrschaftsverhältnisse verbunden ist die Unsicherheit in der Frage des Fortbestands von Verteilungsmustern wirtschaftlich relevanter allokativer und autoritativer Ressourcen. Verursacht wird dies durch klientelistische und nepotistische Praktiken sowie strategische Ressourcenallokationen innerhalb mächtiger Gruppen bzw. der Mitglieder der ihnen zuarbeitenden Netzwerke. Dabei entscheiden individuelle Gruppenzugehörigkeit, Loyalität und formale und informelle Investitionen, beispielsweise im Zusammenhang mit Korruptionspraktiken, in hohem Maße über die Berücksichtigung bei Kapitalallokationen wie der Vergabe von Verfügungsrechten über Naturressourcen. Umstrukturierungen in politischen Machtverhältnissen können zur Schwächung vormals relevanter Netzwerke und Verteilungsstrukturen sowie zu Ressourcenumverteilungen durch die neuen Herrschenden führen. Ein Wechsel der politischen Spitze birgt aus Sicht zuvor Begünstigter daher die Gefahr des Verlustes ökonomisch wichtiger Ressourcen und getätigter Investitionen. Umgekehrt erleben nicht in die herrschende strategische Gruppe bzw. ihre Netzwerke integrierte oder illoyale Akteure bereits vor dem Umbruch von Herrschaftsverhältnissen latente oder offene Benachteilungen und sind dadurch bereits früher vom Eintritt von Verlustsituationen bedroht. Durch Umverteilungen im Zuge politischen Wandels kann sich allerdings auch ihr Teilhabestatus an Ressourcen ändern. Vor der Perspektive des Wandels politischer Herrschaftsverhältnisse bestehen daher Zusammenhänge zwischen Machtbündelung und -instrumentalisierung einerseits sowie der Unsicherheit über Bestand und Dauer ressourcenbezogener Verfügungsrechte andererseits.

244 vgl. Kreutzmann, 2004: 4; UNDP RBECIS, 2005: 3

Die volkswirtschaftliche Krise im Zuge der UdSSR-Auflösung und des schocktherapeutischen Übergangs von plan- zu marktwirtschaftlichen Organisationsprinzipien war von einer massiven Ausdünnung des sozialen Sicherungssystems begleitet. Während sich der kirgisistanische Staat zu den Konditionen der Geberorganisationen verschuldete und damit in neue Abhängigkeiten begab waren große, von Lohnarbeitsverlusten und einschneidenden Gehaltskürzungen bei steigenden Preisen durch den Wegfall staatlicher Subventionen betroffene Teile der Bevölkerung zur kreativen Umkonzipierung ihrer Lebenssicherungsstrategien gezwungen. Von wenigen Ausnahmen abgesehen, schuf die wirtschaftliche Krise somit ökonomische Unsicherheiten, welche investive und konsumtive Wahlmöglichkeiten, Freiheitsgrade und auf individueller Ebene folglich auch Partizipationschancen an sozialen Gestaltungsprozessen einschränkten.

Die Bevölkerung verfügt faktisch über starkbeschränkte Einflussmöglichkeiten auf die Gestaltung des regionalen und lokalen gesellschaftspolitischen Rahmens ihres Alltagslebens. Die Exklusion der Bevölkerung und damit verschiedener Interessen von Willensbildungs- und Entscheidungsprozessen bietet einflussreichen und mächtigen Akteuren Gelegenheit, gesellschaftliche Entwicklungen und Rahmenbedingungen über die Köpfe der Menschen hinweg zum eigenen Vorteil zu formen. Da Ziele und Wege dabei in der Regel nicht transparent gemacht werden, entsteht infolge des Partizipationsdefizits bei der Bevölkerungsmehrheit ein Mangel an Informationen über beabsichtigte Entwicklungen und damit Unsicherheit bezüglich der zukünftigen Ausprägung und Wirkungsweise des für die alltägliche Lebenswelt relevanten gesellschaftlichen Kontextes.[245]

Schwache Rechtsstaatlichkeit generiert im Verbund mit geringen juristischen Kenntnissen und unzuverlässigen informellen Übereinkünften Rechtsunsicherheit. Als für die Schwäche des Rechtsstaats verantwortlich gelten einerseits unbeständige und widersprüchliche, das heisst trotz häufigem Wandel durch Inkonsistenzen geprägte Regeln des kodifizierten Rechtes. Andererseits scheitert ihre praktische Implementierung an der Schwäche der Strafverfolgungsbehörden und des Gerichtswesens, insbesondere an nicht gegebener Unabhängigkeit sowie personeller und materieller Unterausstattung. In ihrer Entstehung durch den schwachen Rechtsstaat und ungleiche Machtbeziehungen zwischen Akteuren begünstigte und weit verbreitete informelle Übereinkünfte werden in der Regel nicht dokumentiert und sind nicht einklagbar. Sie können durch willkürliche Entscheidungen des mächtigeren Partners sanktionslos aufgehoben werden. Der sich ergebende Mangel an verlässlichen rechtlichen „Räumen der Vorhersehbarkeit“ (Christophe, 2005: 13) generiert strukturelle Rechtsunsicherheit, die individuelle Planungen und die Prognostizierbarkeit von Vorgängen erschwert, beispielsweise in der Frage der Naturressourcenvergabeverfahren.

245 Die 2005 und 2010 auf nationaler Ebene stattgefundenen Regierungsstürze können als herausragende Beispiele gelten, in denen Teile der Bevölkerung aktiv politische Prozesse beeinflussten, die bis in lokale Zusammenhänge Wirkung entfalteten. Doch so bedeutend sie auch sind, so wenig können sie als Ausdruck einer beständigen und umfassenden Teilhabe der Menschen an gesellschaftspolitischen Prozessen gelten.

Das Konzept der ethnisch basierten Verfasstheit der Eigenstaatlichkeit umfasst den Ausschluss von Minderheiten aus dem staatskonstituierenden Kollektiv. Die rechtliche Definierung verschiedener Naturressourcen als Eigentum des nationalistisch verfassten Staates kann bei Vertretern von Minoritäten Unsicherheit bezüglich der Berücksichtigung bei Ressourcenallokationen sowie der Aufrechterhaltung erworbener Verfügungsrechte generieren. Mehrfach schon spielte die auf simplifizierten Interpretationen rechtlicher Grundsätze basierende Forderung von Vertretern der kirgisischen Majorität, über vermeintlich ‚nationale Ressourcen' verfügende Minderheiten zu enteignen eine zentrale Rolle beim Ausbruch gewaltsamer Konflikte. Als latente und offene Belastung der zwischenethnischen Beziehungen gefährdet die auf nationalistischen Argumenten basierende Staatlichkeit die gesellschaftliche Integrität und damit die Stabilität des Landes.

Begleitet von einer forcierten Politik nationaler Abgrenzung erschweren Kooperationsunwilligkeiten Kirgisistans und anderer zentralasiatischer Staaten die Lösung grenzüberschreitender Aufgaben und damit den gesellschaftlichen Fortschritt in den Ländern. Zugleich treiben sie die regionale Desintegration voran. Dass dieses Problem neben grenzüberschreitenden Wasserfragen auch für andere naturbasierte Ressourcen Relevanz besitzt, wird im Folgenden anhand einiger Beispielskizzen grenzüberschreitender Weidelandprobleme gezeigt. Die Nutzung von Naturressourcen spielt sich in Kirgisistan vor dem Hintergrund dieser strukturellen und multidimensionalen Unsicherheitssituation ab und wird stark von ihr beeinflusst. Dabei besitzen die einzelnen Dimensionen situativ und akteursspezifisch unterschiedliche Bedeutungen.

Eine auf Naturressourcen bezogene zentrale Wirkung struktureller Unsicherheit liegt somit in der massiven Erschwernis, Zugänge zu und Nutzungen von Naturressourcen verlässlich mittel- und langfristig zu planen und damit nachhaltig zu konzipieren. Ökonomische Nöte und unsichere Verfügungsperspektiven als „Symptome der Gegenwart" (vgl. Kojčumanov et al., 2005: 7, Übersetzung AD) provozieren kurzfristige und auf möglichst hohen Ertrag zielende, nicht nachhaltige Aneignungen und tragen damit entscheidend zu ressourcenbezogenen sozialen Konflikten und ökologischen Problemen in Gegenwart und Zukunft bei.[246]

Im Folgenden werden anhand des Bedeutungs- und Nutzungswandels der Weideländer Kirgisistans Verursachungs- und Wirkungszusammenhänge naturressourcenbezogener sozio-ökologischer Problemlagen systematisch und historisch hergeleitet und diskutiert.

246 vgl. IUCN, 2011: 38

2 WEIDELAND IN KIRGISISTAN

Mehrere Gründe sprechen dafür, Ursachen und Wirkungen im Kontext gesellschaftlicher Umbrüche und struktureller Unsicherheit stattfindender Naturressourcennutzungen in Kirgisistan am Beispiel von Weideland zu untersuchen: Grasländer haben in Zentralasien im Allgemeinen und in Kirgisistan im Besonderen historisch weit zurückreichende ökonomische und soziokulturelle Bedeutungen. In Wechselbeziehungen mit sesshaften Bevölkerungen der Bewässerungsoasen stehend, nutzten mobile Viehhalter bis zur Zwangssedentarisierung für Landbau ungeeignete, aber pastoral inwertsetzbare weitläufige Flächen in vornehmlich extensiver Weise (Abb. A.10).[1] In der sowjetischen Zeit wurde eine in die agroindustrielle Produktion integrierte Intensivviehwirtschaft aufgebaut. Im postsowjetischen Umbruch wandelte sich die Bedeutung der Viehwirtschaft erneut in radikaler Weise, ebenso Qualität, Umfang, Organisationsformen und Wirtschaftspraktiken sowie sich daraus ergebende anthropogene Einflüsse auf Weideland. Die Analyse veränderter pastoraler Praktiken und Nutzungsregime kann somit Einsichten über die Wirkungen sozialer Umbrüche bringen. Schließlich bedecken trotz russländischer Kolonisierung und sowjetischer Neulandgewinnungskampagnen zur Ausweitung des Getreide- und Baumwollanbaus als Weide nutzbare Grasländer 2,5 Mio. km² bzw. über 60 % der Fläche Zentralasiens, was ein bedeutendes regionales Wirtschaftspotential der Ressource vermuten lässt (Tab. 2.1).

Tab. 2.1: Agrarische Nutzflächen der zentralasiatischen Länder (Stand 2008, gerundet)

	Gesamtfläche in km²	agrarische Nutzfläche		Ackerfläche		Grasland	
		in km²	% Gesamtfläche	in km²	% Gesamtfläche	in km²	% Gesamtfläche
Kasachstan	2724900	2078980	76,3	228000	8,3	1850980	67,9
Kirgisistan	199950	107270	53,6	12800	6,4	93740	46,9
Tadschikistan	142550	47270	33,2	7380	5,2	38560	27,1
Turkmenistan	488100	366180	75,0	18500	3,8	307000	62,9
Usbekistan	447400	266200	59,5	43000	9,6	220000	49,2
Zentralasien	4002900	2865900	71,6	308675	7,7	2510280	62,7

Quellen: vgl. FAOSTAT, 2010; ADB, 2010: 123–125

1 vgl. Ždanko, 1970: 520–522; Giese, 1982; Abramzon, 1990: 82; Barfield, 1993; Kreutzmann, 1995: 162, 164; Humphrey/Sneath, 1999: 1, 305; Scholz, 1999: 252; Calkins/Gertel, 2011: 14; Kreutzmann, 2011b: 40, 44; Kreutzmann, 2012a: 13–14

Auch weite Teile Kirgisistans werden von Grasland eingenommen, dessen Funktion als Produktionsbasis der große Anteile an der agrarischen Wertschöpfung tragenden Viehwirtschaft offensichtlich und zentral ist, dass sich darin jedoch nicht erschöpft, wie weiter unten gezeigt wird.

2.1 SPEZIFISCHE MERKMALE, POTENTIALE UND BEDEUTUNGEN DER WEIDELÄNDER KIRGISISTANS

Sozio-ökologische weidebezogene Probleme besitzen besondere Bedeutungen für die postsowjetische Gesellschaft Kirgisistans. Indem sie die Ressourcenknappheit in einer Zeit verschärfen, in der Verfügung und Zugang für viele Menschen überlebensnotwendig ist, tragen sie mittelbar zur Gefährdung der sozialen Integrität und politischen Stabilität des Landes bei.[2] Angesichts möglicher Folgen ressourcenbezogener Probleme vor dem Hintergrund der Fragilität der Gesellschaft sind insbesondere in Kirgisistan konstruktive und verantwortungsvolle Umgänge mit diesen Problemen wichtig. Ihr systematisches Erfassen und theoretisch fundiertes Verständnis sind dafür essentielle Voraussetzungen und daher ein zentrales Untersuchungsmotiv.

Für das Hochgebirgsland stellen für Landbau ungeeignete, jedoch pastoral inwertsetzbare Grasländer eine der wichtigsten natürlichen Ressourcen mit verschiedenen sozioökonomischen und ökologischen Funktionen dar. Sie nehmen rund 9,2 Mio. ha ein und bedecken damit annähernd 46 % des Landesterritoriums bzw. fast 86 % aller landwirtschaftlich nutzbaren Flächen. Charakteristisch sind ihre der Orographie des Landes entsprechenden differenzierten vertikalen Verortungen in Tiefland-, Vorgebirgs-, Gebirgs- und intramontanen Beckenlagen (Tab. 2.2; Abb. A.2, Abb. A.11).

2 vgl. Kulov, 2005; UNEP et. al., 2005: 19; SAEPFUGKR/UNDPKR, 2007: 23–24, 29; A. Egemberdiev im Interview in Ešieva, 2006; Experteninterview V. Moltobaeva, 2007; Steimann, 2008

Tab. 2.2: Kirgisistans landwirtschaftliche Nutzflächen (gerundet; Stand Ende 2005)

Kategorie / Indikator	absolute Fläche in km²	relativer Anteil an Agrarfläche in %	relativer Anteil an Landesfläche in %
gesamte agrarische Nutzfläche, *davon*	107150	100	54
kultivierte Felder und Äcker	12390	12	6
Mähwiesen	2310	2	1
mehrjährige Anpflanzungen	380	>0	>0
Brachen	220	>0	>0
Weideflächen, *davon*	91850	86	46
Winterweiden	20630	19	10
Frühlings- und Herbstweiden	29550	28	15
Sommerweiden	41670	39	21

Quellen: Undeland, 2005: 8–9; SAEPFUGKR/UNDPKR, 2007: 19–20, 23

Beide Quellen geben verschiedene Flächenbeträge ohne nähere Erläuterung an. Sie unterscheiden sich ebenso von den zuvor zitierten Werten der FAO und ADB. Um arithmetische Konsistenz der an dieser Stelle präsentierten Werte zu wahren, wurden diese leicht angepasst. Dies ist vertretbar, da das hier präsentierte allgemeine Bild der quantitativen Verhältnisse agrarischer Nutzflächen mit gerundeten Werten arbeitet, die den Aussagen der zitierten Quellen entsprechen.

Natürliche Bedingungen, insbesondere klimatische Faktoren wie jahreszeitliche Niederschlags- und Temperaturgänge, Wasserverfügbarkeit sowie die orographischen Gegebenheiten Höhe, Hanglage und Exposition bedingen ungleiche raumzeitliche Verteilungen von Futterpflanzen und Wasser als den unentbehrlichen viehwirtschaftlichen Produktionsgrundlagen. Bei Praktizierung einer auf natürlichen Futterressourcen basierenden Viehwirtschaft erfordern diese Verteilungsmuster eine mit der Verfügbarkeit beider Faktoren korrespondierende saisonale Migration des Viehs und der die Tiere begleitenden Menschen. Horizontale und vertikale Mobilität ist daher charakteristisch und wird seit langem praktiziert.[3] Die vertikale Amplitude räumlicher Mobilitätszyklen wird in der Regel – jedoch nicht zwingend – durch tiefliegende Winterweiden *kištoo* (krg.) und in Hochlagen befindliche Sommerweiden *žajloo* (krg.) bzw. *jajloo* (usb.) begrenzt. Der überwiegende Teil der Winterweiden befindet sich in submontaner Lage unter 1500 m Höhe, wo trockene Halbwüsten- und Steppenklimate dominieren. Dabei stellt weniger die Höhenlage den entscheidenden Faktor dar, als relative Siedlungsnähe und zu erwartende Schneefreiheit bzw. -armut des Gebiets.[4] In den montanen,

3 vgl. GUZZ PU, 1913d: 58; Scholz, 1992: 10–13; Humphrey/Sneath, 1999: 1, 305; Shamsiev et al., 2007: 52; Kreutzmann, 2009b: 79, 85–88

4 So liegen Winterweiden in langjährig schneearmen Gebieten des inneren Tien Shan zum Teil deutlich über den Höhenniveaus einiger Sommerweiden. Beispiele hierfür sind die seit langem für die Schaf- und Yakwinterhaltung genutzten Täler Ak-Saj und Kara-Kujur im *oblast'*

subalpinen und alpinen Bereichen auf 2000 bis 3600 m Höhe befinden sich weitläufige Grasfluren, die auch in den intramontanen Syrten des inneren Tien Shan dominieren. Diese Nutzungsstockwerke werden in erster Linie während der Sommermonate beweidet, was auch für die mit alpinen Matten ausgestatteten Teilflächen des subnivalen Gürtels gilt. Unter den Saisonalweiden weisen Sommerweiden die höchste Produktivität auf und nehmen flächenmäßig den größten Anteil an der Gesamtweidefläche ein. Sie weisen für gewöhnlich höhere Distanzen zu Siedlungen auf, sind von diesen teilweise durch hohe Pässe und Flüsse getrennt und daher häufig nur unter erhöhtem Aufwand erreichbar. Die gebirgssteppenartigen Vegetationsformen der montanen Zone zwischen 1200 und 2500 m Höhe ermöglichen vornehmlich frühjährliche *žazdoo* (krg.) und herbstliche *kyzdoo* (krg.) Weidenutzung (Abb. A.12).[5]

Die futterrelevante Vegetation setzt sich vornehmlich aus Süß- (*Andropogon*) und Sauergräsern (*Cyperus, Carex*), Furchen-Schafschwingel (*Festuca rupicola Heuff.*), Gewöhnlichem Knäuelgras (*Dactylis glomerata*), Wiesen-Rispengras (*Poa pratensis*), alpinen Kobresia-Matten und Hülsenfrüchtlern wie Wiesen-Klee (*Trifolium pratense*), Schneckenklee (*Medicago*) und Tragant (*Astragalus*) zusammen.[6]

Diese ehemals von Pastoralnomaden und mobilen Viehhirten in extensiver Weise genutzten Weideressourcen wurden im Zuge des sozialistischen Projektes einer industriell ausgerichteten Landwirtschaft unterworfen. Wie überall in der Sowjetunion, wurden die meisten Weideländer kollektiv und staatlich organisierten agrarischen Großbetrieben zugeordnet, um Kirgisistans Viehwirtschaft sukzessive und unter intensiver Weidebewirtschaftung zur drittstärksten nach jenen der RSFSR und der Kasachischen SSR auszubauen. Begleitet wurde die zentral organisierte agrarische Großproduktion von einer modernisierungstheoretisch fundierten und als Erfüllungsgehilfe der staatlichen Politik dienenden wissenschaftlichen Forschung, die die zu entwickelnde sozialistische Landwirtschaft als Fortschritt gegenüber vermeintlich rückständigen und vormodernen Produktionsweisen verstand. Auf ihren Erkenntnissen basierend, fanden tiefgreifende Neuerungen in praktischen Fragen der Zucht, der Tierernährung und der veterinären Versorgung statt. Viehfütterung erfolgte nicht mehr ausschließlich auf Grundlage natürlich vorhandener Futterpflanzen der Weiden, sondern umfasste eine Kombination aus auf Erfahrungswissen basierender, saisonaler und teilweise Republiksgrenzen überschreitender Weidemobilität sowie wissenschaftlich unterlegter Vorrats-, Kraftfutter- und Zusatzmittelgabe in Perioden winterlicher Stallhaltung, die

Naryn auf durchschnittlich 2500 bzw. 2700 m Höhe (vgl. Brylski et al., 2001: 4; Undeland, 2005: 8–9).

5 vgl. Steinberger/Göschel, 1979: 499–500; GUGK, 1987a; Succow, 1989: 192–201; Brylski et al., 2001: ii, 4; Undeland, 2005: 8–10; SAEPFUGKR/UNDPKR, 2007: 14–18, 23–24; Shamsiev et al., 2007: 53–54. Diese Saisonaldifferenzierung floss auch in rechtliche Regelungen ein, auf die weiter unten dezidiert eingegangen wird (vgl. PPPAIP 2002 Abschnitt I Art. 3).

6 vgl. Larin, 1956: 253; Šarašova, 1961: 3–8; Succow, 1989: 193–201; Brylski et al., 2001: 4; Penkina, 2004

erst zu sowjetischer Zeit flächendeckend eingeführt wurde. Mit dem Ziel der Erfüllung zentraler Planvorgaben besaß hoher Produktionsausstoß für die Betriebe primäre Bedeutung. Unerwünschten Auswirkungen des daraus folgenden erhöhten Weidenutzungsdrucks wurde mit unterschiedlichen, zumeist kostenintensiven Kompensationsmaßnahmen zu begegnen versucht.[7]

Mit dem postsowjetischen Umbruch erlebte die sozialistische Agroindustrie einen katastrophalen Niedergang. Betriebe entpuppten sich aufgrund des Ausbleibens überlebensnotwendiger Transfer- und Subventionsleistungen und des Wegbruchs der zentral gelenkten Vermarktungs- und Abnehmerstrukturen als antagonistisch – überdimensioniert und unflexibel – und damit den neuen Anforderungen nicht gewachsen. Die Umsetzung kapitalintensiver veterinärer Versorgungen und Futterbevorratungen wurde zunehmend schwieriger. Grund hierfür waren ausbleibende Seren- und Futterbereitstellungen, rasch enger werdende finanzielle Spielräume, unzureichende Kenntnisse alternativer Bevorratungspraktiken und knappe Winterweideflächen.[8] Aufgrund des einsetzenden Futtermangels in der vom Winter bis zum Frühjahr andauernden Schlüsselperiode viehwirtschaftlicher Praxis und sinkender veterinärer Versorgungsqualität, verendete das Vieh in den ersten Jahren der Unabhängigkeit massenhaft. Zudem waren die Menschen in Ermangelung anderer Einkommensmöglichkeiten zunächst gezwungen, Tiere zu veräussern oder für die eigene Ernährung zu schlachten.[9] Die Gesamtviehzahl sank hierdurch bis Mitte der 1990er Jahre von ca. zwölf auf zeitweise rund fünf Mio. Tiere. Dieser Trend umfasste sowohl Schafe und Rinder, als auch Pferde, Schweine und Geflügel (Abb. 2.1).[10] Infolge dieser Prozesse nahm die allgemeine Intensität der Weidenutzung vorübergehend ab.

7 vgl. Isakov, 1974a, 1974b; Wilson, 1997: 66; Fitzherbert, 2000; Kulov, 2005; Undeland, 2005: 20; Ešieva, 2006: 4; Egemberdiev, 2007

8 vgl. Wilson, 1997: 62–63; Shamsiev et al., 2007: xiv–xv

9 vgl. Schoch et al., 2010: 214. Insbesondere Schafe galten und gelten bis in die Gegenwart als Währung und Geldanlage. Ein kräftiges Schaf mit einem Lebendgewicht von 60 kg konnte 2007 für 5000 K.S. gehandelt werden (eigene Beobachtung).

10 vgl. Schillhorn van Veen, 1995: 7–8; Brylski, 2001: 12; Schmidt, 2001: 109; Farrington, 2005: 174–175; Shamsiev et al., 2007: 1. Die Angaben hierzu schwanken, da die zuständigen Gremien auf *rajon-* und *oblast'*-Ebene keine konsequenten Zählungen durchgeführt haben (vgl. Wilson, 1997: 60).

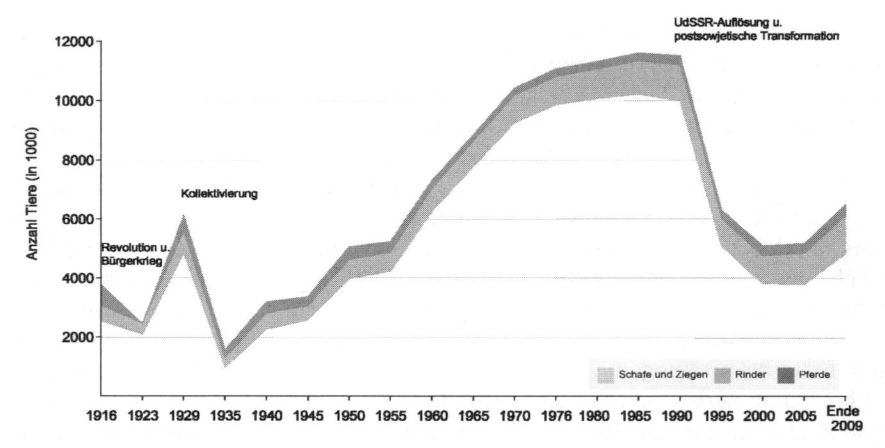

Abb. 2.1: Bestandsdynamik der wichtigsten Nutztierarten in Kirgisistan seit 1916. Gestaltung: AD (2012) auf Grundlage von CSU KSSR, 1973: 109–110 (für 1916–1970); CSU USMKSSR, 1979: 139 (für 1976); GK KSSRS, 1987: 103 (für 1980–1985); GSA PRK, 1992: 91 (für 1990); NSKKR, 1997: 194 (für 1995); NSKKR, 2001: 10, 20, 32 (für 2000); NSKKR, 2005b: 12, 22, 34 (für 2005); NSKKR, 2010a: 7, 17, 39 (für Ende 2009)

In der einen möglichst langen Zeitraum abzubildenden Darstellung sollte der Abstand zwischen den einzelnen Werten möglichst 5 Jahre betragen. Wo die Einhaltung dieses Zeitmusters nicht möglich war, wurde auf Jahre zurückgegriffen, die dem angepeilten Zeitpunkt möglichst nahe standen. Wie in sowjetischer Zeit ist auch im postsowjetischen Kirgisistan innerhalb der Bevölkerung Misstrauen gegenüber staatlichen Stellen weit verbreitet gewesen, weshalb die hier eingeflossenen offiziellen Werte wahrscheinlich geringere als tatsächlich vorhandene Kapitalausstattungen angeben. Trotz der resultierenden Skepsis mit der die einzelnen Jahreswerte betrachtet werden sollten lassen sich deutliche Trends beobachten, insbesondere im Zuge einschneidender historischer Ereignisse: So erfolgten im Verlauf des postrevolutionären Bürgerkrieges und der erzwungenen Kollektivierung in der Sowjetunion sowie der ersten Dekade des postsowjetischen Umbruchs starke Einbrüche der Tierbestandsumfänge infolge wirtschaftlicher Notlagen und dem damit in Verbindung stehenden Konsum sowie erzwungener Änderungen pastoralwirtschaftlicher Praktiken bei unzureichender Planung und Vorbereitung der Maßnahmen.

Durch die weitgehende Auflösung kollektiver und staatlicher Agrarbetriebe und die Privatisierung der Ackerflächen, der materiellen Infrastruktur und des Viehs ist der beschäftigungsintensive landwirtschaftliche Sektor[11] mittlerweile klar von privaten Hofwirtschaften und Unternehmen bestimmt, die über 98 % der registrierten Wirtschaftssubjekte repräsentieren (Tab. 2.3).[12] Sie führen ebenso die Viehwirtschaft an, auf welche rund 42 % der landwirtschaftlichen Wertschöpfung

11 Offiziellen Angaben nach sollten gegen Ende der ersten Dekade des dritten Jahrtausends u.Z. fast 35 % der rund 2,15 Mio. registrierten Erwerbstätigen im Primärsektor arbeiten. Die Definition von „erwerbstätig“ ist dabei breit gefasst: Als erwerbstätig gelten Angestellte, Selbständige, temporär Abwesende, unentgeltlich in Familienbetrieben Arbeitende etc. (vgl. NSKKR, 2009a: 178–181).

12 vgl. Kirsch, 1997; Bloch/Rasmussen, 1998; NSKKR, 2009a

entfallen und die weiterhin von Schafhaltung dominiert wird. In der zweiten Hälfte der 1990er Jahre begannen sich die Viehbestände allmählich zu erholen.

Tab. 2.3: Betriebe, Verteilungen, Tierbestände (in 1000) zu Jahresbeginn 2009 und ausgewählte viehwirtschaftliche Produktionszahlen 2008 (gerundet und differenziert nach Betriebsformen)

<table>
<tr><th></th><th>Betriebe</th><th>Schafe/ Ziegen</th><th>Rinder</th><th>Pferde</th><th>Produktion (Mrd. K.S.)</th><th>Rohwolle in %</th><th>Rohmilch in %</th><th>Fleisch in %</th></tr>
<tr><td>Gesamtwert
davon</td><td>326740</td><td>4503</td><td>1225</td><td>362</td><td>46,7</td><td>100</td><td>100</td><td>100</td></tr>
<tr><td>private Hofwirtschaften</td><td rowspan="2">aggregiert
321856</td><td>2380</td><td>747</td><td>180</td><td>22,3</td><td>44,1</td><td>48,7</td><td>47,4</td></tr>
<tr><td>private Unternehmen</td><td>2074</td><td>458</td><td>176</td><td>22,8</td><td>55,0</td><td>50,1</td><td>51,6</td></tr>
<tr><td>Staatsbetriebe</td><td>135</td><td>32</td><td>3</td><td>3</td><td rowspan="2">aggregiert
1,6</td><td>0,6</td><td>-</td><td>-</td></tr>
<tr><td>Kollektivbetriebe</td><td>4211</td><td>17</td><td>17</td><td>3</td><td>0,3</td><td>1,2</td><td>1,0</td></tr>
<tr><td>staats-/ kollektivbetriebl. Selbstversorgungswirtschaften</td><td>538</td><td>-</td><td>-</td><td>-</td><td>-</td><td>-</td><td>-</td><td>-</td></tr>
</table>

Quelle: NSKKR, 2009a: 88–91, 105–106

Die volkswirtschaftlich weiterhin gewichtige und für individuelle Einkommensgenerierungen im Vergleich zur sowjetischen Zeit an relativer Bedeutung gewonnene viehwirtschaftliche Produktion basiert maßgeblich auf der Nutzung des kostengünstigen natürlichen Futters der Weiden, die folglich als essentielle viehwirtschaftliche Produktionsgrundlage enorme ökonomische Bedeutungen besitzen.[13] Viehwirtschaftliche Nutzung stellt damit die offensichtlichste, nicht aber die einzige ökonomische Inwertsetzungsform der Weiden dar.

In tieferen Lagen befindliche Weiden besitzen zudem lokale ökonomische Bedeutung für das Imkereiwesen und als Standort von Medizinalpflanzen, die sowohl für den Eigenbedarf, als auch aus Vermarktungsgründen gesammelt werden. Abgesehen von ökonomischen Tätigkeiten, nutzen viele Weidenutzer ihre sommerlichen Weideaufenthalte zu rekreativen Zwecken. Als rechtlich in staatlichem Eigentum befindliche und zur Nutzung an private Interessenten überlassbare Naturressource haben Weiden desweiteren Bedeutung als Einkommensposten öffentlicher Haushalte und staatlicher Organisationen.[14] Unmittelbar erfahrbares Leben auf den Weiden und deren Einbettung als Kulturland in naturnahen Gebirgslandschaften hat Bedeutung für die touristische Inwertsetzung von Graslandressourcen, insbesondere als Teil von an internationale Besucher vermarktbaren

13 vgl. Brylski et al., 2001: 1; Schmidt, 2001: 109; Penkina, 2004; Eshieva, 2005: 9; Egemberdiev, 2007; Kazybekov, 2007: 5; Shamsiev et al., 2007: 52; Andakulov, 2008

14 vgl. Fitzherbert, 2000; Brylski et al., 2001: 1; PPPAIP 2002 Abschnitt VI Art. 59, 60; Shamsiev et al., 2007: 52; SAEPFUGKR/UNDPKR, 2007: 25–26; 2007; ZKR ORBKR 2007 Art. 7; ZKR OP 2009 Art. 11

Landschaftssujets.[15] Die beeindruckende naturräumliche Ausstattung des Landes stellt ein nicht zu unterschätzendes touristisches Potenzial dar[16], das in Verknüpfung mit dem Narrativ im Einklang mit ihrer Umwelt lebender, Hochgebirgsweiden nachhaltig bewirtschaftender freier Nomaden von kommerziellen touristischen Unternehmen mit dem Ziel der Vermarktung verklärt beworben wird. Ebenso bedienen westliche populärwissenschaftliche Radio- und Fernsehsendungen, Journale und Lifestylemagazine das sicherlich einer Strömung postindustrieller Gesellschaften entsprechende und weit verbreitete Bedürfnis nach Erzählungen über die vermeintlich letzten verbliebenen Paradiese harmonischen Miteinanders von Mensch und Natur.[17]

Aus ökologischer Sicht sind Weiden in ökologische Gebirgssysteme integriert, besitzen wichtige Einflüsse auf regionale Wasserhaushalte des zentralasiatischen Trockenraums[18], auf Nährstoffkreisläufe und auf Bodenbildungsprozesse. Gemeinsam mit Gebirgswäldern schützen Weiden in hohem Grad bestehende Wasserabflussregime und damit vor flächenhaften Bodenabtragungen und Massentransporten – beispielsweise Muren, die durch unkontrollierte Wasserabflüsse induziert werden sowie vor extremen raumzeitlichen Abflussschwankungen von Fließgewässern. Damit spielen sie indirekt eine wichtige Rolle bei der Vermeidung sozialer Folgekosten dieser Prozesse. Zudem sind sie als Standorte von sich durch hohe Biodiversität auszeichnenden Pflanzengesellschaften bedeutend.[19]

Aufgrund der vielfältigen sozioökonomischen und ökologischen Potentiale und ihrer funktionellen Bedeutung für die gesellschaftliche Entwicklung sowie die individuellen Einkommenssicherungen insbesondere der im ländlichen Raum lebenden Menschen ist der Schutz und ein nachhaltiger Umgang mit Weideland notwendig. Bis in die Gegenwart bestehende weidelandbezogene sozioökologische Probleme zeigen jedoch, dass die konstruktive Auseinandersetzung mit diesen ungelösten Herausforderungen defizitär ist.[20]

15 vgl. Brylski et al., 2001: 1; Schneider/Stadelbauer, 2007; Shamsiev et al., 2007: 52

16 vgl. Pirozhnik, 1990: 681; Klötzli, 1991; KRTSSBMK, 2001; Succow, 2004: 29–30; Asykulov/Schmidt, 2005; Schneider/Stadelbauer, 2007

17 vgl. Kyrgyz Nomads, o.J.; Mertin, 2009; Schlager, 2009; Novinomad, 2010; Calkins/Gertel, 2011: 10. Götz-Coenenberg/Halbach erkennen das Besondere an, schränken solche Trugbilder jedoch ein: „Dem Touristen bietet sich in Kirgistan noch eine grandiose, ökologisch scheinbar intakte Natur“ (ebd., 1996: 224).

18 vgl. Brylski et al., 2001: 1–2; Abdurasulov, 2005; UNDP RBECIS, 2005; Dörre/Schmidt, 2008

19 vgl. Brylski et al., 2001: 1; Gottschling, 2002; Shamsiev et al., 2007: 52

20 vgl. Dörre, 2012: 129–132

2.2 WEIDELANDBEZOGENE SOZIO-ÖKOLOGISCHE HERAUSFORDERUNGEN

> „Weiden sind heutzutage herrenlos.“ (Abdymalik Egemberdiev im Interview. In: Ešieva, 2006: 4, Übersetzung AD)

> „In fact, the current system [of pasture management] operates parallel to, rather than in accordance with, the law.“ (Shamsiev et al., 2007: xiv)

> „The high average population density for low mountain steppes [...] has led to their almost total destruction. Mid-mountain steppes [...] are in a relatively better condition [...] The main reason for pasture ecosystems' degradation is excessive unregulated grazing.“
> (SAEPFUGKR/UNDPKR, 2007: 18)

Jede dieser Feststellungen zielt auf einen spezifischen Aspekt der aktuellen, vielschichtigen und für Kirgisistan brisanten Problemgegenstände Weideland und pastorale Praktiken. Die Zitatwahl erfolgte gezielt aufgrund des Absolutheitscharakters der transportierten Aussagen. Ist jede einzelne dabei nicht unstrittig, heben sie durch ihren grundsätzlichen Duktus doch einige der unterschiedlich gelagerten weidelandbezogenen Probleme sowie die ihnen von verschiedenen Akteuren zugeschriebene Brisanz hervor: Abdymalik Egemberdiev, Direktor des zum Ministerium für Wasser- und Landwirtschaft und verarbeitende Industrie [MWLVI] zählenden Departements Weide, kritisiert unzureichend geklärte institutionelle Regelungen des Weidemanagements sowie dessen praktische Umsetzung, die zum problematischen Zustand der Naturressource geführt haben. Der zweite Verweis aus einer Kirgisistans Viehwirtschaft gewidmeten Publikation der Weltbank moniert die Schwäche des rechtlichen Kanons zur Regelung von Weidelandverhältnissen, wonach tatsächliche Weidenutzungs- und Managementsysteme nicht nur punktuell, sondern auf gesamter Breite hier nicht näher bestimmten, keinesfalls jedoch kodifizierten Regeln folgen. Die dritte Einschätzung suggeriert eine direkte und primäre Verantwortlichkeit der lokalen Bevölkerung für ökologische Weideschäden. Sie folgt damit neo-Malthusianischen, deterministischen Erklärungsmustern, die es grundsätzlich zu hinterfragen gilt, da Verursachungszusammenhänge in der Regel komplexer gelagert sind. Doch unabhängig davon, inwieweit die einzelnen Befunde zutreffen, deuten sie die Vielfalt der Spannungsfelder an, in denen weidelandbezogene und von verschiedenen Organisationen thematisierte Problemlagen vorzuliegen scheinen und mit denen sich auf Weidelandverhältnisse bezogene sozialwissenschaftliche Fragestellungen auseinandersetzen sollten.

Bei Sichtung jüngerer Nachrichten und Berichte zum Weidesektor arbeitender Organisationen zeigt sich, dass einerseits weidelandbezogene soziale Konflikte bereits mehrfach gewalttätig eskalierten sowie andererseits landesweit verlässliche Lösungen ökologischer Weideprobleme bisher nicht gefunden wurden. Sei das durch die Darstellung einiger Beispiele und Phänomene der jüngeren Vergangenheit illustriert.

2.2.1 Soziale Konflikte mit Weidelandbezug

Bereits vor den opferreichen Auseinandersetzungen im Süden Kirgisistans vom Juni 2010 meldeten nationale Medien und internationale Nachrichtenagenturen Ende Mai gewaltsame Zwischenfälle aus dem westlichen Teil des Ferganabeckens. Den Auslöser der Zwischenfälle bildete eine Entscheidung der Administration des Verwaltungsgebiets Batken, mit der den Einwohnern der von kirgisistanischem Territorium umgebenen usbekistanischen Exklave Soch[21] verboten wurde, bereits langjährig von ihnen genutzte, im Nachbarland befindliche Sommerweideflächen weiterhin aufzusuchen (Abb. A.2). Bereits im Vorjahr hatte es hier Spannungen im Zusammenhang mit der Grenzziehung und Weidenutzung gegeben.[22] Die Begründung lautete, dass einer neuen Weidegesetzgebung folgend Ausländern Weidenutzung künftig grundsätzlich untersagt ist, solange keine dies regelnde intergouvernementale Übereinkunft zwischen Kirgisistan und dem Land bestünde, deren Bürger die Nutzungsinteressenten sind (Box 2.1).

Box 2.1: Weide als grenzüberschreitender Konfliktgegenstand: Beispiel Soch

Für die Einwohner Sochs hatte die Entscheidung der Administration des Verwaltungsgebiets Batken unmittelbare und einschneidende wirtschaftliche Folgen, da viele von ihnen, ebenso wie ihre kirgisistanischen Nachbarn, eine diversifizierte, aus verschiedenen Einkünften bestehende Lebenssicherungsstrategie verfolgen, zu der eine für die Region typische Agrarwirtschaft zählt, bei der ackerbauliche Praktiken und Viehwirtschaft unter Nutzung saisonal nutzbarer Weiden miteinander verflochten sind.[23] Mit der Verunmöglichung des Weidezugangs im Nachbarland standen die Einwohner Sochs vor dem Dilemma des Verlustes des für die Sommerzeit vorgesehenen Futterstandortes bei gleichzeitiger Notwendigkeit, ihren Tieren das Überleben zu sichern. Da sämtliche landwirtschaftlich nutzbaren Flächen des Gebiets für den Bewässerungsfeldbau verwendet werden und innerhalb Sochs keine ausreichenden Weidegründe existieren, konnten die Menschen den Weideverlust nur durch unmittelbare Zukäufe von Futtermitteln und damit unter Inkaufnahme zusätzlicher finanzieller Belastungen kompensieren. Mittelfristig, das heisst im Jahresverlauf, bestand zwar noch die Möglichkeit der Verfütterung ursprünglich dem eigenen Konsum dienender oder für den Markt vorgesehener Feldfrüchte. Doch diese Variante barg die Gefahr der Schmälerung künftiger Einkommen. Aus Protest gegen die Behördenentscheidung begannen Einwohner von Soch die Verbin-

21 vgl. Kenžesariev, 2010; Mihajlov, 2010; Osmonov, 2010b.Soch ist mit 325 km² die größte der drei usbekistanischen Exklaven (Soch, Šah-i Mardan und Čangara) auf kirgisistanischem Gebiet und etwas über zehn Kilometer Luftlinie von usbekistanischen Kernland entfernt. Die Exklave befindet im Tal des Flusses Soch, dessen Wasser für Bewässerungszwecke genutzt wird. Der Ackerbau stellt den wichtigsten Wirtschaftszweig des mit über 50 000 Menschen sehr dicht besiedelten Landstrichs dar, wovon über 90 % der Bevölkerung von Tadschiken mit usbekischer Staatsangehörigkeit repräsentiert werden (vgl. ICG, 2002; Kreutzmann, 2004: 6; von Gumppenberg, 2004b: 80; Bichsel, 2009: 19–20).

22 vgl. CACIA, 2009

23 Eckart Ehlers und Hermann Kreutzmann führen in diesem Zusammenhang die Begriffe der ‚Alm-‘ bzw. ‚Alpwirtschaft‘ sowie ‚kombinierte Bergwirtschaft‘ und ‚combined mountain agriculture‘ an (vgl. ebd., 2000: 15, 17–19; Kreutzmann, 2009b: 87; Kreutzmann, 2012a: 7–10). R. Rhoades und S. Thompson wählen hierfür die Bezeichnung ‚mixed mountain agriculture‘(vgl. ebd., 1975).

dungsstraße zur kirgisistanischen Siedlung Čarbak zu zerstören, was gleichzeitig zur Unterbrechung der Wasserversorgung der Siedlung führte. Sie griffen PKW und Passagiere kirgisistanischer Transitreisender an, die die einzige befestigte und durch die Enklave führende Verbindungsstraße zum äussersten Landeswesten Kirgisistans nutzten, und versuchten, sie als Faustpfand für weitere Verhandlungen um einen Weidezugang festzuhalten. Vertreter der kirgisistanischen Seite blockierten daraufhin zeitweise die Verbindungsstraße zwischen Soch und dem usbekistanischen Kernland, wodurch Sochs ökonomische Hauptversorgungsader unterbrochen wurde. Im Zuge von Selbstschutzmaßnahmen standen sich zwischenzeitlich jeweils bis zu 500 Menschen gegenüber. Angesichts der Lageverschärfung entsandte Usbekistan Sicherheitskräfte und schwere Militärtechnik zur Verstärkung der bereits seit 1999 in Soch stationierten Truppen. Kirgisistan schloss unilateral seinen zwischen der Enklave und dem usbekistanischen Verwaltungsgebiet Fergana liegenden Grenzposten ‚Kaytpas', um weitere Truppenverschiebungen Usbekistans zu unterbinden. Nach Tagen der Eskalation mit der Gefahr des Kontrollverlustes und der Mündung in einen zwischenstaatlichen Konflikt konnte die Situation entspannt werden: Auf einem bilateralen Krisentreffen Anfang Juni einigten sich Vertreter beider Staaten auf ein Maßnahmenbündel zu Entschärfung der Lage und äusserten die Absicht, ein Weidenutzungsabkommen zu vereinbaren. Usbekistan zog daraufhin einen Großteil seines Militärs ab. Kirgisistan öffnete die Grenze.[24]

Dieser Vorfall ist nur eines der jüngeren Ereignisse einer sich in den vergangenen Jahren in verschiedenen Regionen Kirgisistans abspulenden Reihe sozialer weidebezogener Konflikte: Im Frühjahr 2012 wurde aus dem Alaj-Tal von Disputen um an der Grenze zwischen Kirgisistan und Tadschikistan gelegene Weiden berichtet.[25] Ein weiterer grenzüberschreitender Weidenutzungsstreit zwischen Bewohnern grenznaher kirgisistanischer und usbekistanischer Siedlungen des Gebietes Kerben im Verwaltungsbezirk Žalal-Abad und Siedlungen des usbekistanischen Bezirks Namangan konnte im April 2004 durch staatliche Vermittlung zumindest vorläufig mit der Einigung gelöst werden, zukünftige Nutzungen auf formeller vertraglicher Grundlage zu vereinbaren.[26] Im Frühsommer 2009 sperrten Einwohner zweier Dörfer im *rajon* At Bašy des *oblast'* Naryn die strategisch wichtige Trasse zwischen Bischkek und dem an der Grenze zu China liegenden Torugart-Pass aus Protest gegen vermeintliche Langzeitverpachtungen großflächiger grenznaher Weiden an China. Diese erwies sich jedoch als Gerücht.[27]

Abgesehen von intralokalen Disputen zwischen Rechtstitel innehabenden bzw. keine besitzenden Weidenutzern der ebenfalls im *oblast'* Naryn befindlichen Siedlung Jergetal, steht diesen ein chinesisches Bergbauunternehmen gegenüber, dessen Schürftätigkeit zu Qualitäts- und Flächenminderungen der lokalen Weiden sowie Verschmutzungen von Wasserläufen geführt hat, von denen die lokale Bevölkerung abhängig ist.[28]

Seit mehreren Jahren schwelt ein Konflikt zwischen Einwohnern zweier Siedlungen der in den Walnuss-Wildobst-Wäldern liegenden Gebietskörperschaft Ars-

24 vgl. Centrasia.ru, 2010; Fergana.ru, 2010b; Karabaev et al., 2010; Kenžesariev, 2010; Nadžibulla, 2010; Osmonov, 2010b
25 vgl. Nurmatov, 2012
26 vgl. AAIW, 2004; Urumbaev, 2004; UNEP et al., 2005: 19
27 vgl. Kasybekov, 2009
28 vgl. Steimann, 2011a: 56–57; Steimann, 2011b: 1, 203–206, 229; Steimann, 2008: 6

lanbob im Verwaltungsbezirk Žalal-Abad. Auslöser dieser bereits unter Anwendung physischer Gewalt ausgetragenen Rivalität ist die Nutzungskonkurrenz um eine Weide vornehmlich lokaler Bedeutung, auf die beide Seiten Anspruch erheben.[29]

Einem mehrere Todesopfer fordernden, von staatlichen Sicherheitskräften niedergeschlagenen Bürgerprotest im März 2002 in Aksy, Verwaltungsbezirk Žalal-Abad, war die Verhaftung eines regionalen Parlamentsabgeordneten vorangegangen. Dieser hatte zuvor eine letztlich folgenlos gebliebene parlamentarische Untersuchung der intransparenten und bereits im Jahre 1999 erfolgten Übergabe des annähernd 1000 Quadratkilometer großen, zu Teilen aus Weideland bestehen den Gebiets Uzengu-Kuuš an China initiiert.[30] Das Areal bildet das Quellgebiet des gleichnamigen Zuflusses des Aksu. Dieser gilt als einer der größten, sich in das auf chinesischem Territorium befindliche Tarimbecken ergießenden Flüsse, deren Wässer zu Bewässerungszwecken verwendet werden.[31]

Mit dieser Auswahl sozialer Konflikte zwischen konkurrierenden Akteuren erschöpfen sich weidelandbezogene Problemlagen nicht. Bis zur Degradierung der Grasländer reichende Schäden gefährden auch die ökologischen Funktionen der Weiden und tragen zudem zur Verknappung der einkommensrelevanten Ressource bei. Damit sind sie mitverantwortlich für soziale Spannungen.[32]

2.2.2 Ökologische Weideprobleme

Das Bild ökologischer Weideschäden stellt sich infolge unterschiedlicher Merkmale, das heisst ihre Ursachen, Folgen, Intensitäten und Qualitäten räumlich ebenfalls sehr differenziert dar. Gemeinsam ist allen, dass sie im konkreten Fall ihr höchstes Bedrohungspotential dann erreichen, wenn sie zur völligen Degradierung von Weideabschnitten führen. Der hier verwendete, von D. Johnsons und L. Lewis' Verständnis[33] abgeleitete Degradationsbegriff bezeichnet die irreversible Veränderung von Naturressourcen infolge unterschiedlicher Vorgänge in der Art, dass sie ihnen zugeschriebene Funktionen nicht mehr erfüllen können. Bezogen auf Bodendegradierung schreiben P. Blaikie und H. Brookfield entsprechend:

> „... degradation is defined as a reduction in the capability of land to satisfy a particular use" (Blaikie/Brookfield, 1987: 6).

Degradationsprozesse können natürlich oder anthropogen initiierter Art sein und im Falle von Weiden beispielsweise durch Erosion und Deflation, Bodenaus-

29 vgl. UNEP et al., 2005: 19; Mamaraimov, 2007: 1, 4; Dörre, 2012: 130; eigene Beobachtungen

30 vgl. ICG, 2002: 17–18; Kreutzmann, 2004: 8; Žuk, 2010; Melvin, 2011: 10–11

31 vgl. Schöner, 1952: 32

32 vgl. Kulov, 2005; UNEP et al., 2005: 18–19

33 Degradation wird von ihnen verstanden als „the substantial decrease in either or both of an area's biological productivity or usefulness due to human interference" (Johnson/Lewis, 1995: 2).

trocknungen infolge erhöhter Evaporation, Bodenverdichtungen durch Viehtritt oder Folgen selektiven Fressverhaltens der Tiere angeregt werden. Aus pastoralwirtschaftlicher Sicht wird der auf Weideland bezogene entscheidende Degradationsindikator von der Abnahme der Reproduktion natürlicher pflanzlicher Futtermaterie gebildet.[34] Das Konzept trägt damit relative Züge. Das heisst hier, dass mit ihm sukzessive Abnahmen des nutzbaren Potentials von Weideländern und damit negative Abweichungen von den menschlichen Ansprüchen an die Ressource thematisiert werden. Es handelt sich damit um einen anthropozentrischen, primär vom Motiv der Ressourcennutzung ausgehenden Begriff. Im postsowjetischen Kirgisistan spielen viehwirtschaftlich initiierte Prozesse – insbesondere durch menschlich verursachte Über- und Fehlbestockungen – wichtige Rollen bei der Weidedegradation (Abb. 2.2).

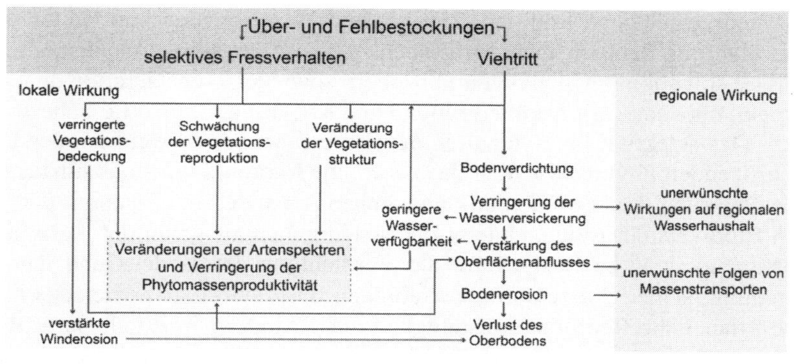

Abb. 2.2: Viehwirtschaftlich induzierte Prozesse die Weidedegradation begünstigen. Gestaltung: AD (2012) basierend auf Gottschling, 2002: 20 (verändert)

Das Problem der Weidedegradation ist dabei nicht neu, sondern kann in gewissem Grad als Erbe der UdSSR angesehen werden.[35] Negativen Folgen der teilweise systematisch betriebenen Überstockung versuchte die sowjetische Landwirtschaft – wenn auch mit bescheidenem Erfolg – mit raumzeitlichen Beweidungsmustern zu begegnen, die auf langjährigen nomadischen Erfahrungen und Mobilitätspraktiken basierten, sowie mit kapitalintensiven Kompensationsstrategien. Hierzu gehörten in erster Linie das Futterpflanzenwachstum fördernde Maßnahmen, wie die Ausbringung von mineralischen Düngern und Saatgut, Bewässerungen sowie intrasaisonale Weiderotationen.[36] Neu sind im postsowjetischen Kirgisistan hingegen die Qualitäten und die räumlichen Muster der Degradationsphänomene, die

34 vgl. Hebel, 1995; Hambler et al., 2007; SAEPFUGKR/UNDPKR, 2007: 18

35 vgl. GK SSSRL et al., 1990–1991a: 137–138, 227–228; GK SSSRL et al., 1990–1991b: 199, 280–287; Wilson, 1997: 66; Fitzherbert, 2000; Brylski et al., 2001: 2, 12; Undeland, 2005: 20 Ešieva, 2006: 4

36 vgl. Isakov, 1974a, 1974b; Wilson, 1997: 66; Ludi, 2003: 119; Kulov, 2005; Ešieva, 2006: 4; Egemberdiev, 2007; Respondenteninterview M. Nurmamatov 2008

sich infolge grundlegend veränderter Organisationsmerkmale der Viehwirtschaft, an spezifische Weidebedingungen unangepasster Nutzungspraktiken und wirkungsarmer Umsetzung des Ressourcenmanagements eingestellt haben: Der Umfang als degradiert geltender Winter-, Frühlings- und Herbstweideflächen wuchs nach dem Zerfall der UdSSR, der Anteil degradierter Sommerweiden hat dagegen abgenommen (Tab. 2.4).[37]

Die saisonalweidendifferenzierte Entwicklung quantitativer Degradationsphänomene ist insbesondere mit der räumlichen Lage der Weiden und den sich daraus ergebenden, vor einer möglichen Inwertsetzung zu erbringenden Investitionskosten zu erklären. Viele der überwiegend privaten, Viehwirtschaft betreibenden Weidenutzer verfügen über relativ wenig Kapital, was zu eingeschränkten individuellen Mobilitätsmöglichkeiten und somit kleineren Aktionsradien führt: Mit niedrigen Investitionskosten verbunden werden daher viele siedlungsnahe und relativ niedrig gelegene Frühlings-Herbst- und Winterweiden von weiten Teilen der Bevölkerung deutlich mehr aufgesucht, als siedlungsferne Weiden. Zugleich werden sie sowohl mit Milchvieh und Kälbern sowie anderen Tierarten quantitativ überstockt, als auch saisonenübergreifend genutzt, das heisst häufig nahezu ganzjährig.[38] Das selektive Fressverhalten der Tiere führt zur Abweidung der Futterwert besitzenden Phytomasse über das natürliche Reproduktionsmaß hinaus sowie zur Verringerung der beweidbaren pflanzlichen Artenvielfalt und damit der floristischen Biodiversität. Einige endemische Arten gelten als gefährdet.[39] Ausserdem begünstigt übermäßige Bestockung die Verdichtung des Bodens und damit die Verringerung seiner Wasseraufnahmefähigkeit. Dies wirkt sich einerseits negativ auf die pflanzliche Reproduktionsfähigkeit aus. Durch viehtrittinduzierte Bodenverdichtung und geringere Vegetationsbedeckung ergibt sich andererseits ein intensiverer Niederschlagsabfluss, der flächenhafte Abtragungen fruchtbarer Oberböden und Erosionen initiiert. Nach Starkregen einsetzende großvolumige Massentransporte als Folgen erosiver Prozesse können kostenintensive regionale Bedeutung entwickeln (Abb. 2.2).[40] Auf Grasfluren der sommerlich genutzten Hochweidestufe finden teilweise analoge Prozesse statt. Für viele in der sowjeti-

37 vgl. PPKR MIOP 1998; Fitzherbert, 2000; Brylski et al., 2001: 13; Ludi, 2003: 121; Abdurasulov, 2005; Kulov, 2005; Undeland, 2005: 8–9; 20–21; A. Egemberdiev im Interview in Ešieva, 2006: 4; Shamsiev et al., 2007: 53; 71; SAEPFUGKR et al., 2006: 44; SAEPFUGKR/UNDPKR, 2007: 18, 23–24; Dörre, 2012: 131–132

38 vgl. Müller-Hohenstein, 1999; Fitzherbert 2000; Ludi, 2003: 120; Abdurasulov, 2005; Kasybekov, 2005: 5; Kulov, 2005; Undeland, 2005: 20; Egemberdiev, 2007; Shamsiev et al., 2007: 52; Experteninterview N. Misiraliev 2008. Der Konnex zwischen pastoraler Mobilität und Weidedegradationsphänomenen ist nicht allein für Kirgisistan spezifisch. In Humphreys und Sneaths Studie über pastorale Praktiken in ausgewählten Regionen Russlands, der Mongolei und Chinas nimmt er eine zentrale Stellung ein, indem ein direkter Zusammenhang zwischen Mobilität und Übernutzung nachgewiesen wird (vgl. ebd., 1999: 53–54, 218– 227, 292).

39 vgl. Borchardt et al., 2011: 371

40 vgl. Spatz, 1999; Fitzherbert, 2000; Brylski et al., 2001: 13; Gottschling, 2002; Kasybekov, 2005: 5; Kulov, 2005; SAEPFUGKR et al., 2006: 44; Egemberdiev, 2007. Ähnliche Erosionsprozesse lassen sich an geneigten Triftwegen und Viehgangeln beobachten.

schen Zeit ökologisch stärker geschädigte, in höherer Distanz zu Siedlungen gelegene Sommerweiden Kirgisistans hingegen haben die niedrigeren Bestockungen in den 1990er Jahren im Zuge allgemein stark abgenommener Viehzahlen, die mit der Weidenutzung verbundenen höheren Investitionskosten und der Verfall wichtiger Infrastrukturen, insbesondere zur Wasserbereitstellung, zunächst vergleichsweise positive Regenierungseffekte ergeben (Tab. 2.4).

Tab. 2.4: Dynamik der Biotrockenmasseproduktion und Saisonalweiden-Degradation

Beobachtungsperiode	**allgemeiner Durchschnittsertrag, gerundet in kg/ha**	**Durchschnittserträge Saisonalweiden, gerundet in kg/ha**		
		Winter	**Frühlings-Herbst**	**Sommer**
1948-1955	285	170	270	335
1969-1978	260	160	225	330
1980-1985	215	115	195	285
1986-1994	220	135	210	275
1997-2004	210	85	170	275
	Anteil der als degradiert geltenden Weiden, gerundet in %	**Anteil der als degradiert geltenden Saisonalweiden, gerundet in %**		
1985	24	12	16	35
2002	25	16	26	29

Quellen: Shamsiev et al., 2007: 52 (Erträge); SAEPFUGKR/UNDPKR, 2007: 23 (Degradation)

Entsprechende Entwicklungen fanden auch in der Nusswaldregion statt, wo der Viehbesitz der lokalen Bevölkerung erst gegen Ende der ersten Dekade des 21. Jahrhunderts die Nähe der in der späten sowjetischen Zeit bestehenden Umfänge erreicht hat und viele Viehwirtschaft betreibende Menschen aufgrund geringer Ressourcenausstattung saisonale Weidetriften ganz unterlassen mussten oder aber zu sehr kleinräumigen Mobilitätsmustern unter Nutzung ausschließlich siedlungsnaher Weiden gezwungen waren (Abb. A.13).[41]

Längerfristige Unterweidung begünstigt Verschiebungen im Artenspektrum und birgt somit ebenfalls die Gefahr, Degradationsprozesse zu initiieren. Durch Invasion holziger, ungenießbarer und giftiger Pflanzenarten wie Holunder (*Sambucus*), Schneeball (*Viburnum*), Eberraute (*Artemisia abrotanum*), Brandkraut (*Phlomis*), Großer Knöterich (*Polygonum coriarium Grig.*), Frauenmantel (*Alhemilla vulgaris L.*), Kreuzkraut (*Ligularia*) und andere werden hohe Futterwerte besitzende Pflanzen verdrängt, womit die betroffenen Graslandflächen als potentielle Weideressource verlorengehen können.[42] Langzeitstudien des sowjetischen und des bestehenden Staatlichen Projektierungsinstituts für Raumordnung [GIPROZEM und KIRGIZGIPROZEM] belegen solche Abnahmen der futterrele-

41 Ergebnisse der vom Autor 2007 durchgeführten standardisierten Haushaltsbefragung

42 vgl. Wilson, 1997: 65; Ludi, 2003: 120; Penkina, 2004; Kulov, 2005; Ešieva, 2006; SAEPFUGKR et al., 2006: 44; Egemberdiev, 2007; Shamsiev et al., 2007: 52–53; 71; SAEPFUGKR/UNDPKR, 2007: 20

vanten Biomassenproduktion verschiedener Saisonalweiden über die vergangenen Dekaden (Tab. 2.4).[43] Die Ergebnisse zeigen für sämtliche Kategorien nahezu stetige Abnahmen des durchschnittlichen Hektarertrages. Einzige Ausnahmen stellen der Durchschnittswert aller Weiden, die Frühlings-Herbst- und Winterweiden im Untersuchungszeitraum 1986 bis 1994 dar – als sie sich zu erholen schienen – sowie Sommerweiden, bei denen während der letzten Messperiode eine Stagnation nachgewiesen wurde. Diese Ausnahmen stehen in direktem Zusammenhang mit der skizzierten temporären Abnahme der Viehzahl sowie der eingeschränkten saisonalen Weidenutzung und -mobilität nach 1991.

Weidedegradation wirkt sich unmittelbar negativ auf die Einkommensgenerierung individueller Nutzer aus, indem sie zur Absenkung der Fähigkeit der Weiden führt, futterrelevante Phytomasse zu produzieren. Das führt zu schlechterer Nahrungsversorgung des Viehs mit den Folgen niedrigerer Produktivität und geringerer Reproduktion. Für individuelle Weidenutzer bedeutet Weidedegradation daher eine unmittelbare Zuspitzung der Ressourcenknappheit und damit eine Verschärfung der Weidekonkurrenzen. Makrowirtschaftlich führt sie zu empfindlichen wirtschaftlichen Verlusten, da die Volkswirtschaft Kirgisistans stark agrarisch geprägt ist.[44] Laut Weltbankangaben könnte durch Umsetzung einer Verbundstrategie aus Sanierung der Weiden und der Einführung von dem Nachhaltigkeitsprinzip folgenden Nutzungsformen höhere Futtererträge generiert und so der Wert aus Weidenutzung erzielter Einkommen erheblich gesteigert werden.[45] Weidedegradation weist daher Bezüge zu sozioökonomischen Aspekten wie der Ernährungssicherung und den Strategien der Einkommensgenerierung der Bevölkerung sowie zur volkswirtschaftlichen Wertschöpfung auf und kann somit indirekt negativ auf die gesellschaftliche Integrität und die politische Stabilität des Landes wirken.

2.3 GESELLSCHAFTLICHE WEIDELANDVERHÄLTNISSE

Auf Weidelandressourcen und pastorale Praktiken bezogene soziale Konflikte und ökologische Probleme werden in der vorliegenden Arbeit als Resultate historischer Entwicklungen und prozesshafter Zusammenspiele umweltwirksamer Handlungen und Interaktionen interessensgeleiteter Akteure der Gegenwart interpretiert. Dabei verfügen die involvierten Akteure in der Regel über ungleiche Möglichkeiten, Weidelandressourcen ihren Interessen entsprechend inwertzusetzen. Ihre Möglichkeiten sind an ihre spezifischen Handlungskapazitäten gebunden – oder anders ausgedrückt – an die Kapitalausstattung und die Fähigkeit der Akteu-

43 Abnahmen der Weideproduktivität in der postsowjetischen Periode werden auch von anderen Autoren festgestellt, die dabei jedoch unterschiedliche Werte angeben (vgl. Wilson, 1997: 65–66; Brylski et al., 2001: 13).

44 vgl. Penkina, 2004; Eshieva, 2005: 9; Kulov, 2005; SAEPFUGKR et al., 2006: 44

45 So wäre es im Jahre 2003 potentiell möglich gewesen, 477 Mio. US$ aus Weidenutzungen zu erwirtschaften anstatt der 296 Mio. US$ (vgl. SAEPFUGKR/UNDPKR, 2007: 24).

re, diese Potentiale unter Einfluss der bestehenden Rahmenbedingungen einzusetzen sowie sich dabei gegen Widerstände Dritter zu behaupten.[46] In diesem Sinne spielt in Akteursbeziehungen der Begriff der ‚Handlungsmacht' und sich daraus ergebende Ressourceninwertsetzungen eine wichtige Rolle. Funktion und Zweck sowie Nutzung von Ressourcen werden hier daher nicht essentialistisch als gegeben, sondern als konstruiert bzw. auf Sinnzuschreibungen basierend aufgefasst, da sie erst mit der Benennung und Nutzung als Ressource eine menschliche Bedeutungszuweisung erfahren. Dieses Verständnis wird durch den Begriff der, gesellschaftlichen Weidelandverhältnisse' adäquat wiedergegeben. Er verkoppelt Weiden als naturbasierte Ressource, gesellschaftliche Rahmenbedingungen, zueinander in Beziehung stehende Akteure mit ihren pastoralwirtschaftlichen Handlungen sowie resultierende sozio-ökologische Probleme miteinander. Damit geht er über den Bereich der pastoralwirtschaftlichen Inwertsetzung von Weidelandressourcen hinaus.

Gesellschaftliche Weidelandverhältnisse sind weder unveränderlich, noch transformieren sie sich von einem statischen in einen anderen dauerhaften Zustand. Sich wandelnde Rahmenbedingungen verändern Akteursstrukturen, Akteursbeziehungen und Handlungsmöglichkeiten sowie Bedeutungen von und praktische Umgänge mit Weidelandressourcen tiefgreifend. Daher unterliegen gesellschaftliche Weidelandverhältnisse in Zeiten sozialer Umbrüche besonders stark und darüber hinaus immer wieder Aushandlungsprozessen. Es wird im Folgenden deshalb auch von ‚dynamischen Weidelandverhältnissen' die Rede sein. Indem diachrone Veränderungen synchron an verschiedenen Orten stattfinden und dabei unterschiedliche Ausprägungen und Verläufe nehmen, kann zudem von Auffächerungen in ‚pluralisierte gesellschaftliche Weidelandverhältnisse' gesprochen werden.[47] Diese stellen den Untersuchungsgegenstand und das Erkenntnisinteresse der vorliegenden Studie dar. Der sozialwissenschaftlich ausgerichtete Forschungsblick der vorliegenden Studie richtet sich daher unter Einnahme einer räumlichen Perspektive auf Ursachen, Ausprägungen und Folgen von primäre – das heißt pastoralwirtschaftliche Nutzungsformen – und sekundäre Praktiken umfassenden Weideinwertsetzungen durch Akteure im Kontext struktureller gesellschaftlicher Unsicherheit. Diese steht in engem Zusammenhang mit sozialen Umbrüchen als Zeiträumen der Demontage alter und der Kreation neuer gesellschaftlicher Organisations- und Regulationsprinzipien und damit radikalen Änderungsprozessen in Politik, Wirtschaft und soziokulturellen Lebensbelangen.

46 vgl. Kraemer, 2008: 12, 221
47 vgl. Jahn/Wehling, 1998: 84

3 ANALYSE DYNAMISCHER WEIDEVERHÄLTNISSE IN GESELLSCHAFTLICHEN UMBRUCHPHASEN

Pastoralwirtschaftliche Inwertsetzungen von Graslandressourcen stellen nicht den einzigen, wohl aber einen der zentralen Aspekte gesellschaftlicher Weidelandverhältnisse dar. Eines der zentralen Merkmale des Pastoralismus in Mittelasien[1] und darüber hinaus bildet dabei sowohl historisch, als auch bis in die Gegenwart raumzeitliche Mobilität. Stärker noch als dies erforderlich machende raumzeitlich differenzierte Verfügbarkeiten von als Viehfutter genutzter Phytomasse und von Wasser als den zentralen ökologischen Bedingungen für das Betreiben weidebasierter Viehwirtschaft, sind soziale Faktoren und Kontexte wie politisch-administrative Grenzziehungen, steuerrechtliche Regime, kooperative und konkurrierende Akteursbeziehungen und sozioökonomische Positionierungen und Ausstattungen pastoraler Gruppen entscheidend für die Ausprägung pastoralwirtschaftlicher Mobilitätsmuster und für ihren Wandel. Diese Einflussgrößen ändern sich in der Regel deutlich rascher als sich meist graduell und langfristig verschiebende Umweltbedingungen und erfordern unmittelbare Anpassungen. Häufig wurde bisher jedoch genau dieser Umstand bei Versuchen, Veränderungen pastoraler Praktiken allein aus Umweltfaktoren heraus zu erklären, vernachlässigt.[2]

So haben im Zuge verschiedener gesellschaftlicher Umbrüche initiierte Maßnahmen externer Akteure lokale pastorale Praktiken massiv beeinflusst, indem sie auf Veränderungen der viehwirtschaftlichen Produktions- und Distributionssysteme, der Formen der sozialen Organisation, der rechtlichen Regelungen und der Systeme des Ressourcenmanagements mobiler Viehhalter abzielten. Insbesondere die Merkmale ‚Mobilität‘ und ‚extensive Weidelandbewirtschaftung‘

1 Der Begriff ‚Mittelasien‘ wird hier aus mehreren Gründen verwendet. Zunächst bezieht sich das eingangs vorgestellte Verständnis ‚Zentralasiens‘ auf den postsowjetischen Kontext und lässt sich nicht historisch extrapolieren, ohne an Schärfe zu verlieren. Seine Expansionsbestrebungen führten das imperiale Russland zudem über die heute bestehenden internationalen Grenzen Zentralasiens hinaus, beispielsweise als es von 1871 bis 1881 das auf chinesischem Staatsterritorium entlang des Oberlauf des Ili befindliche Distrikt von Kuldža besetzte. Schließlich entspricht Mittelasien dem damals häufig auf die Region bezogenen russischen Terminus *Srednjaja Azija* (vgl. Miroshnikov, 1992: 479–480).

2 vgl. Nori/Davies, 2007: 7; Kreutzmann, 2012a: 10–14; Kreutzmann, 2012b: 323–324. Diesbezüglich zeigt Kreutzmann anhand von Beispielen, dass trotz der überaus ähnlichen ökologischen Bedingungen in Afghanistans Kleinem und Großem Pamir, im Osten der Autonomen Provinz Berg-Badachschan in Tadschikistan und in der im Westen der chinesischen Provinz Xinjiang liegenden Autonomen Präfektur Kizil Su höchst unterschiedliche pastorale Wirtschaftsweisen von den Tierhaltern entwickelt wurden (vgl. ebd., 2009: 92–101; ebd., 2012b: 334–335).

dienten aus heutiger Sicht frühen Entwicklungsbemühungen als Belege für die vermeintliche Zurückgebliebenheit der mobilen Pastoralwirtschaft gegenüber modernen Gesellschaften. Nomadismus galt als „Prototyp der Rückständigkeit“ (Kreutzmann, 2009b: 88). Global verbreitet, zielten unterschiedliche Maßnahmen zunächst auf die Modernisierung der Lebensweisen mobiler Pastoralisten durch Sesshaftmachung[3] und Übergang zum Landbau ab, später auch auf die Entwicklung ihrer viehwirtschaftlichen Produktion und Ressourceninwertsetzung durch deren Einbindung in übergeordnete politische und ökonomische Zusammenhänge[4], durch Einführungen theorie-basierter, investitionsstarker technischer und organisatorischer Neuerungen und standardisierter intensiverer Wirtschaftsweisen. Erfahrung und lokales Wissen als Grundlagen ökonomischer Praxis erfuhren in diesem Zusammenhang eine Abwertung. Importiertem und ideologisch basiertem sowie durch wissenschaftliche Arbeitsweisen generiertem Wissen wurde hingegen wachsende Bedeutung zugeschrieben. Folglich lassen sich in den Gebirgsregionen Hochasiens bezüglich struktureller Eigenschaften wie der Mobilitätsmuster, der jeweiligen Anteile der viehwirtschaftlichen Wertschöpfung am generierten Einkommen und anderer Merkmale höchst unterschiedliche pastorale Strategien identifizieren, die im Zusammmenhang mit spezifischen externen Interventionen stehen.[5] Für die früher in der heute Zentralasien bildenden Region lebenden mobilen Tierhalter stellten die Kolonisierung durch Russland in der zweiten Hälfte des 19. Jahrhunderts und die Errichtung der Sowjetmacht in der ersten Hälfte des 20. Jahrhunderts Umbrüche dar, in denen auf sie bezogene Modernisierungsmaßnahmen durch externe Akteure initiiert wurden. Vor dem Hintergrund globaler ökologischer Herausforderungen, dem ökonomischen Aufstieg ehemaliger Schwellenländer und der aufgefrischten Debatte um die Endlichkeit natürlicher Ressourcen bilden in der jüngeren Vergangenheit insbesondere ökologische Belange wie Natur- und Biodiversitätsschutz und Nachhaltigkeitsaspekte zentrale Dreh- und Angelpunkte von Entwicklungsansätzen, die zwar seltener mit explizitem Sendungsbewusstsein kommuniziert werden, implizit aber weiterhin der modernisierungstheoretischen Annahme folgen, Nutzungspraktiken lokaler Ressourcennutzer seien eine Hauptursache für Stagnation und umweltbezogene Probleme.[6]

3 Über Zentralasien und den sowjetischen Kontext hinausgehend schreibt Kreutzmann, dass beispielsweise ganz „Innerasien ein ausgedehntes Experimentierfeld für Sesshaftmachungsprogramme ganz unterschiedlicher ideologischer Ausrichtung gewesen“ (ebd., 2009: 88) sei.

4 Kraudzun schildert anhand des östlichen Pamir, wie im Zuge des sowjetischen Modernisierungsprojektes eine vom politischen Zentrum der UdSSR aus gesehen ökonomisch periphere Region insbesondere aus geopolitischen Gründen in das gesamtsowjetische Wirtschaftssystem integriert wurde (vgl. ebd., 2012: 93–96).

5 vgl. Kreutzmann, 2012a: 7–13

6 vgl. Blaikie, 1999: 136–139; Humphrey/Sneath, 1999: 4–5; Ehlers/Kreutzmann, 2000: 9; Krings/Müller, 2001: 111; Salzman, 2004: 15–16; Kreutzmann, 2009a: 105–106, 114–115; Kreutzmann, 2009b: 88, 104; Montero et al., 2009: 7, 11; Kreutzmann, 2011a: 210–211;

Auch die akademischen Diskussionen pastoralismusbezogener Fragestellungen waren über lange Zeit von modernisierungsparadigmatischen Vorstellungen unterschiedlicher ideologischer Prägung als den metatheoretischen Grundlagen der Überlegungen geprägt. Erst deutlich später werden aus einer grundsätzlichen Kritik an aus kapitalistischen oder kommunistischen Weltsichten betriebenen Modernisierungsbestrebungen mobile Formen des Pastoralismus als flexible Anpassungsstrategien an sich ändernde politisch-administrativ-rechtliche und sozioökonomische Bedingungen in ökologisch fragilen Kontexten anerkannt und als solche auch gewürdigt.[7] Retrospektiv lässt sich festhalten, dass mobile Viehhalter und pastorale Praktiken verfolgende Gemeinschaften von externen Akteuren wiederholt als rückständig aufgefasste und daher durch am Entwicklungsstufen-Paradigma orientierte Modernisierungsmaßnahmen zu entwickelnde Zielgruppen galten und mitunter noch immer angesehen werden. Empirische Überprüfungen zeigen aber zugleich, dass sich Pastoralisten nicht als willfährige und passive Empfänger paternalistischer Entwicklungsbestrebungen fassen lassen, sondern als aktive Gestalter ihrer Lebenswelten in sich ändernden gesellschaftlichen Kontexten verstanden werden müssen. Pastorale Praktiken können insofern als wichtige Anzeiger sozialen Wandels gedeutet werden. Das wissenschaftliche Befassen mit im Zuge sozialer Umbrüche einhergehenden Veränderungen von Weidelandverhältnissen ermöglicht daher darüber hinaus gehende Einblicke in gesellschaftliche Wandlungsprozesse und Veränderungen der Mensch-Umwelt-Beziehungen im Zuge solcher gesellschaftlicher Transformationsphasen.[8] Während dieser Umbrüche werden etablierte Institutionen, Machtverhältnisse und Akteursgefüge in Frage gestellt, neu konstituiert oder völlig ersetzt. Dies steht mit der Öffnung zuvor nicht gegebener ‚Fenster der Möglichkeiten', das heisst Gelegenheitsstrukturen, Handlungs- und Gestaltungsspielräumen im Zusammenhang, die ungleich mächtige Akteure mehr oder weniger zu ihren eigenen Vorteilen nutzen und verändern können.[9] Dies gilt nicht nur für den postsozialistischen Umbruch, sondern generell für Gesellschaftstransformationen. Da sich unter den vielfältigen Prozessen im Verlauf dieser Phasen auch gravierende Veränderungen der Naturressourcenverhältnisse vollziehen, stellen Gesellschaftstransformationen entscheidende Zeiträume für deren Analyse dar.

Auf ehemalige Kolonien Bezug nehmend hält Raymond L. Bryant fest, dass für ein adäquates Verständnis gegenwärtiger Gesellschaft-Umwelt-Beziehungen Kenntnisse fragestellungsrelevanter historischer Vorbedingungen notwendig seien.[10] Dies ist einleuchtend, stellen doch aktuelle Situationen grundsätzlich

Kreutzmann, 2011b: 38–40, 44; Kreutzmann, 2012a: 4–6, 14; Kreutzmann, 2012b: 323–325, 328

7 vgl. Khazanov, 1998; Humphrey/Sneath, 1999; Ehlers/Kreutzmann, 2000; Kreutzmann, 2009b: 87, 88; Kreutzmann, 2011b: 38–39; Kreutzmann, 2012a: 6

8 vgl. Kreutzmann, 2011a; Kreutzmann, 2012a

9 vgl. Merkel, 1996b: 323–324; Schwanitz, 1997: 6

10 vgl. ebd., 1998: 85

Resultate vorangehender sozialer Prozesse dar und sind damit historisch beeinflusst. Für die Region und den Gegenstand der vorliegenden Arbeit sind insbesondere Prozesse im Zuge der historischen Zäsuren der Etablierung und Implementierung der Sowjetmacht[11] sowie der zuvor stattgefundenen russländischen Kolonisierung Zentralasiens bedeutend. In diesem Sinn wird der zeitliche Kontext der vorliegenden Studie in erster Linie von Phasen fundamentaler Gesellschaftstransformationen gebildet. Damit fließen neben jüngeren und gegenwärtigen Rahmenbedingungen und Regelungsinstitutionen der im Umbruch begriffenen Gesellschaft sowie von diesen beeinflusste Akteure nebst ihren weideverhältnisrelevanten Handlungen auch historische Vorgaben in die Analyse der gesellschaftlichen Weidelandverhältnisse ein.

3.1 TRANSFORMATIONEN: UMBRUCHPHASEN GESELLSCHAFTLICHER ORGANISATION UND REGULATION

In politischen und akademischen Diskursen um die Veränderungen postsozialistischer Gesellschaften hat sich der Begriff der ‚Transformation' etabliert.[12] Der steile Aufstieg dieser modisch gewordenen „Leitvokabel" (Wolf, 1998: 40) wird jedoch von einer „analytische[n] Konfusion" (Merkel, 1996a: 10) über ihre Bedeutung begleitet, da sie im Rahmen des wissenschaftlichen „terminologische[n] Arsenal[s]" (Merkel, 1996a: 10) häufig und trotz inhaltlicher Differenzen unreflektiert mit ‚Transition', ‚Systemwandel', ‚Systemwechsel', ‚sozialem Wandel', ‚Modernisierung', ‚Revolution', ‚Zusammenbruch', ‚Liberalisierung', ‚Demokratisierung' und ‚Regimewandel' gleichgesetzt wurde und wird.[13]

3.1.1 ‚Transformation' als normatives Paradigma des postsozialistischen Wandels

Die gesellschaftlichen Umbrüche in den ehemals sozialistischen Ländern können aufgrund ihres fundamentalen Charakters, ihres sämtliche gesellschaftlichen Teilbereiche betreffenden Umfangs sowie der zeitlichen Simultanität der Prozesse als historisch vorbildlos bezeichnet werden.[14] Dabei umfasst der einzigartige gesellschaftliche „Totalumbau" (Herbers, 2006: 3) postsozialistischer Länder im Gegensatz zu gesellschaftlichen Umbrüchen in anderen raumzeitlichen Zusammen-

11 Stiglitz weist der Errichtung realsozialistischer Gesellschaften und dem postsozialistischen Wandel die Bedeutung zu, *die* zwei großen Experimente grundlegender Systemwechsel im 20. Jahrhundert zu sein (vgl. ebd., 2004: 179).

12 Gesellschaftlicher Wandel ist selbstverständlich schon deutlich früher Thema wissenschaftlicher Auseinandersetzungen gewesen. Hier wird sich die Diskussion auf den Kontext postsozialistischer Umbrüche unter besonderer Berücksichtigung des Transformationskonzepts konzentrieren.

13 vgl. Schwanitz, 1997: 7; Hopfmann/Wolf, 1998b: 14; Wolf, 1998: 40–41; Stadelbauer, 2000a: 61–62; Finke, 2005: 1

14 vgl. Chołaj, 1998: 339; Finke, 2005: 1

hängen nicht nur die politisch-rechtliche Sphäre, das Wirtschaftssystem oder die soziokulturelle Dimension, sondern alle Dimensionen gemeinsam bei gleichzeitigem Zusammenbruch des früheren gesellschaftlichen Gerüsts, zu dem insbesondere politische Leitbilder, ökonomische Verflechtungen, zuvor garantierte sozioökonomische Sicherheiten, kollektive Normen und Werte sowie individuelle Überzeugungen und Lebensstile zählen.[15] Aufgrund der sich hieraus ergebenden, gleichzeitig stattfindenden und in unmittelbarem Zusammenhang mit den im ersten Kapitel dargestellten entwicklungshemmenden Herausforderungen stehenden Schwierigkeiten ist das „Dilemma der Gleichzeitigkeit" (Offe, 1994: 60) dieser Probleme charakteristisch für postsozialistische Umbrüche.[16] Trotz bestehender Differenzen zwischen postsozialistischen und anderen Umbruchereignissen in Qualität, Umfang und Raum-Zeit-Kontext, wurde durch Vertreter westlicher Politik, Entwicklungszusammenarbeit und Wissenschaft bereits kurze Zeit nach Initiierung des postsozialistischen Gesellschaftswandels der zuvor auf gesellschaftliche Umstrukturierungen in den 1970er und 1980er Jahren in Ländern Südeuropas und Lateinamerikas bezogene Begriff der Transformation herangezogen.[17]

Im akademischen Bereich wandten sich durch die in allen gesellschaftlichen Sphären stattfindenden Wechsel bedingt frühzeitig verschiedene Disziplinen den postsozialistischen Umbruchprozessen zu, insbesondere die Wirtschafts-, Sozial- und Rechtswissenschaften sowie neben weiteren Fächern die Geographie. Aufgrund unterschiedlicher Gegenstände, Perspektiven und Selbstverständnisse der Disziplinen ist daher keinesfalls von einem fächerübergreifend eindeutigen und kritiklos zu übernehmenden Begriff auszugehen. Infolge verschiedener theoretischer Annäherungen, Auslegungen und Operationalisierungen kann sogar von einem politisierten Konzept gesprochen werden, das normative, deskriptive und analytische Anwendungen fand und findet.[18]

Dem jeweiligen Fach entsprechend, wurde die wissenschaftliche Transformationsdebatte zunächst von sektoral eingeschränkten, das heisst allein wirtschaftliche, politisch-rechtliche oder soziale Umbrüche fokussierenden Abgrenzungen des Gegenstands dominiert. Nach dem Ende des Wettlaufs der Systeme mit der Niederlage des Realsozialismus, folgten sie großteils normativen und modernisierungstheoretischen Argumentationen. So befassten sich zunächst insbesondere die Wirtschaftswissenschaften mit der Transformation des zentralstaatlich gelenkten sozialistischen Wirtschaftssystems unter der Prämisse, das dieser Prozess zu einem nicht mehr rücknehmbaren, marktwirtschaftlich organisierten Wirtschaftssystem führen würde. Bevor die Sozialwissenschaften aufgrund der für gesellschaftliche Veränderungen nicht hinreichenden Erklärungskraft dieses frühen wirtschaftswissenschaftlichen Verständnisses verstärkt in das Thema einstiegen, führte die wirtschaftswissenschaftliche Diskursdominanz temporär zu einer Reduzie-

15 vgl. Stadelbauer, 2000a: 66; Kühne, 2001: 148–149; Herbers, 2006: 3
16 vgl. Kollmorgen, 2003: 22–23; Sasse, 2005: 1
17 vgl. Offe, 1994: 59–60
18 vgl. Schwanitz, 1997: 7; Fassmann, 1999: 11; Carothers, 2002

rung des Transformationsbegriffes auf den Übergang vom plan- zum marktgesteuertem Organisationsprinzip der Wirtschaft in der postsozialistischen Welt. Analog war das frühe politikwissenschaftliche Transformationsverständnis von der normativen Vorgabe des Übergangs zur Demokratie und Rechtsstaatlichkeit modernisierungstheoretisch geprägt.[19] Paradigmatische Bedeutung erhielt in diesem Zusammenhang Samuel Huntingtons a priori gewagte Formulierung, nach der es sich bei den postsozialistischen Umbrüchen der 1990er Jahre um Prozesse einer ‚dritten Welle' der Demokratisierung nach den Umbrüchen in Südeuropa, Lateinamerika und einigen ostasiatischen Ländern handeln würde.[20] Mit ähnlicher Bedeutung geladene und sich teilweise explizit auf Modernisierungsparadigmen beziehende sozialwissenschaftliche Definitionen wurden zeitweise zum Allgemeinverständnis und lassen sich in Publikationen der ersten postsozialistischen Dekade vielerlei finden. So sei Transformation laut Ansgar Weymann als

> „Überführung des sozialistischen Gesellschaftstypus in den Typus der modernen westlichen Gesellschaft" (1998: 14) zu verstehen.

Die beschränkte Erklärungskraft sektoral konzipierter Transformationsbegriffe führte bald zu der Einsicht, dass die theoretische Konzipierung komplexer gesellschaftlicher Wandlungsprozesse alle gesellschaftlichen Sphären integrierend erfassen muss und daher eine begriffliche Ausweitung auf die verschiedenen gesellschaftlichen Teilbereiche zu erfolgen habe.[21] Für eine solche systematische Betrachtung komplexer Gesellschaftsumbrüche erwies sich die Orientierung an Niklas Luhmanns komplexitätsreduzierendem Konzept der funktionalen Differenzierung von Subsystemen innerhalb eines Systems als hilfreich.[22] Weitaus zögerlicher hingegen wurde die normative Ausrichtung der Ansätze sowie das Verharren auf der gesellschaftlichen Makroebene unter Ausblendung handelnder und Transformationsprozesse beeinflussender Individuen kritisiert. Dadurch konnten sich zunächst das modernisierungstheoretisch begründete Paradigma einseitig gerichteter Umbrüche sowie im Allgemeinen verbleibende Ansätze, die keine belastbaren Aussagen zu Lebenswirklichkeiten von in Transformationssituationen lebenden Menschen liefern konnten, in Wissenschaft und Politik weiter behaupten.

Folglich wiederholten sich in nunmehr breiter gefassten Transformationskonzepten altbekannte, modernisierungstheoretisch gefärbte Postulate und normative Vorstellungen nachholender Entwicklung. Ehemals sozialistische Gesellschaften aufgrund endogener Ursachen implizit als rückständig verstehend, hätten von unterstützender Intervention externer Akteure begleitete Transformationsprozesse in der politisch-rechtlichen Dimension in Form des gerichteten Wechsels vom auto-

19 vgl. Schwanitz, 1997: 7; Wolf, 1998: 39–40; Finke, 2005: 1–2

20 vgl. Huntington, 1991; Offe, 1994: 59–60; vgl. hierzu auch die kritischen Bewertungen von Kreutzmann, 2000b, und Carothers, 2002

21 vgl. Ahrens, 1994: 114–116; Hopfmann/Wolf, 1998a: 7–8; Stiglitz, 2004: 182

22 vgl. Luhmann, 1987. Zugleich muss klar sein, dass es sich dabei um ein Konstrukt handelt und keine der subsystemischen Sphären unbeeinflusst von anderen ist und stehen kann.

ritären Einparteiensystem zur rechtsstaatlich verfassten Mehrparteiendemokratie zu erfolgen. Das entscheidende Moment würde vom Übergang von der zentralen Kommandowirtschaft zu einem System gebildet, in dem der Markt nach Vorbild der OECD-Länder das Regulativ darstellt.[23] Die wichtigsten praktischen Maßnahmen der wirtschaftlichen Transformation müssten daher Privatisierungen, Liberalisierungen des Handels und der Preisbildung sowie die Stabilisierung des staatlichen Etats durch Deregulierung und fiskalische Austeritätspolitik umfassen.[24] Im sozialen Bereich sei durch sich einstellende höhere Freiheitsgrade von einer Herausbildung sozialer Differenzierung und Individualisierung der ehemals von kollektiven Leitbildern und verordneten Klassenidentitäten geprägten Gesellschaft auszugehen. Die westliche Gesellschaft als vermeintliches „evolutionäres Optimum" (Joas, 1992: 333) wurde damit faktisch zum Referenzmodell erhoben.[25] Ein diesem Schema entsprechendes normatives Verständnis transportiert die früh formulierte und hier beispielhaft für andere, ähnlich lautende Formulierungen stehende Definition des Politologen Wilhelm Bleek, der unter Transformation

> „den radikalen Systemwechsel, der mit der Ablösung einer zentralen Verwaltungswirtschaft durch die Markwirtschaft, dem Wechsel von der Diktatur einer Partei zu einer freiheitlichen Demokratie und dem Übergang von einer autoritär verfassten Gesellschaft zu einer pluralistischen Gesellschaft verbunden ist" (Bleek, 1991: 11), versteht.

Im westlichen Transformationsdiskurs der frühen 1990er Jahre stattfindende Debatten widmeten sich weniger den a priori definierten Zielen, sondern mehr den einzuschlagenden Wegen, um zu ‚freiheitlicher Demokratie' und ‚Marktwirtschaft' zu gelangen.[26] Zentrale Stellung in diesem Zusammenhang besaßen die Fragen der Abfolge und Abstimmung von Transformationsprozessen in Politik und Wirtschaft.

Eine der zentralen Gestaltungsschwierigkeiten der postsowjetischen Transformation verkörpert die Frage des *sequencing*, das heisst die Problematik der Abfolge und Abstimmung wirtschaftlicher und politischer Transformationsprozesse.[27] Vertreter radikaler marktliberaler Positionen deuteten eine funktionierende Marktwirtschaft als Grundvoraussetzung demokratischer Systeme, da durch sie materielle Wohlfahrt als unentbehrliche Grundlage demokratischer Systeme generiert wird. Es gelte daher, zuerst marktwirtschaftliche Prinzipien durch zügige, ‚schocktherapeutische' Maßnahmen zu etablieren. Die Befürchtung der Vertreter dieses Ansatzes ist, dass eine dem vorangehende Verankerung des demokratischen Modells zu seinem eigenen vorschnellen Ende führen würde:

23 Dieser wurde in der Praxis zumeist top-down, das heißt von den Eliten initiiert und ohne nennenswerte Bevölkerungseinbindung ausgehandelt, wie Kollmorgen und Stadelbauer kritisch anmerken (vgl. Kollmorgen, 2003: 22–23; Stadelbauer, 2000a: 60).

24 vgl. Offe, 1994: 95

25 vgl. Bleek, 1991: 11; Blommestein et al., 1991: 11; Kemme, 1991: 1; IBRD, 1996; Schwanitz, 1997: 7; Hopfmann/Wolf, 1998b: 17–18; Adam, 1999: 3–4; Finke, 2005: XV

26 vgl. Fassmann, 1994: 690; Finke, 2005: XV–XVI

27 vgl. Deutschland, 1993: 1; Offe, 1994: 95; Hopfmann/Wolf, 1998b: 27

> „Solange die ökonomischen Grundlagen für eine echte Zivilgesellschaft nicht existieren, ist die massive politische Mobilisierung der Bevölkerung nur auf nationalistischem oder fundamentalistischem Wege möglich“ (Staniskis, 1991, zitiert in Offe, 1994: 67).

Im Gegensatz hierzu steht die Sicht, dass Demokratie als Voraussetzung wirtschaftlicher Liberalisierung etabliert werden muss, um demokratische Legitimierungen für Privatisierungs-, Liberalisierungs- und Deregulierungsmaßnahmen erhalten zu können. So müssten Privatisierungsprozesse ehemals staatlichen Eigentums von demokratischer Kontrolle begleitet werden, um Selbstbereicherungen und Begünstigungen der Mächtigen und Privilegierten, die Verarmung ökonomisch schwacher Akteure sowie dadurch zunehmende soziale Polarisierung zu vermeiden.[28] Der adäquate Weg für soziale Veränderungen seien daher gesellschaftlich ausgehandelte graduelle Reformschritte.

Indem die postsozialistischen Umbruchprozesse zunächst als ‚nachholende Entwicklung‘ verstanden wurden, wurde das euro- und amerikanozentrischen Charakter aufweisende Konzept von westlichen sendungsbewussten Staaten, multilateralen Organisationen und nichtstaatlichen Einrichtungen als politisch-normatives Werkzeug gegenüber Ländern der ehemals ‚Zweiten Welt‘ instrumentalisiert und in diesem Zusammenhang die Kategorie und der Begriff der ‚Transformationsstaaten‘ konstruiert.[29] Der Übergang sollte, so die in der Politik dominierende Sichtweise, dem festen Schema aufeinanderfolgender Phasen eines „master trend[s]“(Joas, 1996: 332) entsprechen. Dieser würde mit der demokratischen Öffnung und Liberalisierung autoritärer Systeme beginnen, mit dem Durchbruch demokratischer Prinzipien zum Zusammenbruch des alten Regimes und schließlich durch Festigung staatlicher Institutionen und der Zivilgesellschaft, durch Etablierung von Wahlen als dem Kernelement demokratischer Systeme sowie durch eine weitestgehende Anerkennung der neuen Spielregeln in der Gesellschaft zur Konsolidierung des neuen Regimes führen.[30] Indem historische Vorbedingungen und spezifische Landeskontexte ausgeblendet werden, musste modernisierungstheoretischen Vorstellungen anhängenden Ansätzen nach

> „Entwicklung in verschiedenen Gesellschaften [...] als bloß zeitlich versetztes Durchlaufen eines im Kern einheitlichen Ablaufschemas erscheinen“ (Joas, 1992: 332).

Die Konditionalitäten der größten Geberorganisationen IMF und IBRD waren diesem Verständnis folgend eng an Maßnahmen und Ziele gebunden, die der Umsetzung eines modernisierungstheoretisch basierten Transformationskonzeptes entsprachen.[31] Die Abhängigkeit von externen Geberinstituten infolge der eigenen wirtschaftlichen und finanziellen Schwächen sowie das Diktat der Geber-Konditionalitäten führten Kirgisistan in der Frage des einzuschlagenden Entwicklungsweges zu eingeschränkten Wahlmöglichkeiten. Zugleich bestand keine Erfolgsgarantie für die Erreichung der postulierten Ziele. Erschwert wurde die

28 vgl. Offe, 1994: 68–69
29 vgl. Joas, 1992: 333; Fassmann, 1994: 685; Schwanitz, 1997: 6; Carothers, 2002: 14–17
30 vgl. Carothers, 2002: 6–9
31 vgl. IBRD, 1993, 1996; Stiglitz, 2004

Situation dadurch, dass das Land über keinen Zeitraum für Reifungsprozesse von Ideen verfügte sowie nicht auf akkumulierte Erfahrungen im Umgang mit marktwirtschaftlichen Prinzipien, mit pluralistischen Formen politischer Willensbildung, mit rechtsstaatlichen Entscheidungsfindungen und auf intermediäre soziale Institutionen zugreifen konnte.[32] Einem „gigantischen Münchhausen-Akt" (Offe, 1994: 71) gegenüberstehend, stellten sich rasch praktische Umsetzungsschwierigkeiten der von Geberseite verordneten Maßnahmen ein sowie in unterschiedlich starkem Maß soziale Probleme.

Ebenfalls normative Kategorien westlicher Prägung als Referenzgrößen verwendend, betreibt die Bertelsmann-Stiftung mit dem ‚Transformationsindex' den Versuch, Umbruchprozesse unterschiedlich situierter Länder durch Messung vergleichbar zu machen.[33] Fragwürdig erscheinende Ergebnisse – wie die entgegen gewachsener Unzufriedenheit kalkulierten Statusverbesserungen Kirgisistans in den Jahren 2005 - 2007 – lassen jedoch Zweifel an der Aussagekraft des Ansatzes, das heisst an seinem grundlegenden Anspruch und den gewählten Faktoren, an den Datenerhebungspraktiken und den Metrisierungsverfahren aufkommen.

Trotz deutlicher werdenden Kritiken an der eingeschränkten Brauchbarkeit normativer Transformationskonzepte angesichts der Kluft zwischen vereinfachten Annahmen und tatsächlich divers verlaufenden Prozessen, wurden insbesondere in den Sozialwissenschaften weitere Begriffsspezifizierungen vorgenommen, die weiterhin dem Zeitgeist normativ gehaltener Konzepte folgten. In diesem Sinne hielten Thomas Hanf und Reinhard Kreckel fest, dass

> „die Gerichtetheit des Prozesses bei als bekannt vorausgesetztem Ziel, seine relative Kurzfristigkeit, die alle Bereiche umfassende Ganzheitlichkeit des Umbaus und seine politische Steuerbarkeit" (ebd., 1996: 39–40) „im Unterschied zu anderen Modernisierungsprozessen" (ebd.) charakteristisch für Transformationen seien.

Der bereits durch Definierung von raumzeitlichen Kontext und Zielkonstellationen stark eingeschränkte Begriff erhielt damit weitere unkritische Einengungen in der zeitlichen Dimension sowie in der Frage der Einschätzung prozessualer Gestaltbarkeit. Da die Prozesse in postsozialistischen Staaten aufgrund ungleicher historischer Vorgaben[34] und aktueller gesellschaftlicher Rahmenbedin-

32 vgl. Offe, 1994: 71

33 Der Index setzt sich aus den zwei Faktorindices ‚Status-Index für Entwicklung zu Demokratie und Marktwirtschaft' und ‚Management-Index für Qualität der politischen Steuerung' zusammen. Der erste ist das Produkt der Indexwerte für ‚politische' und ‚wirtschaftliche Transformation'. Politische Transformation wird anhand der Faktoren ‚Staatlichkeit', ‚politische Partizipation', ‚Rechtsstaatlichkeit', ‚Stabilität demokratischer Institutionen' sowie ‚gesellschaftliche und politische Integration' gemessen, wirtschaftliche Transformation durch die Größen ‚sozioökonomisches Entwicklungsniveau', ‚Markt- und Wettbewerbsordnung', ‚Währungs- und Preisstabilität', ‚Privateigentum', ‚Sozialordnung', ‚Leistungsstärke der Volkswirtschaft' und ‚Nachhaltigkeit'. Der Management-Index wird aus Indizierungen der ‚internationalen Kooperation', ‚Konsensbildung', ‚Ressourceneffizienz' und ‚Gestaltungsfähigkeit' staatlicher Strukturen kalkuliert (vgl. BS, 2008).

34 Obwohl der diesen Zusammenhang thematisierende Begriff der Pfadabhängigkeit ‚path dependency' zum anerkannten Vokabular in den Sozialwissenschaften zählt, wird ihm hier mit

gungen jedoch höchst unterschiedliche und in sich differenzierte Verläufe nahmen sowie Transformationsresultate vielfach nicht in den a priori postulierten Formen eintraten, wuchs fächerübergreifend die Erkenntnis, dass simple Vorstellungen linearer Entwicklungen in Form von „Einbahnstraße[n] nach westlichem Vorbild" (Herbers, 2006: 5) Illusionen sind und normativ gehaltene, nachholende Entwicklung postulierende Konzepte für die Analyse gesellschaftlicher Umbrüche als unhaltbar gelten müssen.[35] Denn wie der Politologe Klaus von Beyme angesichts ungleicher Entwicklungspfade und Differenzen zwischen postulierten Zielen und tatsächlich erreichten Meilensteinen feststellt, stünde eine demokratisch verfasste Gesellschaft zwar

> „auf der Tagesordnung. Aber das Resultat des Prozesses wird nicht überall Demokratie nach westlichem Muster sein" (von Beyme, 1994: 357).

3.1.2 Das Transformationskonzept in der sozialgeographischen Forschung

Die humangeographische Beschäftigung mit postsozialistischen Ländern war zunächstebenfalls von einem normativ geprägten Transformationskonzept dominierte. So schreibt Heinz Fassmann, dass Transformation entsprechend den Sichtweisen in anderen Disziplinen zunächst als

> „Übergang von Plan zum Markt, [...] Umwandlung eines zentral gesteuerten planwirtschaftlichen Entscheidungssystems in ein dezentral, atomistisch zersplittertes marktwirtschaftliches System" (ebd., 1997: 31) verstanden wurde. „Eng verbunden ist damit der politische Wandel von einem zentralen Einparteiensystem zu einem pluralistischen und demokratisch legitimierten Mehrparteiensystem." (ebd.)

Im Zentrum der vornehmlich aus regionaler und wirtschaftsgeographischer Perspektive betriebenen Geographischen Transformationsforschung standen zunächst vor allem ehemals sozialistische Länder Europas, wobei die räumlichen Schwerpunkte von Grenzregionen zum westlichen Ausland, von Industriestandorten sowie von städtischen Agglomerationen als den zentralen Arenen der im Zuge von Privatisierungen im Bereich des Wohnens, durch die Ursachen und Folgen neuer Einkommensdisparitäten oder des Strukturwandels im Bereich öf-

Skepsis begegnet (vgl. Montero et al., 2009: 3). Entgegen dem Konzept der Kreierung von Entwicklungswegen ‚path creation', schwingt mit ‚Pfadabhängigkeit' die Intention eines alternativlosen und von Vorbedingungen determinierten Prozesses mit. Die Transformationsgesellschaften zeichneten sich aber weder durch Vakuen aus, die die Kreation völlig neuer Pfade aus dem Nichts verlangten, noch bestehen zwischen den Residuen alter Regime und neuen Entwicklungspfaden zwingende Kausalitäten (vgl. Williams/Balaž, 2000: 1–2). Vielmehr eröffnen gesellschaftliche Umbruchphasen mit bisher nicht gegebenen Opportunitäten neue Entwicklungsmöglichkeiten, wobei historische Vorgaben diese Prozesse graduell beeinflussen. Auch Kirgisistans aktuelle Weidelandverhältnisse mit ihren spezifischen Herausforderungen sind von historischen Vorbedingungen beeinflusst und weisen zugleich neue Merkmale auf.

35 vgl. Fassmann, 1994: 685; Hopfmann/Wolf, 1998b: 20, 27–28, 32; Wolf, 1998: 44; Carothers, 2002; Kollmorgen, 2003: 49; Finke, 2005: 33–34; Gleason, 2006

fentlicher Dienste und des Einzelhandels einsetzenden Veränderungen gebildet wurden.[36] Eine zentrale Schwäche dieser häufig kleinräumig und theoriearm organisierten, fallstudienartig orientierten regionalen Analysen liegt in der Einzelfacettierung lokaler und regionaler Phänomene, ohne diese Beobachtungen in größere Zusammenhänge, an globale Entwicklungen und theoretische Debatten rückzukoppeln, wodurch die Relevanz von in dieser Art konzipierten Studien zur Disposition steht.[37]

Doch auch in der Geographischen Transformationsforschung setzte sich die Einsicht durch, dass postsozialistische Umbrüche als Projekte mit offenen Ausgängen angesehen werden müssen, zumal Theorien und empirische historische Beispiele des zielgerichteten Wandels vom Plan zum Markt, von autoritärer Einparteienherrschaft zu Rechtsstaatlichkeit und freiheitlicher Demokratie nicht gegeben waren.[38] Daher und da die frühe geographische Erforschung postsozialistischer Umbrüche auf Transformationskonzepte anderer Disziplinen zurückgriff und keine eigene „nennenswerte Theoriebildung" (Bürkner, 2000: 28) leistete, findet der kritisierte Begriff seither vor allem deskriptive Verwendung im Rahmen retrospektiver Darstellungen gesellschaftlicher Veränderungen in postsozialistischen Ländern, während für die Erklärung der beobachteten Prozesse auf unterschiedliche Theorien mittlerer Reichweite und der Mikroebene zurückgegriffen wird.[39] Bei diesen Studien liegt ein offener verstandener Transformationsbegriff zugrunde, als der zuvor als etabliert geltende. Gesellschaftliche Transformation ist demnach

> „eine grundsätzliche Veränderung des politischen, ökonomischen und sozialen Rahmens. Diese Veränderungen beziehen sich auf die materielle Sphäre, aber auch auf die gesellschaftlich gültigen Werte, Normen und Identitäten, die radikal verworfen und durch neue ersetzt wurden" (Fassmann, 1999: 11).

Die Interessensverschiebung von vordefinierten Zielen auf Wandlungsprozesse wird auch in dem offeneren Verständnis Horst Försters deutlich wenn er schreibt, dass Geographische Transformationsforschung

> „eine Forschungsdisziplin [ist], die sich mit den politischen, ökonomischen, sozialen und räumlichen Veränderungsprozessen als Folge des Systemumbruchs ... befasst" (Förster, 2000: 55).

Mit der Wende zum 21. Jahrhundert ist eine räumlich-thematische Auffächerung der ehemals sozialistische Länder fokussierenden Transformationsforschung als „begleitende Prozess- und Konfliktforschung" (Fassmann, 2007: 673) zu be-

36 vgl. Fassmann, 1999: 15

37 vgl. Stadelbauer, 2000b

38 vgl. Fassmann, 1994: 690; Förster, 2000: 55; Schmidt, 2006b: 5. C. Herrmann-Pillaths Argument, dass „Theorien [...] nur über Phänomene gebildet werden [können], die mit einer gewissen Regelmäßigkeit auftreten" (ebd., 1997: 204), lässt die Formulierung von Transformationstheorien über postsowjetischen Wandel grundsätzlich fragwürdig erscheinen.

39 vgl. Fassmann, 1997: 30; Fassmann, 1999: 15–16; Förster, 2000: 54–57; Stadelbauer, 2000a: 64–65

obachten, die nicht mehr normativen Vorgaben folgt. Die Studien wenden sich dabei vermehrt ländlichen Räumen und Mensch-Umwelt-Beziehungen der Länder Zentralasiens und des Kaukasus, Russlands und der Mongolei zu.[40] Dabei wird konzeptionellen Defiziten mit der Fähigkeit der Geographie begegnet, Ansätze und Theorien unterschiedlicher Disziplinen und Reichweiten miteinander zu verknüpfen. Aufgrundvergleichbarer Phänomene und Prozesse in postsozialistischen Gesellschaften und in Ländern des Südens erweisen sich dabei insbesondere Ansätze als hilfreich, die bisher in der Geographischen Entwicklungsforschung Anwendung fanden, wie livelihood-, institutionenökonomische und verfügungsrechtliche Fragen fokussierende Ansätze oder das Konzept der Verwundbarkeit.[41]

3.1.3 Fundamentalität und Ergebnisoffenheit: Kernattribute eines analytischen Transformationsbegriffs

Die zentrale Schwäche normativer Transformationskonzepte ist, dass bestimmte Interessen die Theoriebildung dominieren, was hier heisst, dass Wünsche, Ansprüche und a priori formulierte Ziele durch westliche Staaten, Entwicklungszusammenarbeits- und Geberorganisationen und Vertreter der Wissenschaft zu vermeintlich konstituierenden Merkmalen gesellschaftlicher Umbrüche erhoben werden.[42] Da die grundsätzlichen Fragen der Untersuchung gesellschaftlicher Wandlungsprozesse aber das *was* und *wie* sein sollten, verlieren Transformationsbegriffe, die Verlauf und Ergebnisse gesellschaftlichen Wandels vorwegnehmend postulieren, jedes analytische Potential.[43] In der Konsequenz bedeutet das, dass Umwälzungsprozesse, deren Verlaufsrichtung, -muster und Ergebnisse sowie deren Gestaltbarkeit und Dauer nicht den definierten Vorgaben entsprechen, nicht mit den entsprechenden Konzepten erfasst und begrifflich Transformationsphänomenen zugeordnet werden könnten und dürften. Deshalb wird in der vorliegenden Studie Abstand gehalten von einseitige Entwicklungsrichtungen vorgebenden, raumzeitlich restriktiven Begriffsverständnissen, wie der durch „Ostlastigkeit“ (Hopfmann/Wolf, 1998b: 20) geprägten Deutung von Transformation als dem gesellschaftlichen Umbruch hin zu Demokratie, Rechtsstaatlichkeit und Marktwirtschaft nach westlichen Mustern.

Ein weiterer Kritikpunkt fokussiert die Begleiterscheinung der normativen Begriffsprägung, der sektoralen Gegenstandseingrenzungen und der raumzeitlichen Restriktion auf postsozialistische Umbrüche. Folglich konnte trotz großer Bemühungen verschiedener Wissenschaftsdisziplinen bisher keine konsistente

40 vgl. Themenhefte der Geographischen Rundschau 56 (10) und 58 (3); Herbers, 2006; Schmidt, 2006b; Hartwig, 2007; Lindner, 2008; Kreutzmann, 2009b

41 vgl. Förster, 2000: 57–58; Stadelbauer, 2000a: 62–65; Stadelbauer, 2000b; Müller, 2004; Finke, 2005: XVI

42 Einen entsprechenden Befund gibt H. Mürle bezogen auf die Krise ‚großer‘ Entwicklungstheorien (vgl. Mürle, 1997: 14).

43 vgl. Merkel, 1996a: 10; Fassmann, 1999: 16; Carothers, 2002: 18; Kollmorgen, 2003: 49

Transformationstheorie formuliert werden. Wolfgang Merkels Feststellung von 1996 gilt bis heute:

> „Die Transformationsforschung ist [...] nicht in ihre paradigmatische Phase eingetreten, in der ein theoretischer, methodischer und forschungstechnischer Konsens programmatisch die konkreten Analysen der Transformationsforschung anleitet" (ebd., 1996c: 32).

Das Fehlen einer geschlossenen Transformationstheorie „großer Reichweite" führte zu Vorwürfen, Transformationsforscher würden sich ihrem Forschungsgegenstand theoriearm und ohne distinkte Forschungsmethoden annähern.[44] Angesichts der Komplexität, Vielfalt und der unterschiedlichen raumzeitlichen Kontexte gesellschaftlicher Umbrüche ist allerdings grundsätzlich zu fragen, inwiefern eine generalisierende grand theoryder Transformation möglich, notwendig und zulässig ist.[45] Konzeptionell gilt es eher zu fragen, *wie* und *warum* fundamentale gesellschaftliche Organisations- und Regulationsprinzipien in den jeweils als spezifisch anzusehenden Fällen Veränderung erfahren, *welche* Akteure mit *welchen* Interessen an den Prozessen beteiligt sind, *wie* sie deren Verlauf beeinflussen und *welche* Folgen das hat.

Daher scheint es für das Verständnis der Prozesse und Wirkungen komplexer gesellschaftlicher Systemwechsel erfolgversprechender zu sein, unterschiedliche Theorien und Ansätze kontextabhängig miteinander zu kombinieren. So sieht Merkel große Potentiale in der Kopplung systemtheoretischer und strukturalistischer Makroansätze mit Akteurs- und Handlungstheorien mittlerer Reichweite sowie Betrachtungen auf der lokalen Mikroebene.[46] Es gilt unter Abkehr von modernisierungstheoretischen Entwicklungsvorstellungen, diachronisch-historische Analysen von Umbruchprozessen durchzuführen, die den Fokus auf in spezifischen gesellschaftlichen Kontexten handelnde, Transformationsprozesse aktiv beeinflussende Akteure lenken.[47] Das „Denken in Kausalitäten durch ein Denken in Möglichkeiten" (Bos, zitiert in Merkel, 1996a: 15) zu ersetzen, macht dabei die Essenz eines alternativen Transformationskonzeptes aus. Durch Berücksichtigung der Handelnden der Umbrüche, ihrer Interessen und Handlungsspielräume, „singuläre[r] historische[r] Ereignisse" (Merkel, 1996a: 15) und der „Wiederentdeckung [und Anerkennung] des Zufalls" (von Beyme, 1996, zitiert in Merkel, 1996b: 15) als relevante Faktoren, können akteurs- und handlungstheoretische Konzepte zu Erkenntnissen führen, die verborgen bleiben müssen bei Verharrung auf systemtheoretischen Annäherungen mit hohem Abstraktionsgrad, die

> „Machtverhältnisse, Klassenstrukturen, Akteure, Akteursziele, Institutionen, Zeitabläufe, Zeitpunkte und Sequenzen" (Merkel, 1996b: 322) ausblenden.

44 vgl. Merkel, 1996b: 304; Stadelbauer, 1996: 110; Fassmann, 1997: 30; Förster, 2000: 54; Stadelbauer, 2000a: 66; Stadelbauer, 2000b

45 vgl. Merkel, 1996b: 304, 321–322; Nohlen/Thibaut, 1996

46 vgl. Merkel, 1996b: 321–326

47 vgl. Merkel, 1996b: 323–324; Wolf, 1998: 43; Förster, 2000: 57–58; Stadelbauer, 2000a: 64–65; Kollmorgen, 2003: 34

Hilfreich sind sie bei der Untersuchung der strukturellen Rahmenbedingungen von Akteurshandlungen.[48] Der Vorteil eines wertfreien und ergebnisoffenen Verständnisses liegt in der analytischen Anwendbarkeit des Begriffes auf in höchst verschiedenen raumzeitlichen Kontexten stattfindende und unterschiedliche Verläufe nehmende Umbrüche.[49] Dabei gilt es, den kleinsten gemeinsamen Nenner von Transformationen zu benennen, ohne jedoch begriffliche Verwässerungen und inhaltliche Gleichsetzungen mit ‚sozialem Wandel' zuzulassen, von dem angenommen werden muss, dass er grundsätzlich immer stattfindet. Diesen Vorstellungen entsprechend versteht Wolfgang Merkel unter Transformationen nicht mehr und nicht weniger, als

> „den grundlegenden Wechsel von politischen Regimen, gesellschaftlichen Ordnungen und wirtschaftlichen Systemen" (ebd., 1999: 15), das heisst „den Übergang von einem Ordnungssystem zu einem grundsätzlich anderen" (ebd.).[50]

Die explizite Nennung fundamentaler Veränderungen gesellschaftlicher Organisations- und Regulationsprinzipien sowie die implizit innewohnende Ergebnisoffenheit als Kernelemente des Transformationsgrundverständnisses machen ein solches für Analysen gesellschaftlicher Umbrüche brauchbar. Deshalb besitzt der Transformationsbegriff der vorliegenden Studie offenen und undogmatischen Charakter. Er postuliert keine normativen Ergebnisse und legt sich nicht auf bestimmte raumzeitliche Konstellationen fest: ‚Transformation' steht hier für fundamentale, das heisst zeitlich parallel, in hoher Dichte und Intensität stattfindende, und zugleich ergebnisoffene Veränderungen gesellschaftlicher Regulations- und Organisationsprinzipien in Politik, Recht, Wirtschaft und der soziokulturellen Sphäre, die durch aktiv handelnde Akteure gestaltet und beeinflusst werden. Transformationen laufen sukzessive aus, indem Radikalität und Intensität der Veränderungen im Zuge der Akzeptanz der neuen Institutionen abnehmen und diese schließlich den sozialen Alltag bestimmen.[51] Mit diesen Prämissen ausgestattet, ist das Transformationskonzept an die politisch-ökologische Forschungsrichtung anschlussfähig, mit der umweltbezogene Herausforderungen in ihrer gesellschaftlichen Bedeutung und historischen Entstehung durch akteurszentrierte Mehrebenenanalysen untersucht werden.

3.2 ‚POLITISCHE ÖKOLOGIE' ALS ANALYSERAHMEN DER WEIDELANDVERHÄLTNISSE IN KIRGISISTAN

Die gesellschaftliche Umwelt als „sozialwissenschaftliches Forschungsobjekt" (Krings/Müller, 2001: 93) begreifende Forschungsrichtung der ‚Politischen Öko-

48 vgl. Merkel, 1996b: 321–322; Schwanitz, 1997: 6; Wolf, 1998: 41–42; Kollmorgen, 2003: 52–53
49 vgl. Merkel, 1996b: 304; Hopfmann/Wolf, 1998b: 17; Wolf, 1998: 41–42
50 vgl. hierzu auch Wolf, 1998: 41–43; Kollmorgen, 2003: 33
51 vgl. Schwanitz, 1997: 7; Stiglitz, 2004: 182; Sasse, 2005: 10

logie‘ wurde aus kritischen Haltungen gegenüber sich apolitisch und unkritisch verstehenden umweltbezogenen Ansätzen gegen Mitte der 1980er Jahre begründet und seither durch interne Theoriedebatten eines internationalen „lockere[n] Forschungszusammenhang[s]“ (Flitner, 2003: 222) sowie durch externe ökologische, politische und ökonomische Prozesse verändert und aufgefächert.[52] Dabei ging es Vertretern der Politischen Ökologie primär darum, auf die differenzierten sozialen Dimensionen der Verursachung und der Folgen von Umweltveränderungen hinzuweisen sowie die weit verbreitete Vorstellung der ‚Natürlichkeit‘ dieser Veränderungsprozesse in Frage zu stellen.[53] Der Anspruch besteht darin, natur- und sozialwissenschaftliche Gegenstandsannäherungen an umweltbezogene Herausforderungen zu kombinieren, diese Probleme und Konflikte nicht simplifiziert als ‚natürlich‘, sondern in erster Linie als sozial verursacht und als Ausdruck einer ‚politisierten Umwelt‘ anzusehen, die ohne Berücksichtigung der entsprechenden raumzeitlichen gesellschaftlichen Kontexte nicht verstanden werden können. Hierfür ist die Betrachtung der Ungleichheiten bei der Umweltgüterverteilung bzw. beim Zugang zu ihnen sowie der resultierenden sozio-ökologischen Folgen essentiell, welche aufgrund spezifischer politischer und wirtschaftlicher Gesellschaftsverhältnisse entstehen. Seit seiner Entstehung konzeptionellen und epistemologischen Veränderungen unterworfen, zeichnet sich das Konzept durch unterschiedliche Vorgehensweisen aus, die gegenwärtig einerseits der strukturalistisch geprägten, andererseits der post-strukturalistisch geprägten Erkenntnislehre folgen.

3.2.1 Gegenstand, Entstehung und Entwicklungslinien der Politischen Ökologie

Trat der Begriff einer ‚politischen Ökologie‘ bereits in den 1950er und 1960er Jahren in der englischsprachigen Wahlsoziologie und in Studien zur internationalen Politik auf, blieb seine Verwendung noch unzusammenhängend und es bildete sich zunächst keine kontinuierliche und distinkte Forschungsschule um den Begriff heraus.[54] Ein disziplinenübergreifend ähnlich verstandener Gegenstand begann sich in den 1970er Jahren herauszubilden, als Vertreter unterschiedlicher Fächer, wie der Journalist Alex Cockburn, der Anthropologe Eric Wolf und der Ökologie Graheme Beakhurst unter Kopplung der Begriffe ‚Politik‘ und ‚Ökologie‘ Fragen des Zugangs zu und der Kontrolle über Ressourcen als den klassischen Gegenständen der politischen Ökonomie mit dem Argument thematisierten, sie seien essentiell für das Verständnis der Ausprägung ökologischer Beeinträch-

52 vgl. Watts, 2005: 259
53 vgl. Bryant, 1999: 151
54 vgl. Flitner, 2003: 221. Der hier dargestellte Überblick der Genese der politisch-ökologischen Forschungsrichtung orientiert sich an den zentralen, nicht allen Diskurssträngen. Aufgrund ihrer unterschiedlichen Fokussierungen eignen sich als Überblicksdarstellungen weiterhin Bryant/Bailey, 1997; Bryant, 1998; Robbins, 2004; Watts, 2005 und Krings, 2008.

tigungen und Degradationen sowie für die Entwicklung nachhaltiger gesellschaftlicher Alternativen.[55]

Eine völlig anders als die dieser Studie zugrunde liegende, politische Ökologie' entstand in den frühen 1970er Jahren im Zusammenhang mit dem untrennbar mit der ersten Ölkrise verwobenen Thema der globalen Mensch-Umwelt-Verhältnisse. Bekannter als ‚neo-Malthusianische' Denkschule sahen ihre ökopessimistischen Vertreter aufgrund des demographischen Wachstums in den Ländern des Südens sowie des ihrer Meinung nach unverhältnismäßig hohen Konsums in den Gesellschaften der ‚Ersten Welt' die Gefahr der Überschreitung der globalen Tragfähigkeit und des folglich unausweichlichen Eintretens sozialer und ökologischer Katastrophen, wenn nicht die Einhaltung der „Grenzen des Wachstums" (Meadows et al., 1972) durch ein global durchsetzungsfähiges Gremium eingefordert werden würde.[56] Erstaunliche Parallelen zur neo-Malthusianischen Argumentation lassen sich im aktuellen Diskurs über Zusammenhänge zwischen den wirtschaftlichen Aufstiegen ehemaliger Schwellenländer, der Endlichkeit von Rohstoffen sowie der Verursachung und der Konsequenzen des Klimawandels als einer globalen Herausforderung finden. Aufgrund simplifizierter Behauptungen über Zusammenhänge von knappen Ressourcen und Bevölkerungswachstum, daraus resultierenden Zunahmen des Ressourcenbedarfs und davon induzierter Umweltdegradierung sowie aufgrund der Vernachlässigung politisch-struktureller Einflüsse in den Analysen wurde diese Sichtweise heftig kritisiert, in der Geographie vor allem von Vertretern der damals noch jungen und die heutige Politische Ökologie stark prägenden *radical development geography*.[57]

Die funktionalistische Kulturökologie der 1960er und 1970er Jahre widmete sich unter Annahme selbstregulativer Fähigkeiten der Mensch-Umwelt-Beziehungen hingegen menschlichen Kulturen und Managementpraktiken von Umweltressourcen. Sie verstand diese Beziehungen als homöostatisch und versuchte sie anhand menschlicher Anpassungen an geschlossene Ökosysteme zu erklären. Menschen würden durch soziale, kulturelle und technische Mechanismen dazu beitragen, das Gleichgewicht zwischen menschlichen Gesellschaften und deren Umwelt zu wahren und zu reproduzieren. Indem sie Begriffe wie ‚Tradition' und ‚Subsistenzwirtschaft' kritisch hinterfragten, sensibilisierten die Vertreter kulturökologischer Ansätze über die Reichweite der eigenen Forschungen hinaus für die Vielschichtigkeit ländlicher Lebenswelten und Wirtschaftsweisen und trugen dabei zur Entwicklung ethnoökologischer Ansätze und der Debatte um die Bedeutung lokalen einheimischen Wissens *local* und *indigenous knowledge* bei. Die politisch-ökologische Forschung erweiterte hierdurch einerseits ihr Betrachtungsspektrum um die lokale Ebene und andererseits ihren Methodenfundus um ethnologische Forschungsinstrumente. Indem jedoch von kompatiblen und miteinander harmonisierenden Interessen der beteiligten Individuen und Gruppen

55 vgl. Bryant, 1998: 80; Watts, 2005: 259
56 vgl. Soliva, 2002: 10
57 vgl. Geist, 1992: 284; Bryant, 1998: 80–81, 86, 88–89; Soliva, 2002: 10–11; Forsyth, 2008: 757; Watts, 2005: 260; Krings, 2008: 4

in homogenen sozialen Entitäten ausgegangen wurde, blieben auch in der funktionalistischen Kulturökologie als „progressive Kontextualisierungen“ (vgl. A. Vayda, 1983, zitiert in Bryant, 1998: 81, Übersetzung AD) bezeichenbare Einbettungen in größere gesellschaftliche Zusammenhänge aus und politisch-ökonomische Fragen um Verfügung und Kontrolle über Ressourcen sowie sich daraus ergebende Konflikte unberücksichtigt. Dies bot an Konflikten interessierten ‚neo-Marxistisch‘ orientierten Vertretern der frühen Politischen Ökologien Anlass, kulturökologische Paradigmen auf ihr Erklärungspotential hin zu hinterfragen.[58] Sie forderten, Mensch-Umwelt-Beziehungen durch Fokuslegung auf Produktionsverhältnisse, politisch-ökonomische Strukturen und deren umweltrelevante Effekte zu erklären. Auf grand theories wie die Weltsystem- und Dependenztheorien Bezug nehmend, wiesen so orientierte Studien darauf hin, dass Umweltveränderungen im Lokalen nur im Kontext übergeordneter Machtbeziehungen verstanden werden können. Eines ihrer zentralen Argumente ist, dass lokale Ressourcennutzer durch die Einbindung in das rahmenbildende kapitalistische System zur Mehrwerterwirtschaftung gezwungen sind. Diese erreichen sie nur durch verstärkte Ressourcenextraktion mit der Folge von Umweltdegradierung.[59] Die einflussreichen Frühwerke von Piers Blaikie und Harold Brookfield erklären Bodenerosion und Degradationsphänomene in hohem Maße aus eben diesen rahmenbildenden kapitalismusimmanenten Mechanismen heraus und charakterisieren die Politische Ökologie als ein Forschungsprogramm, das Fragen der politischen Ökonomie, wie die nach Kapitalakkumulationsmustern, nach ungleicher Wohlfahrtsteilhabe und der Rolle des Staates mit ökologischen Ansinnen kombiniert:

> „The phrase ‚political ecology‘ combines the concerns of ecology and a broadly defined political economy. Together this encompasses the constantly shifting dialectic between society and land-based resources, and also within classes and groups within society itself. We also derive from political economy a concern with the role of the state. The state commonly tends to lend its power to dominant groups and classes, and thus may reinforce the tendency for accumulation by these dominant groups and marginalization of the losers.“ (Blaikie/Brookfield, 1987: 17)

Zentral ist die Grundannahme, dass Umweltprobleme und Ressourcenknappheiten nicht allein durch Übernutzung aufgrund wachsenden Bevölkerungsdrucks vor dem Hintergrund absoluter Endlichkeit der Ressourcen sowie durch Blindheit der Nutzer gegenüber den Wirkungen ihres Handelns verursacht werden, sondern als (nichtintendierte) Folgen struktureller Bedingungen zu verstehen sind, insbesondere infolge von Armut in ökonomisch stark stratifizierten Gesellschaften, von kapitalismusimmanenten Wirkungsweisen und nicht adäquat wirkenden institutionellen Regelungen.[60] Institutionen sind dabei als etablierte Spielregeln der Gesellschaft sowie als gelebte Verhaltensweisen, kodifizierte, formelle und informel-

58 vgl. Peet/Watts, 1996: 4–5; Bryant, 1998: 81; Krings/Müller, 2001: 93–94, 113; Soliva, 2002: 11; Krings, 2008: 4–5

59 vgl. Bryant, 1998: 81; Baghel/Nüsser, 2010: 233

60 vgl. Peet/Watts, 1996: 7; Bryant, 1998: 85; Bryant, 1999: 153; Krings/Müller, 2001: 93–94, 103, 110; Schmidt, 2005a: 27–28; Watts, 2005: 259

le Normen und Regeln von Individuen, gesellschaftlichen Gruppen und Organisationen zu verstehen, durch welche Ordnung, Kontinuität und Verlässlichkeit in alltägliche Handlungen und zwischenmenschliche Interaktionen gebracht und somit Unsicherheiten und Transaktionskosten verringert werden.[61] Umweltveränderungen und Ressourcenknappheiten lassen sich unter diesen Annahmen nicht auf Grundlage vermeintlich objektiver und natürlicher Tragfähigkeitsgrenzen bestimmen, sondern sind als sozial verursacht zu verstehen. Wirksam sind dabei vor allem zwischen Akteuren ungleich verteilte Verfügungsrechte, daraus resultierende ungleiche Zugänge zu und Nutzungsmöglichkeiten von Ressourcen. Umweltprobleme treffen Akteure in unterschiedlichen Weisen, stark verwundbare Menschen aufgrund ihrer wirtschaftlichen Schwäche und marginalen sozialen Stellung besonders intensiv. Soziale Marginalisierung ist damit sowohl Ursache, als auch Resultat umweltbezogener Probleme und damit von besonderem Erkenntnisinteresse bei politisch-ökologische Analysen.[62]

Mit diesem frühen Ansatz wurde eine systematisch auf verschiedenen räumlichen Ebenen durchzuführende forschungspraktische Strategie eingeführt, mit der die für die jeweilige Thematik relevanten Akteure, ihre Handlungen und deren Wirkungen identifiziert werden. Beginnend mit konkreten Umweltproblemen im lokalen Rahmen, werden Erklärungsketten zu verursachenden Kausalfaktoren auf höher angesiedelten räumlichen bzw. administrativen Maßstabsebenen der Region, des Landes und der globalen Welt gesucht.[63] Die Annahme kausaler Beziehungen zwischen Rahmenbedingungen, auf definierten Handlungsebenen vollführten Akteurshandlungen und Folgen erntete Kritik und wurde von den Autoren später selbst angezweifelt. Die Vorwürfe lauteten, dass die Bestimmung der Handlungs- und Wirkungsebenen als sozialräumliche Container schematisch und willkürlich sei und es daher einer theoretischen Begründung der Ebenenfestlegung bedürfe. Aufgrund der Postulierung einseitig gerichteter, determinanter Wirkungsketten käme zudem die Beweisführung der Zusammenhänge zu kurz und würden alternative Folgen sowie Rückkopplungen der Wirkungen auf die Ursachen ausgeblendet werden, was in der Summe zu simplifizierten Erklärungen führe.[64]

In den folgenden Jahren wurden verschiedene Theorien und Ansätze mit dem Analysekonzept der Politischen Ökologie verknüpft. Öko-feministische Untersuchungen und Haushaltsanalysen fokussierten Machtstrukturen innerhalb kleinster Wirtschaftseinheiten und wie diese Verfügung und Kontrolle über Ressourcen beeinflussen.[65] Im Zusammenhang mit der Bewertung von durch dramatische Naturereignisse ausgelösten Folgen auf Gesellschaft und Umwelt fanden Verwund-

61 vgl. North, 1990: 3; Krings/Müller, 2001: 103; Watts, 2005: 268

62 vgl. Blaikie/Brookfield, 1987: 23

63 vgl. Blaikie/Brookfield, 1987: 46; Krings/Müller, 2001: 94; Soliva, 2002: 12–13; Watts, 2005: 262

64 vgl. Peet/Watts, 1996: 8; Blaikie, 1999: 140; Krings, 2008: 6–7; Neumann, 2009

65 vgl. Peet/Watts, 1996: 10; Bryant/Bailey, 1997: 14; Bryant, 1998: 82, 86, 88

barkeitsansätze Beachtung.[66] Im Zuge der Betrachtung organisierter Willensbildung und -durchsetzung durch Akteursgruppen in umweltressourcenbezogenen Konflikten wurden Theorien über soziale Bewegungen in politisch-ökologische Analysen integriert, bei anderen Fragestellungen Zentrum-Peripherie-Modelle und Staatsklassentheorien.[67]

Identitätsstiftenden Negativbezug und Reibungsfläche für die Politische Ökologie bieten die in den ausgehenden 1980er Jahren verstärkt anlaufenden, insbesondere im Rahmen internationaler Organisationen, Konferenzen und Abkommen zu aktuellen sozio-ökologischen Herausforderungen von globaler Bedeutung wie Klimawandel, Biodiversitätsveränderungen und Energiepolitik geführten Diskurse der ‚ökologischen Modernisierung'.[68] Kennzeichnend sind die Parallelen zu anderen technologieoptimistischen Sichtweisen wie dem Begründungszusammenhang der ‚Grünen Agrarrevolution', wonach ökologische und entwicklungsbezogene Herausforderungen allein mittels neuer Technologien nachhaltig gelöst werden können. Die strukturalistische Politische Ökologie weist kritisch darauf hin, dass ähnlich anderen Ansätzen auch hier gesellschaftliche Machtverhältnisse bei der Analyse unangetastet bleiben. Durch die fehlende Skepsis gegenüber den bestehenden, Ungleichheiten produzierenden Strukturen trage die unkritische ökologisch-modernistische Schule zur Reproduktion gegenwärtiger Verhältnisse bei, unter anderem durch das Problem der Fortführung ungleicher Partizipationen an Gewinnen aus der Umsetzung kostenintensiver technologischer Neuerungen.[69] Die von Raymond. L. Bryant als kritisch-realistische „Reaktion auf den exzessiven Materialismus der neo-Marxistischen Narrative" (vgl. ebd, 1999: 152, Übersetzung AD) interpretierte post-strukturalistische Politische Ökologie verweist zudem darauf, dass in diesem und anderen Zusammenhängen dominierende, sich als objektiv und neutral verstehende und damit weithin als ‚richtig' anerkannte Diskurse nicht ‚harte Fakten' bieten, sondern in erster Linie Konstruktionen durchsetzungsfähiger Akteure darstellen.[70] Dabei ermöglicht es die „Verknüpfung von Macht, Wissen und Theorie" (Soliva, 2002: 15) bestimmten Akteuren, diskursive Dominanz über jene Akteure mit schwächeren Stimmen zu gewinnen, die umweltbezogene Herausforderungen anders deuten und alternative Antworten auf ökologische Herausforderungen anbieten. So schreibt Piers Blaikie zur Subjektivität und Anwendung unterschiedlicher Akteursperzeptionen von Umwelt:

> „subjective ... [realities] ... are provided by different people who see their ‚real' landscape in their own ways. By the act of viewing our environment we interact with it and bring to our view our own social construction." (Blaikie, 1995: 204)

Der US-amerikanische Geograph David Harvey betont diskursive Zusammenhänge zwischen gesellschaftlichen und ökologischen Themen und hebt hervor, dass

66 vgl. Mc Carthy et al., 2001
67 vgl. Krings, 1996; Krings/Müller, 2001: 105–108; Soliva, 2002: 13
68 vgl. Blaikie, 1999: 136–139; Krings/Müller, 2001: 111
69 vgl. Blaikie, 1999: 136–137
70 vgl. auch Bryant, 1998: 82; Blaikie, 1999: 134, 141; Krings/Müller, 2001: 95; Forsyth, 2008: 756, 758

Positionierungen in und Deutungen von Umweltproblemen von hintergründigen Interessen gesteuert werden:

> „ecological projects (and arguments) are simultaneously political-economic projects (and arguments) and vice versa. Ecological arguments are never socially neutral any more than socio-political arguments are ecologically neutral.“ (Harvey, 1993: 25)

Den sich seit den 1990er Jahren entwickelnden, umweltbezogene Begriffe und vermeintlich objektive Realitäten dekonstruierenden, post-strukturalistisch orientierten Politischen Ökologien geht es in diesem Sinne primär nicht darum, neue Einschätzungen umweltpolitischer Probleme zu geben, sondern um Fragen, wie, von wem und mit welchen Interessen umweltbezogene Begriffe und Wissen erzeugt, dargestellt, verhandelt und vermittelt werden sowie welche praktischen und diskursiven Umgänge mit Umwelt sich mit welchen Folgen insbesondere für sozial marginalisierte Gruppen durchgesetzt haben und durchsetzen.[71] Denn so wie umweltbezogene Konflikte Kämpfe um materielle Praktiken darstellen, sind sie auch Auseinandersetzungen um Deutungshoheit in umweltbezogenen Diskursen mit sozioökonomischen und ökologischen Folgen.[72]

Eine zentrale Kritik an poststrukturalistischen Ansätzen zielt auf deren Verharren in Dekonstruktionsargumenten: Es sei unbefriedigend, kritische Begriffs- und Vorstellungsdekonstruktionen durchzuführen, ohne anwendungsorientierte Empfehlungen, Alternativen oder zumindest Hinweise auf Opportunitäten und Restriktionen der Bearbeitung von Umweltherausforderungen zu geben, so die Vorwürfe.[73] Den Kern der Kritik der US-amerikanischen Geographen Richard Peet und Michael Watts bildet der Vorhalt unzureichender politischer Positionierung. Eine sich explizit mit sozialen Bewegungen, zivilgesellschaftlichen und politischen Organisationen und Institutionen sowie allgemein anerkannten Bedeutungen von Entwicklung, Demokratie und Nachhaltigkeit beschäftigende und dabei politisch Stellung beziehende poststrukturalistische Politische Ökologie müsse als ‚befreiungsökologischer‘ Diskurs im Rahmen einer ‚Liberation Ecology‘ betrieben werden.[74] Kritiken erntete zudem die mit der diskursiven Wende der Politischen Ökologie vorangeschrittene Vernachlässigung der Ökologie und natürlicher Bedingungen des menschlichen Daseins und deren Herabstufung zu notwendigerweise zu nennenden Fußnoten bei gleichzeitiger Überhöhung des Politischen und Sozialen.[75]

71 vgl. Peet/Watts, 1996: 15–16; Bryant, 1999: 152–153; Krings/Müller, 2001: 95, 109; Soliva et al., 2003: 144; Elmhirst, 2011: 129

72 Gesellschaftliche Rahmenbedingungen sowie deren historische Veränderungen werden dabei als von Akteuren unterschiedlich interpretierte und konstruierte Faktoren angesehen, die umweltbezogenes Handeln beeinflussen und unter diesem Gesichtspunkt in die Analyse umweltbezogener Herausforderungen einbezogen werden sollten (vgl. Bryant/Bailey, 1997; Bryant, 1998: 79–80, 87–89; Krings, 1999: 129–130; Flitner, 2003: 214, 222–223; Watts, 2005: 259; Hartwig, 2008: 19; Krings, 2008: 4; Baghel/Nüsser, 2010: 233–234).

73 vgl. Blaikie, 1999: 135; Bryant, 1999: 140, 155; Soliva, 2002: 16; Forsyth, 2008: 759

74 vgl. Peet/Watts, 1996: 3, 13, 37

75 vgl. Bryant, 1999: 152–153; Vayda/Walters, 1999: 167–170

Als eine von verschiedenen neueren Forschungsrichtungen versucht die ‚Urban Political Ecology' zu erklären, welche Akteure in welcher Weise an Planungen im städtischen Raum partizipieren, aus deren Umsetzung Vorteile generieren oder benachteiligt werden. Für demokratische Willensbildung in urbanen Räumen Partei ergreifend, sollen dabei Beiträge für nachhaltige Stadtentwicklungsentwürfe geleistet werden. Ein weiteres aktuelles Feld politisch-ökologischer Forschungen stellen schließlich sozio-ökologische Umweltherausforderungen im Zusammenhang mit Privatisierungen öffentlicher Güter dar, die infolge von Strukturanpassungsmaßnahmen sowie aggressiver Ressourcenerschließungen als Elementen neoliberaler Wirtschaftspolitik nicht nur in den Ländern des Südens, sondern auch in westlichen Gesellschaften zunehmend auftreten.[76]

3.2.2 Politisch-ökologische Grundannahmen, Erkenntnisinteressen und Potentiale

Angesichts der unterschiedlichen sich unter einem politisch-ökologischen Schirm versammelnden Forschungsrichtungen wird deutlich, dass die Politische Ökologie keine abgegrenzte Disziplin mit einem distinkten und einheitlichen Theoriefundus, kanonischem Schrifttum, Positionen, Aussagen und Methoden darstellt.[77] Sie lässt sich als ein undogmatisches, an der Schnittstelle von Natur- und Gesellschaftswissenschaften stehendes, unterschiedliche Ansätze integrierendes Forschungsrahmenwerk bezeichnen, das sich durch ein gemeinsames „Hypothesengebäude und [...] inhärente methodologische Logik" (Krings/Müller, 2001: 93) auszeichnet. Kennzeichnend ist eine eklektische Vorgehensweise, bei der für den jeweiligen Untersuchungszusammenhang hilfreich erscheinende Theorien und Methoden inkorporiert werden.[78]

Von spezifischen sozio-ökologischen Problemen – gelegentlich als „Symptome" (Hartwig, 2007: 19; Krings, 2008: 5) bezeichnet – ausgehend, geht es strukturalistisch konzipierten Studien der Politischen Ökologien um die Aufklärung der Ursachen, der Wirkungsweisen und der Folgen dieser Phänomene unter Beachtung der gesellschaftlichen, von asymmetrischen Machtbeziehungen geprägten Rahmenbedingungen. Indem diese Herausforderungen einerseits als Resultate historischer Prozesse gelten, erfolgt deren Analyse in historisch vertiefter Betrachtung. In diesem Sinne gilt hier die auf ethnologische Pastoralismus-Studien bezogene Bemerkung des russischen Anthropologen Anatolij Hazanov, dass es nicht möglich sei, die Gegenwart zu verstehen, ohne die Vergangenheit zu berücksichtigen.[79] Post-strukturalistisch ausgerichtete Ansätze hingegen widmen sich vor allem Fragen, die sich auf umweltbezogene Diskurse beziehen.

76 vgl. Krings, 2008: 8; Elmhirst, 2011: 129

77 vgl. Peet/Watts, 1996: 6; Bryant, 1998: 82; Bryant, 1999: 150–151; Watts, 2005: 261

78 vgl. Peet/Watts, 1996: 6; Bryant, 1999: 148, 151; Krings/Müller, 2001: 93; Soliva, 2002: 18, 23; Blaikie, 2008: 766; Elmhirst, 2011: 129

79 zitiert in Montero et al., 2009: 2

Als allgemein abgesteckter Forschungsgegenstand und Ausgangspunkt ihrer Analysen sind sozio-ökologische Herausforderungen konstitutiv für politisch-ökologische Studien. Sie vereint zugleich die Annahme, dass Umweltveränderungen und umweltbezogene Probleme nicht allein als biophysische und objektiv bestehende Phänomene gelten können, sondern vor allem subjektiv wahrgenommene und interpretierte gesellschaftliche Prozesse und Gegenstände umweltrelevanter Akteure darstellen. Sie werden somit auch als soziale Konstruktion verstanden bzw. als „landscape[s] of the imagination" (Blaikie, 1995: 205).[80] Umweltbezogene Deutungen und Handlungen von Akteuren sind in einen sie beeinflussenden Referenzrahmen aus soziokulturellen, wirtschaftlichen und politischen Bedingungen, Normen, Werten und Institutionen unterschiedlicher Maßstabsebenen eingebettet, die zugleich Sphären gesellschaftlicher Transformationen darstellen.[81] Zudem werden Gesellschaft, Umwelt und Möglichkeiten der Umweltnutzung nicht separiert und als unveränderlich angesehen, sondern als in gegenseitigen Beziehungen stehend und wandlungsfähig begriffen, wodurch sich gesellschaftliche und individuelle Wahrnehmungen von Ressourcen, Deutungen der Möglichkeiten ihrer Nutzung und Umgestaltung ebenso verändern. Durch die dialektischen Beziehungen zwischen Akteuren und Umwelt bewirken auf verschiedenen räumlichen Maßstabsebenen vollführte Handlungen umweltrelevante Prozesse, die rückwirkend künftige Akteursinterpretationen und -handlungen sowie Ressourcennutzungsmöglichkeiten beeinflussen.[82] Die Wahl der Maßstabsebenen erfolgt anhand räumlicher (z.B. Lokal-, Regional-, Landes- und Globalebene), politisch-administrativer (kommunale, subnationale, nationale oder internationale Ebene) oder anderer, der Fragestellung dienlicher Kategorien. Zugleich muss sie dem jeweiligen Forschungsgegenstand entsprechend begründet werden.[83] Dabei gilt es zu beachten, dass gesellschaftliche Rahmenbedingungen und Akteurshandlungen ebenenübergreifend wirken und die gewählten Abstufungen mehr Kontinuen gleichen, als klar abgrenzbaren Containern.

Da Akteure in der Regel ungleich mächtig sind und ihre Interessen miteinander konkurrieren können oder sogar einander widersprechen, wird Umwelt zudem als „contested terrain" (Blaikie, 1995: 206) und damit als politisierte Austragungsbühne von Konflikten verstanden. Dabei werden entstehende Nutzen und Kosten zwischen den beteiligten Akteuren ungleich verteilt. Es gehen demnach Gewinner und Verlierer aus den Kämpfen hervor.[84] Gesellschaftliche Kontexte,

80 Zimmerer/Bassett vertreten eine dem entgegengesetzte Sichtweise, wonach Umwelt nicht allein eine Arena von Ressourcenkämpfen ist, sondern explizit ‚biophysische Prozesse' und ‚Natur' eine aktive Rolle in der Gestaltung von Mensch-Umwelt-Beziehungen spielen (vgl. ebd., 2003: 3).

81 vgl. Soliva, 2002: 19; Schmidt, 2005a: 27

82 vgl. Blaikie/Brookfield, 1987: 48; Geist, 1992: 291–292; Blaikie, 1999: 140; Krings/Müller, 2001: 99, 104; Schmidt, 2005a: 28

83 Zur kritischen Diskussion um Maßstabs- und Betrachtungsebenen in der Politischen Ökologie sei auf R. P. Neumanns Artikel verwiesen (2009).

84 vgl. Bryant/Bailey, 1997: 27–28; Krings, 1999: 130; Krings/Müller, 2001: 94; Soliva, 2002: 19; Schmidt, 2005a: 27; Krings, 2008: 6

Kapitalausstattungen und Verwundbarkeitsgrade der Akteure und ihre Beziehungen untereinander bilden einerseits den Hintergrund ihrer Fähigkeit, eigene Zielvorstellungen nicht nur zu formulieren, sondern auch gegen konkurrierende Interessen durchsetzen zu können. Andererseits beeinflussen sie den Grad der Betroffenheit der Akteure von den Folgen sozio-ökologischer Probleme. Neben strukturellen Machtgefügen spielen dabei auch institutionelle und verfügungsrechtliche Fragen eine bedeutende Rolle, da davon ausgegangen werden kann, dass auch diese zu ungleichen Konfliktausgängen beitragen. Die Thematisierung von formellen und informellen Machtverhältnissen und Institutionen ist deshalb essentieller Bestandteil politisch-ökologischer, akteursorientierter und historisch vertiefter Mehrebenenanalysen.[85]

Neben Einzelakteuren als handelnden Individuen treten Interessensgruppen und Akteurskollektive bzw. Organisationen umweltrelevant in Erscheinung und verfolgen dabei eigene oder Stellvertreterziele. Als Akteurskollektive bzw. Organisationen werden organisierte Gruppen von Einzelakteuren verstanden, die gemeinsame Ziele anstreben, zusammen Willensbildung betreiben sowie abgestimmt handeln. Dies umfasst staatliche und nichtstaatliche Einrichtungen, Wirtschaftsunternehmen, Banken, Beratungs- und Entwicklungsagenturen, informelle strategische Gruppen und andere. Interessengruppen teilen hingegen nicht mehr als bestimmte gemeinsame Ziele und treten nicht organisiert und koordiniert in Erscheinung. Für lokale Akteure hat sich der Begriff der place-based actors etabliert. Ihre Handlungsspielräume werden häufig und unterschiedlich stark von übergeordneten Einrichtungen beeinflusst. Diese Kategorie wird von unmittelbaren Ressourcennutzern, lokalen Administrationen, unmittelbar vor Ort wirkenden Vertretern von Organisationen höherer Hierarchieebenen und anderen gebildet. Als non-place-based actors sind hingegen vor allem vom unmittelbar lokalen Zusammenhang abgekoppelte Entscheidungsträger und Organisationen übergeordneter Ebenen zu verstehen, deren Handlungen und Entscheidungen als externe Interventionen im Lokalen Wirkung entfalten.[86] Akteure samt ihren Handlungen stehen daher im Zentrum des Erkenntnisinteresses politisch-ökologischer Analysen.[87]

Einem entsprechenden Verständnis folgend, wird Ressourcenknappheit nur zum Teil durch absolute Endlichkeit der Ressourcen, vor allem aber als gesellschaftlich bedingt verstanden.[88] Umweltveränderungen und Umweltprobleme ‚neo-Malthusianisch' erklären oder allein durch technische Innovationen lösen zu wollen, würde deshalb zu kurz greifen.[89]

85 vgl. Blaikie, 1999: 136, 141; Krings/Müller, 2001: 96; Soliva, 2002: 14, 21; Soliva et al., 2003: 145–146

86 vgl. Schmidt, 2005a: 27; Watts, 2005: 268

87 vgl. Bryant, 1998: 85–86; Krings/Müller, 2001: 95; Watts, 2005: 262

88 vgl. Krings/Müller, 2001: 93; Krings, 2008: 6

89 vgl. Krings, 1996: 162–164; Bryant/Bailey, 1997: 27; Krings/Müller, 2001: 93; Watts, 2005: 259, 262; Hartwig, 2008: 19; Krings, 2008: 4, 6

Um hinreichende Antworten auf dieses komplexe Erkenntnisinteresse zu finden, gelangen in politisch-ökologischen Studien unterschiedliche Methoden zur Anwendung. Abhängig von der Fragestellung werden quantitative und qualitative Techniken der empirischen Sozialforschung, Praktiken der ethnologischen Feldforschung, historische Quellenstudien, an der Schnittstelle von gesellschafts- und naturwissenschaftlichen Disziplinen stehende multitemporale Bildvergleiche und Interpretationen von Fernerkundungsdaten sowie naturwissenschaftliche Messverfahren und andere in unterschiedlichen Kombinationen eingesetzt. Historische Vertiefungen sind sowohl aufgrund der großen Einflüsse der Vergangenheit auf gegenwärtige Ressourcenzugangs- und Verfügungsmuster, auf asymmetrische Machtbeziehungen, Diskurse und Wissensproduktionen, als auch aufgrund des stetigen gesellschaftlichen Wandels und der damit einhergehenden Modifikationen von Umweltwahrnehmung und -deutung notwendig. Vor allem aber können Veränderungen von Umweltverhältnissen einerseits langfristig angelegt und nur in entsprechend weitgefassten zeitlichen Kontexten erfass- und verstehbar sein, andererseits im Zuge gesellschaftlicher Transformationen relativ rasch eintreten.[90] Beobachtungen, biographische und narrative Interviews können zu Erkenntnissen über verändert wahrgenommene Umweltherausforderungen, über Ursachen und Wirkungen der Veränderungen der politisch-rechtlichen, der wirtschaftlichen und der sozioökonomischen Kontexte oder der Akteurkonstellationen und Akteursbeziehungen innerhalb des zeithistorischen Rahmens als der „Epoche der Mitlebenden“ (Rothfels, 1953: 2) beitragen. Sichtungen historischer Quellen – Archivalien, Publikationen, Statistiken und Berichte – sind hingegen hilfreich für die Erkundung dieser Aspekte in zurückliegenden Perioden.[91] Quantifizierende Verfahren liefern Daten zu messbaren Umweltmerkmalen.

Politisch-ökologische Studien können so zur Aufdeckung der Verursachungen und Wirkungen von sozio-ökologischen Herausforderungen beitragen und Möglichkeiten diskutieren, Umwelt- und Ressourcenzugangsgerechtigkeit zu erreichen. Mittels Akteursorientierung und Mehrebenenansatz beziehen sie zugleich verschiedene Sichtweisen ein, decken unterschiedliche, durch krisenhafte Umweltherausforderungen hervorgerufene Betroffenheiten von Akteuren auf und verleihen zu gewissem Grade stimmlosen oder ‚leisen‘ Akteuren eine Stimme. Die Politische Ökologie ist von ihren Ansprüchen her damit als eine sich politisch verstehende und positionierende Forschungsrichtung zu sehen.[92]

90 vgl. Krings, 1999: 129–130; Soliva, 2002: 19-20; Soliva et al., 2003: 144; Schmidt, 2005a: 28; Davis, 2009: 285–286

91 Das Arsenal potentiell anwendbarer Methoden ist mit dieser Auflistung keinesfalls erschöpft. Die hier genannten Ansätze stehen lediglich beispielhaft für alle in Frage kommenden Techniken. Die fallspezifische Auswahl hat ausgehend vom Erkenntnisinteresse, den gestellten Fragen und Ressourcen des Forschungsvorhabens zu erfolgen.

92 vgl. Blaikie, 1985: 1; Bryant, 1999: 153–155; Blaikie, 2008: 767; Krings, 2008: 8

3.2.3 Analysekonzept einer Politischen Ökologie der Weideländer Kirgisistans

Indem Naturressourcen im agrarisch geprägten, gegenwärtig stark deindustrialisierten Kirgisistan bedeutende wirtschaftliche und ökologische Funktionen erfüllen, kommt umweltbezogenen Problemen besondere Tragweite zu. Sie können als „Symptome[, Folgen] und Ursachen von Fehl- und Unterentwicklung" (Krings, 2008: 5) die soziale Integrität und politische Stabilität des Landes gefährden.[93] Wie zuvor dargestellt wurde, gilt dies auch für die strukturelle Funktionen erfüllenden Weiden.

Verkoppelt der Begriff der gesellschaftlichen Weidelandverhältnisse Weideressourcen, gesellschaftliche Rahmenbedingungen, zu einander in Beziehung stehende Akteure samt ihren umweltwirksamen und pastoralwirtschaftlichen Handlungen und resultierende weidelandbezogene sozio-ökologische Probleme miteinander, stellt der akteursorientierte politisch-ökologische Ansatz ein adäquates Konzept für die Untersuchung der Entstehung, der Beschaffenheit und der Wirkungszusammenhänge der gesellschaftlichen Weidelandverhältnisse dar, indem er die Elemente und Beziehungen forschungspraktisch in einem konsistenten Analysegerüst aufeinander bezogen arrangiert (Abb. 3.1).

Ausgehend von weidelandbezogenen Herausforderungen, stehen in der vorliegenden Studie auf unterschiedlichen Ebenen weiderelevant agierende Individuen, Interessengruppen und Organisationen im Zentrum der akteursorientierten Analyse. Sie werden dabei nicht als passive Opfer der Umstände, sondern als aktive Nutzer bestehender Möglichkeiten und Gestalter ihrer Lebenwelten angesehen. Ihre unterschiedlichen weidebezogenen Sinnzuschreibungen, Interaktionen, sich aus differenzierten Verfügungen über autoritative und allokative Ressourcen ergebende Machtbeziehungen sowie daraus resultierende umweltrelevante und pastoralwirtschaftliche Handlungen nebst ihren Wirkungsweisen bilden einen wichtigen Teil des Erkenntnisinteresses.

Es wird zudem davon ausgegangen, dass die Vorbedingungen der sowjetischen Zeit als der der staatlichen Souveränität unmittelbar vorangehenden Periode erhebliche Einflüsse auf Kirgisistans postsowjetische Weidelandverhältnisse ausüben. Zudem stellt sich die Frage, inwiefern für aktuelle Weidelandverhältnisse auch Prozesse und Bedingungen der kolonialen und vorkolonialen Zeit eine Rolle spielen, indem bestimmte Langzeitfolgen bis in die Gegenwart wirken und – bzw. oder – durch Akteure in bewusster Abgrenzung zur sozialistischen Epoche zu Umgängen mit der Ressource ‚zurückgekehrt' wurde, die in vorsowjetischer Zeit bewährterweise praktiziert wurden. Schließlich ist zu klären, inwiefern trotz ideologischer Differenzen konzeptionelle Parallelen zwischen den Ansätzen der Kolonisierung, der Errichtung der Sowjetmacht und des postsozialistischen Umbruchs bestehen, die als externe Interventionen Veränderungen der über pastorale Praktiken hinausreichenden regionalen und lokalen Weidelandverhältnisse erwirkten.

93 vgl. Krings, 2008: 5

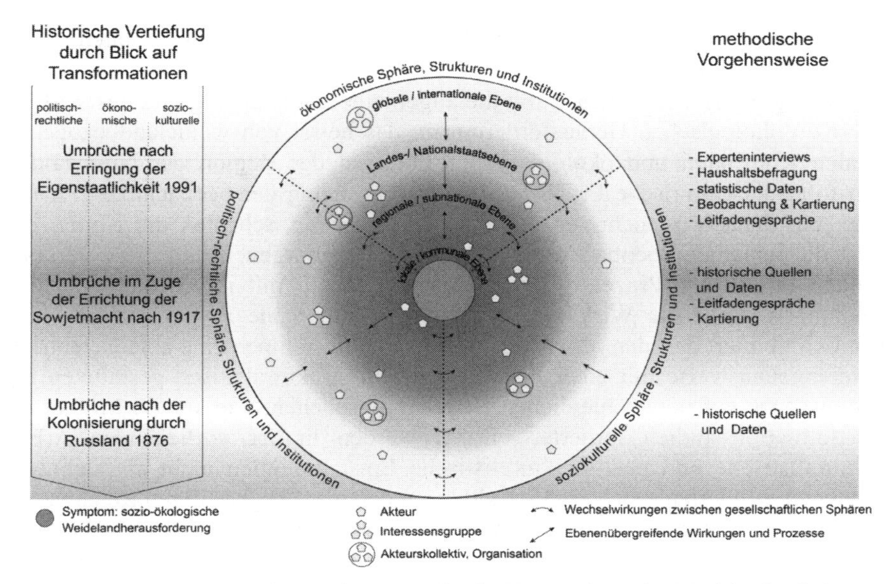

Abb. 3.1: Politisch-ökologisches Analysegerüst für die Untersuchung der Weidelandverhältnisse Kirgisistans.
Gestaltung: AD (2012), entwickelt aus Krings/Müller, 2001; Soliva et al., 2003: 142–146; Hartwig, 2007: 21

Mit dynamischen politisch-rechtlichen, wirtschaftlichen und soziokulturellen Kontexten von Akteurshandlungen einerseits sowie mit der für ein hinreichendes Verständnis notwendigen historischen Vertiefung andererseits bestehen zwischen den Ansätzen der Politischen Ökologie und der gesellschaftlichen Transformation Interferenzen, die beide Konzepte zueinander anschlussfähig gestalten und daher zu analytischen Synergien führen.

Die forschungsleitenden Fragen der politisch-ökologischen Analyse der Weidelandverhältnisse Kirgisistans in der postsowjetischen Transformation lauten folgendermaßen:

- Welche sozio-ökologischen Weidelandprobleme lassen sich konkret im Untersuchungsgebiet feststellen?
- Welche Akteure (Einzelakteure, Interessensgruppen und Organisationen) sind auf welchen Handlungsebenen in gesellschaftliche Weidelandverhältnisse wie involviert?
- Welche Interessen verfolgen sie und über welche Handlungsmacht verfügen sie, ihre Ziele umzusetzen?
- Wie beeinflussen politisch-rechtliche und sozioökonomische Rahmenbedingungen und Institutionen sowie historische Vorgaben Zugang zu, Nutzung von und Kontrolle über Weidelandressourcen und damit weidelandrelevante Akteurshandlungen, insbesondere pastorale Praktiken?

– Welche sozio-ökologischen Wirkungen generieren diese Aktivitäten?

Am Anfang der Analyse steht damit die allgemeine Beobachtung und Feststellung von sozio-ökologischen Herausforderungen, das heisst von weidelandbezogenen sozialen Konflikten und ökologischen Problemen der Region der Nusswälder. Dem folgt die empirische Erfassung und Beschreibung der beobachteten Phänomene, um danach in mehreren aufeinander folgenden Schritten die Kerne, das heisst die hinter den beobachteten Phänomenen verborgenen und diese verursachenden Strukturen, Prozesse, Interaktionen, Akteure mit ihren Interessen und Handlungen sowie die Wirkungsweisen und resultierende Folgen aufzudecken. Damit kombiniert der hier verwendete Untersuchungsrahmen eine akteurszentrierte Herangehensweise mit einer historischen und strukturalistisch gestalteten Erkenntnissuche auf unterschiedlichen Betrachtungsebenen, wie sie W. Merkel für Transformationsstudien forderte.[94] Dabei werden in der vorliegenden Arbeit strukturalistische und post-strukturalistische Epistemologien nicht als sich ausschließend, sondern als sich ergänzend verstanden, da ihre jeweiligen Reichweiten lediglich bestimmte Aspekte des komplexen Erkenntnisinteresses erfassen, ihre Kopplung hingegen sowohl Erkenntnisse über individuelle Positionierungen der Akteure in Kirgisistans gesellschaftlichen Weidelandverhältnissen, als auch über Charakter, Bedeutungen und Wirkungsweisen gesellschaftlicher Rahmenbedingungen generieren kann.

3.3 METHODISCHE VORGEHENSWEISE

Indem ich als ortsfremder Wissenschaftler zunächst eingeschränkte Vorstellungen und Kenntnisse des Gegenstandes, der gesellschaftlichen Rahmenbedingungen, der Lebenswelten und -wirklichkeiten der Menschen verfügte, stand die explizite Entwicklung von zu prüfenden Hypothesen nicht zur Debatte. Es wurden deshalb Vorannahmen formuliert, aus deren Perspektive der Gegenstand in Augenschein genommen wurde. Diese waren, dass a) sozio-ökologische Weidelandherausforderungen gesellschaftlich verursacht sind, b) die dargestellten Dimensionen struktureller Unsicherheit differenziert auf individuelle Akteurshandlungen und damit mittelbar auf die gegenwärtigen gesellschaftlichen Weidelandverhältnisse einwirken sowie c) aufgrund ungleicher Machtausstattungen und Durchsetzungsfähigkeiten weiderelevanter Akteure Gewinner und Verlierer aus weidebezogenen Konflikten hervorgehen und die beobachteten, aus den beiden zuvor genannten Annahmen resultierenden Weidelandverhältnisse gesellschaftliche Herausforderungen Kirgisistans repräsentieren.

Aus der Komplexität von Forschungsgegenstand und Erkenntnisinteresse heraus ergab sich eine qualitative und quantitative Methoden umfassende Strategie. Ihre Umsetzung hätte ohne lokalen Beistand nicht bewältigt werden können. So

94 vgl. Merkel, 1996b: 325–326

konnte Dank unschätzbar wertvoller Unterstützung vieler Menschen ein breiter Datenfundus generiert sowie eine reiche Quellenlage und Sekundärdatenbasis zu den verschiedenen historischen Umbrüchen und Perioden aquiriert werden.

3.3.1 Skizze der Daten- und Quellenlage

Geographische Studien haben Fragen gesellschaftlicher Naturressourcenverhältnisse in agrarisch geprägten Ökonomien Zentralasiens fokussiert, insbesondere Ressourcennutzungs- und -managementpraktiken innerhalb der Lebenssicherungsstrategien lokaler Bevölkerungen und deren Veränderung im Zuge des postsozialistischen Umbruchs.[95] Mehrdimensionale strukturelle Unsicherheit als effektiver Rahmen gesellschaftlicher Weidelandverhältnisse ist dabei jedoch nur ansatzweise und ohne explizite Herausstellung thematisiert worden. Die vorliegende Studie soll dazu beitragen, dieses Forschungsdefizit zu verringern.

Einerseits aufgrund des empirischen Forschungsansatzes und andererseits aufgrund des geringen Umfangs an ausserhalb Kirgisistans verfügbarem Material wurde ein großer Teil der Daten, Informationen und Quellen vor Ort erhoben und recherchiert. Die Belegsammlung der Argumentation setzt sich daher zum Ersten aus einer Stoffsammlung zusammen, die während mehrerer zwischen 2007 und 2013 stattgefundener, insgesamt dreizehn Monate umfassender Feldforschungsaufenthalte in Kirgisistan und Usbekistan sowie von Deutschland aus erhoben und gesammelt wurden. Wissenschaftliches Schriftgut zu den unterschiedlichen Aspekten des Forschungsinteresses stellt das zweite Standbein dar. Neben Publikationen zur theoretischen und konzeptionellen Gegenstandsannäherung besaßen Studien zu politisch-rechtlichen, wirtschaftlichen und soziokulturellen Bedingungen und Entwicklungen und der Historie des postsowjetischen Kirgisistan sowie seiner Rechtsvorgänger besondere Bedeutung. Als drittes floss ‚graue Literatur', das heisst nichtöffentliche Berichte, Korrespondenzen sowie statistische Sekundärdaten internationaler, staatlicher und nichtstaatlicher Organisationen zu gesellschaftlichen Merkmalen, Strukturen und Prozessen in die Analyse ein. Beim überwiegenden Teil der ausserhalb Kirgisistans erhältlichen sowie unter Nutzung elektronischer Informations- und Kommunikationsmedien zugänglichen Berichte und Sekundärdaten handelt es sich um für allgemeine Deskriptionen geeignete, hoch aggregierte Darlegungen und Statistiken, von denen ausgehend nur geringe Rückschlüsse auf lokale und regionale Gegeben- und Besonderheiten gezogen werden können. Historische Primär- und Sekundärquellen aus kolonialer und sowjetischer Zeit, wie Zeitungsartikel, Rechtsnormen, Sitzungsprotokolle, Statistiken und interne Berichte der kolonialen und sowjetischen Administration, der Planungsbehörden, der Kommunistischen Partei und verschiedener Weideland nutzender Akteure sowie Landeskunden, Landnutzungskarten, Reiseberichte und Ethnographien bilden die vierte Kategorie der Referenzen.

95 vgl. Kreutzmann, 2003a; Schmidt, 2005a; Schmidt, 2006a; Schmidt, 2006b; Blank, 2007; Kreutzmann, 2009a; Kreutzmann, 2009b; Kreutzmann, 2011; Steimann, 2011b

3.3.2 Reflexionen: Rolle des Forschers, Forschungsstrategie und Methodenwahl

Grundsätzlich stellen Feldforschungen Situationen dar, in denen Forschende notwendigerweise mit unterschiedlichen, zwischen ihnen und ihrer Umwelt bestehenden Spannungen konfrontiert werden, sich bewusst und unbewusst Grenzen annähern oder diese gar überschreiten. Das birgt verschiedene Gefahren und muss daher im Bewusstsein der Forschenden verankert sein. Zunächst sind dies soziokulturelle Differenzen zwischen Forschern und den Menschen der Untersuchungsregion, die sich in der Sprache und in Terminologien, in Wahrnehmungen und Bewertungen von Phänomenen und des jeweiligen Kommunikationspartners, in Konzepten, Werten, Normen und Gepflogenheiten, in Alltagshandlungen und anderen Facetten des Lebens niederschlagen. Eigenbilder und Fremdzuschreibungen, situativ abhängige Identifizierungen und Identitäten sowohl der Forscher, als auch der Beforschten aufgrund verschiedenster sozialer Aspekte wie Gender, biologisches Geschlecht, Familienstatus, Herkunft, materieller Wohlstand, Bildung, Alter, äussere Erscheinung etc. können Grundlage vertrauensvoller Umgänge miteinander und ertragreicher Untersuchungen oder auch Ursache von Missverständnissen, Verweigerungen, Unterlassungen und bewussten Falschaussagen sein und so zum Scheitern von Forschungsunternehmungen führen. Auseinandersetzungen mit der Rolle und Wahrnehmung des Forschenden sowie der ethischen und politischen Legitimität der Studie gehörten bei der vorliegenden Arbeit daher notwendigerweise zum reflexiven Forschungsverhalten.[96]

Die Feldforschung bestand aus mehreren Langzeitaufenthalten[97], während der neben der Durchführung verschiedener Recherche- und Datenerhebungsaufgaben unmittelbare Einblicke in die pastoralwirtschaftlichen Praktiken und Saisonen des Untersuchungsgebiets gewonnen wurden: die winterliche Stallhaltung auf Grundlage von Futtervorräten sowie frühjährliche, sommerliche und herbstliche Weidenutzungen.

Indem die Forschung Fragen der gesellschaftlichen Entwicklung und Naturressourcenverhältnisse thematisierte, berührte sie zwangsweise staatliche Politik. Dies verlangte besonderes Verantwortungsbewusstsein, Verständnis, Geduld und Empathie gegenüber den Gesprächspartnern, die einerseits ihre grundsätzliche Kommunikationsbereitschaft und andererseits ihr Gesprächsverhalten häufig von Ergebnissen innerer Abwägungen über mögliche ungewollte Konsequenzen geführter Gespräche abhängig machten.[98] Da nicht davon ausgegangen werden kann,

96 vgl. Mollinga, 2008: 7–8

97 Längere Feldphasen erstreckten sich von März bis Oktober 2007, von August bis November 2008 sowie vom Juli bis August 2009. Ergänzend wurde ein kürzerer Aufenthalt im Mai und Juni 2010 genutzt, um bis dahin offen gebliebene Fragen zu behandeln. Im Juli 2013 durchgeführte Studien brachten Einsichten über jüngste Änderungen des institutionellen Rahmens der Weidelandverhältnisse des Untersuchungsgebiets.

98 Ähnliches wird von C. Wall für seine Studien zum Bewässerungsmanagement und zur Landwirtschaftsorganisation in Khorezmien, Usbekistan, berichtet. Er verwies darauf, dass die Reaktionen von Respondenten inhaltlich überaus unterschiedlich sein und unter anderem in Abhängigkeit ihrer Einschätzung des Forschenden sowie potentieller Folgen der Gespräche

dass Forschende die Strategien der Gesprächspartner – sollten sie denn solche überhaupt bewusst einsetzen – vollständig kennen können, kann die unreflektierte und unkritische Nutzung von in Gesprächen gewonnenen Informationen zu auf unzutreffenden Angaben basierenden Ergebnissen führen, die nicht die tatsächliche Einschätzung der Gesprächspartner wiedergeben. Überprüfen lassen sich gewonnene Informationen zumindest teilweise durch Vergleiche mit eigenen Beobachtungen, mit den Aussagen anderer Respondenten, durch Plausibilitätschecks oder methodische Triangulationen. Indem ich als ortsfremder, männlicher, zwar des weit verbreiteten Russischen, nicht jedoch des Kirgisischen und Usbekischen als den lokal von den meisten Menschen im Alltag gesprochenen Sprachen mächtiger Forscher in eine mir ursprünglich fremde Welt eintauchte, erhielten diese Umstände ein besonderes Gewicht: Als potentiell störender Eindringling hatte ich bewusst darauf zu achten, Situationen proaktiv durch angemessenes Auftreten, durch von Respekt und Empathie für mein Gegenüber geprägte Begegnungen sowie durch ethisch vertretbares und durch ein an die jeweils bestehenden Umstände angepasstes methodisches Vorgehen zu entschärfen. Dies alles verlangte Sensibilität und situative Flexibilität bei den Erhebungsmethoden, bei Dokumentationen von Gesprächen und Zusicherungen über weitere Verwendungen gewonnener Informationen, beispielsweise in aggregierter bzw. anonymisierter Form. Daher sind, wo es gewünscht wurde oder mir notwendig erschien, die Namen der Respondenten verändert worden.

Die besondere Herausforderung lag darin, eine methodische Vorgehensweise zu finden, die für alle Beteiligten vertretbar war. Den Respondenten war es zumeist wichtig, die Motive der Untersuchung zu kennen. Durch ihre Offenlegung bemühte ich mich, potentielle und bestehende Zweifel über meine Beweggründe und vermeintliche versteckte Agenden meines Tuns zu zerstreuen. Dieses schlug sich positiv auf die Untersuchungssituationen nieder, so dass der mir als Forscher

‚situativen', ‚schützenden' und ‚reaktiven' Charakter annehmen können. Beim ‚situativen' Fall repräsentieren Gesprächspartner lediglich sich selbst und die spezifische Situation, nicht aber die Gemeinschaft oder die Respondentengruppe, für die sie aus Sicht des Forschenden stellvertretend stehen sollen. In diesem Fall kann die Ursache in Differenzen zwischen der Fremdzuschreibung durch den Forscher und dem Selbstbild des Gesprächspartners liegen. Als ‚schützende Subjektivität' wird ein Verhalten von Gesprächspartnern bezeichnet, bei dem entgegen besseren Wissens und anderer Überzeugungen aufgrund tatsächlicher oder befürchteter Gefahren, eines möglichen Gesichtsverlustes und anderer Risiken für sich, die eigene Verwandtschaft oder eine andere Bezugsgruppe infolge potentiell kritischer, kompromittierender, als nicht ‚korrekt' eingeschätzter Äusserungen und politisch unbequemer Themen – wie der Diskussion um die lokalen Wirkungen von Entscheidungen politisch übergeordneter externer Gremien – beschönigt, geschwiegen oder gelogen wird. Als ‚reaktiv' kann Gesprächsverhalten bezeichnet werden, bei dem Respondenten von subjektiven Vorstellungen über und Zuschreibungen an die Person des Forschenden ausgehend ihre Antworten kalkulieren. So kann die hohe Bedeutung besitzende Gastgeber-Gast-Beziehung dazu führen, dass mit dem Gaststatus ausgestattete Forschende in Gesprächen ausschließlich mit vermeintlich gewünschten, einfachen und bequemen bzw. sich leicht in vermeintliche Erwartungen einpassenden Antworten konfrontiert werden, was bei Forschenden eine trügerisches Komfortgefühl des ‚auf dem richtigen Weg zu sein' schaffen kann (vgl. ebd., 2008: 140–145).

wichtige Anspruch, vielfältige Informationen zur Fragestellung zu generieren, in den meisten Fällen erfüllt wurde. Die Reflektion meiner Rolle als Forscher und die der methodischen Arbeit erfolgte kontinuierlich während der Feldstudien und über sie hinaus bis zur Dateninterpretation und Erkenntnisdarstellung.[99]

Die Umsetzung des Forschungsprojektes und die Entscheidung für die Erhebungsmethoden haben sich im Feldforschungsprozess in Interaktion mit den Respondenten und dem Untersuchungsgegenstand entwickelt. Dabei orientierte ich mich an Phillip Mayrings Empfehlung der Kombination qualitativer und quantitativer Forschung. Er sieht den Vorteil einer Kopplung darin, dass durch sie sowohl Prozesse und sich vom Allgemeinen abhebende Phänomene begleitend oder retrospektiv beobachtet, als auch Zustände und Momente durch vergleichbare und für allgemeine Aussagen nutzbare Zahlenwerte festgehalten werden können. Abstrakte ‚harte' Messgrößen und -werte erhalten durch qualitative Einbettungen Nähe zu gesellschaftlichen Prozessen und zum menschlichen Alltag. Ausserdem werden vermeintlich natürliche Gesetzmäßigkeiten und Offensichtlichkeiten hinterfragt. Die Menschen des Untersuchungsgebiets erhalten durch von höherer Partizipation charakterisierte qualitative Methoden zudem Möglichkeiten, zur Repräsentation der von mir gefundenen Erkenntnisse beizutragen.[100] Mayring empfiehlt, für die Explikation des Erkenntnisinteresses als dem ersten Forschungsschritt Vorannahmen sowie offen gehaltene Forschungsfragen zu formulieren, jedoch keine explizit formulierten und zu prüfenden Hypothesen. Als theoretischer Bezug eigne sich weniger ein möglichst umfassendes Erklärungskonzept großer Reichweite, als vielmehr eine „dialogische" (Witt, 2001) Strategie in Form eines in hermeneutischen Spiralen[101] stattfindenden, kontinuierlichen Anreicherns des Vorverständnisses des Untersuchungsgegenstandes mit neu generiertem Wissen und der wiederholten Rückkehr in das Feld mit erweitertem Gegenstandsverständnis. Hierauf aufbauend entsteht das sukzessiv wachsende Analysegerüst.[102]

Für die Exploration des Forschungsgegenstandes, die Informationsgewinnung zu seinen differenzierten Facetten, zu besonderen Einzelfällen und Prozessen erfolgten daher die Anwendung qualitativer Methoden der empirischen Sozialforschung und historische Vertiefungen. Zur Beantwortung überblicksbezogener Fragen zur sozioökonomischen Situation des Untersuchungsgebiets in Gegenwart und jüngerer Vergangenheit wurden den Empfehlungen folgend quantitative Daten mittels standardisierter Methoden erhoben sowie sekundärstatistische Daten ausgewertet. Aufgrund der grundsätzlich unterschiedlichen Fokusse und Reichweiten sah ich in der Kopplung qualitativer und quantitativer Methoden komplementäre statt sich widersprechende Forschungsinstrumente. Für zusätzliche Er-

99 vgl. Schütte, 2003: 92; Mollinga, 2008: 4–6
100 vgl. Mayring, 2001
101 E. Coreth beschreibt hermeneutische Erkenntnisprozesse bildlich als bewegtes „Verstehen in einer Dialektik zwischen Vorverständnis und Sachverständnis in einem kreisenden oder richtiger: in einem spiralförmig fortschreitendem Geschehen […], indem das eine Element das andere voraussetzt und zugleich das andere weiterbildet" (ebd., 1969: 116).
102 vgl. Mayring, 2001; Witt, 2001

kenntnisgewinne zu Strukturen, Bezügen und Zusammenhängen wurden möglichst viele Facetten bestimmter Teilaspekte aus unterschiedlichen Richtungen mittels verschiedener Methoden beleuchtet. Diese als ‚Triangulation' bezeichneten Kopplungen von auf einen Aspekt bezogenen Forschungsmethoden dienten zugleich der Validierung der Güte bisher gewonnener Daten.[103] Die ersten Feldforschungswochen dienten dem Kennenlernen des Gegenstandes durch Führung explorativer Gespräche mit Projektpartnern, Wissenschaftlern und Experten unterschiedlicher Einrichtungen, der Vernetzung mit internationalen und nationalen Organisationen in Politik, Wissenschaft, Rechtswesen und Entwicklungszusammenarbeit, ersten Material- und Datensammlungen sowie dem thematischen Einlesen in aktuelle Herausforderungen des Landes und des Untersuchungsgebiets, zu dem einige Publikationen vorlagen, insbesondere zur Thematik der auf die Nusswälder bezogenen Mensch-Umwelt-Verhältnisse.[104] Im Untersuchungsgebiet wurden durch Unterstützung lokaler Partner zunächst Einblicke in alltägliche Lebenswelten der lokalen Bevölkerung gewonnen und Grundlegendes über die Besonderheiten, wichtigen Strukturen und Prozesse in der Region in Erfahrung gebracht. Auf diesen feldstudienvorbereitenden Arbeiten basierend begann die tatsächliche Untersuchung. Dabei wurden die im Folgenden vorgestellten Methoden eingesetzt.

3.3.2.1 Expertengespräche

Am Anfang der Feldforschung durchgeführte Experteninterviews dienten der Exploration des Forschungsgegenstandes, das heisst dem Kennenlernen grundlegender Aspekte, Zusammenhänge und Dimensionen gesellschaftlicher Weidelandverhältnisse. Als für Gespräche in Frage kommende Experten zählten Personen, die durch ihre Profession hierzu potentiell Auskünfte geben konnten. Von besonderem Interesse waren jene, die als institutionelle Funktionsträger „selbst Teil des Handlungsfeldes" (Meuser/Nagel, 1991: 443) waren, Hintergrundwissen und Eingeweihtenkenntnisse besaßen sowie nach Möglichkeit Verantwortlichkeiten im breiten Feld der Weidelandverhältnisse übernahmen. Ausserdem erwartete ich, dass sie sich durch ihre Position mit privilegierten Zugängen zu Informationen über aktuelle Entwicklungen und sich möglicherweise durch spezifische, für die Forschungsthematik relevante Entscheidungsbefugnisse auszeichneten. Durch ihre praktischen Erfahrungen und professionellen Sichtweisen sollten sie Fachwissen

103 vgl. Flick, 2000: 318; Kelle, 2001; Witt, 2001. Beim Triangulationsbegriff handelt es sich um eine ambitionierte Metapher, die auf eine Methodik der Navigation und Landvermessung abhebt, welche zur exakten Ermittlung von Punkten, Distanzen und Winkeln zwischen bekannten Strecken dient. Wenn mit ‚Triangulation' jedoch die Kopplung verschiedener Methoden in sozialwissenschaftlichen Untersuchungen gemeint ist, darf sie nicht in diesem streng geometrischen Sinn des exakten Messens verstanden werden (vgl. Kelle, 2001; Witt, 2001).

104 Dies waren insbesondere die folgenden Texte: Blaser et al., 1998; Gottschling et al., 2005; Schmidt, 2005a; Schmidt, 2006a; Schmidt, 2006b; Blank, 2007.

auf bestimmten Gebieten beisteuern, wie dem rechtlichen Rahmen, zu Formen der Weidenutzung und verfügungsrechtlichen Problemen, zum Ressourcenmanagement sowie charakteristischen Veränderungen der Weidelandverhältnisse im Laufe der postsowjetischen Transformation.[105]

Für Klärungen von im Zuge erster Recherchen und Quellenstudien entstandenen Fragen zu Grundzügen des Rechtsrahmens sowie um spezifische Informationen und Erläuterungen zum Charakter, zur Bedeutung und gesellschaftlichen Stellung des Weidelandes in Kirgisistan und im Untersuchungsgebiet zu erhalten, wurden zunächst Gespräche mit Vertretern des MWLVI in Bischkek, des GIPROZEM und der Staatlichen Agentur zur Registrierung der Rechte auf immobiles Vermögen [GOSREGISTR KR] in Bischkek, Žalal-Abad und Bazar Korgon, des Rechtsberatungsprojektes Legal Assistance to Rural Citizens [LARC] in Bischkek und Bazar Korgon, internationaler Organisationen der Entwicklungszusammenarbeit und international geförderter Nichtregierungsorganisationen sowie der Weltbank geführt.[106] Auf Basis des im Vorfeld durch Quellenlektüre und Informationsrecherche gewonnenen Vorverständnisses wurden auf die jeweilige Funktion und Position der Experten angepasste Leitfäden gestaltet. Mit neu generiertem Wissen als erweitertem Vorverständnis ausgestattet, identifizierte ich im voranschreitenden Forschungsverlauf weitere weideverhältnisrelevante Einrichtungen und führte Gespräche mit Vertretern dieser Organisationen. Hierzu gehörten staatliche Forstverwaltungen und Forstbetriebe als zentrale Weideflächenverwalter innerhalb des Untersuchungsgebiets sowie verschiedene Abteilungen der Verwaltungsapparate der auf hierarchisch absteigend gestaffelten administrativen Einheiten des *oblast'* Žalal-Abad, des *rajon* Bazar Korgon sowie der selbstverwalteten Gebietskörperschaften *ajyl ôkmôty* [aô] (krg.) – seit 2009 *ajylnye okrugi* [ao] (rus.) – Arslanbob und Kyzyl Unkur. Ergänzend zur „explorativ-felderschließend[en]“ (Meuser/Nagel, 1991: 445) Funktion der Experteninterviews kam, dass aus den gewonnenen Informationen Anknüpfungspunkte für nachfolgende Studien im Untersuchungsgebiet formuliert werden konnten. Dies waren eine standardisierte Haushaltsstudie zu lokalen Lebenssicherungsstrategien und teilstrukturierte Leitfadeninterviews mit primären Weidenutzern und anderen in Gegenwart und Vergangenheit weidelandrelevanten Akteuren. Entsprechend der Delphi-Methode wurde wiederholt Expertenkontakt gesucht, um neu aufgetauchte Unklarheiten erläutert zu bekommen und die Gesprächspartner mit früheren Aussagen sowie neuen Erkenntnissen zu konfrontieren.[107]

105 Damit bildeten nicht Experten als Privatpersonen, sondern ihr Wissen den Fokus des Interesses (vgl. Meuser/Nagel, 1991: 443–444; Lamnek, 2005: 333–334).

106 Die im Annex B1 platzierte Liste führt die in der Arbeit zitierten Expertengespräche auf unter Angabe der institutionellen Zugehörigkeit der Respondenten und der thematischen Schwerpunkte der Gespräche.

107 vgl. Atteslander, 2003: 157–158

3.3.2.2 Statistische Sekundärdaten

Statistische Sekundärdaten flossen in die Darstellung allgemeiner Trends ausgewählter Aspekte auf der nationalen Makroebene sowie auf den regionalen Ebenen der administrativ untergeordneten Provinzen und Bezirke, der selbstverwalteten Gebietskörperschaften sowie einzelner Siedlungen ein. Hierzu wurde einerseits Material der Weltbank, unterschiedlicher Organisationen der Vereinten Nationen, des IWF sowie der US-amerikanischen Central Intelligence Agency [CIA] konsultiert. Andererseits boten sich Zahlenwerke des Nationalen Statistischen Komitees [NATSTAT KR], des MWLVI, des GIPROZEM, der GOSREGISTR KR, der Staatlichen Agentur für Umweltschutz und Waldwirtschaft [GAPOOSLHPKR] sowie der untergeordneter Verwaltungseinrichtungen an. Dabei war auffällig, dass mehrfach offensichtliche Unterschiede zwischen den und zum Teil gravierende Inkonsistenzen innerhalb der Angaben bestanden. Offiziellen Statistiken musste daher grundsätzlich mit großer Vorsicht begegnet werden: Mir war bekannt, dass sowjetische Statistiken häufig manipuliert und unvollständig publiziert worden waren sowie schwer einzuschätzen sind aufgrund fehlender Nennung absoluter Werte in von relativen Angaben dominierten Datensammlungen.[108] Bei Sichtung offizieller bzw. mir ausgehändigter grauer Dokumente aus der postsowjetischen Zeit bin ich ebenfalls wiederholt mit Inkonsistenzen und offensichtlichen Fehlern konfrontiert worden. Auch bei aktuelleren Quellen musste daher von defizitären Erhebungsmethoden und bzw. oder nachträglichen Beeinflussungen ausgegangen werden. Aufgrund des Fehlens anderer Daten konnte ich auf dieses Material trotz der vorhandenen Mängel nicht verzichten. Dies erscheint vertretbar, da auf seiner Basis keine differenzierten Aussagen getroffen, sondern dieses lediglich im Rahmen seiner Brauchbarkeit genutzt wurde, die sich auf die Wiedergabe von Trends und Tendenzen erstreckt.[109]

3.3.2.3 Standardisierte Haushaltsstudie zu lokalen Einkommensstrategien

Ich hielt es für wahrscheinlich, dass im gravierende Auswirkungen auf die Einkommensgenerierung vieler Menschen entwickelnden postsowjetischen Umbruchprozess soziale Beziehungen – dabei insbesondere private Haushaltszusammenhänge – sowie lokal verfügbare Naturressourcen – wie Weideland – vor allem im ländlichen Raum an Bedeutung gewannen. Zunächst verfügte ich über zu wenige Informationen, um ein Bild der aktuellen sozioökonomischen Situation und individueller Lebenssicherungsstrategien der Bevölkerung des Untersuchungsgebiets sowie deren Veränderung im Laufe der postsowjetischen Transformation zeichnen zu können. Ergänzend zu den vorliegenden, allgemeine Trends darstellenden statistischen Sekundärdaten, erhob ich daher in der ersten Phase der Feld-

108 vgl. Stadelbauer, 1996: 7

109 Ähnliches berichtet H. Herbers für das postsowjetische Tadschikistan (vgl. Herbers, 2006: 43).

forschung eigene Informationen mittels einer standardisierten Fragebogenbefragung. Die Respondentenseite wurde durch private Haushalte als einer fundamentalen Größe sozialer Organisation und wirtschaftlicher Tätigkeit gebildet. Haushalte, so die Ausgangsüberlegung, repräsentieren als lokal verortete und häufig lokal handelnde Akteursgruppen mit hoher Wahrscheinlichkeit eine wichtige Weidenutzerkategorie. Wichtig ist in diesem Zusammenhang das Begriffsverständnis. Populär ist das Verständnis des Haushalts als soziale und wirtschaftliche Einheit von nicht zwingend verwandten Personen, die Unterkunft und Nahrung teilen.[110] Von den Fragestellungen und einem funktional-ökonomischen Verständnis ausgehend, wird hier unter dem Begriff eine Personengruppe verstanden, die zudem eine elementare Wirtschaftseinheit bildet und überwiegend einen gemeinsamen Wohnsitz teilt, häufig in Form eines Hofanwesens. Innerhalb dieser Einheiten findet Arbeitsorganisation und -teilung statt und es werden monetäre und nichtmonetäre Einkommen akkumuliert. Zudem erfolgt dort auch die Allokation von Nahrungsmitteln, Geld und anderen Ressourcen:[111]

> „They are social units organized not only around a `shared´ house and a `shared´ pot of food, but also around the complex task of generating incomes and managing labor, the most important livelihood ingredient [...].“ (De la Rocha, 2000: 26)

Die Koresidenz der Haushaltsmitglieder innerhalb eines Hofes, wie auch verwandtschaftliche Verbindungen sind für das hier verwendete Begriffsverständnis nicht zwingend, bei der vorliegenden Untersuchung aber häufig gegeben gewesen.[112] In diesem Sinn sind Haushalte nicht mit zwingend verwandtschaftlich organisierten Nuklearfamilien zu verwechseln. Diese können und sind häufig Teile eines Haushaltes. Ein solcher kann jedoch mehrere Kernfamilien und darüber hinaus weitere Personen umfassen.

Die Erhebung wurde in allen, das heisst jeweils fünf Siedlungen der Gebietskörperschaften Arslanbob und Kyzyl Unkur durchgeführt.[113] Beide befinden sich im Bereich der Nusswälder. Ausgehend von offiziellen Daten der Verwaltung, wurden jeweils fünf bis elf Prozent der Haushalte einer jeden Siedlung befragt. Die Stichprobe umfasste 344 Haushalte, was 2007 etwas über acht Prozent der Grundgesamtheit der Haushalte beider Gebietskörperschaften entsprach. Ausser der Festlegung der Orte und einiger hoch aggregierter statistischer Daten des NATSTAT KR und verschiedener Verwaltungseinrichtungen standen keine wei-

110 vgl. De la Rocha, 2000: 25

111 vgl. Peterson, 1994: 90; Schütte, 2006: 8; Hangartner, 2002: 58

112 Das Arbeitsmigrationsphänomen kann hierzu als anschauliche Erläuterung dienen: Mehrfach wurden von Haushaltsmitgliedern aus dem Ausland überwiesene Remissen als wichtige Bestandteile des Gesamteinkommens genannt. Diese Personen leben an einem anderen Ort als dem Hauptsitz des Haushalts – häufig in Städten der Russländischen Föderation – sind zugleich aber als Mitglieder der Wirtschaftseinheit anzusehen.

113 Der Siedlungsrat Arslanbob – zu sowjetischer Zeit Kirov – besteht aus den Siedlungen Arslanbob, Gumhana, Bel Terek, Žaj Terek und Žaradar. Die Gebietskörperschaft Kyzyl Unkur umfasst die gleichnamige Ortschaft sowie die Siedlungen Ak Bulak, Katar Žangak, Kôsô Terek und Žas Kežy (Abb. A.14)

teren Strukturinformationen oder Kontakte zu potentiellen Respondenten zur Verfügung. Die Bestimmung der zu befragenden Haushalte erfolgte deshalb immer erst vor Ort nach der Vorstellung des Forschungsvorhabens auf Empfehlung und in Absprache mit einheimischen Begleitern. Dabei schränkten nur sehr wenige Vorgaben von meiner Seite her die zu gewissem Maß vom Zufall geleitete Auswahl ein. Ein Anspruch lag darin, die Haushalte nach ihrer Bestandsdauer zu gruppieren und ein Drittel des Stichprobenumfangs auf junge Haushalte ohne eigene Erfahrung aus der sowjetischen Epoche zu erstrecken. So sollte jungen Hausständen, die erst in der postsowjetischen Zeit gegründet wurden und unter besonders schwierigen Bedingungen zu kämpfen hatten oder haben, Gewicht innerhalb der Stichprobe zuerkannt werden. Bei pretest-Befragungen stellte sich schnell heraus, wie wichtig die Begleitung der gesamten Befragung durch einheimische Respektpersonen war, da häufig erst durch deren Mittlertätigkeit der Kontakt zu kirgisisch- und usbekischsprachigen Haushalten geknüpft und das Vertrauen, das für eine private Aspekte wie Ressourcenausstattung und Einkommensgenerierung berührende Befragung notwendig ist, geschaffen werden konnte. Auffällig war, dass die Gesprächspartner bereitwillig relative und wertende Antworten gaben, bei der Angabe ‚harter‘, das heisst absoluter Werte jedoch zögerten. Dies ließ sich auf latentes Misstrauen in der Frage zurückführen, welche Verwendung die Angaben finden würden. Dieses konnte zumeist, jedoch nicht immer durch sensible Gesprächsführung, wiederholte Darstellung des Forschungsvorhabens und Erläuterungen des deskriptiven Zwecks und der aggregierten Form der Ergebnisdarstellung zerstreut werden.

Der aus geschlossenen und offenen Fragen bestehende standardisierte Fragebogen umfasste zwei Komplexe, die jeweils gleiche Fragen zu den Zeitabschnitten ‚späte sowjetische Zeit (Mitte der 1980er Jahre bis 1991)‘, ‚frühe postsowjetische Transformation (1991 bis 1996)‘ sowie ‚Gegenwart (Situation 2007)‘ enthielten.[114] Im ersten Teil wurde nach der materiellen Ausstattung und landwirtschaftlichen Praxis gefragt, wobei das besondere Augenmerk der Viehwirtschaft galt. Der zweite, durch etwas offenere als im ersten Teil gestaltete Fragen charakterisierte Komplex war den Kompositionen der Einkommensgenerierung im Laufe der Zeit und einer durch die Gesprächspartner vorzunehmenden Gewichtung der Einkommensarten nach ihrer materiellen Bedeutung in jeder Periode gewidmet. Ergänzend erbat ich in Form individueller Stimmungsbarometer retrospektive Selbsteinschätzungen der qualitativen Veränderung der sozioökonomischen Lage des Haushaltes im zeitlichen Verlauf sowie eine zukunftsgerichtete Auskunft nach Investitionswünschen. Die Methode besaß den Charakter einer face to face-Befragung von Einzelpersonen, zumeist der männlichen Haushaltsvorstände, die stellvertretend für den gesamten Haushalt antworteten. Dabei fanden die Gespräche auf Russisch, Kirgisisch oder Usbekisch statt, wobei in beiden letzteren Fällen lokale Assistenten vom und in das von mir beherrschte Russische übersetzten.

114 Die deutschsprachige Version des Fragebogens ist im Annex C dokumentiert.

Kritisch sehe ich den Umstand, nahezu nur mit männlichen Gesprächspartnern gesprochen zu haben. Dies ließ sich in den meist patriarchal geprägten Haushalten aber nicht vermeiden: Als männlicher Gast wurde ich einerseits zumeist vom männlichen Haushaltsvorstand oder aber männlichen Haushaltsmitgliedern willkommen geheißen. Andererseits fanden anschließende Kommunikationen in eben diesen Konstellationen statt. Die Ergebnisse stellen daher eine stark männlich geprägte Einschätzung vergangener, aktueller und perspektivischer Lebenssicherungsstrategien dar. Dennoch führte die Befragung zu erkenntnisreichen Resultaten: Sie dienten dazu, durch eine relativ hohe Fallzahl allgemeine Erkenntnisse über sozioökonomische Situationen und private Einkommensstrategien in den ausgewählten Siedlungen des Untersuchungsgebiets zu erzielen sowie durch synchrone Vergleiche auf zwischenhaushaltliche und interlokale Disparitäten innerhalb der und zwischen den Gebietskörperschaften bezogene Schlüsse ziehen zu können. Zudem ging es darum, haushalts- und siedlungsspezifische diachronische Veränderungsstendenzen im Zuge der postsowjetischen Transformation aufzudecken. Schließlich sollten erste Anhaltspunkte zu Bedeutungen und Bedeutungsveränderungen der Viehwirtschaft und Weidelandressourcen im Rahmen der Lebenssicherungsstrategien der lokalen Bevölkerung gewonnen werden. Dabei wurden Akteure identifiziert, die durch ihre vieh- und weidewirtschaftsbezogenen Ausführungen als potentielle Protagonisten der später folgenden qualitativen Einzelfallstudien in Frage kamen. Die Befragungssituationen waren weitgehend identisch, indem sie in der Hofwirtschaft bzw. in ihrer unmittelbaren Nähe durchgeführt wurden.

Im Zuge der Datenerhebungen und informellen Gespräche wurde die allgemein für Kirgisistan gemachte Feststellung im lokalen bestätigt, dass Einkommensgenerierungen aus der Viehwirtschaft und Weidenutzungen in den letzten Jahren deutliche Bedeutungsveränderungen erfahren haben, vornehmlich aufgrund des Wegbruchs zuvor sicherer Lohneinkommen und staatlicher Transferleistungen. Um die unmittelbar an diesen Prozess gekoppelten Weidenutzungsformen in ihrer Vielfalt kennen zu lernen und zu verstehen, war es notwendig, qualitative und differenzierte Einzelfalluntersuchungen im Zuge von Weidebegehungen durchzuführen.

3.3.2.4 Nichtteilnehmende Beobachtungen und Kartierung

Begehungen ausgewählter Weideflächen des Untersuchungsgebiets fanden in mehreren, Etappen von 2007 bis 2009 sowie 2013 statt. Dabei wurden Frühlings-, Sommer- und Herbstweiden aufgesucht, die in unterschiedlichen Distanzen zu den Siedlungen liegen. Die ersten Weidegänge dienten dem Vertrautmachen mit den Rahmenbedingungen, wie der naturräumlichen Ausstattung, der Lage sowie den zu überwindenden Höhenunterschieden und Distanzen. Durchgeführt wurden dabei Beobachtungen, Situationsskizzen und inventarisierende Kartierungen, denen später Leitfadengespräche folgten. Sozialwissenschaftlich verstandene Beobachtung meinte in diesem Zusammenhang vor allem

> „das systematische Erfassen, Festhalten und Deuten sinnlich wahrnehmbaren Verhaltens zum Zeitpunkt seines Geschehens" (Atteslander, 2003: 79).

Die Stärke der Methode liegt im relativ geringen Aufwand, komplexe und verbal schwer vermittelbare Sachverhalte systematisch zu erfassen. Eine Beobachtung umfasst dabei mehr, als die Beschränkung auf visuelle Botschaften. Mit der bewussten Auffächerung des „Wahrnehmungs- bzw. Informationsbereiches" (Werlen, 2000: 285), das heisst durch absichtliches Hören, Riechen, Schmecken und Fühlen lassen sich eine Fülle relevanter Informationen sammeln.[115] Das Erkenntnisziel der Methode, das insbesondere auf die Viehwirtschaft bezogene menschliche Alltagshandeln und die Organisation des Lebens auf der Weide nicht allein zu erkennen, sondern durch die weitestgehende Integration aller gewonnenen Informationen zu verstehen, wurde vom Bemühen begleitet, reaktive und intrusive Einwirkungen auf den beobachteten Gegenstand zu vermeiden.[116] Indem im Zuge der Beobachtungen ein Rahmenverständnis der weidewirtschaftlichen Alltagspraktiken entwickelt wurde, zeigten sich die Beobachtungen als methodisch komplementär zu den qualitativen Leitfadeninterviews, deren Erkenntnisse in die rahmenbildenden Beobachtungsverständnisse eingebettet werden konnten. Die von mir angewandte Vorgehensweise lässt sich daher als qualitativ orientierte, offene und nichtteilnehmende Beobachtung bzw. Beobachtung mit sehr geringem Partizipationsgrad charakterisieren.[117]

Bewusst wurde auf ein strenges Schema im Rahmen der Beobachtung verzichtet, da es entscheidend war, Offenheit und Gegenstandsorientierung als wichtige Prinzipien qualitativer Beobachtung gelten zu lassen. Der Erkenntnisprozess wurde in erster Linie vom beobachteten Feld und durch die Akteure bestimmt, nicht von a priori formulierten Schwerpunktsetzungen. Ein überschaubarer Leitrahmen half jedoch, Beliebigkeiten im Beobachtungsprozess zu vermeiden und den Blick auf handelnde Personen, soziale Kommunikationen- und Interaktionen, wirtschaftsrelevante Alltagshandlungen sowie naturräumliche Gegebenheiten zu

115 Beispielsweise ergab sich durch wahrgenommenes Kindergeschrei eine erste Vermutung der Anwesenheit ganzer Haushalte auf den Weiden und es stellte sich die Frage nach dem Grund ihrer Anwesenheit. Bei Feuergeruch auf Weiden oberhalb der Baumgrenze stellten sich Fragen nach der Materie und Herkunft des Brennmaterials, dem Anlass und den Funktionen des Feuers, der Art und Zubereitungsform der Speisen etc.. So konnte, wie sich herausstellte, Brandgeruch ein Hinweis auf anstehende soziale Ereignisse oder Milchverarbeitung sein. Den resultierenden Fragen konnte durch fokussiertes Beobachten und in Gesprächen nachgespürt werden.

116 vgl. Girtler, 2001: 184; Mayring, 2002: 81–82; Reuber/Pfaffenbach, 2005: 120, 125

117 vgl. Atteslander, 2003: 102. Teilnehmende Beobachtung hingegen bedeutet „Dabeisein, Mitmachen, Beteiligtsein, Teilnehmen am täglichen Leben der Untersuchten" (Fischer, 2002, zitiert in Reuber/Pfaffenbach, 2005: 123) und ist daher mehr als die Beobachtung durch außenstehende Forschende (vgl. Lamnek, 2005: 561–562). Mein Partizipationsgrad am Alltagsgeschehen auf den Weiden fiel von daher gering aus, als dass die notwendigen Zuständigkeits- und Tätigkeitsbereiche zwischen den Mitgliedern der Weidehaushalte klar definiert waren und mir keine Nische zur echten Teilnahme und Integration am Weidealltag blieb. Die Menschen waren von mir im Vorfeld aber eingeweiht worden, in ihren Alltagshandlungen beobachtet zu werden.

lenken. Parallel fanden inventarisierende Weidekartierungen statt. Im Rahmen explorativer Gespräche und durch Sichtung von Archiv- und Kartenmaterial unterschiedlichen Alters erfuhr ich von den spezifischen naturräumlichen Merkmalen und Besonderheiten, historischen Nutzungsweisen sowie offiziellen Bezeichnungen und informellen Toponymen der Weiden.

Ähnlich den Situationen in den Siedlungen zeigte sich auch hier die hohe Bedeutung der Begleitung meiner Weidebegehungen durch eine den im Beobachtungsfokus stehenden Weidenutzern bekannte und bzw. oder von ihnen respektierte einheimische Schlüsselperson. Als ortskundige Begleiter halfen mir Einheimische als ‚Wegbereiter' bei der Orientierung im Gelände, beim Kontaktaufbau zu Weidenutzern und dabei, das Forschungsvorhaben in verständlicher Weise zu vermitteln.

3.3.2.5 Fokussierte Leitfadeninterviews mit weiderelevanten Akteuren

Subjektive Bedeutungszuschreibungen und Bewertungen der Weidenutzungspraktiken durch die Weidenutzer im Lauf der Zeit sowie der flankierenden Rahmenbedingungen ließen sich nicht durch Beobachtung einfangen. Indem ich aktuelle weidenutzende bzw. anderweitig weiderelevante Akteure sowie solche, die in der sowjetischen Zeit weiderelevant gehandelt hatten, als Experten für die eigenen Bedeutungszuschreibungen ansah, wollte ich ihnen Möglichkeiten zum Einbringen der eigenen Erfahrungen bieten.[118] Mein Bedürfnis, die Respondenten zu einer Rekonstruktion und Einschätzung der eigenen Position, Entscheidungen und Handlungen zu bewegen, entspricht zwar dem Kernanliegen narrativer Interviews.[119] Mit der Vorgabe des allgemein gehaltenen Gesprächsthemas ‚Bedeutung und Inwertsetzung von Weideressourcen' war die dem Konzept narrativer Gespräche nach geforderte völlige, das heisst auch thematische Offenheit jedoch nicht einzuhalten. Deshalb wurde die Methode problemzentrierter Interviews gewählt, welche durch vorgefertigte Leitfäden charakterisiert sind.[120] Die Methode eignet sich besonders für die Erfassung von Selbsteinschätzungen einer bedeutenden gesellschaftlichen Herausforderung durch die Interviewten.[121] Die Gespräche waren um ein Set von vorgefertigten Schlüsselfragen organisiert, welche meine Kerninteressen widerspiegelten. Sie besaßen jedoch keinesfalls vollständigen und thematisch erschöpfenden Charakter. Als „Drehbuch für den Ablauf des Interviews" (Meier Kruker/Rauh, 2005: 71) diente die Teilstruktur vielmehr dazu, ei-

118 Die im Annex B2 platzierte Liste führt in der Arbeit zitierte Respondenteninterviews auf unter Angabe ihrer Herkunft und der thematischen Schwerpunkte der Gespräche.

119 vgl. Fischer-Rosenthal/Rosenthal, 1997: 139

120 Diese Methode kombiniert deduktive und induktive Erkenntnissuche, indem das die Grundlage von Gesprächen bildende Vorverständnis des Interviewers beständig mit neuen, aus den Aussagen der Interviewpartner resultierenden Erkenntnissen angereichert wird (vgl. Lamnek, 2005: 368).

121 vgl. Flick, 1999: 105; Witzel, 1982: 67

nerseits Überblick im Gespräch zu bewahren und sämtliche mir wichtigen Schlüsselthemen ohne zwingende Einhaltung einer bestimmten Reihenfolge anzusprechen. Zudem fungierte sie als erzählgenerierender Anreiz bei stockenden Gesprächsverläufen.[122] Meine Leitfragen gaben den Befragten Gelegenheiten zur Reflektion der eigenen Geschichte und persönlicher Ansichten zum Thema.[123] Durch die allen Interviews zugrunde liegende Teilstruktur offen gehaltener Schlüsselthemen konnten im Auswertungsprozess zudem Vergleiche der individuellen Sinngebungen und Darstellungen der Weidenutzer erfolgen.[124] Meine Interpretationen der Respondentenaussagen erfolgten unter Berücksichtigung der vorgestellten gesellschaftlichen Rahmenbedingungen. Auch bei dieser Methode wurde der Anspruch verfolgt, alle Interviews unter ähnlichen Bedingungen zu führen. Dabei wurde das zentrale Postulat qualitativer Forschung berücksichtigt, die Fragestellung möglichst unmittelbar im alltäglichen, sozialen Umfeld vor Ort zu untersuchen.[125] Weidenutzer wurden nach Möglichkeit direkt auf den Weiden bei Ausübung ihrer alltäglichen und episodischen Tätigkeiten aufgesucht. Nicht auf den Weiden angetroffene und zu früheren Zeiten weiderelevant handelnde Akteure wurden hingegen an ihren beruflichen Tätigkeits- und Wohnorten besucht. Unmittelbar auf den Weiden wurden annähernd 50 Gespräche, anderenorts rund 20 geführt. Die Interviews verliefen immer im Beisein einheimischer Begleiter entweder ohne Übersetzung auf russischer Sprache oder mithilfe ihrer Unterstützung in kirgisisch- bzw. usbekisch-russischer Form. Die Gespräche wurden durch Begleitnotizen, Gedächtnisprotokolle sowie Postskripta dokumentiert, die Aussagen, Zitate, Kommentare, Gesprächspartner- und Situationseinschätzungen, Eindrücke nonverbaler (Gesten, Mimiken etc.)Kommunikation sowie dem natürlichen Umfeld enthielten.[126]

3.3.2.6 Betrachtung historischer Prozesse und Vorbedingungen

Da gegenwärtige Phänomene in der vorliegenden Arbeit als Resultate gesellschaftlicher Entwicklungen interpretiert werden, waren Kenntnisse historischer Prozesse und Vorbedingungen für das Verständnis aktueller Herausforderungen notwendig. Allgemeine Informationen lieferten hierzu Quellen unterschiedlicher Genres. Gesprächspartner mit weiderelevanten Erfahrungen aus der sowjetischen Zeit trugen im Rahmen der Leitfadengespräche Informationen zu besonderen übergeordneten, regionalen und lokalen historischen Situationen und Prozessen

122 vgl. Fischer-Rosenthal/Rosenthal, 1997: 140; Atteslander, 2003: 153–154

123 vgl. Flick, 1999: 106. Obwohl der Leitfaden und die Problemzentrierung am Erkenntnisinteresse des Interviewers orientiert waren, ermöglichte der halbstrukturierte Charakter des Leitfadens adäquate Freiheitsgrade, das heißt Offenheit für die Antworten der Befragten und den Gesprächsverlauf (vgl. Reuber/Pfaffenbach, 2005: 129–130).

124 Die Schlüsselthemen des Leitfadens zur Problematik ‚Bedeutung und Inwertsetzung von Weideressourcen‘ sind im Annex D dokumentiert.

125 vgl. Mayring, 2002: 22

126 vgl. Girtler, 2001: 168; Atteslander, 2003: 157; Meier Kruker/Rauh, 2005: 75

bei. Mit ihren Aussagen allein konnten die mit zunehmender historischer Entfernung größer werdenden Informationslücken jedoch nicht aufgelöst werden. Daher erfolgten zusätzliche Recherchen in Archiven und Bibliotheken, wie dem Staatlichen Archiv [GAKR] und der Nationalbibliothek in Bischkek, in der regionalen Archivzweigstelle des Staatlichen Archivs politischer Dokumente [OOMSDA] in Osch, im Staatlichen Archiv des *oblast'* Žalal-Abad [GAOŽ] sowie in Bazar Korgon als dem *rajon*-Verwaltungszentrum des Untersuchungsgebiets und Sitz eines Zweigbüros des *oblast'*-Archivs. Gesichtet wurden Archivalien wie Statistiken, Rechtsnormen, Verwaltungs-, Partei-, Planungskommissionen- und Betriebsberichte sowie Sekundärquellen wie Karten, Landeskunden, Reiseberichte und Ethnographien, welche Auskunft geben konnten zu kolonialen und sowjetischen Weidelandverhältnissen und deren Veränderungen im Zuge gesellschaftlicher Umbrüche. Im Zuge der Nachforschungen stellte sich heraus, dass die in Kirgisistan verfügbare Quellenlage zur Kolonialära und frühen sowjetischen Zeit relativ geringen Umfang aufweist. Daher waren weitere Recherchen in Taschkent angeraten, dem zentralen kolonialen und frühen sowjetischen Verwaltungszentrum der Region. Bei Nachforschungen in den reich ausgestatteten Sammlungen der Nationalen Bibliothek, der Bibliothek der Akademie der Wissenschaften sowie im Fundus des Zentralen Archivs der Republik Usbekistan [CARU] konnte ich vielfältige und wertvolle Quellen und Verweise einsehen, auf die an den entsprechenden Stellen verwiesen wird.

3.3.3 Systematik der Untersuchung im Überblick

Die Analyse aktueller sozio-ökologischer Weidelandherausforderungen Kirgisistans erfolgte durch die systematische Auseinandersetzung mit den erkenntnisleitenden Fragen nach den Verursachungs- und Wirkungsmechanismen weidebezogener sozialer und ökologischer Probleme als dem Resultat von unter dem Einfluss gesellschaftlicher Rahmenbedingungen und der Folgen historischer Umbrüche praktizierten weiderelevanten Handlungen von Akteuren und Organisationen. Indem mit ihm ungleiche Machtpotentialen ausgestattete, umweltrelevant handelnde Akteure auf unterschiedlichen Ebenen fokussiert und umweltbezogene Herausforderungen als Resultate historischer Prozesse untersucht werden, ist der Ansatz der Politischen Ökologie bestens geeignet, zu einem fundierten Verständnis aktueller weidelandbezogener Herausforderungen zu gelangen (Abb. 3.2).

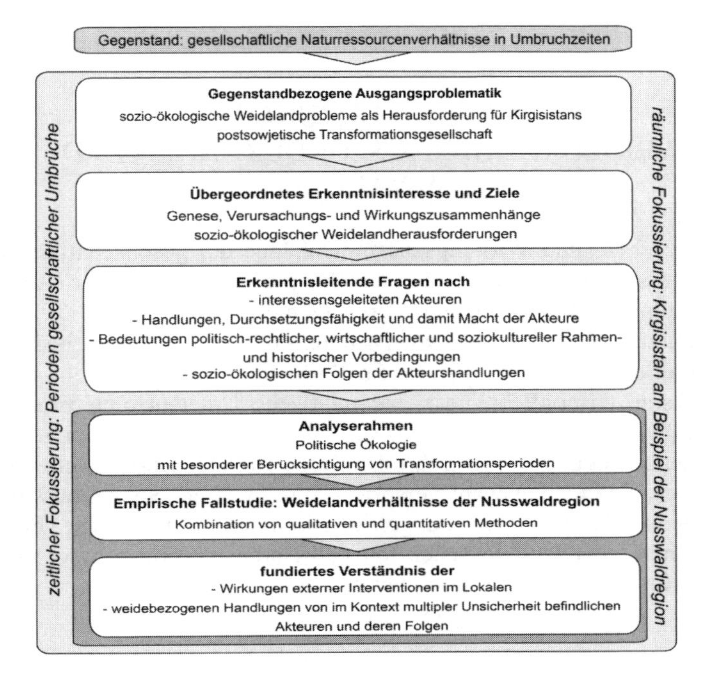

Abb. 3.2: Aufbau und Argumentationsstrang der Untersuchung.
Gestaltung: AD (2012)

Als Untersuchungsgebiet bot sich die im Süden des Landes befindliche Region der Walnuss-Wildobst-Wälder an, da die Vielfalt der dort vorgefundenen Akteurskonstellationen, Inwertsetzungsformen von Weideressourcen und weidelandbezogene Herausforderungen Erkenntnisse über regionalspezifische Mensch-Umwelt-Beziehungen versprachen und zugleich Rückschlüsse auf Funktions- und Wirkungsweisen gesellschaftlicher Rahmenbedingungen auf Weidelandverhältnisse von landesweiter Gültigkeit ermöglichten.

4 WEIDENUTZUNG UND WEIDELANDHERAUSFORDERUNGEN IN DER NUSSWALDREGION

Genese, Ursachen- und Wirkungszusammenhänge der gesellschaftlichen Weidelandverhältnisse Kirgisistans werden am Beispiel des *rajon* Bazar Korgon als einer Verwaltungseinheit betrachtet, deren Gebiet zu erheblichen Teilen von als Weide genutztem Grasland und von Walnuss-Wildobst-Wäldern bedeckt ist. Da der strukturelle Rahmen und historische Vorbedingungen essentielle Bestandteile der Studie sind, ermöglicht diese exemplarische Untersuchung zum einen, Erkenntnisse über allgemein und landesweit gültige Wirkungsweisen gesellschaftlicher Rahmenbedingungen sowie ihre Einflüsse auf Mensch-Umwelt-Verhältnisse zu generieren. Die Gebietswahl verspricht zum anderen, Spezifika weidelandbezogener Mensch-Umwelt-Beziehungen und individuelle Umgänge von in ländlichen Regionen lebenden Menschen mit den Herausforderungen der postsowjetischen Transformation exemplarisch herauszuarbeiten.

4.1 CHARAKTERISTIK DES UNTERSUCHUNGSGEBIETS

Vor dem Hintergrund des mit nur etwas über fünf Prozent Waldbedeckung relativ waldarmen Landes stellen die Nusswälder mit ihrer hohen Gehölzdiversität und Gesamtausdehnung von über 470 km² ein zentrales Distinktionsmerkmal des südwestlichen Landesteiles dar. Diese Wälder befinden sich auf dem Gebiet des *oblast'* Žalal-Abad insbesondere an den südlichen Abdachungen der Čatkal- und der Ferganakette des westlichen Tien Shan in Höhenlagen zwischen rund 1100 und 2000 m (Abb. A.2; Abb. A.14). Sie werden von den drei bedeutenden Waldmassiven Hodža-Ata an der Čatkalkette, Kugart-Arstanbap an der Ferganakette und Jassin östlich von Özgen gebildet. Kugart-Arstanbap ist flächig das bedeutendste und erstreckt sich zum großen Teil auf dem Gebiet der Bazar Korgoner und der westlich bzw. östlich benachbarten Verwaltungseinheiten Nooken und Suzak. Geschlossene Waldflächen sind hier insbesondere in Höhen zwischen 1400 und 2000 m vorzufinden. Auch unterhalb davon gibt es bis zu 1000 m Höhe Walnussbestände, jedoch zumeist nur in Gunstlagen, insbesondere Nordhangexpositionen. Neben der Walnuss (*Juglans regia*) sind über 180 Gehölze in den Wäldern nachgewiesen worden, wobei weitere dominierende Arten von Ahorn (*Acer turkestanikum*) und verschiedenen Wildfruchtgehölzen gebildet werden, wie Apfel (*Malus sieversii*), Birne (*Pyrus korshinski*), Pflaume (*Prunus sogdiana*), Berberitze (*Berberis oblonga*), Hagebutte (*Rosa kokanica*), Sanddorn (*Hippophae rhamnoides*) und anderen. Aus ökologischer Sicht gelten die Wälder daher als Biodiversitäts-Hotspot.[1]

Wenn hier und im Folgenden von der Nusswaldregion die Rede ist, beschränkt sich das Verständnis nicht auf die Wälder an sich. Mit einem breiter angelegten Verständnis werden auch benachbarte, zum großen Teil landwirtschaftlich genutzte Gebiete, nicht genutzte naturnahe Flächen, Siedlungen sowie von Produktions- und infrastrukturellen Einrichtungen eingenommene Areale erfasst. Hierzu zählen rechtlich als ‚staatlicher Waldfonds' *gosudarstvennyj lesnoj fond* [GLF] (rus.) definierte und von staatlichen Forstbetrieben verwaltete Gebiete[2], Areale der so genannten ‚staatlichen Landreserve' *gosudarstvennyj zemel'nyj zapas* [GZZ] (rus.) sowie in kommunalem Besitz befindliche und privatisierte Flächen. Diese raumordnerischen Kategorien und die Waldvorkommen gilt es zu berücksichtigen, da sie im Zusammenhang mit der kodifizierten Regelung der Ressourcennutzung, der -allokation und des -managements, der sich ergebenden Akteurskonstellation sowie den Inwertsetzungen naturbasierter Ressourcen eine wichtige Rolle spielen.

4.1.1 Naturräumliche Merkmale des *rajon* Bazar Korgon im Überblick

Der seit 1928 bestehende *rajon* Bazar Korgon liegt am nordöstlichen Rand des Ferganabeckens und besitzt eine Fläche von rund 2020 km².[3] Indem er im Südwesten über ca. zehn Kilometer an Usbekistan grenzt, hat nur ein kleiner Teil seiner administrativen Grenzen internationalen Charakter. Innerhalb seines Gebiets liegen neun selbstverwaltete Gebietskörperschaften, die aus Siedlungen und Nutzflächen ehemaliger Landwirtschaftsbetriebe hervorgegangen sind bzw. welche die Siedlungen innerhalb der Nusswälder umfassen. Die von vier staatlichen Forstbetrieben *leshoz* (rus.)[4] Arstanbap-Ata, Gava, Kyzyl Unkur, Ači und zwei selbständig wirtschaftenden staatlichen Forstrevieren *lesničestvo* (rus.) Žai Terek und Kôgalma verwalteten Flächen zählen zum staatlichen Waldfonds. Zudem werden erhebliche Territorien von der staatlichen Landreserve gebildet.

Die südwestlichen *rajon*-Gebiete liegen auf Höhen zwischen 600 und 800 m und weisen abseits der auf Lössböden befindlichen kultivierten Flächen vornehmlich steppenartige Vegetationsformationen auf. Nach Norden hin nimmt die Höhe sukzessive zu. Die von Steppenvegetation bedeckten Hügelländer im Vorgebirgs-

1 vgl. GAOŽ 126/2/126: 10; Venglovsky, 1998: 73; Gottschling et al., 2005: 86–87, 91-92, 96–97; Gottschling et al., 2007: 19–20; Griza et al., 2008: 31, 45–46; Borchardt et al., 2010: 257

2 Den Waldkodices [LKKR] von 1993 und 1999 entsprechend wird dieser Landfonds von Flächen gebildet, die einerseits waldbestanden sind und andererseits von waldfreien Flächen gebildet werden, die dem Forstwirtschaftssektor für dessen Bedürfnisse übertragen wurden (vgl. LKKR 1993 Art. 4; LKKR 1999 Art. 7). Als Teil eines ‚geeinten Naturkomplexes' *edinyj prirodnyj kompleks* (rus.) definiert, dürfen Waldfondsweiden rechtlich nicht aus diesem ausgegliedert werden (vgl. LKKR 1999 Art. 8; Experteninterview A. Burhanov 2009).

3 vgl. MČSKR-DMPČOH, 2007: 33

4 *leshoz* als Abkürzung steht für *lesnoe hozjajstvo* (rus.) (Wald- bzw. Forstbetrieb)

saum der Ferganakette, die sogenannten *adyrlar*, erheben sich hier bis ca. 1500 m. Der Nomenklatur des sowjetischen Klassifizierungssystems folgend, dominieren hier lössige Serosemböden, die typisch für Gebiete mit heissem trockenem Klima sind.[5] Den *adyrlar*-Hügelländern schließen sich gen Norden in den Vorgebirgszügen der Ferganakette zunächst lichte und von Grasflächen durchsetzte Mandel-, Pistazien- und Obstgehölzbestände, mit zunehmender Höhe bis über 2000 m dichter werdende Walnuss-Wildobst-Mischbestände und nahezu reine Nusswälder an.[6] Stark durch das vorherrschende humide Regime und die Vegetationsbedeckung bedingt, haben sich in Letzteren zimtfarbene Böden, Kastano- und Tschernoseme gebildet. In den höher gelegenen subalpinen und alpinen Bereichen herrschen auf subalpinen und alpinen Wiesen-Steppen- und Wiesenböden vornehmlich als Weideflächen genutzte Grasländer vor.[7]

Jüngst wurde nachgewiesen, dass die Wälder *tokoj* (krg.) entgegen sich bis heute haltenden Annahmen[8] sehr wahrscheinlich jüngeren als tertiären Ursprungs sind und erst im Zusammenhang mit einer verstärkten menschlichen Landnutzung in dem Gebiet vor rund 1000 Jahren großflächige Verbreitung fanden.[9] Seit der Kolonialzeit werden sie gezielt forstwirtschaftlich sowie nach dem Zusammenbruch der UdSSR verstärkt von der lokalen Bevölkerung im Rahmen individueller Lebenssicherungen auf unterschiedliche Weisen genutzt. Als besonders wichtig gelten dabei das Sammeln von Walnüssen und Feuerholz, von Wildobst, Medizinalpflanzen und Morcheln, die Heuproduktion auf Waldwiesen und die Viehweidung auf Lichtungen und in den Wäldern selbst.[10] Die zuletzt genannte Nutzungsform wurde bereits seit vorsozialistischer Zeit als wichtige Ursache ökologischer Waldschädigungen angesehen und als teilweise verbotene Praxis rechtlich verfolgt.[11] Eine touristische Inwertsetzung der Wälder begann erst in Zeiten der UdSSR.[12]

Nördlich wird der Bezirk von den Gebirgsmassiven Babaš Ata, dessen gleichnamiger Hauptgipfel 4427 m erreicht, und den niedrigeren Ketten Isfandžajljau und Kenkol begrenzt, an deren Flanken sich Weideflächen von lokaler und regionaler Bedeutung befinden.[13] Dieses Territorium entspricht weitgehend dem Ein-

5 vgl. GAOŽ 126/2/126: 2; Billwitz, 1997: 275–280; GLSKR/GUL, 2004a: 16; Gottschling et al., 2005: 89; GUGK, o.J.

6 vgl. GAOŽ 126/2/126: 2, 10; Gottschling et al. 2005: 96–97; Borchardt et al., 2010: 257

7 vgl. GAOŽ 126/2/126: 2; Billwitz, 1997: 275–280; GLSKR/GUL, 2004a: 16; Gottschling et al., 2005: 89; GUGK, o.J.; eigene Beobachtungen

8 vgl. AN KSSR/GK KSSR IPK, 1987: 197; Kolov, 1998: 59; UNEP et al., 2005: 20

9 vgl. Beer et al., 2008: 627-628; Borchardt et al., 2011: 364

10 vgl. Schmidt, 2005a, 2005b, 2006b; Dörre/Schmidt, 2008; Schmidt/Doerre, 2011; eigene Beobachtungen

11 vgl. Nalivkin, 1883b: 66; Lisnevskij, 1884: 51; Koržinskij, 1896: 42; Navrockij, 1900: III; CARU 662/1/198; CARU 662/1/294: 3; GK SSSRL et al., 1990–1991a: 137–138; GK SSSRL et al., 1990–1991b: 280–281; Matveev, 1998: 125

12 vgl. Vernadskij, 1972; Schmidt, 2005a, 2006b; Dörre/Schmidt, 2008: 211

13 vgl. KIRGIZGIPROZEM, 1983 a, b, c, d, e, f, g, h, i, j, k; AN KSSR/GK KSSR IPK, 1987: 197–198; GK SSSRL et al., 1990–1991a: 136–137; GK SSSRL et al., 1990–1991b: 199; KRPKMTBUK, 2003: 200–202; Blank, 2007

zugsgebiet des Kara Unkur. Er ist der wichtigste Vorfluter in der Verwaltungseinheit und fließt von seinem im Nordosten des Bezirks liegenden Quellgebiet in südwestlicher Richtung grenzüberschreitend nach Usbekistan. Erhebliche Mengen seines Wassers werden für den vorrangig in den südlichen Bereichen des Bezirks praktizierten Bewässerungsfeldbau verwendet.[14]

Sind beide Teilgebiete klimatisch grundsätzlich kontinental geprägt, unterscheiden sich die südlichen ariden Steppenbereiche von den nördlichen, an den Abdachungen der Gebirgsmassive gelegenen humiden Gebieten. Unter letzteren weisen insbesondere die Nusswaldbereiche geringere Tages- und Jahrestemperaturgänge, eine mildere durchschnittliche Jahrestemperatur sowie höhere Niederschlagssummen auf, als die tiefer gelegenen Regionen des Ferganabeckens. So ist die durchschnittliche Amplitude des Temperaturjahresganges bei der meteorologischen Station von Ak Terek-Gava zwischen den durchschnittlichen Monatsextremen von –2,1°C im Januar und 20,4°C im Juli geringer, als die der Stadt Žalal-Abad[15] mit den durchschnittlichen Monatstemperaturextremen von –2,8°C im Januar und 26,0°C im Juli. Die Jahresdurchschnittstemperatur ist in den Nusswäldern um ca. 3,5 °C niedriger als im Steppenbereich, während die mittlere Jahresniederschlagssumme mit über 1000 mm doppelt so hoch ist und damit zu den landesweit höchsten zählt. In beiden Lagen sind Doppelspitzen in der jährlichen Niederschlagsverteilung charakteristisch, wobei das frühjährliche das stärker ausgeprägte Maximum ist. Trockenperioden sind in den Sommermonaten üblich.[16] Verdeutlicht wird dies durch die auf Langzeitmessungen von 1935 bzw. 1947 bis 2006 basierenden Daten der Klimastationen Ak Terek-Gava und Žalal-Abad (Abb. 4.1).

Die klimatischen Bedingungen werden maßgeblich durch die Höhenlage und die Exposition des Gebiets sowie durch die Gebirgsstöcke beeinflusst, die den Bezirk nördlich begrenzen. Damit werden kalte Luftmassen erheblich davon abgehalten, in die Region einzufließen. Im Zusammenspiel mit der Sonneneinstrahlung entstehen daher in den kalten Jahreszeiten regelmäßig Inversionen. Der ausbleibende Luftmassenaustausch führt dazu, dass die winterlichen Temperaturen im höher gelegenen Gebiet der Nusswälder regelmäßig über denen der niedrigeren Beckenlagenbereiche liegen. Im Sommer hingegen sind die Durchschnittstemperaturen aufgrund des Höhenniveaus und des Ausbleibens von Inversionssituationen niedriger. Ausserdem führt das Zusammenspiel der überwiegend herrschenden zyklonalen Westwinddrift und der Expositionen der Gebirgszüge zu Stauniederschlägen infolge orographischer Hebungen. In der Nusswaldregion kann des-

14 vgl. AN KSSR/GK KSSR IPK, 1987: 197; KRPKMTBUK, 2003: 202; eigene Beobachtungen

15 Die meteorologische Station Žalal-Abad liegt zwar außerhalb des Bezirks Bazar Korgon. Sie befindet sich aber auf einer den tiefer gelegenen Bereichen des *rajon* Bazar Korgon entsprechenden Höhenlage und ist nur rund 30 km von ihnen entfernt. Die klimatischen Bedingungen ähneln einander sehr. Die in Žalal-Abad gemessenen Werte lassen sich daher auch für die Beschreibung der klimatischen Situation im südlichen Teil des Bezirks Bazar Korgon verwenden.

16 vgl. Gottschling et al., 2005: 89

wegen weitgehend bewässerungsloser Ackerbau praktiziert werden.[17] Neben der von vielen Menschen als attraktiv eingeschätzten Szenerie ist das beschriebene milde Klima ein wichtiger Grund, dass die Menschen der Nusswaldregion touristische Bedeutung zuweisen.

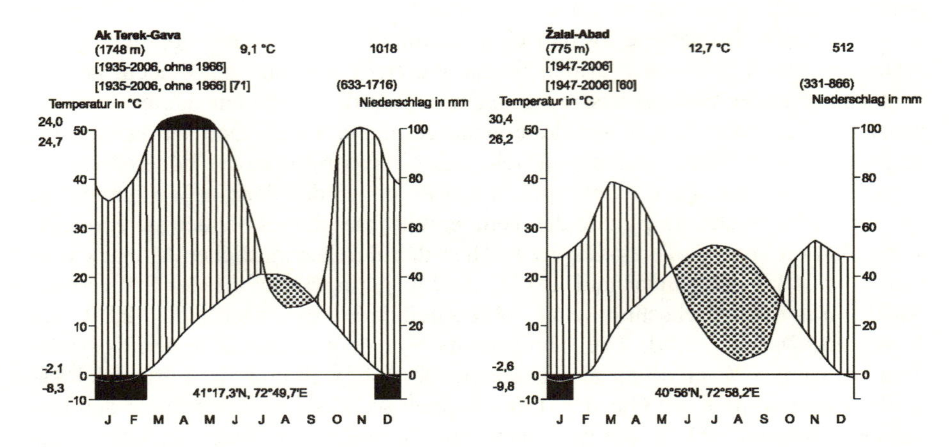

Abb. 4.1: Klimatische Verhältnisse in den Nusswäldern und Steppenbereichen des nördlichen Ferganabeckens.
Gestaltung nach Walther (1990: 35–42): AD (2012) auf Grundlage von durch die Abteilung ‚Klima' der Hauptleitung des hydrometeorologischen Dienstes des Ministeriums für Notstandssituationen ausgehändigten Klimadaten

Die im Vergleich zu anderen Landesteilen großflächige Bewaldung hat erhebliche gesellschaftliche Bedeutung: Es lassen sich infolge der in der Vergangenheit vorgenommenen raumordnerischen Klassifizierung der Landflächen bis heute überdurchschnittlich viele Landkategorien auf relativ engem Raum wiederfinden. Im Zuge der interessensgeleiteten Inwertsetzungen der Weidelandressourcen sowie die Kodifizierung der Rechtsverhältnisse hat sich eine weitgefächerte Konstellation weiderelevanter Akteure und Institutionen in der Nusswaldregion herausgebildet. Dies generiert in rechtlichen, sozioökonomischen und praktischen Belangen bemerkenswerte Wirkungen auf die Weidelandverhältnisse.

17 vgl. Alisov/Lupinovič, 1949: 49; Lupinovič, 1949: 11–12; GAOŽ 126/2/126: 4; KRPKMTBUK, 2003: 202; Dörre, 2008: 9–10; eigene Beobachtungen. Für detaillierte Informationen zum naturräumlichen Charakter des Nusswaldgebiets lohnt die Konsultation früher Arbeiten aus der sowjetischen Zeit, wie Gerasimov (1949), Momot (1940a, 1940b) und Petrov (1950 [entspricht GAOŽ 126/2/126]).

4.1.2 Sozioökonomische Merkmale des *rajon* Bazar Korgon im Überblick

Wie zuvor dargelegt wurde, ist mit den postsowjetischen Reformen die Privatisierung des Agrarsektors initiiert worden. Kollektiv- und Staatsbetriebe wurden aufgelöst, deren technische und bauliche Ausstattungen, Viehbestände sowie Ackerflächen wurden an ehemalige Betriebsangehörige, mehr oder weniger den rechtlichen Vorgaben folgend, verteilt. Die Ländereien ehemaliger Großbetriebe und unbewirtschaftete Areale wurden hierfür in einen speziellen Umverteilungsfonds landwirtschaftlicher Nutzflächen[18] *fond pererasspredelenija sel'skohozjajstvennyh ugodii* (rus.) [FPS] überführt, aus dem heraus die Allokation künftig privatwirtschaftlich zu bewirtschaftender Flächen erfolgt. Der derzeit von kleinbäuerlichen Hofwirtschaften geprägte Agrarsektor hat seine Entstehung zu einem großen Teil diesem Prozedere zu verdanken.[19]

Hiervon grundsätzlich verschieden verhält es sich mit staatlichen Forstbetrieben, mit Wäldern und mit Weideflächen. Anstatt einer Auflösung erlebten Forstbetriebe lediglich massive Umstrukturierungen, welche häufig von Massenentlassungen begleitet waren. Wälder und Weiden verblieben mit wenigen Ausnahmen in exklusivem Staatseigentum. Im Bereich des staatlichen Waldfonds, dessen Flächen bis in die Gegenwart von zumeist seit der sowjetischen Zeit bestehenden Forstbetrieben verwaltet und bewirtschaftet werden, konnte die lokale Bevölkerung in der Regel nicht an den postsowjetischen Landverteilungen partizipieren, da die auf Ackerflächen und Landwirtschaftbetriebe bezogenen Reformen auf Staatsland keine Anwendung fanden und somit keine Umverteilungsfonds gebildet werden konnten. Diese Situation besteht in den im nördlichen Teil des Untersuchungsgebiets gelegenen Waldfondsgebieten (Abb. A.14).[20] Auch aus diesem Grunde besitzt der Zugang zu Waldressourcen vor allem für die relativ kleine Hofland- und Ackerflächenparzellen besitzenden, in der postsowjetischen Zeit insbesondere aufgrund der radikalen Verkleinerungen der Forstbetriebe und der Gehälter unter Arbeitsplatz- und Einkommensverlust leidenden Einwohner der Gebietskörperschaften Arslanbob, Kyzyl Unkur und Moghol eine herausragende ökonomische Bedeutung.

Innerhalb des Bazar Korgoner Gebiets lebten 2009 offiziell rund 143000 Menschen, was über 56000 Menschen mehr sind als 1989.[21] Das Gebiet gehört damit zu den am dichtesten besiedelten Entitäten Kirgisistans. Über 11000 Einwohner galten 2009 dabei aus unterschiedlichen Gründen als temporär abwesend, wobei die Migration aus Lohnarbeits- und Ausbildungszwecken eine große Rolle spielt und insbesondere nach Bischkek und Osch als den urbanen Zentren des

18 Seine anfängliche Bezeichnung ‚spezialer Landfonds' wurde im Dezember 1992 in ‚Nationaler Landfonds' geändert. Seit 1996 trägt er die heutige Bezeichnung (vgl. Bloch/Rasmussen, 1998: 133).

19 vgl. IBRD, 2004a: 12; IBRD, 2004b: 89–91; Dörre, 2008: 7–8

20 vgl. Bloch/Rasmussen, 1998: 113–114, 131–132; Experteninterviews A. Sartbaev 2007, R. Kultanov 2007; eigene Beobachtungen

21 vgl. NSKKR, 2003a: 12; NSCKR, 2010: 32, 83

Landes sowie nach Russland und Kasachstan ausgerichtet ist.[22] Das verwundert nicht, da mit der Auflösung der agrarischen Kollektiv- und Staatsbetriebe und anderer Produktionseinrichtungen – wie der vorgelagerten Viehfutterherstellung bzw. der nachgelagerten Lebensmittelindustrie – innerhalb des Untersuchungsraums Lohnarbeitsmöglichkeiten massiv abgenommen haben sowie dort auch keine Hochschulen und weiterbildenden Einrichtungen verortet sind.[23] Gemeinsam mit den wirtschaftlich krisenhaften Jahren der postsowjetischen Transformationsperiode trug dies dazu bei, dass Bazar Korgon zu den Bezirken mit den niedrigsten PKE zählt und sich die Armutsrate über Jahre hinweg auf hohem Niveau hält (Abb. A.5). Im Jahr 2009 galten ca. 47 % der rund 27200 Haushalte als arm, wobei innerhalb des Bezirks große Disparitäten herrschen.[24]

In den ausgehenden Jahren der Sowjetunion wurden nahezu drei Viertel der Landwirtschaftsproduktion des Bazar Korgoner Gebiets durch den Anbau von Getreide, Baumwolle, Futterpflanzen und Tabak generiert. Die viehwirtschaftliche Produktion konzentrierte sich auf rinderbasierte Milch- und Fleischproduktion sowie auf Edelwollgewinnung durch Schafzucht.[25] Im Zuge der postsowjetischen Deindustrialisierung ist die Wirtschaft des Bezirks heute weiterhin vom primären Sektor geprägt, der zur Wertschöpfung noch immer fast 62 % zusteuert. Auf den auch das Bauwesen erfassenden sekundären Sektor entfallen gerade 20 und auf den Bereich des Handels und der Dienstleistungen etwas über 18 %.[26] Die Landwirtschaft wird gegenwärtig vor allem von privaten Betriebsformen und individuellen Hofwirtschaften repräsentiert. Deren Mechanisierungsgrad ist gering. Baumwolle gilt weiterhin als wichtige cash crop, ebenso Sonnenblumen zu Ölgewinnung, Tabak und Futterpflanzen wie Mais, Luzerne und Klee. Getreide wird hingegen weitgehend importiert. In der weiderelevanten Viehwirtschaft hat wie in anderen Landesteilen eine relative Aufwertung der schaf- und ziegenbasierten Fleischgewinnung stattgefunden, während die Schafzucht zur Edelwollproduktion nahezu völlig zum Erliegen gekommen ist. Milchviehhaltung ist populär und wird zu großem Anteil subsistenzorientiert praktiziert. Von weitaus weniger Akteuren

22 vgl. NSKKR, 2009b: 61; NSCKR, 2010: 32, 83

23 vgl. Schmidt/Sagynbekova, 2008: 118–119

24 vgl. Schuler et al., 2004: part 11.4; RABK, 2005, 2006, 2009b. In Kirgisistan gilt das monatliche PKE als offizieller Indikator der Armutsmessung, wobei die Grenzwerte jährlich neu festgesetzt werden. So galten im Jahre 2009 Haushalte als ‚arm', wenn je Mitglied monatlich weniger als 860,40 K.S. zur Verfügung standen. Waren weniger als 558 K.S. monatlich pro Person verfügbar, galt der Haushalt als ‚arm auf mittlerem Niveau'. Der obere Einkommensgrenzwert ‚sehr armer' Haushalte wurde von 200 monatlich pro Person bereitstehenden K.S. gebildet. Als ‚arm', ‚arm auf mittlerem Niveau' und ‚sehr arm' geltende Haushalte sind berechtigt, ein vom *rajon* auszuzahlendes Kindergeld zu beantragen sowie in öffentlichem Eigentum befindliches Land zu günstigeren Konditionen zu pachten, als andere Bewohner der entsprechenden Gebietskörperschaft (Experteninterview N. Erežepov 2007).

25 vgl. AN KSSR/GK KSSR IPK, 1987: 198

26 vgl. vgl. MČSKR-DMPČOH, 2007: 33; RABK, 2009a

wird auch Pferdehaltung – vornehmlich zur Gewinnung von Stutenmilch – praktiziert.[27]

Die heute noch in den Nusswäldern praktizierte Forstwirtschaft wird offiziell ausschließlich von staatlichen Betrieben ausgeübt, im Vergleich zur sowjetischen Zeit jedoch stark eingeschränkt und mit deutlich kleineren Belegschaften.[28] Lokale Anwohner nutzen die Wälder zudem zur markt- und subsistenzorientierten Einkommensgenerierung. Ackerbaulich nicht inwertsetzbare Grasländer werden primär von Privatnutzern und professionellen Hirten, jedoch auch den staatlichen Forstbetrieben viehwirtschaftlich als Weide sowie auf andere Weisen genutzt.[29]

Bazar Korgon ist das administrative und wirtschaftliche Zentrum des Bezirks.[30] Hier befinden sich neben regionalen Gremien der Legislative, Judikative und Exekutive der für die ökonomischen Gebirgs-Tiefland-Beziehungen wichtige, nahezu täglich betriebene Basar, der zwei Mal wöchentlich stattfindende Viehmarkt sowie andere Handels- und Versorgungseinrichtungen. Abseits der den Bezirk im Süden schneidenden Überlandstraße in die Landes- und Provinzhauptstadt, der Hauptverkehrsachse im Kara Unkur-Tal und weniger Verkehrswege zwischen den Tieflandsiedlungen besitzen die Verkehrswege zumeist keine feste Straßendecke. Dies beeinträchtigt und verteuert Kommunikation und Transport innerhalb des Untersuchungsgebiets.

4.2 WEIDEN, IHRE NUTZUNG UND WEIDEBEZOGENE HERAUSFORDERUNGEN

Zumeist weidewirtschaftlich genutzte, dispers verortete Grasländer nehmen einen Flächenanteil des Bezirks ein, der größer ist als der von Wäldern, Ackerland und Gärten gemeinsam gebildete.[31] Ihre Inwertsetzung zeichnet sich durch mehrere Besonderheiten aus: Zum Ersten ist auffällig, dass sich erheblich voneinander unterscheidende Nutzungsregime beobachten lassen. Zum Zweiten manifestieren sich weidelandbezogene ökologische Problematiken ebenfalls räumlich dispers

27 Experteninterviews K. Balagyšev 2007, A. Žumaliev 2007; eigene Beobachtungen

28 Beispielsweise verringerte sich die Zahl der Angestellten im Forstbetrieb Arstanbap-Ata von 963 im Jahre 1990 auf 54 im Jahre 2004 (vgl. GK SSSRL et al., 1990–1991a: 159; GLSKR/GUL, 2005: 58; GLSKR/GUL, 2004a: 75).

29 vgl. Blank, 2007; Dörre, 2008; Dörre, 2012; eigene Beobachtungen

30 Neben Osch und Žalal-Abad war auch Bazar Korgon Schauplatz der gewaltsamen, menschliche und materielle Schäden fordernden Ausschreitungen vom Juni 2010 gewesen, deren Spuren weiterhin sichtbar sind und welche die Beziehungen zwischen Usbeken und Kirgisen als den beiden großen Bevölkerungsgruppen bis in die Gegenwart negativ beeinflussen (vgl. ICG, 2010b: 11, 14, 18; UNITAR, 2010).

31 Der Bevorratung mit Winter- und Frühjahrsfutter dienende Mähwiesen als zweite wichtige Kategorie viehwirtschaftlich relevanter agrarischer Nutzflächen nehmen deutlich geringere Flächen ein und sind räumlich ebenfalls ungleich verteilt (vgl. KIRGIZGIPROZEM, 1983 a, b, c, d, e, f, g, h, i, j, k; AN KSSR/GK KSSR IPK, 1987: 197–198; GLSKR/GUL, 2003; GLSKR/GUL,2004; GLSKR/GUL, 2005; KRPKMTBUK, 2003: 202).

sowie in anderen Formen und Intensitäten als in sowjetischer Zeit. Zum Dritten kristallisierten sich nach 1991 zuvor unbekannte soziale Herausforderungen heraus.

4.2.1 Weideressourcen des Untersuchungsgebietes

Teilweise auf sowjetischen Vorgaben aufbauende, in der postsowjetischen Transformation nach unterschiedlichen Gesichtspunkten vorgenommene formale Kategorisierungen der Weideflächen besitzen bis in die Gegenwart hohe praktische Bedeutung, da sie mittel- und unmittelbar zu weidewirtschaftlichen Konsequenzen führen. Deshalb bietet es sich im Folgenden an, die Weideressourcen des Untersuchungsgebiets anhand dieser Systematisierung vorzustellen.

Die Größen ‚Zeit' und ‚Raum' stellen die Dimensionen der Kategorisierungsmatrix dar. So bildet die saisonale Nutzbarkeit das zeitbezogene Merkmal einer Weide. Neben der Distanz ist sie primär abhängig von der räumlichen Lage, insbesondere der Höhe und der Exposition, und der eng damit verbundenen Verfügbarkeit von Wasser und als Futter geeigneter natürlicher Phytomasse. Neben anderen Faktoren wirken daher Entfernung, Höhenlage, Exposition und Hangneigung mittelbar auf die Nutzungspraxis. Idealtypisch wird einer jahreszeitlichen Staffelung folgend zwischen Frühlings-, Sommer-, Herbst- und Winterweiden unterschieden, wobei im Frühjahr und Herbst genutzte Areale häufig einander entsprechen und diese daher als Frühlings-Herbstweiden bezeichnet werden. Diese Kategorisierung fand während der sowjetischen Zeit durch kollektiv geführte und staatliche Agrarbetriebe statt und findet bis in die Gegenwart Anwendung.[32] Sie bezieht sich auf nahezu alle Weiden des Untersuchungsgebiets (Abb. 4.2).

Räumliche Parameter besitzen wichtige Bedeutungen für rechtliche Regelungen der Weideallokation und für das Ressourcenmanagement. Hierbei entwickelten nach 1991 zwei Faktoren besondere Relevanz. Die aus der sowjetischen Zeit übernommene siedlungsbezogene Lage einer Weide bildet die erste und die Zuweisung zu bestimmten Raumordnungskategorien die zweite Bezugsgröße. Im Verlauf der postsowjetischen Ära hieß das bisher, dass zeitweise unterschiedliche Organisationen für die Zuteilung und das Management von siedlungsnahen *prisëlnye pastbiŝe* (rus.), von in höherer Distanz von Siedlungen befindlichen Ferntrieb- *otgonnye pastbiŝe* (rus.) und von dazwischen liegenden Weiden intensiver Nutzung *pastbiŝe intensivnogo pol'zovanija* (rus.) zuständig waren (Abb. 4.2).[33]

32 vgl. KIRGIZGIPROZEM, 1983 b, c, d, e, f, g, h, i, j, k; PPPAIP 2002 Abschnitt I Art. 2, 3; Steimann, 2011a; eigene Beobachtungen

33 vgl. ZKKR 1999 Art. 13 Abs. 2, Art. 15 Abs. 2, Art. 17 Abs. 1; PPPAIP 2002 Abschnitt I Art. 2, 10, Abschnitt II Art. 15, Abschnitt III Art. 39; Baibagushev, 2011: 105, 108; Dörre, 2012: 133–137

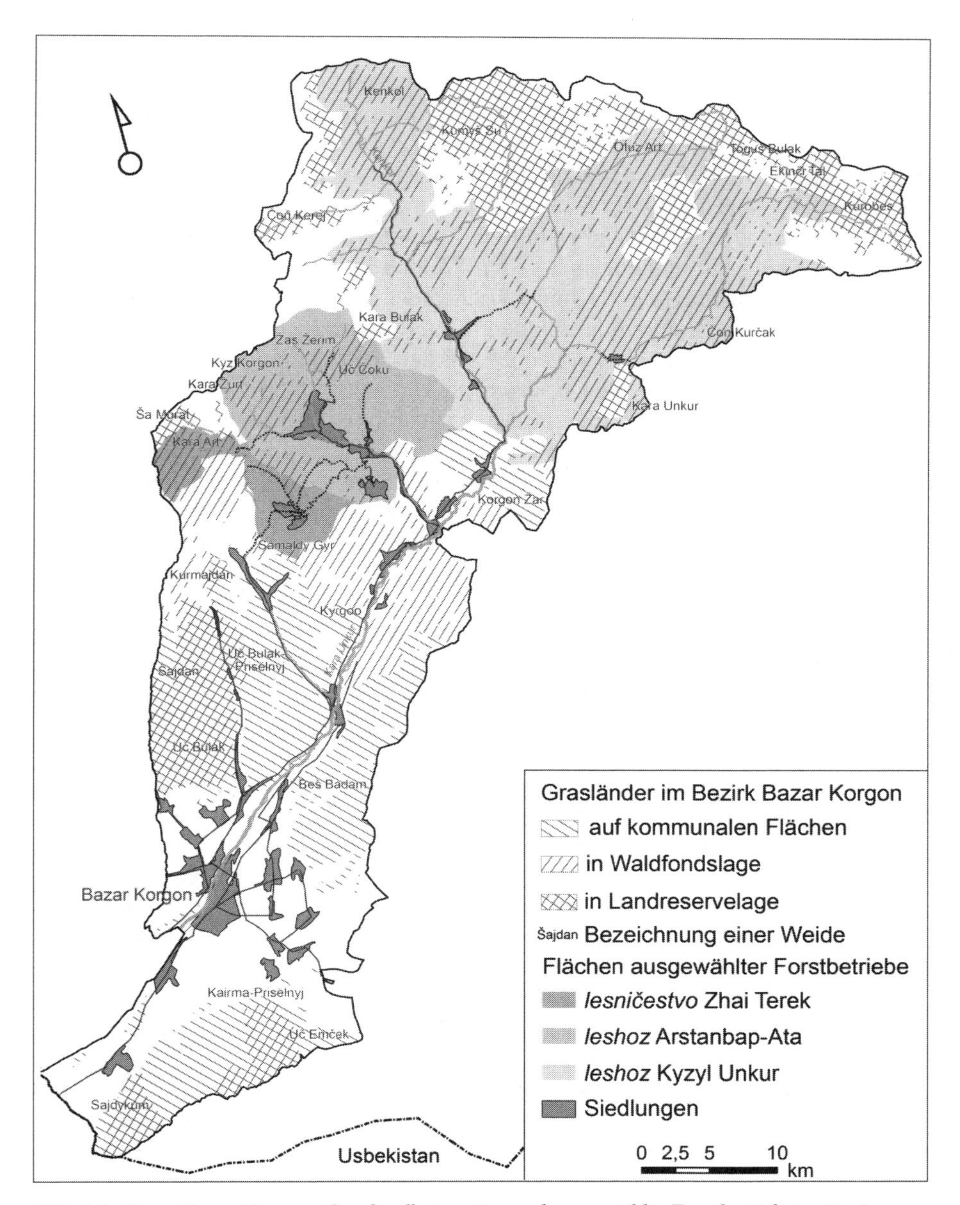

Abb. 4.2: Rajon Bazar Korgon: Graslandkategorien und ausgewählte Forstbetriebsterritorien. Gestaltung: AD (2013) auf Grundlage von KIRGIZGIPROZEM, 1983 a, b, c, d, e, f, g, h, i, j, k; GK SSSRL et al., 1990–1991a, 1990–1991b; POPKR, 1998; GLSKR/GUL, 2004a, 2004b, 2005

Sprachlich ist diese Unterscheidung ungeschickt gewählt, da sie eine räumliche Kategorisierung anhand der Vermischung der unterschiedlichen Merkmale ‚Lage zur Siedlung', ‚Mobilitätsform' und ‚Nutzungsintensität' vornimmt. Um sprachliche Stringenz zu wahren, werden im Folgenden ‚Ferntriebsweiden' als ‚Weiden in hoher Distanz' sowie die sich zwischen siedlungsnahen und in hoher Distanz befindlichen ‚Weiden intensiver Nutzung' als ‚Weiden in mittlerer Entfernung zu Siedlungen' bezeichnet oder aber mittels Formulierungen, die diesen Bedeutungen entsprechen. Als siedlungsnah gelten Weiden lokaler Bedeutung, deren Lage beidseitig gerichtete tägliche Triften zwischen der Weide und der Siedlung erlaubt und die in der Nusswaldregion aus dem Grund der täglichen Milchverarbeitung insbesondere zur Rinderweidung genutzt werden. Als in mittlerer Entfernung von Siedlungen befindliche Weiden besitzen im Untersuchungsgebiet einen Abstand von maximal rund 30 km zu diesen. Der von siedlungsfernen Weiden liegt in der Regel darüber. Diese haben über die Grenzen des entsprechenden *rajon* oder *oblast'* reichende Bedeutung, das heisst, sie weisen potentiell einen höheren Einzugsbereich auf, als Weiden der beiden anderen Kategorien.[34] Desweiteren wurde und wird unterschieden zwischen Grasländern, die auf kommunalen Flächen selbstverwalteter lokaler Gebietskörperschaften, auf Territorien des staatlichen Waldfonds oder aber auf jenen der staatlichen Landreserve verortet sind (Abb. 4.2).[35] Diese ebenfalls an die sowjetische Systematik angelehnte Differenzierung unterschiedlicher Raumordnungskategorien besitzt in der Nusswaldregion bis in die Gegenwart unmittelbare und einschneidende Bedeutung, da Weiden in Waldfondslage von der allgemeinen Weidegesetzgebung ausgenommen sind und offiziell dem Management durch die jeweilig zuständigen Forstbetriebe als den lokalen Vertretungen der staatlichen Umweltschutz- und Forstwirtschaftsagentur unterliegen. Ihnen obliegt auch die Hauptverantwortung bei der Allokation der Weide- und anderer in Waldfondslage befindlicher Ressourcen.[36] Damit wirken rechtliche Kodifizierungen mittelbar auf Nutzungsaspekte. Den Faktoren des vorgesehenen Nutzungszeitraums, der räumlichen Lage zu Siedlungen und der raumordnerischen Zuweisung entsprechend ergibt sich innerhalb des Bezirks ein breites Spektrum verschiedener Weidekategorien.

Sowohl in den tiefer, als auch den höher gelegenen Gebieten des Bezirks erfolgt die Winterhaltung des Viehs zumeist in Ställen auf Grundlage von Futtervorräten. Explizit als Winterweiden ausgewiesene Flächen existieren nicht. In jeweils unterschiedlichem Flächenumfang sind jedoch Weiden anderer saisonaler Nutzungsbestimmungen vorzufinden. Für frühjährliche und herbstliche Nutzungen geeignete Grasländer entsprechen häufig, jedoch nicht ausschließlich siedlungs-

34 vgl. PPPAIP 2002 Abschnitt I Art. 2. Da die aktuellen Rechtsnormen keine diskreten Entfernungswerte nennen, wird sich auf die zur sowjetischen Zeit geltenden Richtwerte und Kategorisierungen bezogen (Experteninterview R. Kultanov 2007).

35 vgl. PPPAIP 2002 Abschnitt 1 Art. 1; ZKKR 1999 Art. 86, 93 Abs. 1; ZKR OP 2009 Art. 1

36 vgl. ZK KSSR 1971 Abschnitt 5 Art. 161, 166, Abschnitt 7 Art. 171; LKKR 1999 Art. 24; ZKKR 1999 Art. 86, 93 Abs. 1; GLSKR/GUL, 2004a: 8; GLSKR/GUL, 2005: 8; Schmidt, 2005b: 99; Dörre, 2009: 118; ZKR OP 2009 Art. 1; Dörre, 2012: 135

nahen Weiden. Sie befinden sich insbesondere in den südlichen und den mittleren Bereichen der *adyrlar*-Hügelländer in Höhen von rund 800 bis 1800 m sowie um die in den Wäldern liegenden Siedlungen. Sommerweiden – zumeist in mittlerer und hoher Entfernung von Siedlungen befindlich – liegen hingegen in der Regel in den nördlich gelegenen, höheren Gebieten des Bezirks ab 1800 bis teilweise an Höhen um die 3500 m. Entsprechend sind die Viehtriften der ersten Hälfte des Weidezyklus tendenziell nordwärts, die der zweiten vornehmlich südwärts gerichtet. Den größten Anteil an Sommerweiden besitzen jene in mittlerer Distanz. Neben als Mähwiesen genutzten und durch die ansässigen staatlichen Forstbetriebe an lokale Nutzer verpachteten Grasflächen befinden sich viele kleinräumige Graslandareale innerhalb der Waldmassive. Diese werden häufig als Hudewald pastoralwirtschaftlich genutzt, was offiziell als verbotene Inwertsetzungsform gilt. Da eine vollständige Verortung und Abgrenzung dieser Flächen nicht möglich war, sind sie in Abb. 4.2 nicht umfassend dargestellt.

Seit einigen Jahren verschwimmen auf vielen Weiden die während der sowjetischen Zeit weitgehend eingehaltenen und von Ökologen nichtstaatlicher und staatlicher Einrichtungen wie dem Departement für Forstressourcenentwicklung empfohlenen, zeitlich beschränkten Nutzungsregime indem sie zeitlich undifferenziert und teilweise ununterbrochen vom Frühjahr bis zum Herbst genutzt werden.[37]

4.2.2 Differenzierte Weidenutzungsregime

Im Zuge der Weidebegehungen und Protagonistengespräche wurde deutlich, dass die unmittelbaren Inwertsetzungen der Weideressourcen des Bazar Korgoner Verwaltungsgebiets sehr unterschiedlich gestaltet sind. Klassischer Nomadismus als pastorale Strategie existiert im nördlichen Ferganabecken spätestens seit der Kolonialära nicht mehr. Dennoch ist die gegenwärtige weidebasierte Viehwirtschaft der einheimischen Bevölkerung von raumzeitlicher Mobilität geprägt. Die sich in den Merkmalen der Art, des Zwecks, der raumzeitlichen Muster, Dauer und Intensität der Weidenutzungen sowie hinsichtlich der Anzahl und der Herkunft der die Weiden des Bezirks unmittelbar nutzenden Akteure unterscheidenden Nutzungsregime können alle als Formen der ‚kombinierten Bergwirtschaft' angesehen werden. Ihre Hauptmerkmale liegen darin, dass Viehwirtschaft von einer Siedlung ausgehend betrieben wird und diese der Wohnort der viehwirtschaftlich aktiven Personen ist. Zusätzlich ist die Siedlung das Zentrum weiterer landwirtschaftlicher Aktivitäten wie dem Landbau und der Futterproduktion, die der Bevorratung für die im Winter in den Siedlungen eingestallten Tiere dient.[38] Im Folgenden werden gemeinsam mit exemplarisch vorgestellten Weideflächen

37 vgl. Matveev, 1998: 125; GLSKR/GUL, 2004b: 52–53; Griza et al., 2008: 177–178; eigene Beobachtungen

38 vgl. Kreutzmann, 2009b: 87; Kreutzmann, 2012a: 7–10

unterschiedliche Formen der in der Nusswaldregion beobachteten Weideressourceninwertsetzungen skizziert.

Unmittelbar in Nähe der Nusswaldsiedlungen liegen Tagesweiden *padažajyt* (krg.), die von der Bevölkerung selbst oder von einem aus ihrem Kreis stammenden und durch sie beauftragten sowie nach zuvor ausgehandelten festen Honoraren bezahlten Hirten *padači* (krg.)genutzt werden, indem zumeist milchgebende Mutterkühe *pada* (krg.) und Kälber *torpok* (krg.) über die gesamte Weidesaison täglich in den Morgenstundenauf- und im Falle, dass die Tiere nicht selbständig zu den Höfen zurückkehren, nachmittags zur Siedlung abgetrieben werden (Abb. A.15). Die Strategie der Hirtenbeauftragung und täglichen Weidetriebe entspricht einer gezielten Arbeitsteilung innerhalb der agropastoral geprägten Siedlungsgemeinschaften, die den Eigentümern täglich zweimaliges Melken der Tiere ermöglicht bei gleichzeitigem Verfolgen anderer Einkommensstrategien wie dem Ackerbau. Die Milch wird zur Subsistenzversorgung bzw. zur marktorientierten Veredlung genutzt. Der Herdenumfang eines *padači* variiert von Siedlung zu Siedlung. Im Falle der Siedlungen Gumhana und Žaradar beaufsichtigt er rund 100 Mutterkühe mit ihren Kälbern und erhielt 2007 pro Rind und Monat 100 K.S. Die Tätigkeit entspricht für den Hirten damit einer saisonalen Lohnarbeit. Zumeist befinden sich die *padažajyt* auf von den Forstbetrieben eigens für die Viehweidung ausgewiesenen Waldfondsflächen.[39]

Siedlungsnah gelegene Hochweiden in Waldfondslage besitzen im Sinne gezielter ökonomischer Inwertsetzung ebenfalls maßgeblich lokale Bedeutung. Ein Beispiel hierfür ist das nordöstlich von Arslanbob auf Flächen des *leshoz* Arstanbap-Ata im Übergangsbereich zwischen Nusswald und nahezu gehölzfreien Sommerweideflächen gelegene Weidesystem Uč Čoku[40] (Abb. 4.2). Die Weideerstreckt sich über knapp drei Quadratkilometer zwischen 1800 und 2700 m Höhe und weist vor allem in den tief liegenden Bereichen eine stark von Gehölzen geprägte Vegetation auf.[41] Von wenigen Ausnahmenabgesehen, stammten dort angetroffenen Haushalte fast ausschließlich aus den fünf bis acht Kilometer entfernten Siedlungen Žaradar, Gumhana und Arslanbob als dem Verwaltungssitz der gleichnamigen Gebietskörperschaft. Inwertgesetzt wird die Weide in der Regel durchgehend ab Mitte Mai bis in den Oktober hinein von in Nachbarschafts- und Verwandtschaftsgruppen organisierten Nutzern. Dies bildet sich in Zeltclustern sowie der Anwesenheit mehrere Generationen umfassender Nutzereinheiten ab. Dabei suchten in der Regel nicht gesamte Haushalte die Weide auf, sondern haushaltsinterne Arbeitsteilungsstrategien verfolgend nur bestimmte Mitglieder – häufig Großeltern und deren Enkel (Abb. A.16). Die Beschäftigungen der anderen Haushaltsmitglieder bestehen in der Regel in arbeitsintensiven ackerbaulichen Aktivitäten in den Siedlungen bzw. in deren unmittelbarer Nähe oder auf anderen

39 Respondenteninterview A. Talipaev 2007; eigene Beobachtung

40 krg. für ‚Drei Spitzen‘. Die Bezeichnung der Weide rührt von einem markanten Höhenzug mit drei Gipfeln her, der ihre nördliche Begrenzung bildet.

41 vgl. GLSKR/GUL, 2004c: Messtischblatt 1; GLSKR/GUL, 2004d: Messtischblätter 7, 10; eigene Beobachtungen

Einkommensfeldern. Der in solchen Weidelagen relativ hohe anthropogene Bedarf an Feuer- und Bauholz für Nahrungszubereitung, Milchverarbeitung, Zelte *čatyr* (krg.), Viehpferche und Einzäunungen wird zum Teil durch Einschlag an lebenden Gehölzen gedeckt. Nur ein geringer Bruchteil der Nutzer zieht saisonale Wechsel der Weidestandorte *konuš* (krg.) grundsätzlich in Erwägung. Diese wenigen Akteure setzen diese Praxis jedoch nur bei großem Wasser- und Futtermangel um. Alle Nutzer weideten das eigene, vor allem Rinder, Schafe und Ziegen repräsentierende Vieh, wobei nicht jede Nutzereinheit über sämtliche Tierarten verfügte. Einige betreuten zudem die ihnen von Verwandten und Nachbarn anvertrauten Tiere. Die Herdenumfänge mit zwischen zwei und 20 Rindern bzw. maximal 40 Schafen und Ziegen sind im Vergleich zu in höheren Lagen und Distanzen befindlichen Weiden relativ gering. Die wenigen professionellen Hirten stammen ebenfalls aus in unmittelbarer Nachbarschaft liegenden Siedlungen. Der bewässerungslose Ackerbau stellt auf der hier exemplarisch genannten, stark beanspruchten Weide eine Ausnahme dar.[42]

Höher gelegene siedlungsnahe Sommerweiden in Waldfondslage besitzen ebenfalls meist lokale Bedeutung, werden dabei aber häufiger von professionellen Hirten genutzt, als die niedriger gelegenen *žajloo*. Solche sind zum Beispiel die an den südlichen Abdachungen des Babaš Ata-Massivs bis über 3550 m hoch, rund acht Kilometer nördlich von Arslanbob auf Flächen des *leshoz* Arstanbap-Ata liegenden Weiden Kara Žurt[43] und Kys Korgon[44] (Abb. 4.2). Sie werden von jeweils einem Arslanbober Schaf- *kojču* (krg.) / *kŭjbakar* (usb.) bzw. Rinderhirten *malči* (krg.) / *molbakar* (usb.) aufgesucht (Abb. A.17). Diese Nutzer praktizieren mit dem ihnen von der Siedlungsbevölkerung gegen ein monatliches Entgelt anvertrauten Vieh konsequent saisonale Weidetriften über nur wenige Kilometer reichende, jedoch große Höhenunterschiede überwindende Distanzen, wobei die tiefer liegenden Frühlings-Herbstweiden den Sommerweiden räumlich unmittelbar vorgelagert sind. Letztere werden in diesem Zyklus in der Regel lediglich von Mitte Juni bis maximal Ende August genutzt. Die auf der etwas über vier Quadratkilometer großen Weide Kara Žurt weidende Herde umfasste 2007 rund 900 Schafe *koj* (krg.) / *kŭj* (usb.) und Ziegen *ečki* (krg./ usb.) die auf der einen halben Quadratkilometer großen Weide Kys Korgon gesömmerte Herde ca. 80 Rinder *mal* (krg.) / *mol* (usb.). Innerhalb der ‚kombinierten Bergwirtschaft' der Siedlung Arslanbob stellen die professionellen Hirten pastoralwirtschaftliche Spezialisten dar, die ihren Nachbarn durch ihre gegen Entgelt angebotenen Hirtendienste ermöglichen, sich neben Nutzvieheigentum auf weitere Einkommensstrategien zu konzentrieren. Als monatliches Honorar für die Betreuung eines Schafes bzw. einer Ziege erhielten Arslanbober Hirten 2007 30 K.S.. Ein Rinderhirte erhielt für seine Dienste 100 K.S. pro Tier und Monat.[45]

42 Auskünfte von Weidenutzern 2007–2009; eigene Beobachtungen

43 krg. für ‚Großer Zeltstellplatz'

44 krg. für ‚Mädchenpferch'

45 vgl. GLSKR/GUL, 2004d: Messtischblätter 2, 3, 5, 8; Respondenteninterviews H. Toktomatov 2007, H. Kadyrov 2007; eigene Beobachtungen

Ein deutlich differenzierteres Spektrum von Nutzungsregimen ließ sich auf als in mittlerer Distanz zu Siedlungen befindlichen, überlokale wirtschaftliche Bedeutung besitzenden Weiden beobachten, zu denen u.a. das größte Waldfonds-Sommerweidesystem der Gebietskörperschaft Arslanbob namens Kara Art[46] und die teilweise auf Waldfondsflächen des Forstbetriebs Kyzyl Unkur und auf Landreservearealen liegenden Weiden Otuz Art[47] und Kenkol zählen (Abb. 4.2). Die offiziell als Weideland ausgewiesenen Areale von Kara Art befinden sich an den Südabdachungen des Babaš Ata-Massivs zwischen rund 2000 und 3000 m Höhe.[48] Mit über 13 km² liegt der überwiegende Teil der stark gekammerten Weide auf vom Žaj Tereker Forstrevier verwalteten Flächen.[49] Unmittelbar nördlich hinter dem 2900 m hohen Čar Arča[50]-Pass erstreckt sich die auf der staatlichen Landreserve befindliche und bis zu über 3400 m reichende Mitteldistanz- Sommerweide namens Ša Murat. Sie ist ca.720 ha groß und mit geringem Aufwand über Kara Art erreichbar.[51] Der überwiegende Teil der über 80 Nutzer dieser Weiden ist lokaler Herkunft. Im Jahre 2007 kamen mindestens 70 Haushalte aus den mit lediglich fünf bzw. acht Kilometer Entfernung nah gelegenen Siedlungen Žaj Terek und Arslanbob. Vertreter dieser Nutzergruppe, die häufig als mehrere Generationen umfassende, in verwandtschaftlichen Beziehungen stehende Nutzereinheiten anwesend sind, nutzen insbesondere tiefer liegende Weideabschnitte zur Sömmerung der von Rindern, Schafen, Ziegen sowie einigen Pferden *at* (krg.) /*ot* (usb.), gebildeten privaten Viehbestände, ohne dabei nennenswerte Mobilität zwischen saisonalen Weidestandorten zu praktizieren. In den tieferen Bereichen wird zudem von im Auftrag der Forstbetriebe arbeitenden Imkern Bienenwirtschaft betrieben. Zudem finden in diesen Abschnitten erhebliche Areale als Ackerland Verwendung (Abb. A.18). Damit überlappen sich ackerbauliche und pastoralwirtschaftliche Nutzungen räumlich, was auf intensiv genutzten Weiden wie Kara Art zu Spannungen zwischen den Akteuren führt. Höher gelegene Bereiche werden von professionellen und durch Siedlungseinwohner ernannten sowie von auf Anstellungsbasis für Forstbetriebe arbeitenden lokalen Hirten zur Weidung unterschiedlicher Tierarten genutzt. Bei den wenigen aus den weiter entfernteren, im *adyrlar*- und Steppenbereich des Bezirks liegenden Siedlungen Uč Bulak, Keņeš und Tal-

46 krg. für ‚Hoher' bzw. ‚Großer Pass'

47 krg. für ‚Dreißig Pässe'

48 vgl. GLSKR/GUL, 2002: Messtischblätter 1, 4

49 vgl. GLSKR/GUL, 2004a: 21; GLSKR/GUL, 2005: 20. Nur die südlich exponierten Teilflächen am Südabhang des Navruz-Berges werden vom westlich benachbarten Forstbetrieb Gava verwaltet.

50 krg. für ‚Vier Wacholderbäume'

51 vgl. KIRGIZGIPROZEM, 1983a; Respondenteninterviews R. Isabaev 2007, 2009; eigene Beobachtungen. Durch ihre unmittelbare Nachbarschaft, indem die Ša Murat nutzenden Hirten tiefer gelegene Abschnitte Kara Arts innerhalb ihres saisonalen Mobilitätszyklus im Frühjahr und Herbst nutzen und damit mit dem Forstrevier Žaj Terek als der zuständigen Managementorganisation in Berührung kommen sowie aufgrund des beide Weiden betreffenden defizitären Ressourcenmanagements durch die zuständigen Organisationen wird die Weide mit der Weide Kara Art gemeinsam betrachtet.

dy Bulak stammenden Nutzern Kara Arts handelt es sich ausschließlich um professionelle Hirten bzw. um Landwirtwirte mit großen eigenen Rinder- und Schafbeständen von mehreren hundert Tieren. Sie praktizieren saisonale Weidemobilität, wobei sie die Sommerweiden in der Regel von Juni bis einschließlich August nutzen.[52]

Die im Nordosten des *rajon* liegenden Grasländer der zu den größten Weidesystemen des Bezirks zählenden Weide Otuz Art erstrecken sich zwischen 1700 und 3300 m Höhe über ein Territorium von über 32 km² (Abb. 4.2). Sie weisen mit ca. 30 Nutzern eine deutlich geringere durchschnittliche Nutzungsdichte auf als Kara Art.[53] Die unteren Bereiche sind von der mit rund 20 km Distanz am nächsten liegenden Siedlung Kôsô Terek der Gebietskörperschaft Kyzyl Unkur lediglich über beschwerliche und teilweise sehr steile Pfade zu erreichen, die zur mehrfachen brückenlosen und jährlich Tier- und Menschenleben fordernden mehrfachen Querung des Otuz Art-Baches zwingen und die häufig von gravitativen Massenbewegungen zerstört werden. Die siedlungsnäheren Bereiche Otuz Arts werden vornehmlich von lokalen, im Auftrag des Forstbetriebs arbeitenden Imkern aus den Siedlungen des *ajyl ôkmôty* Kyzyl Unkur bienenwirtschaftlich, zur Weidung des zumeist der Subsistenzversorgung dienenden eigenen Viehs sowie ackerbaulich genutzt (Abb. A.19).[54] Die weiter von Siedlungen entfernten, höher gelegenen Weideabschnitte haben viehwirtschaftlich überlokale Bedeutung und finden ausschließlich durch professionelle Schaf-, Rinder- und Pferdehirten sowie durch Landwirte mit großen Viehbeständen Verwendung. Diese stammen aus teilweise über 70 km entfernt liegenden Siedlungen der im Süden des *rajon* liegenden Gebietskörperschaft Bešik Žon. Deren im Jahresverlauf auf verschiedenen saisonalen Weiden gehaltene Herden umfassen bis zu 150 Rinder bzw. 800 Schafe und Ziegen. Die Tiere der Siedlungseinwohner werden ab Mitte April auf ortsnahen Frühlings-Herbstweiden gesammelt und Mitte Mai mittels mehrtägiger Triften zunächst auf die unteren, später die höheren Bereiche Otuz Arts oder benachbarter Weidengebracht.[55]

Ebenfalls überlokale pastorale Bedeutung besitzen in mittleren und hohen Distanzen zu Siedlungen liegende, sich auf Territorien der staatlichen Landreserve befindende Sommerweiden. So sind auf der zu dieser Kategorie gehörenden *žajloo* Čon Kerej ausschließlich Landwirte *fermer* (rus.) und professionelle Hirten aus den rund 50 km entfernten Orten Uč Bulak und Oogon Tala anzutreffen (Abb. 4.2; Abb. A.20). Sie nutzen die zwischen 2800 und 3500 m hohe und rund 20 km² große *žajloo* von Mitte Juni bis maximal Mitte September zur Sömmerung großer Schafherden von bis zu 500 Tieren sowie bis zu 20 Tieren umfassender Rinder- und Pferdebestände. Alle Nutzer sind saisonal mobil. Einer übernimmt die Tiere

52 Auskünfte von Weidenutzern 2007 bis 2009; eigene Beobachtungen

53 vgl. KIRGIZGIPROZEM 1983f, h, j; GLSKR/GUL 2004e: Messtischblätter 1, 2, 3, 4, 6, 9; Dörre/Borchardt, 2012: 318

54 vgl. Dörre/Borchardt, 2012: 318; Auskünfte von Weidenutzern 2007 bis 2009; Experteninterviews B. Kočoroev, M. Turgunov 2013; eigene Beobachtungen

55 Auskünfte von Weidenutzern 2007 bis 2009; eigene Beobachtungen

im Frühjahr am östlichen Taleingang am Fluss Kenkol und nutzt die tiefer liegenden Bereiche Čon Kerejs als Frühlingsweide. Die anderen sammeln die Tiere der Siedlungsbevölkerung zu Beginn des Frühlings auf den Frühlings-Herbstweiden bei Uč Bulak und migrieren zunächst nordwärts, später nach Osten schwenkend über zwei über 3000 m hohe Pässe auf die Weide. Der herbstliche Abtrieb erfolgt gemeinsam zu den ortsnahen Frühlings-Herbstweiden um Uč Bulak und Oogon Tala bzw. auf bereits abgeernteten Mähwiesen von Šajdan.[56] Auch hier ermöglicht Arbeitsteilung den Menschen, über die Viehhaltung hinausgehende Einkommensstrategien zu verfolgen.

4.2.3 Weidelandbezogene Herausforderungen

Wie die Weiden und Nutzungsregime sind auch die weidelandbezogenen Probleme der Nusswaldregion in ihrer quantitativen und qualitativen Ausprägung räumlich ungleich verortet. Informationen der Gesprächspartner, den von mir konsultierten Quellen sowie meinen Beobachtungen nach treten sie zahlreicher im Bereich des Waldfonds auf bzw. stehen häufiger mit ihm im Zusammenhang, als mit jenen in kommunaler und Landreservelage.

Der mit der Weide Kara Art verbundene Konflikt bündelt verschiedene Weidelandherausforderungen und eignet sich daher für die politisch-ökologische Analyse sozialer Weidelandherausforderungen Kirgisistans im Allgemeinen sowie der Nusswaldregion im Besonderen. Indem unterschiedliche Raumordnungskategorien und damit rechtliche Regelungen und Managementansätze parallel auf verhältnismäßig engem Raum existieren und unterschiedliche Interessen verfolgende lokale und externe Akteure zusammentreffen, bestehen in der rechtlichen, wirtschaftlichen und administrativen Sphäre verortete Spannungsaspekte.

Neben sozialen Konflikten sind auch ökologische Weideprobleme zu beobachten – dies besonders auf siedlungsnahen Frühlings-Herbstweiden und zeitlich undifferenziert genutzten, ursprünglich als *žajloo* deklarierten Flächen des Waldfonds. Ökologische Weidelandherausforderungen in der Nusswaldregion werden deshalb anhand ausgewählter, auf Waldfondsweiden angetroffener Phänomene analysiert.

4.2.3.1 Zugangsrivalitäten, Nutzungskonkurrenzen und Managementdefizite

Zugangsrivalitäten, Nutzungskonkurrenzen und Managementdefizite als zentrale Aspekte der sozialen Dimension sozioökonomischer Weidelandherausforderungen treten auf verschiedenen Weiden der Nusswaldregion zu Tage und besonders deutlich auf dem Sommerweidesystem Kara Art. Die Konstellation der Probleme

56 vgl. KIRGIZGIPROZEM 1983k; Dörre/Borchardt, 2012: 318, 320; Respondenteninterviews S. Haratov 2007, H. Alkadyrov 2007, A. Šolburov 2007; eigene Beobachtungen

entspricht einem Geflecht unterschiedlich gelagerter und daher differenziert zu betrachtender Spannungsaspekte.

Zunächst besteht zwischen Einwohnern der Nachbarsiedlungen Žaj Terek und Arslanbob Rivalität um den Weidezugang. Insbesondere aus dem aus verkehrsinfrastruktureller Sicht sehr peripher gelegenen und mit im Jahr 2009 rund 2800 Einwohnern[57] deutlich kleinerem Žaj Terek werden Forderungen nach eigenen exklusiven Nutzungsrechten formuliert. Der zugleich mit gravierenden Problemen in der Trinkwasser- und Stromversorgung zu kämpfende Ort ist Sitz des gleichnamigen Forstreviers. Offiziell unterstützt dessen Leitung die in der Siedlung populäre Forderung exklusiver Weidenutzung.[58] Desweiteren wird das Territorium durch unterschiedliche und da nur selten aufeinander abgestimmte, sich gegenseitig wiederholt materielle Schäden zufügende Nutzungsarten der Viehweidung und des Ackerbaus sowie bienenwirtschaftlich inwertgesetzt. Zwischen Zugangsrivalitäten und Nutzungskonkurrenzen bestehen Komplementaritäten, da Ackerbau und Bienenwirtschaft nahezu ausschließlich von Nutzern aus Arslanbob praktiziert werden, dem 2009 über 11000 Einwohner[59] zählenden politischen und ökonomischen Zentrum der gleichnamigen Gebietskörperschaft. Žaj Tereker Nutzer präferieren viehwirtschaftliche Nutzungsformen.[60] Trotz eines 2007 erlassenen ausdrücklichen Verbots ackerbaulicher Tätigkeiten auf Weiden sind diese auf Kara Art bis einschließlich 2013 beobachtbar gewesen (Abb. A.16).[61] Es stellt sich deshalb die Frage nach den Gründen und Folgen der Differenzen zwischen rechtlichen Vorgaben und umgesetzten Weidenutzungspraktiken sowie des Ausbleibens einer Lösung des Disputs.

Diese erst in der postsowjetischen Zeit entstandene weidebezogene Rivalität hat sich mittlerweile zu einer auf andere soziale Felder ausstrahlenden Belastung entwickelt. Insbesondere langjährig gewachsene persönliche Beziehungen zwischen den Einwohnern beider Siedlungen und lokalpolitische Prozesse im *ao* Arslanbob haben darunter gelitten.[62]

Den in der Präambel des Waldkodex genannten Leitbildern des Schutzes und der rationalen Nutzung von Ressourcen widersprechend, weisen auffallend hohe Nutzerdichten auf bestimmten Weideabschnitten, die Duldung von verbotenen bzw. aus ökologischer Sicht problematischen Nutzungspraktiken – wie Ackerbau auf Weidegründen, Einschlag an lebenden Gehölzen und Ziegenweidung auf Waldfondsflächen – sowie intransparente und nicht den rechtlichen Vorgaben

57 vgl. AÔA, 2009

58 vgl. GLSKR/GUL, 2004a: 11; GLSKR/GUL, 2005: 76–77; Mamaraimov, 2007: 1, 4; Auskünfte von Weidenutzern; eigene Beobachtungen

59 vgl. AÔA, 2009

60 vgl. Mamaraimov, 2007: 1, 4; Experteninterviews A. Kaparov 2008, A. Toktomonov 2008, S. Ulakov 2008; Auskünfte von Weidenutzern; Ergebnis der Haushaltserhebung 2007; eigene Beobachtungen

61 vgl. GAPOOSLHPKR/ŽTURLROR 2007; Auskünfte von Weidenutzern; eigene Beobachtungen

62 vgl. Mamaraimov, 2007: 1, 4; Dörre, 2009: 122–124; Dörre, 2012: 130; Auskünfte von Weidenutzern; eigene Beobachtungen

folgende Nutzungsrechtvergaben zudem darauf hin, dass das Weidemanagement häufig fehlerhaft und möglicherweise unter Vernachlässigung oder durch Missbrauch der rechtlich verliehenen Kompetenzen durch die verantwortlichen Organisationen und Akteure ausgeführt wird.[63] Bereits ohne die Gründe zu kennen, lässt dies auf Schwächen der mit ihrer Implementierung und Überwachung beauftragten Gremien sowie potentielle Unzulänglichkeiten der weiderelevanten Gesetzgebung schließen. Ungelöste Konkurrenzen, fehlende Interessensausgleiche zwischen weiderelevanten Akteuren und Diskrepanzen zwischen Rechtsanspruch und -wirklichkeit lassen somit Managementdefizite als dritten Aspekt der sozialen weidelandbezogenen Herausforderungen erscheinen.

Auch auf anderen im Zuge der Feldforschungen aufgesuchten Weiden wurden soziale Herausforderungen identifiziert. Informelle Weideallokationen unter Ausschlüssen dritter, an der Ressource interessierter Akteure waren die Regel. Den rechtlichen Vorgaben entsprechende Nutzungsrechtvergaben stellten hingegen Ausnahmen dar. So hatte nur ein Bruchteil der interviewten Nutzer im Untersuchungszeitraum ihre Nutzungsrechte im Zuge der rechtlich sanktionierten Verfahren und in der vorgesehenen Form einer mehrjährigen Pacht bzw. jährlich zu erwerbender Waldnutzungsbillets erworben.[64] Zudem konnten vielfach verschiedene der oben genannten, unerwünschte ökologische Folgen induzierenden Nutzungspraktiken beobachtet werden. Die weit verbreitete Praxis informeller Ressourcenallokationen und Nutzungsformen stützt die Vermutung, dass Defizite im Ressourcenmanagement nicht allein wenige Ausnahmeweiden betreffen, sondern ein strukturelles Phänomen darstellen.

4.2.3.2 Weideverknappung und -funktionsgefährdung durch ökologische Schäden

In der ökologischen Dimension aktueller Weidelandherausforderungen in der Nusswaldregion sind unterschiedliche Phänomene zu beobachten, die unmittelbar, mittel- und langfristig zur Reproduktionsabnahme der als Viehfutter dienenden

63 vgl. LKKR, 1999; GAPOOSLHPKR/ŽTURLROR 2007; TNIRVU 2008 Anhang 1, Anhang 7.2b; Auskünfte von Weidenutzern; eigene Beobachtungen

64 vgl. PPPAIP 2002 Abschnitt I Art. 4, 7, 10, Abschnitt II Art. 12–37, Abschnitt III Art. 38–40; Auskünfte von Weidenutzern; eigene Beobachtungen. Berichtet wurde davon und beobachtet werden konnte dies sowohl auf in siedlungsnaher Waldfondslage befindlichen Sommerweiden wie Uč Čoku, Žas Žerim (krg. für ‚Halber Sommer') und Šamaldy Gyr, als auch auf in Landreservelage befindlichen Sommerweiden wie Čon Kerej, Kara Bulak und Otuz Art. Die Berichte und Beobachtungen weisen Parallelen zu den Angaben der GOSREGISTR KR auf, wonach in ganz Kirgisistan lediglich Bruchteile der verpachtbaren Weiden auf offiziellem Weg Verpachtung fanden. Davon wurden wiederum nur Teilbeträge der Pachtsummen tatsächlich eingezahlt und gelangten schließlich als Einnahmen in die entsprechenden öffentlichen Budgets. Im Bazar Korgoner Bezirk waren zwischen 2004 und 2008 offiziell nur jeweils 50 % der Weiden verpachtet gewesen. Dabei gingen in den Jahren der dieser Studie zugrunde liegenden Feldforschung jeweils nur rund 83 % der entsprechend fälligen Pachtzahlungen ein (vgl. GOSREGISTR KR, 2005; GOSREGISTR KR, 2006; GOSREGISTR KR, 2007; GOSREGISTR KR, 2008; GOSREGISTR KR, 2009).

Phytomasse beitragen – des zentralen Nutzungspotentials der Grasländer – und damit zu ihrer sukzessiven Degradierung. Dies fördert die Verknappung der endlichen Weideressourcen, die durch die gewachsene Nachfrage infolge des Verlustes von Lohneinkommen und der lokalen demographischen Entwicklung verschärft wird. Ressourcenverknappung stellt so einen Ausgangspunkt sozialer Konflikte dar und wirkt auf diese verschärfend. Nach 1991 scheinen sich die Schwerpunkte ökologischer Weideschäden von den ehemals durch landwirtschaftliche Großbetriebe intensiv bewirtschafteten, in hoher Distanz zu Siedlungen befindlichen Weiden in Gebiete verschoben haben, die siedlungsnäher liegen, eine verlässliche Wasserversorgung bieten und aufgrund der niedrigen Kosten stark von der Lokalbevölkerung genutzt werden.[65]

Die Folgen der seit langem verbotenen Hudeweidung speziell für die Nusswälder wurden von verschiedenen Autoren bereits seit der vorsowjetischen Zeit thematisiert und sollen nicht unerwähnt bleiben, werden in der vorliegenden Studie jedoch nicht eigens vertieft. Als besonders problematisch wurden in diesem Zusammenhang die Verzögerung oder gar das Ausbleiben der natürlichen Waldverjüngung und die dadurch einsetzende Überalterung der Nusswälder sowie erosionsfördernde Bodenverdichtungen angesehen, welche zu überlokalen negativen Wirkungen führen können.[66] Die dies verursachenden Prozesse werden zu gewissem Maße, jedoch bei Weitem nicht allein von der ungeregelten privaten Weidung des Viehs der lokalen Bevölkerung initiiert, welche nach 1991 insbesondere aufgrund sozioökonomischer Notwendigkeiten sowie des die vorgegebenen Ziele nicht erfüllenden Ressourcenmanagements deutlich zugenommen hat. Auf den Weiden des nicht durchgehend baumbestandenen Waldfonds und dabei besonders im in der Regel siedlungsnah gelegenen Übergangsbereich der Waldsäume in Weidegebiete sind Degradationsprozesse beobachtbar, die stark durch Überweidung, Fehlbestockungen und andere anthropogene Eingriffe verursacht werden, wie dem der Feuer- und Bauholzgewinnung dienenden Lebendholzeinschlag.[67] Solche Prozesse können nicht als spezifisch postsowjetische Phänomene bezeichnet werden, denn sie wurden bereits vor Kirgisistans Eigenstaatlichkeit von den Forstbetrieben thematisiert und entsprechende Schutzmaßnahmen eingefordert.[68]

Überweidungen lassen sich auf zwei zentrale Praktiken zurückführen. Die erste stellt die quantitative Überschreitung der von verschiedenen natürlichen Faktoren abhängigen und damit jährlich veränderlichen Weidetragfähigkeiten durch

65 vgl. GK SSSRL et al., 1990–1991a: 137–138, 227–228; GK SSSRL et al., 1990–1991b: 280–287; Gottschling et al., 2005; Experteninterview A. Egemberdiev 2007-2009; Borchardt et al., 2011

66 vgl. Nalivkin, 1883b: 66; Lisnevskij, 1884: 51; Koržinskij, 1896: 42; Navrockij, 1900: III; CARU 662/1/198; CARU 662/1/294: 3; GAOŽ 458/1/108: 20; GK SSSRL et al., 1990–1991a: 137–138, 227–228; GK SSSRL et al., 1990–1991b: 280–281; Matveev, 1998: 125; Gottschling, 2002: 20; Gottschling et al. 2005: 110, 119; Asykulov, 2007: 56; Gottschling et al., 2007: 21; Dörre/Schmidt, 2008: 212–213; Borchardt et al., 2010: 264–266

67 Borchardt et al., 2011: 371; eigene Beobachtungen

68 vgl. GK SSSRL et al., 1990–1991a: 162, 227–228; GK SSSRL et al., 1990–1991b: 199, 285–287

übermäßige Bestockung dar. In der Folge wird durch den natürlichen Nahrungsbedarf der Tiere zum einen ein solcher Umfang der als Futter geeigneten Pflanzen abgeweidet, dass die natürliche Reproduktionsfähigkeit der Vegetation gefährdet wird. Zum anderen kann es infolge des selektiven Fressverhaltens der Tiere zur sukzessiven Verdrängung der Futterpflanzen durch ungenießbare oder giftige Gewächse und damit zum mittelfristigen Verlust der betroffenen Areale als Weide kommen. Die zweite Praxis wird von der Überschreitung des für die Weide zuträglichen Nutzungszeitraums infolge ausbleibender Weidemobilität gebildet. Solche saisonübergreifende Nutzungen von lediglich für eingeschränkte Zeitabschnitte als Futtergrund geeigneter Grasländer sind auf siedlungsnahen Waldfondsweiden häufig anzutreffen. In der Nusswaldregion sind daraus resultierende Überweidungsphänomene auf verschiedenen Flächen in unterschiedlichen Intensitäten und Stadien bereits in der sowjetischen Zeit beobachtet worden. Im Verlauf der letzten Dekaden treten sie deutlicher hervor, wie auf den stark beanspruchten siedlungsnahen Waldfonds-Sommerweiden Šamaldy Gyr und Uč Čoku bei den Siedlungen Žaj Terek und Gumhana (Abb. A.21).[69]

Ein weiteres unerwünschtes Phänomen stellt Bodenverdichtung dar. Speziell in niederschlagsreichen Zeiten stattfindende Überstockungen führen dazu, dass Böden durch Viehtritt übermäßig verdichtet werden und die Wasseraufnahmefähigkeit sinkt. Resultierend nehmen Umfang und Geschwindigkeit des Oberflächenabflusses zu. Davon initiierte Erosionen können zum Verlust der betroffenen Flächen führen. Viehgangeln infolge hoher Viehzahlen auf kleinen Arealen über längere Zeit können als potentielle Ansatzpunkte von Erosionsrinnen mittel- und langfristig ähnliche Prozesse auslösen (Abb. A.22).[70] Erosionsprozesse werden auch durch die Beweidung übermäßig steiler Hanglagen gefördert, die deshalb rechtlich von der weidewirtschaftlichen Nutzung ausgenommen wurden.[71] Auf verschiedenen Flächen des Untersuchungsgebiets wird dies jedoch praktiziert.[72]

Die bisher beschriebenen Vorgänge können auch durch Fehlbestockungen, das heisst durch die Beweidung mit Tieren hervorgerufen werden, die als Schädiger der Vegetation gelten. So wird aufgrund des als aggressiv eingestuften Fressverhaltens der Tiere Ziegenweidung in Kirgisistans Nusswaldregion schon seit langem kritisch beobachtet. Seit der sowjetischen Zeit ist sie auf Waldfondsflächen kategorisch verboten, da mit ihr die Gefahren des nahezu vollständigen Verlustes als Futtermasse geeigneter Weidepflanzen, die Schädigung der holzigen

69 vgl. GK SSSRL et al., 1990–1991a: 137–138, 227–228; GK SSSRL et al., 1990–1991b: 199, 280–287; eigene Beobachtungen

70 vgl. GK SSSRL et al., 1990–1991a: 137; GK SSSRL et al., 1990–1991b: 280–281; Gottschling et al., 2005: 110, 119; Experteninterview R. Kultanov 2007; eigene Beobachtungen

71 Als zu steil für weidewirtschaftliche Nutzungen galten Hanglagen mit Neigungen ab 40°. Ebenso von einer möglichen Verpachtung ausgenommen waren mit krautiger Vegetation bewachsene Flächen, die sich nur über einen sehr kurzen Zeitraum nutzen lassen, die mehr als 70 % Bedeckung mit holziger Vegetation aufweisen, die bereits stark erodiert bzw. akut von Erosion gefährdet sind sowie solche, auf denen sich Aasanger von durch Krankheit verendete Tiere befinden (vgl. PPPAIP 2002 Abschnitt I Art. 11).

72 Auskünfte von Weidenutzern; eigene Beobachtungen

Vegetationsbestände, ihre natürliche Verjüngung und damit die Förderung negativer und hohe Kosten verursachender Langzeitfolgen verbunden werden.[73] Insbesondere der Substituierung des Kaufs von Fleisch *et* (krg.) / *gušt* dienend ist über die vergangene Dekade jedoch eine Zunahme der Ziegenhaltung durch die lokale Bevölkerung zu beobachten (Abb. A.23).[74]

In mehreren Studien wird darauf hingewiesen, dass lokal verfügbare Naturressourcen im Zuge des Verlustes zuvor sicherer Lohneinkommen und staatlicher Sozialleistungen einen enormen Bedeutungsgewinn innerhalb der postsowjetischen Einkommensstrategien der lokalen Bevölkerung der Nusswaldregion erfuhren.[75] So sind auf waldnahen Weiden häufig Einschlagspuren an lebenden Gehölzen sichtbar. Zumeist sind es die Weidenutzer selbst, die den Einschlag zur Gewinnung von Bauholz sowie für die Erzeugung des alltäglich für die Nahrungszu- bzw. die Milchverarbeitung benötigten Brennmaterials praktizieren. Mittelfristig führt das auch zur Verminderung der Vegetationsbedeckung und begünstigt Bodenerosion (Abb. A.24).[76]

Ebenfalls im Zusammenhang mit verlorenen Einkommenssicherheiten expandierte in der postsowjetischen Zeit die innerhalb kleiner Aktionsräume praktizierte Viehwirtschaft lokaler Akteure – häufig aufgrund des Fehlens der für eine langfristig konsequent geführte, höhere Distanzen überwindende saisonale Weidemobilität notwendigen Kapitalausstattung. Hierzu werden primär finanzielle Mittel und Arbeitskraft, aber auch vieh- und weidewirtschaftlich relevantes Wissen sowie Zeit gezählt.[77] Kleinräumige Mobilitätsmuster sind an der Verursachung der beschriebenen Wirkungsketten beteiligt, in deren Verlauf negative Nutzungsdruckeffekte auf lokale und regionale, insbesondere siedlungsnahe und saisonenübergreifend genutzte Grasländer und Waldfondsressourcen entstehen und an deren Ende der Verlust und damit die weitere Verknappung von Weideressourcen droht.[78] Die Verantwortung lokaler Akteure stellt aber nur eine Teilantwort auf die Fragen nach den Entstehungen, Wirkungsweisen und Folgen sozioökologischer Weidelandherausforderungen dar. Dies zeichnet sich bereits bei vergleichenden Betrachtungen der differenzierten Weidenutzungsregime, der räumli-

73 vgl. Nalivkin, 1883b: 66; GK SSSRL et al., 1990–1991a: 137; Schmidt, 2006b: 23; TNIRVU 2008 Anhang 7.2b; Goetsch et al., 2010: 367; Borchardt et al., 2011: 365, 370, 372; Experten- und Respondenteninterviews B. Tagaev 2007, H. Toktomatov 2007, M. Kosolapov 2009, U. Lešijev 2009, R. Kultanov 2009. Das Verbot der Ziegenweidung in der Nusswaldregion wurde am 31.10.1945 auf Anordnung 1.581-R des Rates der Volkskommissare der Sowjetunion erlassen und wurde auch durch den Waldkodex der KSSR verlangt (LK KSSR 1980 Art. 60; GK SSSRL et al., 1990–1991a: 137).

74 vgl. Borchardt et al., 2011: 370; eigene Beobachtungen

75 vgl. Schmidt, 2005a; Schmidt, 2005b; Schmidt, 2006b; Asykulov, 2007; Blank, 2007; Dörre, 2009

76 vgl. Gottschling et al., 2005: 110; Asykulov, 2007: 56; eigene Beobachtungen

77 Dies ist eines der Ergebnisse meiner eigenen Befragung lokaler Haushalte zu ihren Lebenssicherungsstrategien sowie verschiedener von mir geführter Interviews mit weiderelevanten Akteuren und Experten. Auf die Ergebnisse wird in den folgenden Kapiteln eingegangen.

78 vgl. Humphry/Sneath, 1999; Gottschling et al., 2005; Schmidt, 2006b: 23–24; Asykulov, 2007: 56; Gottschling et al., 2007; eigene Beobachtungen

chen Weideflächenverteilung und der Ungleichverteilung der offiziell gemeldeten Viehbestände in der Nusswaldregion ab: So befinden sich auf den von den Betriebsflächen der Forstbetriebe Arstanbap-Ata und Kyzyl Unkur sowie des Forstreviers Žaj Terek gebildeten Territorien zwar die großflächigsten und bedeutendsten Waldfonds-Sommerweiden des Bezirks. Die lokalen Bevölkerungen der innerhalb der Nusswälder befindlichen Siedlungen beider Gebietskörperschaften repräsentieren aber nur einen Bruchteil der Nutzer. Zudem besitzen sie lediglich geringe Anteile des offiziell im Bezirk registrierten und auf seine Weiden gebrachten Viehbestands.[79] Externe Einflüsse und externe Akteure beeinflussen die Weidelandverhältnisse vor Ort erheblich mit. Die Entstehung der skizzierten Probleme allein auf lokale Verursachungen zurückzuführen, greift daher sowie aufgrund der unterschiedlichen Dimensionen struktureller Unsicherheit, der hohen Bedeutung von Weidelandressourcen für die nationalen, regionalen, lokalen und individuellen ökonomischen Belange und des sich daraus ergebenden komplexen Ursachen- und Beziehungsgeflechts entschieden zu kurz. Aus denselben Gründen wird hier auch der essentialistische Ansatz abgelehnt, natürliche Knappheit der Weidelandressourcen als unmittelbaren Erklärungsfaktor für die skizzierten Herausforderungen heranzuziehen. Weideknappheit existiert nicht per se, sondern entspricht dem Resultat inadäquater Umgänge der Gesellschaft mit dem knappen Gut – das heißt einer „Knappheit zweiter Ordnung“ (Neubert, 2001: 16).

79 vgl. NSKKR, 2001: 61, 81 (2000 - 2001); NSKKR, 2003b: 59, 80 (2002 - 2003); AÔA, 2004; NSKKR, 2005b: 12, 22, 24 (2004); NSKKR, 2006b: 68, 90 (2005); NSKKR, 2007: 59, 74 (2006 - 2007); NSKKR, 2009c: 64, 84 (2008 - 2009); NSKKR, 2010a: 60, 80. Der oben gegebene Hinweis über den vorsichtigen Umgang mit offiziellen Daten gilt auch hier, da die Bestände mit hoher Wahrscheinlichkeit größer sind (vgl. Schmidt, 2006b: 23).

5 HISTORISCHE VORBEDINGUNGEN AKTUELLER WEIDELANDHERAUSFORDERUNGEN

Im Zeitraum 1875 bis 1876 fielen im Zuge der Kolonisierung Mittelasiens die letzten Territorien des das heutige Kirgisistan bildenden Gebiets in den Herrschaftsbereich Russlands. Im Zuge dieses Prozesses wurden bedeutende Ausgangsbedingungen für die Sowjetunion geschaffen, die im Zuge des sozialistischen Projektes teilweise adaptiert übernommen wurden oder aufgrund ihres der sozialistischen Idee und den Interessen der sowjetischen Führungselite widersprechenden Charakters zur ideologischen Abgrenzung und der Formulierung von Gegenentwürfen dienten. Die sich in der UdSSR herausgebildeten Verhältnisse stellten schließlich die zentralen Vorbedingungen für das im ausgehenden 20. Jahrhundert entstandene souveräne Kirgisistan dar und wirken in den gesellschaftlichen Prozessen der postsozialistischen Ära nach. Die Kolonisierung und die Errichtung der Sowjetmacht müssen daher als wichtige historische Vorbedingungengender gegenwärtigen Verhältnisse und Herausforderungen Berücksichtigung finden. Die Analyse aktueller Weidelandverhältnisse in der Nusswaldregion setzt deshalb bei den im Zuge der Kolonisierung des Kokander Khanats initiierten weidelandverhältnisrelevanten Prozessen an, thematisiert mit der Errichtung, Sicherung und Ausübung der Sowjetmacht einhergehende Brüche und Kontinuitäten und arbeitet schließlich Verbindungen und Bezüge zu Veränderungen und Stetigkeiten im Zuge der postsowjetischen Transformation heraus.

5.1 KOLONISIERUNG TURKESTANS DURCH RUSSLAND

Geschwächt nach dem verlorenen Krimkrieg (1853 bis 1856) gegen Frankreich, das Osmanische Reich und Großbritannien war die Rückgewinnung einer wichtigen Position auf dem internationalen politischen Parkett eines der wichtigsten aussenpolitischen Ziele Russlands. Mittelasien eignete sich vor diesem Hintergrund als günstiges Bewährungsfeld im imperialen Machtkampf, sah die Führung Russlands doch in der als Great Game[1] in die Geschichte eingegangenen Ausei-

1 Als Schöpfer des Begriffes gilt der britische Captain der 1st Bengal Light Cavalry Arthur Conolly, der in einer Korrespondenz an den späteren Präsidenten der Royal Geographical Society Henry Rawlinson die bevorstehende und absehbare politisch-strategische Auseinandersetzung mit Russland als ein ‚Großes Spiel' bezeichnete. Connoly, mit der Befreiung des vom Emir von Buchara wegen Spionageverdachtes gefangen gehaltenen Colonel Charles Stoddart beauftragt, wurde 1842 gemeinsam mit dem Gefangenen hingerichtet (vgl. Kreutzmann, 1997: 171–172). Zur Bedeutung, Einordnung und Ereignisgeschichte dieses Abschnittes der Imperialpolitik des 19. Jahrhunderts sei auf folgende aus unterschiedlichen Perspektiven formulierte und historischen Epochen stammende Beiträge verwiesen: Terent'ev, 1875, 1906a,

nandersetzung um die Vorherrschaft in der Region eine hohe Wahrscheinlichkeit eines Triumphs über das Britische Empire als seinem größten Rivalen.[2]

Mit der Expansion in Richtung Mittelasien wurden zwei parallele Strategien verfolgt. Dies war zunächst eine sicherheitspolitisch begründete geopolitische Strategie, die aus der sukzessiven militärischen Aneignung und Kontrolle der südlich an Russland grenzenden Gebiete und Länder sowie aus der Sicherung des Grenzsaumes gegen das britische, aus Indien über Afghanistan nordwärts gerichtete Vorgehen bestand.[3] Desweiteren fand die räumliche Expansion ökonomische Begründungen. Die zu erobernden Gebiete wurden als Entsende- und Liefergebiete von Arbeitskräften, Rohstoffen und Agrarprodukten angesehen, insbesondere für die Erreichung des strategisch wichtigen Ziels der Unabhängigkeit von Baumwollimporten[4], sowie als Absatzmärkte für russische Güter, hierbei primär produktionskostenintensive Fertigwaren.[5] Zudem sollte das von der Kolonialmacht als *Turkestan* bezeichnete und aufgrund seiner historischen Schlüsselposi-

1906b, 1906c; Guilliny, 1881a, 1881b; Curzon, 1889: 313–381; Hopkirk, 1990; Kreutzmann, 1997.

2 vgl. Holdsworth, 1959: 51; Hauner, 1989: 1, 7-13; Kreutzmann, 1997; Le Donne, 1997: 130–133; Kappeler, 2008: 162–163

3 In diesem Prozess spielten persönliche Motive einzelner hoher Militärs eine erhebliche Rolle, indem deren eigenmächtige Entscheidungen nachhaltige Wirkungen erzielten (vgl. Kappeler, 2008: 162-164). Ein prominentes Beispiel hierfür war die 1865 erfolgte Eroberung des vom Kokander Khanat kontrollierten Handelszentrums Taschkent durch russländische Truppen unter der Führung des Obersts Černjaev.

4 Im Verlauf des US-amerikanischen Bürgerkriegs litt die importabhängige russländische Textilindustrie zunehmend unter Versorgungsengpässen und steigenden Weltmarktpreisen für Baumwolle. Daher setzte Russland in Mittelasien ökonomisch primär auf die Entwicklung des Agrarsektors mittels der Intensivierung und Modernisierung des Baumwollanbaus. Dazu gehörte die Einführung von US-amerikanischem Saatgut, neuer Meliorationsmethoden sowie die Ausweitung der Anbauflächen. Nach der Jahrhundertwende soll der Anteil der Baumwollproduktion 50 % der agrarischen Wertschöpfung Turkestans betragen haben (vgl. Bogdanovič, 1896: 758; Hoetzsch, 1913b: 344–346; Pierce, 1960: 165; Becker, 2004: 21–22; Kappeler, 2008: 167). Dieses Vorgehen initiierte sozioökonomische Verwerfungen und ökologische Probleme. Im dicht besiedelten Ferganabecken und im Taschkenter Gebiet wurden im Zuge der Umwidmung ursprünglich für den Getreideanbau genutzter Flächen umfangreiche Enteignungen durchgeführt. Vom Boden als wichtigem Produktionsfaktor und der Möglichkeit einer hinreichenden Subsistenzversorgung abgeschnitten, entwickelte sich ein in Lohnarbeit auf den Plantagen stehendes und von sich verteuernden Lebensmittelimporten abhängiges Agrarproletariat. Die von der politischen Führung in Kauf genommene Entstehung eines strukturellen Getreidedefizits in den eroberten Gebieten führte schließlich dazu, dass Getreide zunehmend aus Russland eingeführt werden musste. Infolge der bevorzugten Baumwollkultivierung mittels erhebliche Wassermengen benötigender Sorten entstanden Engpässe in der Wasserversorgung, unter denen andere Agrarkulturen litten. Zudem führte die langjährige monokulturelle, bewässerungsgestützte Landbaupraxis bereits in der Kolonialzeit großflächig zu Bodendegradationen durch Versalzung (vgl. Hoetzsch, 1913b: 354–355, 362; Holdsworth, 1959: 20; Rywkin, 1963: 23, 29; Bacon, 1966: 108; Carrère d'Encausse, 1966: 240; Pierce, 1966: 229–230; Kappeler, 2008: 167; Brower, 2003: 78–79, 82).

5 vgl. Holdsworth, 1959:51–65; Bacon, 1966: 106; Gills/Frank, 1991; Kreutzmann, 1997: 169; Abazov, 2008: map 31; Kappeler, 2008: 162–163, 167

tion im „eurasiatischen Austauschsystem“ (Kreutzmann, 2009b: 82) sowie seiner agrarischen Potentiale ins Zentrum des Interesses rückende südliche Mittelasien perspektivisch vor allem für Sibirien eine ähnliche Rolle bei der Versorgung mit aufgrund der naturräumlichen Bedingungen vor Ort nicht produzierbaren landwirtschaftlichen Produkten spielen, wie der Kaukasus, die Krim und Bessarabien für Zentral- und Nordrussland.[6] Als ein „Projekt der Moderne“ (Baberowski, 1999: 482) war die Kolonisierung von Seiten Russlands zudem eng mit einem kulturhierarchisch organisierten, eurozentrischen Zivilisierungsanspruch und der Vorstellung der soziokulturellen Missionierung von als vormodern verstandenen Gesellschaften – insbesondere nomadischen – verbunden.[7] Die Eroberung des Kokand Khanats reiht sich ein in Russlands lang angelegte Expansions- und Kolonisierungspolitik in Mittelasien (Box 5.1).

Box 5.1: Die Eroberung des Kokander Khanats durch Russland

Durch die zeitgleiche Bindung vieler Ressourcen bei der Unterwerfung der kaukasischen und transkaukasischen Staaten und Bergvölker (1784 bis 1864) und der Niederhaltung von Aufständen in anderen Gebieten seines Herrschaftsbereichs sah sich die politische Führung Russlands gezwungen, den an seiner südöstlichen Grenze andauernden, für den Handel mit Mittelasien eine starke Einschränkung darstellenden Einfällen kasachischer Reiternomaden mit einer zunächst defensiven, später zunehmend offensiven Strategie zu begegnen. Diese bestand zunächst aus der Errichtung der aus Kosakenkolonien, Forts und befestigten Grenzposten bestehenden, vom Kaspischen Meer bis zum Altai reichenden ‚Orenburger Linie‘.[8] Bis zur Mitte des 19. Jahrhunderts drangen Militär und Kolonisten sukzessive in die Steppengebiete des heutigen Kasachstan vor, begannen entlang des Syr Dar'ja von den Kokander Khanen beanspruchte Gebiete zu besetzen, unter anderem die wichtige Festung und Stadt Ak-Masjid (anschließend nach einem hohen Militär Perovsk benannt, heute Qyzylorda), und errichteten, wiederholt von Kampfhandlungen begleitet, Wehranlagen und -siedlungen. Sämtliche kasachischen Stammesverbände unterwarfen sich im Zuge dieser Kampagnen der Herrschaft Russlands, das diesen im Zuge von Verwaltungsreformen Selbstverwaltung gewährte (Abb. A.25). Mit der Gründung der am Fuße des Alatau befindlichen Festung Vernoe 1854 war die Eroberung der Steppengebiete weitgehend abgeschlossen und die Keimzelle eines der Zentren der russischen Besiedlung und der späteren Hauptstadt der Kasachischen SSR Alma Ata, heute Almaty, gelegt.[9] Es folgten die sich aus russländischer Sicht erfolgreich gestalteten Verhandlungen mit kirgisischen Stammesverbänden des nördlichen und westlichen Tien Shan (1855 bis 1864), die sich damit aus der Beherrschung durch die Kokander Khane unter die Protektion Russlands begaben. Indem diese Abkommen zu empfindlichen Verlusten von Ressourcen führten – insbesondere Steuereinnahmemöglichkeiten und für Militärdienste rekrutierbare Untergebene – widersprachen sie den Interessen der infolge ihrer 1798 erfolgten Abspaltung sich dauerhaft in Konflikt mit dem Emir von Buchara stehenden Kokander Herrscher. Im Zuge der vom damaligen Kokander Khan Khudojar daraufhin ergriffenen erfolglo-

6 vgl. Bogdanovič, 1896: 757–758; Rywkin, 1963: 28
7 vgl. Pierce, 1966: 231; Kappeler, 1989: 124; Kreutzmann, 1997: 171; Baberowski, 1999: 484; Kreutzmann, 2002: 47–49; Kappeler, 2008: 163
8 vgl. Pierce, 1966: 217, 220; Abazov, 2008: map 30; Kappeler, 2008: 141–155, 162
9 vgl. Terent'ev, 1906a: 2–8, 13, 87–89; Pierce, 1966: 217–219; Abazov, 2008: map 30, 31

sen Versuche, verlorenes Terrain zurückzugewinnen[10], fielen bis 1866 weitere große Herrschaftsgebiete sowie bedeutende Städte und Festungen wie Turkestan, Taschkent und Hodžand unter die Herrschaft Russlands. Durch die großen Verluste wurde der Khan 1868 zur Unterzeichnung eines Friedensvertrags, der Zahlung einer erheblichen Entschädigungssumme und der Gewährung weitreichender Privilegien für seinen Herrschaftsbereich bereisende und mit ihm Handel beabsichtigende Vertreter des siegreichen Russland gezwungen.[11] Im Zeitraum der Eroberung Samarkands und anderer befestigter Städte des Emirats von Buchara (1866 bis 1868) und der Unterwerfung des Khanats von Chiwa zu einem Protektorat (1873) begann eine Kette von Unruhen das seit seinem Bestehen wiederholt von internen Machtkämpfen erschütterte Kokander Khanat zu destabilisieren.[12] Neben Rivalitäten um die Herrschaft im Staat und um zu verteilende Machtposten galten vielen Aufständischen insbesondere die als ausbeuterisch empfundene Steuerpolitik Khudojar Khans sowie sein unterwürfiges Verhalten gegenüber Russland als Steine des Anstoßes. Der Herrscher zeigte sich unfähig, die Situation zu befrieden. Da die Lage von Russland aufgrund eines gegen es ausgerufenen ‚Heiligen Krieges' sowie der sich mehrenden grenzüberschreitenden gewaltsamen Ereignisse zunehmend als Bedrohung aufgefasst wurde, wurden die verbliebenen Kokander Gebiete 1875 und 1876 militärisch besetzt, die Aufstände gewaltsam niedergeschlagen und das alte Staatswesen mit der Inkorporation in das Russländische Imperium aufgelöst.[13] Die Eroberung Kokands ist somit im Rahmen der groß angelegten Kolonisierung Mittelasiens zu sehen. In ihrem Zuge hat Russland seinen Herrschaftsbereich innerhalb weniger Dekaden um ein Gebiet von fast vier Millionen Quadratkilometern erweitert und dabei im Gegensatz zu den Kolonisierten nur geringe menschliche Verluste erlitten sowie erhebliche strategische und ökonomische Gewinne erzielt (Abb. A.25, Abb. A.26).[14]

Das Untersuchungsgebiet der vorliegenden Studie befindet sich in relativ geringer Distanz zu den Städten und Ackerbaugebieten des Ferganabeckens als dem Zentrum des Herrschaftsbereichs des Kokander Khanats (Abb. A.26, Abb. A.27).

Um die Transformation der gesellschaftlichen Weideverhältnisse im Verlauf der Kolonisierung nachvollziehen zu können, erfolgt zunächst eine Skizze der Verhältnisse im Kokander Khanat. Sie basiert in erster Linie auf Referenzen, die sich dem Zeitpunkt ihrer Entstehung nach zwei Kategorien zuordnen lassen. Die

10 So versuchten Kokander Einheiten in den Grenzsaumgebieten mehrfach erfolglos, von zuvor im Kokander Herrschaftsbereich lebenden und mittlerweile unter die Herrschaft Russlands begebenen Kirgisen Viehsteuern einzutreiben (vgl. CARU I-715/16: 105).

11 vgl. Teljatnikov/Beznosikov, 1849: 194–199; Terent'ev, 1875; Kun, 1876: 424–427; L.B., 1876; Michell, 1876a, 1876b; Vambery, 1876; Nalivkin, 1886: 181–208; Kuropatkin, 1899: 4–23; Holdsworth, 1959: 50–51; Pierce, 1966: 217–229; Troickaja, 1968: 4–5; Abazov, 2008: map 31, 32; Kappeler, 2008: 160–168

12 Lebhaft und zeitnah aus der Perspektive von Außenstehenden geschriebene Darstellungen der Machtkämpfe in Kokand liefern beispielsweise Weljaminov-Sernjow (1857), Schuyler (2004 [1876]) und Nalivkin (1886).

13 vgl. Kun, 1876: 424–427; L.B., 1876; Michell, 1876a, 1876b; Vambery, 1876; Pierce, 1966: 217–229; Abazov, 2008: map 31, 32; Kappeler, 2008: 160–168. Einen geschichtlichen Abriss über das Kokander Khanat und seine Eroberung durch Russland bietet u.a. Aristov, 1893 [2001]: 470–515.

14 Zur ausführlichen Darstellung der Geschichte der Eroberung Mittelasiens und speziell Kokands durch Russland aus unterschiedlichen Sichtweisen und historischen Perspektiven sei auf einige Beiträge verwiesen: Terent'ev, 1875, 1906a, 1906b, 1906c; Curzon, 1889: 313–381; Kuropatkin, 1899; Holdsworth, 1959: 46–65; Usenbaev, 1960; Palat, 1988; Hopkirk, 1990; Bregel, 2003; Kappeler, 2008.

erste wird von zeitlich parallel entstandenen bzw. zeitnah aus der Perspektive von Aussenbetrachtern angefertigte Darstellungen der Kokander Gesellschaft gebildet, wie Schilderungen und Analysen von im Auftrag der Kolonialverwaltung tätigen Beamten, Militärangehörigen, Akademikern und Reisenden. Räumlich unspezifiziert bezieht sich dieses Material zumeist auf den gesamten Herrschaftsbereich der Kokander Khane, der hier in erster Linie verstanden wird als jene Gebiete, in denen die Herrscher selbst bzw. von ihnen mit Vollmachten ausgestattete und in ihrem Auftrag handelnde Bevollmächtige ihre Interessen durchsetzen konnten, das heisst fähig waren, Steuern und sonstige Verpflichtungen effektiv einzufordern. Da dies kein raumzeitlich kontinuierlicher Zustand war, wird ein solches Verständnis auch den häufigen räumlichen Veränderungen des Herrschaftsbereichs im Verlauf historischer Ereignisse gerecht.[15] Die aus den Händen russländischer Kolonisatoren und Wissenschaftler sowie westlicher Reisender stammenden Schilderungen sozialer Sachverhalte im Ferganabecken als dem Kokander Machtzentrum basieren großteils auf Beobachtungen, die in den südlich der Flüsse Syr Dar'ja und Kara Dar'ja gelegenen Territorien stattgefunden haben. Nördlicher liegende, stark von mobilen Pastoralismus praktizierenden Tierhaltern[16] geprägte Bereiche fanden seltener und später Berücksichtigung. Die explizit sich auf die

15 vgl. Vel'jaminov-Zernov, (o.J.): 5. Die lebensweltliche Bedeutung der Reichweite des Herrschaftsbereichs wird in Berichten deutlich die darstellen, wie mobile Tierhalter die Flucht vor Steuereintreibungen auf in hoher Distanz liegende *žajloo* antraten, schon bevor der Zeitpunkt der ursprünglich geplanten Viehtriften eingetreten war. Indem sie mit der spätherbstlichen Rückkehr zu den Winterlagern erneut in den Wirkungsbereich der Kokander Steuereintreiber eintraten, wurden sie jedoch von ausstehenden Steuerforderungen eingeholt (vgl. Emel'janov, 1885: 139; Ploskih, 1968: 109–110). Pogorel'skij deutet in diesem Zusammenhang die machtpolitische Kontrolle nomadischer Winterweiden als gezielte einkommensgenerierende Strategie Kokands (vgl. Pogorel'skij, 1927, zitiert in Ivanov, 1939: 127).

16 Nomadische als kontinuierlich mobile, von der Nutzung ausschließlich bodenvager Behausungen geprägte, keinen Landbau betreibende pastorale Lebensweisen waren im westlichen Tien Shan bereits zu Mitte des 19. Jahrhunderts kaum mehr anzutreffen (vgl. GUZZ PU, 1913c, 1913d, 1915; Il'jasov, 1963: 194–195; Simakov, 1978: 22–24; Nurakov, 1975: 66; Abramzon, 1990: 83, 87; zur Diskussion des Nomadismusbegriffs siehe Lattimore, 1962: 141–144; Simakov, 1982; Humphrey/Sneath, 1999: 1; Scholz, 1999; Kreutzmann, 2012a: 8, 10–11). So stellte die Hauptleitung für Raumordnung und Landwirtschaftschaft der Kolonialadministration für die Tierhalter des Amtsbezirkes Namangan beispielsweise folgendes fest: „Das Wirtschaftsleben der Kara-Kirgisen [...] kann als viehhalterisch-ackerbaulich bezeichnet werden. [...] In den Formen der Landnutzung ist hier derselbe Dualismus zu beobachten, wie in dem zuvor untersuchten Amtsbezirk Andižan. Auf der einen Seite die Überbleibsel der viehwirtschaftlich-stammesgemeinschaftlichen Praxis, erhalten in relativ reinen Formen der Weidenutzung, und auf der anderen Seite die nahezu vollständige Individualisierung der Kulturländer, am hellsten zu Tage tretend in der Nutzung von bewässerten Feldern, Mähwiesen und Gehöften. [...] Die Zuweisung dieser Flächen an einzelne Haushalte erfolgte offensichtlich vor langer Zeit [...] Schon lange vor der Inthronisierung Khudojar Khans in Kokand verfügten die Kara-Kirgisen über aufgeteilte Bewässerungsflächen auf Grundlage des durch den Bau von Bewässerungskanälen erworbenen Rechts." (GUZZ PU, 1913c: 28–29, Übersetzung AD) Im Amtsbezirk Andižan verfügten 1908 über 60 % der fast 14 000 dennoch offiziell als ‚nomadisch' klassifizierten Haushalte über Ackerland und betrieben damit eine Form der ‚kombinierten Bergwirtschaft' (vgl. FOSK, 1909: 28).

nördlichen Bereiche des Ferganabeckens beziehende Quellenlage ist daher deutlich dünner, als die über die zentralen Bewässerungsgebiete und südlichen Randbereiche Ferganas.[17] Die Nusswaldregion befindet sich im nördlichen Ferganabecken (Abb. A.27).

Die zweite Kategorie stellen wissenschaftliche Analysen dar, die mit einem deutlichen zeitlichen Abstand zu den vorkolonialen Prozessen und Ereignissen angefertigt wurden. Hierbei wird ein erheblicher Teil von Studien sowjetischer Wissenschaftler gebildet.

5.1.1 Weidelandverhältnisse im Kokander Khanat

Im Kokander Khanat bestand zur Zeit der Eroberung ein verschiedene Formen von Landverfügungsrechten umfassendes System. Regelungen der Ressourcenzugangs- und Ressourceninwertsetzungsrechte erfolgten unter Anwendung moralischer Prinzipien des islamischen Rechts und gewohnheitsrechtlicher Praktiken.[18] Da die komplexitätsreduzierenden Kategorisierungen sowjetischer Autoren hier als hilfreich für das Verstehen der mannigfaltigen rechtlichen Landverhältnisse in

17 vgl. Maev, 1872; Fedčenko, 1873; Schuyler, (2004 [1876]); GUGK, 1987g. Dies spiegelt sich in den kartographischen Darstellungen der Region wider, in denen die nördlichen und nordöstlichen Begrenzungen der Ferganabeckens deutlich länger als die südlichen als terra incognita erscheinen (vgl. ŠOSK, 1841; Ljusilin, 1868; Ljusilin, 1871; Ljusilin, ca. 1880). Möglicherweise liegt dies daran, dass bei der Auseinandersetzung mit den mittelasiatischen Staaten Russlands primäres strategisches Augenmerk auf den räumlich näher am britischen Herrschaftsbereich liegenden Gebieten sowie den ackerbaulich intensiv bewirtschafteten, bewässerungstechnisch erschlossenen Oasen lag, als auf den aus seiner Sicht peripherer gelegenen und damit strategisch geringere Bedeutung besitzenden, vornehmlich viehwirtschaftlich inwertgesetzten Hochgebirgslagen des westlichen Tien Shan. Mit dem überwiegend aus in persischer (tadschikischer) Sprache und arabischer Schrift verfassten Originaldokumenten aus den Verwaltungen, Gerichten und Kanzleien des Kokander Khanats bestehenden und erst retrospektiv als ‚Archiv der Kokander Khane' bezeichneten Kompendium von über 5 000 Blatt und 150 Papierrollen existiert zwar eine einzigartige Primärquellensammlung für den Nachvollzug sozioökonomischer Beziehungen und Verhältnisse im Khanat (vgl. Troickaja, 1968: 6). Das genannte Archiv umfasst neben anderen Dokumenten Landtitel beglaubigende Urkunden, im Zusammenhang mit Landfragen an den Khan und lokale Machtakteure gerichtete Bittstellungen sowie Register von Landnutzern und Steuereinnahmen. In Landfragen gibt das Kompendium vor allem Auskunft über Kronländer des Khans, über unter seiner Verfügung stehende Schutzgebiete sowie in privatem Eigentum anderer Personen befindliche Ländereien. Deutlich geringer ist der Umfang sich auf staatliche und gemeinschaftliche Flächen beziehender Dokumente. Es wurde im Zuge der Unruhen 1875 stark in Mitleidenschaft gezogen und repräsentiert lediglich einen Bruchteil der ursprünglich archivierten Urkunden. So sind von den explizit Weiden thematisierenden Dokumenten nur wenige erhalten geblieben. Bereits kurz nach der russländischen Eroberung Kokands wurden die vom die militärische Besetzung begleitenden Wissenschaftler A.L. Kun gesicherten Urkunden der Militärverwaltung des Generalgouvernements Turkestan übergeben, um bei der Organisation der kolonialen Administration im eroberten Gebiet verwendet zu werden (vgl. Pantusov, 1876a: 45–46; Troickaja, 1968: 1–2, 5–6, 10). Heute soll die Sammlung im CARU in Taschkent lagern.

18 vgl. Troickaja, 1968: 13; Čehovič, 1976: 36–37; Sartori, 2010a: 3

Kokand erachtet werden, wird sich bei der Formulierung rechtlicher Landkategorien an diese angelehnt. Sie thematisieren die im Kokander Khanat sowie unter der kolonialen Herrschaft Russlands bestehenden rechtlichen Landverhältnisse in erster Linie in ihrer Bedeutung für die jeweils bestehenden Ausbeutungs- und Abhängigkeitsbeziehungen.[19] Folgende zentralen rechtlichen Landkategorien wurden unterschieden: a) staatliche Ländereien, b) herrschaftliche Ländereien, c) private Ländereien anderer juristischer Personen, d) Stiftungsländer religiöser Institutionen sowie e) in gemeinschaftlichem Besitz befindliche Ländereien.[20] Auf der Grundlage, dass Land in der Regel als staatliches Eigentum galt, definierten diese Kategorien in erster Linie die verfügungsrechtlichen Verhältnisse.[21]

Über staatliche Ländereien *zamin-i mamlaka* bzw. *mamljakat* (arab.-pers.) übte der Khan in seiner Funktion als staatliches Oberhaupt die zentrale Verfügungsgewalt aus. Sie umfassten nicht mit privaten Besitztiteln versehene landwirtschaftlich nutzbare Flächen wie Äcker und Weiden sowie unbearbeitetes Land. Der Großteil wurde den Nutzern ohne zwischengeschaltete Akteure direkt überlassen, häufig auf Lebenszeit als vererbbare Teilpacht, jedoch mit der Option der Aufhebung des Nutzungstitels durch den Herrscher sowie ohne den Pächtern einklagbare exklusive Nutzungsrechte zu übertragen. Hiervon erzielte Renteneinnahmen flossen in den zentralen staatlichen Etat bzw. die Kassen administrativer Subeinheiten, aus denen bedeutende Summen für die Unterhaltung des Militärapparates verwendet wurden. Staatsländer betreffende Nutzungsrechte wurden selten schriftlich kodifiziert.[22]

Konzeptionell lassen sich die herrschaftlichen Ländereien *zamin-i pādšāhi*, *zamin-i amiri* bzw. *zamin-i sultāni* (pers.) von denen des Staates dadurch unterscheiden, dass die Mitglieder der Herrscherfamilie über diese Landflächen nicht in

19 vgl. Il'jasov, 1963; Muhtarov, 1964; Džamgerčinov, 1966; Ploskih, 1968; Troickaja, 1968; Troickaja, 1969

20 vgl. Ploskih, 1965: 5; Ploskih, 1968: 42–43. Es handelt sich hier um eine generalisierte, dem Überblick über die Vielfalt von im Kokander Khanat exitierenden Landtiteln dienende Darstellung. Insbesondere die Ausführungen von Ploskih (1968) basieren auf einer reichen Quellenbasis und stellen die Merkmale der einzelnen rechtlichen Landtitel detailreicher heraus, als an dieser Stelle möglich ist. Troickaja liefert viele Informationen insbesondere zu ‚herrschaftlichen' Ländereien (vgl. Troickaja, 1955; Troickaja, 1969).

21 vgl. Il'jasov, 1963: 20–25, 29; Ploskih, 1968: 42–43. Il'jasov weist darauf hin, dass diese Sichtweise innerhalb der sowjetischen Wissenschaft nicht unumstritten war und einige ihrer Vertreter Land als privates Eigentum der gesellschaftlichen Eliten ansahen (vgl. ebd., 1963: 19). Sartori will das Kokander Khanat retrospektiv als ‚property state' verstanden wissen, das heißt als Staat, der seinen Untertanen private Landtitel gewährte und die rechtliche Gültigkeit von Landeigentum anerkannte (vgl. Sartori, 2010a: 3). Was private Landtitel angeht, so stimme ich Sartori grundsätzlich zu, da Landbesitz und -pacht rechtliche Landnutzungstitel darstellen. Aus im Weiteren genannten Gründen bin ich hingegen skeptisch gegenüber seinem ‚Landeigentum' entsprechenden Verständnis des privaten ‚landownership', da ich in den von mir konsultierten Referenzen keine Beispiele für ein Rechtsinstitut finden konnte, dass volle Eigentumsrechte vereinte (vgl. in diesem Sinn auch Savickij, 1963: 96).

22 vgl. Nalivkin, 1886: 208; Ploskih, 1965: 6; Ploskih, 1968: 46–51; Troickaja, 1968: 543; Soodanbekov, 1977: 87–88

ihren staatlichen Funktionen, sondern als natürliche Personen verfügten. In der Praxis hingegen lassen sich diese schwierig voneinander abgrenzen, da das Eigentum, die Interessen und die Aufgaben des Staates im Grunde denen des Herrschers und seiner Entourage entsprachen.[23] Troickaja differenziert die *zamin-i pādšāhi* in ‚Flächen besonderer Zweckbestimmung' *hass* bzw. *miri* (arab.-pers.) sowie *udel'nye zemli* (rus.), in ‚Schutzgebiete' *quruq* (mong.-turk.) sowie in sich in persönlichem Besitz des Khans und seiner Familie befindliche Flächen *čik* bzw. *ček* (pers.-usb.).[24] Durch Frondienste und aus Steuerabgaben generierte Renteneinnahmen von Flächen der *hass*-Kategorie dienten vornehmlich dem Unterhalt des Herrschersitzes *urda* (turk.) in der Stadt Kokand, des Hofstaats und der an anderen Orten befindlichen Residenzen, während jene von *čik*-Flächen höchstwahrscheinlich direkt an die Eigentümer flossen und zu deren eigenem Bedarf genutzt wurden. Als dominierendste Rechtsform soll Teilpacht gegolten haben, bei der ein definierter Ertragsanteil als Pachtzins abgeführt wurde.[25] Als herausragend wertvoll angesehene Grasländer, Jagdgebiete, Flussufer, Auen- und andere Wälder bildeten herrschaftliche, mit Nutzungsbeschränkungen oder Zutrittsverboten für Dritte belegte *quruq*-Gebiete.[26]

Privatländereien anderer Personen *milk* bzw. *mulk* (arab.) entstanden durch den Erwerb von Nutzungs- und Verpachtungsrechten für unbewirtschaftete oder bewirtschaftete Landflächen. Dies wurde vom Herrscher durch eine Urkunde *vaziqa* (arab.) beglaubigt. Aufgrund der in den meisten Gebieten notwendigen Bewässerung waren die Urbarmachung potentiellen Ackerlandes mit hohen Kosten und der Kauf von bereits erschlossenen Flächen ebenfalls mit erheblichen Investitionen verbunden. Inhaber privater Ländereien waren daher meist individuelle Wohlhabende, Nutzergemeinschaften und staatliche Einrichtungen. Auch für diese Flächen *milk-i haradž* (arab.-pers.) bestand Steuerpflicht. Den Besitzern stand es frei, die Territorien an Dritte zu verpachten oder ihren Landtitel zu veräussern. Völlige Steuerfreiheit konnten *milk*-Inhaber durch einen zweiten Akt – eine Art Freikauf von der Steuerpflicht *idžara* (arab.) – erzielen, bei dem sie zwischen zwei Dritteln und drei Vierteln des zuvor erworbenen Landes dem Staat überließen und im Gegenzug die völlige Steuerbefreiung für die Nutzung der bei ihnen verbleibenden Parzelle *milk-i hurr* bzw. *milk-i halis* (arab.-pers.) erhielten. Auch hier widerspricht dem Verständnis dieses Institut als Eigentum zu bezeichnen der Umstand, dass sich die Gültigkeit des Erwerbs auf die Herrschaftszeit des Khans beschränkte und bei einem Thronwechsel mittels Bestätigung durch den neuen Herrscher auf der bestehenden *vaziqa* erneuert werden musste. Dieses Instrument ermöglichte dem Khan zum einen, Renten zu generieren. Zum anderen konnte es für machtpolitische Zwecke strategisch eingesetzt werden. Im Zuge solcher Verkäufe, Verpachtungen, Rücknahmen und -gaben von Nutzungsrechten entstanden

23 vgl. Ploskih, 1968: 52

24 vgl. Troickaja, 1968: 554, 568, 571; Troickaja, 1969: 5, 16

25 vgl. Nalivkin, 1886: 209; Troickaja, 1968: 566; Troickaja, 1969: 5, 16, 37–38; Soodanbekov, 1977: 88

26 vgl. Troickaja, 1955; Nabiev, 1973: 303; Ašimov 2003: 5; Dörre/Schmidt, 2008: 212

insbesondere in den mehrheitlich von sesshafter Bevölkerung bewohnten ackerbaulich genutzten Gebieten überaus facettenreiche räumliche Muster landbezogener Rechtstitel.[27]

Religiösen Einrichtungen gestiftete Ländereien *vaqf* (arab.) sollten religiös-wohltätigen Zwecken dienen, die in Stiftungsurkunden *vaqfname* (arab.-pers.) schriftlich fixiert waren. Indem sie aus den Regimen privater und staatlicher Ländereien ausgenommen waren, wurden sie in der Regel nicht konfisziert und unterlagen einer geringeren Besteuerung als andere Landkategorien. Aus *vaqf*-Flächen generierte Einkommen waren meist für die Verfolgung des Stiftungszwecks bestimmt.[28]

Gemeinschaftliche Ländereien *zamin-i džamoat* (arab.-pers.) bestanden sowohl in ackerbaulich, als auch in viehwirtschaftlich dominierten Gebieten. Als Ursprung dieser als common property bezeichenbaren Flächen im Kokander Khanat galten die gemeinschaftliche Erschließung von Ödland durch Bewässerung, ihr gemeinschaftlicher Kauf oder ihre Allokation an Landbau oder Viehwirtschaft betreibende Gemeinschaften durch den Herrscher, beispielsweise als Belohnung für besondere Verdienste. Solch ein Verfügungsrecht verlieh den Gemeinschaften zudem die Möglichkeit, Teilgebiete an Dritte zu veräussern. Die kirgisischen mobilen Tierhalter der Ferganaregion waren vornehmlich in Weidenutzergemeinschaften organisiert, die aus mehreren zumeist in patrilinearen Verwandtschaftsverhältnissen stehenden Haushalten bestanden *bir atanyn baldary* (krg.).[29]

Diese Gemeinschaften verstanden sich als Teil größerer Stammesverbände. Wie auch andere Landtitel, konnten die Arrangements der *zamin-i džamoat* nicht an sich als stabil gelten, da die Herrscher formell auch hier die Macht besaßen und nutzten, verliehene Verfügungsrechte abzuerkennen und die Ländereien in Staatshand zurückzuführen. Wie ein Autor aus der Kolonialzeit in Bezug auf Weiden festhielt, enthielten vom Herrscher gezeichnete, auf Weideareale bezogene *vaziqa* gelegentlich konkrete Angaben über die Lage sowohl von Winter-, als auch von Sommerweiden.[30] Gemeinschaftliche Verfügungsrechte wurden durch die Urkunde rechtsgültig und bedurften ebenfalls einer bestätigenden Verlängerung durch jeden Thronnachfolger. Die Weidelandnutzung war mit einem Steuersatz auf die auf den Flächen erwirtschafteten viehwirtschaftlichen Erträge belegt, der an den Fiskus abgeführt werden musste.[31]

Aus Sicht der kolonialen Bodenkommission von Turkestan schien der Status der Kokander Landflächen als Eigentum des Staates auch in den gewohnheitsrechtlichen Praktiken mobiler Tierhalter Anerkennung zu finden. Sie hielt 1869 fest:

27 vgl. Ajtbaev, 1962: 62–63; Ploskih, 1968: 54–62; Troickaja, 1968: 5–6, 537, 544, 555, 567; Čehovič, 1976: 38–40; Soodanbekov, 1977: 88–89

28 vgl. Troickaja, 1968: 537; Čehovič, 1976: 41; Soodanbekov, 1977: 90–91

29 vgl. Nurakov, 1975: 67

30 vgl. Markov, 1893, zitiert in Ploskih, 1968: 63. Mehrere Beispiele hierfür sind dokumentiert (vgl. Ploskih, 1968: 63–64).

31 vgl. Duhovskoj, 1885: 21; Ploskih, 1965: 18–20; Soodenbekov, 1977: 89–90

„In Eintracht mit den kirgisischen Sitten befinden sich Wasser und Land im Eigentum des Staates, der in seinem Verfügungsrecht nicht einmal vom Nutzungsrecht des untergebenen Volkes eingeschränkt wird." (zitiert in Savickij, 1963: 33, Übersetzung AD)

Das Verständnis des staatlichen Landeigentums bildete den Ausgangspunkt für die Ableitung der Legitimität der staatlichen Steuerforderungen für Landnutzungen sowie für die Kompetenz des Khans, als oberster Repräsentant des Staates selbst bzw. durch von ihm ernannte Bevollmächtigte Allokationen von mit unterschiedlichen Besitztiteln und Nutzungsrechten versehenen Landflächen vorzunehmen bzw. diese zu legitimieren. So liest sich ein Ausschnitt einer von Malla Khan (Herrscher Kokands von 1858–1862) ausgestellten Urkunde folgendermaßen:

„Die Kirgisen der Kutluk-Seid belegten mit ihrer Sippe die Flur Kara-Tjube. Aufgrund verschiedener Pressionen durch die Behörden seid Ihr in verschiedene Gegenden abgewandert. Heute, wieder am Orte vereint, wünscht Ihr, uns Untertan zu sein. Daher wird Euch die Flur Kara-Tjube auf Grundlage der bisherigen Regelungen zur Verfügung gestellt und niemand wird Euch dabei behindern." (CGA USSR 17/1/12800/15, zitiert in Ploskih, 1968: 45, Übersetzung AD)[32]

Für die lebensweltliche Akzeptanz und Verankerung des übergeordneten Instituts des staatlichen Landeigentums spricht, dass sich Bevölkerungsgruppen in durch Kokander Truppen eroberten und an das Khanat angeschlossenen Gebieten, aber auch jährlich zu ihren angestammten Weideplätzen begebende mobile Tierhalter an die jeweiligen Herrscher wandten mit Bitten, ihnen die von ihnen bereits seit langer Zeit genutzten Ländereien erneut zuzubilligen, um damit frühere Verfügungsmöglichkeiten fortsetzen zu können.[33] So liest sich eine Passage eines solchen Bittbriefes folgendermaßen:

„Bittbrief der nomadisierenden Untergebenen und Mittellosen der Gemeinschaft Kalasak [?], Sklaven Ihrer Majestät. Wir grüßen mit den tiefsten Verbeugungen. – Oh Gönner der Armen! Jährlich von den Bergen absteigend, siedelten und lebten wir mit unserem Vieh auf den Salzböden westlich von Čarbag Turangu. Gegenwärtig sind wir wieder von den Bergen abgestiegen. Wir wagten es der jährlichen Festlegung entsprechend aber nicht, uns in die benannte Gegend ohne die höchste Erlaubnis zu begeben und (die Wut des Herrschers) befürchtend erstellten wir den Bittbrief in der Hoffnung auf die Erlaubnis (Ihrer Majestät)." (aus dem Hefter „Schutzgebiete-quruq" Nr. 36 des Archivs der Kokander Khane, zitiert in Troickaja, 1955: 150, Übersetzung AD)

Im Zuge verschiedener, die übergeordnete Eigentumsregelung nicht angreifender Transaktionen ergaben sich unterschiedlich abgestufte rechtliche Landtitel. Obwohl einige hiervon ausgewählte Merkmale von Eigentumsregimen wie Veräusserungs- und Vererbungsrechte aufwiesen, lassen sie sich aufgrund mehrerer Gründe nicht als Eigentum an der Ressource Land bezeichnen: Diese Rechtstitel bezogen sich auf die Nutzung von Landflächen, nicht jedoch auf die Ressource Land an sich. Daneben dass sich die Gültigkeit dieser Rechtstitel auf die Herrschaftszeit des entsprechenden Verleihers der Landrechte beschränkte galt, dass sie vom

32 vgl. Ploskih, 1968: 44
33 vgl. Terent'ev, 1906c: 272; Ploskih, 1968: 44–45

Herrscher in seiner Funktion als oberster Staatsvertreter auch vorzeitig aufgehoben werden konnten.[34] Somit waren die Kokander Landtitel um zwei zentrale Aspekte konzipiert: Differenzierte und explizit benannte Besitzregime beeinflussten unmittelbar individuelle und kollektive Verfügungsrechte und damit Inwertsetzungsmöglichkeiten der Landressourcen. Das implizite staatliche Eigentum an Grund und Boden hingegen bildete die Basis für die herrschaftliche Sanktionierung von Besitzregimen und legimierte die Erhebung von Steuern.

Das Instrumentarium der Kokander Herrscher zur Erzielung von Einkommen umfasste vielfältige Methoden. Neben den insbesondere von Nutzern privater Herrscherländereien erzwungenen Frondiensten und ‚Geschenken' von Untergebenen stellten Steuern das zentrale wirtschaftliche Standbein dar. Im Zuge der Entwicklung des Kokander Staatswesens betrieben die Herrscher ein zunehmend komplexer werdendes Steuersystem, das unter Khudojar Khan schließlich bis in das kleinste Detail ausgearbeitet war und für die Bevölkerung schwere ökonomische Bürden darstellte.[35] Das System wies keine flächendeckende Konsistenz auf, lokale und regionale Abweichungen quantitativer und qualitativer Art waren die Regel. Die im folgenden gebotene Skizze des rahmengebenden Steuersystems und der Grundzüge der zentralen Instrumente ist dennoch hilfreich für die Einordnung und das Verständnis der Kokander Weidelandverhältnisse.

Sowohl von Sesshaften, als auch von Getreideanbau betreibenden Viehhaltern waren aus den erzielten Erträgen berechnete Bewirtschaftungssteuern *haradž* (arab.-pers.) für Acker- und Gartenflächen abzuführen. Die Feldbausteuer für Bewässerungsland betrug zwischen einem Fünftel und der Hälfte des Ertrages und wurde überwiegend in Naturalien – Getreide, bei Tierhaltern auch in Form von Vieh – gezahlt. Für Regen- und Schmelzwasserfeldbauflächen *ljal'mi* (pers.-usb.) betrug der Steuersatz zehn Prozent der Ernte. Anbauflächen aufwendiger zu erntender und zu lagernder Produkte wie Baumwolle, Gemüse und Obst wurden mit

34 vgl. Rostislavov, 1879–1880, zitiert in Ploskih, 1968: 50; Ploskih, 1968: 42–79, 108. Es gab mehrere Szenarien, in denen Landtitel gegen den Willen der Besitzer aufgelöst wurden: eine über mehrere Jahre nicht erfolgte Nutzung gepachteter Flächen, das in Ungnadefallen eines einen Landtitel besitzenden Untergebenen oder aber der Tod eines Landtitelbesitzers ohne Erben (vgl. Dšohovskij, 1885: 88; G., 1885: 123; Ploskih, 1965: 22; Ploskih, 1968: 68).

35 Den Hintergrund dieser Maßnahmen bildete der angesichts zugenommener innerer Rivalitäten um Machtpositionen und äußerer Bedrohungen (Konflikt mit Buchara und die Expansion Russlands) gewachsene Geldbedarf des Khans zur Finanzierung seiner Streitmacht sowie zur Absicherung ihm gegenüber bestehender Loyalitäten anderer mächtiger Akteure der Kokander Gesellschaft. Vor diesem Hintergrund können auch die in der dritten und letzten Herrschaftsperiode Khudojar Khans erfolgte Zunahme von Verkäufen von auf staatliche Ländereien bezogenen Nutzungsrechten, die gewachsene Inanspruchnahme des Freikaufs von Landsteuerpflichten, die voranschreitende Monetarisierung ursprünglich überwiegend in Naturalien zu entrichtender Steuern, die Zunahme von Frondiensten und die neu eingeführte Wehrpflicht sowie wachsende willkürliche Transferierungen staatlicher und privater Ländereien in herrschaftliches Eigentum und *quruq*-Gebiete sowie deren Verpachtung als Winterweide bzw. für andere Nutzungen an Dritte gesehen werden (vgl. Vel'jaminov-Zernov, 1857: 119; Kun, 1876: 439–446; L.B., 1876: 634; Aristov, 1873: 140; Troickaja, 1955: 126–133, 149–153, 156; Ploskih, 1965: 16–17, 19, 47; Kožonaliev, 1966: 63; Troickaja, 1968: 4–5).

einer in Geld zu entrichtenden Steuer *tanābāna (*arab.-pers.) belegt, die auf Grundlage der über dem Jahresdurchschnitt liegenden Winter- und Frühjahrspreise der angebauten Produkte kalkuliert wurden. Der Steuersatz wurde für jedes Produkt einzeln definiert und je Flächeneinheit *tanāb* (arab.-pers.) erhoben.[36]

Indem die vornehmlich im Landbau tätige Bevölkerung der Bewässerungsoasen des Ferganabeckens durch ihre Tätigkeit mehrheitlich an die kultivierten Flächen gebunden war, suchten nur wenige ihrer Vertreter – zumeist Auftragshirten – die Weideflächen der Region auf. Infolge ihrer Anzahl und ihres Anteils an der regionalen pastoralen Produktion galten mobile Tierhalter als die wichtigsten viehwirtschaftlichen Akteure.[37] Von Weidenutzern und Händlern wurde eine begrifflich, jedoch nicht konzeptionell der für Muslime verpflichtenden Almosengabe *zakat* (arab.) entsprechende Steuer erhoben. Der Warenhandel wurde mit der *zakat-i kaljagi* (arab.-pers.), die viehwirtschaftliche Weidenutzung mobiler Tierhalter mit der *zakat-i ilātija* (arab.-pers.) besteuert. Letztere hatten jährlich einen vierzigsten Teil ihrer Herden abzutreten. Häufig überstiegen die tatsächlichen Belastungen jedoch diesen Betrag.[38] Dabei fand die Erhebung der Steuer durch die Steuereintreiber *zakatči* (arab-usb.) aufgrund höherer Berechnungsgrundlagen zumeist im Frühjahr nach der Wurfperiode der Tiere noch im Bereich der Winterweiden und -lager statt. Dies erfolgte häufig unter dem Schutz eines *džarčjbāši* (usb.) und seiner bewaffneter Begleitmannschaften, da Widerstände gegen die oft mit willkürlichen Beschlagnahmungen einhergehenden Steuererhebungen keine Seltenheit waren. Aufgrund der von ihnen verursachten wirtschaftlichen Belastungen stellten Steuererhebungsereignisse neben der Knappheit natürlicher Futtermittel ein zentrales Motiv bei der Entscheidung zu vorgezogenen saisonalen Weidetriften dar.[39]

Indem Schafe die wichtigste gehandelte Nutzviehart jener Zeit darstellten, besaßen unter den auf den Viehhandel bezogenen Abgaben die Hammelsteuer *koj-zakat* (arab.-krg.) und die Masthammelsteuer *zakat-i burdaki* (pers.-usb.) besondere Bedeutungen.[40] Gelegentlich wurden Nomaden und mobile Tierhalter zu einer pro Jurtenhaushalt zu entrichtenden Behausungsabgabe *tunlik-zakat* (arab.-krg.)

36 vgl. Teljatnikov/Besnosikov, 1849: 208–209; Vel'jaminov-Zernov, 1857: 119; Kun, 1876: 439; L.B., 1876: 634; Holdsworth, 1959: 9, 12; Ploskih, 1968: 111–119; Troickaja, 1968: 563–564, 567. Die Fläche eines *tanāb* unterschied sich von Ort zu Ort und betrug in der Regel zwischen einem viertel und einem halben Hektar.

37 vgl. Teljatnikov/Beznosikov, 1849: 187; Vel'jaminov–Zernov, 1857: 122

38 Für Schafe und Pferde betrug der Steuersatz ein Vierzigstel, für Rinder ein Dreissigstel und für je fünf Kamele ein Hammel (vgl. Pantusov, 1876a; Ploskih, 1968: 108). Die Abgabe fand zunächst in Form von Tieren statt, veränderte sich jedoch zunehmend zu einer monetären Steuerform, wobei die hohen Basarpreise großer Städte als Berechnungsgrundlage herangezogen wurden (vgl. Ploskih, 1968: 108–109).

39 vgl. Emel'janov, 1885: 139; Ploskih, 1968: 109–110

40 Die Masthammelsteuer wurde in Form von Tieren entrichtet und zählte zur herrschaftlichen Einkommensgenerierung. Nach der weiteren Mästung – häufig auf mit Nutzungsverboten für Dritte belegten *quruq*-Flächen – erfolgte der Hammelverkauf auf den Basaren. Die erhaltenen Summen gingen in den Herrscheretat ein (vgl. Troickaja, 1955: 154; Troickaja, 1968: 537).

sowie ereignisabhängig zur Beteiligung an den Unterhalts- oder Mobilisierungskosten des Militärs durch die Zahlung von *kul-bul* bzw. *asker-pul* (krg.-pers.) und der Teilnahme an Feldzügen verpflichtet.[41]

Das Khanat gliederte sich administrativ in Provinzen *vilojat* (pers.), die aus mehreren Begschaften *beglik* (usb.) bestanden. Eine Begschaft umfasste mehrere kleinere Entitäten, die als Steuererhebungseinheiten galten. Die Erhebung der beträchtlichen Steuerposten fand größtenteils dezentral und entsprechend der administrativen Gliederung statt, häufig begleitet von auf den eigenen Vorteil zielenden Amtsmissbräuchen durch die Steuereintreiber, die aus dem Kreise loyaler Verwandter der vom Herrscher bestimmten Vertreter der Staatsgewalt *hakim* (arab.) und *beg* und lokaler mächtiger Akteure stammten.[42] Diese besaßen Steuererhebungsrechte für die entsprechenden administrativen Einheiten sowie für ausgewählte Steuerposten wie Mühlen, Marktstände oder Zugwerke. Diese privilegierten Amtsträger hatten die Abgabenerhebung zu organisieren und die Durchführung zu kontrollieren. Aus den erzielten *haradž*- und *tanābāna*-Einkünften hatten sie sämtliche staatlichen Strukturen und Aufgaben einschließlich des Militärs in ihrem räumlichen Verantwortungsbereich zu finanzieren. Ferner standen ihnen Anteile dieser Mittel zur eigenen Lebenshaltung zur Verfügung. Explizit für den herrschaftlichen Etat vorgesehen waren die anderen Renteneinkünfte, wobei die zunächst in Vieh, später auch in Geldform zahlbaren *zakat*-Einnahmen aus der Weidenutzung den bedeutendsten Einzelposten darstellten (Tab. 5.1). Keiner administrativen Subeinheit, sondern direkt dem Herrscherhaushalt zugewiesen wurden Renteneinnahmen von Flächen der *hass*-Kategorie.

41 vgl. Teljatnikov/Besnosikov, 1849: 209–210; Kun, 1876: 439; L.B., 1876: 634–635; Ivanov, 1939: 120; Troickaja, 1955: 141–146; Kožonaliev, 1966: 63; Ploskih, 1965: 49; Ploskih, 1968: 108–111, 122–123; Troickaja, 1968: 542–543. Ferner wurden neben einer Salzsteuer *namak-puli* (pers.) auf vielfältige andere Aktivitäten Abgaben eingefordert, beispielsweise für die Anfertigung und Beglaubigung hoheitlicher Urkunden *muhrāna* (arab.-hind.-pers), die amtliche Teilung des Erbes *tarakāna* (arab.-pers.), für das Betreiben von Zugwerken, von Marktständen *tegi-džaj*, von Tennen und von Waagen *tarazy* (pers.), für die Überquerung von Flüssen *kemi-puli* oder für das Arrangement und den Vollzug von Trauungen *nikāhana* (arab.-pers.). Schließlich fiel in den letzten Jahren der Herrschaft des letzten Khans auch das Sammeln von Schilf *pul-i qamiš* (pers.), Stroh und Spreu *pul-i kāh* (pers.), Waldprodukten und Brennmaterial *karagaj-puli, pul-i tŭkaj* (pers.-usb.) bzw. *pāndžjak* (pers.) und anderen Dingen sowie die Nutzung von Bewässerungswasser *hak-i obi* (usb.-pers.) bzw. *suu-puli* (krg.) unter zu besteuernde Aktivitäten (vgl. Kun, 1876: 439–440; L.B., 1876: 635; Ploskih, 1968: 121–124; Troickaja, 1968: 555–557, 560, 564).

42 Das geringe Interesse am Wohlergehen der Bevölkerung und die eingeschränkte Macht der Kokander Herrscher werden daran deutlich, dass mit Steuererhebungsbefugnissen ausgestattete Vertreter des Staates diese Praktiken insbesondere in abgelegenen Regionen sanktionslos betreiben konnten, solange sie selbst ihren Pflichten gegenüber dem Herrscherhof nachkamen (vgl. Vel'jaminov-Zernov, (o.J.): 12; Tel'jatnikov/Besnosikov, 1849: 209; Kun, 1876: 440–441; LB, 1876: 635; Nalivkin, 1886: 208–209; Ivanov, 1939: 120; Troickaja, 1955: 138–140; Holdsworth, 1959: 9, 12; Ploskih, 1968: 48, 103–105, 108–109, 113–114; Troickaja, 1968: 536, 567).

Tab. 5.1: Jahressteuereinnahmen der ökonomisch stärksten *vilojat* des Kokander Khanats

vilojat	in Naturalien abgeführte Steuern	in monetärer Form abgeführte Steuern in tillā[43]				
	haradž in batman[44]	tanābāna	zakat-i ilātija	Basar- und Waagensteuer	Ein- und Ausfuhr	Gesamt
Kokand	230000	55700	28200	12000	23000	118900
Andižan	100000	25000	5200	6820	-	37020
Margelan/ Osch	64000	14000	3500	1800	8000	27300
Namangan	68000	17000	600	4680	1000	23280
Šarihan/ Özgen/ Assake	75000	8000	2400	1000	-	11400
Balykčy	40000	3000	1500	1000	-	5500
Kokander Khanat	707550	131672	47350	31100	33100	243222

Das Khanat umfasste weitere steuerpflichtige administrative Einheiten, deren Abgaben in der der Tabelle ungenannt bleiben. Daher entspricht der Betrag für den gesamten Herrschaftsbereich nicht der Summe der aufgeführten *vilojat*. Die Quelle nennt nicht, für welches Jahr die Beträge gelten. Da sie vom Autor der Quelle vor Ort recherchiert wurden ist es aber wahrscheinlich, dass es sich um Richtwerte jährlicher Steuern haltet, die in den Jahren unmittelbar vor der russländischen Kolonisierung erhoben wurden.

Quelle: Kun, 1876: 441

Die große Bedeutung der *zakat-i ilātija* stellte vor dem Hintergrund der potentiell hohen Investitionskosten bei der Erhebung und der gleichzeitig beschränkten Macht des Herrschers und seiner bevollmächtigen Statthalter in peripheren Gebieten ein Dilemma dar. So konnten das Steuerrecht und die Steuerpflichten nicht immer und überall ihren Interessen entsprechend durchgesetzt werden. Auch daher wandelte sich in den letzten Jahren der Existenz des Khanats die kostenintensive Erhebungsform durch Steuereintreiber dahin, dass einer Kostenexternalisierung entsprechend Tierhalter in eigener Verantwortung die veranschlagten Summen auf- und an die Staatskasse zu überbringen hatten.[45]

Den naturräumlichen Gegebenheiten entsprechend, befanden sich die von sesshaften und mobilen Tierhaltern genutzten Winterweiden des Ferganabeckens zumeist in den tiefliegenden Bereichen wie den die Flüsse säumenden Auenwäldern, in der orographisch links des Syr Dar'ja liegenden Karakalpak–Steppe oder aber innerhalb bzw. in geringen Distanzen zu den von sesshafter Bevölkerung

43 Kokander Goldmünze im Gegenwert zu 3 Rubel 60 Kopeken (vgl. Kun, 1876: 442).

44 Hierbei handelt es sich um eine nicht einheitlich genormte, innerhalb des Kokander Khanats von Ort zu Ort einen abweichenden Wert aufweisende Gewichtseinheit von rund 170 bis zu 250 kg (vgl. Teljatnikov/Besnosikov, 1849: 211; Kazbekov, 1877: 22).

45 vgl. Teljatnikov/Besnosikov, 1849: 209; Kun, 1876: 439–440; LB, 1876: 635; Pantusov, 1876b: 51; Nalivkin, 1886: 208–209; Holdsworth, 1959: 9, 12; Ploskih, 1968: 48, 52–53, 103–105, 108–109, 113–114; Troickaja, 1968: 536, 567

geprägten und ackerbaulich erschlossenen Gebieten. In der Nusswaldregion befanden sich viele Winterlager am Rande oder innerhalb der Wälder (Abb. A.27). In diesen Fällen entsprachen sie häufig *mulk*-Arealen oder aber jenen, die als besonders wertvolle *quruq*-Flächen galten, die wiederum nur gegen Sonderzahlungen genutzt werden durften.[46] Nutzungsrechte für Ferganas Winterweiden waren daher häufig vom Besitz eines weidebezogenen Rechtstitels bzw. von auf Nutzungsgebühren basierenden Übereinkünften der Tierhalter mit den Besitzern der Landtitel oder dem Staat als Landeigentümer abhängig. Zugleich waren diese Übereinkünfte in der Regel zeitlich begrenzt.[47] So lautet die an den Herrscher gerichtete Mitteilung eines Schutzgebietswächters *quruqči* bezüglich des Eintreffens mobiler Tierhalter auf einer Winterweide:

> „Oh Refugium der Welt! Der jährlichen Gewohnheit entsprechend sind Nomaden einiger Gemeinschaften [...] angekommen und haben sich zur Viehweidung in den Auenwäldern niedergelassen. Der Gnade Ihrer Majestät, meines Herrschers, wegen und mit dem Einverständnis der genannten Gemeinschaften habe ich von jenen Gelder eingenommen – vier Tenge je einhundert Schafe. [...] Nach ihren Gebeten für Ihre Majestät und die Prinzen [...] habe ich in sklavischer Ergebenheit die genannte Summe zum Herrschersitz gebracht." (aus dem Hefter „Schutzgebiete-quruq" Nr. 24 des Archivs der Kokander Khane, zitiert in Troickaja, 1955: 150, Übersetzung AD)

Der Quellenlage entsprechend ist davon auszugehen, dass die Nusswälder zwar zumindest teilweise in die Kategorie der *quruq*-Ländereien fielen, die Kokander Herrscher aufgrund der nur sehr beschränkt und zu hohen Kosten ausspielbaren Macht jedoch ein relativ geringes Interesse an ihnen besaßen. Sie wurden als Quelle von Holz- und Nicht-Holzprodukten wie Wildobst, Nüssen, Medizinalpflanzen und Viehfutter wirtschaftlich vor allem von lokalen Nutzern aufgesucht. Abgesehen hiervon und von ihrer überlokalen Funktion als intermediäre Viehweide besaßen die Wälder jedoch auch eine überregionale Bedeutung, indem hier mobile Tierhalter Holzkohle produzierten, die bis nach Buchara und Chiva exportiert wurde.[48] Die großteils in Hochlagen der das Ferganabecken umgebenden Gebirge und damit in höheren Distanz zum Machtzentrum liegenden Sommerweiden hingegen waren als in gemeinschaftlichem Besitz befindliche *zamin-i mamlaka* für mobile Weidenutzer frei zugänglich und wurden, wenn auch in geringerem Maße, auch von Auftragshirten der sesshaften Bevölkerung aufgesucht. Einige Weiden sollen durch die Herrscher als Wirtschaftsterritorien jahresweise an ganze Nutzergruppen gegen die Entrichtung von in Vieh zu zahlender *zakat-i ilājati* überlassen worden sein.[49]

46 vgl. Fedčenko, 1873: 398; Michell, 1876b: 150; Kuševelskij, 1891: 26–27; FOSK, 1912: 26–32; GUZZ PU, 1913d: 43, 58; Il'jasov, 1963: 29–30; Ploskih, 1968: 51

47 vgl. Bardyšev, 1874, zitiert in Il'jasov, 1963: 30–31; Michell, 1876b: 150; Ajtbaev, 1962: 39. Einige quellenbasierte Beispiele liefert auch Ploskih (vgl. ebd., 1968: 25, 51, 88).

48 vgl. Nalivkin, 1883a: 62–63; DLD, 1901: 433. Näheres zu diesem Aspekt bieten die Artikel von Dörre/Schmidt (2008) und Schmidt/Dörre (2011).

49 vgl. Ajtbaev, 1962; Ploskih, 1968

Hiervon abgesehen wurde die Legitimität der Weidenutzung auf gewohnheitsrechtlicher Grundlage *adat* (arab.) durch die Nutzer selbst aus langjährig praktizierten Inwertsetzungen der entsprechenden Areale hergeleitet und untereinander ausgehandelt.[50] Die Weideallokation sowie die Lenkung und Koordinierung der Nutzung der Ressource erfolgte innerhalb und durch Übereinkünfte zwischen den patriarchal geprägten und streng hierarchisch organisierten Nutzergemeinschaften *ayl* bzw. *aul* (krg.), weshalb im Fall der Sommerweiden auch nicht von einer open access-Ressource gesprochen werden darf. Dabei erfolgte deren Administrierung der in gemeinschaftlichem Besitz befindlichen Grasländer durch Führungsämter innehabende und ökonomisch besser gestellte Respektpersonen wie Oberhäupter *manap* (krg.), Rechtssprecher *bij* bzw. *bey* (krg.) und militärische Führer *batyr* (krg.). Sie fällten Entscheidungen über die Teilhabe an und die Zuweisung von Teilflächen an die Mitglieder der Nutzergemeinschaft sowie den Aufbruch zu anderen Weideplätzen und führten die Verhandlungen mit anderen an der Weidenutzung interessierten Akteuren. Ihre Macht entsprach somit ihrer Fähigkeit, Mobilitäts- und Ressourcenallokationsentscheidungen zu fällen und durchzusetzen. Es verwundert nicht, dass die von ihnen vorgenommenen Weidezuweisungen die sozioökonomischen Stratifizierungen der Weidenutzergemeinschaften reproduzierten, wenn die wertvollsten Flächen den Eigentümern der größten Herden und damit häufig sich selbst zugewiesen wurden.[51]

Interpretieren sowjetische Autoren diese soziale Hierarchie als Ausdruck feudaler Unterdrückungsmechanismen innerhalb der von ihnen als vormodern verstandenen Stammesgesellschaften[52], verweist Jacquesson auf die Notwendigkeit und die Vorteile der Existenz von Führungspersönlichkeiten in mobilen Weidenutzergemeinschaften, die fähig sind, kurz- und langfristige, klare und verbindliche Entscheidungen zu treffen.[53] Unter Verweis auf den US-amerikanischen Mittelasienforscher Owen Lattimore hebt die Ethnologin in diesem Zusammenhang hervor, dass es für das Betreiben mobiler Viehwirtschaft weniger wichtig sei, Nutzungsrechte für räumlich klar abgrenzbare Weiden zu besitzen, als die Fähigkeit, saisonale Migrationen verlässlich zu koordinieren und flexibel durchführen zu können:

> „No single pasture could have any value unless the people using it were free to move to some other pasture, because no single pasture could be grazed continuously. The right to move prevailed over the right to camp. 'Ownership' meant, in effect, the title to a cycle of migration […].“ (Lattimore, 1951, zitiert in Jacquesson, 2010: 110)

50 vgl. Aristov, zitiert in Ploskih, 1968: 84

51 vgl. Grodekov, 1889: 110; Usenbaev, 1960: 93; Ajtbaev, 1962: 30–31, 47; Ploskih, 1965: 34; Kožonaliev, 1966: 65; Nurakov, 1975: 66; Kreutzmann, 1995: 166; Schillhorn van Veen, 1995: 3–4. Die herausragende Stellung der Entscheidungsträger schlug sich zudem darin nieder, dass viele Weiden gemeinhin Toponyme besaßen, die dem Namen entsprachen, den die Entscheidungsträger der die Weiden nutzenden Gemeinschaften trugen (vgl. Ajtbaev, 1962: 30; Il'jasov, 1963: 30–31).

52 vgl. Usenbaev, 1960: 93; Ajtbaev, 1962: 30–31, 47; Ploskih, 1965: 34, 87; Nurakov, 1975: 66

53 vgl. Jacquesson, 2010: 107–108, 110

Mit anderen Worten: Indem der Erhalt der Herden als ihrem wichtigsten Kapital von existentieller Bedeutung für Pastoralisten war, kam der verlässlichen Futterversorgung in Zeiten natürlicher Futtermittel- und Wasserknappheit als den ökologischen Limitierungen entscheidende Bedeutung zu. Aufgrund der im Jahresverlauf und über mehrjährige Perioden raumzeitlich ungleichen Wasser- und Futterverfügbarkeit, waren durch Führungspersönlichkeiten abgesicherte raumzeitliche Flexibilität und gegenseitige, auf Übereinkünften zwischen den Tierhaltergruppen getroffene Weidenutzungen unumgänglich und weitverbreitete Praxis.[54]

Die Nutzung von Winterweiden und deren räumliche Abgrenzung waren ungleich formaler und klarer reguliert, als die der Sommerweiden. Mit angrenzenden Weideflächen ausgestattete Winterlager wurden häufig von denselben Gemeinschaften aufgesucht und wiesen teilweise bodenstete, eigens von den Tierhaltern errichtete Infrastruktur auf, wie Pferche, aus Lehm und Holz erbaute Schutzhütten und ähnliches. Dabei ist die gemeinschaftliche Weidenutzung nicht mit einer im qualitativen und quantitativen Sinn gleichberechtigten Teilhabe an der Ressource gleichzusetzen. Wie auf den Sommerweiden war sie vielmehr der sozioökonomischen Stratifizierung der Nutzergemeinschaften entsprechend differenziert. Zugleich basierten die Weidezugangs- und -nutzungsrechte gewohnheitsrechtlich auf der Zugehörigkeit zur Verwandtschaftsgruppe bzw. dem Stammesverband, die bzw. der für die entsprechende Weide eine langfristige Nutzungsgeschichte besaß.[55]

Zusammenfassend lässt sich festhalten, dass im Kokander Khanat kein kodifiziertes Weiderecht existierte. Die zwischen den Nutzern und den Besitzern von Rechtstiteln bzw. dem Staat als Eigentümer bestehenden Übereinkünfte begrenzten sich auf die Festsetzung raumzeitlich begrenzter Verfügungsmöglichkeiten sowie die Höhe von den zu entrichtenden Nutzungsentgelten wie Steuer-, Pacht- und Unterpachtzahlungen. Für die Herrscher stellten Weiden eine von verschiedenen Ressourcen dar, durch deren Nutzung einerseits Renteneinkommen generiert werden konnten. Andererseits dienten sie im Rahmen strategischer Allokationen als Instrument der Machtsicherung. Abgesehen von der explizit von Nomaden erhobenen *zakat-i ilātija* bezogen sich die Steuern in Kokand auf unterschiedliche Landnutzungs- und Wertschöpfungsformen sowie verschiedene Dienstleistungen, nicht jedoch auf der Zuschreibung zu einer vermeintlich eindeutigen Kategorie der sesshaften oder mobilen Lebensweise. Abhängig von ihrer Wirtschaftsweise sowie der Effektivität und Willkür der Steuereintreiber, konnten mobile Tierhalter daher zu Entrichtung unterschiedlicher Steuern herangezogen werden. Einflussnahmen auf die administrative Regulierung und Koordinierung der Formen der Weidenutzung durch staatliche Akteure waren weitgehend unbekannt. Diese erfolgten durch die Nutzer selbst.

54 vgl. Michell, 1876b: 150; Ajtbaev, 1962: 39; Bardyšev, 1874, zitiert in Il'jasov, 1963: 30–31; Ploskih, 1968: 25, 43, 51, 80, 84–85, 88, 93; Troickaja, 1968: 13

55 vgl. Michell, 1876b: 150; Troickaja, 1955: 149–153; Ajtbaev, 1962: 39; Ploskih, 1968: 25, 51, 88

5.1.2 Eindämmung vermeintlich chaotischer Landnutzung und Kontrolle mobiler Wirtschaftspraktiken: Koloniale Ansprüche als ‚Prokrustesbett'

Mit der Eingliederung Kokands in den russländischen Herrschaftsbereich begannen sich die Weidelandverhältnisse infolge top-down initiierter Änderungen der politisch-institutionellen und rechtlich-administrativen Rahmenbedingungen radikal zu transformieren. Während das Hauptaugenmerk der Kolonialmacht auf der Organisierung und der steuerrechtlichen Neuregelung der Ackerlandverhältnisse lag, konzentrierte es sich in Bezug auf primär viehwirtschaftlich genutzte Gebiete auf die Zwangsadministrierung der mobilen Tierhalter als den wichtigsten Weidenutzern innerhalb klar abgegrenzter räumlicher Entitäten sowie auf die Inkorporierung ihrer Führungspersönlichkeiten, um eine Schwächung ihrer sozialen Organisationsstruktur zu erreichen. Ein wichtiger Grund für die ungleich höhere Aufmerksamkeit der Kolonialmacht gegenüber Ackerbauregionen lag in der Notwendigkeit staatlicher Einkommensgenerierung zur Finanzierung des Kolonialprojektes: Die gegenüber der viehwirtschaftlichen absolut höhere ackerbauliche Wertschöpfung in Fergana versprach zugleich höhere Steuereinkünfte. Mit steigendem Bedarf an für den Landbau geeigneten Flächen sowie einem umfassender werdenden Kontrollanspruch rückten jedoch auch zunehmend potentiell als Ackerland nutzbare Weideländer in den Fokus der kolonialen Politik Russlands. Ihr rechtlich-institutioneller Rahmen wurde von Richtlinien gebildet, die spezifisch für die Verwaltung eroberter Gebiete ausgearbeitet wurden. Diese Vorgehensweise verfolgte Russland seit seinem Vordringen nach Mittelasien konsequent.[56] Die „Verordnung über die Verwaltung der Provinzen Semireč'e und Syr Dar'ja" von 1867 [PUSSO 1867] sowie die mehrfach überarbeitete „Verordnung über die Verwaltung der Region Turkestan" [PUTK 1886, PUTK 1892] besaßen herausragende und zugleich konfliktgenerierende Bedeutungen für die Bevölkerung des 1867 gegründeten gleichnamigen Generalgouvernements.[57] Die im kolonialen Machtzentrum für die kolonisierte Peripherie entworfenen formellen Spielregeln reihten sich in die zentrale Strategie der Kolonialmacht ein, die vor Ort vorgefundenen gesellschaftlichen Verhältnisse innerhalb einer von eigenen Begriffen und Konzepten geprägten Matrix zu verorten und sukzessive entlang der eigenen Interessen auszurichten. So postulierte die Verwaltungsregulierung mit der Einteilung der einheimischen Bevölkerung Turkestans in ‚nomadische Bevölkerung' *kočevoe naselenie* (rus.) und ‚sesshafte Bevölkerung' *osedloe naselenie* (rus.) sowie der Zuweisung räumlich klar begrenzter Entitäten und Weidenutzungsrechte an mobile Tierhalter zuvor nicht vorhandene bipolare Eindeutigkeiten und überging damit die Komplexität der sozialen, ökonomischen und politischen Praktiken, Beziehungen und Flexibilitäten vor Ort.[58]

56 vgl. Masevič, 1960

57 Das Generalgouvernement erhielt 1886 offiziell die Bezeichnung ‚Region Turkestan' *Turkestanskij kraj* (rus.).

58 vgl. PUSSO 1967; PUTK 1886; PUTK 1892; Jacquesson, 2010: 105–111

Die Kolonialmacht erkannte lediglich jene rechtlichen Titel auf landwirtschaftlich nutzbare Flächen offiziell als vererbbares Eigentum an, für die schriftliche Urkunden nachgewiesen werden konnten. Über solche verfügten in der Regel Vertreter von Bevölkerungssegmenten, deren ökonomischer Schwerpunkt im Ackerbau lag. Die anderen Flächen wurden von der sich als Rechtsnachfolger der Kokander Staatlichkeit verstehenden Kolonialmacht als Staatseigentum definiert, wozu auch die Nusswälder gehörten. Dieses Land konnte auf der Basis von von staatlicher Seite verliehenen, nicht einklagbaren und im Bedarfsfall einseitig widerrufbaren Nutzungsrechten inwertgesetzt werden. Indem die gemeinschaftliche Weidenutzung mobiler Tierhalter zu Kokander Zeiten im Bereich der Winterweiden häufig auf Unterpachtverhältnissen und im Bereich der auf *zamin-i mamlaka*-Territorien liegenden Sommerweiden auf urkundenfreien Übereinkünften basierte, fiel der überwiegende Teil der von mobilen Tierhaltern genutzten Flächen in diese Kategorie.[59] Auf dieser Grundlage überließ die koloniale Administration mobilen Tierhaltern Grasländer zur Nutzung, welche jene großteils bereits vor der russländischen Eroberung genutzt hatten – nun jedoch zu veränderten Bedingungen.[60]

Dem neuen, einem Modernisierungsparadigma folgenden räumlich-administrativen System lag eine dem Containerdenken entsprechende Vorstellung zugrunde, die eine Einheit von mit exklusiven Nutzungsrechten ausgestatteten Gemeinschaftsgruppen einerseits und räumlich klar abgrenzbaren Weidelandflächen andererseits postulierte. Als basale administrative Entitäten wurden aus bis zu maximal 200 im Bereich der Winterlager benachbarten Wohneinheiten, das heisst Jurten, Zelten, Hütten und ähnlichem bestehende Nutzergemeinschaften *aul* (kirg.) definiert, die zugleich als fiskalische Einheiten bei der Steuererhebung galten. In der Realität waren diese meist deutlich kleiner. Damit setzte die Kolonialmacht den Besteuerungsansatz der Kokander Herrscher fort, von Weidenutzern unter möglichst geringen Kosten und noch vor deren frühjährlichen Auftrieben die geforderten Abgaben einzufordern. Die Winterlager wurden den entsprechenden *aul* zur Nutzung überlassen und als Keimzellen der von der Kolonialmacht angestrebten dauerhaften Sedentarisierung interpretiert, indem für die Nutzer im Bereich der Winterlager das Recht fixiert wurde, bodenstete und vererbbare Infrastruktur zu errichten und diese damit als privates Eigentum zu betrachten. Mehrere *aul* bildeten eine maximal 2000 Wohneinheiten umfassende Gemeinschaftsgruppe *volost'* (rus.), deren räumliche Begrenzungen maßgeblich anhand der vor Ort gegebenen naturräumlichen Umstände definiert wurden. Mehrere *volost'* waren in einem Amtsbezirk *uezd* (rus.) organisiert, dem im in der militärisch geführten, hierarchisch organisierten Kolonialadministration eine Provinz *oblast'* (rus.) übergeordnet war.[61] Die Gebiete des eroberten Kokander Khanats bildeten das Zentrum der Provinz Fergana, die sich nach mehreren Umstrukturierungen in fünf Amtsbezirke gliederte: Kokand, Skobelev (zuvor Margelan), Namangan, Osch und Andižan, wobei innerhalb der Grenzen des ehemaligen Andižaner *uezd* das

59 vgl. G., 1885; Kasatkin'', 1906: 49–50; Il'jasov, 1959: 10
60 vgl. PUTK 1886: § 255, 270, 272; PUTK 1892: § 255, 270, 272
61 vgl. PUTK 1886: § 108–110, 255, 270, 272; PUTK 1892: § 108–110, 255, 270, 272

Untersuchungsgebiet der vorliegenden Studie liegt (Abb. A.27). Die Pastoralisten des Andižaner Amtsbezirkes wurden in Gemeinschaftsgruppen administriert, eine davon bildete den *volost'* Bazar Korgon.

Im Gegensatz zu den Winterlagern wurden Sommerweiden durch die neuen Regeln generell nicht einem *aul* allein, sondern Gemeinschaftsgruppen des entsprechenden Amtsbezirkes zur Nutzung überlassen. Daraus ergaben sich schablonenhafte und unflexible Vorgaben der Lagemuster der zu nutzenden Saisonalweiden, die *uezd-* oder *oblast*-Grenzen überschreitende Viehtriebe nicht vorsahen.[62] Waren Weidenutzungen und Triftmuster in vorkolonialer Zeit maßgeblich im Rahmen von Verhandlungen zwischen mobilen Tierhaltern und Rechtstitel innehabenden Landbesitzern ausgehandelt worden, spielten im Zuge der Kolonisierung schematische, an den Kontrollinteressen der Kolonialmacht ausgerichtete räumliche Zuweisungsmuster eine zunehmend wichtige Rolle (Abb. 5.1).

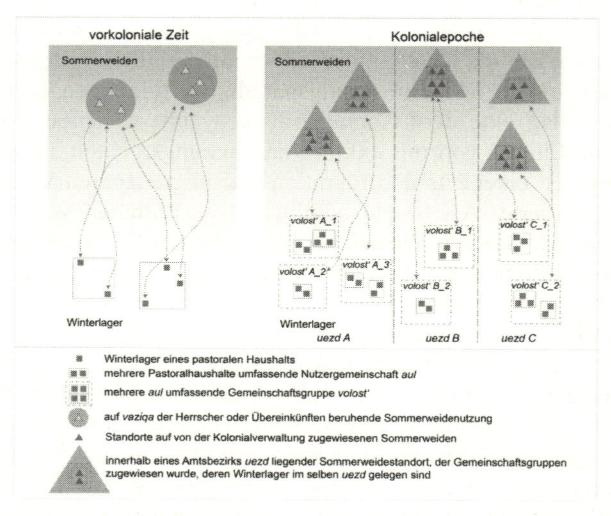

Abb. 5.1: Weidemobilitätsmuster im Vergleich: vorkoloniale Praxis und koloniale Rechtsvorgabe. Gestaltung: AD (2012) auf Grundlage der im Text genannten Quellen

Ab der Jahrhundertwende führte das koloniale Umsiedlungsamt *pereselenčeskoe upravlenie* (rus.) systematische Katastererhebungen der von mobilen Tierhaltern genutzten Territorien mit dem Ziel durch, ackerbaulich nutzbare und zur Besiedlung durch Kolonialbauern geeignete, ursprünglich mobilen Tierhaltern auf unbef-

62 vgl. PUSSO 1867: § 80–82; PUTK 1886: § 1–5, 108–110, 270, 272, 275–276, 279, 310; PUTK 1892: § 1–5, 108–110, 270, 272, 275–276, 279, 310; GUZZ PU, 1913d: 36, Anhang S. 11–14, Tab. 6; Il'jasov, 1963: 195; Jacquesson, 2010: 106). Die mobile Tierhalter betreffenden Regelungen änderten sich trotz mehrfacher Änderungen der Verwaltungsvorschriften für die eroberten Gebiete nur marginal.

ristete Zeit überlassene Flächen zu identifizieren.[63] Im Zuge dieser Erhebungen wurde die Implementierung der für die offiziell als ‚Nomaden' *kočevniki* (rus.) bezeichneten mobilen Tierhalter geltenden rechtlich-administrativen Vorgaben geprüft sowie Informationen über die Größe der Weidenutzergemeinschaften, ihren Viehbesitz und die von ihnen praktizierten raumzeitlichen Weidenutzungen und Mobilitätsmuster generiert. Zudem erfolgten in diesem Rahmen erstmals wissenschaftlich begründete Berechnungen des viehwirtschaftlichen Futtermittelbedarfs und daraus abgeleitete Kalkulationen der notwendigen Weideflächen. Vermeintlich überflüssige und ungenutzte Flächen *izlišnie zemli* (rus.) wurden in die staatliche Verfügungsmasse eingegliedert und sukzessive der ackerbaulichen Nutzung sowie kolonialen Besiedlung zur Verfügung gestellt, nicht ohne erhebliche Weidelandverluste und massive Einschränkungen der Triftwege für die mobilen Tierhalter und damit Konflikte zu generieren.[64]

Mit der erzwungenen Einführung formalisierter lokaler Selbstverwaltungsinstitutionen und Administrationsverfahren wurde die Schwächung der gewohnheitsrechtlich Führungspositionen, Verhandlungs- und Entscheidungskompetenzen innehabenden *manap*, *bij* und *batyr* verfolgt. Während die *aul* und *volost'* nominell als Elemente der „nomadischen Selbstverwaltung" (vgl. PUTK 1886; PUTK 1892, Übersetzung AD) galten, deren Gremien von aus den eigenen Reihen stammenden Vertretern gebildet wurden, standen sie doch in starker Abhängigkeit von den übergeordnete Institutionen der *uezd*- und *oblast'*-Ebenen des militärisch geführten und mit Kolonialbeamten besetzten Verwaltungsapparates.[65] Den Richtlinien nach sollten die Koordinierung der saisonalen Mobilität und die Administrierung der Weidenutzung innerhalb der *volost'* auf gewohnheitsrechtlicher Basis erfolgen, jedoch in Abstimmung mit diesen übergeordneten Gremien des kolonialen Verwaltungsapparates. Ferner war vorgesehen, dass Allokationen von und Streitigkeiten um Weideland im Rahmen von Stellvertreterversammlungen der nächst höheren administrativen Ebene verhandelt werden. Die Gestalt der von oben initiierten Institutionen der Selbstverwaltung widersprach den langjährig praktizierten sozialen Praktiken der Weidenutzergemeinschaften und erwies sich folglich in der Praxis als konfliktgenerierend. Zunächst wurde bei der Konzipierung der Regeln übergangen, dass gewohnheitsrechtlich auf Autorität gestützte Führungspersönlichkeiten, deren Entscheidungsfindungsprozesse und sich daraus ergebende Beschlüsse innerhalb pastoraler Weidenutzergemeinschaften weithin akzeptiert waren und dass deren Schwächung einem von aussen geführten Angriff auf gewohnheitsrechtliche Praktiken entsprach. Waren Führungspositionen zuvor vererbt und infolge herausragender Taten erworben bzw. von Respektpersonen eingefordert worden, sollten nunmehr Vorsitze und Repräsentanten der *aul* und *volost'* auf beschränkte Zeiträume durch die Nutzergemeinschaften gewählt und durch die übergeordneten Stellen der militärisch geführten Kolonialverwaltung

63 vgl. FOSK, 1897: 2–3

64 vgl. GUZZ PU, 1913c; GUZZ PU, 1913d; GUZZ PU, 1913e; GUZZ PU, 1915b; Brower, 2003: 6, 126–151; Undeland, 2005: 14–15; Baldauf, 2006: 187

65 vgl. O.A., 1874: 1, 42; Il'jasov, 1959: 10; Il'jasov, 1963: 35, 45; Abdurakhimova, 2002: 248

bestätigt werden, womit diese die entscheidende Kontrollmöglichkeit in Ämterbesetzungsverfahren besaß. Weiterhin sollten die neuen Amtsträger und Delegierten Kommunikationsbrücken zwischen den Weidenutzern und der Kolonialverwaltung bilden sowie die neuen, top-down initiierten Spielregeln im Lokalen umsetzen. In der Praxis waren gewählte Führungspersonen jedoch im Netz lokaler und regionaler Machtbeziehungen und Rivalitäten eingebunden und in ihren Handlungen von sich im lebensweltlichen Kontext mobiler Tierhalter bewährten Normen und Vorstellungen über den Ablauf von Willensbildungsprozessen und die Legitimität von Entscheidungen so beeinflusst, dass sich eine den Vorstellungen der Kolonialmacht entsprechende Ausübung der gestellten Aufgaben ausserordentlich schwierig gestaltete. Gewohnheitsrechtlichen Vorstellungen nach spielten Stammesgruppenzugehörigkeit, Verwandtschaftsbeziehungen und sozialer Status der Beteiligten wichtige Faktoren bei der Konfliktaushandlung. Hingegen sollte bei den Fällen, die in den neu installierten Stellvertreterversammlungen verhandelt wurden, der von der Kolonialmacht verliehene Besitz exklusiver Weidenutzungsrechte als Referenz in Entscheidungsfindungsverfahren gelten.[66]

Die Strategie der Kolonialadministration, mobile Tierhalter innerhalb des von ihr kreierten administrativen, räumlich verankerten Systems zu organisieren, deren eigene soziale Organisationsstrukturen zu bekämpfen sowie mittelfristig zur Sesshaftigkeit zu führen, speiste sich aus mehreren Motiven. Die Folgen einer Unregierbarkeit der sich staatlicher Kontrolle entziehenden Nomaden befürchtend, sollten mittels des divide et impera-Prinzips eine Schwächung der Führungseliten, eindeutige räumlich-administrative Verortungen der Weidenutzergemeinschaften, ihre Unterordnung unter staatliche Kontrolle sowie eine Initialzündung ihrer sukzessiven und dauerhaften Niederlassung erreicht werden.[67] Unverblümt schreibt der Gouverneur der Provinz Syr Dar'ja an den Generalgouverneur über dieses zentrale, mittelfristig verfolgte Ziel der räumlichen Bindung mobiler Tierhalter:

> „Mit dem Gesetz von 1867 [...] wurde die Aufteilung der nomadischen Bevölkerung in volost' und aul als unabdingbar anerkannt mit dem Ziel der Trennung der kirgisischen Sippen, da die Vereinigung eines großen Stammes unter einem Anführer als politisch schädlich angesehen wurde. Auf dieser Grundlage wurden [...] nach Möglichkeit aus verschiedenen Stammensgruppen gemischte volost' gebildet." (Grodekov, 1889: 13, Übersetzung AD)

Mit denselben Zielen galt es aus Sicht der russländischen Kolonialadministration zudem, die „urzeitliche Wirtschaftsweisen" (vgl. GUZZ PU, 1913c: IV, Übersetzung AD) praktizierenden mobilen Tierhalter zu zivilisieren und soziokulturell zu missionieren.[68] Diese innerhalb des kolonialen Segments der Gesellschaft populäre Sichtweise wird durch eine Passage eines Artikels der seinerzeit populären Zeitung *Turkestanskija Vedomosti* deutlich:

66 vgl. PUSSO 1867: § 83–97; PUTK 1886: § 80–106, 111–115, 270–279; PUTK 1892: § 80–106, 111–115, 270–279; Abdurakhimova, 2002: 247

67 v gl. Kreutzmann, 2009a: 103

68 vgl. Pierce, 1966: 231; Brower, 2003: 18–19; Jacquesson, 2010: 104–105

„Natürlich kann man die nomadische Wirtschaftsweise nicht anders betrachten, als als einen Rest des früheren unzivilisierten Zustands der Leute. Und mit dem Fortschritt und dem Wachstum der Bevölkerung muss eine solche chaotische Landnutzung in ein akkurateres und fundiertes System gebracht werden.“ (V.G., 1910: 78, Übersetzung AD)

Mittelfristig dienten die Maßnahmen der Gewinnung von zuvor als Weide genutzten Flächen für den Ackerbau und die spätere Besiedlung mit slawischen Kolonialbauern.[69] Ein mit der Erforschung der lokalen Landrechtsverhältnisse in Turkestan beauftragter Amtsträger der militärisch geführten Kolonialverwaltung empfahl bereits 1868:

„Nach der Festigung unserer Herrschaft ist es für die Ackerlandaufteilung notwendig, eine Schwächung und Vernichtung der Stammesauffassungen zu erreichen [...].“ (Oberst Nikolaev, 1868, zitiert in Savickij, 1963: 20, Übersetzung AD)

Mehrere Dekaden später berichtete der im Auftrag des Zaren reisende Revisor Graf Konstantin K. Palen von einer im Verlauf der Besetzung massiv zugenommenen Vertreibung mobiler Tierhalter von ihren angestammten Winterlagerplätzen mit dem Ziel des Landgewinns für die Besiedlung durch Kolonialsiedler.[70] Im Ferganabecken wurde dies besonders massiv in den östlichen Bereichen umgesetzt, namentlich im Kugart-Tal sowie im Gebiet der Stadt Özgen nahe des Kara Dar'ja. Im Nusswaldgebiet des heutigen *rajon* Bazar Korgon wurden um die Jahrhundertwende mindestens zwei Siedlungen gegründet: Vozdviženskoe im Kara Unkur-Tal nahe der Siedlung Čorbaq sowie Blagodatnoe in unmittelbarer Nachbarschaft von Arslanbob (Abb. A.27).[71]

In Steuerfragen übernahm die Kolonialmacht mit der Eroberung mittelasiatischer Gebiete zunächst mit den Landbau- sowie den Handels- und Viehsteuern zentrale Steuerinstrumente der Kokander Herrscher in abgewandelter Form, während die anderen oben vorgestellten Steuerarten aufgehoben wurden. Neben in den Staatshaushalt abzuführenden Steuern, wurden den Provinz- und Amtsbezirksetats zufließende Abgaben und Pflichtdienste *zemskie povinnosti* (rus.) für die Sicherstellung der Finanzierung der administrativen Arbeit und anderer öffentlicher Dienste eingefordert.[72]

Eine für die Provinz Fergana zunächst vorgesehene „Instruktion zur Erhebung der Viehsteuer in der Provinz Fergana“ von 1877 [IFOZS 1877] differenzierte die Viehsteuer in *zakat-i savaim*, *zakat-i tidžaret* und *zakat-i burdaki*. Die jährlich im Frühjahr eingeforderte *zakat-i savaim* bezog sich auf die Weidenutzung und sollte ohne Unterschied von der weidenutzenden sesshaften und der mobilen Bevölkerung gezahlt werden. Von einigen Abweichungen abgesehen entsprach die Staffe-

69 vgl. Dšohovskij, 1885: 89–92
70 zitiert in Abdurakhimova, 2002: 254
71 vgl. Stokasimov, 1912: 17; Vošinin, 1914: 62–75. Keiner der Orte trägt heute noch eine dieser Bezeichnungen.
72 vgl. CARU 87/1/1477a: 55; vgl. CARU 87/1/1477a: 68; PUSSO, 1967: § 255, 279–282, 296; IFOZS 1877; PUTK 1886: § 285–331; PUTK 1892: § 285–331; Il'jasov, 1963: 392–394; Ploskih, 1968: 106; Abdurakhimova, 2002: 241

lung den Viehsteuerlasten unter Khudojar Khan.[73] Die beiden anderen hatten ausschließlich in der Viehwirtschaft tätige Unternehmer zu entrichten. *Zakat-i tidžaret* wurde auf gehandelte Hammel, die der Gewinnung von Speck und anderen weiterverarbeitbaren Produkten dienten. *Zakat-i burdaki* bezog sich auf jene Hammel, die zur Fleischversorgung der einheimischen Bevölkerung gehandelt wurden.[74] Nachdem auf Anordnung des Militärgouverneurs von Turkestan 1870 die Ackerlandsteuern *haradž* und *tanāb* in der Provinz Syr Dar'ja aufgehoben wurden und die Einführung einer für die Staatskasse bestimmte Bodenssteuer *pozemel'nyj nalog* (rus.) erfolgte, fand diese Regelung ab 1882 auch in der Provinz Fergana Anwendung und war ab 1886 fortlaufend in der PUTK fixiert. Ebenso wurde die bereits in der PUSSO 1867 vorgesehene getrennte Besteuerung mobiler Tierhalter und der sesshaften Bevölkerung eingeführt. Hierfür erfolgten systematische Erhebungen und Zuweisungen ganzer Gemeinschaften zu einer der beiden Kategorien. Als Nomaden geltende Steuerpflichtige hatten danach nicht mehr die als relativer Anteil des Herdenumfangs definierte Viehsteuer zu zahlen, sondern eine mit einem absoluten Betrag definierte, dem Staatsetat zu Gute kommende Zeltsteuer *kibitočnaja podat'* (rus.).[75] Diese betrug in der Region Fergana vier und ab 1916 kurzzeitig acht Rubel pro Jahr und wurde auf jede Wohnstätte wie Zelt, Jurte, Hütte und anderes im Bereich der Winterweiden erhoben. Die streng hierarchisch organisierte Erhebung fand im Rahmen des räumlich-administrativen Rasters der neuen Organisierung der mobilen Tierhalter statt (Abb. 5.1).[76]

73 Formell sollte von Tierhaltern, deren Schafherden einen geringeren Umfang als 40 Tiere umfassten, keine Steuer entrichtet werden. Aus Herden mit zwischen 40 und 100 Tieren Umfang musste lediglich ein Tier abgeführt werden, für jede weitere angefangene Hundertschaft ein weiteres. Aus den Pferdebeständen sollten lediglich jene mit einem Vierzigstel ihres Wertes besteuert werden, die nicht als Arbeitspferde Verwendung fanden. Rinder wurden mit einem Dreissigstel besteuert. Milchgebende Kühe unterlagen keiner Abgabe (vgl. IFOZS 1877: § 1–3, 12–15).

74 vgl. Pantusov, 1876a, zitiert in Ploskih, 1968: 108

75 vgl. PUSSO 1867: § 255–295; PUTK 1886: § 285–313; FOSK, 1896: 31–32, 38; Il'jasov, 1963: 392–429

76 vgl. CARU 87/1/1477a: 55; CARU 87/1/1477a: 68; CARU 87/1/26949: 7; PUSSO, 1967: § 255, 279–282, 296; IFOZS 1877; PUTK 1886: § 285–331; PUTK 1892: § 285–331; Il'jasov, 1963: 392–394; Ploskih, 1968: 106. Hierzu erfolgte alle drei Jahre eine Zählung der Wohnstätten innerhalb der *aul* und Prüfung der Angaben durch die gewählten Gemeinschaftsältesten sowie Vertreter der *volost'*-Versammlungen vor Ort. Die *aul*-Listen mussten der *volost'*-Versammlung vorgelegt und durch das *volost'*-Oberhaupt sowie sämtliche Gemeinschaftsälteste beglaubigt werden. Danach hatte die Übergabe der Listen an den *uezd*-Leiter zu erfolgen, der diese nach Prüfung und Kalkulierung der je Gemeinschaftsgruppe zu zahlenden Steuern an die Provinzregierung weiterleiten musste. Die *oblast'*-Regierung hatte hierüber das staatliche Schatzamt zu informieren, das die entsprechenden Steuererhebungsbögen anfertigte. Die Amtsträger trugen Verantwortung für die Vollständigkeit der Listen und wurden für Fehler zur Verantwortung gezogen. Im Falle einer Offenlegung nicht in den Listen geführter Wohnstätten, musste die Zeltsteuer von dem die entsprechende Wohnstätte bewohnenden Haushalt sofort nachgezahlt werden. Hierfür konnte das Eigentum des Haushaltes beschlagnahmt werden mit Ausnahme der Wohnstätte selbst sowie des für die Überlebenssicherung notwendigen Viehs. Im Falle einer Zahlungsunfähigkeit hatte die entsprechende Nutzer-

Die Ersetzung der von der Herdengröße abhängigen, das heisst vom Betrag her relativen *zakat-i ilātija* durch eineWohnstättensteuer lässt sich dadurch erklären, dass die Kolonialmacht einerseits aufgrund der auf Misstrauen gegenüber der kolonialen Administration basierenden Zurückhaltung von Informationen durch die Einheimischen über nur wenig belastbare Daten über die tatsächlichen Viehbestände verfügte.[77] Andererseits versuchte sie sich dadurch im Sinne einer guten Regierungsführung von den im Kokander Khanat häufig willkürlich praktizierten Abgabenerhebungen zu distanzieren. Die neu eingeführte *kibitočnaja podat'* war durch diskrete und jeweils für drei Jahre gültige Zahlenwerte definiert und musste von den Besteuerten in eigener Verantwortung erhoben sowie an den Fiskus abgeführt werden. Klar definierte Verantwortlichkeiten und Rechenschaftspflichten machten sie zu einem verhältnismäßig leicht handhabbaren Erhebungsinstrument. Dies ermöglichte eine relativ verlässliche Kalkulation der erzielbaren Steuereinkünfte. Auf dieser Basis wurden in der Provinz Fergana 1914 von der als ‚nomadisch' geltenden Bevölkerung 118348 Rubel generiert, was bei einem Steuersatz von vier Rubel pro Behausung auf 29587 besteuerte Haushalte schließen lässt. Der Großteil von ihnen besaß sein Winterlager in den nördlichen Amtsbezirken der Provinz (Tab. 5.2; Abb. A.27).

Neben fiskalischen Informationen geben Steuerdaten auch Hinweise auf veränderte superiore Wirtschaftsweisen der Bevölkerung. Ein diachronischer Vergleich demographischer Daten und Steuereinnahmen zeigt die sukzessive Abnahme der Anzahl ‚nomadischer' Haushalte im Laufe der kolonialen Herrschaft Russlands in Mittelasien und lässt auf deren stärkere Zuwendung zum Landbau schließen. Wurden 1908 durch das Statistische Komitee der Provinz Fergana im Andižaner *uezd* noch 13823 ‚nomadische Wirtschaften' gelistet, waren es 1914 lediglich noch 9090.[78] Damit ging der allmähliche Bedeutungsverlust der *kibitočnaja podat'* innerhalb des Gesamtsteueraufkommens der Provinz einher. So zeigt die Gegenüberstellung der wichtigsten Steuereinnahmen für 1914, dass die Zeltsteuer mit einem Anteil von rund vier Prozent nur noch eine nachrangige Bedeutung als Etatposten besaß (Tab. 5.2).

gemeinschaft bzw. die Gemeinschaftsgruppe die Haftung zu übernehmen. Die Steuererhebung basierte auf *aul*-Daten und erfolgte durch die *aul*-Ältesten in der Regel innerhalb der Winterlager auf Grundlage der Steuererhebungsbögen des Schatzamtes von Turkestan. Das entsprechende *volost'*-Oberhaupt überbrachte die gesammelten Steuern aller Weidenutzergemeinschaften einer Gemeinschaftsgruppe dem *uezd*-Leiter, der die Gelder in die entsprechende Staatskasse einzahlte (vgl. PUTK 1886: § 300–313; PUTK 1892: § 300–313; Il'jasov, 1963: 398–399).

77 vgl. O.A., 1873: 477

78 vgl. FOSK, 1909: 28; FOSK, 1917, zitiert in Il'jasov, 1963: 411

Tab. 5.2: Steuereinnahmen in den Ferganaer Amtsbezirken in Rubel (1914)

uezd	Zeltsteuer Nomaden (Anzahl HH)	Bodensteuer sesshafte Gemeinschaften	Bodensteuer individuelle Landtitel	Besteuerung kolonialer Siedler	Besteuerung städtischer Immobilien	Gesamtes Steueraufkommen
Andižan	36360,00 (9090)	686045,15	10537,97	786,06	50248,38	783978,56
Kokand	10748,00 (2687)	349050,86	3767,18	–	58237,02	621803,06
Namangan	37504,00 (9376)	470477,21	4373,90	411,79	54758,66	567525,56
Osch	29800,00 (7450)	330765,76	6116,10	1271,63	5609,55	373563,04
Skobelev	3936,00 (984)	571593,90	7412,57	411,19	28604,02	611957,68
Provinz Fergana	118348,00 (29587)	2607932,88	32207,72	2 880,67	197457,63	2958826,90

Quelle: FOSK, 1917, zitiert in Il'jasov, 1963: 411; eigene Berechnungen

Was die Viehhaltung mobiler Tierhalter in den Gebieten des heutigen südlichen Kirgisistan anbelangt, war sie seit vorkolonialer Zeit von Tierarten geprägt, die für ganzjährige Weidegänge geeignet waren. Schafhaltung hatte dabei die höchste Priorität. Schafe lieferten sowohl mobilen Tierhaltern, als auch vornehmlich Ackerbau betreibenden Bewohnern des Ferganabeckens Nahrungsmittel, für die alltägliche Lebensführung notwendige Rohstoffe und dienten als Währung in Tauschgeschäften sowie als Wertanlage. Diese Multifunktionalität wird Schafen bis in die Gegenwart zugesprochen, wenn auch mit veränderten Gewichtungen der einzelnen Bedeutungen. Ebenfalls seit vorkolonialer Zeit galten Pferde als besonders wichtig, da sie insbesondere die Funktionen des Transportmittels und der Wertanlage sowie kulturelle Bedeutungen innehatten. Durch ihr Gewicht und ihre harten Hufe waren sie zudem fähiger, mit episodisch vorkommenden winterlichen Weidevereisungen umzugehen, als Rinder und Schafe. Die Pferden zugeschriebene hohe Bedeutung wird zudem dadurch deutlich, dass winterliche Heubevorratung zwar selten, doch wenn, dann insbesondere für die Notversorgung von Stuten praktiziert wurde. Episodisch vorkommende große Verluste von Pferden infolge winterlicher Futterknappheiten konnten so jedoch nicht völlig verhindert werden. Die Rinderhaltung hatte in vorkolonialen Zeiten ein deutlich geringeres Gewicht als heute, wurde als Nebenwirtschaftszweig häufig von ackerbäuerlichen Haushalten und damit in den tiefer liegenden Bereichen der Provinz praktiziert. Sie war in erster Linie auf die Milch- und Fleischgewinnung ausgerichtet. Ihre relative Bedeutung und ihr absoluter Umfang nahmen im Zuge der zunehmenden Sesshaftwerdung mobiler Tierhalter während der kolonialen Epoche zu.[79] Vereisungen des

79 vgl. Kuševelskij, 1890: 361–364, 385; FOSK, 1904: XXI; Ploskih, 1968: 22–25; Abramzon, 1990: 83, 92

ohnehin kargen Winterfutters führten insbesondere bei Schafen und Rindern episodisch zu Massensterben, den sogenannten *džut* (mong.). Solche Verluste der zentralen Produktionsgrundlage waren in vielen Regionen Mittelasiens bekannt. Für die in der Fergana-Provinz mobile Viehwirtschaft betreibenden Menschen und dabei vor allem für nur über wenige Tiere verfügende und daher besonders verwundbare Haushalte stellten sie existentielle Bedrohungen dar. Bis weit in das 20. Jahrhundert traten *džut* in solchen Intensitäten auf, dass die Kolonialmacht sich wiederholt zur Ergreifung von Nothilfemaßnahmen gezwungen sah wie im Andižaner *uezd* im Winter 1902/1903.[80]

Insbesondere aufgrund der für das Ferganabecken typischen Winterfutterknappheit infolge knapp bemessener Winterweiden, der resultierenden hohen Futterpreise und vernachlässigbaren Bevorratungspraxis ließen sich die Viehbestände mit den damals bekannten Technologien nicht zu Umfängen ausweiten, die die Fleischversorgung der dicht bevölkerten Region hätten hinreichend befriedigen können. Wie zeitgenössische Beobachter festhielten, wurde der Herausforderung der ausreichenden Fleischversorgung Ferganas daher vor, während und selbst Jahre nach der russländischen Kolonialherrschaft mit erheblichen, das heisst um die Jahrhundertwende mit deutlich über eine Million Schafe pro Jahr betragenden Viehimporten aus den benachbarten Staaten und Regionen, wie dem Bucharaer Emirat, der südlicher gelegenen Begschaft Karategin und den nördlicher befindlichen kasachischen Steppengebieten, nach der Kolonisierung insbesondere den Provinzen Syr Dar'ja und Semireč'e begegnet. Die Triften erfolgten in der Regel auf Pässe der das Becken begrenzenden Gebirge querenden Handelswegen.[81] Im Anschluss erfolgte der Tierverkauf zu höheren Preisen als in den Nachbarprovinzen meist auf den Basaren der urbanen Zentren des Ferganabeckens.[82]

Was das saisonale Migrationsverhalten mobiler Tierhalter angeht, erachtet Ploskih einen „Dualismus" (ebd., 1968: 82, Übersetzung AD) als prägendes Merkmal: Saisonale Triften fanden meist gemeinschaftlich im *aul*-Verband statt, während die Weidung des Viehs insbesondere auf den Sommerweiden zumeist im individuellen Rahmen erfolgte (Abb. 5.2).

80 vgl. CARU 25/1/15; von Middendorf, 1882: 294; Kuševelvskij, 1890: 398; FOSK, 1903: IV–V; FOSK, 1904: XXI–XXII; FOSK, 1909: 42, 88; Stokasimov, 1912: 17, 99; GUZZ PU, 1913d: 57; MZ PU SOSR, 1916: 34; CSU TR, 1922: 85; Rakitnikov, 1936: 92–105, 127–128; Ploskih, 1968: 25; Abramzon, 1990: 92

81 vgl. FOSK, 1912: 35; Namanskij, 1913: 565; MZ PU SOSR, 1916: 41; FOES, 1923: 12. Der ungefähre Wegeverlauf ist erstmals auf aus der zweiten Hälfte des 19. Jahrhunderts stammenden Übersichtskarten eingezeichnet (vgl. TVTC, 1877; Ljusilin, ca. 1880).

82 vgl. Teljatnikov/Beznosikov, 1849: 188; Vel'jaminov-Zernov, 1857: 123–124, 131; von Middendorf, 1882: 295; Kuševelvskij, 1890: 387–389; Kuševelvskij, 1891: 33; FOSK, 1896: 24, 26; FOSK, 1899: 9; FOSK, 1900: 59; FOSK, 1902: 10, 13; FOSK, 1903: IV–V; FOSK, 1904: XXIII; FOSK, 1909: 90; GUZZ PU, 1913d: 57–58; FOSK, 1916: 50–51; MZ PU SOSR, 1916: 42–43; Holdsworth, 1959: 17

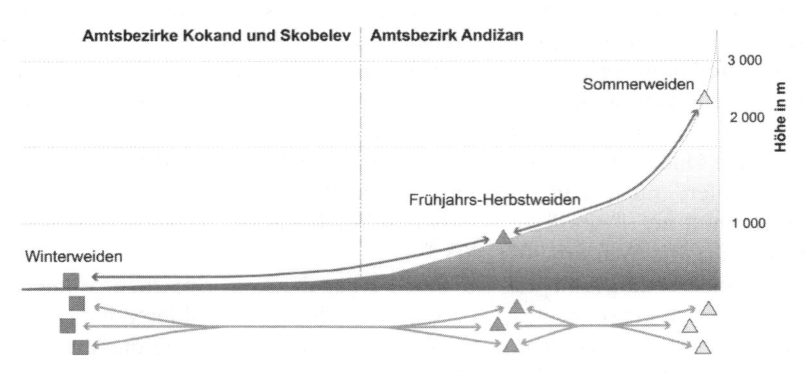

Abb. 5.2: Beispiel für die saisonalen Mobilitätsmuster mobiler Tierhalter in Fergana im frühen 20. Jahrhundert.
Gestaltung: AD (2012) auf Grundlage der im Text genannten Quellen

> Die im Jahreszyklus bis zu 200 km überbrückenden saisonalen Triften zwischen den beispielsweise in der Karakalpak-Steppe und siedlungsnah gelegenen Winterlagern, den unter anderem in den *adyrlar*-Hügeln und Tälern des Kara Unkur und Kugart befindlichen Frühlings-Herbstweiden sowie den Sommerweiden – beispielsweise in der Ferganakette, fanden in der Regel gemeinschaftlich im *aul*-Verband statt, die Viehweidung hingegen meistens im individuellen Rahmen.

Daneben wurden die Hochweidegebiete auch von Auftragshirten zu Sömmerung der Herden nichtmobiler Tierbesitzer genutzt. Während saisonale Weidetriften für mobile Tierhalter konstituierend waren, bestanden erhebliche Unterschiede in den von ihnen dabei überbrückten Distanzen. Besonders wertvolle, das heisst futterreiche und zumeist in großen Distanzen befindliche Weidegründe konnten aufgrund der Ausstattung mit notwendigen Transportmitteln und zwingend zu tätigenden Investitionskosten nur von kapitalstarken Weidenutzern aufgesucht werden, während ärmere Viehzüchter gezwungen waren, die in relativ geringer Distanz von den Winterlagern befindlichen Gebirgsweiden zu nutzen.[83]

Die sich primär im Viehbestandsumfang ausdrückende Kapitalausstattung der als ‚nomadisch' klassifizierten Haushalte wirkte sich auch auf weitere Aspekte ihrer livelihood-Strategien aus. Dies illustrieren vom kolonialen Umsiedlungsamt erhobene Daten zur ‚nomadischen' Landnutzung und Wirtschaftsweise im Andižaner Amtsbezirk.[84] Auf Basis des Eigentums an Pferden klassifiziert die Erhebung zunächst arme Haushalte mit maximal einem Pferd, mittelausgestattete Haushalte mit zwei bis acht Pferden sowie wohlhabende Haushalte mit über acht Pferden. Den größten Anteil an der 11529 ‚nomadische' Wirtschaftseinheiten umfassenden Stichprobe bildeten mittelausgestattete Haushalte mit 55,8 %, während

83 vgl. GUZZ PU, 1913d: 58; Ploskih, 1968: 24, 82–83; Abramzon, 1990: 85–86
84 Hier verfügten als ‚nomadisch' klassifizierte Haushalte durchschnittlich über weniger Vieh, als jene, die vorrangig in den nördlich angrenzenden Gebieten der Provinz Semireč'e lebten (vgl. GUZZ PU, 1913d: 52–58).

arme 28,6 % und wohlhabende 15,6 % repräsentierten. Bei den armen handelte es sich meist um alte und kranke sowie von reichen Verwandten abhängige Menschen in wenige Personen umfassenden Haushalten. Mittelausgestattete Haushalte galten als ökonomisch selbständig und fähig, eine die eigenen Bedürfnisse erfüllende sowie darüber hinaus gehende Einkünfte erzielende Viehwirtschaft zu betreiben. Wohlhabende Haushalte betrieben produzierende und auf Geldeinkommen orientierte Viehwirtschaft in großem Stil.[85]

Infolge der bereits erwähnten Notwendigkeit, die Wasser- und Futterversorgung der Tiere als einem zentralen Produktionsmittel und wichtiger Kapitalform über den gesamten Jahresverlauf sicherzustellen, ist es schlüssig, dass mit Zunahme des Umfanges des Vieheigentums und seiner relativen Bedeutung innerhalb der Lebenssicherungstrategien auch der Anteil saisonal migrierender Haushalte innerhalb der entsprechenden Kohorten stieg. So nahm, von der Abweichung bei den ökonomisch schwächsten Haushalten abgesehen, mit wachsender Ausstattung mit Pferden auch die Anzahl der Schafe und Ziegen der Haushalte zu. Dies hängt unter anderem damit zusammen, dass Pferde, Schafe und Ziegen zu große Distanzen und Höhenunterschiede überwindenden Triften fähig sind und somit ein direkter Zusammenhang zwischen dem saisonalen Migrationsverhalten und der Herdenstruktur der Haushalte bestand. Entsprechend nahm bei diesen Haushalten die Anzahl an für solche Weidetriebe weniger geeigneten Rindern kontinuierlich ab. Die Zahlen zeigen zudem, dass spätestens im Zuge der kolonialen Herrschaft zumindest im Andižaner *uezd* in allen sozioökonomischen Schichten neben der Viehhaltung auch Landbau und somit eine ‚kombinierte Bergwirtschaft' betrieben sowie weitere Einkommensstrategien verfolgt wurden. Vertreter jeder Klasse besaßen Ackerflächen, deren durchschnittliche Fläche bei steigendem Viehbesitz stetig wuchs. Dasselbe gilt für Mähwiesen. Wird der Umfang der Ausstattung mit Vieh pro Haushaltsmitglied in Beziehung gesetzt zur durchschnittlichen Ackerlandausstattung deutet sich an, dass Landbau für ärmere Haushalte eine im ökonomischen Sinn höhere relative Bedeutung zu besitzen schien, als für wohlhabendere. Aufgrund des Mangels anderer Einkünfte boten Mitglieder armer Haushalte zudem häufiger ihre Arbeitskraft für verschiedene Dienste an, als jene von mittelausgestatteten. Deren Haushaltsgröße ermöglichte ihnen in der Regel die eigenhändige Absicherung aller vieh- und ackerbaulichen Aufgaben, ließ jedoch nur geringen Spielraum für das Anbieten oder die Übernahme ergänzender Dienstleistungen. Mitglieder wohlhabender Haushalte hingegen betrieben neben Viehwirtschaft und Landbau auch Handel oder übernahmen Verwaltungs- und Führungsaufgaben innerhalb der Nutzergemeinschaften und Gemeinschaftsgruppen sowie nach der Kolonisierung in den neuen administrativen Einrichtungen (Tab. 5.3).[86]

85 vgl. GUZZ PU, 1913d: 55–57; GUZZ PU, 1913e: 20
86 vgl. GUZZ PU, 1913d: 56–57

Tab. 5.3: Sozioökonomische Stratifizierung und Kapitalausstattung ‚nomadischer' Haushalte im *uezd* Andižan

Zahl Pferde	Anteil der Haushalte in %		Ausstattung pro Haushaltsmitglied			von 100 Vieheinheiten entfallen in % auf		
	saisonal migrierend	**Dienste anbietend**	**Ackerfläche in Des.**[87]	**Mähwiese in Des.**	**Vieheinheiten**[88]	**Pferde**	**Rinder**	**Schafe/ Ziegen**
keine	29,2	37,2	1,4	0,5	1,6	0	72,0	27,1
1	55,6	17,5	2,2	1,1	3,5	28,9	50,3	20,0
2-3	76,7	11,2	3,1	1,6	5,4	39,9	40,5	17,7
4-5	90,7	9,2	3,8	2,2	8,1	44,3	34,8	18,6
6-8	90,6	12,6	4,5	2,8	11,4	44,2	31,2	22,0
9-13	94,0	18,4	5,7	3,6	18,3	41,8	25,1	30,2
14-22	95,9	20,5	6,4	5,0	31,0	39,7	19,8	37,4
23-50	97,0	29,1	8,5	7,6	56,7	41,5	15,5	39,8
>50	100	21,6	9,3	13,4	134,5	43,4	10,1	43,4

Quelle: GUZZ PU, 1913d: 55–56

Es lässt sich festhalten, dass die im Zuge der Kolonisierung transformierten Weidelandverhältnisse trotz veränderter Rahmenbedingungen gewisse Kontinuitäten aufwiesen, insbesondere in Steuer- und Landtitelfragen: Wie im Kokander Khanat galt der überwiegende Teil der Sommer- sowie erhebliche Anteile anderer Saisonalweiden unter russländischer Kolonialherrschaft als Staatseigentum. Bisherige *kočevniki* bekamen von der neuen politischen Macht Nutzungsrechten entsprechende Besitztitel zugeschrieben oder konnten solche erwerben. Aus Sicht der Herrschenden spielte die Abführung von Steuern an den Fiskus eine zentrale Voraussetzung für die Verleihung von Verfügungsrechten, womit deutlich wird, dass sowohl die Kokander Machthaber, als auch Russlands Kolonialverwaltung Weideländer als Ressource zur Generierung von Staatseinkommen nutzten.

Zugleich bewirkte der politische Umbruch aber auch erhebliche Veränderungen der gesellschaftlichen Weidelandverhältnisse, wie hier am Beispiel des Ferganabeckens als dem zuletzt eroberten Machtbereich der Kokander Herrscher deutlich wurde. Vor dem Hintergrund der sich komplexer als von der Kolonialmacht angenommen darstellenden weiderelevanten Gegebenheiten trugen viele der ergriffenen Maßnahmen zu nicht intendierten Folgen vor Ort bei. Insbesondere mobile Viehwirtschaft praktizierende Teile der einheimischen Bevölkerung wurden im Zuge der Kolonisierung mit zuvor nicht bekannten Unsicherheiten konfrontiert. Das wachsende Spannungsverhältnis zwischen den neuen rechtlich-administrativen Vorgaben und der Ausweitung des Ackerbaus einerseits sowie langjährig bewährten Weidemanagement- und Weidenutzungspraktiken sowie Mobilitätsmustern mobiler Tierhalter andererseits konnte im Laufe des kolonialen

87 Eine Desjatine entspricht 1,0925 ha.

88 Zur synchronen und diachronen Vergleichbarkeit der Viehausstattung schufen Angestellte des Umsiedlungsamtes die Größe der ‚Vieheinheit', als deren Basis das Pferd galt. Eine Vieheinheit entsprach wahlweise einem Pferd, einem Kamel, 1,2 Rindern, sechs Schafen, sechs Ziegen oder vier Eseln (vgl. GUZZ PU, 1913d: 53).

Projektes nicht gelöst werden. Folglich nahmen weidelandbezogene Konkurrenzsituationen und Verstöße gegen die neuen Regelungen zu. Gleichzeitig wuchs auf Seiten mobiler Tierhalter die Unsicherheit über die weitere Fortführbarkeit raumzeitlich flexibel gestaltbarer Weidenutzungen als der zentralen Strategie, unstetigen Wasser- und Futterverfügbarkeiten zu begegnen.[89]

Die Administrierung von mobilen Tierhaltern in Weidenutzergemeinschaften und Gemeinschaftsgruppen innerhalb klar begrenzter räumlicher Entitäten widersprach der natürlichen Variabilität des Wasser- und Futterdargebots und den Bedürfnissen einer langfristig angelegten mobilen Viehwirtschaft ebenso, wie den an die fluktuierenden Rahmenbedingungen angepassten Mobilitätsmustern sowie den langjährig gewachsenen sozialen Organisationsstrukturen, gegenseitigen Abhängigkeiten und Verhandlungsführungen der mobilen Tierhalter.[90] Die Notwendigkeit flexibler Koordination und Durchführung an veränderte Rahmenbedingungen angepasster saisonaler Migrationen nicht hinreichend anzuerkennen bzw. nicht zu verstehen, gilt für Jacquesson (2010) gar als einer der Hauptgründe für das Scheitern des kolonialen Umgangs mit den vorgefundenen Weidelandverhältnissen in Mittelasien. Daher ließ sich das Erfordernis der Weidenutzer, räumlich flexibel mobil zu sein sowie verlässliche kurz- und langfristige *aul*-interne Entscheidungen und Übereinkünfte mit anderen Akteuren zu treffen, mit den neuen Regeln nicht konfliktfrei in Übereinstimmung bringen. So musste die koloniale Hauptleitung für Raumordnung und Landwirtschaftschaft noch 1913, das heisst nach mehreren Dekaden kolonialer Herrschaft und Geltung der neuen Regeln, vielfach von ihr unerwünschte Weidenutzungsmuster feststellen: Der im Auftrag der Kolonialverwaltung die Landnutzung in südlichen Bereichen der Provinz Fergana untersuchende Kommissar für Bodensteuern Krasnoslobodskij berichtete aus dem Alaj-Tal, dass die Weidenutzer im Laufe des Sommers mehrfache Standortwechsel vornahmen und dabei das gesamte Tal abschritten, ohne die zuletzt von der Kolonialadministration vorgenommenen Weideallokationen und *volost'*-Grenzen zu berücksichtigen.[91] Über nur sehr knapp bemessene Winterweiden verfügende Tierhalter migrierten saisonal bis in das 20. Jahrhundert hinein Amtsbezirksgrenzen überschreitend zwischen den in den *uezdy* Kokand und Skobelev befindlichen Bereichen der Karakalpak-Steppe und den Hochgebirgsweiden des Andižaner *uezd* (Abb. 5.2). Die Mobilitätsräume anderer Tierhalter erstreckten sich administrative Grenzen überschreitend über die Gebiete der Amtsbezirke Andižan und Osch.[92] Weiden des Nusswaldgebiets im Bazar Korgoner *volost'* wurden durch sowohl aus den benachbarten *uezd*, als auch aus den Provinzen Syr Dar'ja und

89 vgl. CARU I–1/11/783; CARU 87/1/26497: 6–7; Kuševelskij, 1890: 363; Kuševelskij, 1891: 24–25; FOSK, 1909: 42; FOSK, 1912: 24–25, 28, 38, 42; Stokasimov, 1912: 17; Vošinin, 1914; Holdsworth, 1959: 13; Ajtbaev, 1962: 33, 37; Baberowski, 1999: 492–493; Jacquesson, 2010: 108–111; Ajtbaev, 1962: 33, 37

90 vgl. CARU I– 1/11/783; Jacquesson, 2010: 105–111

91 zitiert in Ploskih, 1968: 84

92 vgl. Kuševelskij, 1891: 26–28; GUZZ PU, 1913d: 58–59

Samarkand stammende Tierhalter genutzt.[93] Im Zuge der Erkenntnis über die unmittelbar ökologische und mittelbar ökonomische Bedeutung der Wälder aufgrund ihrer Regulierungsfunktion für den regionalen Wasserhaushalt und ihre Schutzfunktionen vor Bodenerosionsprozessen wurde eigenmächtige Viehweidung und andere, vermeintlich oder tatsächlich schädliche und ungeregelte Nutzungsformen durch die koloniale Forstadministration zwar verboten, blieben jedoch eine weit verbreitete und von kolonialer Seite her häufig beklagte Praxis.[94] Im Zusammenhang mit dem Mobilitätsverhalten der Tierhalter und der fehlenden Harmonisierung der Höhe und der Geltungsdauer der Steuersätze in den einzelnen Provinzen Turkestans erwies sich sowohl aus Sicht der steuererhebenden Kolonialmacht, als auch der Besteuerten zudem der Umstand als problematisch, dass Weidenutzer im Zuge von *oblast'*-Grenzen überschreitenden Mobilitätsmustern höheren oder niedrigeren, häufigeren oder selteneren Steuerforderungen ausgesetzt waren, als vorgesehen war.[95] Die Erfüllung des Anspruchs der Kolonialmacht, Steuereinkünfte in der im Voraus kalkulierten Höhe zu erzielen, litt darunter.[96] Zudem führte die stark generalisierte, jeweils auf der primär verfolgten Wirtschaftsweise ‚Viehwirtschaft' bzw. ‚Landbau' basierende Kategorisierung der ländlichen Bevölkerung in ‚Nomaden' und ‚Sesshafte' dazu, dass sich nicht eindeutig positionieren lassende Akteure doppelten Besteuerungen unterworfen sahen: Wiederholt wurden weidebasierte Viehwirtschaft betreibende ‚Sesshafte' entgegen den rechtlichen Vorgaben zur Entrichtung der lediglich von als ‚Nomaden' geltenden Einwohnern Turkestans zu entrichtenden Zeltsteuer herangezogen. Ebenso sind Fälle dokumentiert, in denen subsistenzorientierten Landbau betreibende und als ‚Nomaden' registrierte Tierhalter Bodensteuern zu entrichten hatten.[97] Das Konzept, ackerbauliche Praxis und mobilen Pastoralismus zu kombinieren war in den Vorstellungen der Kolonialadministration schlichtweg nicht vorgesehen.

Infolge der Expansion des staatlich angewiesenen Baumwollanbaus, der steigenden Lebensmittelnachfrage der wachsenden einheimischen Bevölkerung, der sich zunehmend niederlassenden und Ackerland erschließenden mobilen Tierhalter sowie nicht zuletzt aufgrund der stetigen Zuwanderung von Kolonialsiedlern wurden Ackerländer insbesondere im Bereich der Winter-, aber auch der Frühlings- und Herbstweiden sukzessive ausgeweitet. Dieser Prozess verschärfte weidelandbezogene Ressourcenknappheiten und -konkurrenzen. Dabei förderte in den

93 vgl. Kuševelskij, 1891: 38; GUZZ PU, 1913d: 42–43

94 vgl. CARU 662/1/198; CARU 662/2/292; Nalivkin, 1883b: 65–66; Lisnevskij, 1884: 56–57; Koržinskij, 1896: 42; FOSK, 1900: 36; Navrockij, 1900: III; DLD, 1901: 432; Rauner, 1901: 3–6; Fedčenko, 1903: 494; Dörre/Schmidt, 2008; Schmidt/Doerre, 2011

95 vgl. CARU 25/1/68: Blatt 2

96 Aufgrund der insbesondere aus Sicht von Kolonialbeamten unterer administrativer Ebenen unbefriedigenden Umsetzung der Nomadenbesteuerung wurde innerhalb der Gouvernementführung kurzzeitig eine Rückkehr zum alten *zakat*-System diskutiert, am Ende jedoch abgelehnt (vgl. CARU 614/2/3: 49–52).

97 Insbesondere die erste Variante häufte sich, so dass sie Gegenstand von Gesprächen auf höchster administrativer Ebene der Turkestaner Generalgouvernements wurden (vgl. CARU 614/2/3: Blatt: 49–51; CARU 87/2681: Blatt 2; FOSK, 1914: 8).

frühen Jahren der Kolonialherrschaft insbesondere die offizielle Nichtanerkennung schriftlich nicht beurkundeter, langjährig auf gewohnheitsrechtlicher Basis praktizierter Landnutzungen die Entstehung von teilweise unter Gewaltanwendung ausgetragenen Konflikten zwischen an Weideland interessierten Ackerbauern, Siedlern und Tierhaltern um gewohnheitsrechtlich und langjährig von letzteren genutzte Landflächen, die durch die Kolonialmacht als Staatsland deklariert und im Ackerbau tätigen Akteure zugewiesen wurden. Die Ereignisse von 1877 im nahe Taschkent gelegenen Kuraminer Amtsbezirk stehen stellvertretend für solche Zusammenstöße.[98] In der Provinz Fergana brachen im auslaufenden 19. Jahrhundert die zwischen zuziehenden Kolonisatoren und Einheimischen zunächst nur unterschwelligen Konflikte um Landrechte in Form eines gewaltsamen Aufstandes auf.[99] Undeland sieht in der langfristig anhaltenden Unzufriedenheit unter den Kirgisen über den Verlust ihrer Winterweiden gar eine der Hauptursachen für den antikolonialen Aufstand von 1916.[100]

Zusammenfassend lässt sich festhalten, dass Russlands gegenüber mobilen Tierhaltern verfolgte Strategie konsequent gegen deren vermeintliche Nichtregierbarkeit und „chaotische Landnutzung" (vgl. V.G., 1910: 78, Übersetzung AD) zielte. Von machtpolitischen Motiven und zivilisatorischem Missionierungseifer getrieben, verfolgte die Kolonialmacht dabei primär eigene Ziele, namentlich die bestehenden Weidelandverhältnisse nach eigenen ‚modernen' Prämissen zu strukturieren sowie mobile Lebensweisen praktizierende Teile der Bevölkerung der staatlichen Kontrolle zu unterwerfen. Als zentrales normatives Instrument galten hierfür die für ‚Nomaden' geltenden Regelungen, die auf den sukzessiven Rückbau ihrer langjährig bewährten Praktiken saisonaler Mobilität, selbstgestalteter Administration, Verhandlungsführung und Entscheidungsfindung zielten. Dabei strebte die Kolonialmacht an, zentrale Aspekte dieser Bereiche entlang des eigenen Rechtskanons und räumlich-administrativen Rasters zu arrangieren, was viele unterschiedlich gelagerte soziale Konflikte generierte. Für die nach langjährig bewährten Praktiken agierenden mobilen Pastoralisten entsprachen die administrativ-rechtlichen Interventionen und die darauf basierenden Maßnahmen der Kolonialmacht insofern in vielerlei Hinsicht einem ‚Prokrustesbett'. Die konfliktgeladenen Resultate zeigen zugleich aber auch, dass Russland keineswegs als allmächtiger externer Akteur gelten kann. Mehr noch, die neue Kolonialmacht vermochte es nicht, die von ihr selbst generierten gesellschaftlichen Konflikte im Verlauf des gesamten Kolonialprojektes hinreichend zu lösen. Aus diesen Vorbedingungen heraus entwickelten sich die hierzu sowohl Parallelen, als auch strukturelle Unterschiede aufweisenden Weidelandverhältnisse der sozialistischen Ära.

98 Dachšlejger, Giese und Brower schildern unabhängig voneinander ähnliche, zeitgleich stattfindende Prozesse in den Steppengebieten des heutigen Kasachstan (vgl. Dachšlejger, 1981: 112–113; Giese, 1983 b: 582; Brower, 2003: 126–151).

99 vgl. G., 1885: 121; Undeland, 2005: 15; Baldauf, 2006: 187

100 vgl. ebd., 2005: 15

5.2 VERGESELLSCHAFTUNG DER PRODUKTIONSMITTEL UND WIRTSCHAFTEN NACH PLAN: TRANSFORMATION DER WEIDELANDVERHÄLTNISSE IN DER SOZIALISTISCHEN EPOCHE

Im Zuge der Durchsetzung der Sowjetmacht im ehemaligen Zarenreich nach den Revolutionen von 1917 und des sich anschließenden Bürgerkriegs wurden die Weichen für ein gigantisches social engineering-Projekt gestellt. Sich ideologisch auf marxistisch-leninistische Ideen beziehend, sah sich die sowjetische Führung als Triebkraft einer vorgeblich geeinten emanzipatorischen Bewegung der Arbeiter und Bauern und damit in direkter Opposition zu dem sich im ausgehenden 19. Jahrhundert zunehmend auch in Russland ausbildenden Kapitalismus sowie zum imperialen Regime in Zentralasien und anderen kolonial beherrschten Gebieten. Die auf einem antikapitalistischen Grundverständnis basierende Vision einer egalitären Gesellschaft bildete offiziell das Grundmotiv des sozialistischen Gesellschaftsumbaus, wurde jedoch seit Anbeginn der sowjetischen Herrschaft für die Anordnung von alle Bürger des Landes betreffenden Zwangsmaßnahmen sowie im Rahmen repressiver Akte gegen Millionen tatsächliche und vermeintliche Gegner des sozialistischen Projektes instrumentalisiert.

Die Folgen des Ersten Weltkrieges, die ökonomische Krise, gesellschaftliche Verwerfungen, der Sturz mehrerer Regierungen und erhebliche Widerstände politischer Gegner banden zunächst wesentliche Kräfte der sich nur allmählich durchzusetzen vermögenden Sowjetmacht, die versuchte, den sich rasch wandelnden Rahmenbedingungen mit einer Politik verschiedener Kampagnen zu begegnen. Dabei erkannten die Sowjets, dass Russland einerseits über eine stark agrarisch geprägte Gesellschaft verfügte und andererseits, dass die extrem stratifizierten sozioökonomischen Verhältnisse auf dem Land ein Konfliktpotential bargen, das ab der zweiten Hälfte des Ersten Weltkrieges sowohl häufig in Gewaltausbrüche gemündet hatte, als auch, dass sich dieses für die Stärkung und Profilierung der eigenen Position im politischen Machtkampf eignen würde. Um den Rückhalt der einen großen Teil der Bevölkerung bildenden sozioökonomisch schwachen Bewohner ländlicher Räume zu gewinnen, griffen die Sowjets daher unmittelbar nach der Oktoberrevolution bereits zuvor geäusserte Forderungen landloser und landarmer Bauern nach der Aufteilung von Gutshof- und Großgrundeigentum auf und widmeten ihre ersten politischen Maßnahmen der Umstrukturierung der Bodenverhältnisse zu Gunsten der zuvor Benachteiligten.[101]

Nachdem die Macht der Sowjets mit ihrem Sieg im Bürgerkrieg weitgehend gesichert war und der Flügel der ‚Mehrheitler' in der KP, die sogenannten *bol'ševiki* (rus.), sich in internen Machtkämpfen gegen andere Fraktionen durchgesetzt hatte, bestimmten maßgeblich Vertreter dieser Gruppierung die gesellschaftlichen Entwicklungen ab den 1920er Jahren. Mit der weitgehenden Umsetzung des Alleinvertretungsanspruchs der KP in Legislative, Exekutive und Judikative, der im Zuge der umfassenden Kollektivierung weitestgehend in Erfüllung gehen-

101 vgl. Lorenz, 1972: 273–282

den kommunistischen Forderung nach einer Vergesellschaftung der Produktionsmittel ab den späten 1920er Jahren sowie der Institutionalisierung einer zentral und durch Kommandostrukturen organisierten Wirtschaftsplanung des Landes war das Fundament für die Verstetigung der konstituierenden Grundprinzipien der sowjetischen Gesellschaft gelegt, die bis zur *glasnost'* und *perestrojka*-Politik unter Michail Gorbatschow Gültigkeit behielten: ein Einparteienregime unter Führung der KP, eine hierarchisch organisierte Planwirtschaft sowie das gesellschaftliche Eigentum an den Produktionsmitteln. Wurde das Letztgenannte in der ersten Verfassung der Sowjetunion von 1924 noch nicht ausdrücklich hervorgehoben, wies die sogenannte ‚Stalinsche' Verfassung von 1936 in Artikel 5 explizit darauf hin, dass das

> „sozialistische Eigentum [...] entweder die Form von Staatseigentum (Gemeingut des Volkes) oder die Form von genossenschaftlich-kolletivwirtschaftlichem Eigentum (Eigentum einzelner Kollektivwirtschaften, Eigentum genossenschaftlicher Vereinigungen)" hat. (Übersetzung AD)

Dabei waren laut Art. 6 der

> „Boden, seine Schätze, die Gewässer, die Wälder, die Werke, die Fabriken, die Gruben, die Bergwerke, der Eisenbahn-, Wasser- und Lufttransport, die Banken, das Post-und Fernmeldewesen, die vom Staat organisierten landwirtschaftlichen Großbetriebe [...] sowie die Kommunalbetriebe und der Wohnungsgrundfonds in den Städten und Industrieorten [...] Gemeingut des Volkes." (Übersetzung AD)

Im Eigentum der Kollektivwirtschaften und der genossenschaftlichen Organisationen sollten sich laut Artikel 7 die entsprechenden Betriebe mit allem Inventar sowie die Erzeugnisse befinden.[102] Auch laut der reformierten, privaten Eigentumsformen größere Bedeutung einräumenden Verfassung von 1977 blieben „Grund und Boden, die Bodenschätze, die Gewässer und Wälder" (vgl. V-UdSSR 1977: Art. 11, Übersetzung AD) exklusives Staatseigentum. Weiden und Wälder als naturnahe bzw. natürliche Ressourcen sowie als Produktionsmittel von zentraler viehwirtschaftlicher Bedeutung befanden sich damit über den gesamten Zeitraum des realsozialistischen Projektes in staatlichem Eigentum. Dabei waren sie staatlichen oder kollektiven Betrieben zur Nutznießung übertragen. Seien kursorisch die wichtigsten agrarsektorbezogenen Kampagnen der frühen sowjetischen Herrschaftsjahre betrachtet, die schließlich in die umfassende Vergesellschaftung der Produktionsmittel und deren planwirtschaftliche Inwertsetzung mündeten. Es wird deutlich, dass diese inkonsistent verliefen und zum Teil konträre Ziele verfolgten.

Bereits eine der ersten Maßnahmen der Sowjetmacht galt Ackerländern als einem essentiellen landwirtschaftlichen sowie aufgrund der makrowirtschaftlich hohen Bedeutung des Primärsektors ebenso als einem volkswirtschaftlich relevanten Produktionsmittel. Mit dem auf dem Zweiten Gesamtrussischen Sowjetkongress erlassenen Dekret „Über den Boden" galt Privateigentum an Ackerland als verboten, die Ressource als Gemeingut *vsenarodnoe dostojanie* (rus.) definiert

102 V-UdSSR 1924; V-UdSSR 1936

und ihre Verwaltung an lokale Bauernkomitees und Siedlungsräte übertragen. Kern der Maßnahme waren einerseits die Bildung eines Landumverteilungsfonds für die Allokation von ackerbaulich nutzbaren Parzellen an Landarme bzw. Landlose, unter anderen auch mobile Tierhalter, die im Zuge der Ansiedlung von Kolonialsiedlern Verluste erlitten hatten sowie andererseits die Enteignung als ‚Konterrevolutionäre', ‚Ausbeuter' und ‚Feinde der Sowjetmacht' denunzierter, pejorativ als *kulaki* (rus.) bezeichneter bisheriger Landbesitzer und Produktionsmitteleigentümer. Nutzungsrechte wurden nur den Boden eigenhändig bzw. mit Unterstützung naher Verwandter bearbeitenden Akteuren bzw. Akteursgruppen, das heisst privaten Haushalten, Kommunen und Genossenschaften zuerkannt. Zugleich wurde die Bildung von kommunalen und gemeinschaftlichen Organisationsformen *obŝinnoe* bzw. *artel'noe pol'zovanie* (rus.) der agrarischen Landnutzung angeregt.[103]

Auf dem Gebiet des heutigen Kirgisistan wurden erste kommunale und kollektive Produktionsgemeinschaften zwar bereits 1918 gegründet und dabei vornehmlich in den nördlichen Regionen des Landes.[104] Wie in vielen Gebieten der Turkestanischen ASSR [TASSR] als der im April 1918 aus dem *Turkestanskij kraj* hervorgegangenen administrativen Einheit behinderte allerdings der unter Beteiligung ausländischer Mächte einsetzende Bürgerkrieg (1918 bis 1921/1922) die ersten Kollektivierungsanläufe massiv. Dies verhinderte den von der Sowjetmacht erwünschten Effekt der erfolgreichen Übernahme der Agrarproduktion durch die zuvor benachteiligte, in neu gegründeten kollektiven Produktionsgemeinschaften organisierte Bevölkerung, was zu einem massiven Einbruch der Lebensmittelversorgung führte. Erst nach Beendigung des Krieges konnte die Bildung von kooperativen und genossenschaftlichen Agrarbetrieben weiter vorangebracht werden. Anlass hierzu waren mehrere Maßnahmen wie die im September 1921 erlassene Verordnung „Über die landwirtschaftliche Kooperation", die in der TASSR 1921/1922 initiierte Boden-Wasserreform sowie die 1922 zunächst nur in nördlichen Teilgebieten Kirgisistans durchgeführten Landeinteilungen, mit denen neugegründeten Organisationen eine privilegierte rechtliche und ökonomische Stellung gegenüber individuellen Landwirten zugesichert wurde. Kämpfe zwischen antisowjetischen Aufständlern *basmači* und sowjetischen Truppen führten jedoch insbesondere im Süden zu erheblichen menschlichen und materiellen Verlusten und einem vorzeitigen Abbruch der Reformen. Sie verhinderten schließlich sogar die Formalisierung der Landneueinrichtung, so dass die neuen Kollektivbetriebe

103 DOZ 1917: Abs. 1, 2, 6, 7; vgl. auch Lorenz, 1972: 276, 281–283; Zima, 1982: 137; Figes, 2001; Geiß, 2006: 166

104 An dieser Stelle ist Giese zu widersprechen, wenn er die ersten *kolhoz*-Gründungen in Zentralasien erst in der zweiten Hälfte der 1920er Jahre verortet (vgl. ebd., 1973: 147). So wurden bereits 1918 die ersten Kollektivbetriebe auf dem Gebiet des heutigen Kirgisistan in den nördlichen Amtsbezirken Prževalsk und Pišpek sowie weitere in den frühen 1920er Jahren im Süden gegründet, beispielsweise im *rajon* Žalal-Abad (vgl. Il'jasov, 1959: 117–121).

nach nur kurzem Bestehen aufgrund materieller Verluste und rechtlich ungeklärter Landverhältnisse wieder aufgelöst wurden.[105]

Sich von verschiedenen Gegnern existentiell bedroht sehend, entschloss sich die Sowjetregierung im Zuge des Bürgerkrieges zur Einführung einer ‚kriegskommunistischen' Wirtschaftspolitik, die nicht bei der Verstaatlichung des Bodens verharrte, sondern ebenso die Kreditinstitute, Handels- und Distributionsketten einbezog. Sie sah die Zentralisierung und Bürokratisierung der Wirtschaftplanung und -aktivitäten vor sowie die Schaffung eines staatlichen Getreidemonopols mit dem Ziel der zentral gelenkten Versorgung der Armee und der arbeitenden Bevölkerung in den Städten. Von Lebensmittel-Beschaffungstrupps *prodotrjady* (rus.)[106] unter Androhung von Gewalt bei Widersetzung umgesetzt, wurde das direkt bei den Produzenten ansetzende Requirierungssystem für Getreide, aber auch andere pflanzliche und tierische Agrarprodukte zum gängigen Instrument der Lebens- und Futtermittelgenerierung des Sowjetstaates und anderer Bürgerkriegsparteien.[107] Mit der Ausrichtung der Industrie auf die Bedürfnisse des Militärs ging zudem die zivile Konsumgüterproduktion und damit ein wichtiges Element der wirtschaftlichen Stadt-Land-Verflechtungen massiv zurück. Viele Landwirte reagierten darauf mit der Einschränkung ihrer Produktion auf Subsistenzversorgung mit der Folge einer sich vertiefenden Nahrungsmittelkrise im gesamten Land. Infolge der strukturellen Nahrungs- und Futtermittelverknappung sank auch der Umfang der Viehbestände enorm (Abb. 2.1). Verschärft wurde die gesamtgesellschaftliche Krise durch Missernten sowie durch die im Zuge der Unterzeichnung des Friedensvertrages von Brest-Litowsk eingetretenen Verluste großflächiger landwirtschaftlich nutzbarer Areale in ehemaligen westlichen Landesteilen, so dass es in den frühen Jahren der Sowjetherrschaft zu massiven Hungerkatastrophen mit Millionen von Opfern kam. Schließlich lagen im Zuge des Welt-und Bürgerkriegs sowie der Folgen des ‚Kriegskommunismus' Landwirtschaft und Industrie am Boden mit dem Resultat einer miserablen Versorgungslage mit Lebensmitteln und Konsumgütern, massiven Unzufriedenheitsbekundungen in der Bevölkerung und der bisher schwersten politisch-ökonomischen Krise der jungen Sowjetmacht.[108]

Nach ihrem Sieg im Bürgerkrieg sah sich die sowjetische Führung daher zu einem „Übergang vom starren Dogmatismus zu einem flexiblen Pragmatismus"

105 vgl. CIKS TASSR 1921; Il'jasov, 1959: 117–129; Lorenz, 1972: 282–283; Giese, 1973: 163

106 *prodotrjady* als Abkürzung steht für *prodovol'stvennye otrjady* (rus.)

107 vgl. FOES, 1923: 13, 26; Figes, 2001: 653–658

108 vgl. Lorenz, 1972: 276–299, 316–317; Toktomušev, 1982: 141; Zima, 1982: 137; Figes, 2001: 580; Abazov, 2008: map 36. In den industriellen Zentren fanden Streiks und Protestdemonstrationen gegen die immer knapper bemessenen Lebensmittelrationierungen statt. Die am stärksten von Konfiszierungen betroffenen Regionen erlebten die Organisierung von Bauern in bewaffneten, den sogenannten ‚grünen' Gruppierungen, um sich gegen Beschlagnahmungen durchführende Regierungskräfte zu verteidigen. Höhe- und Wendepunkt der ‚kriegskommunistischen' Periode war der Aufstand der Kronstädter Matrosen im Winter 1920/1921, nach dessen Niederschlagung eine neue Wirtschaftspolitik eingeschlagen wurde (vgl. Lorenz, 1972: 296–298).

(Kappeler, 2008: 302) gezwungen und revidierte einige der bisher ergriffenen Maßnahmen, indem sie auf dem Zehnten Parteitag der KP im März 1921 eine ‚Neue Ökonomische Politik' *novaja ekonomičeskaja politika* [NEP] (rus.) ausrief. Mit ihr sollten einerseits die wirtschaftlichen Stadt-Land-Beziehungen wiederbelebt, die Versorgung der Armee, der Industriearbeiter und der städtischen Bevölkerung verbessert sowie die Bauernschaft für die sozialistische Sache gewonnen werden. Ausgewählte marktwirtschaftliche Elemente, wie das Privateigentum an Produktionsmitteln, die private Vermarktung von Produkten sowie individuelle Kapitalakkumulation und Gewinnorientierung erhielten wieder Raum zur Entfaltung. Beschlagnahmungen von Lebensmitteln wurden zunächst durch niedriger angesetzte Natural-, später durch Geldsteuern ersetzt. In Turkestan wurden zudem zuvor beschlagnahmte *vaqf*-Flächen rückübertragen. Gleichzeitig behielt der Staat strategische Sektoren wie die Großindustrie, das Verkehrs- und Bankenwesen sowie den Außen- und Großhandel in seinen Händen, um die Ausweitung des Privatsektors zu beschränken, seinen Entwicklungsverlauf zu dirigieren sowie um die erzielten Mehrwerte zugunsten des Ausbaus der staatlichen Industrie abzweigen zu können. Diese Zugeständnisse motivierten Produzenten agrarischer Erzeugnisse zur Steigerung der Produktion mit dem Ergebnis, dass die Versorgung der Bevölkerung zunächst allmählich verbessert werden konnte. Relativ rasch jedoch traten von der Sowjetmacht unerwünschte Effekte der neuen Freiheiten und Marktmechanismen ein. So lösten sich insbesondere im Süden Kirgisistans eben erst gegründete und die Kriegswirren überdauernde Kollektivbetriebe auf, nachdem diese infolge der Revision von Landallokationen aufgrund des Fehlens rechtlich verbindlicher Demarkationen und Urkunden sowie des Austritts vieler, wieder in die Eigenständigkeit strebender Mitglieder essentielle Ressourcen verloren hatten.[109] Zudem wuchs erneut die sozioökonomische Stratifizierung insbesondere der ländlichen Bevölkerung. Als *Nepy* (rus.) bezeichnete Gewinner der NEP begannen, ihre Stimme als politisch organisierte Unternehmer für die Durchsetzung eigener, mit der sozialistischen Idee im Konflikt stehender Interessen zu erheben. Mit der Zeit stellte sich zudem der Absatz ländlicher Produkte in den Städten aufgrund der auseinander driftenden Preisindizes zwischen infolge veralteter Anlagen teuer gefertigten industriellen Konsumgütern und billig erzeugten Agrarerzeugnissen als zunehmend unbeständig heraus. Von der Abgabepflicht befreit, hielten insbesondere ökonomisch erfolgreiche Getreideproduzenten ihre Produkte in Erwartung höherer Preise zurück und versetzten der sich langsam erholenden Nahrungsmittelversorgung der industriellen und urbanen Zentren mit ihren Spekulationen einen Rückschlag. Der stark fragmentierte, durchschnittlich noch immer nur über geringe Betriebsflächen verfügende kleinbäuerliche Sektor konnte die entstehenden Ausfälle nicht hinreichend substituieren. Aufgrund dieser dem sozialistischen Ideal einer egalitären Gesellschaft widersprechenden Merkmale und Wirkungen sowie des ausbleibenden Durchbrucherfolges der NEP, ebb-

109 vgl.: CSU TR, 1924: Teil 1, S. 95; Il'jasov, 1959: 124–125.So nennt ein Bericht des Exekutivkomitees des *oblast'* Žalal-Abad vom April 1924 keinen der 1921/1922 gegründeten 1334 Betriebe noch als bestehend (zitiert in Il'jasov, 1959: 124).

te die Kritik an der Kampagne innerhalb der KP nicht ab. In der politischen Führung setzten sich schließlich die Anhänger der Ansicht durch, dass nur erneute Zwangsmaßnahmen insbesondere bei der Getreidebeschaffung durch Abgabepflicht und Beschlagnahmungen, die völlige Unterbindung privater Kapitalakkumulation im Agrarsektor sowie die erneute Bündelung der Produktionsfaktoren unter sozialistischen Vorzeichen eine ökonomische und damit gesamtgesellschaftliche Perspektive für die Sowjetunion bieten könne. So blieb die 1927/1928 beendete NEP ein kurzes Intermezzo, das die grundsätzliche Herausforderung der verlässlichen Nahrungsmittelversorgung in der jungen UdSSR temporär zwar lindern, strukturell jedoch nicht lösen konnte. Sie wurde durch eine hochgradig organisierte, vom Umfang und von der Durchdringungstiefe her beispiellose Kollektivierungs- und Verstaatlichungskampagne des Agrarsektors ersetzt, die seitdem für den sowjetischen Agrarsektor prägend war.[110]

Hatten die bis hierher geschilderten Prozesse mobile Pastoralisten als hauptsächliche Nutzer der Weiden auf dem Gebiet des heutigen Kirgisistan noch relativ wenig tangiert, rückten sie ab den späten 1920er Jahren im Zuge der Ansiedlungs- und Kollektivierungskampagnen in den Fokus der Politik.[111] Dabei wies die Logik der sowjetischen Führung deutliche Parallelen zur modernisierungstheoretisch ausgerichteten kolonialen Argumentation auf, wenn sie mobile Lebens- und Wirtschaftsweisen als unzureichend kontrollierbar und damit potentiell gefährlich sowie als Überbleibsel „archaischer“ (vgl. Dachšlejger, 1981: 113, Übersetzung AD) Wirtschaftweisen und vormoderner Gesellschaften *perežitok* (rus.) und daher als zu zivilisieren ansah.[112] Die Sowjetmacht wies den Kampagnen die Bedeutung zu, Grundvoraussetzungen für die erfolgreiche Umsetzung des politisch-ökonomischen Projektes der Vergesellschaftung der agrarischen Produktionsmittel und folglich für die weitere Entwicklung sowohl der zentralasiatischen Peripherie, als auch der gesamten sowjetischen Gesellschaft zu sein. Im modernisierungstheoretischen Sinn sowjetischen Stils nutzte sie die Sedentarisierung aller saisonal mobilen Viehzüchter als Ansatz zur Gewinnung von Arbeitskräften für die aufzubauende Industrie und großbetrieblich zu organisierende Landwirtschaft sowie zur Inbesitznahme viehwirtschaftlich relevanter Ressourcen. Dabei ging sie deutlich zielgerichteter und entschlossener vor, als ihre kolonialen Vorgänger.[113]

110 vgl. Il’jasov, 1959: 130–134; Carrére d’Encausse, 1966: 242; Lorenz, 1972: 298–310, 316–322; Malabaev, 1982: 144–146; Kappeler, 2008: 302

111 vgl. Giese, 1982: 219; Farrington, 2005: 173

112 vgl. Malabaev, 1982: 145. Vorobejčikov/Gafiz bezeichnen den Entwicklungsstand gar als urgeschichtlich *pervobytnyj* (rus.) und sehen hierin die Ursache für die weiterhin infolge von extremen Wetterereignissen und Futtermittelknappheit erfolgenden hohen Verluste in der Viehwirtschaft (ebd., 1924: 112). Die Zuschreibung der Attribute ‚Rückständigkeit‘ und ‚Primitivität‘ an mobile Tierhaltungspraktiken finden sich in expliziter Form auch in offiziellen staatlichen Publikationen, wie den Erläuterungen zum zweiten Fünfjahrplan des Mittelasienbüros des staatlichen Planungskomitees (vgl. SREDAZGOSPLAN, 1932: 103–104).

113 vgl. Giese, 1982: 223, 225–226; Malabaev, 1982: 144–146; Scholz, 1982: 6; Baldauf, 2006: 187–188; Kreutzmann, 2009b: 87; Kreutzmann, 2011b: 48

Der wissenschaftliche Diskurs über die sowjetische Politik der vor dem Zweiten Weltkrieg liegenden Periode gegenüber den mobile Viehwirtschaft betreibenden Tierhaltern ist deshalb stark vom Narrativ der von Repressionen begleiteten, erzwungenen Sedentarisierung *osedanie* (rus.) und Kollektivierung *kollektivizacija* (rus.) charakterisiert. Dabei bleibt zumeist unberücksichtigt, dass sozioökonomisch schwächere mobile Tierhalter Anfang der 1920er Jahre zumindest kurzfristig noch politische Unterstützung für die Fortführung ihrer individuellen Wirtschaftsweisen erhielten durch die Einführung rechtlicher, individuelle Wirtschaftsweisen fördernder Rahmenbedingungen. So zielte ein in den frühen Jahren der Sowjetherrschaft in Turkestan ergriffenes Maßnahmenbündel zunächst auf die Verbesserung der ökonomischen Situation sowohl des als arm geltenden sesshaften, als auch des als arm und damit als Verlierer des kolonialen Projektes geltenden Teiles der im unscharf gehaltenen und ideologisch befrachteten sprachlichen Duktus der Sowjetmacht weiterhin verallgemeinert als *kočevniki* bezeichneten mobilen Tierhalterbevölkerung. Mit der Verordnung „Über die Landnutzung und Raumordung in der Turkestanischen Republik der Russländischen Sowjetischen Föderation“ vom November 1920 übernahm das Zentrale Exekutivkomitee und der Rat der Volkskommissare der Republik zum einen die oben skizzierten Kernregelungen des Bodendekrets. Zum anderen formulierte die Verordnung spezifische Regelungen für die *kočevniki*, für die in der TASSR die von der Kolonialadministration eingeführte Zeltsteuer zunächst noch Bestand hatte.[114] Sofern nicht vorhanden, sollten diesen Weiden und Triftwege zur Verfügung gestellt werden, wobei die Winterlager zum Herdenumfang der Haushalte proportionale Flächen aufweisen sollten.[115] Sich einer dauerhaft sesshaften Lebens- und Wirtschaftsweise zuwendende Viehzüchter hatten formal den Anspruch auf geeignete Parzellen sowie auf erhebliche staatliche Unterstützungsleistungen bei der Inventarausstattung.[116] Mit der im Dezember folgenden Verordnung „Über die Landeinteilung der Nomaden, der Siedlungen der Übersiedler und der Kosaken-Stanizas“ revidierte die sowjetische Führung die im Zuge der Aufstände von 1916 vorgenommenen repressiven Landenteignungen und erlaubte der betroffenen mobilen Bevölkerung Turkestans, an ihre zuvor angestammten Winterlager zurückzukehren. Ferner wurde ein für die Ansiedlung mobiler Tierhalter vorgesehener Landfonds gebildet, in den zuvor für die koloniale Besiedlung vorgesehene jedoch unbesetzt gebliebene, von kolonialen Siedlern verlassene sowie kolonialen Beamten und hohen Militärs zugewiesene Grundstücke eingegliedert wurden, um den bisher Benachteiligten des kolonialen Systems Unterstützung bei der Entwicklung eigener Wirtschaften angedeihen zu lassen. Den Boden nicht mit eigener Kraft bearbeitende, sich niedergelassene ‚Nomaden‘ sollten enteignet, landlose bzw. landarme Tierhalter hingegen mit Parzellen beschieden werden. Von Kolonialsiedlern eigenhändig besetzte Flächen, nicht bewaldete Staatsländer, sämtliche freie

114 vgl. GAOŽ 87/1/27022: Blatt 1, 5

115 Diskrete Werte der pro Tier bereitzustellenden Flächen wurden in dem Dokument nicht spezifiziert, ebenso auch kein Berechnungsschlüssel genannt.

116 PZZ TR 1920: §1, 2, 15, 16, 18

und landbaulich ungenutzte Flächen sowie die bereits viehwirtschaftlich genutzten Gebiete bildeten schließlich einen Weidefonds, aus dem Flächen an ‚Nomaden' zugewiesen werden sollten, die sich noch nicht niedergelassen hatten.[117] Wurden im Rahmen der ‚kriegskommunistischen' Politik obligatorisch Zwangsabgaben von Nahrungsmittelproduzenten erhoben, waren – zumindest offiziell – Tierhalterhaushalte ohne bzw. mit kleinen eigenen Herden von den Zwangsmaßnahmen ausdrücklich mit der Begründung ausgenommen, die Viehwirtschaft der „werktätigen Nomaden der Republik Turkestan" „wiederherzustellen, zu bewahren und zu entwickeln" (vgl. PSNK TRS 1920, Übersetzung AD).[118] Dem selben Ziel galt eine zwei Jahre später erlassene Verordnung, nach der Viehwirtschaft – unabhängig von der Tierart und davon, ob sie in mobiler oder bodensteter Weise praktiziert wird – als freie Tätigkeit aller Bürger Turkestans zu gelten habe und nicht be- oder eingeschränkt werden darf. Umverteilung und Beschlagnahme von Vieh sei nun grundsätzlich verboten, hieß es darin.[119]

Negativ wirkten sich die selbst nach dem Bürgerkrieg andauernden Auseinandersetzungen zwischen *basmači* und sowjetischen Truppen auf die weidebasierte, die regionale Nachfrage ohnehin nicht hinreichend befriedigende Viehwirtschaft der Provinz Fergana aus.[120] Insbesondere die Futtermittelverknappung und Futtermittelverteuerung infolge der Vernichtung und Beschlagnahme erheblicher Vorräte, aber auch der Niedergang des rudimentär entwickelten Veterinärwesens mündete in umfassende Viehsterben und die Notwendigkeit der Weiterführung des Viehimports aus benachbarten Regionen.[121] Auch vor diesem Hintergrund ist die zeitweise Befreiung lediglich kleine Herden von bis zu 24 Schafen und Ziegen oder bis zu acht Rinder besitzenden, ausschließlich Viehwirtschaft betreibenden Haushalten von der nach der Ausrufung der TASSR eingeführten ‚einheitlichen Landwirtschaftssteuer' zu sehen.[122] Ebenfalls als Fördermaßnahme konzipiert, durften über keine oder nur geringe Weideflächen verfügende mobile Tierhalter der Waldregionen Waldweideareale kostenfrei nutzen. ‚Nicht-Werktätige', das heisst Weidedienste Dritter nutzende sowie hinreichend mit Weidegründen aus-

117 PZKPPKS 1920: § 6–8, 10–13

118 Als gering ausgestattete Haushalte galten jene, die wahlweise über maximal sechs Rinder pro Haushaltsmitglied verfügten oder jene, die ‚kombinierte Bergwirtschaft' betrieben, bei der das verfügbare Ackerland den Haushaltsbedarf deckte und deren Viehaustattung maximal fünf Rinder pro Haushaltsmitglied betrug. Einem Rind entsprachen jeweils ein Ochse, eine Kuh, ein Pferd oder ein Kamel von über drei Jahren Alter, zwei Jungrinder zwischen einem und drei Jahren Alter, sechs Kälber oder acht Schafe und Ziegen. Ferner wurden Tierkategorien definiert, die von der Zwangsabgabe ausgeschlossen waren, beispielsweise junge oder trächtige Tiere. Futtervorräte waren von der Beschlagnahme offiziell ausgenommen (PSNK TRS 1920: Art. 2–6).

119 PCIKSTR 1922: Art. 1

120 Die Kämpfe führten zudem zu Zerstörungen ganzer Siedlungen und der Vertreibung der Bewohner. Die damals unmittelbar nördlich von Arslanbob gelegene Kolonistensiedlung Blagodatnoe ist nur ein Beispiel hierfür (vgl. Voŝinin, 1914: 72–75; FOES, 1923: 41).

121 vgl. FOES, 1923: 12–13, 26, 30, 35

122 PCIK SNKTR 1923: Art. 1

gestattete Viehzüchter waren von dieser Regelung ausgenommen.[123] Pastoralismus als „grundlegende ökonomische Beschäftigung des Großteils der kirgisischen Bevölkerung" (vgl. CGAKFFD KSSR R01–1.4/2–1195, Übersetzung AD) ansehend, plädierten die Delegierten der ‚Kirgisischen *oblast'*-Parteikonferenz zur Entwicklung der Viehwirtschaft' vom November 1925 für die Verbesserung der Versorgung mit Wasser auf den Weiden sowie für die Einrichtung gemeinschaftlicher Futterbasen, womit sie den weiterhin wiederkehrenden, insbesondere stark verwundbare Tierhalterhaushalte betreffenden *džut*-Ereignissen den Kampf ansagten.[124] Doch bildeten die eigenständigen mobilen Pastoralismus begünstigenden Ansätze ein nur kurz währendes Zwischenspiel und verblassen vor den langfristigen Folgen der Sedentarisierung und Kollektivierung. Der vom Dezember 1927 bis Februar 1928 schließlich auch den Süden und damit die Nusswaldregion der zunächst den Status einer Autonomen, später einer vollwertigen SSR innehabenden Republik[125] erfassende zweite Anlauf der Bodenreform lässt sich dabei als noch verhältnismäßig weich gehaltene Anreizmethode verstehen, mobile Tierhalter zu einer bodensteten Lebens- und Wirtschaftsweise zu bewegen, indem neben landarmen Bauern auch ihnen Landparzellen übertragen wurden (Abb. 5.3).[126]

123 PSNK TRS PPS 1923: Art. 1, 2, 5

124 CGAKFFD KSSR R01–1.4/2–1195

125 Die Abfolge der administrativen Statusveränderungen Kirgisistans in der sowjetischen Zeit liest sich folgendermaßen: Im Zuge der nationalen Delimitierung ging das Gebiet als ‚Kara-Kirgisische Autonome *oblast*'' innerhalb der RSFSR im Oktober 1924 aus dem nordöstlichen Teil der unmittelbar zuvor aufgelösten TASSR hervor und wurde ein Jahr später in ‚Kirgisische Autonome *oblast*'' umbenannt (PNGRNRA 1924 Pkt. 4). Die Definition der räumlichen Ausdehnung erfolgte mittels einer Verordnung über die administrativ-territoriale Teilung des Revolutionskomitees der Kara-Kirgisischen Autonomen Provinz vom November 1924 (PR KKAO OATD 1924). 1926 erfolgte der Beschluss, die Provinz in die ‚Kirgisische Autonome SSR'' innerhalb der RSFSR aufzuwerten, was 1927 umgesetzt wurde (DOKASSR 1927). Zehn Jahre später, 1936, erhielt Kirgisistan den Status einer vollwertigen SSR.

126 vgl. VRCIK/SNK RSFSR, 1927; Toktomušev, 1982: 141. GAOŽ 110/1/1: Blatt 40–42; GAOŽ 138/1. Dabei erhielten 67220 Höfe Landparzellen mit einer Gesamtfläche von 1253322 ha sowie Mittel zum Erwerb von Vieh, Saatgut und technischer Ausstattung (vgl. CGAKFFD KSSR R3–0/2–1193).

Земельный документ

Abb. 5.3: Landurkunde aus der Zeit der Bodenreform.
Quelle: CGAKFFD KSSR R3–20/0–42914

Dokumentauszug: „Auf Grundlage des Dekrets der CIK RDKD/SNK KASSR vom 12.11.1927 und entsprechend Erlass der Bodenkommission des Bazar Korgoner *volost'* über die Durchführung der Bodenreform im Žalal-Abader Kanton vom 20.1.1928 übergibt die Bodenkommission des Kantons: das ehemals dem Bürger [unleserlich] gehörende Grundstück in der Siedlung Jakkobadam [?] [...] zur unbefristeten Nutzung dem Bürger Abdukarimov Batyrali, ansässig in der Siedlung Jakkobadam [?] des Siedlungsrates Makaturpak [...] Auf der Parzelle stehen Gebäude: keine. Bewässerte Fläche zwölf [Desjatinen?]. Bogharflächen: nein [...] Insgesamt mit bereits vorhandenen Flächen fünfzehn [Desjatinen?] [...]" (Übersetzung AD)

Sehr bald wurden durch ungleich härtere Maßnahmen die umfassende Sesshaftwerdung der verbliebenen mobilen Pastoralisten und deren Zusammenführung in Kollektivbetrieben erzwungen mit der Folge der vollständigen Beseitigung des Nomadismus in Zentralasien.[127] Unter dem Slogan „Die *žajloo* muss sowjetisch sein" begannen ab 1927Agitationstrupps der *bolševiki* auf die Sommerweiden zu ziehen, wo sie die Gründung von Weidekomitees veranlassten und ein Verbot eigenmächtiger, nicht durch die Weidekomitees genehmigter Triften durchsetzten.[128] Die entscheidende Weichenstellung für die sich anschließenden folgenreichen Sedentarisierungs- und Kollektivierungskampagnen wurden auf dem 15. Parteitag der KP im Dezember 1927 gestellt. Zunächst wurden die Eliminierung

127 vgl. Carrére d'Encausse, 1966: 250; Giese, 1982: 223; Scholz, 1982: 6; Baldauf, 2006: 187–188

128 vgl. Undeland, 2005: 19

tatsächlich und vermeintlich wohlhabender Landwirte und Viehhalter *zažitočnye* (rus.) und der Gewinner der NEP auf dem Lande und somit der Beginn der Politik der ‚Liquidierung des Kulakentums als Klasse‘ *uničtoženie kulaka kak klass* (rus.) (1929 bis 1933) sowie die Vergesellschaftung des Agrarsektors beschlossen. Dies trug entscheidend zur Bildung des für die sowjetische Landwirtschaft seitdem typischen Grundpfeilers des staatlichen bzw. gemeinschaftlichen Eigentums an Produktionsmitteln bei. Zudem plädierten die Delegierten für die fortan kommandowirtschaftliche Organisation der Volkswirtschaft und für eine planbasierte betriebs- und volkswirtschaftliche Produktion. Dieses Grundmerkmal des sowjetischen Systems wurde mit dem ersten gesamtsowjetischen Fünfjahrplan (1928/29 bis 1932/33) erstmals institutionalisiert. Die Kampagne der Vergesellschaftung der agrarischen Produktionsmittel durch Kollektivierung hatte einerseits einen starken politisch-symbolischen Charakter der Absage an private Produktionsmittel und das individuelle Unternehmertum. Zugleich zielte sie auf die Generierung von Skalenerträgen durch die Vereinigung individuell wirtschaftender, von der Sowjetmacht generell als unproduktiv eingeschätzter Einzelbetriebe zu künftig in die Volkswirtschaft integrierten, in industriellen Maßstäben mechanisiert, intensiv, großflächig und effektiv produzierenden Kollektiv- und Staatsbetrieben.[129] Als das künftige Rückgrat der sowjetischen Landwirtschaft lag deren Hauptaufgabe in der Versorgung der schnell wachsenden urbanen und industriellen Zentren. Die umfassende Sedentarisierung mobiler Tierhalter galt dabei sowohl als Voraussetzung des Erfolges, als auch als Ziel der vorangehenden Kampagne.[130]

Giese unterscheidet vier grundlegende, Prozesse der Gründung und Reorganisierung der Betriebe umfassende Phasen der Kollektivierung.[131] Die ersten Kollektiv- *kolhozy*, *artel'i* und *TOZy* (rus.)[132] sowie Staatsbetriebe *sovhozy*[133] wurden zwar bereits unmittelbar nach der Oktoberrevolution gegründet. Aufgrund der vom Umfang her beispiellosen Vergesellschaftungskampagne des Agrarsektors von 1930 bis ca. 1937 – im Ferganabecken 1935 weitgehend abgeschlossen, in anderen Regionen Zentralasiens jedoch bis ca. 1940 andauernd – kann nach Giese jedoch erst in diesem Zeitraum von der ersten Phase die Rede sein.[134] Die Zu-

129 vgl. Kreutzmann, 2006: 7

130 vgl. Grin'ko, 1929; Mininzon, 1929; VSNH, 1929; Abramzon, 1949: 55; Giese, 1973: 67, 147, 152; Ljaŝenko, 1973: 5, 11; Malabaev, 1982: 144–145; Farrington, 2005: 173; Kreutzmann, 2006: 7

131 vgl. Giese, 1973: 147–203. Auf die Bildung und Genese der landwirtschaftlichen Staatsgüter wird in der vorliegenden Arbeit nicht näher eingegangen. Hierzu sei an dieser Stelle auf Giese (1973: 67–146) sowie Wädekin (1969) verwiesen.

132 *kolhoz* als Abkürzung steht für *kollektivnoe hozjajstvo* (rus. für ‚Kollektivwirtschaft‘), *TOZy* als Abkürzung steht für *tovariŝestva po sovmestnoj obrabotke zemli* (rus. für ‚Genossenschaften für gemeinschaftliche Bodenbearbeitung‘)

133 *sovhoz* steht als Abkürzung für *sovetskoe hozjajstvo* (rus. für ‚Sowjet- bzw. de facto Staatswirtschaft‘)

134 Ende 1937 verfügten die aus über 15 Mio. Einzelwirtschaften gebildeten rund 242500 Kollektiv- und über 4000 Staatsgüter bereits über sieben Zehntel der Anbaufläche der Sowjetunion (vgl. Giese, 1973: 147–149).

sammenfassung ganzer *aul* mobiler Tierhalter in einen Kollektivbetrieb war typisch für diese Periode.[135] Sie stand dabei in engem Zusammenhang mit der Entkulakisierungspolitik, deren im Lokalen umzusetzende Maßnahmen vom Zentralen Exekutivkomitee und dem Rat der Volkskommissare der KASSR mittels einer verbindlichen Instruktion festgeschrieben wurden.[136] Zunächst unter Großbauern, forderte diese Kampagne später vor allem unter Mittelbauern *serednjaki* (rus.)[137] Tausende von Opfern. Unter den Tierhaltern wurden Besitzer großer und mittlerer Viehbestände verfolgt. Von den Kriminalisierungen waren hierbei insbesondere hierarchisch hochgestellte Respektpersonen und Entscheidungsträger, das heisst, bisher als soziale Elite geltende *manap*, *bij* und *batyr* (krg.) betroffen. Zeitgleich vollzog sich im gesellschaftlichen Diskurs eine Sinnverschiebung der früheren Ehrentitel hin zu pejorativen Bedeutungen im Sinne ‚kapitalistischer Ausbeuter' und ‚Konterrevolutionär'. Obwohl diese kollektiv kriminalisierten Menschen am fähigsten gewesen wären, die bestehenden strukturellen Versorgungsengpässe des Landes überwinden zu helfen, unterlagen sie zunächst überhöhten Abgaben und Enteignungen, später folgten Deportationen, Zwangsarbeit und Exekutionen bei Widerstand gegen die angeordneten Maßnahmen. Das beschlagnahmte belebte und unbelebte Kapital ging in die Betriebsmassen der neu gegründeten Kollektiv- und Staatsgüter ein.[138] Die Box 5.2 gibt Auszüge aus den Erinnerungen einer Gesprächspartnerin über das individuelle Schicksal ihrer eigenen, mobile Viehwirtschaft betreibenden Vorfahren im Zuge der Kollektivierung wieder.

Box 5.2: Kollektivierungserinnerung aus einem als *bij* klassifizierten Haushalt

Die zum Gesprächszeitpunkt 96-jährige kirgisische Gesprächspartnerin A. Mamatova lebt in der von Nusswäldern umgebenen, am Kara Unkur-Fluss liegenden Siedlung Kyzyl Unkur und berichtet das Folgende:[139] Der Haushalt lebte zuvor in Moghol/Kôk Alma (Abb. A.14). Die Mitglieder betrieben lediglich Viehwirtschaft und zwar mit Rindern, Schafen und Pferden. Dabei hatten sie im Schnitt 50 Schafe und zehn Pferde. Im Sommer suchten sie daher regelmäßig mit ihrer Jurte eine *žajloo* auf. Auf dieser waren sie die einzigen Nutzer. Handel oder Ackerbau betrieben sie nicht. Aufgrund ihrer Herdengröße sah die Sowjetmacht den Haushalt als reiche *bij* an und veranlasste die Enteignung. Dabei war es damals in der Gegend üblich, dass Jungtiere grundsätzlich an die neu gegründeten Kollektivbetriebe übergeben werden mussten, ältere Tiere hingegen bei den ehemaligen Eigentümern verbleiben konnten. Schwache und zur Schlachtung vorgesehene Alttiere konnten beim *kolhoz* gegen die entsprechende Anzahl Jungtiere eingetauscht werden. In ihrem spezifischen Fall ging das beschlag-

135 vgl. Giese, 1973: 147–149, 164; Malabaev, 1982: 145
136 vgl. Malabaev, 1982: 145
137 Die Definierung erfolgte in der Regel nach der Ausstattung der Wirtschaftseinheiten mit physischem Kapital und wies häufig aufgrund beliebig gewählter Grenzwerte willkürlichen Charakter auf.
138 vgl. PCK VKP(b) 1930; Il'jasov, 1959: 129–136; Lorenz, 1972: 304–310, 316-322; Giese, 1982: 223; Malabaev, 1982: 145; Stadelbauer, 1996: 464–465; Humphrey/Sneath, 1999: 4; Farrington, 2005: 173
139 Respondenteninterview A. Mamatova 2007

nahmte Vieh an den *kolhoz* Frunze.[140] Die Enteignung stellte für den Haushalt einen hohen materiellen Verlust dar.

Da die Sedentarisierung und Kollektivierung wie andere Kampagnen zuvor auf unzureichenden Vorbereitungen baute, zeitigten die innerhalb kürzester Zeit umgesetzten Maßnahmen fatale Folgen. Besonders deutlich zeigte sich das in der Viehwirtschaft, als Millionen Stück Vieh kollektiviert wurden, ohne dass bereits Stallgebäude *kašar/saraj* (rus.) und Futtermittel in hinreichendem Ausmaß vorhanden waren und es in den Winterperioden 1927/1928 und der frühen 1930er Jahre folglich erneut zu massiven Verlusten kam. Sich den Zwangsmaßnahmen widersetzende Tierhalter der zentralasiatischen Wüsten, Steppen- und Gebirgsregionen, insbesondere Kasachstans und Kirgisistans, schlachteten – um den Beschlagnahmungen zuvor zu kommen – eigene Herden ab und flohen grenzüberschreitend nach Persien, Afghanistan sowie in die chinesisch kontrollierten Gebiete der Dschungarei und Xinjiangs. In nur drei Jahren nach Beginn der Kollektivierungskampagne sank der Viehbestand in der Sowjetunion um mehr als die Hälfte (Abb. 2.1).[141]

Das von der Parteiführung präferierte Modell kollektiv geführter Betriebe stellte das *artel'* (rus.) dar. Diese Betriebsform zeichnete sich durch die Kombination einer kollektivierten Nutzung der betrieblichen Böden, Inventare, Arbeitstiere und Wirtschaftsbauten einerseits und persönlicher Nebenerwerbswirtschaften *ličnoe podsobnoe hozjastvo* (rus.)[142] der *kolhoz*-Mitglieder *kolhozniki* (rus.) in Form von unmittelbar bei den Wohnhäusern liegenden Hoflandparzellen *priusadebnye učastki* (rus.) mit Obst- und Gemüsegärten, Milch-, Klein- und Geflügel andererseits aus. Sie brachte aus Sicht der politischen Führung damit individuelle und staatliche Interessen bestmöglich in Übereinstimmung. Sollten die Nebenerwerbswirtschaften zunächst der Subsistenzversorgung dienen, gewannen sie auf-

140 Dieser nach dem Heerführer der *bolševiki* Mihail Vasil'evič Frunze benannte und 1930 gegründete Kollektivbetrieb hatte seinen Sitz in der im Süden des *rajon* Bazar Korgon befindlichen Siedlung Sajdykum. Er gehörte zu jenen großen Kollektivbetrieben des Bezirks, in denen im Laufe der Zeit viele der kleineren Betriebe aufgegangen sind und die bis zu Ende der UdSSR bestand hatten (vgl. GAOŽ 460).

141 vgl. Rakitnikov, 1936: 92–105, 128; Giese, 1982: 223–225; Giese, 1983b: 585; Farrington, 2005: 173; Steimann, 2011b: 55–56. Auch im Pflanzenbau waren im Zuge der Kollektivierung massive Produktionsrückgänge zu beobachten, unter anderem infolge schlecht organisierter Erntearbeiten. Die Potentiale der sich aus der Zusammenlegung kleiner Parzellen ergebenden großen Felder konnten infolge des Mangels an schwerer landwirtschaftlicher Technik, Dünger und Fachwissen über Jahre nicht mehr in vollem Maße genutzt werden. Unkenntnisse der Führung großer Güter ließen mangelhafte Organisation der Betriebe und unrationale Produktion zu einem weitverbreiteten, folgenreichen Problem werden. Missernten verschlimmerten die Wirkungen der in den frühen Jahren der Kollektivierungsphase ergriffenen Zwangsmaßnahmen und führten mit diesen gemeinsam schließlich erneut zu einer Hungerkatastrophe mit menschlichen Opfern in Millionenhöhe (vgl. Lorenz, 1972: 322–336; Stadelbauer, 1996: 465).

142 Von persönlichen Nebenerwerbswirtschaften ist die Rede, weil die Hoflandparzellen nicht als privates (*častnoe*, rus.) Eigentum der *kolhoz*-Mitglieder galten (vgl. hierzu auch Wädekin, 1967: 110–115; Lindner, 2008: 13).

grund der strukturellen Nahrungsmittelversorgungsprobleme relativ bald darüber hinaus Marktbedeutung und damit eine wichtige Stellung in der Versorgung der städtischen Bevölkerung. Indem die Produkte von den Erzeugern zu über den offiziellen staatlichen Aufkaufpreisen auf sogenannten *kolhoz*-Märkten *kolhoznye rynki* (rus.) selbst verkauft werden konnten, besaßen Nebenerwerbswirtschaften zudem eine wichtige einkommensgenerierende Funktion für die nur geringe monetäre Entlohnung erhaltenden Betriebsmitglieder. Zwischen ideologisch geleiteter Politik und praktischer ökonomischer Notwendigkeit lavierend, wechselte das Verhältnis der sowjetischen Agrarpolitik zum agrarischen Privatsektor der *kolhozniki* in Abhängigkeit der Nahrungsmittelversorgungssituation zwischen Restriktion und Förderung.[143]

Eine landesweit einheitliche Betriebsstruktur sollte durch die obligatorische Bezugnahme auf sogenannte ‚Musterstatute' erreicht werden, wobei zwischen Anspruch und Wirklichkeit zum Teil erhebliche Unterschiede bestanden.[144] Das erste seiner Art war das von 1935 stammende „Musterstatut für das landwirtschaftliche *artel*'", das Kollektivbetriebe als den „einzig richtigen Weg für die werktätigen Bauern" (vgl. SNK SSSR/CK VKP(b), 1935a: Abschnitt I.1, Übersetzung AD) bezeichnete. Unter anderen Festlegungen definierte es die maximale Ausstattung der Mitgliedshaushalte mit Hofland und Vieh in Abhängigkeit des agrarischen Charakters der Region in der sie verortet sind.[145] Die Vorgaben besagten folgendes: Die den Nebenerwerbswirtschaften zur Nutznießung überlassenen Ackerflächen sollten in Abhängigkeit der lokalen Gegebenheiten zwischen 0,25 bis 0,5 ha betragen, in Ausnahmefällen bis zu einem Hektar. In überwiegend ackerbaulich geprägten Gebieten konnten *kolhoz*-Höfe eine Milchkuh, zwei Jungrinder, eine Sau mit Nachwuchs, bis zu zehn Schafe und Ziegen sowie eine unbegrenzte Anzahl von Geflügel und Kaninchen halten. Für *kolhoz*-Mitglieder in Ackerbauregionen mit signifikanter Viehwirtschaft waren maximal zwei bis drei Milchkühe und Jungrinder, zwei bis drei Sauen mit Nachwuchs, bis zu 25 Schafe und Ziegen sowie eine unbegrenzte Anzahl von Geflügel und Kaninchen vorgesehen. In viehwirtschaftlich geprägten Gebieten ohne nennenswerten Feldbau konnten *kolhoz*-Mitglieder über acht bis zehn Milchkühe und Jungrinder, bis zu zehn Pferde, fünf bis acht Kamele, 100–150 Schafe und Ziegen sowie eine unbegrenzte Anzahl von Geflügel verfügen.[146] Giese interpretiert die laut Statut maximal möglichen Viehbestände in viehwirtschaftlich dominierten Gebieten lebender *kolhoz*-Haushalte als Zugeständnis der sowjetischen Führung auf die durch die Kollektivierung initiierte desaströse Entwicklung der Viehwirtschaft. De facto wurde damit eine private Viehwirtschaft innerhalb kollektiver Betriebsstrukturen ermöglicht.[147] Es ist zu berücksichtigen, dass hiervon abweichende Ausstattungen mög-

143 vgl. Giese, 1970: 194; Giese, 1983a: 555–564
144 vgl. Wädekin, 1967: 28–35, 42; Giese, 1970; Giese, 1973: 226
145 SNK SSSR/CK VKP(b), 1935a: AbschnitteI–III; vgl. auch Wädekin, 1967: 28–35; Giese, 1983a: 558
146 SNK SSSR/CK VKP(b), 1935a: Abschnitt II.3, III.5
147 vgl. Giese, 1982: 225

lich waren sowie zwischen den betriebsspezifischen Vorgaben und den tatsächlichen Ausstattungen der Mitgliedshaushalte der Kollektivbetriebe zum Teil erhebliche Unterschiede bestanden. So besagte eine 1935 erlassene Verordnung über die Ausformulierung von Kollektivbetriebstatuten in der KASSR, dass *kolhoz*-Mitglieder eine Milchkuh, zwei Jungrinder, eine – wenn von der *kolhoz*-Leitung für erforderlich gehalten – auch zwei Säue mit Nachzucht, bis zu zehn Schafe und Ziegen zusammen, 20 Bienenstöcke sowie Geflügel in unbeschränkter Zahl halten dürfen. Im Untersuchungsgebiet der vorliegenden Studie bildeten die Siedlungsräte Moghol, Ači und Arslanbob Ausnahmen. In diesen unmittelbar bei den oder innerhalb der Nusswälder liegenden Siedlungen war *kolhoz*-Mitgliedern erlaubt, privat jeweils maximal vier Milchkühe und Jungrinder, 30 bis 40 Schafe und Ziegen, zwei bis drei Säue mit Nachzucht, 20 Bienenvölker sowie unbegrenzt Geflügel zu halten. Da der überwiegende Teil der sich hier befindlichen Landbauflächen natürliche Bewässerung durch Niederschläge und Schmelzwässer erfährt, konnten die Ackerflächen der Nebenerwerbswirtschaften zwischen 0,5 und 0,75 ha betragen.[148] Betriebsspezifisch konnte es von den Vorgaben aber durchaus abweichende Regelungen geben. Den Mitgliedern des nach 1958 in einem größeren Kollektivbetrieb aufgegangenen *artel'* Toktogul war nach dem Ende des Zweiten Weltkrieges erlaubt, eine Milchkuh mit bis zu 2 Kälbern, 25 Schafe und Ziegen inklusive Jungtieren, wahlweise zwei Eselhengste, Eselstuten oder Kamele, eine unbegrenzte Anzahl an Geflügel und Bienenvölkern sowie 20 Kaninchen für den Privatverbrauch zu besitzen, Pferde jedoch nicht.[149] Mitgliedern des Kollektivbetriebes Komsomol war die Haltung von Schafen, Ziegen, Pferden und Schweinen ab 1965 kategorisch verboten.[150] Mit dem ‚Musterstatut des Kollektivbetriebs', angenommen auf dem 3. Allunionskongress der *kolhoz*-Bauern im November 1969, wurde die agrarräumlich begründete regionale Differenzierung der maximal möglichen viehwirtschaftlichen Ausstattung der *kolhoz*-Mitglieder aufgehoben. *Kolhoz*-Mitglieder sollten nunmehr maximal eine Kuh mit einem bis zu einjährigen Kalb, ein weiteres bis zu zwei Jahre altes Jungrind, eine Sau mit einem bis zu drei Monate alten Ferkel oder zwei Mastschweine, bis zu zehn Schafe und Ziegen sowie Bienenvölker, Geflügel und Kaninchen halten dürfen.[151]

Die zweite Phase (1937 bis 1949) umfasste neben voranschreitenden Kollektivierungen zwangsniedergelassener mobiler Pastoralisten bis zum Kriegsbeginn 1941 auch kriegsbedingte Betriebsauflösungen nach 1945 sowie anschließende Zusammenlegungen und Neugründungen in den nach dem Weltkrieg in den Staatsverbund eingegliederten Gebieten.

Bis in die spätsowjetische Zeit wirkte sich die vor dem Hintergrund der Kriegsfolgen stattgefundene Großbetriebsbildung der dritten Phase (ca. 1950 bis 1960) aus, bei der betriebswirtschaftlich unrentable Güter zusammengelegt oder größeren Betrieben angegliedert sowie vielen der so entstandenen Großbetriebe

148 vgl. SNK SSSR/OK VKP(b), 1935
149 vgl. GAOŽ 461/1/1: Blatt 3–3v
150 vgl. GAOŽ 462/1/48: Blatt 1–2
151 vgl. TVSK, 1969: Abschnitt X.43

Landreserve-Areale sowie von staatlichen Forstbetrieben *leshozy* (rus.) verwaltete Waldfonds-Flächen zur unbefristeten Nutzung übertragen wurden. Als Landreserve galten laut sowjetischem Bodenkodex all jene Flächen, die Landnutzern noch nicht zur langzeitig oder unbefristeten Nutznießung übertragen waren. Der Waldfonds bestand aus bewaldeten sowie unbewaldeten, für forstwirtschaftliche Belange relevanten Flächen.[152] Die übertragenen Areale hatten häufig viehwirtschaftliche Bedeutung als Weideland und die Betriebe waren angehalten, für diese ressourcenschonende Nutzungs- und Managementstrategien unter Anwendung weideverbessernder technischer Maßnahmen zu entwickeln.[153] Im Bazar Korgoner Bezirk hatte die Allokation von Weideflächen in Waldfondslage an landwirtschaftliche Kollektivbetriebe teilweise schon vor 1948 stattgefunden und wurde in den 1960er Jahren beendet.[154] Übertragungen von einem *kolhoz* zugewiesenen Weideflächen zu anderen Betrieben fanden bis in die 1980er Jahre statt. Da es für Viehwirtschaft essentiell ist, über den gesamten Jahresverlauf über eine verlässliche Futterversorgung zu verfügen, erhielten in diesem Zusammenhang die viehwirtschaftlich aktiven Betriebe des Bazar Korgoner Bezirks räumlich verteilte und auf unterschiedlichen Höhen befindliche, einerseits auf eigenen Betriebs-, andererseits auf Waldfonds- bzw. Landreserveflächen liegende Saisonalweiden zugewiesen (Abb. A.28).[155]

In der in den frühen 1960er Jahren beginnenden vierten Phase wurde die Großbetriebsbildung weitgehend beendet. Zum Teil fanden erneute Aufspaltungen existierender *kolhozy* in auf die Produktion bestimmter Güter spezialisierte, gleichzeitig aber horizontal dicht vernetzte Betriebe mit dem Ziel statt, Produktionsmengen zu steigern.[156] Die Teilprozesse der unterschiedenen Phasen lassen sich an den diachronischen Veränderungen der Anzahl und der in Mitgliedshaushalten gemessenen durchschnittlichen Größe der *kolhozy* in der KSSR nachvollziehen (Abb. 5.4).[157]

152 vgl. ZK KSSR 1971 Art. 161, 171.Das Konzept der in der sowjetischen Zeit vorgenommenen Flächendifferenzierung in ‚Landreserve‘ und ‚Waldfonds‘ hat in Kirgisistan bis in die Gegenwart Bestand und beeinflusst die aktuellen Weidelandverhältnisse erheblich.

153 ZK KSSR 1971 Art. 67

154 vgl. GAOŽ 471/1: 4; Experteninterview Burhanov 2009

155 vgl. KIRGIZGIPROZEM, 1958; KIRGIZGIPROZEM, 1983a, b, c, d, e, f, g, h, i, k; Experteninterview N.A. Misiraliev 2009

156 vgl. PSM SSSR, 1950; Giese, 1973: 149–151, 171–181; Stadelbauer, 1996: 466–467; Undeland, 2005: 19; Respondenteninterview A. Nožiev 2008

157 Durch die Abbildung wird zugleich deutlich, dass die Anzahl der *sovhozy* im Laufe der Zeit zunahm, was auf deren gewachsene volkswirtsachaftliche Bedeutung verweist.

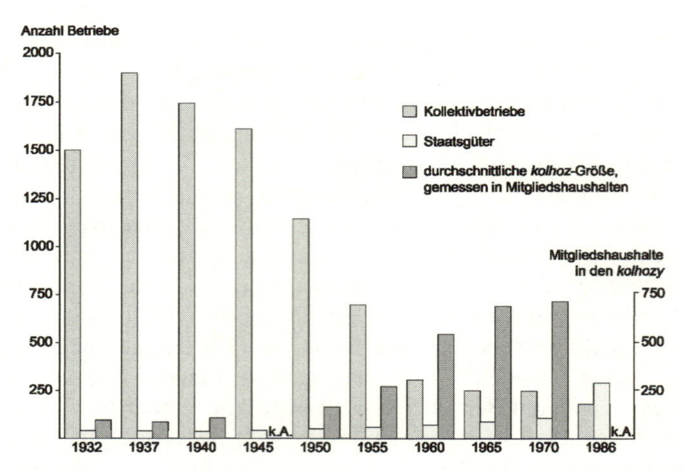

Abb. 5.4: Dynamik des Bestandes kollektiver und staatlicher Agrarbetriebe im sowjetischen Kirgisistan.
Gestaltung: AD (2011) auf Grundlage von CSU KSSR, 1957: 49, 87, 99 (1932 - 1955); CSU KSSR, 1973: 85 (1960 - 1970); GK KSSRS, 1987: 84 (1986)

Ohne die viele Maßnahmen umfassenden Umstrukturierungen gänzlich nachzuzeichnen, lässt sich für die *kolhozy* als den bedeutendsten weidenutzenden Organisationen im *rajon* Bazar Korgon eine entsprechende Entwicklung feststellen. Anfang 1931, das heisst kurz nach Beginn der Kollektivierung gab es innerhalb der heutigen Bezirksgrenzen[158] bereits rund 30 *kolhozy*.[159] Im Zuge der Umstrukturierungen der dritten Phase verringerte sich die Anzahl der durchweg *artel'*-Form besitzenden Betriebe bis spätestens Mitte 1958 von zwischenzeitig 36 auf 14, um schließlich bis zu den 1980er Jahren zu einer Anzahl von acht spezialisierten Betrieben zusammengefasst zu werden. Mindestens einer davon wurde in der vierten Phase in zwei hochspezialisierte Güter geteilt (Tab. 5.4).[160]

158 Als eigenständige Entität wurde der Bezirk zu Beginn der 1920er Jahre gegründet. Seine Grenzen und Bezeichnung wurden danach mehrfach verändert. Kurzzeitig (1926 bis 1928) trug er erneut die Bezeichnung *volost'*. Von 1962 bis 1978 war das Gebiet Teil des westlich benachbarten Leninskij *rajon*, heute Nooken. Die zuletzt vorgenommene und heute gültige Abgrenzung wurde 1978 vorgenommen (GAOŽ, o.J.).

159 vgl. GAOŽ o.A.a

160 Staatsbetriebe spielten im Bezirk eine für die hier behandelte Fragestellung vernachlässigbare Rolle. Der einzige *sovhoz* Sajdykum verfügte lediglich über siedlungsnahe Frühlings-Herbstweiden und nutzte keine Weiden im Nusswaldbereich (vgl. KIRGIZGIPROZEM, 1983a, 1983d). Auffällig aber nicht ungewöhnlich ist das Spektrum der Betriebsnamen. Es umfasst Namen ideologischer Führungspersönlichkeiten, politischer Vorbilder und Funktionäre sowie Kampfbegriffe und war von einer im gesamten sowjetischen Raum anzutreffenden Uniformität geprägt (vgl. hierzu auch die Betriebsbezeichnungen bei Giese, 1973, 1983a, 1983b; Lindner, 2008).

Tab. 5.4: Dynamik des *kolhoz*-Bestandes auf dem Gebiet des heutigen *rajon* Bazar Korgon

<table>
<tr><th>bis spätestens Mitte 1958 bestehende kolhozy</th><th>Mitte 1958 bestehende kolhozy</th><th>Betriebe im Jahr 1983</th></tr>
<tr><td>25 let Kirgizii (zuvor Novyj byt, Krasnyj partizan, 15 let Oktjabrja)</td><td rowspan="2">Engel's</td><td>kolhoz 60 let Oktjabrja (aus Teil des kolhoz Frunze)</td></tr>
<tr><td>Engel's (zuvor Engel's, Kommunizm und Kyzyl)</td><td rowspan="2">kolhoz Engel'sa' (aus kolhoz Engel's und Teilen der kolhozy Kommunizm und Frunze)</td></tr>
<tr><td>1-oe Maja, Bol'ševik, Krasnyj Oktjabr'</td><td>Kommunizm</td></tr>
<tr><td>Frunze, Kôk-Alma (rajon Ači), Kyzyl-Aj, Jaš-Leninči, Kôk-Kurluš, Vorošilov, Kirgiz-Gava, Uč-Bulak, Kirov (Sajdykum)</td><td>Frunze</td><td>kolhoz Frunze (aus Teilen des kolhoz Frunze)</td></tr>
<tr><td>Toktogul, Lenin</td><td>Lenin</td><td rowspan="2">kolhoz Lenin (aus den kolhozy Lenin und Toktogul)</td></tr>
<tr><td>Kolot, Kairma</td><td>Toktogul</td></tr>
<tr><td>Dzeržinskij</td><td>Dzeržinskij</td><td rowspan="2">kolhoz Dzeržinskij (aus den kolhozy Dzeržinskij und Moskva)</td></tr>
<tr><td>Budënnyj, Beš Bodom</td><td>Moskva</td></tr>
<tr><td>Stalin, Komsomol, Kengeš Kočo, Kôk-Alča</td><td>Stalin</td><td>kolhoz Komsomol (aus kolhoz Stalin)</td></tr>
<tr><td>Kalinin, Internacional</td><td>Kalinin</td><td rowspan="2">kolhoz 22. parts''ezd (aus den kolhozy Kalinin und Karl Marx)</td></tr>
<tr><td>Dožon, Karl Marx</td><td>Karl Marx</td></tr>
<tr><td>Pravda, Bel-Terek</td><td>Pravda</td><td rowspan="3">leshoz Ači (aus den kolhozyPravda, Kyzyl Oktjabr' und Čkalov)</td></tr>
<tr><td>Kyzyl Oktjabr', Kyzyl-Tuu</td><td>Kyzyl Oktjabr'</td></tr>
<tr><td>Čkalov, Tavuglan</td><td>Čkalov</td></tr>
<tr><td>Kirov (Arslanbob)</td><td>Kirov (Arslanbob)</td><td>Eingliederung in den leshoz Kirov</td></tr>
<tr><td></td><td></td><td>kolhoz Taldy Bulak (aus Teilen der kolhozy Frunze, Komsomol und 22. parts''ezd)</td></tr>
</table>

Quelle: OUSHŽ, 1958; GAOŽ o.A.a, o.A.b, o.A.c, o.A.d, o.A.e, o.A.f, o.A.g, 40/2, 434, 452/1, 460, 461, 462, 478, 533; KIRGIZGIPROZEM, 1983a

Spezifische Bedeutung für die Nusswaldregion hatte die zeitgleich mit der Kollektivierung einsetzende intensivierte Ökonomisierung der Wälder, deren unmittelbar inwertsetzbaren Ressourcen höhere Aufmerksamkeit gewidmet wurde, als ihrer überlokalen ökologischen Bedeutung:[161]

> „Die wirtschaftliche Bedeutung der Nusswälder [...] ist ausnehmend hoch und vielseitig. Die Nussbestände, ergänzt durch ausgedehnte Areale wilder Apfel-, Pflaumen-, Hagebutten-, Birnen-und anderer Gehölze [...] verleihen diesem Waldmassiv eine ausserordentliche volkswirtschaftliche Bedeutung." (Momot 1940b: 30, Übersetzung AD).

Dabei wurde die Nutzung der über Holz und Nüsse hinausreichenden Waldressourcen ab 1933 zunächst durch speziell hierfür gegründete staatliche Nussbetriebe *orehosovhozy* (rus.) ausgeführt, die im Laufe der Zeit unterschiedlichen Ressorts – beispielsweise den ‚Volkskomitees für das Forstwesen und die Nahrungsmittelindustrie' – beigeordnet waren und nach dem Zweiten Weltkrieg in Forstbe-

161 vgl. Momot, 1940b: 30–45; Lupinovič, 1949: 25; GAOŽ 457/1, 458/1, 478; GK SSSRL et al., 1990–1991a: 71–72, 177; Dörre/Schmidt, 2008: 216

triebe *leshozy* transformiert wurden.[162] Lag ihr Schwerpunkt im forstwirtschaftlichen Bereich, betrieben die vier bis zum Ende der sowjetischen Zeit bestehenden Forstbetriebe des *rajon* Bazar Korgon Kirov, Kyzyl Unkur, Gava und Ači auch andere ökonomische Aktivitäten, unter anderem weidebasierte Viehwirtschaft insbesondere mit Schafen und Pferden, wenn auch mit kleineren Herden als die Kollektivbetriebe. Dabei nutzten auch sie in Waldfondslage befindliche Weiden, die bis heute einen erheblichen Teil der gesamten Weideflächen des Bezirks darstellen und die im Verwaltungsbereich der Forstbetriebe lagen und liegen.[163] Als ausgewählte Waldfondsweiden der Nusswaldregion ökonomisch nutzende und verwaltende Organisationen stellten Forstbetriebe daher die zweite zentrale Gruppe von Akteuren dar, die für die Weidelandverhältnisse der Nusswaldregion in der sowjetischen Periode relevant waren (Abb. A.28). Die dritte relevante Nutzergruppe wurde von im Rahmen der oben erläuterten Nebenerwerbswirtschaften persönliche Viehwirtschaft betreibenden Mitgliedern der Kollektiv- und Forstbetriebe gebildet, das heisst von der örtlichen Bevölkerung.

Die mit der Etablierung des sozialistischen Systems einhergehenden Veränderungen in der viehwirtschaftlichen Produktion waren radikal. Zum einen erfolgte, wie gezeigt wurde, eine tiefgreifende Umgestaltung des Gefüges der die nunmehr unter sozialistischen Vorzeichen als Staatseigentum geltende Weideländer Kirgisistans unmittelbar ökonomisch nutzenden, das heißt primären Akteure, wobei Kollektivbetriebe zu den viehwirtschaftlich bedeutendsten im Bazar Korgoner Bezirk wurden. Zum anderen wurde die gesamte viehwirtschaftliche Praxis vor Ort mittels *top-down* initiierter, externer wissenschaftlich basierter Interventionen umfassend reorganisiert, formalisiert und professionalisiert. Als integraler Teil der vertikal entlang von Produktions- und Kapitalredistributionsketten organisierten Volkswirtschaft erfolgte die Entwicklung der vergemeinschafteten Viehwirtschaft auch im *rajon* Bazar Korgon dem für das sowjetische Wirtschaftssystem charakteristischen planwirtschaftlichen Ansatz, bei dem spätestens ab den späten 1920er Jahren die zu befriedigenden Bedürfnisse der Bevölkerung von staatlicher Seite paternalistisch definiert wurden, das heisst die Art, die Menge und der Preis der Güter.[164] Dabei verfolgte die sowjetische Wirtschaftspolitik das Ziel – letztendlich ohne es dauerhaft zu erreichen, eine weitestgehende Unabhängigkeit des Landes von Grundnahrungsmittel- und Rohstoffimporten zu etablieren. Hierzu wurde der Agrarsektor nach Prinzipien der räumlich-territorialen sowie einer branchenmäßigen Arbeitsteilung strukturiert. Die agrarische Produktionsspezialisierung erfolgte dabei unter maßgeblicher Orientierung an naturräumlichen Bedingungen und de-

162 vgl. GAOŽ 457/1, 458/1; Schmidt, 2005b: 95. Zur Geschichte der Inwertsetzung der Wälder und der Forstbetriebe sei zudem auf folgende Literatur verwiesen: GK SSSRL et al., 1990–1991a, 1990–1991b; Ašimov, 2003; Schmidt, 2005b; Dörre/Schmidt, 2008; Schmidt/Doerre, 2011.

163 vgl. GAOŽ 126/1/o.A, 457/1, 458/1, 478/1/6; MLH SSSR et al., 1951: 46–47; KIRGIZGIPROZEM, 1983a; GK SSSRL et al., 1990–1991a: 65, 136–137, 145–146, 236; GK SSSRL et al., 1990–1991b: 110, 199

164 vgl. Kerven, 2003: 22; Steimann, 2011b: 55

ren ökonomischer Bedeutung, insbesondere dem Klima, dem Boden und der Wasserverfügbarkeit, so dass die räumliche Struktur der sowjetischen Landwirtschaft ein den Spezialisierungen entsprechendes Muster von Produktionszonen aufwies.[165] In diesem Sinn legte die sowjetische Führung aufgrund der maßgeblich von Hochgebirgen und Steppenfluren geprägten naturräumlichen Ausstattung fest, die KSSR als eines der viehwirtschaftlichen Produktionszentren Zentralasiens zu etablieren. Viehzucht wurde sukzessive zu einem wichtigen volkswirtschaftlichen Standbein der Sowjetrepublik und der drittstärksten innerhalb der Unionsrepubliken entwickelt, wobei die Produktionsschwerpunkte auf dem edelwoll- und fleischproduzierenden Zweig der vornehmlich weidebasierten Schafzucht sowie auf der Milcherzeugnisse und Fleisch produzierenden, insbesondere stallbasierten Rindviehhaltung lagen.[166]

Die normative Vorgabe lieferte die staatliche Planungskommission *Gosplan*[167], indem sie die makrowirtschaftlichen Produktionsvorhaben und die einzelnen Beiträge der Unionsrepubliken definierte. Innerhalb einer planwirtschaftlichen Kommandostruktur wiesen die Planungskommissionen der Republiken die Provinz-Exekutivkomitees *Oblispolkom*[168], diese ihre untergeordneten Pendants in den Bezirken *Rajispolkom*[169] und diese wiederum die Produktionsbetriebe ihres *rajon* an, bestimmte Produktionsziele zu erreichen. In den Betrieben erfolgte die Differenzierung der Planvorgaben vom Direktor *rais* bis auf die Mikroebenen der Arbeitsgruppen (Brigaden), Unterabteilungen und der individuellen Fachkräfte, beispielsweise der Hirten. Entgegengesetzt bestand die Pflicht zur Rechenschaft über die Erfüllung der Vorgaben (Abb. 5.5).[170]

165 vgl. Saharov, 1934b: 151; Ljašenko, 1973: 3, 6, 11; Giese, 1983a: 556; Stadelbauer, 1996: 480–489. Die KSSR wurde in folgende, auf die jeweilige Produktionsspezialisierung verweisende Landwirtschaftszonen aufgeteilt: a) die Baumwollzone im Ferganabecken, b) die baumwoll-viehwirtschaftliche Zone im Vorgebirgsgürtel des Ferganabeckens mit der viehwirtschaftlichen Unterzone im Toktogul'-Becken, c) die tabak-viehwirtschaftliche Zone im Vorgebirgsgürtel des Ferganabeckens, d) die rüben-viehwirtschaftliche Zone im Čuj-Tal mit der Milchwirtschafts-Gemüse-Unterzone im Stadtumland der Hauptstadt Frunze, e) die Schafszucht-Tabak-Zone des Talas-Tales, f) die Schafszucht-Mohn-Zone am Issyk-Kul'-See sowie die im Tien Shan und Alaj gelegene Schafszucht-Hochgebirgszone (vgl. Ljašenko, 1973: 8). Ausgehend von der Lage der zentralen Wirtschaftshöfe wurden die Kollektivbetriebe des Bazar Korgoner Bezirks den Zonen b) und c) zugeordnet.

166 vgl. Mininzon, 1929: 59; VSNH, 1929: 121; GPKNK SSSR, 1934: 243; Rakitnikov, 1934; Abolin, 1934; Saharov, 1934a; Ljašenko, 1973: 6-7; Ludi, 2003: 123; Undeland, 2005: 19

167 *Gosplan* als Abkürzung steht für *Gosudarstvennaja planovaja komissija* (rus.)

168 *Oblispolkom* als Abkürzung steht für *Oblast'naja ispolnitel'naja komissija* (rus.)

169 *Rajispolkom* als Abkürzung steht für *Rajonnnaja ispolnitel'naja komissija* (rus.)

170 Respondenteninterviews A. Nožiev 2008, T. Lursunalieva 2007. Auf den über allen anderen Plänen stehenden Fünfjahrplänen gründeten sich die Jahres- und Quartalspläne der Republiken, der *oblast'i*, der *rajony* sowie der einzelnen Betriebe.

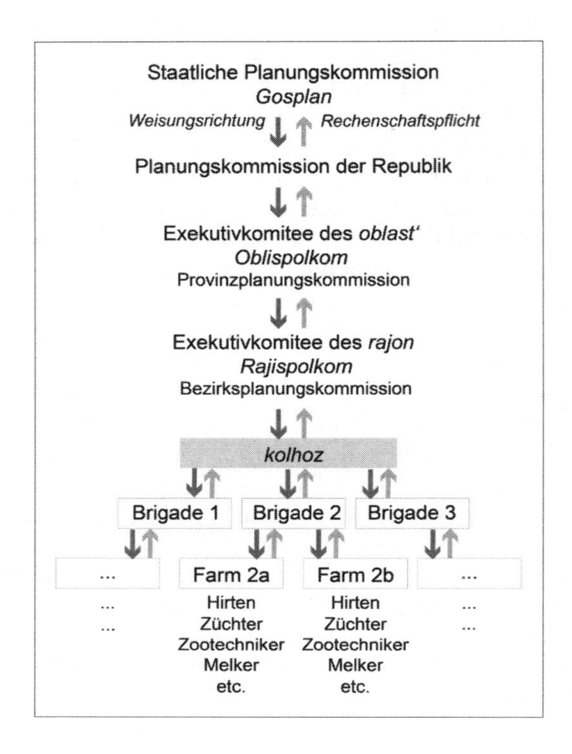

Abb. 5.5: Position eines kolhoz und seiner viehwirtschaftlichen Produktionseinheiten in der planwirtschaftlichen Kommandostruktur.
Gestaltung: AD (2012)

Spätestens seit Einführung des ersten Fünfjahrplanes (1927/28 bis 1932/33) dienten sämtliche in den vergesellschafteten Betrieben ergriffenen Maßnahmen dem übergeordneten ökonomischen Ziel der Planerfüllung. Unmittelbar die viehwirtschaftliche Wertschöpfung betreffend, setzten diese Maßnahmen an den hierfür zentralen Aspekten der Reproduktion, der Ernährung, der Gesundheitssicherung sowie der Produktivität der Nutztiere an, um diese Bereiche zum Zweck der Planerfüllung zu entwickeln. In konkreten Fällen hieß das, dass erstmals in großen Maßstäben und unter Anwendung moderner Techniken die Zucht hochwertiger, das heisst überdurchschnittlich produktiver, widerständiger und hohe Produktqualität liefernder Tierrassen angegangen wurde. Die Sicherung einer verlässlichen Futter- und Wasserversorgung des Viehs als viehwirtschaftliche Achillesferse erkennend, erfolgten nunmehr neben saisonalen Weidetriften großmaßstäbig auch gezielte Stallhaltung und Winterfutterbevorratung, Kultivierung und wissenschaftliche Evaluierung der Futterwerte natürlicher und gezüchteter Futterpflanzen, Kalkulationen des Futterbedarfs einzelner Tiere sowie daraus abgeleitet der Tragfähigkeiten einzelner Weiden. Mittels wissenschaftlicher Handreichungen wurde das Wissen über standardisierte Messverfahren verbreitet und dessen Anwendung in den Agrarbetrieben angestrebt.[171] Neben technologiefokussierten kapitalintensiven Investitionen in die Förderung der Reproduktion fressbarer Weidephytomasse wie Düngung, Weiderotation und Graslandbewässerung erfolgte ferner eine breit angelegte Entwicklungs- und Produktionstätigkeit von Zusatz- und Kraftfuttermitteln. Weidebezogener akademischer Forschung kam die grundsätzliche Funktion zu, innerhalb ideologischer Vorgaben Wissen für das Wachstum und die Stabilisierung von Produktionsprozessen zu liefern.[172]

Infolge der ebenfalls aus Planerfüllungsgründen erfolgten massiven Ausweitung der Tierbestände und der Intensivierung der Beweidungspraktiken wurden jedoch erhebliche Schädigungen sowie substantielle Produktivitätsverluste der Ressource generiert, die trotz großer Anstrengungen nicht hinreichend kompensiert werden konnten. Zwar wurden in der nunmehr an sozialistischen Vorgaben ausgerichteten Viehwirtschaft ausgewählte Erfahrungen und Praktiken mobiler Tierhalter übernommen. Besonderen Wert wurde dabei auf die Ersetzung des ‚Nomadisierens als Lebensweise' *bytovoe kočevanie* (rus.) durch eine produktionsorientierte Mobilität *proizvodstvennoe kočevanie* (rus.) gelegt, die sich dadurch auszeichnete, dass lediglich die mit der Viehweidung betrauten Fachkräfte die Tiere saisonal begleiten, die anderen Gemeinschafts- und Betriebsmitglieder hingegen dauerhaft in den Ackerland- und Stallbereichen zu leben und arbeiten hatten.[173] Jedoch reichten die durchaus hilfreichen Erfahrungen für die Führung einer intensiv geführten Landwirtschaft bei weitem nicht aus. Begleitet wurde die Einführung des neuen Regimes daher auch von einer Professionalisierung und Spezialisierung der in die betrieblich organisierte Viehwirtschaft involvierten Akteure in Form der Etablierung neuer Berufsbilder wie dem des Zootechnikers *zootehnik* (rus.)[174] und des Veterinärs, der Schaffung von Ausbildungszentren sowie der Konzipierung umfangreicher Lehrmaterialien und Berufsbildungsmaßnahmen für Hirten und andere Berufsgruppen.[175] Epizootien wie Milzbrand *sibirskaja jazva* (rus.), Schafpocken *ospa* (rus.) und Maul- und Klauenseuche *jašur* (rus.) als die zweite Kategorie von Bedrohungsszenarien für die Viehwirtschaft erkennend wurden der Veterinärkomplex ausgebaut und veterinärmedizinische Maßnahmen systematisch ausgeweitet. Ergänzend erfolgten Aufrüstung und Erweiterung der

171 Beispiele für solche Handreichungen stellen das Kapitel zur Statistik der viehwirtschaftlichen Futterbasis des Werkes von Gozulov et al. (1967: 221–237) und Futtertabellen wie die von Demin/Zarytovskij (1977) dar.

172 vgl. Kerven et al., 2012: 368

173 vgl. Dachšlejger, 1981: 117; Malabaev, 1982: 145; Steimann, 2011b: 56

174 Ein Zootechniker leitete die gesamte betriebliche Viehwirtschaft, das heißt die Organisation der viehwirtschaftlich relevanten Arbeitsabläufe, die Planung der veterinären Versorgung, der Futterbereitstellung und der Zucht eines Betriebs. Die zentrale Aufgabe bestand darin, alle für die Erfüllung der quantitativen und qualitativen Planvorgaben notwendigen Voraussetzungen zu erfüllen (Respondenteninterviews O. Saskarov 2007, H. Zrjaviev 2007).

175 Expertengespräche Ž. Nakmatov 2007, T. Raldunbekov 2007, A. Iskenderov 2007, M. Ulubekov 2007, M. Nurmamatov 2008; Demin/Zarytovskij, 1977; Vorob'ëv/Ožigov, 1977; Kalašnikov/Klejmenov, 1988; Svečin, 1986

tierische Produkte veredelnden bzw. verarbeitenden Industrie.[176] Von diesen Gemeinsamkeiten des staats- und kollektivwirtschaftlichen Viehwirtschaftssektors abgesehen, wandten die in Betriebsauftrag tätigen und die individuellen Weideakteure der sowjetischen Zeit sich in Inwertsetzungsformen und raumzeitlichen Mobilitätsmustern unterscheidende Nutzungsregime an.

5.2.1 Schafe, „groß wie Esel" - Schafhaltung des *kolhoz* 60 Jahre Oktober

Den Produktionsschwerpunkt des 1977 aus dem Kollektivbetrieb Engel's hervorgegangenen, in den 1980er Jahren rund 950 Mitgliedshöfe umfassenden und bis in die 1990er Jahre bestehenden *kolhoz* 60 Jahre Oktober stellte zunächst der Baumwollanbau dar, später die wollorientierte Schafzucht und die Tabakproduktion. Hauptzuchtlinien waren die Rassen ‚Merino' und ‚Kirgisisches Feinvlies' *Kirgizskaja tonkorunnaja* (rus.) (Abb. 5.6). Daneben wurde Rinder- und Pferdehaltung betrieben.

Um die Schafzucht erfolgreich zu gestalten, unterhielt der *kolhoz* ein System von Saisonalweiden sowie eine umfangreiche Infrastruktur. Während sich die Zentralsiedlung in der sechs Kilometer von Bazar Korgon entfernten, in der im von Bewässerungslandbau geprägten Bereich gelegenen Agglomeration Auk nahe Sovetsk (heute Keņeš) befand, lagen die Viehfarmen in in den Tälern der *adyrlar*-Hügelländer gelegenen Siedlungen, die teilweise erst im Zuge der Kollektivierung gegründet worden waren. Der Betrieb verfügte über siedlungsnahe, auf der eigenen Betriebsfläche liegende Frühlings-Herbstweiden, die ergänzt wurden durch die sich westlich und nördlich anschließenden, auf Landreserveflächen gelegene Frühlings-Herbstweide Uč Bulak sowie Kurmajdan als Teil des Waldfonds. Als Sommerweiden fungierten zum einen die an der Westgrenze des Bezirks gelegenen Waldfonds- bzw. Landreserve-Grasländer Kara Art und Ša Murat. Zum anderen standen dem *kolhoz* im Norden des Bezirks die Landreserveweide Čon Kerej sowie mit Kenkol eine weitere Waldfondsweide zur Verfügung (Abb. 4.2, Abb. A.28).[177]

176 vgl. SNK SSSR/ZK VKP (b) 1935b; Ljašenko, 1973: 9–11; Baljan, 1974; Isakov, 1974a, 1974b; Dachšlejger, 1981: 117; Brylski et al., 2001: 12–13; Farrington, 2005: 174; Undeland, 2005: 19–21

177 vgl. GAOŽ 452/1; KIRGIZGIPROZEM, 1984c, 1983k, 1983l; Experten- und Respondenteninterviews A. Nožiev 2008, Č. Olokbaev 2008, T. Myndykov 2008, S. Toktonazarov 2008

Abb. 5.6: Kirgisisches Feinvliesschaf.
Quelle: BSE, o.J. (nachbearbeitet durch AD, 2013)

Bei dieser Rasse handelt es sich um eine sowjetische Züchtung aus der Mitte des 20. Jahrhunderts, zu der lokale grobvliesige Fettsteiss- mit aus anderen Regionen eingeführten Edelvliesschafen gekreuzt wurden. Sie sollte sich insbesondere durch verlässliche Woll- und Fleischproduktivität bei hoher Qualität sowie Widerstandfähigkeit auszeichnen die ihr Weideaufenthalte bis in Höhen von 4000 m sowie Triften bis zu 400 km Distanz erlaubte (vgl. Nikolaev, 1960: 166–168; Luŝihin, 1963: 180–185).

Für jede Weide wurden in unterschiedlichen Zeitabständen erfolgend und jeweils auf mehrjährigen Messreihendaten basierend die durchschnittlich zu erwartenden trockene Futterpflanzenmasse kalkuliert und als Kalkulationsgrundlage für die Gestaltung des Bestockungsregimes herangezogen (Tab. 5.5).[178]

178 Auf Grundlage allgemeiner Empfehlungen wurden die Bestockungsintensitäten der Weideländer in Betriebsflächen- und Landfondslage in jedem Betrieb intern bestimmt. Für Weiden des Waldfonds existierten zentrale Vorgaben, die folgende Bestockungsnormen vorsahen: pro Rind sollten 2,5 ha zur Verfügung stehen, Pferden standen pro erwachsenem Tier 5,4 ha zu und pro Schaf bzw. Ziege waren 1,46 ha veranschlagt worden (vgl. GK SSSRL et al., 1990–1991a: 137).

Tab. 5.5: Merkmale von Saisonalweiden ausgewählter Agrarbetriebe des *rajon* Bazar Korgon

Betriebe und Weiden	**Saisonalität**			
	Frühlings-Herbst		**Sommer**	
	Fläche in ha	**durchschnittliche Jahresernte in 100 kg/ha**	**Fläche in ha**	**durchschnittliche Jahresernte in 100 kg/ha**
kolhoz 60 Jahre Oktober				
Betriebsterritorium	2217	10,3		
Uč Bulak (GZZ)	6550	10,0		
Kurmajdan (GLF)	686	7,6		
Ša Murat (GZZ)			721	3,9
Čon Kerej (GZZ)			1936	6,0
kolhoz Engel's				
Uč Bulak (GZZ)			200	11,9
Kara-Art (GLF)			335	4,3
Kenkol (GLF)			695	9,8
kolhoz Dzeržinskij				
Beš Badam (BT)	2882	12,3		
Otuz Art (GLF)			1340	11,3

Quelle: KIRGIZGIPROZEM, 1984a; KIRGIZGIPROZEM, 1984b; KIRGIZGIPROZEM, 1984c

Hinter der Weidebezeichnung ist jeweils in Klammern angegeben, auf welchen Territorien die Weideabschnitte liegen: BT = dem Betrieb als Betriebsfläche zugewiesenes Territorium, GZZ = Landreserve, GLF = Waldfonds

Die maßgeblich weidebasierte Zucht von Feinvliesschafen des Betriebes gibt Einblicke darin, wie die planwirtschaftlich orientierte, großbetriebliche Schafhaltung in der KSSR organisiert war:[179] Durchschnittlich verfügte der Betrieb über rund 30000 Schafe, deren Winterstallungen zu überwiegendem Teil in der von auf eigenen Betriebs-, auf Landreserve- und auf Waldfondsflächen gelegenen Frühling-Herbstweiden umgebenen Siedlung Uč Bulak lagen. Um die Qualität insbesondere der Wolle, aber auch des Fleisches zu gewährleisten, erfolgte die Reproduktion des Schafbestandes ausschließlich auf künstlichem Weg in einer betriebseigenen Besamungsanstalt. Von den für Zuchtzwecke vorgesehenen Tieren abgesehen, wurden Schafsböcke generell kastriert. Veterinärärztliche Prophylaxe und Versorgung in Krankheitsfällen spielten eine zentrale Rolle. Sie wurden von staatlichen Institutionen bereitgestellt und innerhalb des Betriebs geplant und durchgeführt.

179 Die Darstellung basiert auf Auskünften der ehemaligen Mitarbeiter dieses und anderer Landwirtschaftsbetriebe A. Aksakalov 2007, M. Šajnazarov 2007, A. Nožiev 2008, Č. Olokbaev 2008, T. Myndykov 2008, S. Toktonazarov 2008 sowie einer historischen Auskunft über den Betrieb durch das GAOŽ.

Der gesamte Viehbestand war unter mehreren Hirten aufgeteilt, wobei jeder der rund 55 Hirten des *kolhoz* für eine Herde *otara* (rus.) von rund 400 bis 500 Schöpsen bzw. Muttertieren plus Nachzucht ganzjährig die Verantwortung trug und bei Verlusten haftbar war. Pläne sahen verbindlich die gesamtbetriebliche Produktion von Wolle, Fleisch und den Umfang der Reproduktion vor und waren auf für die einzelnen Hirten verbindliche Vorgaben heruntergebrochen. Ein typischer Jahresplan eines Hirten sah beispielsweise vor, dass von 100 Muttertieren durchschnittlich 120 Lämmer geworfen werden sollten. Vier- bis fünfjährige Hammel von etwas über 70 kg Gewicht sollten durchschnittlich ca. 50 kg Fleisch bringen sowie rund 6,5 kg Wolle. Den Hirten war bewusst, dass eine gute Tierhaltung entscheidend war für ihre eigene sozioökonomische Situation. Die Möglichkeit des Haltens einer eigenen Herde stellte für sie dabei Handlungsspielraum und Rückversicherung für Fälle dar, in denen unerwartete Verluste des betriebseigenen Viehs oder Planerfüllungsdefizite eintraten, da diese aus dem eigenen Bestand kompensiert werden konnten. Dies war von erheblicher Bedeutung, denn die mit einem Monatssalär von 120 Rubel – was etwas über dem Einkommen eines Schullehrers lag – bei einer Herdengröße von rund 500 Tieren im Voraus entlohnten Hirten wurden bei nicht belegten Tierverlusten oder Planerfüllungsdefiziten mit Lohnrückforderungen und Strafen belegt.[180] Planübererfüllungen führten hingegen zu Lohnzuschlägen und Prämien, welche die materielle Ausstattung der Hirtenhaushalte und das Prestige der Hirten steigen ließen. Vor dem Hintergrund des Verbots des eigenmächtigen Vermarktens von Edelwolle ermöglichte die Schur des eigenen Viehbestandes den Hirten zudem, Planübererfüllungen zu simulieren, um in den Genuss weiterer Prämien zu gelangen.

Der in der Siedlung Uč Bulak lebende, langjährige Hirte des Betriebes T. Myndykov berichtet, dass aufgrund der Zuchterfolge die Schafe der von ihm betreuten Herde „groß wie Esel" gewesen seien. Um zu solchen Ergebnissen zu kommen, musste er ein von der *kolhoz*-Leitung allen Hirten auferlegtes Zuchtregime einhalten, bei dem männliche und weibliche Tiere streng getrennt geweidet wurden und jegliche Reproduktion auf künstlichem Wege erfolgte. Aus diesem und veterinären Gründen war die Nutzung der *kolhoz*-Weiden durch Dritte und sogar für die Weidung der persönlichen Tierbestände der Betriebsmitglieder offiziell verboten. Sich in Abhängigkeit vom Leitungspersonal ihres Betriebes befindend, war es für *kolhoz*-Hirten jedoch häufig Usus, die teilweise beträchtlichen Herden ihrer Vorgesetzten auf den Betriebsweiden inoffiziell mitzusömmern. Offiziell war lediglich das zwingend aus Rassetieren bestehende Privatvieh der Hirten vom Weidungsverbot ausgenommen. Dank diesem Privileg hatte sich der Hirte eine eigene Herde von mehreren Dutzend Tieren aufgebaut und galt als relativ wohlhabend.

180 So musste im Falle eines erkrankten, verletzten oder gestorbenen Tieres immer der Betriebsveterinär bestellt werden, um den Fall zu untersuchen und aktenkundig zu machen. Zum Schutz vor Verlusten vor Raubtieren, insbesondere durch Wölfe, besaßen die Hirten in der Regel ein Gewehr. Sein Gebrauch zur Abwehr von Raubtierüberfällen war Pflicht. Von gerissenen Tieren musste dem Veterinär der Kadaver vorgewiesen werden.

Der typische räumlich-saisonale Mobilitätszyklus der Schafherden des *kolhoz* sah folgendermaßen aus. Die winterliche, auf vom *kolhoz* bereitgestelltem Futtervorrat basierende Stallhaltung in Uč Bulak erfolgte bis zur Schmelze des Schnees, was im März, spätestens im April stattfand. Der frühjährlichen bis zum Mai dauernden Weidung auf den siedlungsnahen Weiden folgte die Wollschur und daraufhin die Trift mit einem intermediären Aufenthalt auf der Waldfondsweide Kara Art, von wo aus Anfang Juni der direkte Auftrieb zu der Landreserveweide Ša Murat bzw. über heute auf dem Gebiet des Bezirks Nooken liegende Triftwege sowie zwei Pässe und mehrere Sättel zur Landreserveweide Čon Kerej erfolgte. Die Migrationsdaten wurden von dem Exekutivorgan des Bezirks festgelegt und von der Betriebsleitung an die Hirten weitergegeben, die diese einzuhalten hatten. Unstimmigkeiten mit den die Obhut über die Waldfondsweide Kara Art innehabenden Waldhütern und Forstaufsehern des Forstbetriebes Kirov über Zeltstandorte, Holznutzung oder Bestockungsintensitäten wurden von den Hirten dieses und anderer *kolhozy* häufig informell mittels unquittierter Überlassung eines oder mehrerer Fleischhammel beigelegt. Die Sommerweidesaison dauerte gewöhnlich bis September, wobei aus Gründen der Ressourcenschonung mehrere Standortwechsel auf der *žajloo* die Regel waren. Nach dem gewöhnlich auf denselben Wegen erfolgten Abtrieb weideten die Schafe auf dem Herbstweideabschnitt Kurmajdan bis zum Fall des ersten Schnees, was bis zum Dezember dauern konnte. Im Falle, dass die auf Čon Kerej weidenden Tiere bereits in östlich und damit tiefer gelegene Weideabschnitte abgestiegen waren oder ungünstige Witterungsverhältnisse herrschten, erfolgte die Heimtrift auf einem deutlich längeren, jedoch einfacheren Weg durch die Täler der Flüsse Kenkol und Kara Unkur. Eine Rückkehr in die Ställe war vor dem ersten Schnee war auch hier nicht möglich (Abb. 5.7).[181] Die Versorgung des Personals mit Lebensmitteln und Waren des täglichen Bedarfs erfolgte durch die Konsumgesellschaft des Bezirks *Rajpotrebsojuz*[182], die an festgelegten Tagen zentrale Versorgungsstützpunkte anfuhr und Güter verteilte.

181 Respondenteninterviews S. Haratov 2007, R. Isabaev 2007, M. Šajnazarov 2007, T. Myndykov 2008

182 *Rajpotrebsojuz* als Abkürzung steht für *Rajonnyj potrebitel'nyj sojuz* (rus.)

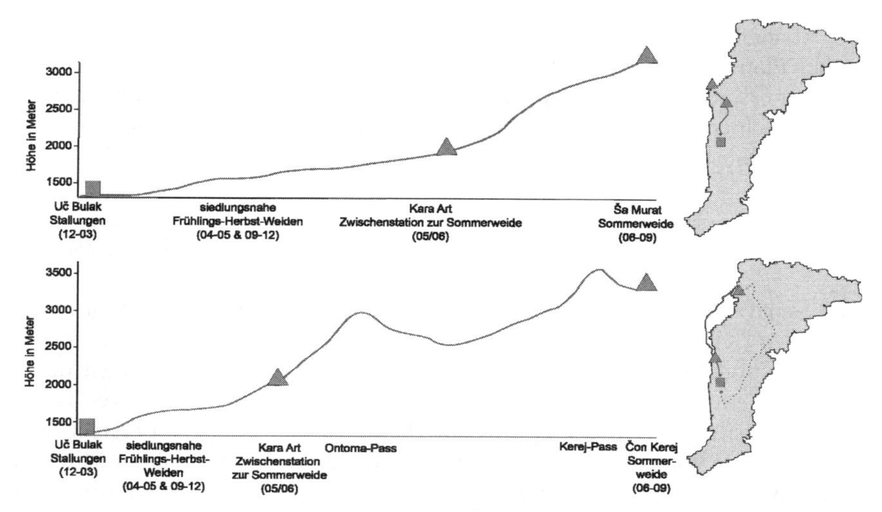

Abb. 5.7: Saisonale Mobilitätsmuster der Schafwirtschaft des kolhoz 60 Jahre Oktober. Gestaltung: AD (2013) auf Grundlage der im Text genannten Quellen

Die im Zuge der saisonalen Triften überwundenen Distanzen zwischen den Winterstallungen und den Sommerweiden betrug im Falle der *žajloo* Ša Murat ca. 17 km. Die Hochweide Čon Kerej wurde in der Regel auf dem mit ca. 50 km Länge kürzeren Weg erreicht, der jedoch aufgrund der Überschreitung zweier über dreitausend Meter hoher Pässe schwieriger war. Vor allem bei ungünstigen Witterungsverhältnissen erfolgte der Abtrieb durch die Täler der Flüsse Kenkol und Kara Unkur, was die Weglänge auf über 70 km erhöhte (überhöhte Darstellung).

War neben der Planerfüllung auch ressourcenschonende Weidenutzung und die Ergreifung von Maßnahmen zur Verbesserung des Vegetationszustandes für die Nutzer laut Bodenkodex der KSSR verpflichtend[183], beklagten die die Aufsicht innehabenden Forstbetriebe Kirov und Kyzyl Unkur dennoch eine dauerhafte und systematische Überstockung von Waldfondsweiden durch die Kollektivbetriebe und sich daraus ergebende Degradierungserscheinungen.[184] Als die Thematik ökologischer Probleme in der *glasnost'*- und *perestrojka*-Periode zunehmend öffentlich diskutiert werden konnte, empfahl der *leshoz* Kyzyl Unkur sogar, die Nutzungsrechte für einen Teil der dem *kolhoz* 60 Jahre Oktober zur unbefristeten Nutzung überlassenen Waldfondsweiden aufzuheben.[185] Dies ist ein Hinweis darauf, dass in diesem Kollektivbetrieb ökologische Belange ökonomischen Zielen untergeordnet waren oder – um mit Karina Liechti zu argumentieren – lag die „primacy of livestock quality over pasture quality" (2012: 311). Die Beweidungspraktiken der innerhalb der betrieblichen Hierarchie am unteren Ende stehenden

183 ZKKSSR 1971: Art. 41

184 vgl. GK SSSRL et al., 1990–1991a: 137–138; GK SSSRL et al., 1990–1991b: 280–287; Experteninterview A. Burhanov 2009

185 vgl.GK SSSRL et al., 1990–1991b: 286–287

Hirten können daher als Umgang der Hirten mit der Gefahr der persönlichen Haftung bei Plan-Nichterfüllung interpretiert werden. Überlegungen, sukzessiv und langfristig erwachsenden Problemen infolge ökologischer Weideschädigungen zu begegnen schienen eine geringere Rolle bei Ausarbeitung und Umsetzung der Beweidungsmuster gespielt zu haben.

5.2.2 Weidebasierte Milchviehzucht der *kolhozy* Engel's und Dzeržinskij

Neben Schafzucht stellt die milchproduktorientierte Zucht von Rindern *krupnyj rogatyj skot* [KRS] (rus.) sowohl im *kolhoz* Engel's, als auch im *kolhoz* Dzeržinskij einen Produktionsschwerpunkt dar, in letzterem insbesondere nach der betrieblichen Teilung und Spezialisierung 1977. Ein ökonomisch wichtiger Teil des seinen Hauptsitz in der Siedlung Sovetsk, heute Keņeš, gelegenen erstgenannten Betriebes wurde von einer überbetrieblich bedeutenden mechanisierten Milchfarm gebildet, deren milchverarbeitende Ausrüstung auch von anderen Agrarbetrieben des Bezirks genutzt wurde. Diesem Großproduktionskomplex waren Stallungen für insgesamt rund 1400 trächtige Kühe, Muttertiere und Kälber sowie Färsen angeschlossen, deren Fütterung über das gesamte Jahr mittels Silage und Kraftfutter erfolgte. Die zweite Form der Rinderhaltung stellte eine gemischte Stall-Weidehaltung dar. Diese Praxis wurde sowohl auf Milchvieh, als auch auf Masttiere angewendet und fand in beiden Betrieben Anwendung. Dabei ähnelten sich die Weideregime in hohem Maße: Im Vergleich zur Schafhaltung war die von Oktober bis April, gelegentlich sogar bis in den Mai dauernde Stallhaltung *stojlovoe soderžanie* (rus.) der Rinder deutlich länger ausgelegt. Der saisonale Weidezyklus beschränkte sich dabei auf die Station der *žajloo*. Der *kolhoz* Engel's verfügte über die Landreserveweide Uč Bulak sowie die im Bereich der Forstbetriebe Kirov und Kyzyl Unkur gelegenen, relativ tief liegenden und gegen an die *leshozy* entrichtete Entgelte nutzbaren Waldfondsweiden Kara Art und Kenkol (Tab. 5.5). Der jährliche Weidetriftzyklus reduzierte sich daher auf je eine Auftriebs- und Abtriebsetappe. Daher besaß der Betrieb keine Frühlings-Herbst-Weiden, jedoch der Futterbevorratung dienende Mähwiesen in Siedlungsnähe.[186] Zur entsprechend der Distanz zwischen Stallung und Weide zwischen einem und drei Tagen dauernden Trift wurden die bestehenden Verkehrswege in den Tälern der Vorfluter genutzt (Abb. 5.8). Technische Transportmittel wurden dabei in der Regel lediglich für die Beförderung sehr junger, schwacher und kranker Tiere verwendet.[187]

186 vgl. KIRGIZGIPROZEM, 1983i, 1984c; Experteninterview R. Kultanov 2007; Respondenteninterviews A. Aksakalov 2007, N. Sadykov 2008, K. Aparov 2008, A. Žarybaev 2008
187 Respondenteninterview H. Jakubžon 2007

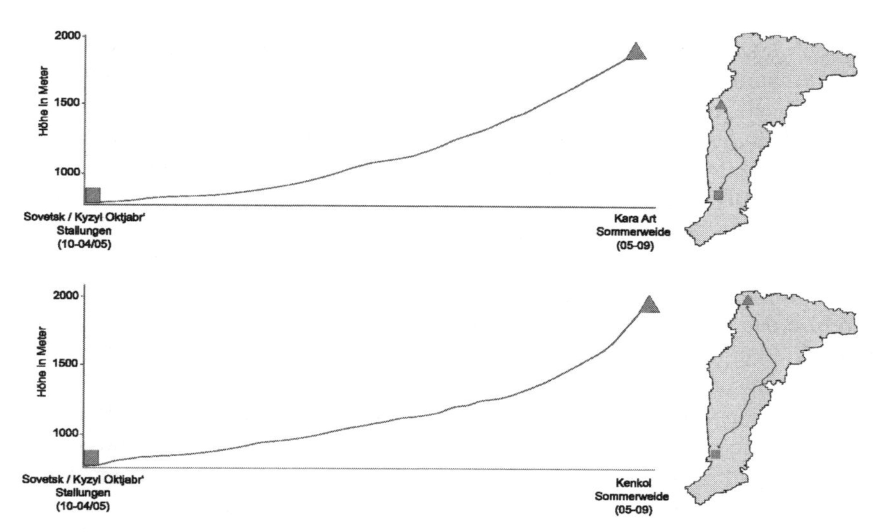

Abb. 5.8: Saisonale Mobilitätsmuster der weidebasierten Rinderwirtschaft des kolhoz Engel's. Gestaltung: AD (2013) auf Grundlage der im Text genannten Quellen

Die im Zuge der saisonalen Triften überwundenen Distanzen zwischen den Winterstallungen und den Sommerweiden betrugen im Falle der *žajloo* Kara Art ca. 40 km und bei der Hochweide Kenkol rund 70 km. Als Triftwege dienten die Täler der Vorfluter Kara Unkur, Gava und Kenkol (überhöhte Darstellung).

Der ehemalige, neben anderen Betrieben auch im *kolhoz* Engel's tätig gewesene Milchviehhirte A. Žarybaev aus der Siedlung Kyzyl Oktjabr' skizzierte die für die sowjetische weidelandbasierte Rinderhaltung in der Nusswaldregion charakteristischen Merkmale: Mit einem anderen Hirten und ihren als Melkerinnen arbeitenden Frauen war er über das gesamte Jahr für die Gesundheit und die Milchproduktivität von rund 70 Kühen verantwortlich. Dabei hatten sie, den Biographien der Tiere entsprechend, differenzierte Planabgaben zu erfüllen. Eine typische Vorgabe sah im Durchschnitt ca. 20 kg Milch pro Tag und Kuh bzw. zwischen drei und vier Tonnen pro Tier über die gesamte Laktationsphase vor. Während der Stallhaltungssaison wurde die Milch täglich durch Milchtanklastzüge *molokovozy* (rus.) des *kolhoz* abgeholt, die diese an die Bazar Korgoner Meierei *maslozavod* (rus.) lieferten. Während der Weidesaison hatten sie die Milch hingegen mechanisch zu entrahmen und den Rahm *kajmak* (krg.) an direkt zur Weide kommende Abholer des Kollektivbetriebs bzw. der Meierei zu liefern.[188] Bei Planer- und Planübererfüllung erhielten sie Prämien in Form von Orden, Konsumgütern und Lohnzuschüssen. Abzüge wurden bei Nichterfüllung vorgenommen (Abb. A.29). Die Hirtenhaushalte waren berechtigt, entrahmte Milch *taltagyn sùt* (krg.) für eigene Bedürfnisse weiterzuverarbeiten, beispielsweise zu Ayran, Magerquark *sysmô* (krg.) und getrockneten Milchprotein- (Magerquark) Kugeln *qurut* (krg.).

188 Respondenteninterview mit M. Aslova 2008

Doch auch bei der Rinderweidung des *kolhoz* Engel's scheinen weideschonende Praktiken eine lediglich nachrangige Bedeutung besessen zu haben oder aber mit geringerem Erfolg beschieden zu sein, als angestrebt wurde. Auch hier beanstandete der *leshoz* Kirov seit den 1970er Jahren die zu Degradationserscheinungen führende, systematische Überstockung von Waldfondsweiden und sprach sich Anfang der 1990er Jahre schließlich ebenfalls dafür aus, das auf die Weide Kara Art bezogene unbefristete Nutzungsrecht des *kolhoz* aufzuheben.[189]

Der im *rajon*-Zentrum ansässige *kolhoz* Dzeržinskij verfügte zwar über keine Milchfarm, aus Arbeitsteilungsgründen aber eine für eigene und für den westlich angrenzenden *rajon* Leninsk zuständige Kälberaufzuchtstation für bis zu 5000 Tiere. Wie bei den Schafen des *kolhoz* 60 Jahre Oktober erfolgte die Reproduktion aus Zucht- und Produktivitätsgründen auf künstlichem Weg.[190]

Abgesehen von der für diese Tiere Anwendung findenden Stallhaltung, praktizierte der Betrieb ein den Praktiken des *kolhoz* Engel's entsprechendes Milchviehweidungsregime unter Nutzung der ebenfalls relativ niedrig gelegenen Waldfonds-*žajloo* Kenkol und Otuz Art (Abb. 4.2, Abb. A.28; Tab. 5.5).[191] Um die im Schnitt 1250 Milchkühe (Stand 1970/1980er Jahre) kümmerten sich ca. 25 professionelle Hirten, die jährlich pro betreuten Tier um die elf Rubel verdienten und die Weidehütung ebenfalls häufig im Familienverband vornahmen. Dabei waren Melkarbeiten auch hier typische Frauenaufgaben, Hütehilfe die von männlichen Verwandten. Das Melken der Tiere und die Entrahmung der Milch erfolgten auf den Weiden überwiegend per Hand. Relativ spät wurde die Arbeit durch die Bereitstellung benzinbetriebener Separatoren erleichtert. Auch hier konnte die entrahmte Milch vom Weidepersonal des *kolhoz* für den persönlichen Bedarf weiterverwendet werden, während der Rahm an festgelegten Tagen zu definierten Umschlagplätzen gebracht werden musste, wo er von *kolhoz*-Milchtankern übernommen wurde. Da es sich bei der entrahmten Milch um relativ große Mengen Flüssigkeit handelte, wurde sie jedoch häufig an Kälber verfüttert oder ungenutzt in die Bäche geleitet.

Die von der *oblast'*-Konsumvereinigung *oblpotrebsojuz*[192] betriebenen Versorgungspunkte lagen für die Weide Otuz Art zunächst bei den Orten Kyzyl Unkur und Kôsô Terek und nach dem Ausbau der ostwärts abzweigenden Piste durch den Ort Kôsô Terek am Zusammenfluss der Bäche Torpu Saj und Otuz Art, für die Hirten auf Kenkol hingegen Satykej im nördlichen Kyzyl Unkur-Tal (Abb. A.28). An diesen Punkten erfolgte auch die Versorgung mit Lebensmitteln und Waren des täglichen Bedarfs. Die Weide Kenkol war mittels einer befahrbaren Piste bequem, Otuz Art hingegen nur mittels Querung mehrerer Furten durch den reissenden Otuz Art-Bach und über teilweise schmale und steile Pfade zu errei-

189 vgl. GK SSSRL et al., 1990–1991a: 227–228

190 Respondenteninterviews O. Saskarov 2007, T. Lursunalieva 2007, M. Bazarbaev 2008

191 Neben den beiden genannten verfügten auch die Betriebe 60 Jahre Oktober und Lenin über Kenkol-Waldfondsweidegebiete. Der zweite Waldfondsflächen auf Otuz Art nutzende *kolhoz* hieß 22. Parteitag (Abb. A.28).

192 *Oblpotrebsojuz* als Abkürzung steht für *Oblastnoj potrebitel'nyj sojuz* (rus.)

chen. Die Triften erfolgten im Mai sowie Anfang Oktober in einer über rund drei Tage dauernden Etappe durch die Täler der Vorfluter (Abb. 5.9).[193]

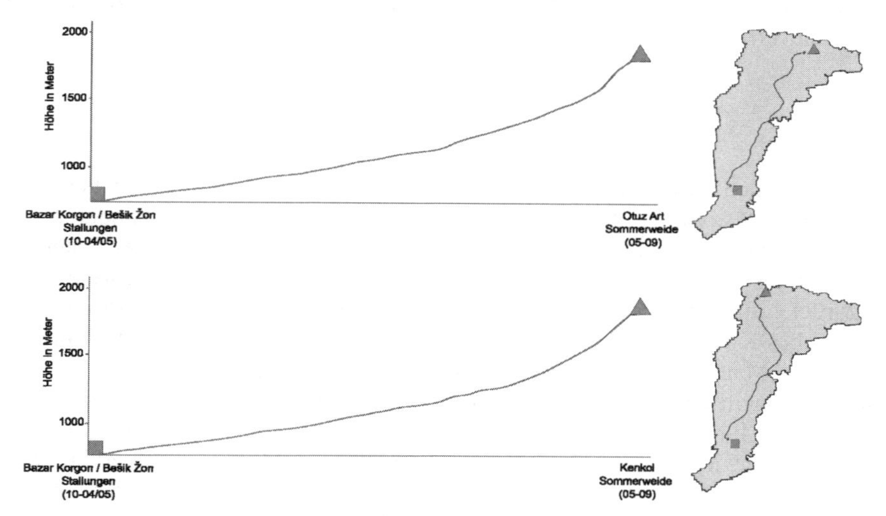

Abb. 5.9: Saisonale Mobilitätsmuster der Weiderinderwirtschaft des kolhoz Dzeržinskij. Gestaltung: AD (2013) auf Grundlage der im Text genannten Quellen

Die im Zuge der saisonalen Triften überwundenen Distanzen zwischen den Winterstallungen und den Sommerweiden betrugen im Falle der *žajloo* Otuz Art ca. 75 km, im Falle der Kenkol-*žajloo* rund 70 km. Als Triftwege dienten die Täler der Vorfluter Kara Unkur, Kyzyl Unkur und Otuz Art (überhöhte Darstellung).

Wie andere Waldfondsweidenutzer, führte der *kolhoz* eine sich nach dem Bestockungsumfang richtende Weidepacht an den Forstbetrieb Kyzyl Unkur ab. Diese betrug in den 1970/1980er Jahren etwa zwei Rubel pro Rind und Saison, die an einem am Zusammenfluss des Kyzyl Unkur und Kara Unkur liegenden Kontrollpunkt *kontrol'no-proverjajuŝij punkt* [KPP] (rus.) des *leshoz* abgeführt werden mussten (Abb. A.30). Um Ausgaben einzusparen, kam es jedoch vor, dass Hirten diesen Kontrollpunkt auf Pfaden bzw. über Weiden des westlich angrenzenden Forstbetriebes Kirov umgingen.[194] Wurden weideverbessernde Maßnahmen wie das Säen von Futterpflanzen, Düngung und Bewässerung durch die Betriebe auf den *žajloo* nicht praktiziert, bestand doch eine relativ strenge Zugangskontrolle, um private Weidenutzung zu unterbinden. Auch hier konnten Hirten – solange es sich um dieselbe Rasse wie die *kolhoz*-Rinder handelte – ihr Privatvieh mit der *kolhoz*-Herde weiden lassen.[195] Wie für die vom *kolhoz* Engel's genutzten Wald-

193 Respondenteninterviews E. Konomistov 2007, Ž. Ôskumbaev 2007, T. Lursunalieva 2007, M. Aslova 2008, M. Bazarbaev 2008, O. Sergešova 2008

194 vgl. KIRGIZGIPROZEM, 1983h, 1984c; Respondenteninterview T. Lursunalieva 2007

195 Respondenteninterviews A. Aksakalov 2007, T. Lursunalieva 2007

fondsweiden galt aber auch auf Kenkol und Otuz Art aus ressourcenökologischen Gründen ein generelles, rechtlich kodifiziertes und entsprechend den Erzählungen von Zeitzeugen und heutiger Weidenutzer nach konsequent durchgesetztes Ziegenweideverbot.[196]

5.2.3 Weidebasierte Pferdewirtschaft des *leshoz* Kirov

War durch den 1948 aus dem gleichnamigen staatlichen Nussbetrieb hervorgegangenen *leshoz* Kirov in den 1960er Jahren noch nennenswerte Rinderhaltung praktiziert worden, wurde diese bis zum Ende der Sowjetunion für das Unternehmen betriebswirtschaftlich weitgehend bedeutungslos. Dies ist auf mehrere Gründe zurückzuführen. Der Forstbetrieb übernahm mit der Inkorporation des Kollektivbetriebes Kirov 1959 zwar dessen Viehbestände und an der Südabdachung des Babaš Ata-Massivs gelegene *žajloo* sowie desweiteren im Zuge der 1961 erfolgten Zusammenführung mit dem Forstrevier Gava bedeutende Frühjahrs-Herbst-Weiden und für den bevorratenden Futteranbau geeignete Ackerflächen. Als das Forstrevier Gava 1965 erneut zu einem eigenständigen Musterbetrieb erklärt wurde, verlor der *leshoz* die zuvor übernommenen *žazdoo* und *kyzdoo* jedoch und damit eine zentrale Voraussetzung dafür, die übernommene Viehwirtschaft in ihrem bestehenden Umfang fortzuführen. Zudem wurden bedeutende Weideflächen des von ihm verwalteten Waldfonds bereits von in tieferen Bereichen des Bezirks ansässigen Kollektivbetrieben als Sommerweide genutzt, wie die oben skizzierten Weidenutzungen der *kolhozy* 60 Jahre Oktober und Engel's. Da die verbliebenen Graslandflächen nicht ausreichten die lokale Viehwirtschaft hinreichend zu bedienen, fanden einerseits ausgewiesene Waldabschnitte Verwendung als Hudewald, andererseits wurden die Rinderbestände des Forstbetriebes auf lediglich rund zehn Kühe verringert, deren Milch für die Versorgung des betriebseigenen Kindergartens sowie in seltenen Fällen anderer sozialer Einrichtungen des Ortes verwendet wurde. Aufgrund des während der Laktationsperiode erforderlichen mehrmaligen Melkens sowie der Verderblichkeit des Produkts fand die Milchviehhaltung des *leshoz* ganzjährig stallbasiert unter Nutzung unmittelbar stall-, das heisst siedlungsnaher Tagesweiden statt.[197] Als saisonalweidebasierte viehwirtschaftliche Schwerpunkte des Forstbetriebes wurden hingegen die Schaf- und die Pferdehaltung forciert, deren Produkte in erster Linie von staatlicher Seite aufgekauft wurden, die aber auch dem lokalen Konsum dienten. Dabei handelte es sich um Fleisch, Wolle sowie fermentierte Stutenmilch *kymys* (krg.), der Atemwegserkrankungen heilende Wirkungen zugeschrieben werden und die unter anderem an das Sanatorium von Žalal-Abad geliefert wurde. Wie bei Kollektivbetrieben erfolgte die forstbetriebliche Weidenutzung klar getrennt nach Tierarten.

196 SNK SSSR 1945; LK KSSR 1980 Art. 60

197 vgl. GAOŽ 126/1/606: Blatt 46; GAOŽ 326/1/657: Blatt 87; GAOŽ 458/1; KIRGISGIPROZEM, 1958; GK SSSRL et al., 1990–1991a: 136–137, 145–146, 236; Respondenteninterview H. Zrjaviev 2007

Der saisonale Weidezyklus des in den 1980er Jahren zwischen rund 600 und 800 Tieren umfassenden, von lediglich einem Hirten betreuten Schafbestandes des Forstbetriebes dehnte sich über eine deutlich geringere Distanz als jener der Kollektivbetriebe aus. Er erstreckte sich zwischen den nahe der Siedlung Gumhana gelegenen Stallungen und den nördlich von Arslanbob gelegenen Weiden Togus Bulak und Kara Jurt über nur rund zwölf Kilometer Entfernung bei einem Höhengradienten von über 1200 m. Die tiefer gelegenen Weideabschnitte nutzte der Hirte als Frühlings-Herbstweide ab April sowie bis spätestens November, die höheren Abschnitte hingegen als Sommerweide.[198]

Die Weidenutzung mit Pferden unterschied sich hiervon in einigen Facetten. Sie umfasste lediglich Stuten mit ihren Fohlen, die mit knapp über 100 Tieren in den 1980er Jahren knapp ein Viertel des gesamten betrieblichen Pferdebestandes darstellten und um die sich ca. fünf bis sechs Hirten kümmerten. Der Rest der Betriebspferde wurde von in der Forstwirtschaft und im Ackerbau genutzten Arbeitstieren sowie Zuchthengsten gebildet, die aufgrund täglich anfallender Arbeiten nicht auf die Weiden entlassen wurden. Die Wintermonate in ortsnah zur zentralen Hauptsiedlung Arslanbob gelegenen Ställen auf Basis von vom Forstbetrieb bereitgestelltem Futter verbringend, wurden die Stuten mit ihren Fohlen ab dem Abtauen bzw. einer deutlichen Abnahme der Schneedecke auf siedlungsnahe, unmittelbar bei den Nusswäldern an der südlichen Abdachung des Babaš Ata-Massivs gelegene Frühlingsweiden gebracht, von wo aus der vertikale Auftrieb auf die Sommerweiden des Forstbetriebes erfolgte.[199] Dabei suchten die im Auftrag des Forstbetriebs arbeitenden Pferdehirten, häufig von Familienangehörigen begleitet, mit über 2500 m Höhe immer höher gelegene Sommerweiden auf, als die für Rinder vorgesehenen. Hierzu gehörte beispielsweise die sich nördlich an Kara Art anschließende Weide Hokus[200]. Zu den Tätigkeiten der Hirten gehörten das Melken der Stuten und das Vergären der Milch vor Ort, bevor diese in Kanistern zum im Ort Gumhana gelegenen Betriebskontor gebracht wurden. Der Herbstabtrieb erfolgte so spät wie möglich innerhalb eines Tages, spätestens jedoch dann, wenn die Futtergrundlage der Weide erschöpft war. Die Herbstweidung fand wiederum in unmittelbarer Nusswaldnähe, auf geräumten Mähwiesen in den Wäldern selbst sowie auf abgeernteten Feldern des Forstbetriebes statt. Anhand des die Hokus *žajloo* integrierenden Weidezyklus wird der typische saisonale Ablauf der geringe Distanzen überwindenden Pferdeweidung des Forstbetriebes deutlich (Abb. 5.10).[201]

198 Respondenteninterview T. Karymžon 2007

199 Die ebenfalls an der Südabdachung des Massivs gelegenen, von der lokalen Bevölkerung genutzten siedlungsnahen Weiden waren klar ausgewiesen und überschnitten sich nicht mit den vom *leshoz* genutzten Weiden.

200 usb. für ‚Yak-Sommerweide'

201 vgl. GK SSSRL et al., 1990–1991a: 137, 145–146; Experten- und Respondenteninterviews K. Artov 2007, H. Kadyrov 2007, R. Kultanov 2007, B. Tagaev 2007, F. Imkerova 2009

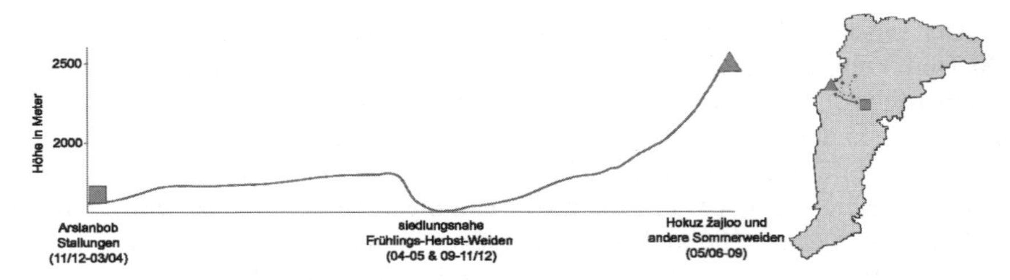

Abb. 5.10: Saisonales Mobilitätsmuster der Weidepferdewirtschaft des leshoz Kirov. Gestaltung: AD (2013) auf Grundlage der im Text genannten Quellen

Die hier abgebildeten Triftmuster waren sehr kleinräumig. Zwischen den Winterstallungen und den Sommerweiden lagen lediglich rund acht Kilometer Distanz. Frühlings- und Herbstweidungen erfolgten auf siedlungsnahen Weiden, abgeernteten Mähwiesen und Ackerflächen (überhöhte Darstellung).

Da die Pferdeweidung aufgrund des hohen materiellen Wertes der Tiere besonders verantwortungsvoll war, beschränkte sich die Herdengröße auf rund 20 Individuen. Aufgrund des Erfordernisses der ständigen Präsenz des Hirten war es daher die Regel, dass das persönliche Vieh der Hirtenhaushalte mit auf der *leshoz*-Weide gesömmert werden konnte. Die private Nutzung dieser Flächen durch die lokale Bevölkerung war untersagt, jedoch nahmen Forstbetriebshirten häufig kleine Bestände des persönlichen Viehs der lokalen Bevölkerung gegen Bezahlung in Betreuung.[202]

5.2.4 Weidenutzungen im Rahmen persönlicher Nebenerwerbswirtschaften

Wie aus der standardisierten Studie zu den Einkommensstrategien der lokalen Bevölkerung deutlich wurde, setzten sich deren Haushaltseinkommen bereits in der sowjetischen Zeit in der Regel aus verschiedenen Quellen zusammen. Neben der in den meisten Fällen bei Forstbetrieben, sozialen Einrichtungen und der Verwaltung getätigten Lohnarbeit, die in allen zehn Siedlungen der beiden Siedlungsräte *selsovety* (rus.) [203] Kirov und Kyzyl Unkur vom Großteil der befragten Haushaltsvertreter als im quantitativen Sinne wichtigstes Haushaltseinkommen gewertet wurde, stellten Viehwirtschaft, Holz- und Nicht-Holzwaldprodukte, Ackerbau und Hilfsleistungen Dritter – das heisst, staatliche Transferleistungen bzw. Unterstützung durch Verwandte – aus Sicht der Befragten bedeutende Einkommensquellen dar (Tab. 5.6).

202 Respondenteninterviews K. Madyržonov 2007, K. Artov 2007, H. Kadyrov 2007, T. Karymžon 2007, F. Imkerova 2009

203 *selsovety* als Abkürzung steht für *sel'skie sovety* (rus.)

Tab. 5.6: Wichtigste Einkommensstrategien lokaler Haushalte der Nusswaldregion Mitte der 1980er Jahre

Gebietskörperschaft, Siedlungen	Lohnarbeit	Viehwirtschaft	Ackerbau	Waldressourcen	Sozialtransfers/ Hilfe d. Verwandte
selsovet Kirov (195), dabei in	78,5	52,8	50,3	40,0	32,3
Arslanbob (112)	80,4	38,4	48,2	38,4	48,2
Gumhana (26)	80,8	84,6	19,2	50,0	11,5
Bel Terek (14)	78,6	71,4	28,6	14,3	14,3
Žaj Terek (36)	69,4	63,9	88,9	50,0	11,1
Žaradar (7)	85,7	71,4	42,9	28,6	0
selsovet Kyzyl Unkur (61), dabei in	98,4	63,9	3,3	32,8	31,1
Kyzyl Unkur (5)	100	40,0	0	0	40,0
Ak Bulak (22)	100	86,4	0	54,5	13,6
Katar Žangak (16)	100	43,75	6,25	31,25	50,0
Kôsô Terek (13)	92,3	69,2	7,7	23,1	38,5
Žas Kežy (5)	100	40,0	0	0	20,0
Gesamt (256)	83,2	55,5	39,1	38,3	32,0

Die Grundlage der Tabelle stellen im Zuge der standardisierten Haushaltsstudie erhobene Daten dar. Der jeweilige Stichprobenumfang ist in der linken Spalte in Klammern hinter den Orts- und Gebietskörperschaftsbezeichnungen angegeben. Die anderen Werte geben den relativen Umfang der von den befragten Haushaltsvorständen getätigten Nennungen in Prozent der entsprechenden Stichprobe auf die Frage an, welches die drei wichtigsten Einkommensformen ihres Haushaltes seien. So galt beispielsweise Viehwirtschaft in der Siedlung Gumhana, *selsovet* Kirov, Mitte der 1980er Jahre für fast 85% der 26 Haushalte umfassenden Stichprobe als eine der drei wichtigsten Einkommensstrategien.

Neben Geflügel und Kaninchen – aufgrund religiöser und sozialer Normen nur in wenigen Fällen auch Schweinen – setzte sich die Viehausstattung der lokalen Bevölkerung zu bedeutenden Teilen aus potentiell weidetauglichen Tierarten wie Rindern, Pferden, Schafen und Ziegen zusammen. Die hohe Spannweite der Werte zeigt, dass die Umfänge des Besitzes innerhalb der Siedlungen, zwischen den Siedlungen der *selsovety* und auch zwischen beiden Gebietskörperschaften hohe Differenzen aufwiesen. Hohe Viehzahlen besaßen insbesondere Haushalte, in denen der Lohnempfänger als Hirte arbeitete, in denen mindestens ein Mitglied im Forstbetrieb tätig war und bzw. oder in denen zwei Personen regelmäßige Lohneinkommen erzielten. Diese waren in der Lage, eine als viehwirtschaftliche Grundvoraussetzung geltende, ganzjährig gesicherte Futterversorgung bereitzustellen. Rinder waren in den meisten Haushalten vorhanden, wobei es sich hier aus Gründen der eigenen Versorgung mit Milchprodukten in der Regel um Milchkühe mit Kälbern handelte. Weitaus weniger Haushalte besaßen Schafe und Pferde. Auffällig ist, dass in der Stichprobe des *selsovet* Kirov, wo Viehwirtschaft aus Sicht der Befragten seltener als eine der drei wichtigsten Einkommensstrategien genannt wurde als im *selsovet* Kyzyl Unkur auch geringere durchschnittliche Viehausstattungen der Haushalte bestanden und der Anteil der über keine Schafe,

Pferde und nur wenige Rinder verfügenden Haushalte höher war. Die private viehwirtschaftliche Praxis diente in überwältigendem Maß der eigenen Versorgung der Haushalte mit tierischen Produkten. Gleichzeitig vermarktete jeweils ein etwas kleinerer Anteil episodisch auch Fleisch und Tiere auf den lokalen und regionalen Märkten. Dabei handelte es sich in erster Linie um Schafe sowie dem Kalbsalter entwachsene Jungbullen und Färsen. Von deutlich geringeren Anteilen wurden auch veredelte Milchprodukte vermarktet, wie Rahm und Butter, Ayran und *qurut* (Tab. 5.7).

Die Weidenutzungen durch die weidegeeignete Tiere besitzenden Haushalte erfolgten ebenfalls nicht in einheitlicher Weise. Sie lassen sich – geordnet nach dem Merkmal der die Tiere begleitenden Menschen – in drei Kategorien klassifizieren. Aus den Angaben der befragten Haushalte lässt sich schließen, dass der Anteil weidenutzender Haushalte in der sowjetischen Zeit in beiden Gebietskörperschaften annähernd gleich war. Dabei erfolgte dies zunächst einerseits durch die Inanspruchnahme der Dienste von *leshoz*-Hirten in einer Form, wie sie am Beispiel der Pferdehirten genannt wurde. Andererseits gab es in bestimmten Siedlungen die Praxis der Wahl von Vertrauenshirten durch die ansässige Bevölkerung. Diese hatten zur Aufgabe, das Privatvieh der Menschen in nach Tierart getrennten Herden gegen pro Kopf zu entrichtende Gebühren über den Verlauf der Weidesaison zu hüten. Zudem wurden Weiden im Rahmen der persönlichen Nebenerwerbswirtschaften eigenständig aufgesucht. Der Anteil die Weiden eigenständig aufsuchender Nutzer war dabei im *selsovet* Kyzyl Unkur unter anderem aufgrund des Fehlens der Praxis der Wahl von Vertrauenshirten deutlich höher, als im *selsovet* Kirov. In den überwiegenden Fällen eigenständiger Weidenutzung wurden siedlungsnahe Weiden aufgesucht. Bei dieser Praxis musste ein pro Tier und Saison definierter Betrag direkt an den entsprechenden Forstbetrieb entrichtet werden. Eine Doppelstrategie aus eigenständigen Weidenutzungen bei gleichzeitiger Inanspruchnahme von Hirtendiensten wurde nur von einer sehr kleinen Gruppe verfolgt (Tab. 5.7).

Tab. 5.7: Dynamik der viehwirtschaftlichen Ausstattung, Produktionsorientierung und Weidenutzung lokaler Haushalte in der Nusswaldregion von der spät- bis zur postsowjetischen Zeit

Viehwirtschaftliche Vergleichskategorien	***selsovet*** **Kirov Mitte 1980er J. (195)**	**aô Arslanbob 1991–1996 (227)**	**aô Arslanbob 2007 (261)**	***Selsovet*** **Kyzyl Unkur Mitte 1980er J. (61)**	**aô Kyzyl Unkur 1991–1996 (71)**	**aô Kyzyl Unkur 2007 (83)**
Ausstattung						
Schafe und Ziegen						
durchschnittliche Haushaltsausstattung	4,9	3,4	3,0	11,2	5,8	4,4
Minimalwert	0	0	0	0	0	0
Maximalwert	50	45	43	50	40	40
Modalwert	0	0	0	0	0	0
Modalhäufigkeit	119	153	175	24	42	52
Rinder						
durchschnittliche Haushaltsausstattung	3,7	3,0	3,4	4,8	3,2	4,1
Minimalwert	0	0	0	0	0	0
Maximalwert	20	15	15	30	20	30
Modalwert	2	2	2	4	0	1
Modalhäufigkeit	38	49	50	10	17	16
Pferde						
durchschnittliche Haushaltsausstattung	0,5	0,5	0,35	1,2	0,9	0,7
Minimalwert	0	0	0	0	0	0
Maximalwert	10	10	8	10	5	6
Modalwert	0	0	0	1	1	1
Modalhäufigkeit	119	142	192	36	41	43
Produktionsorientierung in Prozent der Stichprobe						
Subsistenz	89,7	85,9	87,7	95,1	87,3	91,6
Verkauf Fleisch und Lebendvieh	73,8	74,9	71,7	85,2	78,9	74,7
Verkauf Milchprodukte	45,6	44,9	44,4	23,0	23,9	37,4
Weidenutzung in Prozent der Stichprobe						
insgesamt	87,2	80,4	80,5	85,2	77,1	83,1
davon selbständig	20,6	16,6	16,7	42,2	66,7	50,7
durch Hirtendienste	76,5	79,0	78,6	40,4	24,1	23,2
Mischformen	2,9	4,4	4,8	17,3	9,2	26,1

Die Grundlage der Tabelle stellen im Zuge der 2007 erfolgten standardisierten Haushaltsstudie erhobene Daten dar. Die Stichprobenumfänge sind hinter den entsprechenden Zeitraum- bzw. Zeitpunktangaben in Klammern genannt. Neben Angaben zu absoluten und durchschnittlichen Viehausstattungen der befragten Haushalte geben gerundete Werte die relativen Umfänge der aus Sicht der Befragten getätigten Antworten auf die Fragen nach der viehwirtschaftlichen Produktionsorientierung ihres Haushaltes sowie der Weidenutzung allgemein und deren Form an. So nutzten Mitte der 1980er Jahre über 87 % der 195 befragten Haushalte des *selsovet* Kirov Grasländer zur Weidung ihres Viehs. Meist nahmen sie dabei Hirtendienste in Anspruch (76,5 %). Im *selsovet* Kyzyl Unkur hingegen war der relative Anteil eigenständiger Weidenutzer höher (42,2 %) als im *selsovet* Kirov (20,6 %).

Besonders vielfältig stellte sich die Weidenutzung der lokalen Bevölkerung der Nachbarsiedlungen Gumhana und Žaradar, *selsovet* Kirov, dar.[204] Bei den von Gemeindehirten genutzten Weiden handelte es sich um Abschnitte des Weidesystems Uč Čoku, die den Hirten durch den *leshoz* zugewiesen wurden. Dabei waren sie in verschiedene Nutzungssphären *žajyt* (krg.) unterteilt, die als typische Begrenzungen Elemente wie Bachläufe, Waldsäume und Bergkämme aufwiesen und die von den Nutzern eingehalten werden mussten. So gab es die teilweise bis heute existierenden Tagesweiden für milchgebende Mutterkühe und deren Nachwuchs *padažajyt* (krg.), innerhalb und in direkter Siedlungsrandlage befindliche Tagesweiden für nicht säugende Jungkälber unter einem Jahr *torpok žajyt* (krg.), in etwas höherer Distanz liegende Weideflächen für ältere nichtmilchgebende Rinder *subaj žajyt* (krg.) sowie etwas weiter entfernte und deutlich höher liegende Pferde-*žylky žajyt* (krg.) und Schafweiden *koj žajyt* (krg.) (Abb. 5.11).

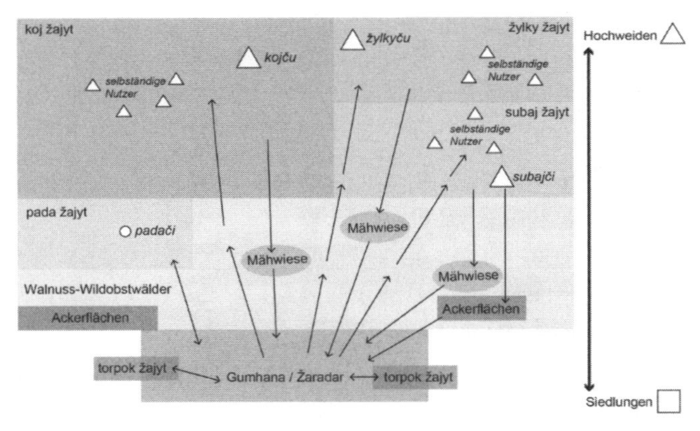

Abb. 5.11: Im Rahmen von Nebenerwerbswirtschaften von Bewohner von Gumhana genutzte Weiden (sowjetische Ära).
Gestaltung: AD (2013) auf Grundlage von Weidenutzer- und Expertengesprächen

Meist war ein Haushalt der Orte auf eine Nutztierart spezialisiert und übernahm als Hirtenhaushalt gegen Entrichtung definierter Beträge durch die Vieheigentü-

204 Die Darstellung der facettenreichen Weidenutzung der Bewohner von Gumhana und Žaradar basiert auf Auskünften der Einwohner Gumhanas B. Tagaev 2007 und A. Talipaev 2007 sowie den im Rahmen der standardisierten Haushaltserhebung gemachten Mitteilungen der Gesprächspartner.

mer die Aufgabe der saisonalen Tierweidung. *Padači* (krg.) waren für die milchgebenden Rinder und den säugenden Nachwuchs zuständig, *subajči* (krg.) für ältere nichtmilchgebende Rinder, *kojču* (krg.) für Schafe und *žylkyče* (krg.) für Pferde. Da es sich um das Privatvieh der Bevölkerung handelte, bestand für diese Vertrauenshirten kein Produktionsplan. Jedoch waren sie für die ihnen anvertrauten Tiere verantwortlich und haftbar. Tiere anderer Siedlungen wurde von den Hirten in der Regel nicht angenommen. Die eingenommenen Gelder stellten für sie sowohl Lohn, als auch Quelle der an den *leshoz* Kirov für die Weidenutzung zu entrichtenden Abgaben dar.

Der Zeitpunkt der relativ kurzen Weideauftriebe war abhängig von der jeweiligen Art der Tiere. Aufgrund der herausragenden Notwendigkeit einer mindestens hinreichenden Futterversorgung in der Laktationsphase machten Milchkühe ab Mitte bis Ende April den Auftakt. Nichtmilchgebende Rinder und Pferde wurden ab der zweiten Aprilhälfte an vereinbarten Plätzen gesammelt und als Herde sukzessive über niedrige, als Frühlingsweidestationen genutzte und ebenfalls am Babaš Ata-Massiv sowie im vorgelagerten Hügelland der Waldzone gelegene Weideabschnitte auf die Sommerweiden getrieben. Schafe folgten ab Anfang Mai. Der Abtrieb auf die Herbstweiden hing allgemein nicht von der Tierart ab, sondern von den verbliebenen natürlichen Futter- und Wasserreserven auf den Weiden und erfolgte vom Spätsommer an bis in den Frühherbst. Die in den Wäldern befindlichen Mähwiesen und Ackerflächen waren bis zur vollendeten Heumahd und dem Abtransport des Futters für die Viehherden gesperrt. Das vorherige Betreten unterlag Strafen die der entsprechende Hirte zu entrichten hatte, nicht die seine Dienste nutzenden Viehbesitzer. Die saisonale Triftpraxis der die Weiden eigenständig nutzenden Vieheigentümer ähnelte diesem Muster, indem diese zumeist direkte Auftriebe auf die Sommerweiden sowie Abtriebe mit spätsommerlichen bzw. herbstlichen Zwischenstationen auf abgeernteten Mähwiesen und Äckern im Waldgebiet praktizierten (Abb. 5.12).

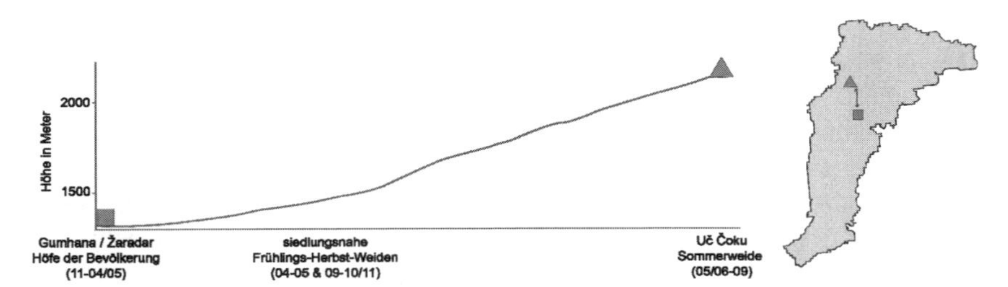

Abb. 5.12: Typischer Weidezyklus im Rahmen der Nebenerwerbswirtschaften der Bevölkerung der Nusswaldsiedlungen.
Gestaltung: AD (2013) auf Grundlage der im Text genannten Quellen

Die morgendliche Trift der nicht mehr säugenden Kälber zur Tagesweide wurde durch Kinder übernommen, während die abendliche Rückkehr der Kälber infolge ihrer instinktgetriebenen Suche nach den Muttertieren häufig allein erfolgte.

5.2.5 Sowjetische Weidelandverhältnisse: wirkungsmächtige Vorbedingungen aktueller Herausforderungen

Die anhand von Beispielen illustrierte Analyse der Veränderung der Weidelandverhältnisse in der Nusswaldregion infolge der Umsetzung des realsozialistischen Projektes zeigt, dass trotz markanter Brüche auch Kontinuitäten zwischen den sich unter unterschiedlichen Vorzeichen organisierenden kolonialen und sowjetischen Ansätzen bestanden.

Anfänglich mit zivilisatorischem Sendungsbewusstsein ausgestattet und später mit sich aus modernisierungstheoretischen Vorstellungen speisenden top-down initiierten praktischen Maßnahmen unternahm sowohl das koloniale Russland, als auch die sowjetische Führung aus unterschiedlichen ideologischen Sichtweisen heraus Bestrebungen, vermeintlich vormoderne Praktiken mobiler Pastoralwirtschaft einzuhegen und zu kontrollieren mit dem Ziel, diese letztendlich abzuschaffen. Wie der Kolonialverwaltung galten auch der Sowjetmacht dabei insbesondere die Fähigkeiten mobiler Tierhalter zu raumzeitlicher Flexibilität und deren soziale Organisationssysteme als anachronistische und destruktive Elemente in einer sich dem Fortschritt verschriebenen Gesellschaft. Während die zarische Kolonialverwaltung in erster Linie auf die eigenen administrativen Logiken folgende und damit kolonialen Interessen dienende Methode zurückgriff, pastorale Mobilität und soziale Organisation der Tierhalter durch deren eindeutige räumliche Verortung einzuhegen und zu regulieren, ging die Sowjetmacht deutlich entschlossener und radikaler vor, indem sie nach einer kurzen Duldungsphase das Existenzrecht des von Tierhaltern eigenständig geführten mobilen Pastoralismus faktisch verneinte. Nach der kurzen Phase der ideologisch begründeten Unterstützung sozioökonomisch schwacher mobiler Pastoralisten wurde durch die erzwungene Sesshaftmachung mobiler Tierhalter, deren Kollektivierung und die Vergesellschaftung der unter anderem auch Weideland umfassenden Produktionsmittel der Niedergang des eigenständigen mobilen Pastoralismus im sowjetischen Herrschaftsbereich durchgesetzt. Menschen und Weideland wurden im Zuge dieses Prozesses als freigewordene Ressourcen in das planwirtschaftlich organisierte Wirtschaftsregime inkludiert. Angesichts der anschließend kreierten Allokationsmuster von Weideflächen – die auch als praktische Fortführung der von der Kolonialadministration initiierten eindeutigen und zentral gesteuerten Besitzverhältnisse sowie klar abgegrenzten Weideentitäten interpretiert werden können – wird deutlich, dass die Sowjetmacht deutlich effektiver handelte, als es die alte Kolonialmacht jemals vermocht hatte. In erster Linie dienten diese ideologisch basierten Eingriffe nunmehr den betrieblichen Inwertsetzungen der Weideressourcen im Rahmen übergeordneter volkswirtschaftlicher Interessen bei Verfolgung vorgegebener Formen raumzeitlicher Mobilitäten.

Am verhältnismäßig kleinräumigen Beispiel des Bezirks Bazar Korgon lassen sich wie unter einem Brennglas lokale und regionale Effekte der als Interventionen externer Akteure wirkenden sowjetischen Kampagnen und Maßnahmen beobachten: Die tiefgreifende Umstrukturierung des die Weideländer nutzenden Akteursgefüges stellt ein besonders einschneidendes Resultat der Ressourcenvergesellschaftung und Kollektivierung sowie der planwirtschaftlichen Organisierung der Landwirtschaft dar. Indem kollektiven und staatlichen Landwirtschaftsbetrieben die meisten und wichtigsten Weiden zugewiesen wurden, wurden sie neben den Forstbetrieben zu den zentralen weiderelevanten Organisationen des Bezirks aufgewertet. Pastoralwirtschaftliche Mobilität erfolgte daher maßgeblich durch im Auftrag dieser Großbetriebe arbeitende Hirten in räumlich und zeitlich stark regulierter Form. Als vormodern abgetane flexible Änderungen von Mobilitätsmustern waren nicht gewollt und wurden durch die eindeutigen Zuweisungen von Weideabschnitten an definierte Nutzerbetriebe nahezu unmöglich gemacht. Die bis in die koloniale Zeit bekannte Praxis und Sichtweise, raumzeitliche Flexibilität als Strategie pastoralwirtschaftlicher Anpassung an veränderliche soziale und ökologische Rahmenbedingungen anzuerkennen, schien in Vergessenheit geraten zu sein. Indem Formen und Intensitäten der Inwertsetzung der Weideländer maßgeblich aus übergeordneten betriebs- und makrowirtschaftlichen Produktionsplänen abgeleitet wurden, wurden eigenständige, nunmehr nur noch im Rahmen von Nebenerwerbswirtschaften erfolgende Weidenutzungen marginalisiert. Dies heisst nicht, dass keinerlei Spielräume für individuelle Aneignungen der lokalen Bevölkerung mehr bestanden. Sie wurden aber räumlich auf nicht von landwirtschaftlichen Großbetrieben genutzte, siedlungsnahe und wenig produktive Territorien beschränkt. Bei der kritischen Bewertung der Wirkungen der kapitalintensiven sowjetischen Entwicklungsmaßnahmen im Agrarsektor gilt es zugleich aber auch zu beachten, dass als mittelfristige Wirkungen der volkswirtschaftlichen Arbeitsteilung, der betrieblichen Spezialisierungen im Zuge der Einbindung der Nusswaldregion in die übergeordneten Zusammenhänge der sowjetischen Planwirtschaft und durch innerbetriebliche Ausbildungsmaßnahmen viele zuvor im ländlichen Raum nicht vorhandene Erwerbsmöglichkeiten geschaffen und durch das offiziell eine egalitäre Gesellschaft anstrebende sozialistische System soziale Leistungen und Sicherheiten geboten wurden, die bis in die Kolonialzeit hinein nicht existiert haben. Lohneinkommen gewannen für die Lebenssicherung daher massiv an Bedeutung, während die der weidebasierten Viehwirtschaft abnahm.

Machtvolle Organisationen aus den politischen Zentren kreierten politisch-rechtliche Vorgaben und ökonomische Rahmenbedingungen, die als extern initiierte Interventionen im Lokalen weitreichende Wirkungen entfalteten. Mit dem Vokabular der Politischen Ökologie ausgedrückt gewannen mit größerer Handlungsmacht ausgestattete, staatliche Förderung genießende non-place-based-Organisationen innerhalb der Weidelandverhältnisse der Nusswaldregion an Bedeutung, indem sie einerseits die umfangreiche wirtschaftliche Potentiale bietenden, in höheren Distanzen von Siedlungen und in Hochgebirgslage befindlichen Weiden ökonomisch inwertsetzten und andererseits lokale Nutzer ausschlossen. Dennoch profitierten lokale Akteure ökonomisch von deren Präsenz. Am Beispiel der Nusswaldregion wird damit deutlich, wie sich die sowjetischen, sich durch spezifische räumliche Muster betrieblicher Verfügungsrechte, Akteursgefüge, Nutzungsformen und Nutzungserfahrungen der unmittelbar vor Ort weiderelevant agierenden Akteure auszeichnenden Weidelandverhältnisse als wirkungsmächtige Vorbedingungen der postsowjetischen Herausforderungen darstellen.

6 POLITISCH-ÖKOLOGISCHE ANALYSE AKTUELLER WEIDELANDHERAUSFORDERUNGEN

Der rechtlich-institutionelle Rahmen stellt für alle im Folgenden analysierten Herausforderungen einen zentralen Kontext dar, indem er die Allokation und das Management von Weideressourcen erheblich beeinflusst. In den folgenden Darstellungen werden Regelungen des Weiderechts als Referenzebene verstanden, ausgehend von der Abweichungen der Rechtswirklichkeit als Resultate des Zusammenspiels von Handlungen ungleich mächtiger weiderelevanter Akteure interpretiert werden und somit als Ausdruck ihrer unterschiedlich ausgeprägten Fähigkeiten zur Durchsetzung eigener Interessen.

6.1 KODIFIZIERTE RECHTSNORMEN: WIRKUNGSVOLLER KONTEXT FÜR DIE ALLOKATION UND DAS MANAGEMENT VON WEIDELANDRESSOURCEN

Nach der Auflösung der UdSSR benötigte Kirgisistan eine Neuformulierung seiner naturressourcenbezogenen Rechtsverhältnisse. Für die rechtliche Regulierung des Managements, der Allokation, der Inwertsetzung und anderer Aspekte der als „landwirtschaftlich nutzbare[n] Flächen, die grasartige Vegetation aufweisen und die als viehwirtschaftliche Futterbasis dienen" (vgl. PPPAIP 2002 Abschnitt I Art. 1; ZKR OP 2009 Art. 1, Übersetzung AD) definierten Weiden fanden mehrere Anläufe statt. Die zentrale und seit der sowjetischen Zeit unverändert geltende Regelung sieht vor, dass – von wenigen Ausnahmen abgesehen – Weiden wie auch Flächen der sogenannten Wasser- und Waldfonds im Gegensatz zu privatisiertem Ackerland ehemaliger Landwirtschaftsbetriebe exklusives staatliches Eigentum darstellen. Sie können grundsätzlich nicht in private Eigentumsformen überführt werden.[1] Von dieser klaren Vorgabe abgesehen, ist die Entwicklung von Kirgisistans postsowjetischem Weiderecht von Inkonsistenzen, Diskontinuitäten und Vieldeutigkeiten geprägt. Dies wird als Erstes beim diachronischen Vergleich der Inhalte der sich mehrfach veränderten Gesetzgebung deutlich. Zum Zweiten haben sich viele Aspekte der im Folgenden vorgestellten Regelungen bei ihrer Implementierung als unpraktisch und schwer anwendbar erwiesen. Zum Dritten

1 ZKRK 1991 Art. 2; ZKKR 1999 Art. 4 Abs. 2; ZKR UZSN 2001 Art. 21; ZKKR 2003 Art. 4 Abs. 2; ZKR OP 2009 Art. 3 Abs. 1. Als privatisierbar gelten beispielsweise jene Weideflächen, die von in Privateigentum befindlichen Ackerflächen und von Arealen mit mehrjährigen Kulturpflanzen eingeschlossen sind (ZKKR 2003 Art. 20 Abs. 3–5). Mitte der ersten Dekade des 21. Jahrhunderts befand sich deshalb lediglich knapp 3100 ha Weide in Privateigentum (vgl. Telpuhovskiy im Interview in Eshieva, 2005: 9).

gelten – in Abhängigkeit der räumlichen Lage der Weiden – synchron unterschiedliche Regelwerke.

Der erste, bereits vor der Auflösung der Sowjetunion formulierte Bodenkodex der Republik Kirgisistan [ZKRK] von 1991 definierte die Bezirksräte der Volksdeputierten als verantwortlich für das Management und die Allokation von innerhalb der Grenzen ihres *rajon* liegenden Weiden.[2] Nach 1991 traten an deren Stelle die neukonzipierten *rajon*-Administrationen. Für *rajon*-Grenzen überschreitende Weiden waren übergeordnete Provinzräte der Volksdeputierten bzw. nach 1991 die *oblast'*-Verwaltungen zuständig.[3] Die Kompetenz für Fragen die *oblast'*-Grenzen überschreitende Weiden tangierten lag beim Ministerrat.[4] Diese Regelung unterschied sich von der nach der Kollektivierung und Allokation landwirtschaftlicher Nutzflächen an kollektive und staatliche Agrarbetriebe eingeführten sowjetischen Regelung, wonach die Nutzerbetriebe für das Management der ihnen zur Nutzung übertragenen Weideländer verantwortlich waren. Das neue Gesetz ermöglichte Verpachtungen für bis zu 25 Jahren Dauer nunmehr nicht nur an Staats- und Kollektivbetriebe, sondern auch an private Interessenten.[5] Die Inhalte des ersten Bodenkodex des souveränen Landes können insofern einerseits als Reaktion auf den sich immer stärker abzeichnenden Niedergang des planwirtschaftlichen Systems samt den agrarischen Kollektiv- und Staatsbetrieben und dem damit einhergehenden Verlust von Weidemanagementorganisationen sowie andererseits als rechtliche Repräsentation der politischen Zulassung erster privatwirtschaftlicher Prinzipien interpretiert werden.

Ein veränderter, in Anlehnung an die Weidekategorisierungen sowjetischer Landwirtschaftsbetriebe formulierter Managementansatz wurde 1995 durch den Präsidentenerlass „Über Maßnahmen zur weiteren Entwicklung und staatlichen Unterstützung der Boden- und der Agrarreform in der Kirgisischen Republik" [UPKR-MNRGPZAR] eingeführt. Dabei erhielt die zwischen Siedlung und Weide liegende Distanz Bedeutung als Bestimmungsfaktor für die Ressourcenverwaltungskompetenz. Drei Kategorien wurden definiert: Siedlungsnahe Weiden sollten nun durch lokale Komitees für Land- und Agrarreformen gemanagt werden, die etwas später in die *ajyl ôkmôty*, das heisst die Selbstverwaltungsgremien der lokalen Gebietskörperschaften eingegliedert wurden. Das Ministerium für Landwirtschaft und Ernährung hatte in Abstimmung mit den Provinzverwaltungen in großen Distanzen von Siedlungen liegende Weiden zu verwalten. Bei den Bezirken lag die Zuständigkeit für Mitteldistanz-Weiden, die sogenannten ‚Intensivweiden'. In der Praxis jedoch erwiesen sich diese Kategorisierung sowie die sich daraus ableitende Kompetenzenteilung häufig als undurchführbar mit dem Effekt unklar bleibender Zuständigkeiten, administrativer Überforderung sowie daraufhin erfolgenden Kompetenzdelegierung an über- oder nachgeordnete Instanzen. Eine wichtige Ursache hierfür lag darin, dass keine Definitionen über konkrete

2 ZKRK 1991 Art. 46 Abs. 8, Art. 85
3 ZKRK 1991 Art. 47 Abs. 4, Art. 65
4 ZKRK 1991 Art. 85
5 ZKRK 1991 Art. 9

Distanzgrenzwerte vorlagen, welche im Falle unklarer Grenzverläufe und Zugehörigkeiten der Weiden zu einer der drei Kategorien eine verlässliche nachträgliche Klassifizierung ermöglicht hätten sowie darin, dass die ursprünglich vorgesehenen Organisationen häufig über nur unzureichende Kenntnisse über die betreffenden Weideareale und über zu geringe Personal- und Kapitalausstattungen verfügten.[6] So war im Bezirk Bazar Korgon auf Daten einer Erhebung der Viehbestände der Bevölkerung und des daraus abgeleiteten Weideflächenbedarfs basierend zunächst vorgesehen, die Verfügungsrechte über einige ehemals von Kollektiv- und Staatsbetrieben genutzte Weidenunterschiedlicher Lagekategorien an lokale Gebietskörperschaften zu delegieren.[7] Jedoch führten unter anderem personelle, finanzielle und Informationsengpässe über die entsprechenden Grasländer bei einigen *ajyl ôkmôty* dazu, dass mehrere von ihnen diese Überlassung ausschlugen und die entsprechenden Weiden in die Obhut des 1997 neu eingerichteten Ministeriums für Land- und Wasserwirtschaft übertrugen.[8] Das Ministerium übernahm in diesem Fall schließlich offiziell die Aufgabe, die Ressourcenverfügungsrechte in Abstimmung mit den Lokal- und Regionalverwaltungen bedarfsgerecht zur Pacht „Staatsbürgern und Wirtschaftssubjekten des viehwirtschaftlichen Sektors" (vgl. GAZZR PKR/GIPROZEM/ŽZE, 1997: 3, Übersetzung AD) zuzuweisen.[9] Der neue Bodenkodex von 1999 [ZKKR] übernahm die räumliche Kategorisierung anhand des Distanzkriteriums, wies die Verantwortlichkeit für siedlungsferne Weiden nunmehr aber den *oblast'*-Verwaltungen zu (Abb. 4.2).[10] Von wenigen Ausnahmen abgesehen, definierte der Kodex Pachtverträge mit begrenzter Geltungsdauer als einzig mögliche Art und Weise des Erwerbs von Weideverfügungsrechten.[11] Diese Regelung wurde auch in das Gesetz „Über das Management von landwirtschaftlichen Nutzflächen" [ZKR UZSN] von 2001 übernommen.[12]

Die wiederholten Verschiebungen der administrativen Zuständigkeiten verhinderten sowohl die Sammlung von Arbeitserfahrungen und -routinen und damit die Entstehung von Expertise innerhalb der beauftragten Organisationen. Erschwerend erwies sich zudem deren andauernde strukturelle Unterausstattung mit Personal, Finanz- und Sachkapital.[13] Zudem entfalteten die bisher vorgestellten Rechtsnormen nur für jene Weiden Wirkung, die ausserhalb des staatlichen Waldfonds *gosudarstvennyj lesnoj fond* (rus.) [GLF] lagen. Die Rechtsverhältnisse von auf Waldfondsterritorien liegenden Umweltressourcen wurden und werden im Wesentlichen vom Waldkodex [LKKR] geregelt und die Verfügungsrechte über Waldressourcen waren und sind in der Regel an den Erwerb eines jährlich zu er-

6 Experteninterview T. Soltobekov 2008
7 GAZZR PKR/GIPROZEM/ŽZE, 1997; PGR ABK 1997
8 Es handelte sich hierbei um die Gebietskörperschaften Bešik Žon, Moghol, Kyzyl Unkur und Sajdykum (vgl. PTSDSH, 1997).
9 GAZZR PKR/GIPROZEM/ŽZE, 1997: 3
10 ZKKR 1999 Art. 13 Abs. 2, Art. 15 Abs. 2, Art 17 Abs. 1
11 ZKKR 1999 Art. 30 Abs. 3–5
12 ZKR UZSN 2001 Art. 21
13 Experteninterviews T. Tašiev 2007, T. Soltobekov 2008

werbenden Waldbillets gebunden.[14] Waldfondsweiden lagen und liegen laut ZKKR im Managementbereich der bei der Regierung angesiedelten Staatlichen Agentur für Umweltschutz und Waldwirtschaft [GAPOOSLHPKR] und ihren Dependancen, den Forstbetrieben. Bezirks- und Provinzverwaltungen räumt der LKKR dabei gleichzeitig Möglichkeiten ein, an der Vergabe von Verfügungsrechten über Waldfondsweiden an in ihrem *rajon* bzw. *oblast'* lebende Interessierte mitzuwirken.[15] Es galten folglich synchron verschiedene Regelungen, deren Anwendung von der räumlichen Lage der Weide abhing.

Unter diesen Rahmenbedingungen erwies sich die Implementierung der Rechtsvorgaben als sehr schwierig mit der Konsequenz einer nur teilweisen Umsetzung der Regelungen sowie häufiger Umgehungen durch weiderelevante Akteure. Die im Auftrag der Weltbank zur Vieh- und Weidewirtschaft arbeitenden Experten Shamsiev et al. (2007) und Undeland (2005) verweisen in diesem Zusammenhang auf die Entstehung und weite Verbreitung von parallel zum Gesetz praktizierten Weideallokations- und Nutzungsregimen, die Kirgisistans Weidelandverhältnisse seit der ersten Dekade seiner staatlichen Unabhängigkeit prägen. Das Aufkommen und die Persistenz sozio-ökologischer Weidelandherausforderungen im Verlauf der ersten postsozialistischen Dekade zeigen somit, dass sich die ersten Anläufe, einen funktionierenden Rechtsrahmen mit klaren Anweisungen für Verwaltungsmechanismen und Allokationsverfahren zu kreieren, als ineffektiv erwiesen haben. Indem Kirgisistans Weidelandverhältnisse als in einem Zustand befindlich gedeutet wurden, der einer „Tragödie der Allmende" im Sinne Garrett Hardins (1968) aufgrund des Fehlens verlässlicher Landrechtstitel entsprach, bestand aus Sicht der Regierung, einiger internationaler Geberorganisationen wie der Weltbank sowie einheimischer und externer Experten die Notwendigkeit, ein umfassendes, konsistentes und belastbares Regelwerk für die Allokation marktfähiger Besitztitel, die Verwaltung und die Nutzung aller Weideressourcen zu erstellen. Die angestrebte Privatisierung der Weidenutzung und Vergabe exklusiver Verfügungsrechte fügte sich in den von der Weltbank verfolgten Ansatz ein, „Institutionen für Märkte zu schaffen" (vgl. IBRD, 2002; Übersetzung AD), da diese als „die treibenden Kräfte für Fortschritt" (Kreutzmann, 2003b: 7) angesehen wurden. Indem sie gewohnheitsrechtlichen Systemen implizit geringere Fähigkeiten als formellen zuschrieb, bodenbezogene Rechtsverhältnisse zu regulieren, folgte die Argumentation dieser mächtigen internationalen Geberorganisation dabei erneut modernisierungstheoretischen Annahmen.[16] Als pragmatisches Ergebnis entstand 2002 unter maßgeblichem Einfluss der Weltbank die Vorschrift der Regierung „Über das Verfahren der Zuweisung von Weideflächen zur Pacht und ihre Nutzung" [PPPAIP].[17] Sie behielt die Kenngröße ‚räumliche Lage' der Weiden – bezogen auf ihre Distanz zu Siedlungen und ihre Verortung auf unter-

14 LKKR 1999 Art. 23–25, 53
15 LKKR 1999 Art. 19, 20
16 vgl. Kreutzmann, 2003b: 7; Bichsel et al., 2010; Gertel, 2011: 6–9; Kreutzmann, 2012b: 329
17 Experteninterviews T. Soltobekov 2008, A. Egemberdiev 2009, T. Košmatov 2009, V. Moltobaeva 2009

schiedlichen Landfonds – als Bestimmungsvariable für die Festlegung der entsprechenden Managementzuständigkeit bei (Abb. 6.1).[18] Damit blieb die Komplexität des Mosaiks von Managementzuständigkeiten bestehen.

Weideland in Kirgisistan (Staatseigentum)

Weiden in Waldfondslage
Staatliche Agentur für Umweltschutz und Waldwirtschaft, staatliche Forstbetriebe

nicht in Waldfondslage befindliche Weiden
Ebenen der öffentlichen Verwaltung

Siedlungsnahe Weiden
lokale Selbstverwaltungen

Weiden in mittlerer Distanz von Siedlungen
Bezirksverwaltungen

öffentliche Verwaltung beteiligt an Allokation von GLF-Weiden

Weiden in hoher Distanz von Siedlungen
Provinzverwaltungen

Abb. 6.1: Weidemanagementkompetenzen nach PPPAIP 2002.
Gestaltung: AD (2013) auf Grundlage der zitierten Rechtsquelle

Die Management- und Allokationsvorgaben der Verordnung beeinflussten Kirgisistans Weidelandverhältnisse massiv, wenn auch in erheblichem Maße in nicht intendierter Weise. Als besonders problematisch wurde die Aufsplitterung der Management- und Allokationskompetenzen zwischen auf unterschiedlichen hierarchischen Ebenen angesiedelten Gremien der öffentlichen Verwaltung angesehen. Unter anderem aus diesem Grund wurde die Verordnung 2009 mit einem neuen Weidegesetz ersetzt.

Die Vorschrift definierte zudem erstmals die Aufteilung der Nutzungsgebühren unter den am Management und an der Systematisierung der Weidenutzungen beteiligten Organisationen.[19] In der Nusswaldregion erwies sich diese Regelung aber

18 vgl. PPPAIP 2002 Abschnitt I Art. 10, Abschnitt II Art. 15, Abschnitt III Art. 39

19 Von Nicht-Waldfondsweiden hatten 90 % der Pachteinnahmen an die entsprechend der räumlichen Lage der Weide zuständige Managementorganisation auf lokaler, Bezirks- und Provinzebene zu fließen, zehn Prozent hingegen sollten an die ‚Staatliche Agentur zur Registrierung der Rechte auf immobiles Vermögen bei der Regierung' [GOSREGISTR KR] gehen. Der für Waldfondsweiden geltende Schlüssel sah 25 % der Pachtgebühren für den Etat der entsprechend der Weidelage in Frage kommenden Verwaltungsebene, fünf Prozent für die GOSREGISTR KR sowie 70 % für jenen Forstbetrieb vor, auf dessen Territorium die Weide liegt (vgl. PPPAIP 2002 Abschnitt VI Art. 59, 60). Die Weidenutzungsgebühr im *rajon* Bazar Korgon wurden je Flächeneinheit definiert und von der Bezirksverwaltung festgesetzt. Sie betrug 2007 für viehwirtschaftliche Zwecke 35,00 K.S./ha und setzte sich aus einem Bodensteuersatz von 15,40 K.S./ha sowie einem Pachtzins in Höhe von 19,60 K.S./ha zusammen

als weitgehend wirkungslos, da Forstbetriebe, die die Erhebung der Nutzungsgebühren verantworteten, den entsprechenden Verwaltungsorganisationen zustehende Anteile häufig nicht weiterleiteten. So erzielte die Verwaltung des *ajyl ôkmôty* Kyzyl Unkur keine Einnahmen aus Nutzungen von Waldfondsweiden, da diese nicht als kommunale Flächen, sondern als Territorien des Forstbetriebs galten. Die Administration des Arslanbober *ajyl ôkmôty* kam aus demselben Grund zu keinen Einnahmen aus der Waldfondsweidenutzung.[20] Die PPPAIP sanktionierte zudem zwei Wege der Allokation von Weideverfügungsrechten in Form von bis zu zehnjährigen Pachtverträgen: einerseits Auktionen sowie andererseits Bereitstellungen für ländliche Kommunen für deren kommunale Belange sowie für sozioökonomisch schwächere und überdurchschnittlich verwundbare Interessenten zur Bedienung ihrer individuellen Bedürfnisse.[21] Erneut jedoch wurden die an die Verordnung gestellten hohen Erwartungen nicht erfüllt. Zum Ersten blieben mit der Weiterverfolgung der Splittung des Managements bei nicht verbesserten Kapitalausstattungen der zuständigen Organisationen die zuvor bestehenden Schwierigkeiten bei der Ausführung verliehener Kompetenzen und Pflichten ungelöst. Daher wurden auch im Untersuchungsgebiet massive Differenzen zwischen den rechtlich vorgegebenen Managementzuständigkeiten in Abhängigkeit der räumlichen Lagen der Weiden und der tatsächlichen Managementpraxis beobachtet (Abb. 6.2).

Infolge ungeklärter Kategorisierungen nahmen Mehrfachvergaben von Weideflächen durch unterschiedliche Institutionen und daraus resultierende Rechtsstreitigkeiten zu. Gleichzeitig blieben Verstöße der Weidenutzer gegen die Rechtsvorgaben aufgrund der Schwäche der Managementorganisationen und des Rechtssystems vielerorts ungeahndet.[22] Zum Zweiten erwiesen sich die sanktionierten Verfahren zur Allokation von Weideverfügungsrechten aus mehreren Gründen als unpraktikabel: Eine sich an die Vorgaben haltende Umsetzung des komplizierten Auktionsverfahrens hätte bereits vom Ansatz her grundsätzlich für alle Beteiligten erhebliche Transaktionskosten in Formunumgänglicher zeitlicher, organisatorischer und finanzieller Investitionen verursacht. Als besonders praxisfern und kompliziert erwies sich das Konzept, mehrere Auktionsverfahren bei den für die verschiedenen Weidekategorien zuständigen und zudem an verschiedenen Orten ansässigen Organisationen erfolgreich abzuschließen. Für die Abdeckung eines sowohl siedlungsnahe, als auch in mittlerer und bzw. oder hoher Distanz liegende Saisonalweiden umfassenden jährlichen Zyklus wäre dies entsprechend der Rechtsvorgabe jedoch notwendig gewesen. Kritisiert wurde an dem durch die

(Experteninterviews A. Sartbaev 2007,S. Tokušev 2007, B. Tološov 2008, O. Turkmenov 2008).

20 Experteninterviews I. Sultanov 2008, 2009, B. Tološov 2008, O. Turkmenov 2008,B. Abyšbaev 2009

21 vgl. PPPAIP 2002 Abschnitt I Art. 4, 7, Abschnitt II Art. 21–37

22 vgl. A. Egemberdiev im Interview in Luneva, 2006; V. Boltobaeva im Interview in Isakova, 2007; Experteninterviews Z. Abdraimov 2007, A. Egemberdiev 2007, A. Mambetaliev 2007, A. Musabaev 2007, T. Košmatov 2009

Ermöglichung langjähriger Pachtrechte ökologisch und ökonomisch potentiell nachhaltigem Ansatz zudem, dass durch das simple Konzept, Weiden für einen Auktionsmarkt zu kommodifizieren, Interessenten mit umfangreicherem Finanzkapital, besserer Vernetzung und effektiverem Informationszugang grundsätzlich höhere Chancen besitzen, Zuschläge zu erhalten. Die im Gewand der Modernisierung daherkommende Erneuerung des von den Initiatoren als rückständig verstandenen Weiderechts förderte von ihrem Ansatz her die sozioökonomische Stratifizierung der Gesellschaft, indem sie Weiderechte zu exklusiven – das heisst ausschließenden – Angelegenheiten machte und durch die Bevorteilung kapitalstarker Akteure in Auktionsverfahren die „Umweltdiskriminierung" (vgl. UNEP et al., 2005: 9, Übersetzung AD) ökonomisch schwächerer Interessenten vorantrieb. Sozioökonomische Ungleichheiten in der Gesellschaft wurden folglich bereits vom Ansatz her reproduziert und somit das Gegenteil sozialer Nachhaltigkeit befördert.[23] Auktionen als einer der Kerne der Vorschrift fanden aufgrund der beschriebenen Umstände schließlich seltener Anwendung, als von den Initiatoren der Verordnung erwünscht. Auch der ambitionierte Ansatz, Verfügungsrechte an Gemeinden und Bedürftige zur Verfolgung ihrer kommunalen und individuellen Zwecke zuzuweisen, wurde nur selten umgesetzt. Umso mehr Verbreitung fanden hingegen beide Regelungen umgehende, ohne öffentliche Versteigerung und offizielle Registrierung durchgeführte „blinde" (vgl. Kojčukulova, 2005: 10, Übersetzung AD) Allokationen, in denen informelle Zahlungen, soziale Beziehungen und Machtdifferenzen zwischen den Akteuren bestimmend für den Ausgang der Verhandlungen über einen Zuschlag für eine Weidelandparzelle wurden. So entstand eine Situation, in der ökonomisch starke, gut vernetzte Akteure mit höherer Wahrscheinlichkeit Zugänge zu Weiden im Allgemeinen bzw. zu jenen höherer Qualität im Besonderen erhielten, als jene mit geringen Sozial- und Finanzkapitalausstattungen.[24] Kurzzeitig orientierte, auf maximale Extraktion orientierte Weideinwertsetzungen nahmen zu, da infolge informell erworbener Ressourcenzugänge und der von geringen Erfolgschancen geprägten Einklagbarkeit von Verfügungsrechten die Rechtsunsicherheit über die Dauerhaftigkeit der erworbenen Nutzungsmöglichkeiten zunahm. Räumlich ungleich verteilt, haben sich daher an lokalspezifische Bedingungen nur unzureichend angepasste, nicht nachhaltige Nutzungsweisen mit der Folge von sozialen Konflikten und ökologischen Degradationsprozessen auch in der ersten Dekade des neuen Jahrtausends fortgesetzt. Eine dritte Dimension nicht erfüllter Vorgaben der Vorschrift stellen jene dar, die den Grad der Teilhabe der am Weidemanagement beteiligten Akteure an den Nutzungsgebühreinnahmen regeln.

Lieferten frühere Budgetgesetze keine Aussage über die Allokation von Weidepachteinnahmen, fordern die Gesetze „Über das republikanische Budget der Kirgisischen Republik" [ZKR RBKR] für 2007 bis 2010 erstmals die Zuführung

23 vgl. A. Egemberdiev im Interview in Luneva, 2006; Dörre, 2008: 41; Gertel, 2011: 8; Kerven et al., 2012: 372; Experteninterviews Tašiev 2007, T. Soltobekov 2008

24 vgl. Kojčukulova, 2005: 10; Undeland, 2005: 31–35; A. Egemberdiev im Interview in Luneva, 2006; Experteninterviews A. Mambetaliev 2007, U. Kasymov 2008

dieser Einnahmen in die Etats der Verwaltungen auf den Ebenen der lokalen Gebietskörperschaften sowie der Bezirke. Blieb dabei das 2007er Gesetz noch unspezifisch, definierten die für 2008 und 2009 geltenden Gesetze die Budgets lokaler Gebietskörperschaften als Empfänger der Pachteinnahmen von siedlungsnahen Weiden, die der Bezirksverwaltungen hingegen als Empfänger der Pachteinnahmen von Weiden in mittlerer sowie hoher Distanz von Siedlungen. *Oblast'*-Verwaltungen sollten laut Gesetz nicht mehr an Weidepachtenpartizipieren, offiziell aber zunächst weiterhin das Management siedlungsferner Weiden ausüben.[25] Rechtshierarchisch zwar über Vorschriften stehend, sorgten die Aussagen der Budgetgesetze dennoch für Verwirrung – standen sie doch im Widerspruch zu den Vorgaben der PPPAIP.[26] Für die Kyzyl Unkurer Gebietskörperschaft verschaffte die neue Regelung zeitweise erhebliche Erhöhungen des lokalen Budgets (2006 bis 2010), im Arslanbober *ajyl ôkmôty* hingegen fand sie keine Anwendung, so dass die erhofften Einnahmen ausblieben.[27]

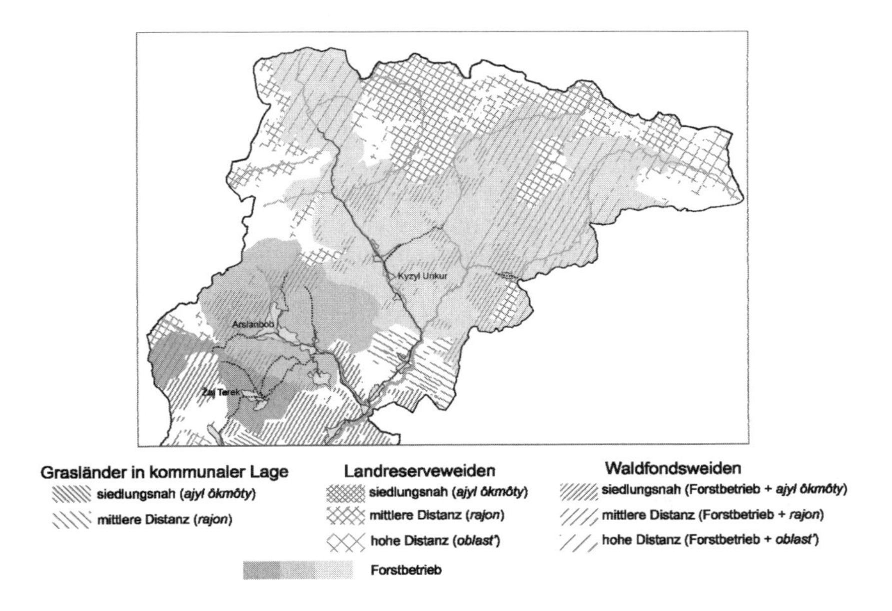

Abb. 6.2: Weidekategorien und formale Managementzuständigkeiten im Untersuchungsgebiet laut PPPAIP 2002.
Gestaltung: AD (2013) basierend auf KIRGIZGIPROZEM, 1983a, b, c, d, e, f, g, h, i, j, k; POPKR, 1998; PPPAIP 2002; GLSKR/GUL, 2004a, 2004b, 2005; Jarvis et al., 2008

25 ZKR RBKR 2007 Art. 7; ZKR RBKR 2008 Art. 8; ZKR RBKR 2009 Art. 8
26 Experteninterviews Z. Abdraimov 2007, P. Nalogov 2007
27 Experteninterviews I. Sultanov 2008, 2009, B. Tološov 2008, O. Turkmenov 2008, T. Orogeldiev 2013

Angesichts dieser vielen Spannungsfelder schien Vertretern des staatlichen Weidedepartements sowie internationaler Geber- und Durchführungsorganisationen wie der IBRD und USAID eine erneute Überarbeitung des Weiderechts notwendig.[28] Die wichtigsten Probleme zusammenfassend beklagte die Weltbank in einem nicht öffentlichen Projektgutachten, dass

> „The root of the current problem of pasture use [...] lies in the present fragmentation of administrative control over pastures. The present division of responsibility [...] between community, raion and oblast administrations separates pasture users from pasture management and impedes the investment of pasture revenues back into pastures. These diffused regulatory and management authorities are compounded by inconsistencies between various laws and regulations concerning pasture use and management. As a result, conflicts over the allocation and use of pastures are growing." (IBRD, 2008: 21–22)

Mit dem lange Zeit umstrittenen, 2009 als standardisierter Lösungsansatz für das Versagen der vorangehenden Regelung erlassenen Gesetz „Über die Weiden" [ZKR OP] wurden mittels erneuter Unterstützung durch die Weltbank bei Fortführung des Leitbildes der Dezentralisierung und stärkerer Betonung partizipativer Elemente viele früher formulierte Änderungsvorschläge[29] übernommen und damit radikale Veränderungen in Fragen der Managementzuständigkeit, den Zuweisungsverfahren von Verfügungsrechten sowie der Allokation der Nutzungsgebühren eingeführt.[30] Aufgrund der Deutung, dass die Wurzel der aktuellen Weideprobleme in der Zersplitterung der Weideverwaltung liege, galten nunmehr von sich in Weidenutzervereinigungen organisierenden Nutzern ernannte Weidekomitees und Gremien der lokalen Selbstverwaltungen als zuständig für das ausdrücklich nachhaltig zu gestaltende Management grundsätzlich aller Weiden innerhalb der Grenzen der entsprechenden Gebietskörperschaft, unabhängig von ihrer siedlungsbezogenen Distanz. Zudem tragen sie Verantwortung für die Allokation der Verfügungsrechte sowie für die Verteilung und Verwendung der eingenommenen Nutzungsentgelte.[31] Verfügungsrechte können von Einwohnern der entsprechenden Gebietskörperschaft nunmehr nur noch jährlich mittels Kauf eines sogenannten Weidebillets *pastbiŝnyj bilet* (rus.) erworben werden, dessen Preis nicht mehr durch die Fläche, sondern auf Basis der Viehausstattung der Interessenten kalku-

28 vgl. USAID, 2007; Shamsiev et al., 2007: 57-65; IBRD, 2008

29 Ein Beispiel hierfür ist ein an ein Fachpublikum gerichtetes Konzeptpapier der USAID, das die wahrgenommenen Problemfelder im geltenden Weiderecht dezidiert aufzählte, Lösungsempfehlungen formulierte und diese erläuterte (vgl. ebd., 2007: 10–20).

30 vgl. Kerven et al., 2012: 374; Experteninterviews T. Tašiev 2007, U. Kasymov 2008; V. Moltobekova 2009; PD MAA/GIZ/CAMP Alatoo, 2012: 3

31 Der Gesetzesinitiative liefen in den *oblasti* Naryn, Čuj und Issyk Kul von internationaler Seite geförderte (z.B. durch die GIZ im Rahmen des Regionalprogramms „Sustainable use of natural resources in Central Asia") und nationalen Organisationen (z.B. CAMP Alatoo) durchgeführte Pilotprojekte zum gemeinschaftlichen Weidemanagement voran mit – gemessen am Kriterium des Erfolgs – sehr differenzierten Ergebnissen (vgl. Undeland, 2005: 46; Bussler, 2010; PD MAA/GIZ/CAMP Alatoo, 2012).

liert wird.[32] Pacht ist explizit verboten. Den Hintergrund der Überlegungen scheint nichts weniger als ein erneuter Paradigmenwechsel in den Ansichten der politischen Führung über den Grundcharakter von ‚Weideland' zu bilden. Nach seiner Transformation vom kollektiven und staatlichen Produktionsmittel zu einem marktfähigen Gut nach 1991 wird es mit dem neuen Gesetz als kollektives Gut lokaler Nutzergemeinschaften behandelt. Dieser radikale Schritt wurde jedoch nicht radikal vollzogen: Die Regelungen beziehen sich erneut explizit nicht auf Weiden des Waldfonds, für welche in erster Linie weiterhin Forstbetriebe verantwortlich zeichnen.[33] Durch diesen Umstand ist die neue Rechtsnorm auf einem erheblichen Teil der Weiden des Untersuchungsgebiets wirkungslos (Abb. 6.3).

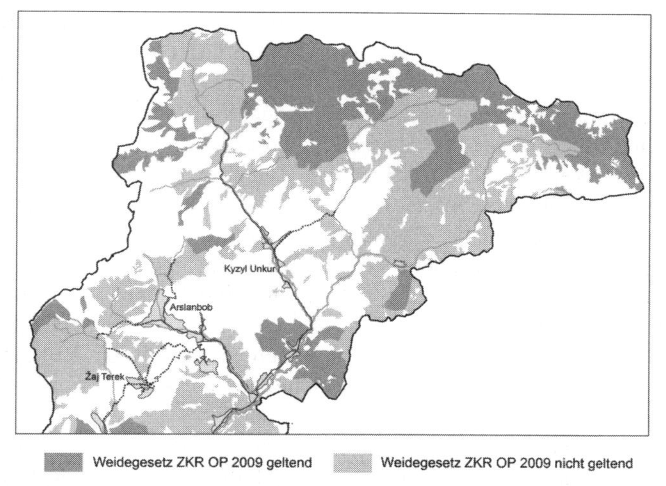

Abb. 6.3: Formaler räumlicher Wirkungsbereich des neuen Weidegesetzes.
Gestaltung: AD (2013) basierend auf KIRGIZGIPROZEM, 1983a, b, c, d, e, f, g, h, i, j, k; POPKR, 1998; GLSKR/GUL, 2004a, 2004b, 2005; Jarvis et al., 2008; ZKR OP 2009

32 Die ergänzende Mustervorschrift „Über die Feststellung der Entgelte für Weidenutzung" [TP PUPIP] liefert hierfür erstmals in der postsowjetischen Zeit eine Kalkulationsvorlage. Den Ausgangspunkt bildet die Feststellung der für das Jahr benötigten und aus der Weidenutzung einzunehmenden Finanzmittel sowie der absoluten Viehzahl der an der Weide interessierten Nutzer durch das Weidekomitee. Mittels eines in der Vorschrift definierten Koeffizienten (adulte Rinder, Yaks, Pferde, Esel und Kamele besitzen den Faktor 1, Jungrinder einen von 0,7 sowie Schafe und Ziegen den Faktor 0,2) wird die absolute Viehzahl in den Umfang von Vieheinheiten umgerechnet. Die zu erzielende Entgeltsumme wird durch den Betrag der Vieheinheiten dividiert und so das saisonale Entgelt pro Vieheinheit ermittelt. Dieses erneut mit dem nutztierspezifischen Koeffizienten multipliziert ergibt die Prämie je Kopf der verschiedenen Vieharten (TP PUPIP 2009 Abschnitt 2 Pkt. 1, 2 Abschnitt 3 Pkt. 1–6).

33 ZKR OP 2009 Art. 1, 2, 4–7, 15

Angesichts des Scheiterns früherer Ansätze war das neue Gesetz sehr bald nach Inkrafttreten kritischen Nachfragen ausgesetzt:[34] Inwiefern vermögen lokale Strukturen und Akteure die von ihnen zu bewältigenden Managementaufgaben vor dem Hintergrund ihrer Unterausstattung mit Personal, Wissen, Finanz- und Sachkapital erfüllen? Kann der neue Ansatz ökologisch nachhaltige Handlungen fördern und rechtlich abgesicherte Planungssicherheit vermitteln, wenn eine jährliche Erneuerung der Nutzungsrechte vorgesehen und Pachtgrundsätzlich verboten sind? Wie können rechtliche Streitigkeiten mit ehemaligen Weidepächtern zur Zufriedenheit aller Beteiligten gelöst werden? Stellen die neuen Vorgaben hinreichend attraktive Alternativen zu weitverbreiteten informellen Formen der Allokation von Weiden und ihrer Nutzung dar? Welchen Entitäten werden jene Weiden zugewiesen, die die Grenzen lokaler Gebietskörperschaften überschreiten oder die vollständig ausserhalb dieser liegen – ein Umstand, der vor allem siedlungsferne Weiden in Landreservelage betraf?[35] Wie kann das Gesetz konstruktiv zur Bearbeitung von Problemen beitragen, die typisch für Waldfondsweiden sind?

Tatsächlich traten in der Praxis rasch nach der Gesetzesimplementierung viele neue Uneindeutigkeiten und Streitfälle im Zusammenhang der Zuordnung von Weiden zu lokalen Gebietskörperschaften auf. Als Reaktion darauf erlassene Novellierungen regeln seit 2011, dass mit Ausnahme von Waldfondsweiden alle ehemals Kollektiv- und Staatsbetrieben zur Nutzung überlassenen Weiden jenen Gebietskörperschaften zustehen, die auf den Betriebsflächen der entsprechenden *kolhozy* und *sovhozy* gegründet worden sind (Abb. 6.4).[36] Umsetzungsschwierigkeiten insbesondere der das Weidemanagement betreffenden Vorgaben zeigen, dass insbesondere das Problem der unzureichenden Ressourcenausstattung lokaler Organisationen und Strukturen ungelöst geblieben ist.[37]

Ferner traten erneut Widersprüche zu anderen Rechtsnormen auf: Indem das Gesetz die Einspeisung aller Weidenutzungsgebühren in die Budgets der Weidekomitees sowie der Etats der Gebietskörperschaften vorsieht, bestanden rechtliche Inkonsistenzen mit den Budgetgesetzen 2009 und 2010, welche die Splittung der Gelder zwischen den Budgets der lokalen Gebietskörperschaften und der Bezirke vorsahen. Dies generierte weitere Unklarheiten innerhalb der Verwaltungsgremien.[38] Die bisher geltenden, allesamt top-down initiierten Weiderechtsregelungen können daher als Glieder eines trial and error-Ansatzes bezeichnet werden, das sowjetische Verständnis des staatlichen Eigentums am Produktionsmittel Weide, exklusive Besitztitel sowie spezifische räumliche Kategorien zunächst mit

34 Experteninterviews U. Kasymov 2008, N. Misiraliev 2008, L. Penkina 2008, V. Moltobaeva 2009

35 Insbesondere diese Problematik wurde von an der Weiderechtsnovellierungsdebatte beteiligten internationalen Organisationen unterschiedlich wahrgenommen. Während USAID bei der administrativen Zuteilung von Weideflächen Schwierigkeiten voraussah, schienen Experten der Weltbank hierin keine künftige Herausforderung zu erkennen (vgl. USAID, 2007: 13–14; Shamsiev et al., 2007: 63).

36 ZKR OP 2011 Art. 3 Abs. 2

37 vgl. PD MAA/GIZ/CAMP Alatoo, 2012: 6; eigene Beobachtungen 2009, 2010 und 2013

38 ZKR RBKR 2009 Art. 8; ZKR RBKR 2010 Art. 8; ZKR OP Art. 11 Abs. 2, 3

den neuen Prinzipien ‚dezentrale Verwaltung' und ‚marktwirtschaftliche Mechanismen', später mit dem Leitbild des ‚partizipativen Ressourcenmanagements' in einem verbindlichen Weiderecht zu koppeln. Der Anpassungsprozess des Rechtsrahmens erscheint damit als eine Abfolge sich wiederholt als inkonsistent, diskontinuierlich und bruchhaft darstellender Versuche, den Herausforderungen der postsozialistischen Transformation zu begegnen (Tab. 6.1).[39]

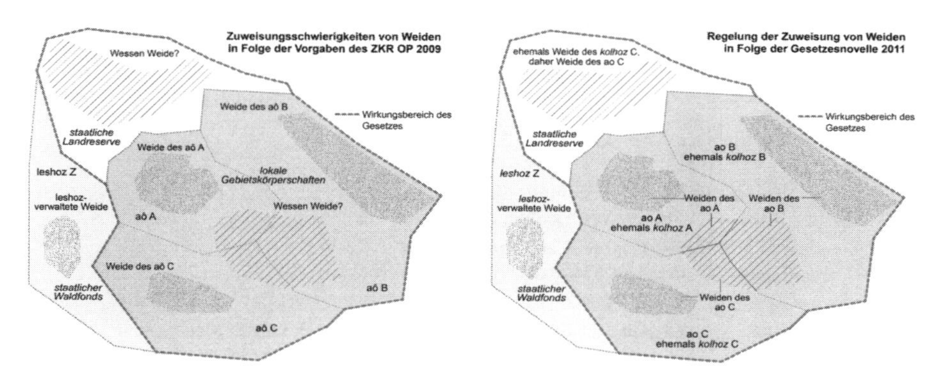

Abb. 6.4: Weidezuweisungsschwierigkeiten infolge der Vorgaben des Gesetzes von 2009 und formale Lösung des Problems durch Novellierungen 2011.
Gestaltung: AD (2013) auf Grundlage der im Text genannten Quellen

Im Zuge der Feldforschungen wurde deutlich, dass die weiderelevanten Regelungen der Wald- und Bodenkodizes, die Weidezuweisungsvorschrift von 2002 und das Weidegesetz von 2009 auch in der Nusswaldregion erhebliche, vielfache von den Machern der Regelungen nicht-intendierte Wirkungen im Lokalen entfalteten. Dies hinderte weiderelevante Akteure daran, aus einer rechtlich gesicherten Position heraus wirtschaftlich, sozial und ökologisch nachhaltige, langfristig angelegte Management- und Nutzungsregime zu entwickeln. Im Resultat verfügen viele Weidenutzer über nur geringe Planungssicherheiten und nutzen die verfügbaren Ressourcen häufig wider besseres Wissen nach kurzfristig angelegten Strategien. Diese folgen vielfach dem Ziel maximal möglicher Extraktion, bei der die langfristigen Konsequenzen der Handlungen keine hinreichende Berücksichtigung finden. Indem die Gesetzgebung zu nicht intendierten Folgen in Form von weidelandbezogenen Rivalitäten, ungleichen Ressourcenallokationen und der Entstehung von ökologischen Problemen beigetragen hat, muss sie als überaus wirkungsmächtige Rahmenbedingung der gesellschaftlichen Weidelandverhältnisse in lokalen Kontexten gelten.

Tab. 6.1: Rechtliche Regelungen seit 1991: Management und Allokation von Weiden

39 vgl. Undeland, 2005: 22; Bichsel et al., 2010; Experteninterview T. Soltobekov 2008

Rechtsnorm	Zentrale Vorgabe für Management-kompetenzen	Zentrale Vorgabe für Allokationen von Verfügungsrechten
ZKRK 1991	*rajon*-Administration: Weiden innerhalb des Bezirks *oblast'*-Administration: Bezirksgrenzen überschreitende Weiden *Ministerrat*: Provinzgrenzen überschreitende Weiden	durch für das Management verantwortliche Organisationen Dauer- und Langzeitpacht bis zu 25 Jahren durch Kollektiv- und Staatsbetriebe und private Interessenten
LKKR 1993, 1999	Regierung und GAPOOSLHPKR: Waldfondsweiden	durch für das Management verantwortliche Organisationen unter Einbindung der *rajon*- und *oblast'*-Administrationen
UPKR MNRGPZAR 1995	*lokale Verwaltung*: siedlungsnahe Weiden *rajon*-Administration: Weiden in mittlerer Distanz von Siedlungen Ministerium für Landwirtschaft und Ernährung: Weiden in hoher Distanz von Siedlungen	keine Aussage
ZKKR 1999, 2003	*ajyl ôkmôty*: siedlungsnahe Weiden *rajon*-Administration: Weiden in mittlerer Distanz von Siedlungen *oblast'*-Administration: Weiden in hoher Distanz von Siedlungen	durch für das Management verantwortliche Organisationen grundsätzlich durch zeitlich begrenzte Pacht (wenige Ausnahmen)
ZKR UZSN 2001	keine Aussage	ausschließlich mittels Pachtvertrag
PPPAIP 2002	*ajyl ôkmôty*: siedlungsnahe Weiden *rajon*-Administration: Weiden in mittlerer Distanz von Siedlungen *oblast'*-Administration: Weiden in hoher Distanz von Siedlungen *GAPOOSLHPKR*: Waldfondsweiden	durch für das Management verantwortliche Organisationen Pacht bis zu 10 Jahren durch Auktionsverfahren und Bereitstellung an ländliche Gemeinschaften und Bedürftige
ZKR OP 2009	*ajyl'nye okrugi* und Weidekomitees: alle Weiden mit Ausnahme jener, die auf Waldfondsflächen liegen	durch lokale Organisationen jährliche Weidebillets Pacht verboten

Quelle: zitierte Rechtsquellen

6.2 BEISPIELE SOZIO-ÖKOLOGISCHER WEIDELANDHERAUSFORDERUNGEN IN DER NUSSWALDREGION

In der Nusswaldregion existieren in enger räumlicher Nachbarschaft Weideländer verschiedener Kategorien und es finden damit parallel unterschiedliche Rechtsnormen Anwendung, die verschiedene Organisationen für das Management der Weidelandverhältnisse sowie unterschiedliche Allokationsregime vorsehen. Gleichzeitig werden diverse Nutzungsformen umgesetzt. Damit repräsentieren die im Folgenden vorgestellten Herausforderungen einen über die Nusswaldregion hinaus gültigen Ausschnitt der vielseitig gelagerten Weidelandherausforderungen im postsowjetischen Kirgisistan.

6.2.1 Sommerweide Kara Art: Zugangsrivalitäten und Nutzungskonkurrenzen

Die Weide Kara Art entspricht der Kategorie einer im Bereich des Waldfonds und in mittlerer Distanz zu Siedlungen liegenden Sommerweide. Über mehrere Jahrzehnte bis zur Auflösung der Sowjetunion wurde die Weide durch die Kollektivbetriebe 60 Jahre Oktober und Engel's allein viehwirtschaftlich inwertgesetzt. Nach ihrer Zuweisung an diese Betriebe waren nebenerwerbswirtschaftliche eigenständige Nutzungen dieser Weideflächen durch die lokale Bevölkerung verboten und fanden den Auskünften der Gesprächspartner nach nicht statt. Der *kolhoz* 60 Jahre Oktober nutzte dabei die höheren sowie die im Westen und Norden gelegenen Abschnitte primär zur Schafweidung. Hirten des ebenfalls nichtlokalen *kolhoz* Engel's weideten Rinder im tiefer gelegenen südöstlichen Teil. Zu Beginn der postsozialistischen Ära fiel das Weidemanagement faktisch dem lokalen Forstbetrieb Arstanbap Ata – zuvor *leshoz* Kirov – zurück. Seit dem Jahr 2000 liegt die Weide im Verantwortungsbereich des Forstreviers Žaj Terek, während dem ZKKR und der PPPAIP entsprechend auch die Bezirksverwaltung an der Allokation von Verfügungsrechten sowie den Pachteinnahmen beteiligt sein sollte. Die gegenwärtig stark von Rivalitäten über Ressourcenzugänge sowie von Konkurrenzen über deren Nutzung geprägten Weidelandverhältnisse entfalteten sich erst nach 1991 auf dem zuvor exklusiv als Rinderweide genutztem Abschnitt.

6.2.1.1 Lokale ackerbautreibende, viehhaltende und im leshoz-Auftrag handelnde Weideakteure

Im Zuge der Weidebegehungen konnte festgestellt werden, dass im Vergleich zur sowjetischen Zeit auf Kara Art sowohl die Nutzeranzahl und damit die Inanspruchnahme der Weidelandressourcen durch in unmittelbarer Nähe lebende Menschen deutlich zugenommen zu haben schien, als auch die Inwertsetzungsformen ein breiteres Spektrum angenommen haben. Allein auf dem zuvor vom *kolhoz* Engel's genutztem Abschnitt weilten teilweise dicht gedrängt über 80 Nutzereinheiten, so dass stellenweise Dichten von bis zu fünf Zeltstandorten je Hektar vorzufinden waren. Mindestens 51 und 15 von ihnen stammten aus den nah gelegenen Siedlungen Žaj Terek und Arslanbob. Lediglich noch einer kam aus der weiter entfernten Siedlung Keņeš und repräsentierte damit die Weide unmittelbar inwertsetzende, nicht-ortsbasierte Akteure. Den Großteil der Nutzer stellten mit mindestens 60 jene Haushalte dar, welche die Weide eigenständig aufsuchten. Dabei hatten zehn ihren Lebensschwerpunkt in Arslanbob und 50 in Žaj Terek. Eine Arslanbober Herkunft wiesen ferner zwei im Auftrag des *leshoz* Arstanbap-Ata arbeitende Pferdehirten, ein ebenfalls im Forstbetriebsauftrag arbeitender Imker sowie ein für Schafe der Siedlungsbewohner zuständiger Gemeindehirte auf.

Aus Žaj Terek stammte der über die Weidesaison vor Ort weilende Forstaufseher des für das Management zuständigen Forstreviers. Professionelle Hirten aus Žaj Terek waren auf dem Weideabschnitt nicht vertreten. Bei dem Weidenutzer aus Keņeš handelte es sich um einen auf das Anbieten professioneller Hütedienste umgesattelten ehemaligen Hirten *čaban* des *kolhoz* Engel's.[40] Vor dem Hintergrund der Weidenutzung zu sowjetischer Zeit machen diese Zahlen deutlich, dass im Nutzerspektrum eine deutliche Verschiebung hin zu lokalen Akteuren stattgefunden hat, was bemerkenswert ist und die Frage nach dem Grund aufwirft.

Diese Verschiebung zu einer nunmehr primär durch lokale Akteure erfolgenden Weideressourcenaneignung ist auf mehrere, sich in beiden Orten sowohl überaus ähnelnde, als auch gegensätzliche Ursachen zurückzuführen. Im Zuge der Haushaltseinkommensstudie und von Respondentengesprächen zeigte sich, dass im Zusammenhang mit den gesellschaftlichen Prozessen nach der Souveränitätserklärung Kirgisistans und der Auflösung der Sowjetunion viele Bewohner beider Siedlungen mit dem Aufkommen multipler Unsicherheiten, in erster Linie mit dem Verlust gesicherter Lohneinkommen und staatlicher Sozialleistungen konfrontiert worden waren. Insbesondere die radikale Verkleinerung des ehemaligen Forstbetriebes Kirov und seines Budgets betraf die Einwohner beider Siedlungen beidermaßen. So schätzten für die letzte Dekade der sowjetischen Ära noch ca. 67 bzw. rund 44 % der 112 bzw. 36 befragten Haushalte der beiden Ortschaften geregelte Löhne als wichtigste Einkommensart ein.[41] Den Angaben der Befragten folgend galt dies in der ersten, von 1991 bis einschließlich 1996 dauernden und ökonomisch besonders schweren Periode der postsowjetischen Transformation für nur noch etwas unter zwei Drittel der 131 in Arslanbob bzw. für knapp über zehn Prozent der 40 in Žaj Terek für diese Periode Auskunft gebenden Haushalte. Schließlich gaben für 2007 nur noch rund ein Fünftel der 142 für den jüngsten Zeitabschnitt Auskunft geben könnenden Arslanbober Haushalte und deutlich weniger als zehn Prozent der befragten 50 Žaj Tereker Respondenten an, geregelte Löhne seien die wichtigste Quelle innerhalb ihres Einkommensportfolios. Dabei ist zu berücksichtigen, dass die Kaufkraft der ohnehin gesunkenen Löhne nicht zuletzt infolge der Aufhebung staatlicher Subventionen für Güter des täglichen Bedarfs und Lebensmittel massiv eingebrochen ist.[42] Vor diesem Hintergrund sind die relativen Bedeutungszunahmen unmittelbar und mittelbar vor Ort verfügbarer, unter relativ niedrigen Investitionskosten nutzbarer natürlicher bzw. naturnaher

40 Aufgrund der mehrfachen Abwesenheit potentieller Gesprächspartner konnten für mehrere Nutzerstandorte keine grundlegenden Merkmale erhoben werden.

41 Die im Folgenden angeführten, die Lebenssicherungsstrategien lokaler Haushalte betreffenden Zahlenwerte stellen Ergebnisse der standardisierten Haushaltsbefragung dar.

42 Ein in allen Siedlungen auf diesen Umstand hin häufig geäußerter Einwand war der, dass die Mehlpreise zu sowjetischer Zeit sehr günstig waren, nach der Auflösung der UdSSR jedoch exorbitant stiegen. Nur sehr selten reflektierten die Respondenten dabei die nur durch massive Subventionierung dauerhaft niedrig gehaltenen Grundnahrungsmittelpreise in der UdSSR. Daneben, dass dieser Einwand auf die hohe Bedeutung von Mehl in der Nahrungspalette der lokalen Bevölkerung verweist, ist zu beachten, dass zum Zeitpunkt der Äusserungen Grundnahrungsmittelpreise im ganzen Land rasant wuchsen (vgl. Marat, 2007: 8).

Ressourcen innerhalb der kreativen Neukonzipierung der livelihood-Strategien der Menschen in der postsowjetischen Transformation zu sehen. So nahmen Holz- und Nichtholzwaldprodukte – insbesondere Walnüsse, der Ackerbau und die häufig weidebasierte Viehwirtschaft im Verlauf der ersten postsowjetischen Jahre für wachsende Anteile der befragten Haushalte den Platz des wichtigsten Einkommens ein.[43] Für die Viehwirtschaft setzte sich dieser Trend in beiden Siedlungen im Verlauf des gesellschaftlichen Umbruchs fort. Dabei ist aber zu berücksichtigen, dass die relative Bedeutungszunahme der Viehwirtschaft nicht mit einer absoluten Zunahme der Viehausstattungen individueller lokaler Haushalte gleichzusetzen ist. So sanken die durchschnittlichen Haushaltsausstattungen mit Kleinhornvieh und Pferden in beiden Gebietskörperschaften Arslanbob und Kyzyl Unkur auch nach 1996 weiter ab (Tab. 5.7). Verschieden jedoch verliefen nach 1996 die Entwicklungen der relativen Bedeutungen der Waldressourcen und des Ackerbaus (Abb. A.31).

Indem mit der neuen politischen Situation auch die hierarchische Organisation des Agrarsektors, seine planwirtschaftliche Produktionsausrichtung sowie zuvor geltende formale Regelungen und Übereinkünfte ihre Relevanz verloren, blieben wie auf vielen anderen Weiden auch auf Kara Art die zuvor jahrzehntelang praktizierten exklusiven und koordinierten Nutzungen durch kollektive und staatliche Agrarbetriebe aus. Die Potentiale neuer Handlungsspielräume und der freigewordenen Graslandressourcen Kara Arts erkennend, drängten neben den die Weide bereits kennenden und sich nicht mehr auf kollektivbetriebliche Exklusivnutzungsrechte beziehen könnenden Hirten nunmehr zunehmend lokale Nutzer aus den beiden Nusswaldsiedlungen auf die Weide. Im Zusammenhang mit den verschiedenen Ausstattungen beider Siedlungen mit naturbasierten Ressourcen unterschieden sich dabei die Interessen dieser Akteure jedoch erheblich voneinander. Bei einem bitemporalen Bildvergleich wird deutlich, dass die ackerbauliche Inwertsetzung der Weide tatsächlich ein postsowjetisches Phänomen darstellt (Abb. 6.5). Der 1990 in Arstanbap-Ata umbenannte Forstbetrieb Kirov wies aufgrund der ökonomischen Krise, des demographischen Drucks und der neben der bestehenden Weideflächenknappheit unter latenter Ackerflächenknappheit leidenden Siedlung Arslanbob bereits 1992 an, begrenzte Areale Kara Arts als Teilfläche seines Betriebsterritoriums entgegen ihrer Ausweisung als Weide für den Ackerbau freizugeben.[44] Ein erheblicher Teil der Žaj Tereker Bevölkerung sah und sieht sich hingegen weniger mit dem Problem knapper Ackerflächen konfrontiert, als mit dem Umstand, über zu gering bemessene Weideflächen zu verfügen.[45] Ein Vergleich der durchschnittlichen quantitativen Weideflächenausstattungen auf

43 vgl. hierzu auch Schmidt, 2005a

44 Experteninterview R. Kultanov 2007. Eine räumliche Ausdehnung der bereits eine Vielzahl von Ackerbauparzellen und Mähwiesen umfassenden, im Süden und Westen Arslanbobs liegenden Abschnitte Kurmajdan und Kyzyl Alma ließ und lässt sich nicht mehr vornehmen.

45 vgl. GAOŽ 458/1; UZGIPROZEM, 1965; Mamaraimov, 2007: 1, 4; Dörre, 2008: 44, 49–50, 78; Experteninterviews A. Kaparov 2008, A. Toktomonov 2008, S. Ulakov 2008; Ergebnis der Haushaltserhebung 2007; eigene Beobachtungen

lokaler und nationaler Ebene macht diese Weideknappheit deutlich: Jeder Person der 2007 offiziell rund 14000 Einwohner[46] zählenden vier Siedlungen innerhalb des Territoriums des rund 2680 ha Weideland umfassenden *leshoz* Arstanbap-Ata[47] standen potentiell 0,19 ha Weide zur Verfügung. Dem Umfang der vom *lesničestvo* Žaj Terek verwalteten, ca. 1390 ha umfassenden und vollständig auf dem Weideabschnitt Kara Art liegenden Waldfondsweiden[48] entsprechend, standen für jeden der 2007 offiziell gemeldeten, fast 2600 Einwohner der gleichnamigen Siedlung[49] theoretisch 0,54 ha Weideland bereit (Abb. 4.2).[50] Landesweit liegt der pro Einwohner existente Weideflächenwert mit über 1,75 ha deutlich höher.[51]

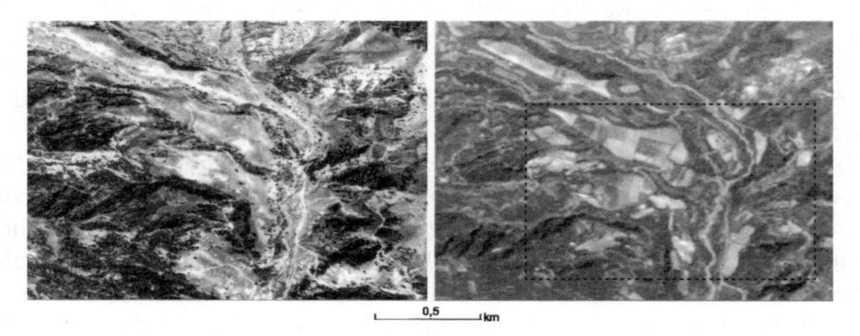

Abb. 6.5: Bitemporaler Bildvergleich: Nutzungswandel auf der Weide Kara Art nach 1991. Gestaltung: AD (2013) auf Grundlage von DOLUGOOSLKh (6.9.1990); SPOT (5.9.2007)

Im Gegensatz zum links befindlichen und im Auftrag des ‚Departements für Jagdwesen und Waldeinrichtung‘ der ‚Staatlichen Agentur für Umweltschutz und Forstwirtschaft' 1990 aufgenommenen Luftbild weist der rechts stehende Bildausschnitt insbesondere in den tiefer liegenden Bereichen der Weide recht deutlich landbaulich genutzte Flächen aus.

Die Rivalität um den Zugang zur Weide besitzt interlokalen Charakter und schwelt zwischen Bewohnern der beiden genannten Nusswaldsiedlungen seit mehreren Jahren. Indem eigene exklusive Nutzungsrechte gefordert werden, wird häufig der Aspekt der Herkunft mit dem des Verfügungsrechts über die Weide

46 vgl. AÔA 2007a, 2007b
47 vgl. GLSKR/GUL, 2004a: 21
48 vgl. GLSKR/GUL, 2005: 20
49 vgl. AÔA 2007a, 2007b
50 Da davon über 208 ha in Steilhanglagen befindlich sind und mehr als 838 ha keine qualitativ hochwertige Futterqualität aufweisen, wird die quantitative Knappheit an viehwirtschaftlich inwertsetzbaren Weideressourcen im besagten Forstrevier durch qualitative Merkmale verschärft (vgl. GLSKR/GUL, 2002: Messtischblätter 1–4; GLSKR/GUL, 2005: 8–21). Ist Steilhanglage für Weiden definiert worden (FN 71 Kap. 4), liefern die genannten Quellen keine Definition für die Qualität von Weiden. Die viehwirtschaftliche Inwertsetzung des ebenfalls von der Žaj Tereker Bevölkerung als siedlungsnahe Sommerweide genutzten Nusswaldabschnitts Šamaldy Gyr soll künftig unterbunden werden (Abb. 4.2; Respondenteninterview K. Dolonov 2007).
51 vgl. SAEPFUGKR/UNDPKR, 2007: 19–20; NSKKR, 2006c: 38

von den Nutzern in direkte Beziehung gesetzt. Gleichzeitig bestehen neben erheblichen Differenzen zwischen den Rechtsvorgaben und der sich vor Ort darstellenden Rechtswirklichkeit auch Konkurrenzen zwischen Nutzern, die ihre Viehwirtschaft, Mähwiesenkultivierung, Ackerbau und Bienenwirtschaft umfassenden Formen der Ressourceninwertsetzung nicht hinreichend aufeinander abstimmen und dabei wiederholt die Interessen ihres Gegenübers verletzen. Nicht intendierte Wirkungen generieren gegenseitig materielle Schäden: Zu Äckern und Mähwiesen umgewidmete Weideareale reduzieren den Umfang der beweidbaren Flächen und befeuern damit sowohl deren Knappheit, als auch deren Beanspruchung. Umgekehrt vernichten infolge ihrer Nahrungssuche in umzäunte Anpflanzungen und Wiesenstücke einbrechende Tiere angebaute Kulturpflanzen und die für die Winterfutterbevorratung vorgesehene Phytomasse. Felder betretende Tiere laufen Gefahr, gewaltsam vertrieben zu werden und dabei körperliche Schäden zu erleiden.[52] Die Aspekte der mit der Nutzerherkunft operierenden Rivalität und der sich um die Nutzungsformen drehenden Konkurrenz bilden einen miteinander verbundenen Problemkomplex, da einerseits von den mindestens 13 Ackerbau betreibenden Nutzern im Jahre 2007 zwölf aus Arslanbob stammten und nur einer aus Žaj Terek. Andererseits präferierten Žaj Tereker Nutzer aus dem oben genannten Grund überwiegend eine viehwirtschaftliche Inwertsetzung der Weide. Die weitreichende Bedeutung des Konflikts wird schließlich daran deutlich, dass er über die Weidefrage hinaus auf andere soziale Felder ausstrahlt, mehrmals zu Gewalt zwischen den Kontrahenten geführt hat und daher insbesondere für die Lokalpolitik sowie für langjährige gewachsene positive Beziehungen zwischen den Einwohnern beider Siedlungen eine Belastung darstellt.[53]

Über mögliche Formen der Inwertsetzung Kara Arts bestehen folglich unterschiedliche Sichtweisen. Arslanbober Nutzer und Vertreter des Forstbetriebes Arstanbap-Ata interpretieren Ackerbau als zumindest teilweise gelungenen Versuch eigenverantwortlicher ökonomischer Aktivitäten in wirtschaftlichen und gesellschaftspolitischen Krisenzeiten. Für viele Arslanbober Nutzer hat er bis in die Gegenwart eine hohe ökonomische Bedeutung bewahrt[54], wie das Beispiel des Haushaltes von B. Bahadirov zeigt:

Porträt eines Ackerbau betreibenden Haushaltes auf der Weide Kara Art

52 Beispielsweise verlor ein Žaj Tereker Nutzer seine Milchkuh, als diese infolge des Verjagens von einem Acker in einen die Weide tangierenden Kanal stürzte und ertrank. Der so geschädigte Haushalt erhielt keine Kompensation des Verlustes. Mehrere andere Žaj Tereker Weidenutzer gingen dem Konflikt aus dem Weg, indem sie auf Weideabschnitte auswichen, die durch ihre Höhe, Exposition und Wasserversorgungssituation nicht für den Ackerbau geeignet waren (Respondenteninterview K. Kadyrbekov 2007; eigene Beobachtungen).

53 vgl. Mamaraimov, 2007: 1, 4; Dörre, 2009: 122–124; Dörre, 2012: 130, 137–140; GLSKR/GUL, 2004a: 11–12; GLSKR/GUL, 2005: 76–77; Respondenteninterviews A. Šajnazarov 2007, K. Kadyrbekov 2007

54 vgl. Dörre, 2008: 61; Respondenteninterviews A. Akbarov 2008, B. Bahadirov 2008, N. Imkerov 2008, F. Imkerova 2009

Die in Arslanbob ansässige Familie des 63-jährigen B. Bahadirov zählt zu jenen Nutzerhaushalten, die infolge der Weideflächenumwidmung in den 1990er Jahren Äcker zur Selbstbewirtschaftung auf Kara Art erhalten haben. Der Haushalt nutzt dabei seit 1997 dieselbe Parzelle. Wie auch 2007 verweilt der ehemalige Arbeiter des *leshoz* Kirov in der Regel mit seiner Mutter, der Ehefrau und einigen seiner Kinder und Enkel von Mai bis August auf der Sommerweide. Zuvor hat er zumeist bereits wichtige Vorarbeiten der Feldbestellung erledigt. Infolge der geringen Distanz zum Wohnort und der Existenz einer befahrbaren, seit der sowjetischen Zeit auch von den Pferdehirten des *leshoz* genutzten Piste verursacht die Nutzung Kara Arts nur relativ geringe zeitliche und materielle Wegekosten und ermöglicht spontane Besorgungen im Ort.

Das Einkommensportfolio des Haushaltes umfasst Waldprodukte – dabei vor allem Walnüsse, ausserdem Ackerbau und Viehwirtschaft. Infolge der Verstetigung der Weidenutzung durch den Haushalt und der Umstände, dass einerseits nahezu der gesamte Haushalt die Weide aufsucht und dass keine weiteren Standortwechsel auf der Weide im Laufe der Saison vorgenommen werden, hat Bahadirov in den Standort investiert, indem er ein Steinhaus als Unterkunft und einen aus Lehm bestehenden Viehstall errichtet hat, in dem die Milchkuh des Haushaltes samt Kalb nächtlich eingehegt werden. Hiervon sowie vom morgendlichen und abendlichen Melken abgesehen weiden die Tiere unbeaufsichtigt.

Im mehrjährigen Durchschnitt besitzt der Haushalt drei bis vier Rinder, wobei schlachtreife Kälber und Jungbullen wahlweise in Arslanbob oder auf dem regionalen Viehbasar in Bazar Korgon verkauft werden wenn die Preise für Vieh am höchsten sind oder kurzfristig Geld benötigt wird (Abb. A.32). Haupthandelszeit ist in der Regel der Herbst. Das hängt unter anderem damit zusammen, dass Hochzeiten als zentrale soziale Ereignisse saisonal gehäuft nach dem arbeitsintensiven Sommer und vor Einbruch des Winters stattfinden und dadurch die Nachfrage nach Fleisch für eine mehrere Wochen andauernde Periode stark steigt. Ein gesunder Jungbulle mit einem Alter von anderthalb Jahren erreichte im Oktober 2007 einen Preis von 16 000 K.S.[55] Damit generiert der Haushalt einerseits episodisch monetäres Einkommen und verringert zum anderen die Menge des ansonsten zwingend zu beschaffenden Winterfutters. Der Großteil der Arbeitskraft stand während der Weidesaison somit dem Ackerbau zur Verfügung, der das Hauptmotiv des Weideaufenthaltes darstellt. Ferner verarbeitet die Familie überschüssige Milch zu haltbarem *qurut* und vermarktet dieses Produkt selbst. Auf der mehrere Dutzend Ar umfassenden Bogharackerfläche baut Bahadirovs Familie im Rahmen eines Fruchtfolgesystems Mais, Kartoffeln, Sonnenblumen und andere Ölsaaten an. Die Erzeugnisse dienen einerseits der Subsistenzversorgung, andererseits werden insbesondere Futterpflanzen marktorientiert produziert. Regelmäßige Geldeingänge kann der Haushalt nicht vorweisen. Der Substitution des Grundnahrungsmitteleinkaufs durch den subsistenzorientierten Ackerbau kommt daher höchste Bedeutung zu. Dabei ist dem Gesprächspartner klar, dass die von seinem

55 ŽOUGS, 2007; eigene Beobachtungen

Haushalt praktizierte ackerbauliche Inwertsetzung der Weide rechtlich untersagt, ihre Ausführung lediglich geduldet und daher beständig ungesichert ist. Da der Haushalt keine andere Ackerfläche besitzt bzw. nicht auf andere Flächen ausweichen kann, ist er in hohem Maß vom Wohlwollen der Administration des Forstreviers Žaj Terek und dem von ihm beauftragten Aufseher sowie dem der anderen Weidenutzer aus dem Nachbarort abhängig. Seine geringe Ausstattung mit finanziellem Kapital erschwert dem Haushalt gleichzeitig, eigene Interessen längerfristig durchzusetzen. Sie macht ihn für mächtigere Akteure leichter angreifbar und belastet seine von Rechtsunsicherheit geprägten Verfügungsmöglichkeiten über die Ressource. Bahadirov war deshalb froh, mit seinen Weidenachbarn bisher keine persönlichen Dispute ausgefochten zu haben. Neben dem jährlich zu erwerbenden *lesnoj bilet* trifft der Haushalt daher auch informelle, ackerbauliche Praxis ermöglichende Übereinkünfte mit dem zuständigen Personal des Forstbetriebes. So zahlt er, wie andere Ackerbau betreibende Nutzer auch, jährlich eine unquittierte und in ihrer Höhe variable Barsumme an den mit der Aufsicht über die Weide betrauten Forstaufseher, um im Gegenzug nicht für seine Nutzungspraxis belangt zu werden.[56] Einen Pachtvertrag besitzt B. Bahadirov nicht.

Angesichts der anhaltend schwierigen Rahmenbedingungen in Arslanbob erließ der ehemalige Leiter der *oblast'*-Leitung der Staatlichen Agentur für Umweltschutz und Forstwirtschaft noch 2006 einen Befehl, diese Mischnutzung für die kommenden fünf Jahre zu dulden, der jedoch keinen Bestand hatte:[57] Der neue Agenturleiter annullierte den Befehl mit einem Verweis auf geltendes Recht, wonach auf Weiden allein die Bewirtschaftung im Sinn der viehwirtschaftlichen Nutzung legal sei.[58] Einige Arslanbober Nutzer vermuten, dass hinter der Anweisung das weitergehende Ziel steht, sie zu Gunsten der Bevölkerung Žaj Tereks von der Weide zu verdrängen. Mit dem absehbaren Ende der Ackerbautolerierung konfrontiert, überwogen bei ihnen fatalistische und trotzige Einschätzungen kommender Entwicklungen, die zu Äusserungen führten wie „Was die nächste Zeit bringt, weiss nur Gott allein“ und „Ich weiss noch nicht weiter, wenn der Beschluss umgesetzt werden sollte.“ Ein anderer Arslanbober Nutzer berief sich auf seine seit 1993 vertraglich geregelte Ackerlandnutzung und kündigte an, trotz Verbotes wiederzukommen oder unter Umständen Kompensationsforderungen zu stellen. Mit dem Argument, die bei Anwendung einer tabula rasa-Lösung wahrscheinlich eintretende Eskalation der Lage verhindern zu wollen, tolerierte das Žaj Tereker Forstrevier in der Saison 2007 jedoch ackerbauliche Praktiken und kündigte zugleich die Durchsetzung des Befehls ab dem Folgejahr an. Bis einschließlich 2013 wurde jedoch weiterhin Ackerbau auf Teilen der Weide betrieben.[59]

56 Respondenteninterviews B. Bahadirov 2007, A. Akbarov 2008, N. Imkerov 2008

57 vgl. Mamaraimov, 2007: 4

58 GAPOOSLHPKR-ŽTURLROS 2007

59 vgl. Dörre, 2008: 49–50, 57; Auskünfte von Weidenutzern; Expertengespräche A. Kaparov 2008, A. Toktomonov 2008, S. Ulakov 2008; Respondeteninterviews A. Akbarov 2008, N. Imkerov 2008; eigene Beobachtungen

Seit dem sich das Žaj Tereker Forstrevier vom *leshoz* Arstanbap-Ata zu Beginn des neuen Jahrtausends abgespalten hat, sieht ein erheblicher Teil der Žaj Tereker Weidenutzer seine Interessen infolge der ackerbaulichen Inwertsetzungen Kara Arts durch die Bewohner der Nachbarsiedlung hingegen verletzt.[60] Der Haushalt L. Nazarovs vertritt diese Position:

Porträt eines nur Viehwirtschaft betreibenden Haushaltes auf Kara Art
L. Nazarovs Sommerweideaufenthalt dauert ebenfalls von Mai bis maximal Ende August. Diesen verbringt der ehemalige Forstbetriebsarbeiter und Bibliothekar der Schule gemeinsam mit seiner Frau und den sechs Kinder in Zelten. Eine feste Unterkunft besitzt die Familie auf der Weide nicht. Ihr dachloser Viehpferch befindet sich unter einem Baum und wird lediglich von einem Holzgeflecht umgrenzt. Die nur über rund fünf Kilometer reichende Trift erfolgt ohne Zwischenstation mittels Pferd, Esel und zu Fuß innerhalb eines Tages über eine mit geländegängigen Fahrzeugen befahrbare Piste. Die nur geringe Wegekosten verursachende Lage der Weide ermöglicht dem Haushalt, rasch und spontan Erledigungen im Wohnort bzw. dem Verwaltungszentrum der Gebietskörperschaft nachzugehen. Dies ist für den nach der Auflösung der UdSSR das verlässliche Lohneinkommen verloren habenden Haushalt von großer Wichtigkeit: Neben einem primär für Mais- und Kartoffelanbau genutztem Acker im Wohnort generiert der Haushalt sein Einkommen nunmehr insbesondere aus Waldprodukten – auch hier wieder Walnüssen, aus Kindergeld als einer staatlichen Transferleistung, vom episodischen Verkauf von Tieren und Milchprodukten, aus Verwandten und Freunden angebotenen Hütediensten sowie durch subsistenzorientierte Viehwirtschaft.

Als zentraler Grund der Weidenutzung gilt dem Haushalt die Sömmerung der eigenen Herde, die 2007 aus jeweils vier Milchkühen und Kälbern, sechs Schafen sowie je einem Pferd und einem Esel bestand. Ausserdem beaufsichtigte er drei den Eltern und Freunden des Gesprächspartners gehörende Milchkühe nebst Kälbern. Saisonal Verantwortung tragend, hat L. Nazarovs Haushalt nach dem Ende der Weidesaison sowohl die Tiere wohlbehalten an die Eigentümer zurückzubringen, als auch einen pro Milchkuh mit geklärtem Butterschmalz *sary maj* (krg.)[61] gefüllten Zehnlitereimer an sie auch abzugeben, das aus der gemolkenen Milch gewonnen worden war. Als Lohn für seine Hütedienste durfte der Haushalt die restliche gemolkene Milch in der von ihm präferierten Form über die gesamte Weidesaison für eigene Zwecke nutzen. Dieses Modell der saisonalen Überantwortung des Viehs an Verwandte und Freunde gegen freie Nutzung der Milch als Entlohnung ist nicht nur in der Nusswaldregion verbreitet, sondern lässt sich auch in anderer Regionen Mittelasiens beobachten.[62] L. Nazarovs Haushalt verarbeitete

60 Auskünfte von Weidenutzern; Expertengespräche A. Kaparov 2008, A. Toktomonov 2008, S. Ulakov 2008, B. Abdumalikov 2009

61 krg. für ‚gelbe Butter‘

62 Shahrani (2002: 179) beschreibt zum Beispiel ein ähnliches, unter der Bevölkerung des Wakhan verbreitetes Arrangement, das auch von Kreutzmann aufgegriffen wird (vgl. ebd., 2011b: 46).

die Milch klassischerweise in der vor Ort populären Praxis zu haltbaren, einerseits für die Subsistenzversorgung, andererseits auch für Vermarktungszwecke vorgesehenen Produkten wie *sary maj* und *qurut* (Abb. A.33). Diese Produkte werden in der Regel schon während der Weidesaison gegen Lebensmittel eingetauscht, die von auf die Weide kommenden ambulanten Händlern angeboten werden. Tiere, beispielsweise Jungbullen und Hammel, verkauft er hingegen wie sein Arslanbober Nachbar B. Bahadirov nach der Weidesaison eigenständig auf dem Viehmarkt des Bezirks. Da Viehwirtschaft den Hauptgrund des Weideaufenthaltes darstellt, ist L. Nazarovs Haushalt an einer bestmöglichen Futterbasis interessiert. Im Wissen, dass der Ackerbau potentielle Futterstandorte verkleinert, lehnt der Gesprächspartner diese Nutzungsform strikt ab, verknüpft sie jedoch nicht mit pauschaler Ablehnung der Anwesenheit von Weidenutzern aus der Nachbarsiedlung. Wie bei den meisten anderen lokalen Akteuren bildet die jährlich beim Forstbetrieb zu erwerbende Lizenz die formale Grundlage der Ressourcennutzung des Haushalts. Indem der Haushalt ausserdem gezwungen war, informelle und unquittierte zusätzliche Zahlungen an den als Wächter über die Weideressourcen auftretenden, für die Weideaufsicht zuständigen Forstbetriebsangestellten abzutreten, bildet er unter den Weidenutzern keine Ausnahme. Dabei sind die Preise sowohl für den *lesnoj bilet*, als auch die informelle Zahlung intransparent gestaltet und wurden von L. Nazarov mit einerseits 370 K.S. für die für das Jahr 2007 gültige Lizenz sowie andererseits mit unquittierten, zusätzlich informell gezahlten 1200 K.S. beziffert.[63] Er besaß auch keinen Pachtvertrag.

Die von den meisten Žaj Tereker Weidenutzern vertretene Forderung des Ackerbauverbotes auf Kara Art wird vom für das Management dieses Waldfondsabschnittszuständigen Forstbetrieb offiziell mitgetragen. Dessen Umsetzung gehört nominal zu seinen Aufgaben.[64] Dennoch war diese seit 2007 verbotene Nutzungsform bis einschließlich 2011 zu beobachten gewesen. Die geringe Durchsetzungsfähigkeit der individuellen weidenutzenden Akteure aus Žaj Terek offenbart sich demzufolge darin, die Administration des Forstreviers und von ihm beauftragte Angestellte nicht zur Umsetzung des Verdikts bewegt haben zu können. In diesem Zusammenhang ist es erstaunlich, dass zumindest innerhalb des Beobachtungszeitraumes weder eine Gruppen-, noch eine gemeinsame Willensbildung durch die lokalen Akteure für die Durchsetzung des geteilten Interesses stattgefunden hat. Daher können, mit Referenz auf die Politische Ökologie formuliert, die Žaj Tereker Weidenutzer lediglich als eine lose Interessensgruppe bezeichnet werden.

Auf Kara Art im Auftrag von Forstbetrieben weilende Weidenutzer bilden im Kontext des vorliegenden Beispiels eine dritte wichtige Kategorie weiderelevanter Akteure. Dabei handelt es sich um zwei im Auftrag des *leshoz* Arstanbap-Ata tätige Pferdehirten, deren raumzeitlichen Beweidungsregime und Wirtschaftsweisen

63 Von einem mit etwas weniger Vieh ausgestatteten Nutzer wurde hingegen keine Lizenz verlangt, jedoch eine unquittierte Zahlung von 600 K.S., um nur eines von mehreren abweichenden Beispielen zu nennen.

64 Experteninterviews A. Kaparov 2008, A. Toktomonov 2008, S. Ulakov 2008

weitgehend denen aus sowjetischer Zeit entsprechen[65] sowie um einen Imker. Ihren Weideaufenthalt auch zur Verfolgung eigener Nebenerwerbswirtschaften nutzend, basiert das Weidenutzungsrecht dieser Forstbetriebsangestellten auf Absprachen und Verträgen zwischen den beiden benachbarten Forstbetrieben. Angesichts der Umstände, eine im lokalen Kontext mächtige Organisation unterstützend im Hintergrund zu wissen und zugleich mit höherem Organisierungsgrad in die Verhandlungen über Verfügungsrechte über die Ressource zu treten, besitzen diese Nutzer deutlich größere Potentiale zur Durchsetzung sowohl der eigenen Interessen, als auch jener ihres Arbeitgebers. Sie können daher als Mitglieder eines Akteurskollektivs bezeichnet werden. Am Beispiel des Imkers N. Imkerov wird dies deutlich.[66]

Porträt des im Auftrag des leshoz Arstanbap-Ata auf Kara Art weilenden Imkers
Der ca. siebzigjährige N. Imkerov blickt auf eine langjährige Tätigkeit als Imker zurück: während der sowjetischen Epoche zunächst im Forstbetrieb Kirov und danach im leshoz Arstanbap-Ata. Den von ihm genutzten Abschnitt bezog er Anfang der 1990er Jahre im Zuge der Umwidmung von ehemals vom *kolhoz* Engel's genutzten Weideflächen zu Ackerland. Der rund zwei Hektar große Abschnitt ist umzäunt, von mehreren Dutzend durch den Imker selbst angepflanzten schnell wachsenden Pappeln umgeben und ähnelt mit seinem Steinhaus einem Anwesen. Hier verbringt er in Begleitung mehrerer Mitglieder seines Haushaltes die von April bis Ende September dauernde Saison. Während seine Angehörigen den mit Kartoffeln, Mais und Sonnenblumen bestellten und mittels Bewässerung ertragreichen Acker bewirtschaften geht er der Bienenwirtschaft als dem Haupteinkommenszweig des Haushaltes nach. Weidebasierte Viehhaltung betreibt er keine nennenswerte, hält jedoch subsistenzorientiert einige Hühner und Gänse. Ein Teil der selbst produzierten Ackerfrüchte, des Gemüses und Honigs wird vor Ort gegen Milchprodukte und Fleisch eingetauscht. Seitdem seine Wirtschaftsfläche infolge der Betriebsteilung auf dem Gebiet des Forstreviers Žaj Terek liegt, bilden zwischenbetriebliche Übereinkünfte die Legitimation seiner Weidenutzung. Da Imkerov mit rund 20 Jahren Arbeitspraxis vor Ort als alteingesessener Weidenutzer und durch eine Pilgerfahrt nach Mekka als respektabler *hağı* gilt, haben er und sein Haushalt zudem eine herausgehobene und privilegierte soziale Position. Dies wird durch seine Mitgliedschaft im prestigeträchtigen Gremium der *aksakal*[67] von Arslanbob bestärkt.

Der Haushalt bezieht sein Einkommen maßgeblich aus der Bienenwirtschaft und dem Ackerbau. Er besitzt über achtzig Bienenvölker und ist jährlich verpflichtet, eine Planabgabe von fünf Kilogramm Honig *asal* (krg.) je Volk an den *leshoz* zu liefern der diesen weitervermarktet. Da N. Imkerovs Haushalt umfang-

65 So haben die Pferdehirten dieser staatseigenen Betriebe weiterhin von der Betriebsleitung vorgegebene Planvorgaben zu erfüllen, welche in die zentralen, für den forstwirtschaftlichen Sektor geltenden Wertschöpfungsvorgaben einfließen.
66 vgl. Dörre, 2008: 62–63
67 krg./usb. für ‚Weissbart' (männliche ältere Respektperson)

reich in den Weideabschnitt investiert hat[68], auf ein saisonal zwar beschränktes, aber vergleichsweise lukratives Einkommen blickt sowie mit einer stark ausgeprägten Knappheit an für seine Wirtschaftsweise geeigneten Flächen konfrontiert ist, liegt sein primäres Interesse in einer Wahrung des bestehenden Status bzw. der rechtlich gesicherten Verstetigung seines Nutzungsrechts. Indem sein qualitativ hochwertiger Honig für das Einkommen seines Auftraggebers unmittelbare betriebswirtschaftliche Relevanz besitzt, erhält er durch ihn wirkungsvolle Unterstützung bei Verhandlungen mit der Leitungsebene des *lesničestvo* Žaj Terek. Von dieser wurde eine jährliche Pacht in Höhe von 2100 K.S. pro Hektar erhoben. Er zahlt diese bereitwillig, hält die Summe jedoch für überdurchschnittlich. Obschon das Žaj Tereker Forstrevier Interesse an dem Territorium bekundete, scheint der Umgang seiner Führung mit dem Imker ausgeprägt opportunistisch zu sein: Das in seinem Fall erhobene Nutzungsentgelt übertrifft jenes um ein Vielfaches, welches durch eine Vergabe der Parzelle für Viehweidungszwecke generiert werden könnte. Der Protagonist gab an, es läge dem *lesničestvo* Žaj Terek sogar eine Weisung der *oblast'*-Leitung für Waldentwicklung und Jagdressourcenvor, seine Präsenz und Wirtschaftsweise auf Kara Art weiterhin zu billigen.[69] N. Imkerovs verhältnismäßig starke Position und Handlungsmacht innerhalb der Weidelandverhältnisse auf Kara Art scheint damit sowohl auf die verhältnismäßig solide Finanzkapitalaustattung seines Haushaltes zurückzuführen zu sein die ihm ermöglicht, die hohen Forderungen erfüllen zu können, als auch auf sein Sozialkapital als ökonomisch wichtiger und mit anderen im Auftrag seines Auftraggebers die Weide inwertsetzenden Nutzern vernetzter Akteur sowie hochgestellte gesellschaftliche Position als *aksakal* und Mekkapilger.

Indem die von den Forstbetrieben mit der Aufsicht über die Weiden beauftragten Forstaufseher *lesniki* (rus.) einerseits als Mittler zwischen den Nutzern und der Verwaltung der Ressourcen stehen sowie andererseits zur Erfüllung ihrer professionellen Aufgaben und Verfolgung eigennütziger Ziele über den Zeitraum der Weidesaison mit eigenen Standorten vor Ort sind, repräsentieren sie sowohl die mit dem Ressourcenmanagement betraute Organisation, nehmen zugleich aber auch die Position individueller lokaler Akteure ein. Dies wird am für Kara Art zuständigen Forstaufseher deutlich.[70]

68 Mitglieder seines Haushaltes und seines sozialen Netzwerks waren es, die das Weideland urbar machten, Bewässerungskanäle anlegten, Gebäude, Zaun und Werkschuppen errichteten sowie Pappeln anpflanzten.

69 Diese Angabe konnte nicht gegengeprüft werden.

70 vgl. Dörre, 2008: 49–50, 57; Dörre, 2009: 122–124; Respondenteninterview M. Akašov 2007, 2009, A. Akbarov 2008, N. Imkerov 2008; Expertengespräche A. Kaparov 2008, A. Toktomonov 2008, S. Ulakov 2008; vgl. auch LKU, o.J. Die letztgenannte Quelle definiert das Berufsfeld für Forstaufseher. Da Forstbetriebe in Kirgisistan grundsätzlich staatlich sind, dieselben Ziele verfolgen und die gleichen Strukturen aufweisen, ist davon auszugehen, dass die Rechte und Pflichten der Forstaufseher aller Forstbetriebe einander weitgehend entsprechen und die im Forstrevier Žaj Terek geltende Regelung überaus ähnlich der hier zitierten und aus dem *leshoz* Kyzyl Unkur stammenden ist.

Porträt des im Auftrag des Žaj Terek Forstreviers tätigen Forstaufsehers
Die offiziellen Pflichten des in Žaj Terek ansässigen, für Kara Art zuständigen *lesnik* (rus.) bestehen darin, die Einhaltung der legalen Wirtschaftspraktiken zu überwachen, Übertritte zu registrieren, zu unterbinden und an die Forstrevieradministration zu melden. Ferner obliegt ihm, eines Vergehens oder einer Straftat Verdächtige festzuhalten und den zuständigen Behörden zu übergeben. Die Kontrolle relevanter Dokumente stellt dabei einen wichtigen Bestandteil seiner Kompetenzen dar. Durch seine Kontroll- und Sanktionsbefugnisse nimmt er in den Kara Arter Weidelandverhältnissen die wichtige Stellung eines gatekeepers ein. Das bedeutet, dass er den Zugang zu den und die Nutzung der ihm zur Betreuung übertragenen, jedoch nicht in seinem Besitz oder Eigentum befindlichen Weideressourcen im Interesse seines Auftraggebers zu kontrollieren hat. Dafür hat er seine Zelte gemeinsam mit seiner als Veterinärin tätigen Frau auf der Fläche eines vormals Ackerbau und Mähwiesenkultivierung praktizierenden Arslanbober Haushalts aufgeschlagen. Trotz seiner unmittelbaren Anwesenheit vor Ort traten sowohl die beschriebenen Nutzungskonflikte, als auch ökologische Weideprobleme auf. Dies wirft die Frage nach der Ausübung und den Wirkungsweisen seiner Tätigkeit auf.

Sein Status als professioneller lokaler Akteur verleiht dem Forstaufseher eine im lokalen Maßstab erhebliche Machtfülle und zugleich verschiedene Gelegenheiten, eine eigene, sowohl von materiellen, als auch von immateriellen Interessen bestimmte versteckte Agenda zu verfolgen: Trotz geringem Lohn ist die Wahrung seiner beruflichen Position für seinen Haushalt einerseits wirtschaftlich wichtig, was den Forstaufseher an die Erfüllung seiner professionellen Pflichten bindet. Zugleich verlangt seine soziale Einbettung opportunes Verhalten gegenüber den Mitgliedern seines sozialen Netzwerkes, um deren Sanktionsmechanismen zu entgehen. Diese Position generiert somit Loyalitätskonflikte – beispielsweise wenn die Umsetzung der Maßgaben seines Arbeitgebers oder der übergeordneten Agentur den Vorstellungen der zu seinem sozialen Netzwerk gehörenden Weidenutzer widerspricht. Unter diesen Rahmenbedingungen wird die inkonsequente Umsetzung solcher Vorgaben verständlich, wozu die nach individuell getroffenen informellen Absprachen und unter spezifischen Bedingungen erfolgenden Tolerierungen des Ackerbaus, der Ziegenweidung und des Lebensholzeinschlags zu zählen sind. Die scheinbar beliebigen Festlegungen der Höhe der Weidenutzungsgebühren und der Entgelte für Unterkunfterrichtung und Holznutzung durch den Forstbetrieb bzw. den Forstaufseher sind daher weniger als Willkür, als vielmehr als Ergebnisse von Übereinkünften zu sehen, welche dem Forstbetrieb und seinem Personal sowohl zusätzliches Einkommen verschaffen, als auch den an einer unmittelbaren Inwertsetzung der Weide interessierten Akteuren die von ihnen präferierte Inwertsetzungsform ermöglichen. Verweigerungen der Quittierung getätigter Zahlungen unter gleichzeitiger Ankündigung negativer Folgen bei Nichtbeachtung einer Forderung sind hingegen als strategisch eingesetzte Machtinstrumente und Ausdruck ungleicher Machtverhältnisse zwischen dem Kara Arter Forstaufseher als einem über umfangreiche Entscheidungs- und Handlungsmacht verfügenden Akteur, der auf einer flächig relativ kleinen, für die betreffenden Nutzer aber wirtschaftlich wichtigen Ressource agiert, sowie den Ressourcennutzern als seinen in Abhängigkeit von ihm stehenden Klienten zu verstehen. Der Forstaufseher stellt damit einen unmittelbar vor Ort agierenden Akteur dar, der die Ressource nicht durch eigene unmittelbare Nutzung inwertsetzt, sondern mittels seines Sozialkapitals zur Einkommensgenerierung instrumentalisiert. Damit beeinflusst er die Weidelandverhältnisse Kara Arts in hohem Grade.

Möglichkeiten zur Organisierung eines nutzerbasierten Weidemanagements und damit einer partizipativen Konfliktlösung durch ein aus dem Kreis der Nutzer gebildetes Weidekomitee – wie es das neue Weidegesetz vorsieht – besitzen die Ackerbauern und Viehhalter auf Kara Art formell nicht, da sich dieses explizit nicht auf Waldfondsweiden bezieht. Auch waren keine Ansätze zu einer Selbstorganisierung festzustellen. Zudem widerspricht eine solche Maßnahme den Interessen des – wie gezeigt wurde – handlungsmächtigen Forstreviers und seiner Mitarbeiter.

6.2.1.2 Externe Akteure und Organisationen: Hirten, staatliche Forstwirtschaft und Verwaltungseinrichtungen

Neben maßgeblich im lokalen Kontext agierenden Akteuren sind auch die Weide unmittelbar viehwirtschaftlich nutzende externe Akteure und Organisationen auf verschiedene Weisen in die Weidelandverhältnisse Kara Arts eingebunden. Kamen nahezu alle Nutzer dieses Weideabschnitts nach seiner Zuweisung an Kollektivbetriebe aus im Steppenbereich gelegenen Siedlungen, war fast 20 Jahre nach der Auflösung der UdSSR lediglich ein Viehhalter von dort auf dem Abschnitt anzutreffen. Der ehemalige *kolhoz*-Hirte fand auf Kara Art Bedingungen vor, die ihm seit Jahren verlässlich eine spezifische viehwirtschaftliche Nutzung der Ressource ermöglichen.[71]

Porträt eines Kara Art nutzenden, professionellen Hirten aus dem Steppengebiet
M. Šajnazarov, wohnhaft in Keņeš, hütet seit über 40 Jahren Tiere. Im Kindesalter den Vater begleitend übernahm er später dessen Beruf und trat in den Dienst des Kollektivbetriebs Engel's. Dabei besuchte er zumeist höherliegende Abschnitte der Weide Kara Art. Im Zuge der Auflösung des *kolhoz* erhielt er zwar nur zwei Schafe aus dem Betriebsbestand, verfügte allerdings durch strategische eigene Bestandsmehrung bereits damals über eine eigene Herde von ca. 100 Schafen und zehn Rindern. Die Fortsetzung saisonaler Weidenutzungen wurde für ihn nach dem Verlust des entlohnten Arbeitsplatzes aus elementaren Gründen der Überlebenssicherung essentiell. Die Umstände auf Kara Art boten dies ermöglichende Bedingungen, so dass er seither maßgeblich diese Weide als *žajloo* nutzt. Im Zeit-

71 Respondenteninterview M. Šajnazarov, 2007

raum der Studie suchte der Hirte die Weide gemeinsam mit seiner Frau unter Nutzung eines Zeltes auf. Eine bodenstete Behausung hatten sie nicht errichtet und streben eine solche auch nicht an. Mittlerweile sich zu einem professionelle Hütedienste anbietenden Hirten gewandelt, betreute M. Šajnazarov eine Herde von rund 400 Schafen, 200 Ziegen und zehn Rindern, die den Einwohnern seines Wohnortes sowie seinem Haushalt gehören. Dabei ist der Herdenumfang im Verlauf der letzten Jahre gesunken, da zunehmend mehr Einwohner Keņešs Hirtendienste anbieten und der nur langsam wachsende Viehbestand zwischen ihnen aufgeteilt wird.

Vor dem Hintergrund der hohen Verantwortung und aufgrund seiner reichen und langen Erfahrung weiss er von der Notwendigkeit raumzeitlicher Weidewechsel und wendet ein Triftmuster an, dass sich an die bereits in sowjetischer Zeit von den Hirten der *kolhozy* 60 Jahre Oktober und Engel's vollführten Mobilitätspraktiken anlehnt: Nach einer stall- und siedlungsnahen Frühlingshaltung auf 50 von ihm bei der lokalen Selbstverwaltung gepachteten Hektar Grasland erfolgt im Mai der Auftrieb nach Kara Art, dem Ende August der Abtrieb auf die bis zum ersten Schnee genutzten, um Uč Bulak herum gelegenen Herbstweiden folgt. Seine Entlohnung ergibt sich aus entsprechend der Tierart gestaffelten monatlichen Hüteprämien: Schafe und Ziegen kosten 25 K.S. und nichtmilchgebende Rinder 80 K.S. pro Kopf. Milchkuhweidung erfolgt nach dem oben beschriebenen Prinzip der freien Milchnutzung. Ferner verlangt er für veterinäre Dienste einmalig 15 K.S. pro Tier und Saison, da er sich aufgrund des mineral- und spurenelementarmen Wassers auf der Weide auch um die Reichung ergänzender Mineralsalze sowie um die notwendigen Impfungen gegen Maul- und Klauenseuche, Schafspocken, Milzbrand und andere Krankheiten kümmert.

Entgegen den Erfordernissen der im Zeitraum des Gespräches geltenden PPPAIP-Regelung besitzt er über keinen unter Beteiligung der Forstrevierverwaltung Žaj Terek und der *rajon*-Administration Bazar Korgon zustande gekommenen Mehrjahrespachtvertrag. Sein Verfügungsrecht erwarb er bisher jährlich über lediglich direkt beim Forstbetrieb erworbene Waldnutzungsbillets sowie durch unquittierte, jährlich schwankende Gebühren für die Zeltaufstellung und Holznutzung. Seine Weidenutzung war damit nicht offiziell registriert und der Bezirk erhielt keinerlei Anteile des von ihm beim Forstrevier Žaj Terek eingezahlten Entgelts. Im Zusammenhang mit dieser rechtlichen Vorgaben widersprechenden Verfügungsrechtallokation muss auch ein anderer, für den Hirten aus Keņeš wichtiger Begleitumstand gesehen werden: Trotz Verbot besteht für ihn hier seit Jahren die Möglichkeit der gesetzlich verbotenen Ziegenweidung. Auf der von ihm zwischenzeitlich aufgesuchten, vom *leshoz* Kyzyl Unkur verwalteten Sommerweide Kenkol im Norden des Bezirks würde dieses durchgesetzt werden, so M. Šajnazarov. „Hier", so setzt er nach, „kann man sich jedoch [mit dem Forstaufseher] einigen" (Übersetzung AD).[72]

72 Mindestens zehn weitere Nutzer Kara Arts gaben an, Ziegenweidung zu praktizieren. Der zuvor vorgestellte Forstaufseher bezifferte das pro Ziege saisonal zu entrichtende Nutzungsentgelt auf 370 K.S. – seine Vorgesetzten in der Administration des Forstreviers hingegen

Die Auskünfte des Hirten und anderer weidenutzender Akteure zeigen, dass pachtvertragslose Weidenutzung, unquittierte Entgelte und illegale Ziegenweidung nicht in alleiniger Verantwortung der Nutzer liegen, sondern maßgeblich durch die Mitarbeiter des gesetzlich zum Schutz der Wald- sowie der in Waldfondslage befindlichen Ressourcen verpflichteten Forstbetriebs – der diese Aufgaben auch als Leitbild seiner Tätigkeit übernommen hat[73] – ermöglicht werden. Das Forstrevier als ortsnah agierende, in den lokalen Verhältnissen zumeist durchsetzungsfähige und damit relativ machtvolle Organisation ist durch diese Managementstrategie an der Verursachung sowohl sozialer Konflikte, als auch ökologischer Weideprobleme beteiligt. Hintergründig zeichnen sich zwei Spannungsfelder ab, mit denen der Forstbetrieb dabei operiert.[74] Die angewandten Modi der Verfügungsrechtsallokation bilden das erste Spannungsfeld. Das *lesničestvo* Žaj Terek vergab Waldweidenutzungsrechte in der Regel allein und ohne die entsprechend der Kategorisierung Kara Arts als ‚Mitteldistanzweide' laut PPPAIP zwingend einzubindende *rajon*-Administration und GOSREGISTR KR sowie nicht im Rahmen von Auktionen oder Zuweisungen an Bedürftige. Zumeist wurden quittungslose Entgeltforderungen erhoben, seltener jährliche Waldnutzungsbillets ausgestellt und in noch geringerem Umfang Einjahrespachten vergeben, was rechtlich nicht vorgesehen war.[75] So befanden sich laut Administration des Forstreviers 2007 auf sämtlichen zum Waldfonds des Betriebs gehörenden Weiden – Kara Art eingeschlossen – offiziell 64 Nutzereinheiten.[76] Allein bei den im Rahmen dieser Studie gemachten Beobachtungen wurden hingegen über 80 Nutzer auf den entsprechenden Weideflächen gezählt. Die Differenz verweist auf nicht registrierte Weidenutzungen, welche in der Regel durch informelle unquittierte Zahlungen erkauft wurden. Lediglich 16 der gezählten 80 Nutzer besaßen sowohl Pachtverträge, als auch Nutzungsbillets als den zwei für eine Waldweidenutzung während des Untersuchungszeitraumes rechtlich notwendigerweise vorhandenen Dokumenten. Weitere 16 waren zumindest im Besitz eines *lesnoj bilet*.[77] Die Thematik der Nutzungsgebührerhebung als dem zweiten Spannungsfeld leitet sich aus dem ersten ab. Würde der Forstbetrieb laut PPPAIP mit 70 % den größten Anteil der Gebühren aus offiziell registrierten Weidenutzungen erhalten, ließen sich bei einer vollständigen Verpachtung Kara Arts zu der von der Bezirksverwaltung festgesetzten saisonalen Prämie von 19,60 K.S. je Hektar Einnahmen in Höhe von rund 18 000 K.S. generieren. Zu den potentiell aus ackerbaulichen Inwertsetzungen der Weide und anderen verbotenen Praktiken generierbaren Ein-

verneinten die Existenz einer solchen Gebühr und insistierten auf das bestehende Verbot. Zugleich gaben sie zu, dass ihnen bekannt sei, dass gegen dieses auf dem von ihrem Betrieb verwalteten Gebiet wiederholt verstoßen wird.

73 vgl. GLSKR/GUL, 2005: 6

74 vgl. Dörre, 2008: 72–73

75 Experteninterviews A. Kaparov 2008, S. Ulakov 2008

76 Experteninterviews A. Kaparov 2008, A. Toktomonov 2008, S. Ulakov 2008

77 vgl. Dörre, 2012: 140

künften ins Verhältnis gesetzt, stellt sich dieser Betrag als relativ gering dar.[78] Die Abhängigkeit der auch verbotene Nutzungsformen praktizierenden Weidenutzer von den von ihnen inwertgesetzten Flächen bildet für das Forstrevier und seine unterbezahlten Mitarbeiter daher Möglichkeiten zur Erhebung überdurchschnittlicher und informeller Gebühren zur Generierung eigener und forstbetrieblicher Einkommen. Die Weidenutzungsrechtvergabe durch den Forstbetrieb unter Ausschluss dritter, potentiell intervenierender Parteien folgt somit der Logik, einerseits diverse Nutzungsformen zu ermöglichen und in diesem Zusammenhang die Höhen der Gebühren unkontrolliert bestimmen zu können. Andererseits ermöglicht dies, die generierten Einnahmen ungeteilt einzubehalten. Damit sind dies wichtige, wenn nicht sogar *die* wirkungsmächtigsten Hintergründe für die Entstehung der sozio-ökologischen Weidelandherausforderungen auf Kara Art. Infolge seiner faktischen Hoheit über die Ressourcenspielt das Žaj Tereker Forstrevierdie Schlüsselrolle in den Weidelandverhältnissen vor Ort.

Im Gegensatz zum Žaj Tereker Forstrevier betreibt der östlich benachbarte *leshoz* Arstanbap-Ata ausser seinen ökonomischen Standbeinen Forstwirtschaft und Waldproduktvermarktung– dabei insbesondere von Walnüssen, Maserknollenholz und Honig – noch eine kleinteilige Viehwirtschaft mit auf zwei Herden aufgeteilten Stuten und Fohlen.[79] Wie zu sowjetischer Zeit dient die Stutenhaltung primär der Milchgewinnung zur *kymys*-Produktion. Deren betriebswirtschaftliche Bedeutung wird an der betrieblichen Förderung der Pferdewirtschaft deutlich: Der *leshoz* versorgt seine beiden Pferdehirten mit Winterställen, investiert in die winterliche und frühjährliche Futterversorgung sowie in die veterinäre Fürsorge für die Tiere, wobei den Hirten hierbei keine finanziellen Kostenentstehen.

Der Rückgriff des Forstbetriebs auf eine von einer anderen Organisation verwaltete Weide erfolgt insbesondere aufgrund der Knappheit von Graslandressourcen auf dem eigenen Betriebsterritorium, stellt dabei aber zugleich auch eine Fortsetzung langjähriger Nutzungspraxis dar. Die relative ökonomische Stärke des Forstbetriebs ermöglichte seiner Leitung dabei bisher in allen Jahren nach der Betriebsteilung, Nutzungsrechte mit der Žaj Tereker Forstrevieraufsicht auszuhandeln. Ein langfristig formell gesichertes Weidenutzungsrecht konnte sie aber noch nicht durchsetzen. Trotz des größeren wirtschaftlichen Spielraums zeigt dieser Umstand das Abhängigkeitsverhältnis des *leshoz* Arstanbap-Ata gegenüber dem Žaj Tereker *lesničestvo* auf. Daran wird auch deutlich, dass seine Fähigkeit zur Durchsetzung der eigenen Interessen ausserhalb des eigenen Betriebsterritoriums eingeschränkt ist.[80]

Die den beiden Forstbetrieben übergeordnete *oblast'*-Verwaltung der Staatlichen Agentur für Umweltschutz und Forstwirtschaftspielt mit ihren Anweisungen

78 Für die benachbarten Forstbetriebe Arstanbap-Ata und Kyzyl Unkur spielten die aus viehwirtschaftlichen Weidenutzungen erzielten Einkommen laut Asykulov ebenfalls eine nur geringe Rolle (2007: 56).

79 Die Arbeitspferde – meist Hengste – werden aufgrund der notwendigen ganzjährigen Verfügbarkeit auf den Hofwirtschaften der Forstarbeiter gehalten.

80 vgl. Dörre, 2008: 66–67, 73–74; Respondenteninterviews K. Artov 2007, H. Kadyrov 2007

potentiell eine wichtige Rolle für lokale Weidelandverhältnisse in der Nusswaldregion. Sie trat während des Untersuchungszeitraumes mit dem Befehl über die Durchsetzung des Verbots nicht vorgesehener Weidenutzungsformen indirekt in Erscheinung. Die faktische Nichterfüllung dieses Befehls durch den vor Ort ansässigen Forstbetrieb über mehrere Jahre hinweg verdeutlicht zugleich, dass die Wirkungsmacht der im mehr als 80 km entfernten Provinzzentrum Žalal-Abad ansässigen Agentur zumindest in dieser, konkrete Maßnahmen im Lokalen betreffenden Frage gering ist.

Laut rechtlichen Vorgaben der PPPAIP musste die *rajon*-Verwaltung bis 2009 in Allokationsverfahren und Managementprozesse eingebunden sein, die in mittlerer Distanz von Siedlungen befindliche Weiden betreffen. Im Gegenzug sollten, abhängig von der Landkategorie zu der die Weiden zählen, Nutzungsentgelte in unterschiedlichen Anteilen in die Bezirksetats fließen. Es lag im Interesse dieser administrativen Organisation, das zentral zugewiesene, knapp gehaltene Grundbudget mit allen lokal und regional generierbaren Einnahmen aufzustocken. Innerhalb der Politischen Ökologie Kara Arts besaß die als non-place based actor bezeichenbare Bezirksverwaltung daher de jure und potentiell eine wichtige Position.[81] Wie jedoch bereits dargestellt wurde, verlief die Verfügungsrechtzuweisung zumeist durch das zuständige Forstrevier allein und ohne Einbindung der Bezirksadministration sowie dabei häufig informell und ohne offizielle Registrierung. Laut Auskunft des Leiters der Abteilung Wirtschaft und Finanzen erhielt der Bezirk vom Žaj Tereker Forstbetrieb keine Einkünfte aus Waldweidenutzungen.[82] Die strukturelle, personelle und finanzielle Unterausstattung der Verwaltungen in Verbindung mit unzureichendem Wissen über die ‚Mitteldistanz-Weideländer' des Bezirks führten schließlich dazu, dass die *rajon*-Administration die ihr rechtlich verliehenen Kompetenzen zur Kontrolle der Weidenutzungen nicht ausfüllen konnte. Ihre Potentiale zur Beeinflussung der bestehenden Weidelandverhältnisse auf Kara Art sind daher als marginal einzustufen. Als weitreichende Konsequenz hat insofern die faktische Absenz der Bezirksverwaltung ebenfalls zur Entstehung sozio-ökologischer Herausforderungen vor Ort beigetragen.

Die laut PPPAIP vorgesehenen Aufgaben der Bazar Korgoner Dependance der GOSREGISTR KR im Bereich der Weidelandverhältnisse sind als raumordnerisch vorbereitend und pachtverfahrensbegleitend zu verstehen, auf deren Basis die Weideverwaltung und Weideinwertsetzung durch dritte Akteure stattfinden soll. Ihre Hauptaufgaben lag laut PPPAIP darin, gemeinsam mit Vertretern der zuständigen Managementorganisationen Kommissionen zu bilden, um im Zuge von Weidebegehungen weidecharakterisierende Dossiers und Kartenmaterial zu den betreffenden Flächen anzufertigen, Grenzen zu demarkieren und von den als Verpachter auftretenden Managementorganisationen zu signierende Landtitelurkunden auszustellen.[83] Als Ressourceninwertsetzungen und damit Weidelandver-

81 vgl. Dörre, 2008: 74–75

82 Experteninterview A. Kumašev 2007

83 Die Dossiers und Karten sollen systematisch naturräumliche Merkmale wie Hangneigung, saisonale Nutzbarkeit, Futterkapazitäten und andere sowie infrastrukturelle Ausstattungen wie

hältnisse potentiell beeinflussend kann die Pflicht der Agentur gelten, in diesen Dossiers auf Basis der eingeholten Informationen mögliche Formen, Intensitäten und Dauern von Nutzungen festzuschreiben.[84] Auch diese Agentur sollte anteilig an den Nutzungsentgelten partizipieren.[85] Wie in den vorherigen Darstellungen, weicht die praktische Umsetzung der die Registrierungsagentur tangierenden Vorgaben jedoch ebenfalls massiv von den formulierten Ansprüchen ab: Gespräche mit Weidenutzern ergaben, dass Weidebegehungen durch eine Kommission mit GOSREGISTR KR-Beteiligung auf Kara Art nicht stattgefunden haben. Formal vorgesehene systematische Weideerhebungen erwiesen sich aufgrund unzureichender Kapitalausstattungen für diese Organisation als undurchführbar. Im Zuge mehrfacher Besuche in der Bazar Korgoner Filiale wurde deutlich, dass sie aus diesem Grund über keine hinreichend aktuellen Daten und Materialien über den aktuellen Zustand der Weiden des Bezirks verfügt, sondern maßgeblich auf Erhebungen und Kartenmaterial aus der sowjetischen Zeit zurückgreift. Infolge der direkten Verfügungsrechtallokation durch den Forstbetrieb und das Ausbleiben offizieller Landtitelregistrierungen ist die ohnehin geringe potentielle Einnahmesumme aus Waldfondsweidenutzungen zusätzlich geschmälert worden. Mit Inkrafttreten des Budgetgesetzes 2007 standen der Agentur schließlich keinerlei Anteile an Weidepachten mehr zu. Formal stellt die Registrierungsagentur innerhalb der Weidelandverhältnisse Kara Arts damit zwar eine für die Wissensgenerierung über die Weidefläche wichtige und nicht unmittelbar vor Ort beheimatete Organisation dar. Faktisch ist sie jedoch irrelevant.[86]

6.2.1.3 Resümee: Weidelandverhältnisse auf Kara Art

Die bemerkenswerte Situation der Weidelandverhältnisse auf Kara Art zeichnet sich dadurch aus, dass es für den für das Weidemanagement zuständigen Forstbetrieb und seine Angestellten nicht trotz, sondern aufgrund ihrer rechtlichen Verbote unter Umgehung der vorgeschriebenen Allokationsverfahren lukrativ war und ist, verschiedene Nutzungsformen zu dulden sowie Verfügungsrechte unkontrolliert von Dritten an interessierte Akteure zuzuweisen. Solche als „paralegale Arrangements“ (vgl. Chatterjee, 2004: 74, Übersetzung AD) bezeichenbaren Übereinkünfte ergeben sich aus dem Zusammenspiel der wirtschaftlichen Bedürfnisse der Nutzer und des Forstbetriebspersonals, einer unpraktischen Gesetzeslage und der Schwäche der öffentlichen Verwaltung und der Legislative. Eine Selbstorga-

Verkehrswege, Bauten, Wasserinstallationen und andere erheben (vgl. PPPAIP 2002 Abschnitt II Art. 18

84 vgl. PPPAIP 2002 Abschnitt I Art. 9, Abschnitt II Art. 18, Abschnitt IV Art. 45; Experteninterviews E. Dosov 2007, E. Tokušev 2007

85 Kalkuliert am Pachtbetrag von 19,60 K.S. je Hektar und einem Nutzungsentgeltanteil von fünf Prozent hätte GOSREGISTR KR bei vollständiger Verpachtung Kara Arts rund 1300 K.S. erhalten können, was bescheidenen 36 US$ entspricht.

86 vgl. Dörre, 2008: 76–77; Experteninterviews E. Dosov 2007, E. Tokušev 2007

nisierung der Nutzer und eigenverantwortete Konfliktbearbeitung widerspricht daher den Zielen des Forstbetriebs. In dieser Hinsicht ist es für diese Organisation förderlich, dass das geltende Recht für Waldfondsweiden keine Weidenutzerorganisierung in Komitees vorsieht.[87] Die Diskrepanzen zwischen den Ansprüchen des kodifizierten Rechtes bezüglich des Weidemanagements, der Nutzungsrechtvergabepraxis und der Pachteinnahmenverteilung einerseits sowie der Management-, Allokations- und Inwertsetzungspraxis der Weideressourcen andererseits erscheint zudem nicht willkürlich und regellos, sondern von Spielregeln charakterisiert zu sein, die den beteiligten Akteuren bekannt sind und die bilateral akzeptiert werden. Die verbreitete Praxis informeller Zahlungen an den Ressourcenzugang und deren Nutzung kontrollierende und damit in gate keeper-Positionen stehende Forstbetriebsangestellte bevorzugt zahlungsfähige Akteure. Damit wird die sozioökonomische Stratifizierung der Gesellschaft in der Nusswaldregion reproduziert.

Durch ihre Nichteinklagbarkeit fördern solche informellen Übereinkünfte zudem Unsicherheiten über die Dauerhaftigkeit erworbener Verfügungsmöglichkeiten. Das hat zur Folge, dass zueinander in Konkurrenz stehende und kurzfristige, auf maximale Ressourcenextraktion orientierte und damit konfliktgeladene sowie ökologisch schädliche Inwertsetzungsformen in der postsowjetischen Zeit zugenommen haben. Das Dilemma ist offensichtlich: Einerseits können diese Aushandlungsergebnisse als Ausdruck kreativer Umgänge der beteiligten Akteure mit komplizierten und unpraktischen und daher nur schwierig anwendbaren Rechtsvorgaben bezüglich der Verfügungsrechtvergabe und der Ressourcennutzung gelten, indem sie Verfügungsmöglichkeiten und Wirtschaftsaktivitäten abseits der von oben initiierten Standardverfahren ermöglichen. Andererseits erschweren sie ein sowohl ökologischer, als auch sozialer und ökonomischer Nachhaltigkeit folgendes Management und die wirkungsvolle Kontrolle der Ressourceninwertsetzung.[88]

87 Im Forstbetrieb Kyzyl Unkur wurde von der Betriebsleitung unter Führung des Direktors sowie dem Leiter der Žalal-Abader Abteilung der Staatlichen Agentur für Naturschutz und Waldwirtschaft 2011 ein Versuch des kollaborativen Managements ausgewählter Waldfondsweiden durch die Nutzer unternommen. Indem dessen unmittelbare Folgen jedoch unterschätzt wurden, provozierte dieser Ansatz heftige Kritiken von Kollegen sowie ein Aufbegehren der angestellten Forstaufseher, führte er doch zu einer Schmälerung ihres Portfolios zur Einkommensgenerierung. Die Absetzung des Leiters der Žalal-Abader Abteilung der Staatlichen Agentur für Naturschutz und Waldwirtschaft 2012 aus hier unbekannten Ursachen sowie die Ankündigung der *leshoz*-Leitung im Jahr 2013, die Weidenutzung aufgrund schlechter Managementleistungen der Nutzer erneut an an den Forstbetrieb zwingend abzuführende Gebühren zu binden können insofern als Indizien dafür verstanden werden, dass sich die im entsprechenden Kontext mächtigeren Akteure des Forstsektors mit ihren wirtschaftlichen Interessen gegen den primäre Weidenutzer stärkenden Ansatz durchzusetzen versuchen (Experteninterview E. Anarbaev 2013).

88 vgl. Dörre, 2012: 140

6.2.2 Sommerweide Čon Kerej: Strukturelle Unregelmäßigkeiten in Ressourcenallokation und -management

Oberflächlich betrachtet erscheinen die Verhältnisse der als in mittlerer Distanz zu einer Siedlung geltenden Sommerweide Čon Kerej der staatlichen Landreserve als problemfrei. Mit viehwirtschaftlicher Inwertsetzung konkurrierender Ackerbau ist aufgrund der naturräumlichen Merkmale der Weide nicht möglich (Abb. A.34). Die Nutzer- und Bestockungsdichte ist deutlich geringer als auf der Waldfondsweide Kara Art. Offensichtliche Degradierungen der Vegetationsdecke infolge menschlicher Nutzung fielen bei den Weidebegehungen nicht auf.

Im Zuge der systematischen Analyse erwies sich jedoch, dass die vor Ort bestehenden Weidelandverhältnisse durchaus Konfliktpotential besitzen. Dies drückte sich unter anderem in den zwischen Rechtsanspruch und Rechtswirklichkeit bestehenden Differenzen in der Verfügungsrechtallokation und im Ressourcenmanagement sowie in den Praktiken der Entrichtung der Weidenutzungsgebühren aus. Das als unmittelbare Vorbedingung der postsowjetischen Weidelandverhältnisse geltende sowjetische Inwertsetzungsregime der Nachkriegsära zeichnete sich dadurch aus, dass die Hirten des *kolhoz* 60 Jahre Oktober die einzigen Nutzer darstellten und Čon Kerej vorrangig mittels Sömmerung von Edelvliesschafen inwertsetzten. Wie auf vielen von Landwirtschaftsbetrieben genutzten *žajloo* war auch hier nebenerwerbswirtschaftliche eigenständige Nutzung untersagt. Seiner räumlichen Kategorisierung entsprechend unterlag Čon Kerej zu Beginn der Studie formal dem Management durch die Bezirksverwaltung, die bis 2009 auch den Vorsitz in den diese Weide betreffenden Allokationsverfahren inne hatte. Im Gegensatz zu Weiden des Waldfonds gelten auf der Landreserveweide seither die zuvor skizzierten, durch das neue Weidegesetz geforderten nutzerverantwortlichen Allokations- und Managementverfahren als offizielle Referenzen für die Rechtsverhältnisse vor Ort.[89]

6.2.2.1 Die Weide unmittelbar inwertsetzende Viehhalter

Als der Kollektivbetrieb 60 Jahre Oktober in den frühen 1990er Jahren aufgelöst wurde, bot sich den ehemaligen *kolhoz*-Hirten die Gelegenheit, Čon Kerej ohne Unterbrechung als nunmehr eigenständige, privat wirtschaftende Viehhalter aufzusuchen. Glücklich aus ihrer Sicht erwies sich dabei der Umstand der räumlichen Lage der Weide, für deren Erreichung allein schon aufgrund der hohen Distanz,

89 Indem die Nutzerschaft zu Zeit der Erhebung ausschließlich von Akteuren aus relativ weit entfernten Siedlungen gebildet wurde, ist die Diskussion der postsowjetischen Weidelandverhältnisse Čon Kerejs im Rahmen der Kategorien ‚ortsbasierte' und ‚nicht-ortsbasierte' Akteure und Organisationen unzweckmäßig. Zielführender ist, sie unter den Teilaspekten der die Weide unmittelbar inwertsetzenden bzw. ‚primären' Akteure sowie der in unterschiedlichen Weisen in die Verfahren der Verfügungsrechtsallokation sowie des Ressourcenmanagements eingebundenen ‚sekundären' Akteure und Organisationen zu erörtern.

der teils beschwerlichen Wegführung und der peripheren Lage in einem Hochgebirgstal erhebliche Kosten investiert werden müssen.

Für an einer Nutzung interessierte Akteure mit geringer Kapitalausstattung, kleinen Viehbeständen und für die der Ackerbau zudem eine wichtige Einkommensquelle darstellt und damit eine dauerhafte Präsenz während der Vegetationsperiode nahe der Felder essentiell ist, kam ein Besuch der Weide nicht in Frage. Infolge der raumordnerischen Kategorisierung als Landreservefläche konnte auch kein Forstbetrieb als übergeordnete Organisation beanspruchen, Allokations- und Managementkompetenzen auszuüben. Hilfreich für die ehemaligen *kolhoz*-Hirten stellten sich zudem die Umstände dar, dass der *ajyl ôkmôty* Keņeš ihm 1997 von der *rajon*-Administration aus dem Bestand ehemaliger Kollektivbetriebe übertragene Weiden nicht ausschlug und in den folgenden Jahren auf Čon Kerej bezogene Verfügungsrechte ausschließlich ihnen oder ihren Verwandten zuwies.[90] Keine Veränderung erfuhr die Nutzerherkunftsstruktur im Zuge der Einführung der PPPAIP 2002 mit ihren neuen Allokationspraktiken und Managementvorschriften. Daher wurde die Herkunftsstruktur der vier bzw. sechs bei den Begehungen 2007 und 2009 anwesenden Haushalte maßgeblich von Einwohnern der Siedlung Uč Bulak geprägt, dem Wohnort vieler ehemaliger *kolhoz*-Hirten.

Im Gegensatz zur Situation auf Kara Art verfügten alle Nutzer über einen Mehrjahrespachtvertrag mit dem Bezirk über bis zu 200 ha umfassende Teilflächen der rund 20 km² großen Weide. Ohne Ausnahme besaßen alle angetroffenen Nutzer zudem über gewisse viehwirtschaftliche Erfahrungen – entweder, weil sie selbst bereits als Hirten tätig gewesen warenoder aber, weil sie im Kindesalter die bei einem Kollektivbetrieb als Hirten arbeitenden Eltern auf Sommerweidetriften begleiteten. Auf diesem Wissen basierend, vollführen sie alle den raumzeitlichen Mobilitätsmustern und Mobilitätspraktiken der Hirten des *kolhoz* 60 Jahre Oktober entsprechende Triften. Verändert hingegen hat sich ihre Herdenstruktur: Anstatt von Edelvliesschafen wird die Inwertsetzung Čon Kerejs in der postsozialistischen Zeit von der Sömmerung der Fleischproduktion dienender Fettsteissschafe dominiert. Rinder und Pferde werden auch gehalten, jedoch in deutlich kleineren Umfängen.[91] Das Beispiel des Landwirtes und professionellen Hirten S. Haratov zeigt in idealtypischer Weise die Inwertsetzungspraktiken und den Pachtvertragserwerb der Nutzer Čon Kerejs.[92]

Porträt eines Pächters auf der Landreserveweide Čon Kerej

Der *fermer*[93] S. Haratov kennt Čon Kerej seit seiner Kindheit, als er seinen als *kolhoz*-Hirte arbeitenden Vater auf die Weide begleitete. Wie andere Schafhirten hatte auch dieser Gelegenheit, eine eigene, vom Umfang her beachtliche Herde anlegen zu können. Nach der Auflösung der UdSSR verloren Vater und Sohn ihre

90 vgl. PTSDSH, 1997; Respondenteninterviews S. Haratov 2007, T. Myndykov 2008

91 Dörre/Borchardt, 2012: 320; Respondenteninterviews S. Haratov 2007, H. Alkadyrov 2007, A. Šolburov 2007; eigene Beobachtungen

92 Respondenteninterview S. Haratov 2007; eigene Beobachtungen

93 rus. für ‚Landwirt' bzw. ‚Farmer'

Anstellungen im Kollektivbetrieb und begannen, die Weide mit dem über 100 Schafe, sechs Rinder und ein Pferd umfassenden Viehbestand ihres Haushaltes ohne vertraglich fixierte Verfügungsrechte zu nutzen. Der Gesprächspartner schaffte es, sich in den ersten und ökonomisch schwierigen Phasen der Transformation als Landwirt zu etablieren, der Verwandten und Nachbarn professionelle Hirtendienste anbieten konnte. Hilfreich in diesem Zusammenhang war, dass er im Zuge der Betriebsauflösung aus dessen Bestand zehn weitere Schafe sowie ein Stallgebäude in seiner Siedlung für privatwirtschaftliche Zwecke übernehmen durfte. Erfolgreiches Wirtschaften ermöglichte ihm die Anlegung und sukzessive Ausweitung eines landwirtschaftlichen Maschinenparks, aus dessen Bestand er gegen Gebühr Material verleiht.

Der Sommerweideaufenthalt und die Aufteilung der Arbeit vor Ort erfolgen im Rahmen der Kernfamilie: Seine Frau ist für die Milchverarbeitung und den Hausstand zuständig, die drei Söhne kümmern sich im die Weidung der Tiere, insbesondere der Schafe. H. Saratov selbst plant die Standortwechsel auf der Weide, unterhält den Kontakt zur nächsten Siedlung und kümmert sich um die Organisation und Besorgung vor Ort nicht erhältlicher Güter und Lebensmittel sowie um administrative Fragen. Seine langjährigen Erfahrungen in der weidebasierten Viehwirtschaft ermöglichen ihm eine naturressourcenschonende Weidenutzung die sich darin äussert, dass er neben saisonalen Triften auch intrasaisonale Standortwechsel vornimmt sowie den Vegetationszustand beobachtet, um die Viehherden kurzfristig umzudisponieren. Dies ist – ökologische Nachhaltigkeit bedenkend – von hoher Bedeutung, da die Bezirksverwaltung trotz formaler Zuständigkeit infolge geringer Mittelausstattung und fachlicher Kompetenzen und folglich stark eingeschränkter Handlungsmöglichkeiten kein nennenswertes Ressourcenmanagement durchführen kann. Bis zum Zeitraum der vorliegenden Studie hat sich die von ihm betreute Herde auf 500 Schafe sowie je zwanzig Pferde und Rinder erweitert. Die meisten der Tiere gehören seinem Haushalt, einige seinen Verwandten und Nachbarn. Den ihnen offerierten Hütedienst bezeichnet er als Ehrensache. Er kann es sich leisten, diesen grundsätzlich unentgeltlich anzubieten. Als Gegenleistung nimmt er gelegentlich Hilfe auf seinen Äckern und Mähwiesen an, seltener auch bei der Aufwendung der erheblichen Pachtsumme. Mit dem Bezirk schloss er 2004 eine zehnjährige Pacht von 200 ha Weidefläche auf Čon Kerej ab. Ein Auktionsverfahren wie es in der damals gültigen PPPAIP vorgeschrieben war durchlief er dabei aber nicht. Eigenen Auskünften nach meldete er als langjähriger Nutzer bei der *rajon*-Administration lediglich sein Interesse an der Formalisierung seiner Beweidungspraxis an, ließ sich diese genehmigen und bei der Bazar Korgoner Zweigstelle der GOSREGISTR KR registrieren, ohne dass es zu einer offiziellen Ausschreibung der zu verpachtenden Weideparzellen kam. Dabei lag die von ihm 2006 und 2007 zu entrichtende Pachtsumme mit 30,80 K.S. je Hektar deutlich über dem offiziell von der Bezirksverwaltung erlassenen Betrag.[94] Die Höhe der Bodensteuer entsprach mit 15,60 K.S. je ha der Vorgabe. Er

94 BK RKŽ 2007

zahlte diese Summen bereitwillig und war davon überzeugt, dass entsprechend PPPAIP 90 % der insgesamt 6160 K.S. betragenden Jahrespacht dem Budget des Bezirks sowie zehn Prozent der GOSREGISTR KR zu Gute kommen. Die veränderten Inhalte des Budgetgesetzes 2007, nach denen die Registrierungsagentur ihr Anrecht auf Pachtanteile verlor, waren S. Haratov unbekannt. Ebenfalls unbekannt war ihm das neue Weidegesetz ZKR OP. Da er bei Nutzung der Triftwege nach Čon Kerej zwangsläufig in Waldfondsterritorien eintrat und eintritt, war er zudem bisher verpflichtet, ein offizielles Dokument über die Herdengröße mitzuführen, um es an den Kontrollpunkten der Forstbetriebe vorzuweisen. Einen solchen von der Administration des *rajon* ausgestellten *propusk*[95] zeigt die Abb. 6.6.

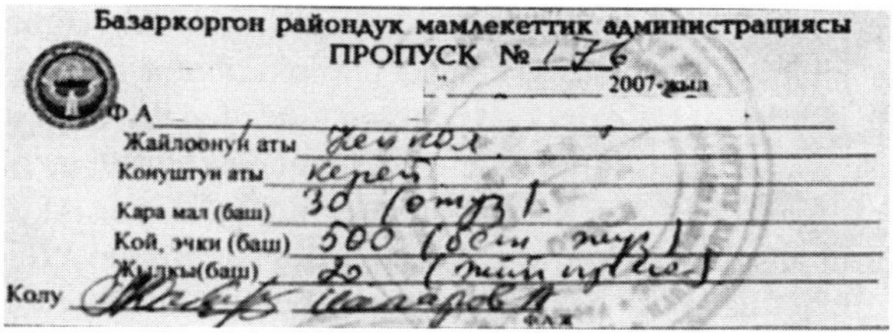
Базаркоргон райондук мамлекеттик администрациясы
ПРОПУСК № 176
2007-жыл
Ф А
Жайлоонун аты
Конуштун аты
Кара мал (баш) 30
Кой, эчки (баш) 500
Жылкы(баш) 20
Колу

Abb. 6.6: Passierschein mit Angaben zu Struktur und Umfang einer Waldfondsterritorien betretenden Herde

Dokumentauszug: Weidename: Kenkol, Weideabschnitt: Kerej, Rinder (Köpfe): 30, Schafe, Ziegen (Köpfe): 500, Pferde (Köpfe): 20 (Übersetzung AD)

Zusätzliche Kosten entstehen dem Haushalt jährlich im Zuge der Besorgung von Feuerholz sowie dem für Viehpferche und Zelte Verwendung findenden Bauholz, das aus Nadelwäldern entnommen wird, die sich im östlich der Weide gelegenen Tal des Kenkol-Baches befinden. Für die Nutzung dieser sich bereits auf dem Gebiet des *leshoz* Kyzyl Unkur befindlichen Holzressourcen bezahlt der Haushalt 450 K.S. direkt an den Forstbetrieb. Günstig für den Haushalt erweisen sich die Umstände, dass das von ihm gepachtete Gelände keine künstlichen Begrenzungen aufweist und maximal sechs Nutzer sommers vor Ort auf der Weide sind, die die saisonalen Mobilitätsmuster einhalten und dabei lediglich über von ihrem Umfang her den *kolhoz*-Herden ähnelnde Bestände verfügen. Damit treten nach 1991 geringere Nutzungsintensitäten auf, als in der sowjetischen Zeit. Dem Vieh des Hirten stehen folglich deutlich größere Flächen zur Verfügung, als dieser ursprünglich gepachtet hatte.

Im Zuge der Gespräche mit den Weidenutzern Čon Kerejs stellte sich heraus, dass nicht nur S. Haratov, sondern alle anwesenden Nutzer Pachtverträge abschließen konnten, ohne ein Auktionsverfahren durchlaufen zu haben. Wirkt sich die direkte Übereinkunft mit der Bezirksverwaltung für sie vorteilhaft aus, stellt sie für dritte an der Weide interessierte potentielle Mitbewerber einen Ausschluss von Alloka-

95 rus. für ‚Passierschein'

tionsverfahren im Sinne einer „environmental discrimination“ (UNEP et al. 2005: 9) dar. Die Erklärung dieses Phänomens kann erneut am Verweis auf die eingeschränkte Ausstattung der zuständigen Verwaltung mit physischem, mit Finanz- und mit Humankapital sowie mit weiderelevanten Informationen ansetzen. Pachtausschreibungen, Auktionen und Allokationen von Verfügungsrechten über Weiden stellten kostenintensive Unternehmungen dar, die mit erheblichen Vorschussinvestitionen durch die mit dem Management betraute Organisation verbunden sind und die der *rajon*-Administration daher erhebliche Durchführungsschwierigkeiten bereiteten. Indem öffentliche Auktionen grundsätzlich als ergebnisoffene Prozesse angenommen werden müssen, bergen sie für bietende Teilnehmer zudem das generelle Risiko des Scheiterns in der Frage, den erwünschten Zuschlag auch tatsächlich zu erhalten. Einer rationalen Kosten-Nutzen-Abwägung folgend, ersparen hingegen nicht-öffentliche Weidepachtallokationen beiden Vertragsseiten – im Falle Čon Kerejs der Bezirksverwaltung und den involvierten Pächtern – Transaktionskosten wie Zeit, Fahrkosten und Ungewissheit über den Verfahrensausgang. Das erfolgt jedoch auf Kosten anderer interessierter Akteure, indem sie von den Verfahren ausgeschlossen wurden. Für die beteiligten Weidenutzer boten die nicht-öffentlich zustande gekommenen, urkundlich belegten mehrjährigen Pachtverträge schließlich verfügungsrechtliche und planerische Sicherheiten, die für die Entwicklung einer belastbaren, stark von natürlichen Einflüssen abhängigen Viehwirtschaft essentiell sind. Der sich in gewachsenen Herden und in der Zunahme der ihnen überantworteten Tiere der Nachbarn darstellende Erfolg scheint ihnen Recht zu geben.

2009 änderte sich der Rechtsrahmen: Mit dem Verbot der Pacht im Zuge des Inkrafttretens des ZKR OP gingen den Hirten auf Čon Kerej diese ‚Vorhersehbarkeitsräume‘[96] de jure verloren. Das neue Weidegesetz sieht zwar die Übertragung formalisierter Pachtverträge in das neue Instrument der Weidebillets vor, doch sollen diese grundsätzlich nur kurzfristige, das heisst jeweils saisonale Gültigkeiten besitzen, womit sie keineswegs langfristig beständige Nutzungsrechte garantieren können.[97] Bei der 2009 erfolgten Weidebegehung offenbarte sich, dass das neue, ihnen weitreichende weidebezogene Befugnisse und Zuständigkeiten übertragende Gesetz unter den Nutzern Čon Kerejs selbst tatsächlich unbekannt war und für sie daher auch kein Anlass bestand, ein die Allokation, das Management der Ressource und die Verwendung der Nutzungsentgelte zu verantwortendes Weidenutzerkomitee zu etablieren. Gesicherte Weideverfügungsrechte als gemeinsames Interesse teilend, für dieses im Zeitraum der Untersuchung jedoch nicht organisiert und geschlossen auftretend, lässt sich die Nutzerschaft in dieser Hinsicht schließlich als Interessensgruppe ‚primärer‘ Weidenutzer, nicht aber als Akteursgruppe bezeichnen.

96 vgl. Christophe, 2005: 13
97 vgl. ZKR OP 2009 Art. 12 Abs. 1

6.2.2.2 Organisationen der Verfügungsrechtallokation und des Weidemanagements

Es schälen sich mehrere Gründe für die seit 2009 nicht erfolgte Anwendung der neuen Managementregelungen auf Čon Kerej aus, die zwar getrennt betrachtet werden, jedoch als miteinander verwoben verstanden werden sollten. Zunächst stellt – wie bei anderen Rechtsgrundlagen auch – die unzureichende Informierung sowohl der Öffentlichkeit, als auch der entsprechenden staatlichen Organisationen über vorgenommene Änderungen im Rechtssystem ein Problem dar. Das offizielle Printmedium der Regierung ‚Erkin Too' hat keine die Gesellschaft durchdringende Verbreitung, gilt aber dennoch als zentrales Multiplikatorenorgan der Regierung.[98] So sind über Existenz, Inhalte, Ergänzungen und Änderungen von Rechtsnormen häufig nur Experten und staatliche Bezieher der Zeitung informiert. Weitergaben von Informationen von höheren staatlichen Organisations- und Verwaltungsebenen an Gremien und Akteure im Lokalen erfolgen durch die informierten Stellen und Akteure häufig nicht oder nur selektiv. An diesem Manko ansetzende Rechtshilfeangebote zivilgesellschaftlicher Organisationen wie Legal Assistance to Rural Citizens [LARC] arbeiten nicht flächendeckend. Menschen ohne rechtliche Vorbildung und Anbindung an staatliche Organisationen fällt es deshalb deutlich schwerer, in juristischen Fragen informiert zu sein und ihnen zustehendes Recht einzufordern. Dies ist in der vorliegenden Situation der Fall gewesen. Zum Zweiten sieht das neue Gesetz die Verdrängung der *rajon*-Verwaltungen aus der Steuerung der Verhältnisse in mittlerer Distanz zu Siedlungen liegender Weiden vor. Es entmachtet sie in Managementfragen und verlangt eine völlige Neukonzipierung der Regelung der Nutzungsentgelte, an denen sie nicht mehr partizipieren sollen und in dieser Hinsicht daher als Verlierer der neuen Regelung gelten müssen. Für die ohnehin unter knapp bemessenen Etats leidenden öffentlichen Verwaltungen bedeutet jede Beschneidung der Einnahmen und Zuständigkeiten eine Gefährdung ihrer Funktionsfähigkeit und Relevanz als administratives Gremium und widerspricht daher ihren Interessen. Indem die ausbleibende Anwendung des ZKR OP auf Čon Kerej eine Bewahrung der zuvor bestehenden Verhältnisse darstellte, bedeutete sie für die *rajon*-Verwaltung insbesondere in der Frage der Pachtentgeltabschöpfung eine für sie günstigere Situation[99] – unter anderem auch deshalb, weil sie den gleichzeitig kostenverursachenden Pflichten in Fragen der Ressourcenallokation und des Ressourcenmanagements nicht nachkommt und somit Kosten spart.[100] Indem die Implementierung des neuen Gesetzes mit Verlus-

98 Im Falle des Weidegesetzes wird im Art. 19 Abs. 1 ausdrücklich auf das Inkrafttreten des Gesetzes verwiesen, nachdem dieses in der Ausgabe der besagten Zeitung vom 6.2.2009 publiziert wurde.

99 Indem die Pachtentgelte überdurchschnittlich waren, handelte es sich im Falle der tatsächlichen und möglichen Einnahmen aus der Verpachtung der fast 2000 ha betragenden Weide im Kontext des Bazar Korgoner Bezirks um relativ erhebliche Beträge.

100 Dies und die oben genannten Gründe teilte sie mit der GOSREGISTR KR. So fanden – aus der Handlungsschwäche beider Organisationen resultierend – neben den oben skizzierten informellen Allokationspraktiken auch keine der Anfertigung aktueller Weidedossiers, Karten

ten für sie verbunden wäre kann verstanden werden, warum von Seiten der Bezirksverwaltung während des Untersuchungszeitraumes keine Bemühungen erfolgten, die Anwendung der neuen Rechtsnorm zu fördern. Die Handlungsfähigkeit der *rajon*-Verwaltung bezüglich des Weidemanagements ist daher insgesamt als gering einzustufen. Die professionellen Erfahrungen und Tätigkeiten der Hirten substituierten das sich ergebende Weidemanagementdefizit, indem sie selbst die Steuerung der Inwertsetzung Čon Kerejs übernahmen. Die Absenz offensichtlicher ökologischer Probleme auf der Weide lässt sich hierauf zurückführen sowie auf die aufgrund der hier notwendigerweise vor einer Weidenutzung zu erbringenden hohen Investitionskosten geringe Anzahl von Nutzern. Der privilegierte Zugang der Bezirksverwaltung zu Informationen hingegen verleiht dieser einen Wissensvorsprung vor den die Weide unmittelbar inwertsetzenden ‚primären' Akteuren und damit eine gewisse, auf den Zeitraum des bestehenden Wissensgefälles beschränkte Macht in Fragen der Ressourcenallokation und der Abschöpfung der Nutzungsentgelte. Eine dritte Ursache ist im neuen Gesetz selbst zu finden gewesen, indem die ihm implizit innewohnende und auf Weiden angewandte Denkfigur des ‚Containerraums' eine von den Initiatoren des Gesetzes nicht intendierte Wirkung offenbarte: Čon Kerej stellt mit seiner peripheren Lage in Landreservelage eine Weide dar, die zwar eindeutig einem früher existierenden Kollektivbetrieb zugeordnet werden konnte, damit allerdings nicht automatisch der aus dem Betriebsgelände des *kolhoz* hervorgegangenen Gebietskörperschaft zuzuweisen war. Zwar kommen die Nutzer überwiegend aus der Gebietskörperschaft Keŋeš, doch grenzt die Weide nicht an dessen Territorium, um eine flächig geschlossene Einheit zu bilden. Der Logik des Gesetzes folgend, hätte die Weide daher den Status einer Exklave des *ajyl ôkmôty* Keŋeš darstellen müssen, um den die administrative Zuordnung und das Weidemanagement betreffenden Erfordernissen zu entsprechen. Da dies zunächst nicht der Fall war, konnten keine aus Weidenutzern und Vertretern der lokalen Selbstverwaltung bestehenden Vereinigungen der Weidenutzer sowie Weidekomitees gegründet werden, die für die Entwicklung der saisonalen Nutzungsregime, für die perspektivische Entwicklung der Weide sowie für die Höhe, Verwendung und Verteilung der Nutzungsentgelte Verantwortung zeichnen.[101] Folglich existierten diese formal geforderten Gremien in den Čon Kerejer Weidelandverhältnissen nicht. Für die *rajon*-Administration stellte dieser Umstand eine glückliche Fügung dar, da sie ihre über Jahre hinweg formal bestehende Zuständigkeit weiter ausführen und Nutzungsentgelte abschöpfen konnte, ohne dabei von konkurrierenden Organisationen gestört und für die Nichterfüllung seiner Managementaufgaben sanktioniert zu werden. Mit der Ge-

und zur Feststellung der Pachtflächengrenzen dienende Ortsbegehungen im Zuge der Verfügungsrechtformalisierung durch eine von Vertretern beider Organisationen gebildete Weidekommission statt. Ebenso wenig sah sich die *rajon*-Verwaltung im Stande, die laut PPPAIP in ihrem Zuständigkeitsbereich liegenden jährlichen Kontrollbegehungen zur Prüfung der Weidenutzungen durchzuführen (Respondenteninterviews S. Haratov 2007, H. Alkadyrov 2007, A. Šolburov 2007).

101 vgl. ZKR OP 2009 Art. 2, 4–11

setzesnovelle von 2011 ist diese Weiden in ‚Insellage' betreffende Rechtslücke aufgehoben worden (Abb. 6.4).

6.2.2.3 Resümee: Weidelandverhältnisse auf Čon Kerej

Die Weidelandverhältnisse der aus Siedlungsperspektive peripher gelegenen Landreserve-Weide wurden im Untersuchungszeitraum maßgeblich von der Bezirksverwaltung als einer nur partiell handlungsfähigen Managementorganisation geprägt, die zu vereinfachten Verfahren der Allokationen von Verfügungsrechten und zur Abschöpfung von Nutzungsentgelten fähig ist, nicht jedoch zu einem hinreichenden sozioökonomisch und ökologisch nachhaltigen Ressourcenmanagement. Angesichts des Fehlens konkurrierender Organisationen und wirkungsvoller Kontrollinstanzen wurde die Position der Bezirksverwaltung als zentrale Ressourcenmanagementorganisation trotz dieser Schwäche nicht herausgefordert. Die Erfahrungen und professionellen Praktiken der Weidenutzer substituierten in erster Linie die mangelnde Berücksichtigung ökologischer Managementaspekte durch den Bezirk, wodurch offensichtliche Umweltschäden infolge menschlicher Nutzungen auf Čon Kerej bisher ausgeblieben sind. Die Praxis der für die beteiligten Parteien vorteilhaften intransparenten Weideverpachtungen hingegen diskriminiert dritte, ebenfalls an der Ressourcennutzung interessierte Akteure, indem diese nicht zum Zuge kommen.

Auch auf anderen, zunächst nicht eindeutig bestimmten Gebietskörperschaften zugeordneten Landreserveweiden wie Kara Bulak, Otuz Art und Ša Murat berichteten die Nutzer von Verfahren der Verfügungsrechtallokation, welche dem rechtlich erforderlichen Regime ganz oder weitgehend widersprachen. Vergabeprozesse, die den Vorgaben der PPPAIP bzw. des ZKR OP folgten, bildeten Ausnahmen in deren Erzählungen.[102] Nach der Jahrtausendwende nahmen allein im Bazar Korgoner Bezirk solche nicht lokalen Gebietskörperschaften zugeordnete Weiden eine Fläche von über 180 km² ein.[103] Diese Erzählungen und Zahlenwerte lassen den Schluss zu, dass die hier exemplarisch diskutierte Situation der Weide Čon Kerej keinen Einzelfall darstellt, sondern so oder ähnlich gelagerte Weidelandverhältnisse vielerorts und damit landesweit dort auftraten bzw. auftreten, wo eindeutige Zuordnungen nicht möglich waren oder sind und damit Gründungen von aus Vertretern lokaler Selbstverwaltungen und Weidenutzern bestehenden Managementgremien erschwert wurden und werden.

6.2.3 Uč Čoku: Ökologische Schädigung siedlungsnaher Waldfondsweiden

Das im Übergangsbereich zwischen Nusswald und Hochweideflächen nordöstlich der Siedlung Arslanbob gelegene Weidesystem Uč Čoku unterliegt dem Mana-

102 vgl. Dörre/Borchardt, 2012: 320–321

103 vgl. KRPKMTBUK, 2003: 162, 189, 199, 202, 221, 312, 352, 375, 427, 446

gement durch den Forstbetrieb Arstanbap-Ata. Es ist ein idealtypisches Beispiel einer siedlungsnahen Waldfondsweide die insbesondere von der lokalen Bevölkerung der Nusswaldsiedlungen aufgesucht wird und dabei im Zuge der postsowjetischen Transformation eine zunehmend intensivere Nutzung erfahren hat. In der gleichen Zeit wurden hier vermehrt unerwünschte Folgen generiert, welche die ökologischen Funktionen und Potentiale der Waldsaum-Weidebereiche beeinträchtigen und bereits zur partiellen Degradierung von Baumbeständen und Grasländern des Waldfonds beigetragen haben.

Im Gegensatz zu den oben vorgestellten Weiden Kara Art und Čon Kerej wurde Uč Čoku während der sowjetischen Ära nicht von im Steppenbereich des Ferganabeckens ansässigen landwirtschaftlichen Kollektivbetrieben bewirtschaftet. Die Weideabschnitte Uč Čokus dienten ausschließlich den Bedürfnissen des *leshoz* Kirov sowie der lokalen Bevölkerung im Rahmen ihrer persönlichen Nebenerwerbswirtschaften. In dieser Vorbedingung liegt eine der wichtigen Ursachen, warum in der postsozialistischen Zeit im Gegensatz zu der peripher gelegenen Landreserveweide Čon Kerej keine Weidenutzer aus mehr als 15 km entfernt liegenden Ortschaften auf Uč Čoku anzutreffen sind. Auch spielen in Verfügungsrechtallokation und Weidemanagement involvierte nicht-ortsbasierte Organisationen für die Weidelandverhältnisse Uč Čokus keine Rolle.[104]

6.2.3.1 Die Weide unmittelbar inwertsetzende Akteure lokaler Herkunft

Indem die im Untersuchungszeitraum auf unterschiedlichen Abschnitten des Weidesystems angetroffenen Nutzer vor allem aus dem benachbarten Arslanbob und der ebenfalls zum *ajyl ôkmôty* Arslanbob zählenden Doppelsiedlung Gumhana-Žaradar kamen, kann bezüglich der Herkunftsstruktur der Weidenutzer in der sowjetischen und postsozialistischen Zeit von Kontinuität gesprochen werden.[105] In den meisten Fällen bildeten die Weidenutzer Zeltcluster, in denen sie in Verwandtschafts- und Nachbarschaftsverbünden die Weidesaison verbrachten. Dabei wurden häufig ganze Hausstände aus den Siedlungen auf die Weide verlagert. Indem die Weideaufenthalte der häufig mehrere Generationen umfassenden Nutzerhaushalte in Abhängigkeit der natürlichen Rahmenbedingungen wie Niederschlag und Wasserverfügbarkeit sowie der davon beeinflussten Futterbasis von Mitte Mai bis maximal Oktober dauern können, in dieser Zeit Tiere mit Pferchen und Menschen mit zubereiteter Nahrung und Unterkunft versorgt werden müssen,

104 Die Erörterung der postsowjetischen Weidelandverhältnisse Uč Čokus erfolgt deshalb wie im Falle der Weide Čon Kerej anhand der Analyse der die Ressource direkt nutzenden Akteure sowie des die zentrale Position in Fragen der Verfügungsrechtsallokation und des Ressourcenmanagements innehabenden Forstbetriebs Arstanbap-Ata.

105 Zwölf der angetroffenen Nutzer kamen aus Arslanbob, sechs aus Gumhana, einer aus Žaradar sowie zwei aus der bereits zur Gebietskörperschaft Moghol zählenden Siedlung Kyzyl Suu. Ein einziger Viehhalter stammte aus Oogon Tala, dem mit 15 km am weitesten entfernten Herkunftsort eines Weidenutzers auf Uč Čoku.

die mit Kochvorgängen verbundene Milchveredlung unmittelbar vor Ort erfolgt und intrasaisonale Standortwechsel zumeist unterbleiben, stellt Uč Čoku eine überaus intensiv und saisonenübergreifend genutzte Frühlings-Sommer-Herbst-Weide dar. Neben der hohen Beweidungsbeanspruchung, der Fraßschäden und der Bodenverdichtungen mit den bekannten Folgen sind daher weitere unerwünschte Erscheinungen mit der hohen Dichte von Menschen und Tieren auf der Weide verbunden. Insbesondere in unmittelbarer Zeltstandortnähe entsteht in diesem Zusammenhang regelmäßig ein temporär überaus hoher Feuer- und Bauholzbedarf, der häufig durch Einschlag an lebenden Gehölzen gedeckt wird. Zudem waren Maul- und Klauenseuche sowie andere Tierkrankheiten – beispielsweise Schafpocken – relativ weit verbreitet.[106]

Die meisten Nutzer Uč Čokus treten als eigenständige Viehhalter von zumeist Rinder, aber auch Schafe und bzw. oder Ziegen umfassenden und im Vergleich zu auf anderen Weiden anzutreffenden Beständen kleineren Herden in Erscheinung. Dabei hat sich das sowjetische System viehspezifischer Nutzungssphären im Laufe der postsozialistischen Zeit aufgelöst (Abb. 5.11). Weidende Rinder, Kleinhornvieh und Pferde können mittlerweile auf allen Weideabschnitten Uč Čokus beobachtet werden und nicht mehr ausschließlich auf den entsprechenden *žajyt*. Neben dem von wenigen, an dieser Stelle nicht erneut thematisierten Ackerbau praktizieren mehrere der Nutzer die hier aufgrund des Waldfondsstatus ebenfalls verbotene und bereits am Beispiel Kara Art diskutierte Ziegenweidung.[107]

Wie für die Bevölkerung der Nusswaldsiedlungen Arslanbob und Žaj Terek explizit dargestellt, verloren im Zuge der Auflösung der UdSSR auch viele Einwohner Gumhanas und Žaradars gesicherte Anstellungen – insbesondere infolge der massiven Verkleinerung des Forstbetriebes. Gaben in Gumhana und Žaradar rund 66 und 71 % der entsprechenden Stichproben für die sowjetische Zeit Lohnarbeit als wichtigstes Haushaltseinkommen[108] an, fiel der Anteil dieser Haushalte im Laufe der postsowjetischen Transformation rasant über Werte von ca. 26 und 56 % in der ersten Hälfte der 1990er Jahre auf lediglich rund 15 und 20 % in der jüngeren Vergangenheit. Im Gegenzug nahm in der ersten Transformationsperiode in beiden Siedlungen der Anteil der Haushalte zu, für die Waldressourcen das bedeutendste Einkommen darstellten. In Gumhana rückten ebenfalls Unterstützungen durch Verwandte, Remissen und Transferleistungen sowie erste Gewerbegründungen[109] in der Bedeutung als primäre Haushaltseinkommen auf, in Žaradar auch die Viehwirtschaft. Wenn der Ackerbau in den frühen 1990er Jahren im Vergleich zu den Siedlungen Arslanbob und Žaj Terek auch für anteilig weniger

106 Im Jahr 2007 waren bei neun der 22 angetroffenen Haushalte Rinder an Maul- und Klauenseuche erkrankt (Auskünfte der Weidenutzer; eigene Beobachtungen).

107 Respondenteninterviews B. Kabalova 2007, I. Minžanov 2007, M. Muhamadaliev 2007,B. Tagaev 2007; eigene Beobachtungen

108 Von den 17 Gumhanaer Haushalten, für die Lohn die wichtigste Einkommensart darstellte, bezogen acht ihres ganz oder teilweise vom Forstbetrieb. In Žaradar waren dies vier von fünf Haushalten.

109 Hierzu wurden Einzelhandelseinrichtungen (Gemischtwarenladen) und Fuhrunternehmen – zumeist Taxidienste – genannt.

werdende Haushalte Bedeutung als wichtigstes Einkommen besaß (Abb. A.35), ist dessen Wichtigkeit innerhalb der Lebenssicherungsportfolios der Bewohner dieser beiden Ortschaften nicht zu unterschätzen: Mit lediglich einer Ausnahme gaben alle für die jüngste Periode Auskunft gebenden Haushalte Gumhanas und Žaradars an, subsistenz- und bzw. oder marktorientierten Landbau zu betreiben.

Bemerkenswert ist, dass die Schaf- und Ziegenbestände der befragten Gumhanaer Haushalte mit durchschnittlich 0,9 Tieren zum Zeitpunkt der Befragung deutlich geringer waren, als die anderer Nusswaldsiedlungen, beispielsweise der ebenso in der Gebietskörperschaft Arslanbob liegenden Siedlungen Žaradar (4,5), Arslanbob (2,9) und Žaj Terek (4,4) oder jener der Gebietskörperschaft Kyzyl Unkur Kôsô Terek (5,3) und Ak Bulak (6,2).[110] Der durchschnittliche Rinderbestand bewegte sich mit rund 4,3 Tieren hingegen im interlokalen Vergleich im oberen Bereich: Žaradar (4,6), Arslanbob (3,4), Žaj Terek (2,2), Kôsô Terek (5,0) und Ak Bulak (4,3). Da es sich bei längerfristig gehaltenen Rindern zumeist um Milchkühe handelt, kommen für die Gumhanaer und Žaradarer Viehbesitzer primär tiefer liegende und in geringeren Distanzen von der Siedlung liegende Weiden für die Nutzung in Frage. Die empirischen Ergebnisse bestätigen diese Annahme. Mit 32 der 34 Haushalte, die die Weiden eigenständig oder unter Zuhilfenahme von Hirtendiensten nutzen, nimmt der Großteil der 39 Respondenten umfassenden Gumhanaer Stichprobe siedlungsnahe Grasländer in Anspruch. Hiervon gaben 29 explizit an, das Weidesystem Uč Čoku zu nutzen. In Žaradar waren es sechs der zehn befragten Haushalte, die gegenwärtig weidebasierte Viehhaltung praktizieren. Alle von ihnen nutzen Abschnitte Uč Čokus. Wie ist das zu erklären? Der Besuch der niedrig gelegenen siedlungsnahen Weide ist mit relativ geringen Kosten verbunden und daher auch für Haushalte möglich, die über relativ geringe Kapitalausstattungen verfügen oder für deren Lebensführung die Nähe der Siedlung wichtig ist. Das ermöglicht neben der täglichen Milchverarbeitung und ihrer zeitnahen Vermarktung rasche und kostengünstige Versorgung mit Lebensmitteln und Gütern des täglichen Bedarfs sowie häufiges und spontanes Aufsuchen der einkommensrelevanten Ackerländer. Das folgende Beispiel einer jungen Gumhanaer Familie zeigt dies eindrücklich.[111]

Porträt eines die siedlungsnahe Waldfondsweide Uč Čoku nutzenden Haushaltes
Das junge Ehepaar hat mit seinem Kind 2007 zum ersten Mal eigenständig seine Zelte auf der Weide aufgeschlagen, um vom Mai bis zum August ihre damals insgesamt 13 eigenen Rinder zu weiden, wovon vier Milchkühe waren. Durch den eigenen Weideaufenthalt wollten sie sich die ihnen in den Jahren zuvor entstandenen Kosten ersparen, als sie ihre nichtmilchgebenden Rinder einem Hirten überantworteten. Im Verlauf der Weidesaison stellte sich jedoch heraus, dass die er-

110 Auch dies stellt eine Kontinuität der Viehausstattung Gumhanaer Haushalte in der sowjetischen Zeit dar, von welcher der örtliche Geographie- und Ökologielehrer von Gumhana B. Tagaev 2007 berichtet, dass Schafe eine deutlich geringere Bedeutung im Vergleich zu Rindern spielten.

111 Respondenteninterview A. Kyrgyzov 2007

warteten Ersparnisse durch das Auftreten von Maul- und Klauenseuche im Viehbestand des Haushalts relativiert werden mussten. Neben der Viehweidung bildet das Sammeln und Verkaufen von Walnüssen, Ackerbau sowie das Betreiben eines kleinen Gemischtwarenladens ihr Einkommensportfolio ab. Ihr Viehbesitz verlangt zudem eine gezielte Winterfutterbevorratung. Hierfür hat der 26-jährige Gesprächspartner A. Kyrgyzov beim *leshoz* eine im Wald liegende Mähwiese gepachtet, die nach der Heuernte als Herbstweide genutzt wird. Abgesehen von der Hoffnung Hirtenkosten einzusparen, verbindet der Haushalt mehrere Vorteile mit der Nutzung der leicht erreichbaren Weide: Der kontinuierliche Weideaufenthalt unter eigener Aufsicht sei zunächst besser für die Tiere. Als Ladenbesitzer können sie zudem andere Weidenutzer mit den von ihnen gewünschten Produkten versorgen, Bestellungen aufnehmen und Einkommen generieren, indem sie die georderten Produkte zu einem etwas höheren als dem Ladenpreis auf die Weide bringen. Die Milchverarbeitung kann unkompliziert unmittelbar vor Ort erfolgen und die hergestellten Produkte bei ausreichend großem Vorrat oder nach Bedarf kurzfristig und schnell zum Laden nach Gumhana bzw. zur Straße und damit zu Händlern und Kunden aus entfernter liegenden Siedlungen gebracht werden. Zudem ist die Aufsicht der intermediär liegenden Mähwiese sowie der im Frühjahr bestellten Ackerflächen einfacher. Bei stabilem Wetter sei der Aufenthalt in der naturnahen Umwelt zudem sehr angenehm. Ein sich auf einen Pachtvertrag oder wenigstens ein Waldbillet beziehendes Verfügungsrecht über die Weide besaß der Haushalt dabei aber nicht. Über die Fälligkeit eines Nutzungsentgeltes war A. Kyrgyzov zwar informiert, indessen war ihm die Höhe des Betrages unbekannt. Dieser würde nach Umfang des Viehbestands ermittelt und sei direkt an den zuständigen *lesnik* zu zahlen, so der Gesprächspartner. Mit dem Forstaufseher werde man im Laufe der Saison eine Vereinbarung treffen, die beide zufrieden stellt, schloss A. Kyrgyzov.

Der Haushalt steht damit als Beispiel für jene Nutzer, die ein diversifiziertes Lebenssicherungssystem aufgebaut haben, von dem jede Komponente relative hohe Bedeutung besitzt und unter den gegebenen Umständen schwer durch andere substituiert werden kann. So würde eine Viehwirtschaft unter im Familienverband stattfindender Nutzung von in höherer Distanz liegenden Weiden die Führung des Gemischtwarenladens und damit des wichtigen Geldeinkommens zeitweise unterbrechen sowie die Organisation der ebenfalls wichtigen Ackerlandbetreuung erschweren. Das kleinräumige Mobilitätsmuster des eigenständigen Besuchs des siedlungsnahen Uč Čoku hingegen fügt sich in die bestehende livelihood-Strategie des Haushaltes ein und generiert für ihn infolge der als Vorteil wahrgenommenen Bedingungen und Möglichkeiten Wohlfahrtseffekte. Der informelle Umgang mit der Aushandlung von Verfügungsrechten ist für den Haushalt A. Kyrgyzovs ebenfalls von Vorteil, da er – bereits ohne eine Übereinkunft mit dem zuständigen Forstaufseher getroffen zu haben – die Ressource inwertsetzen kann. Für individuelle Fälle wie diesen Haushalt ökonomisch zwar vorteilhaft, kann die Verhandelbarkeit von Nutzungsentgelten und Nutzungspraktiken aber auch ökologische Schäden an den Wald- und Weideressourcen fördern. Dabei spielen sich aus dem

Weidemanagement des Forstbetriebs und seiner Angestellten ergebende Möglichkeiten und Restriktionen eine zentrale Rolle.

6.2.3.2 Verfügungsrechtallokation und Weidemanagement durch den leshoz Arstanbap-Ata

Indem Uč Čoku Teil des Waldfonds ist, ähnelt die administrative Situation jener der Weide Kara Art. Die Federführung in Fragen der Zuweisung von Nutzungsrechten und des Ressourcenmanagements liegt faktisch beim örtlichen Forstbetrieb, dem *leshoz* Arstanbap-Ata. Da die Weide keinen siedlungsfernen oder ‚Mitteldistanz'-Status besitzt, war und ist an den Management- und Allokationsverfahren auch kein Gremium der übergeordneten administrativen Ebenen des *oblast'* oder des *rajon* beteiligt gewesen. Indem es sich um siedlungsnahe Weiden handelt, war laut PPPAIP vielmehr vorgesehen, die lokale Selbstverwaltung sowohl in die Verfügungsrechtallokation einzubinden, als auch an den Nutzungsentgelten teilzuhaben.[112] Tatsächlich ist beides nicht geschehen. Den Hintergrund bildet erneut die Differenz zwischen den rechtlich sanktionierten Vorgaben und den tatsächlichen Möglichkeiten der Verwaltungsorganisation. Das bedarf einer vertiefenden Erläuterung: Im allgemeinen Verständnis entsprechen die Territorien der lokalen Gebietskörperschaften im Nusswaldbereich denen der Flächen von Forstbetrieben.[113] Auch wichtige Referenzen wie der Band zur Provinz Žalal-Abad des Zensus 2009[114] oder der „Mountain Atlas of Kyrgyzstan" (Schuler et al., 2004) setzt auf seinen Karten lokale Gebietskörperschaften mit den Territorien von Forstbetrieben gleich. Beispielsweise entsprechen die dort abgebildeten Gebietskörperschaften Arslanbob und Kyzyl Unkur den Betriebsflächen des *lesničestvo* Žaj Terek und des *leshoz* Arstanbap-Ata einerseits sowie dem Gebiet des *leshoz* Kyzyl Unkur andererseits.[115] Ein solches Verständnis impliziert, dass die unter anderem die Vergabe von Verfügungsrechten über Umweltressourcen umfassenden administrativen Befugnisse der Gremien lokaler Selbstverwaltungen sich immer auf die gesamten Gebiete der Forstbetriebe und damit auch die darauf befindlichen Weiden erstrecken. Dies ist aber keinesfalls die Regel, sondern ein Missverständnis: Der räumliche Wirkungsbereich der lokalen Selbstverwaltung der Gebietskörperschaft Arslanbob beschränkt sich auf von Siedlungen eingenommene sowie nicht den Waldfondsstatus innehabende Flächen, die sich zumeist in unmittelbarer Siedlungsrandlage befinden. Von Weideallokationsverfahren und den Entgelten aus der Waldfondsweidenutzung war und ist der *ajyl ôkmôty* damit ausgeschlossen. Die lokale Selbstverwaltung muss damit auf relativ bedeutende Einnahmen verzichten, was die Erfüllung der vielfältigen sozialen Aufgaben erschwert, mit der sie betraut ist. Der zu keinen öffentlichen Sozialleistungen für die

112 vgl. PPPAIP 2002 Abschnitt I Art. 10, Abschnitt II Art. 14, Abschnitt VI Art. 60
113 vgl. PPPAIP 2002; KRPKMTBUK, 2003: 189, 352
114 vgl. NSKKR, 2010b: 343
115 vgl. Schuler et al., 2004: part 3 map 3.3

lokale Bevölkerung verpflichtete, als staatliches Wirtschaftsunternehmen organisierte Forstbetrieb hingegen ist aufgrund seiner Hoheit über die Ressourcen der zu ihm gehörenden Waldfondsgebiete sowie trotz seiner vorübergehenden Schwächung im Zuge der postsowjetischen Transformation ökonomisch deutlich besser ausgestattet.[116] Keine Interventionen von Seite der durchsetzungsschwachen Gebietskörperschaftsadministration befürchten müssend, vergibt der *leshoz* in der Regel keine langjährigen Waldweidepachten. Formale Nutzungsrechtallokationen erfolgen durch die Betriebsleitung über den Verkauf von Waldbillets, informelle Zuweisungen hingegen individuell, undokumentiert und zu unterschiedlichen Preisen in direkter Übereinkunft zwischen Nutzern und Forstaufsehern.[117] Der Status des *leshoz* als kapitalstärkste und handlungsmächtigste weiderelevante Organisation in diesem lokalen Kontext wirkt jedoch nicht bis zur elementaren Ebene seiner Mitarbeiter durch. Ein Angestelltenverhältnis beim Forstbetrieb garantiert keineswegs ein hinreichendes Einkommen zur Führung einer wenigstens frugalen Lebensweise. So bewegen sich die durchschnittlichen Monatslöhne von Forstaufsehern im Bereich von rund 2000 K.S., was Ende 2007 knapp 56 US$ entsprach.[118] Vor diesem Hintergrund gewinnt die faktische Stellung von Forstaufsehern als gate keeper über Weideressourcen sowohl für die *lesniki*, als auch die Weidenutzer immens an Bedeutung.

Wie im Beispiel Kara Arts, liegt auch im Falle der Weide Uč Čoku der Schlüssel zu weiteren, informellen Einkommensmöglichkeiten der *lesniki* im Zusammentreffen der ihnen aufgrund ihres Berufs verliehenen Kompetenzen und der Existenz von verbotenen, gleichzeitig aber aus Sicht eines Teils der Nutzer attraktiven oder aber aus ökonomischen bzw. anderen Gründen zwingend notwendigen Inwertsetzungsformen der Ressource. In der Macht der Forstaufseher liegt es, ohne oder gegen Entrichtung von in verschiedenen Formen möglichen Gegenleistungen, ökologisch schädliche Praktiken wie Über- und Fehlbestockungen, übermäßig hohe Nutzerdichten, Überschreitungen des für die Weide zuträglichen Nutzungszeitraums, Beweidungen ungeeigneter und stark geschädigter Flächen oder sogar – wie in diesem Fall – die Sömmerung offensichtlich kranker und infektiöser Tiere und Einschläge an lebenden Gehölzen zu dulden. Beschnitten wird die weideverhältnisrelevante Handlungsmacht der *lesniki* durch ihre elementare Abhängigkeit von den Leistungen zahlungsfähiger Weidenutzer und ihre eigene Einbettung in soziale Netze. Beide Faktoren stellen für Weidenutzer Ressourcen dar, die zur Erlangung der eigenen Interessen strategisch einsetzbar sind. So sind zum einen die Entgelthöhen verhandelbar. Zum anderen sind die in denselben Siedlungen lebenden Forstaufseher als Nachbarn, Bekannte, Freunde und Verwandte in soziale Netzwerke mit den Weidenutzern eingebunden und damit in mehr oder

116 Experteninterviews I. Sultanov 2008, 2009

117 Auskünfte verschiedener Nutzer auf den im Bereich des *leshoz* Arstanbap-Ata gelegenen Waldfondsweiden Uč Čoku, Kara Žurt, Žas Žerim und der nicht in der Abb. 4.2 benannten Weide Togus Bulak. Bei der dort aufgeführten Weide gleichen Namens handelt es sich um eine Weide in Landreservelage.

118 Experteninterviews K. Keŋešov 2008, U. Salamov 2008

weniger ausgeprägten Loyalitätsbeziehungen stehend. Als potentielles Druckmittel können Weidenutzer soziale Sanktionen als Antwort auf illoyales Verhalten ihnen gegenüber anwenden.

6.2.3.3 Resümee: Weidelandverhältnisse auf Uč Čoku

Interpretiert eine an der Oberfläche verharrende Deutung diese Vorgehensweisen wahlweise allein als Missbrauch rechtlich verliehener Kompetenzen durch die Forstaufseher und umweltschädliches Handeln durch Nutzer, lässt es eine auf ein Verstehen zielende Auslegung zu, die Praktiken der *lesniki* und Weidenutzer als kreative Aushandlungen und Umgangsweisen mit den gegebenen Möglichkeiten und Restriktionen ihrer jeweiligen Position im Akteursgefüge zu begreifen. Die bemerkenswerten Inwertsetzungsformen auf der Waldfondsweide Uč Čoku lassen sich daher nicht hinreichend durch alleinige schuldzuweisende Fokussierungen der Nutzer oder der das Ressourcenmanagement ausführenden Organisation und ihrer Mitarbeiter nachvollziehen. Die ökologisch schädlichen Nutzungsformen entstehen auf der Basis von sowohl bei Weidenutzern, als auch bei Forstaufsehern vorhandenen – insbesondere ökonomischen – Notwendigkeiten und aus der Kombination gegenseitiger Abhängigkeiten beider Verhandlungsseiten. Unterbezahlte Forstaufseher als Inhaber autoritativer Ressourcen im Giddensschen Sinne kontrollieren Zugang und Inwertsetzung von Weideressourcen bei gleichzeitigem Interesse, ihr Einkommen mit Hilfe der Ressourcennutzer zu erhöhen. Diese besitzen in unterschiedlichem Maße sowohl die Mittel zur Verbesserung der Einkommenssituation der Forstaufseher, als auch das Druckmittel des zur Erlangung ihres Ziels ‚Ressourcenzugang' strategisch einsetzbaren sozialen Kapitals.

Wie im Falle der Weide Uč Čoku fördern nicht den Rechtsvorgaben entsprechende Allokationsverfahren zwar nicht eine sich auf formale Rechtsquellen und Rechtsinstitutionen beziehen könnende Rechtssicherheit. Doch besitzen die so ausgehandelten Verfügungsrechte aufgrund der Bezugnahme auf soziale Loyalitäten sowie deren Aufrechterhaltung infolge der Einbeziehung der kurzfristigen Ziele beider Vertragsparteien erstaunliche Belastbarkeit. Zugleich sind solche informellen Übereinkünfte mit sehr niedrigen Transaktionskosten für alle Beteiligten verbunden. Dies geht jedoch zu Lasten der Umweltressourcen und wendet sich damit mittel- und langfristig gegen die Interessen sowohl der Weidenutzer, als auch der Forstbetriebsangestellten.

6.3 WEIDELANDBEZOGENE HERAUSFORDERUNGEN UND VERHÄLTNISSE IN DER NUSSWALDREGION

Die Darstellungen zeigen, dass in der Nusswaldregion im Zuge der postsowjetischen Transformation mannigfaltige Herausforderungen im Zusammenhang mit der Ressource Weideland entstanden sind. Von grundlegender Bedeutung ist dabei, dass die Auflösungen der sowjetischen ökonomischen Strukturen, Akteurskonstellationen und institutionellen Wirkungsgefüge naturressourcenbezogene Handlungsmöglichkeiten veränderten, was sich in Abhängigkeit ihrer Kapitalausstattung für die Menschen entweder als neuer Handlungsspielraum oder als Beeinträchtigung ihrer Lebensführung entpuppte. Zunächst führte in den ökonomisch schweren Zeiten unmittelbar nach dem Zerfall der UdSSR die Schwäche administrativer Organisationen und Akteure und das Fehlen von sowohl von staatlicher Seite durchgesetzter, als auch von Ressourcennutzern selbst entwickelter wirkungsmächtiger und anerkannter Regelwerke für das Management und die Nutzung von Weideländern zu einer Situation, in der Weiden über Jahre hinweg faktisch als open access-Ressourcen galten. Als die einzig wirksamen Ressourcenzugänge und Ressourcenverfügungen steuernden Regulative stellten sich dabei die Ausstattungen der Nutzer insbesondere mit finanziellem und physischem, aber auch mit sozialem Kapital heraus. Von diesem ersten zentralen Spannungsfeld hing ab, inwiefern die Akteure fähig waren Investitionen zu tätigen, um zu Weideressourcen Zugang zu bekommen und über sie verlässlich verfügen zu können. Die im Verlauf der postsowjetischen Transformation zugenommene sozioökonomische Stratifizierung der Gesellschaft – bei der der Großteil der Bevölkerung eine im Vergleich zur sowjetischen Zeit zumindest temporäre wirtschaftliche Verschlechterung ihrer Situation erfuhr – spiegelt sich in den von unterschiedlichen Nutzungsarten, Nutzungsfrequenzen und Nutzungsintensitäten geprägten Inwertsetzungformen der Weideländer wieder. Dabei gilt im Allgemeinen, dass in der postsozialistischen Ära an Stelle der stark reglementierten, ausschließlich intensiv geführten viehwirtschaftlichen und überwiegend betrieblichen Nutzungen der sowjetischen Zeit vor allem vielfältige individuell geführte Weidelandnutzungen getreten sind. Die Spektren der Nutzer und der Formen der Ressourceninwertsetzungen erscheinen damit als Spiegelbilder der sich soziökonomisch ausdifferenzierten postsozialistischen Gesellschaft: Wirtschaftliche Notwendigkeiten zwangen Akteure mit relativ geringer Kapitalausstattung und daher geringen Wahlmöglichkeiten zur Nutzung von mit geringen Investitionen nutzbaren Weideländern, die maßgeblich siedlungsnahe Grasflächen darstellen. Das ist ein Umstand, der individuelle räumliche Triftmuster bereits in der vorkolonialen und kolonialen Zeit stark beeinflusste. Ein weiterer Grund für das verstärkte Aufsuchen insbesondere siedlungsnaher Weiden liegt darin, dass der innerhalb der Ortschaften oder auf ortsnahen Flächen praktizierte, arbeitsintensive Ackerbau für diese Nutzerruppe in der Regel eine gewachsene einkommensgenerierende Bedeutung besitzt. Zeit und Verfügbarkeit während der Vegetationsperiode als limitierende Faktoren schränken daher viele Einwohner in ihren weidewirtschaftlichen Aktivitäten ein. Letztlich ist die verhältnismäßig geringe Präsenz über relativ geringes physisches und Finanzkapital verfügender Bewohner der Nusswaldsiedlungen auf den in mittleren und höheren Distanzen zu Siedlungen befindlichen Weiden auch historisch herleitbar, indem diese Areale nach dem Abschluss der Vergesellschaftung der Produktionsmittel und der Kollektivierung an landwirtschaftliche Großbetriebe zu deren exklusiver Nutzung übertragen und ausschließlich von in ihrem Auftrag arbeitenden Hirten aus den Steppensiedlungen aufgesucht wurden. Beharrten diese ehemaligen *kolhoz*-Hirten als ökonomisch überdurchschnittlich starke Akteure nach der Auflösung der Kollektivbetriebe häufig auf den ihnen vertrauten raumzeitlichen Triftmustern unter Nutzung der ihnen bekannten Saisonalweiden, fehlten vielen lokalen Interessenten grundlegende Kenntnisse über die potentiell in Frage kommenden Graslandressourcen, das notwendige Investitionskapital[119] sowie die für den Zugang zu diesen Territorien wichtigen Kontakte zu anderen Nutzern und zu Entscheidungsträgern in den forstbetrieblichen Managementgremien und öffentlichen Verwaltungen. Insofern wirken die sowjetischen Weidenutzungsmuster bis in die Gegenwart nach. Hohe, insbesondere von lokalen Akteuren gebildete Nutzerdichten auf siedlungsnahen Weiden sind maßgeblich aus dem Zusammenspiel dieser Ursachen heraus zu erklären. Insbesondere siedlungsnahe Weiden sind damit zu fragmentierten Schauplätzen der ‚kombinierten Bergwirtschaft' geworden, die als Verknüpfung pastoraler und landbaulicher agrarischer Produktionsweisen für viele im ländlichen Raum lebende Menschen infolge des Verlustes regelmäßiger Lohneinkommen sowie hinreichender und verlässlicher Sozialleistungen an ökonomischer Bedeutung gewonnen haben.

Deutlich kleiner stellt sich die Gruppe der Akteure dar, die die nur unter erheblichen Investitionen nutzbaren Graslandressourcen bewirtschaften können, indem sie das dazu notwendige Kapital aufzubringen vermögen sowie über historisch gewachsenes Kapital wie ihre ehemalige berufliche Stellung als Betriebshirten, über faktisch bestehende gewohnheitsrechtliche Zugänge zu den ehemaligen Betriebsweiden und über Kontakte in die entsprechenden administrativen Organisationen verfügen.

Durch ihre Praktiken tragen lokale Ressourcennutzer durchaus Mitverantwortung an der Entstehung weidelandbezogener sozialer Konflikte und ökologischer Schädigungen der Naturressource. Häufig ist es die Wahrnehmung von Alternativlosigkeit, die die Menschen trotz vorhandenen Wissens über die resultierenden Folgen zur Verfolgung konkurrierender und ökologisch schädlicher Ressourceninwertsetzungsformen zwingt. Was jedoch bereits eingangs postuliert wurde, konnte im Zuge der hier präsentierten politisch-ökologischen Analyse bestätigt werden: Eine Erklärung sozio-ökologischer Weidelandprobleme allein aus den Aktivitäten lokaler Nutzer heraus greift zu kurz. Historische Vorgaben, aktuelle sozioökonomische Rahmenbedingungen, kodifizierte Rechtsnormen und nicht fixierte Regeln als Spielregeln des gesellschaftlichen Zusammenlebens, formalisierte und informelle Wege der Findung von Entscheidungen sowie deren Implementierung in der Praxis üben starke Wirkungen auf die Konstellationen und Beziehungen der nicht allein in lokalen Kontexten verorteten weideverhältnis-

119 Bereits die saisonalen Viehtriebe und die Absicherung der saisonalen Versorgung erfordern erhebliche, bereits vor der unmittelbaren Nutzung der Weiden und der spät- bzw. postsaisonalen Ertragsgenerierung zwingend zu erbringende Investitionen in Transportmittel und gegebenenfalls in Hilfspersonal, in Lebensmittel und in eine grundlegende Ausstattung mit Haushaltsgütern für den Weideaufenthalt. Zudem war der Erwerb von befristeten Rechtstiteln über Weiden in mittlerer und hoher Siedlungsdistanz bis 2009 offiziell, danach häufig inoffiziell mit Kosten verbunden, die gemessen an den regionalen Bedingungen erhebliche Höhen betragen konnten.

relevanten Akteure und Organisationen aus und beeinflussen deren weidelandrelevanten Handlungen. Die Persistenz zu einander in Konkurrenz stehender und bzw. oder Weiden ökologisch schädigender Nutzungsformen erklärt diese Feststellung jedoch noch nicht hinreichend. Es müssen auch die an diesem Punkt ansetzendem Praktiken der mit Managementaufgaben betrauten Organisationen in die Analyse einbezogen werden, wobei besondere Verantwortung bei den Akteuren liegt, die im Auftrag der Managementorganisation in unmittelbaren Kontakt mit den Nutzern stehen und Kraft ihres Amtes als gate keeper über gewisse Machtpotentiale verfügen, Ressourcenzugänge zu steuern und Sanktionen zu erlassen. Besonders deutlich ist dies auf Waldfondsweiden zu beobachten gewesen, wo Forstbetriebsangestellte aufgrund der unmittelbar sie und ihre Haushalte betreffenden ökonomischen Notwendigkeiten entgegen ihrem ursprünglichem Auftrag, ökologische Schäden an Naturressourcen zu verhindern, ressourcenschädigende Handlungen praktizierende Weidenutzer gegen Erbringung von untereinander ausgehandelten Gegenleistungen gewähren lassen. Damit ist ein zweites zentrales Spannungsfeld angeschnitten.

Seit der Auflösung der UdSSR und dem sukzessiven Niedergang der staatlichen und kollektiven agrarischen Großbetriebe als den in jener Zeit wichtigsten Weidenutzern und Weidemanagementorganisationen in einem sind die für die Verfügungsrechtallokation und das Ressourcenmanagement Verantwortung tragenden Organisationen strukturell unterausgestattet gewesen mit Kapital, Personal, weiderelevanten Informationen und technischer Ausrüstung zur verlässlichen Durchführung der von ihnen vorzunehmenden weidebezogenen Evaluierungen, Delimitierungen, Allokationsverfahren und Managementaufgaben. Die wiederholt stattgefundenen Änderungen des gesetzlichen Rahmens und Verschiebungen der Zuständigkeiten änderten nichts an dem strukturellen Problem. Dies betraf lediglich mit graduellen Unterschieden zuletzt Gremien der selbstverwalteten lokalen Gebietskörperschaften, der Bezirks- und der Provinzverwaltungen, das Staatliche Projektierungsinstitut für Raumordnung sowie – wenn auch in geringerem Maße – staatliche Forstbetriebe, die aufgrund ihrer geringen Budgets, des Mangels an qualifiziertem Personal, aktueller Daten und eingeschränkter Möglichkeiten, Begehungen der in ihrer Obhut befindlichen Weiden durchzuführen, häufig auf veraltetes sowjetisches Material zurückgriffen, die rechtlich vorgegebenen aufwendigen Allokationsverfahren umgingen und bei informellen Verfügungsrechtvergaben finanzkapitalstarke und strategisch gut vernetzte Akteure bevorzugten. Die im Untersuchungsgebiet beobachtete und untersuchte, weit verbreitete Praxis informeller Ressourcenallokationen und Duldung konfliktträchtiger Nutzungsformen sowie die auf andere Regionen des Landes bezogenen Darstellungen von Experten sowie Vertretern staatlicher und nichtstaatlicher Organisationen stützen die Annahme, dass Defizite in der Allokation und im Management von Weideressourcen nicht allein wenige Ausnahmeweiden betreffen, sondern ein strukturelles, landesweit auftretendes Phänomen darstellen. Ohne eine substantielle Verbesserung der für die Erfüllung dieser Aufgaben notwendigen Kenntnisse des Personals der Managementorganisationen, deren Kapitalausstattung und der darauf basierenden Einkommenssituation der in ihrem Auftrag tätigen Akteure erscheint es daher unwahrscheinlich, dass das ihnen übertragene Weidemanagement eine Verbesserung erfahren kann.

In der Nusswaldregion scheint die Auseinandersetzung mit den identifizierten Spannungsfeldern insofern wichtig, als dass ein erheblicher Teil der lokalen Bevölkerung beabsichtigt, in die Ausweitung der Ausstattung ihrer Haushalte in weiderelevantes Vieh zu investieren, was bei unveränderten Managementpraktiken auf eine weitere Intensivierung der gegenwärtigen Weidenutzungsregime und damit auf eine Zuspitzung bestehender Herausforderungen hinauslaufen kann. Bemerkenswert ist dabei, dass trotz verschärfter Weideressourcenknappheit mit über 38 % der 261 in der Gebietskörperschaft Arslanbob für den letzten Zeitpunkt Auskunft gebenden Haushalte ein höherer Anteil eine solche Absicht äusserte, als die rund 29 % der 83 befragten Haushalte in der Gebietskörperschaft Kyzyl Unkur, wo offen zu Tage tretende weideressourcenbezogene Konflikte und Nutzungskonkurrenzen nicht zu beobachten waren.[120]

Zusammenfassend lässt sich feststellen, dass die exemplarisch für Kirgisistans Weidelandherausforderungen stehenden Verhältnisse der Weiden Kara Art, Čon Kerej und Uč Čoku zeigen, wie im Zuge des gesellschaftlichen Umbruchs mehrere strukturelle Spannungsfelder im Zusammenspiel zur Entstehung verschiedener Formen von Unsicherheit führen, die pastorale Praktiken einschließende Inwertsetzung von Weideland als eine Kategorie von Naturressourcennutzungen beeinflussen:[121] Schwierige Einkommenssituationen der Weidenutzer und der mit Managementaufgaben betrauten Akteure generieren Handlungsmöglichkeiten einschränkende ökonomische Unsicherheit auf den Ebenen der Individuen und Haushalte. Die gravierende Unterausstattung der für die Verfügungsrechtallokation und das Weidemanagement Verantwortung tragenden Organisationen mit Finanzmitteln, Personal, weiderelevantem Wissen und technischer Ausrüstung generieren ökonomische Unsicherheit auf den Ebenen der Organisation und der in ihr tätigen individuellen Akteure sowie Unsicherheit bezüglich der Erfüllung der ihnen übertragenen Aufgaben, womit sie zur Entstehung von Verantwortlichkeitsdefiziten beitragen, die Hermann Kreutzmann in Anspielung auf Garrett Hardin als „tragedy of responsibility“ (2012b: 323, 328, 331) bezeichnet. Auf simplifizierten bis hin zu falschen Vorannahmen basierende, lokale Bedingungen unzureichend berücksichtigende, extern und top-down initiierte und daher nicht intendierte Wirkungen im Lokalen generierende Regelungen des Weiderechts sowie die Unkenntnis vieler Nutzer über die weidebezogenen Rechtsverhältnisse bei gleichzeitiger Unzuverlässigkeit des Rechtswesens generieren gemeinsam strukturelle Rechtsunsicherheit. Zudem behindert die ausbleibende Partizipation der Nutzer bei der Steuerung von Allokation und Inwertsetzung von Weideressourcen die Entstehung von ‚Vorhersagbarkeitsräumen‘ (vgl. Christophe, 2005: 13), das heisst

120 Ergebnisse der vom Autor durchgeführten standardisierten Haushaltsbefragung

121 Unsicherheitsaspekte stellen auch für Bernd Steimann die zentralen Einflussgrößen für die Ausprägung pastoraler Praktiken im postsowjetischen Kirgisistan dar. Seine Erkenntnisse basieren auf in einer im Zentrum des Landes befindlichen ländlichen Siedlung durchgeführten Fallstudien (vgl. ebd., 2012: 146–148).

von Planungssicherheit vor allem – jedoch nicht nur – in den als Waldfonds deklarierten Gebieten Kirgisistans.

7 GESELLSCHAFTLICHE WEIDELANDVERHÄLTNISSE IM POSTSOWJETISCHEN KIRGISISTAN

Aus einem übergeordneten Interesse nach dem Wandel und der Ausprägung gesellschaftlicher Naturressourcenverhältnisse in der postsozialistischen kirgisistanischen Transformationsgesellschaft heraus widmete sich die vorliegende politisch-ökologische Studie aufgrund mehrerer anfänglicher Beobachtungen der Ressource Weideland. Einerseits besitzen Kirgisistans Weiden als große Landesflächen einnehmende naturbasierte Ressourcen erhebliche Bedeutungen für die Volkswirtschaft, für regionale und lokale Ökonomien sowie für die Lebenssicherung der ländlichen Bevölkerung und Versorgung der Städte mit Erzeugnissen aus der viehwirtschaftlichen Produktion. Daneben erfüllen Weiden wichtige, über ihre unmittelbare Lage räumlich hinausreichende ökologische Funktionen. Andererseits ereignen sich nach der Auflösung der UdSSR in verschiedenen Landesteilen wiederholend und teilweise dauerhaft weidelandbezogene soziale Konflikte und ökologische Probleme. Dabei treten diese Herausforderungen kontextabhängig und räumlich differenziert auf, das heisst als ‚pluralisierte gesellschaftliche Weidelandverhältnisse' in unterschiedlichen Formen, Intensitäten und Qualitäten. Sie lassen sich insofern zum einen als offen zu Tage tretende und zum anderen als verdeckt erscheinende Repräsentationen unterschiedlicher Dimensionen der für Kirgisistans postsozialistische Gesellschaft charakteristischen und zu Beginn der Studie vorgestellten strukturellen Unsicherheit verstehen. Schließlich stellen Weideländer eine Ressource dar, die über Kirgisistan hinaus in Mittelasien über lange Zeit insbesondere durch mobile Pastoralisten genutzt wurde. Deren Gesellschaften standen insbesondere während Perioden radikaler Veränderungen gesellschaftlicher Regulations- und Organisationsprinzipien wiederholt im Fokus von Entwicklungsbemühungen externer Akteure. So unterschiedlich die ergriffenen Maßnahmen und Wirkungen im Zuge historischer Gesellschaftsumbrüche auch waren, lassen sich doch Parallelen und Kontinuitäten zu Prozessen der jüngsten Transformation im Zuge des Zerfalls der Sowjetunion erkennen, bei der lokale Weidelandverhältnisse erheblichen Einflüssen durch von Entwicklungsvorstellungen charakterisierte externe Interventionen unterliegen. Die in der vorliegenden Studie aus sozialwissenschaftlicher Sicht betriebene Beschäftigung mit Kirgisistans Weidelandverhältnissen entspricht daher einer Auseinandersetzung mit einer über das Land hinausgehenden aktuellen politischen und sozioökonomischen Thematik sowie wichtigen historischen Problematik bei gleichzeitig stattfindenden theoriebasierten Überlegungen zu Fragen gesellschaftlicher Entwicklung.

7.1 PASTORALWIRTSCHAFTLICHE UMGÄNGE MIT IM ZUGE GESELLSCHAFTLICHER TRANSFORMATIONEN ERFOLGTEN EXTERNEN INTERVENTIONEN

Für die Zentralasien bildende Region lassen sich für die vergangenen zwei Jahrhunderte drei Gesellschaftsumbrüche identifizieren, die jeweils zuvor bestehende gesellschaftliche Organisations- und Regulationsprinzipien gravierend veränderten: die Kolonisierung durch Russland und anschließende Durchsetzung der kolonialen Interessen vor Ort, die sozialistische Revolution und langjährig dauernde Etablierung der Sowjetmacht sowie die postsozialistische Transformation im Zuge der Ausrufung souveräner Staaten. So unterschiedlich die historischen Kontexte und die von mächtigen Akteuren und Organisationen im Rahmen ihrer politischen Agenden ergriffenen Maßnahmen im Vergleich auch waren ist allen dreien gemein, dass pastorale Wirtschaftsformen im Zuge von sowohl auf sie bezogenen gezielten Interventionen, als auch durch deren nicht-intendierte Wirkungsweisen radikale Wandlungsprozesse erlebten. Dabei tritt teils mehr, teils weniger deutlich hervor, dass vielfach modernisierungstheoretisch begründete Vorstellungen über die künftige Gestalt pastoraler Praktiken die Konzipierung der in der Regel von externen Akteuren initiierten Entwicklungsbemühungen prägten (Tab. 7.1).

Gemeinsamkeit aller Modernisierungsvorstellungen ist die Postulierung dualer Gegensätze zwischen der ‚eigenen', vermeintlich höher entwickelten Gesellschaft und dem ‚fremden', vorgeblich rückständigen Counterpart. Dabei wird aus Überlegenheits- und Sendungsbewusstsein heraus die als Leitbild gesehene ‚moderne' Gesellschaft mit Attributen wie ‚ökonomisches Wachstum', ‚Dynamik', ‚Innovation', ‚Vernunft' und ‚Eindeutigkeit' belegt, der als ‚traditionell' verstandenen werden hingegen ‚Stagnation', ‚Unvermögen zur Erneuerung', ‚Irrationalität' und ‚Ambivalenz' zugeschrieben. Nachholende Entwicklung ‚vormoderner' Gesellschaften sei zwar grundsätzlich möglich, da die ursächlichen Entwicklungshemmnisse jedoch in deren eigenen Verfasstheiten lägen sei dies allein aus den Gesellschaften heraus kaum erreichbar. Durch von aussen vorangetriebene Modernisierungen zentraler Bereiche wie Wirtschaft, Verwaltung und soziale Organisation könne hingegen der moderne Sektor auf Kosten ‚rückständiger' Gesellschaftsbereiche ausgeweitet und so eine sukzessive Erneuerung der gesamten Gesellschaft erreicht werden. Trotz großer Unterschiede in den ideologischen Fundierungen ihrer Projekte nahmen sowohl russländische Kolonisatoren, als auch sowjetische Kommunisten solche Standpunkte ein. In ihren Augen galt mobiler Pastoralismus als Manifestation von Rückständigkeit per excellence und pastorale Praktiken verfolgende Gemeinschaften damit als Zielgruppen spezifisch zugeschnittener Entwicklungsmaßnahmen. Die in diesen Zusammenhängen getätigten, auf Pastoralisten bezogenen Äusserungen, Bezeichnungen und Kampagnen sprechen eine deutliche Sprache.

Pastoralismusbezogene koloniale Interventionen betrafen in erster Linie den administrativ-rechtlichen Bereich mit dem Ziel, Nichtregierbarkeit und vermeintlich ungeregelte Landnutzungen mobiler Tierhalter einzuhegen und zu unterbinden. Dass deren raumzeitlich variable Mobilitäts- und Weidenutzungsmuster sehr wohl auf von Autoritätspersonen geführten Prozessen der Entscheidungsfindung innerhalb und zwischen Tierhaltergemeinschaften beruhten, wurde geflissentlich übergangen. Indem sich diese Formen der Selbstorganisation jedoch staatlicher Kontrolle weitgehend entzogen, legitimierte der Vorwurf vermeintlich ‚chaotischer Landnutzungen' die Administrierung mobiler Pastoralisten innerhalb eines an den Ansprüchen der Kolonialmacht konzipierten räumlichen Rasters. Dieses dem ‚Containerraum'-Denken folgende Konzept definierte Territorien, die festgelegten Nutzergemeinschaften zugeordnet wurden und diente – indem Steuereinheiten geschaffen und marginale Graslandressourcen in der Peripherie steuerrechtlich inwertgesetzt wurden – parallel den fiskalpolitischen Interessen des kolonialen Zentrums. Damit wurde durch das neue administrative System raumzeitliche Flexibilität nicht als notwendige Strategie einer ökologisch nachhaltig geführten mobilen Pastoralwirtschaft anerkannt, sondern vorsätzlich behindert. Die Verknappung insbesondere von Winter-, Frühlings- und Herbstweiden infolge von Ackerlandausweitungen und Siedlungstätigkeiten von Kolonialbauern trug ebenfalls dazu bei, dass die über den gesamten Jahresverlauf notwendige Viehfutterversorgung immer schwieriger aufrecht erhalten konnte und Pastoralisten zunehmend entweder gegen die kolonialen Rechtsvorgaben verstoßen oder nach die Viehwirtschaft ergänzenden bzw. alternativen Produktionsweisen Ausschau halten mussten. Die in der Provinz Fergana bereits vor der Kolonisierung verbreitete pastorale Strategie der ‚gemischten Bergwirtschaft' gewann in diesem Zusammenhang gemeinsam mit zunehmender Arbeitsteilung innerhalb der Pastoralgemeinschaften weiter an Bedeutung, während der bereits zu jener Zeit als marginale Produktionsweise geltende klassische Bergnomadismus gänzlich verschwand. Pastorale Strategien wurden durch die Tierhalter im Zuge der von aussen initiierten kolonialen Modernisierung der Gesellschaft demnach nicht aufgegeben, sondern unter Nutzung bestehender Handlungsmöglichkeiten modifiziert. In dieser Hinsicht sind Pastoralisten zwar als externen Interventionen ausgesetzte, jedoch keineswegs als sich passiv dem Schicksal ergebende Akteure anzusehen.

Trotz der der eigenen politischen Positionierung dienenden Distanzierung von der kolonialen Herrschaftspraxis Russlands hielt die Sowjetmacht am Bild der vermeintlichen ‚Rückständigkeit' der mittelasiatischen Gesellschaften fest, insbesondere der mobilen Pastoralisten. Anstelle des zuvor kapitalistischen Systems als Referenzebene trat jedoch die sozialistische Gesellschaft. Sie wurde als ein System verstanden, das Ausbeutungsverhältnisse und damit den Kapitalismus überwunden hatte und das unter Führung der kommunistischen Partei die Bedingungen für die ‚höchste Entwicklungsstufe der Menschheit' – die klassenlose kommunistische Gesellschaft – schaffen sollte. Die ideologischen Kerne bildeten das gesellschaftliche Eigentum an unter anderem auch Umweltressourcen umfassenden Produktionsmitteln und die staatliche gelenkte wirtschaftliche Entwicklung und Produktion. Selbstorganisierte Pastoralwirtschaften mobiler Tierhalter widersprachen den ideologischen Vorstellungen daher in vielerlei Hinsicht und wurden zum Ziel mehrerer miteinander verzahnter politischer Kampagnen. Als für pastorale Praktiken wirkungsvollste gelten die erzwungene Sesshaftmachung mobiler Tierhalter und deren von Enteignung von Tierbeständen begleitete Kollektivierung. Neben dem Motiv der Unterordnung mobiler Lebensweisen unter die Kontrolle des Staates dienten diese Kampagnen der Gewinnung der Produktionsfaktoren Arbeitskraft, Kapital und Boden – hier der Weideländer – für deren Integration in die volkswirtschaftliche Wertschöpfung. Die betroffenen Menschen reagierten in höchst unterschiedlichen Weisen. Ein Teil wich dem Einfluss der Sowjetmacht räumlich durch grenzüberschreitende Migrationen nach Persien, Afghanistan und China aus, um ihre hergebrachte pastorale Strategie beizubehalten. Andere übten Widerstand, indem sie sich den Enteignungen durch Massenschlachtungen ihrer Tiere entzogen. Viele versuchten, als Mitglieder der neu geschaffenen Produktionsbetriebe weidebasierte Viehwirtschaft in nebenwirtschaftlicher Form weiterzubetreiben. Folglich wurden unterschiedliche, nebeneinander existente Formen mobiler Pastoralwirtschaft im sowjetischen Kirgisistan und Zentralasien etabliert. Als quantitativ bedeutendste hat die planwirtschaftlich operierende, durch intensive Weideressourcennutzung, hohe Investitionen und wissenschaftliche Begleitung charakterisierte Viehwirtschaft der kollektiven und staatlichen Großbetriebe zu gelten. Die eindeutige Zuweisung begrenzter saisonaler Weideflächen an definierte Betriebe kann dabei als eine fortgeführte praktische Anwendung des flexible Mobilität unterbindenden Containerraumansatzes aus der Kolonialzeit interpretiert werden. *Kolhoz*-Hirten, denen im Zuge innerbetrieblicher Arbeitsteilungen die Aufgabe der weidebasierten Viehhaltung zugewiesen wurde, bot sich die Möglichkeit der Etablierung von für die damalige Zeit überdurchschnittlich großen privaten Beständen, die dem angeordneten saisonalen Triftmuster untergeordnet mit den Betriebsherden mitmigrierten. Unter anderem durch die Nutzung von Hirtendiensten konnten infolge der innerbetrieblichen Arbeitsteilung mit anderen Tätigkeiten betraute Betriebsmitglieder ebenfalls Viehhaltung im Rahmen ihrer persönlichen Nebenerwerbswirtschaften betreiben, wenn auch deutlich kleinräumiger und kleinteiliger als hauptberufliche Hirten. Es lässt sich festhalten, dass in der sowjetischen Zeit trotz der erdrückend scheinenden Interventionen aus den politischen Zentren Nischen für nichtbetriebliche und nicht planwirtschaftlich gelenkte pastorale Praktiken existierten und diese von den Menschen genutzt wurden.

Im durch die Auflösung der UdSSR und den Abriss ökonomischer Verflechtungen geschwächten postsowjetischen Land Kirgisistan wurden auf pastorale Praktiken bezogene Interventionen maßgeblich durch internationale Experten und Organisationen initiiert. Die von ihnen dabei verwendeten Begründungen können als deutlich subtiler bezeichnet werden, als die dualistischen Gegenüberstellungen moderner und vormoderner Gesellschaften im Zuge der beiden vorangegangenen Transformationen. Indem sie sich zunächst aus weithin anerkannten Narrativen wie der ‚Tragödie der Allmende‘ und der damit verbundenen Absenz ‚ökologischer Nachhaltigkeit‘ speisten die allein durch ein ‚dezentrales Ressourcenmanagement‘ und die neoliberalen Forderungen entsprechende Kommodifizierung von weidebezogenen Nutzungsrechttiteln – das heisst durch die Schaffung von ‚Institutionen für Märkte‘ und die folglich greifenden Marktkräfte – behoben werden könnten, waren die Begründungen jedoch erneut von Überlegenheits- und Sendungsbewusstsein gegenüber der postsozialistischen Gesellschaft Kirgisistans bestimmt, die es nach Vorgaben westlich dominierter Diskurse zu entwickeln galt. Deutlich wird das dadurch, dass Geberorganisationen wie die Weltbank – wie in vielen anderen Fällen und Ländern der Welt – vom kirgisistanischen Staat benötigte Fördermaßnahmen mit der zwingenden Übernahme ihrer Forderungen in politische Maßnahmen und Gesetze verknüpfte und damit erheblichen Einfluss auf die Ausformung des Weiderechts ausübten. Die dem Versagen des ersten Ansatzes in der Praxis folgende und als Reaktion auf die wachsenden Kritik an neoliberal geprägten Interventionen zu geltende Richtungsänderung vom Regulativ ‚Markt' hin zum Regulativ ‚Partizipation lokaler Weidenutzer' in Ressourcenallokation und Ressourcenmanagement erfolgte ebenfalls mit internationalen Fördermitteln verknüpft und top-down gerichtet auf Anraten externer Akteure, nicht jedoch aufgrund von Forderungen aus der Bevölkerung. Zudem kann als weitere Kontinuität seit der kolonialen Ära der fortführende Bezug auf die Denkfigur des Containerraums gelten, nach der Weideentitäten eindeutig bestimmten administrativen Einheiten zugeordnet und von klar definierten Nutzergruppen aufgesucht werden sollen. Für mobilen Pastoralismus notwendige raumzeitliche Flexibilität wird damit weiterhin nicht in Erwägung gezogen. Insofern prägt nicht Flexibilität sondern der Anspruch, eindeutig abgegrenzte administrative Entitäten zu definieren, das weiderechtliche Grundverständnis von der kolonialen Vergangenheit bis in die Gegenwart. Die Einführung eines allgemein gültigen kodifizierten Rechts bei gleichzeitigem Mangel, dieses in lokalen Kontexten durchzusetzen, kreierte Verantwortlichkeitsdefizite in Allokations- und Managementfragen mit den diskutierten sozio-ökologischen Folgeproblemen. Die facettenreichen Formen der nicht allein pastorale Praktiken umfassenden Weidelandinwertsetzungen in der postsowjetischen Zeit zeigen aber, dass die Menschen sich ihnen bietende Rahmenbedingungen weiterhin kreativ nutzen und dabei weidebasierte Viehwirtschaft unterschiedlicher Ausprägung betreiben. Pastoralismus kann daher keineswegs als überholte Wirtschaftsweise gelten, sondern er ist gelebte Wirklichkeit und wird weiterhin eine Zukunft haben.

Tab. 7.1: Im Zuge von Gesellschaftsumbrüchen erfolgte pastoralismusbezogene Interventionen auf dem Gebiet des heutigen Kirgisistan und deren zentrale Wirkungen

Transformations-periode	**maßgeblicher Zeitraum**	**Politische Ziele und ergriffene Maßnahmen**	**Wirkungen auf pastorale Praktiken**
Durchsetzung der kolonialen Politik im Zuge der Kolonisierung	zweite Hälfte des 19. Jh. bis in das frühe 20. Jh.	– Deklarierung von Weideland zu Staatsland – Kontrolle und Steuergenerierung durch Administrierung mobiler Tierhalter in kolonialen Interessen dienendem Verwaltungssystem – Gewinnung von Siedlungs- und Ackerland durch Freigabe von Graslandflächen	– Behinderung raumzeitlich-flexibler Mobilität – Verknappung insbesondere von Winter-, Frühlings- und Herbstweiden – Modifikation pastoraler Praktiken, insbesondere Zunahme ‚kombinierter Bergwirtschaft'
sozialistische Revolution und Etablierung der Sowjetmacht	1920er und 1930er Jahre	– Kontrolle von Pastoralisten und ihre Integration in Volkswirtschaft durch erzwungene Sedentarisierung – Vergesellschaftung der Produktionsmittel durch Enteignung und Kollektivierung – Intensivierung der Ressourcennutzung und Szientifizierung der Viehwirtschaft	- grenzüberschreitende Flucht und Entziehung durch Massentötung von Vieh – weitgehende Unterbindung selbstorganisierter Mobilität – maßgeblich betriebliche intensive Ressourcennutzung – Nutzung sich für pastorale Praktiken bietender Nischen
staatliche Unabhängigkeit nach Auflösung der UdSSR	ab 1991	– Wirtschaftswachstum und ökologische Nachhaltigkeit durch Privatisierung und Kommodifizierung von Weiderechtstiteln – effiziente Weideallokation und Weideverwaltung durch kommerzialisierte Verfahren und Dezentralisierung – Behebung nicht intendierter Wirkungen früherer Ansätze durch Dekommodifizierung von Weideressourcen und Verantwortungsübertragung an Nutzer und lokale Strukturen	– Bevorteilung kapitalstarker Akteure bei der Weiderechtallokation – Zunahme sozio-ökologischer Herausforderungen im Lokalen infolge ineffektiver rechtlicher Regelungen und sich daraus ergebender Defizite im Ressourcenmanagement – Pluralisierung der Inwertsetzungsformen von Weidelandressourcen

7.2 AUSBLICK UND OFFENE FORSCHUNGSASPEKTE

In der akademischen Debatte wird zunehmend erkannt, dass aufgrund des Mangels an tiefgründigen und originären Studien ein großer Bedarf an empirisch basierten, aktuellen Erkenntnissen über naturressourcenbezogene Mensch-Umwelt-Beziehungen und lokale Wirkungen von Entwicklungsmaßnahmen in den Gesellschaften der zentralasiatischen Länder und darüber hinaus besteht. Der unkritische

Bezug auf überholte Daten und fraglich gewordene Narrative sowie deren beständige Wiedergabe birgt die Gefahr der Reproduktion von allein durch externe Akteure verfassten Erklärungen ressourcenbezogener sozio-ökologischer Herausforderungen – bei denen häufig lokale Nutzer die Hauptschuld an der Entstehung der Probleme tragen – und von Lösungsansätzen, die als externe Interventionen in lokalspezifischen Kontexten nicht-intendierte Wirkungen entfalten und von denen lokale Bevölkerungen direkt und am stärksten betroffen sind. Auf empirischen Feldforschungen basierte Untersuchungen können dazu beitragen, dass die bisher viel zu selten gehörten Stimmen der Menschen vor Ort berücksichtigt und damit in die Interpretationen der Herausforderungen sowie die Umgänge mit ihnen einbezogen werden.[1] Jüngere Publikationen – wie die Tagungsbände zweier sich pastoralen Praktiken und dem Weidemanagement in Hochasien widmender, Akteure und Organisationen aus Wissenschaft, Entwicklungszusammenarbeit und öffentlicher Verwaltung zusammenbringender Workshops[2], das sich im Wandel befindenden Gebirgsgesellschaften in Zentralasien widmende Themenheft des Journals ‚Mountain Research and Development'[3], der jüngst von Hermann Kreutzmann herausgegebene Band zu pastoralen Praktiken in Hochasien[4] oder die von Joseph Bonnemaire und Corneille Jest herausgegebene, „Le pastoralisme en Haute-Asie : la raison nomade dans l'étau des modernisations" gewidmete Doppelnummer der Online-Zeitschrift ‚Études mongoles et sibériennes, centrasiatiques et tibétaines'[5] – gehen diesen Weg indem sie auf originären Forschungen und Kommunikationen mit lokalen Akteuren basierte Beiträge der Öffentlichkeit vorstellen.

Ähnlich wie die hier vorliegende Studie unter Einbezug der Schilderungen lokaler Akteure ein aus mehreren lokalen Situationen bestehendes Mosaik der gesellschaftlichen Weidelandverhältnisse einer Beispielregion lieferte und diese aus der Rekonstruktion langfristiger historischer Prozesse herleitete könnten empirisch angelegte Forschungsarbeiten in anderen Regionen zunächst zu Erkenntnissen über die dortigen spezifischen Bedingungen führen und damit empirisch fundierte ‚Standbeine' für vergleichende Analysen der Weidelandverhältnisse in Kirgisistan und darüber hinaus schaffen. Zudem empfiehlt es sich, die hier nur wenige Jahre nach der Einführung einer neuen Weidegesetzgebung abbrechende Analyse sowie die in anderen Regionen ergriffenen Untersuchungen fortzuführen, um die weiterhin stattfindenden Veränderungen der gesellschaftlichen Verhältnisse der nunmehr zumindest teilweise als kollektive Güter verstandenen Weideländer wissenschaftlich zu begleiten. In diesem Zusammenhang sollten einerseits die Bedürfnisse und Wahrnehmungen der vor Ort aktiven Ressourcennutzer im Fokus stehen. Andererseits sollten aber auch weiterhin kurz-, mittel- und langfristige Wirkungen neuer Rechtsnormen auf die individuellen und kollektiven Umgänge

1 vgl. Dear/Weyerhaeuser, 2012; Kerven et al., 2012; Kreutzmann, 2012a, 2012b
2 vgl. Kreutzmann/Abdulalishoev/Zhaohui/Richter {eds.}, 2011; Kreutzmann/Yong/Richter {eds.}, 2011
3 vol. 32 iss. 3
4 Kreutzmann {ed.}, 2012
5 vol. 43–44, 2012

der Menschen mit der Ressource, die zentralen Aspekte der Verfügungsrechtallokation, des Ressourcenmanagements und der Inwertsetzungsformen sowie die regionalspezifischen sozioökonomischen und ökologischen Verhältnisse wichtige Augenmerke künftiger Untersuchungen weidelandbezogener Mensch-Umwelt-Beziehungen im postsowjetischen Kirgisistan und Zentralasien darstellen. Dabei wäre beispielsweise zu überlegen, inwiefern die von Elinor Ostrom vorgeschlagenen Prinzipien belastbarer institutioneller Regelungen für kollektive Güter als erkenntnisgewinnende theoretische Bezugsebene hilfreich sein könnten, Stärken, Schwächen und längerfristige Wirkungen der jüngsten Weiderechtsnovellierungen und lokaler Managementpraktiken zu identifizieren.[6]

Da die mannigfachen Weidelandherausforderungen in ihrer Konsequenz Bedrohungspotentiale für die fragile Integrität des Landes und – wie eingangs anhand ausgewählter grenzüberschreitender und sich vor dem Hintergrund miteinander nur gering kooperierender Staaten abspielender Weidekonflikte gezeigt wurde – darüber hinaus bergen, besteht ein nicht zu unterschätzender gesellschaftlicher Handlungsbedarf zur konstruktiven Bearbeitung dieser Herausforderungen. Dies setzt ein Verständnis der vielfältigen und multiskalaren Bedeutungen, Verursachungs- und Wirkungszusammenhänge der Weidelandherausforderungen voraus. Hierfür möchte die Studie grundlegende Ansatzpunkte liefern.

6 vgl. Ostrom, 1999

ANNEX

A GLOSSAR WICHTIGER IM UNTERSUCHUNGSGEBIET VERWENDUNG FINDENDER UND IM TEXT GENANNTER BEGRIFFE

adyrlar	von Steppenvegetation bedeckte submontane Hügelländer
ajyl keņeš (ak)	Vertreterversammlung der Bevölkerung auf der Ebene der lokalen Selbstverwaltung
ajyl ôkmôty (aô)	dreifache Bedeutung (ajyl ôkmôty, krg.): a) Administration der lokalen Selbstverwaltung eines Gebiets (seit 2009 ajylnyj okrug, rus.), b) natürliche Person im Amt des Leiters der lokalen Selbstverwaltung, c) das von der Selbstverwaltung verwaltete Gebiet an sich (seit 2009 ajylnyj okrug, rus.). Im Text wird die jeweilige Bedeutung durch den Kontext klar bzw. durch eine Erläuterung verdeutlicht
aksakal	männliche ältere Respektperson, wörtlich ‚Weissbart'
asal	Honig
ayl bzw. aul	historisch hierarchisch organisierte Nutzergemeinschaft, heute Siedlung
čaban	professionelle Hütedienste anbietender Hirte
čatyr	Zelte
čôbôgô	Butterschmalz mit geröstetem Mehl
ečki	Ziege, Ziegen
et bzw. gušt	Fleisch
fermer	Landwirt
general-gubernatorstvo	Generalgouvernement
gosudarstvennyj lesnoj fond (GLF)	staatlicher Waldfonds
gosudarstvennyj zemel'nyj zapas (GZZ)	staatliche Landreserve
graždanstvo	Staatsbürgerschaft
jaŝur	Maul- und Klauenseuche
kašar bzw. saraj	Viehpferch, Stall
kištoo	Winterweide
kočevanie	Nomadisieren, das
kočevniki	Nomaden, mobile Tierhalter
koj bzw. kŭj	Schaf, Schafe
kojču bzw. kŭjbakar	Schafhirte

koj žajyt	Schafweide
kollektivnoe hozjajs-tvo (kolhoz)	Kollektivwirtschaft, (landwirtschaftlicher) Kollektivbetrieb
kolhoznik	kolhoz-Mitglied
konuš	Rastplatz, Weidestandort
kymys	fermentierte Stutenmilch
kyrgyzčylyk	nicht unumstrittener kirgisischer Normen- und Wertekanon
kyzdoo	Herbstweide
kurultaj	regelmäßig stattfindende öffentliche Volksversammlung
lesničestvo	Forstrevieren
lesnik	Forstaufseher
lesnoe hozjajstvo (leshoz)	staatlicher Forstbetrieb
lesnoj bilet	Waldbillet (Nutzungsdokument)
mal, mol bzw. uj	Rinder
malči bzw. molbakar	Rinderhirte
nacional'nost'	Nationalität
ličnoe podsobnoe hozjastvo	persönliche Nebenerwerbswirtschaft
oblast'	administrative Verwaltungseinheit mit dem Rang einer Provinz, historisch aus mehreren uezd bestehend
otara	Schaf- und/oder Ziegenherde
ospa	Pocken, hier Schafspocken
otgonnye pastbiŝe	siedlungsferne Weiden
pada	Milchkühe
padači	Tageshirte für Milchkühe und Kälber
pada žajyt	Tagesweide für Milchkühe
pastbiŝe intensivnogo pol'zovanija	Weiden intensiver Nutzung
prisёlnye pastbiŝe	siedlungsnahe Weiden
quruq	Schutzgebiet (im weitesten Sinne)
quruqči	historisch Schutzgebietswächter, heute gelegentlich für Forstaufseher verwendet
qurut	getrockneter und gesalzener Magerquark, meist in Kugelform
rais	(Kollektivbetriebs)-Direktor
rajon	administrative Verwaltungseinheit mit dem Rang eines Bezirks
sary maj	Butterschmalz
sibirskaja jazva	Milzbrand
sovetskoe hozjajstvo	Staatswirtschaft, (landwirtschaftlicher) Staatsbetrieb

(sovhoz)	
stada	Viehherde
subajči	Rinderhirte
subaj žajyt	Weide für nichtmilchgebende Rinder
sùt bzw. syt	Milch
sysmô	Magerquark
taltagyn sùt bzw. syt	entrahmte Milch
tokoj	Wald
torpok	Kalb, Kälber
torpok žajyt	Kälberweide
uezd	historische administrative, aus mehreren volost' bestehende Einheit mit dem Rang eines Amtsbezirks
volost'	administrative Einheit des kolonialen Verwaltungssystems, auf ‚nomadische' Bevölkerung bezogen aus mehreren ayl bzw. aul bestehende ‚Gemeinschafts-gruppe'
žajloo bzw. jajloo	Sommerweide
žajyt	Weideabschnitt
žazdoo	Frühlingsweide
zootehnik	Zootechniker
žylkyču	Pferdehirte
žylky žajyt	Pferdeweide

B LISTUNG DER RESPONDENTEN

B1 EXPERTEN

Name	Tätigkeit	Organisation/ Ort	Datum	Schwerpunktthema
Z. Abdraimov	Rechtsanwalt	LARC, Bazar Korgon	3.4.2007, 11.7.2007	Weidelandverhältnisse im Bezirk Bazar Korgon, Wandel der postsowjetischen Weidegesetzgebung, Weideallokation und Weideverwaltung, lokale öffentliche Budgets
B. Abdumalikov	ehem. Forstaufseher	*lesničestvo* Žaj Terek	26.7.2009	Weidenutzung und Konflikt auf Kara Art
B. Abyšbaev	Abteilungsleiter	Nat. Agentur für lokale Selbstverwaltung, Bischkek	4.8.2009	Weideallokation und Weideverwaltung, lokale öffentliche Budgets
E. Anarbaev	Direktor	*leshoz* Kyzyl Unkur	17.7.2013	partizipatives Management von Waldfonsweiden, *leshoz* Kyzyl Unkur
M. Aslova,	ehem. Direktorin	Meierei Bazar Korgon	17.10.2008	Veredlung von Agrarprodukten in UdSSR
K. Balagyšev	Monitoring- und Reportingspezialist, Schafzuchtexperte	Rural Advisory Services Foundation, Bischkek	April 2007	allgemeiner Zustand der Viehwirtschaft Kirgisistans
A. Burhanov	stellvertretender Direktor	*leshoz* Kyzyl Unkur	4.8.2009	Wandel der postsowjetischen Weidegesetzgebung und Nutzung von Waldfondsweiden
A. Egemberdiev	Direktor	Departement Weide, Ministerium für Wasser- und Landwirtschaft und verarbeitende Industrie, Bischkek	18.9.2007, 10.11.2008, 4.8.2009	allgemeine Weidelandherausforderungen, Rechtsrahmen und sein Wandel
N. Erežepov	Spezialist für Soziale Fragen	*rajon*-Administration Bazar Korgon	Mai 2007	sozioökonomische Situation im *rajon* Bazar Korgon
A. Iskenderov	Veterinär, ehem. Leiter der Inspektion	Staatliche Veterinärinspektion Bazar Korgon	17.4.2007, 4.5.2007	Veterinärwesen in UdSSR und postsowjetischer Zeit
A. Kaparov	Oberförster	*lesničestvo* Žaj Terek	9.8.2008	Situation in Nusswaldregion und *lesničestvo* Žaj Terek; Kara Art-Konflikt; Nutzungsrechtallokation für Waldfondsweiden

U. Kasymov	Projektangestellter	CAMP Ala-Too, Biškek	14.8.2008	Wandel der postsowjetischen Weidegesetzgebung
K. Keŋešov	Forstaufseher	*leshoz* Kyzyl Unkur und *leshoz* Arstanbap-Ata	28.7.2008	Berufsbilder im Forstsektor
E. Konomistov	ehemaliger Ökonomist	*kolhoz* 22. Parteitag	28.7.2007	Vieh- und Weidewirtschaft in der UdSSR
T. Košmatov	Vertreter des weltbankfinanzierten „Agricultural Investment and Service Program"	IBRD, Bischkek	4.8.2009	Wandel der postsowjetischen Weidegesetzgebung
M. Kosolapov	Förster	*lesničestvo* Žaj Terek	26.7.2009	Kara Art-Konflikt, Ziegenweidung, Budget des Forstbetriebs
B. Kočoroev	Leiter des Weidekomitees	ao Bazar Korgon	21.7.2013	Organisation und Praxis des Weidekomitees des ao Bazar Korgon
R. Kultanov	Oberförster	*leshoz* Arstanbap-Ata	11.4.2007, 28.7.2009	Situation in Nusswaldregion und im *leshoz* Arstanbap-Ata; Allokation von Nutzungsrechten für Waldfondsweiden; Kara Art-Konflikt, Ziegenweidung, Budget der lokalen Verwaltung und des Forstbetriebs
U. Lešijev	Förster	*leshoz* Kyzyl Unkur	30.7.2009	Ziegenweidung, Budget des Forstbetriebs
T. Lursunalieva	ehemalige *kolhoz*-Direktorin	*kolhoz* Dzeržinskij	13.08.2007	Vieh- und Weidewirtschaft UdSSR
U. Mambetaliev	ehemaliger Koordinator des Weltbank-Projektes „Verbesserung des Weidemanagements"	IBRD, Bischkek	2.10.2007	Wandel der postsowjetischen Weidegesetzgebung
N. A. Misiraliev	ehemaliger Leiter der GOSREGISTR-Zweigstelle Bazar Korgon	GOSREGISTR-Zweigstelle, Žalal-Abad	3.11.2008, 13.7.2009	Wandel der postsowjetischen Weidegesetzgebung; Weideressourcen des *rajon* Bazar Korgon und ihr Management
V. Moltobaeva	Rechtsanwältin	LARC, Bischkek	9.2007, 10.7.2009	Weidegesetzgebung; Bewertung des Gesetzes „Über die Weiden"
A. Musabaev	Jurist, Leiter	LARC, Bischkek	9.2007, 10.7.2009	Weidegesetzgebung; Bewertung des Gesetzes „Über die Weiden"

Ž. Nakmatov	Spezialist für Monitoring und Reporting, ehemaliger Veterinär des *rajon*	Konsultationsdienst der Siedlung Bazar Korgon	13.4.2007, 2.8.2007	Veterinärwesen in der UdSSR und in postsowjetischer Zeit
P. Nalogov	Stellvertretender Leiter	Staatliche Steuerinspektion, Bazar Korgon	11.7.2007	Weideallokation und Weideverwaltung, lokale öffentliche Budgets
A. Nožiev	ehemaliger *kolhoz*-Direktor	*kolhoz* 60 Jahre Oktober	10.10.2008	Wirtschaftsweise eines sowjetischen Kollektivbetriebes
M. Nurmamatov	ehemaliger Zootechniker	*kolhoz* 22. Parteitag	21.10.2008	Vieh- und Weidewirtschaft in der UdSSR und in postsowjetischer Zeit
Č. Olokbaev	ehemaliger Zootechniker	*kolhoz* 22. Parteitag	17.10.2008	Vieh- und Weidewirtschaft in der UdSSR und in postsowjetischer Zeit
T. Orogeldiev	Spezialist für Bodenfragen	Administration des aô Kyzyl Unkur	23.7.2013	Allokation und Management von Weideressourcen in der Gebietskörperschaft
L. Penkina	Leiterin Abteilung Weidemonitoring	GOSREGISTR-Hauptleitung, Bischkek	20.11.2008	Wandel der postsowjetischen Weidegesetzgebung
T. Raldunbekov	ehemaliger Zootechniker und Veterinär	*kolhoz* Frunze und *leshoz* Kyzyl Unkur	9.6.2007	Veterinärwesen in der UdSSR und in postsowjetischer Zeit
U. Salamov	ehemaliger *leshoz*-Direktor	*leshoz* Kirov/ Arstanbap-Ata	28.7.2008	Forstwirtschaft in der postsowjetischen Transformation
A. Sartbaev	Oberförster	*leshoz* Kyzyl Unkur	25.4.2007	Situation in der Nusswaldregion im allgemeinen und im *leshoz* Kyzyl Unkur im besonderen; Allokation von Nutzungsrechten für Waldfondsweiden
O. Saskarov	ehemaliger *kolhoz*-Direktor und Hauptzootechniker des *rajon*	*kolhoz* Dzeržinskij	13.8.2007	Wirtschaftsweise eines sowjetischen Kollektivbetriebes
T. Soltobekov	Rechtsanwalt	LARC, Bischkek	11.11.2008	Weidegesetzgebung; Bewertung des Gesetzes „Über die Weiden"
I. Sultanov	Leiter Abteilung Finanzen und Wirtschaft	Administration des aô Arslanbob	27.8.2008, 13.7.2009	Weideallokation und Weideverwaltung, lokale öffentliche Budgets
T. Tašiev	Leitender Spezialist des Agrardepartements	*rajon*-Administration Bazar Korgon	8.6.2007	Weideallokation und Weideverwaltung, lokale öffentliche Budgets

A. Toktomonov	Kassierer	*lesničestvo* Žaj Terek	9.8.2008	Nutzungsrechtallokation für Waldfondsweiden und Kara Art-Konflikt
E. Tokušev	Angestellter	GOSREGISTR-Zweigstelle, Bazar Korgon	20.4.2007	Weideressourcen des *rajon* Bazar Korgon und ihr Management
B. Tološov	Leiter Abteilung Finanzen und Wirtschaft	Administration des aô Kyzyl Unkur	5.11.2008	Weideallokation und Weideverwaltung, lokale öffentliche Budgets
M. Turgunov	Leiter des Weidekomitees	ao Bešik Žon	21.7.2013	Organisation und Praxis des Weidekomitees des ao Bešik Žon
O. Turkmenov	Leiter	Administration des aô Kyzyl Unkur	5.11.2008	Weideallokation und Weideverwaltung, lokale öffentliche Budgets
S. Ulakov	Direktor	*lesničestvo* Žaj Terek	9.8.2008	Nutzungsrechtallokation für Waldfondsweiden und Kara Art-Konflikt
M. Ulubekov	Veterinärinspektor	aô Arslanbob	21.4.2007	Veterinärwesen in der UdSSR und der Gegenwart
H. Zrjaviev	ehemaliger Zootechniker	*leshoz* Kirov	17.7.2007	Vieh- und Weidewirtschaft in der UdSSR und in postsowjetischer Zeit
A. Žumaliev	Generaldirektor	Central Asian Breeding Services Ltd., Bischkek	April 2007	allgemeiner Zustand der Viehwirtschaft Kirgisistans

B2 WEIDENUTZER UND RESPONDENTEN ZU HISTORISCHEN UND AKTUELLEN WEIDEFRAGEN

Protagonist	Tätigkeit	Organisation/ Ort	Datum	Schwerpunktthema
M. Akašov	Forstaufseher	*lesničestvo* Žaj Terek	21.6.2007, 24.7.2009	Weidenutzung und Konflikt Kara Art; Management Waldfondsweiden
A. Akbarov	Ackerbau betreibender Weidenutzer	Arslanbob	27.8.2008	Ressourcennutzung und Konflikt auf Kara Art
A. Aksakalov	ehemaliger Schaf-, Pferde- und Rinderhirte	*kolhoz* Engel's	28.5.2007	Vieh- und Weidewirtschaft in der UdSSR
H. Alkadyrov	Schafhirte	Uč Bulak	15.7.2007	Vieh- und Weidewirtschaft in der UdSSR und in postsowjetischer Zeit
K. Aparov	ehemaliger Brigadeleiter der Melkbrigade	*kolhoz* 60 Jahre Oktober	10.10.2008	Rinderhaltung in einem sowjetischen Kollektivbetrieb
K. Artov	Pferdehirte, Nachfahre eines *leshoz*-Pferdehirten	*leshoz* Arstanbap-Ata	23.6.2007	Vieh- und Weidewirtschaft in postsowjetischer Zeit
B. Bahadirov	eigenständiger, Ackerbau betreibender Weidenutzer	Arslanbob	19.6.2007	Ressourcennutzung und Konflikt auf Kara Art
M. Bazarbaev	ehemaliger Milchviehwärter	*kolhoz* Dzeržinskij	16.10.2008	Vieh- und Weidewirtschaft UdSSR
K. Dolonov	Viehwirtschaft betreibender Weidenutzer	Žaj Terek	10.8.2007	Weidenutzung auf Šamaldy Gyr
S. Haratov	Schafhirte	Uč Bulak	14.7.2007	Vieh- und Weidewirtschaft in der UdSSR und in postsowjetischer Zeit
N. Imkerov	Forstbetriebsimker	*leshoz* Arstanbap-Ata	4.11.2008	Waldfondsweidenutzung in der UdSSR und in postsowjetischer Zeit, Weidenutzung auf Kara Art, Kara Art-Konflikt
F. Imkerova	Forstbetriebsimker	*leshoz* Arstanbap-Ata	26.7.2009	Waldfondsweidenutzung in UdSSR und postsowjetischer Zeit, Weidenutzung und Konflikt auf Kara Art
R. Isabaev	Schafhirte	Uč Bulak	12.7.2007, 19.7.2007	Vieh- und Weidewirtschaft in UdSSR und postsowjetischer Zeit

H. Jakubžon	ehem. Direktor	*kolhoz* Komsomol	13.8.2007	Vieh- und Weidewirtschaft in der UdSSR
B. Kabalova	eigenständige, Viehwirtschaft betreibende Weidenutzerin	Kyzyl Suu	27.5.2007	eigene Weidenutzung auf Uč Čoku in der postsowjetischen Zeit
K. Kadyrbekov	eigenständiger Viehwirtschaft betreibender Weidenutzer	Žaj Terek	20.6.2007	Weidenutzung auf Kara Art, Kara Art-Konflikt
H. Kadyrov	Rinderhirte, ehemaliger Pferdehirte des *leshoz*	*leshoz* Kirov	13.6.2007	Vieh- und Weidewirtschaft in der UdSSR und in postsowjetischer Zeit
A. Karymšakova	ehemalige Tierpflegerin	GKO Živprom	16.10.2008	Vieh- und Weidewirtschaft in der UdSSR
T. Karymžon	ehemaliger *leshoz*-Schaf- und Pferdehirte	*leshoz* Kirov	8.8.2007	Vieh- und Weidewirtschaft in der UdSSR
A. Kyrgyzov	eigenständiger, Viehwirtschaft betreibender Weidenutzer	Gumhana	27.5.2007	eigene Weidenutzung auf Uč Čoku in der postsowjetischen Zeit
A. Mamatova	Einwohnerin	Kyzyl Unkur	4.6.2007	Vieh- und Weidewirtschaft in der UdSSR
K. Madyržonov	Rinderhirte, Nachfahre eines *leshoz*-Pferdehirten	Arslanbob	22.6.2007	Vieh- und Weidewirtschaft in nach 1991
I. Minžanov	eigenständiger, Viehwirtschaft betreibender Weidenutzer	Arslanbob	27.5.2007	eigene Weidenutzung auf Uč Čoku in der postsowjetischen Zeit
M. Muhamadaliev	eigenständiger, Viehwirtschaft betreibender Weidenutzer	Gumhana	26.5.2007	eigene Weidenutzung auf Uč Čoku in der postsowjetischen Zeit
T. Myndykov	ehemaliger Schafhirte	*kolhoz* 60 Jahre Oktober	11.10.2008	Vieh- und Weidewirtschaft in der UdSSR und in postsowjetischer Zeit
L. Nazarov	eigenständiger, Viehwirtschaft betreibender Weidenutzer	Žaj Terek	19.6.2007	Ressourcennutzung und Konflikt auf Kara Art
Ž. Ôskumbaev	Betreiber des Versorgungspunktes Satykej	-	17.8.2007	Weidenutzerversorgung in der UdSSR und in postsowjetischer Zeit
A. Šajnazarov	eigenständiger Nutzerhaushalt	Arslanbob	20.6.2007	Weidenutzung auf Kara Art, Kara Art-Konflikt

M. Šajnazarov	ehemaliger Hirte	*kolhoz* Engel's	20.6.2007	Vieh- und Weidewirtschaft in der UdSSR und in postsowjetischer Zeit, Kara Art-Konflikt
N. Sadykov	ehemaliger Viehwärter und Zootechniker	*kolhoz* Engel's	17.10.2008	Vieh- und Weidewirtschaft in der UdSSR und in postsowjetischer Zeit
O. Sergešova	ehemalige Melkerin	*kolhoz* Dzeržinskij	16.10.2008	Vieh- und Weidewirtschaft UdSSR
A. Šolburov	Schafshirte	Uč Bulak	15.7.2007	Vieh- und Weidewirtschaft in der UdSSR und in postsowjetischer Zeit
B. Tagaev	Geographie- und Biologielehrer	Schule Gumhana	21.4.2007	Vieh- und Weidewirtschaft in der UdSSR und in postsowjetischer Zeit
A. Talipaev	Tageshirte	Gumhana und Žaradar	16.5.2007	lokale Vieh- und Weidewirtschaft in postsowjetischer Zeit
H. Toktomatov	Schafshirte	Arslanbob	14.6.2007	lokale Vieh- und Weidewirtschaft in postsowjetischer Zeit
A. Žarybaev	ehemaliger Rinderhirte	verschiedene *kolhozy*, u.a. Engel's	17.10.2008	Vieh- und Weidewirtschaft in der UdSSR

C FRAGEBOGEN DER STANDARDISIERTEN HAUSHALTSBEFRAGUNG

Name des Gesprächspartners/ Haushaltsvorstands	Siedlung	Datum
Jahr der Haushaltsgründung		
Haushaltsmitglieder vor Ort / auswärts (Männer/ Frauen/ Kinder)		
Wohnort auswärts lebender Haushaltsmitglieder		

Komplex 1: materiellen Ausstattung und landwirtschaftliche Praxis

	ausgehende sowjetische Periode	1991 - 1997	Gegenwart 2007
Genutzte Ackerbaufläche (Hof und Pachtflächen) in ha			
Hauptanbaukulturen			
Anzahl an Kleinhornvieh (Schafe, Ziegen)			
Anzahl an Großhornvieh (v.a. Rinder)			
Anzahl Pferde			
Anzahl und Art anderer Tiere			
Teilnahme am Projekt ‚gemeinschaftliches Waldmanagement' (ja/nein), ggf. Fläche in ha			
Mähwiesennutzung (ja/nein), ggf. Fläche in ha			
Saisonalweidenutzung (ja/nein), ggf. Art und Weise sowie Name, Lage und differenzierte Flächen in ha			
Anzahl und Art der weidenden Tiere			
Komplex 2: Art und Weise der Einkommensgenerierung, Gewichtung nach ökonomischer Bedeutung			
Viehwirtschaft (Art (Fleisch, Milchprodukte, Wolle) und Produktionsorientierung (Subsistenz, Vermarktung))			
Ackerbau (Art und Produktionsorientierung (Subsistenz, Vermarktung))			
Wald und Waldprodukte (Art (Walnüsse, Früchte, Heu, Pilze, Kräuter, Holz) und Produktionsorientierung (Subsistenz, Vermarktung))			
Bezahlte Lohnarbeit mit regelmäßigem Einkommen (Tätigkeit, Unternehmen/Organisation)			
Staatliche Transferleistungen			
eigener Handel / Unternehmen (Branche, Ort)			
Rücküberweisungen durch Migranten (soziales Beziehungsverhältnis, Tätigkeitsort)			
anderweitige Einkünfte und Unterstützung (Familie, Verwandte, Freunde und Bekannte)			
relative Veränderung der materiellen Lage im Vergleich zur vorangehenden Periode			
Investitionsvorhaben bzw. -wünsche			

D LEITTHEMEN DER GESPRÄCHE MIT WEIDERELEVANTEN AKTEUREN

- weiderelevante Tätigkeit und Erfahrungen in Vergangenheit und Gegenwart
- Formen und Aspekte der gegenwärtigen Praktiken der Weidelandinwertsetzung
- strukturelle Merkmale der aufgesuchten Weideflächen natürlicher und anthropogen verursachter Art etc.
- pastorale Aspekte: Nutzungsregime, Herdengrößen und -strukturen, Mobilitätsmuster, Eigentumsverhältnisse etc.
- ökonomische Aspekte: Produktpalette, Wertschöpfung, Kommerzialisierungsgrad etc.
- rechtliche Aspekte: Verfügungs- und Nutzungsrechte und ihre Vergabe, Nutzungskosten (Besteuerung und Pacht), Haftungsfragen und Managementverantwortung etc.
- weidebezogene Herausforderungen: Umweltprobleme, soziale Konflikte, natürliche Bedrohungen, Zucht- und veterinärmedizinische Fragen (Reproduktion, Prävention und Heilung)
- historische Aspekte (nur bei Weidenutzern mit Erfahrungen aus der sowjetischen Zeit): Weidelandverhältnisse in sowjetischer Ära (pastorale, ökonomische, rechtliche Aspekte, weidebezogene Herausforderungen)
- individuelle, nicht zwingend viehwirtschaftsbezogene Sinnzuschreibungen an den Weideaufenthalt

BIBLIOGRAPHIE

Die Listung der verwendeten Referenzen erfolgt in zwei Kategorien: a) die Primärquellen, sekundäre Literatur, Karten und Kartierungsgrundlagen umfassende Abteilung sowie b) die Quellen positiven Rechts, das heisst normative Rechtsakte und andere kodifizierte Rechtsgrundlagen umfassende Abteilung. Unter Primärquellen werden hier Archivalien, Dokumente, „graue Literatur" und statistische Daten unterschiedlicher Epochen zusammengefasst. In beiden Listungen werden in kyrillischen Zeichen verfasste Referenztitel zunächst transliteriert wiedergegeben und um in Klammern gesetzte Übersetzungen in das Deutsche ergänzt. Von der Originalsprache der Quelle unabhängig erfolgt die Nennung grundsätzlich nach dem deutschen Alphabet.

PRIMÄRQUELLEN- UND LITERATURVERWEISE

AAIW Asia Africa Intelligence Wire (2004): Conflict over pasture between Uzbek, Kyrgyz villagers. Unter: http://www.accessmylibrary.com/coms2/summary_0286-20988833_ITM, 30.11.2010

Abashin, S. (2013): Osh events at crossroads of oblivion (11.6.2013). Unter: http://enews. fergananews.com/articles/2835, 19.6.2013

Abašin, S. N. (2004): Naselenie Ferganskoj Doliny (k stanovleniju etnografičeskoj nomenklatury v kontse XIX – načale XX veka) (Die Bevölkerung des Fergana-Tals (Zur Werdung der ethnographischen Nomenklatur am Ende des 19. – Anfang des 20. Jahrhunderts)). In: Abašin, S. N., Buškov, V.I. {Hrsg.} (2004): Ferganskaja dolina. Etničnost', etničeskie processy, etničeskie konflikty (Das Fergana-Tal. Ethnizität, ethnische Prozesse, ethnische Konflikte). Moskva. Nauka. S. 38–101

Abazov, R. (2008): The Palgrave Concise Historical Atlas of Central Asia. New York/ Houndmills. Palgrave MacMillan

Abdurakhimova, N. A. (2002): The Colonial System of Power in Turkistan. In: International Journal of Middle East Studies 34 (2). pp. 239–262

Abdurasulov, Y. (2005): Pastbiŝnye resursy i pastoral'noe životnovodstvo Kyrgyzstana i Central'no-Aziatskogo regiona (Weideressourcen und pastorale Viehwirtschaft Kirgisistans und der zentralasiatischen Region). o.O. o.V.

Abolin, R.I. (1934): Prirodnye uslovija KASSR v svjazi s sel'skim hozjajstvom (Natürliche Bedingungen der KASSR im Zusammenhang mit der Landwirtschaft). In: Akademija Nauk Sojuza Sovestskih Socialističeskih Respublik (Akademie der Wissenschaften der UdSSR), Sovet po izučeniju proizvoditel'nyh sil (Rat zur Erforschung der Produktionskräfte), Sovet narodnyh komissarov Kirgizskoj Avtonomnoj Sovetskoj Socialističeskoj Respubliki (Rat der Volkskommissare der KASSR) {Hrsg.} (1934): Trudy pervoj konferencii po izučeniju proizvoditel'nyh sil Kirgizskoj Avtonomnoj Sovetskoj Socialističeskoj Respubliki (Schriften der 1. Konferenz der Erforschung der Produktionskräfte der Kirgisischen Autonomen Sozialistischen Sowjetrepublik). Leningrad. Izd. AN SSSR. S. 332–356

Abramzon, S.M. (1990): Kirgizy i ih etnogenetičeskie i istoriko-kul'turnye svjazi (Die Kirgisen und ihre ethnogenetischen und historisch-kulturellen Verhältnisse). Frunze. Izd. „Kyrgyzstan"

– (1949): V kirgizskih kolhozah Tjan'-Šanja. In: Sovetskaja etnografija 1949 (4). S. 55–74
Adam, J. (1999): Social Costs of Transformation to a Market Economy in Post-Socialist Countries. The Case of Poland, the Czech Republic and Hungary. Basingstoke/ New York. Macmillan
ADB Asian Development Bank (2010): Central Asian Atlas of Natural Resources. Manila. ADB
– (2005): Central Asia Regional Cooperation Strategy and Program Update 2006–2008. Development through Cooperation. o.O.. ADB
Ahrens, J. (1994): Der russische Systemwandel: Reform und Transformation des (post)sowjetischen Wirtschaftssystems. Frankfurt a.M. Peter Lang
AI Amnesty International (2010): Azimzhan Askarov in Lebensgefahr (Erklärung 12.11.2010). Unter: http://www.amnesty.de/urgent-action/ua-135-2010-7/azimzhan-askarov-lebensgefahr, 8.3.11
Ajtbaev, M.T. (1962): Social'no-ekonomičeskoe otnošenija v Kirgizskom Aile v XIX i načale XX vekov (Das sozioökonomische Verhältnis im kirgisischen Ail im ausgehenden 19. und anfangenden 20. Jahrhundert). Frunze. Kirgizkoe Gosudarstvennoe Izd.
Akmatjanova, A. (2006): Kyrgyzstan. In: Transparency International {ed.} (2006): Global Corruption Report 2006. Corruption and Health. London. Pluto Press. pp. 196–199. Unter: http://www.transparency.org/publications/gcr/gcr_2006#press, 10.1.2011
Alisov, B.I., Lupinovič, I.S. (1949): Klimatičeskie uslovija rajona plodovyh lesov južnoj Kirgizii (Die klimatischen Bedingungen des Gebiets der Obstwälder Südkirgisiens). In: Akademija Nauk SSSR (Akademie der Wissenschaften der UdSSR), Sovet po izučeniju proizvoditel'nyh sil (Rat zur Erforschung der Produktivkräfte) {Hrsg.} (1949): Plodovye lesa južnoj Kirgizii i ih ispol'zovanie (= Trudy južno-kirgizskoj ekspedicii. Vypusk 1) (Fruchtwälder des südlichen Kirgisien und ihre Nutzung (= Schriften der südkirgisischen Expedition. Ausgabe 1)). Moskva/ Leningrad. Isd. AN SSSR. S. 49–57
Allison, R. (2007): Blockaden und Anreize. Autoritarismus und regionale Kooperation. In: Osteuropa 57 (8–9). Machtmosaik Zentralasien. Traditionen, Restriktionen, Aspirationen. S. 257–275
AN KSSR Akademija Nauk Kirgizskoj Sovetskoj Socialističeskoj Respubliki (Akademie der Wissenschaften der Kirgisischen Sozialistischen Sowjetrepublik), GK KSSR IPK Gosudarstvennyj Komitet Kirgizskoj Sovetskoj Socialističeskoj Respubliki po delam izdatel'stv, poligrafii i knižnoj torgovli (Staatskomitee der Kirgisischen Sozialistischen Sowjetrepublik für Verlagswesen, Druck und Buchhandel) {Hrsg.} (1987): Oškaja oblast'. Encyklopedija (Oblast' Osch. Enzyklopädie). Frunze. Glavnaja Redakcija Kirgizskoj Sovetskoj Enciklopedii
– (1982): Kirgizskaja Sovetskaja Socialističeskaja Respublika. Encyklopedija (Kirgisische Sowjetische Sozialistische Republik. Enzyklopädie). Frunze. Glavnaja Redakcija Kirgizskoj Sovetskoj Enciklopedii
AN USSR Akademija Nauk Uzbekskoj Sovetskoj Socialističeskoj Respubliki (Akademie der Wissenschaften der Usbekischen Sozialistischen Sowjetrepublik), SIPS Sovet po izučeniju proizvoditel'nyh sil (Rat für die Erforschung der Produktionskräfte), IE Institut ekonomiki (Institut für Wirtschaft) {Hrsg.} (1951): Osnovnye problemy razvitija proizvodetel'nyh sil Ferganskoj doliny Al'bom kart (Grundlegende Entwicklungsprobleme der Produktivkräfte des Ferganatals. Kartenalbum). Taškent. Izdatel'stvo AN USSR
Andakulov, Ž. (2008): Žajyt Otu - mal čarbanyn negizi (Weidegräser - Basis der Viehwirtschaft). Biškek. Demi
Anderson, B. (1998): Die Erfindung der Nation. Zur Karriere eines folgenreichen Konzepts. Berlin. Ullstein
Anderson, J. (1999). Kyrgyzstan: Central Asia's Island of Democracy? London/ New York. Routledge
Anderson, K., Pomfret, R. (2003): Consequences of Creating a Market Economy. Evidence from Household Surveys in Central Asia. Cheltenham/ Northampton, Mass. Edward Elgar
AÔA Ajyl ôkmôty Arstanbab (Administration der lokalen Selbstverwaltung Arslanbob) (2009): Arstanbab Ajyl Ôkmôtùnùn 2009-žylga Karata Eldyn Sanynyn ulutu Bojunča. Maalymat

(Bevölkerung der Gebietskörperschaft Arslanbob nach der Nationalität, Stand 2009. Bekanntmachung). Arslanbob. AÔA

– (2007a): Žyldyn 1-Janvaryna karata ajyl kalkynyn žynstyk žaš kuragy žônùndô (Mitteilung. Stand 1.1.2007): Bevölkerung der Siedlungen des *ajyl ôkmôty* nach Alter und Geschlecht). Arslanbob. AÔA

– (2007b): Maalymat Arstanbab ajyl ôkmôtùnùn 2007-žylga karata eldyn sanynyn ulutu bojunča (Mitteilung. Stand 1.1.2007: Bevölkerung der Siedlungen des *ajyl ôkmôty* nach Nationalität). Arslanbob. AÔA

– (2004): Bojunča 2004-žylga karata. Maalymaty (Bericht für das Jahr 2004). Arslanbob. AÔA

Aris, S. (2010): Die zentralasiatischen Republiken und die Schanghai Organisation für Zusammenarbeit (SCO). In: Zentralasien-Analysen 28. S. 2–5

Aristov, N.A. (1893) [2001]: Zapadnyj Tjan'shan'. Usuni i Kyrgyzy ili Kara-Kyrgyzy. Čast' vtoraja. Kyrgyzy ili Kara-Kyrgyzy. Očerki istorii etogo naroda i istoričeskoj geografii Tjan'shanja (Der westliche Tien Shan. Die Usunen und die Kirgisen oder Kara-Kirgisen. Zweiter Teil. Die Kirgisen oder Kara-Kirgisen. Grundzüge dieses Volkes und der historischen Geographie des westlichen Tien Shan). Biškek. Soros-Kyrgyzstan (Neuauflage)

– (1873): Namanganskij okrug'' Kokanskago hanstva (Der Kreis Namangan des Kokander Khanats). In: Turkestanskij Statističeskij Komitet (Turkestaner Statistisches Komitee), Maev, N.A. {Hrsg.} (1873): Ežegodnik. Materialy dlja statistiki Turkestanskago Kraja (Jahrbuch. Statistisches Material für das Gebiet Turkestan). Sankt Piter'burg. o.V.. S. 133–140

Arrowsmith, A., Buache, J.-N., Dentu, J.-G. (vor 1805): Asie Centrale. In: Géographie Moderne: Rédigée Sur Un Nouveau Plan, Ou Description Historique Politique, Civile Et Naturelle Des Empires, Royaumes, Etats Et Leurs Colonies; Avec Celle Des Mers Et Des Iles De Toutes Les Parties Du Monde. Renfermant la concordance des principaux points de la Géographie ancienne et du moyen âge, avec la Geographie moderne / Par J. Pinkerton. Traduite de l'anglais, avec des notes et augmentations considerables, Par C. A. Walckenaer. Précédée D'Une Introduction A La Geographie Mathématique Et Critique, Par S. F. Lacroix, Accompagnée d'un Atlas, dressées par Arrowsmith, Revues et corrigées par J. N. Buache (1804). Maßstab ca. 1:11.500.000. Paris. Dentu

Ašimov, K.S. (2003): Lesnoe delo Turkestanskogo kraja (Istorija oreho-plodovyh lesov) (Die Forstwirtschaft des Gebietes Turkestan (Die Geschichte der Obst-Fruchtwälder)). Žalal-Abad. o.V.

Asykulov, T. (2007): O roli životnovodstva v orehoplodovyh lesah Južnogo Kyrgyzstana (Zur Rolle der Viehwirtschaft in den Walnuss-Wildobst-Wäldern Südkirgisistans). In: In: Orehoplodovye lesa. Vsemirnoe nasledie prirody (= Vestnik Kyrgyzskogo Agrarnogo Universiteta im. K.I. Skrjabina Nō 2 (8)). S. 52–57

Asykulov, T., Schmidt, M. (2005): Naturschutzkonzepte im Transformationsprozess. Das Biosphärenreservat Ysyk-Köl in Kirgistan. In: Natur und Landschaft 80 (8). S. 370–377

Atteslander, P. (2003): Methoden der empirischen Sozialforschung. Berlin/ New York. Walter de Gruyter

Baberowski, J. (1999): Auf der Suche nach Eindeutigkeit. Kolonialismus und zivilisatorische Mission im Zarenreich und in der Sowjetunion. In: Osteuropa-Institut München {Hrsg.} (1999): Jahrbücher für Geschichte Osteuropas 47. Stuttgart. Franz Steiner-Verlag. S. 482–504

Bacon, E. E. (1966): Central Asians under Russian Rule. A study in cultural Change.Ithaca/ New York. Cornell University Press

Baghel, R., Nüsser, M. (2010): Discussing Large Dams in Asia after the World Commission on Dams: Is a Political Ecology Approach the Way Forward? In: Water Alternatives 3 (2). pp. 231–248

Baibagushev, E. (2011): Recent Changes in Pastoral Systems. Case Study on Kyrgyzstan. In: Kreutzmann, H., Abdulalishoev, K., Zhaohui, L., Richter, J. {eds.} (2011): 14 - 21 July 2010. Regional Workshop in Khorog and Kashgar "Pastoralism and Rangeland Management in Mountain Areas in the Context of Climate and Global Change".Bonn. Deutsche Gesellschaft für Internationale Zusammenarbeit/ Bundesministerium für Wirtschaftliche Zusammenarbeit und Entwicklung. pp. 102–118

Baldauf, I. (2006): Mittelasien und Russland / Sowjetunion: Kulturelle Begegnungen von 1860 bis 1990. In: Fragner, B., Kappeler, A. {Hrsg.} (2006): Zentralasien. 13. bis 20. Jahrhundert. Geschichte und Gesellschaft. Wien. Verein für Geschichte und Sozialkunde/Promedia Verlag. S. 183–204

Baljan, G.A. et al. (1974): Sozdanie i ispol'zovanie kul'turnyh pastbiŝ (Die Schaffung und Nutzung von Kulturweiden). In: Trudy Kirgizskogo Naučno-issledovatel'skogo instituta životnovodstva i veterinarii 23. S. 97–106

Barfield, T. (1993): The Nomadic Alternative. Englewood Cliffs, N.J.. Prentice Hall

Baum, L. (2007): Dinamika ekonomičeskih reform v postsovetskom Kyrgyzstane (Die Dynamik der Wirtschaftsreformen im postsowjetischen Kirgisistan). In: Central'naja Azija i Kavkaz 10 (50). pp. 110–120

BBC British Broadcasting Corporation (2013): Kyrgyz police move in on Centerra gold mine protesters (31.5.2013). Unter: http://www.bbc.co.uk/news/world-asia-22726891, 3.6.2013

Becker, S. (2004): Russia's protectorates in Central Asia: Bukhara and Khiva, 1865–1924. London. RoutledgeCurzon

Beckherrn, E. (1990): Pulverfaß Sowjetunion. Der Nationalitätenkonflikt und seine Ursachen. München. Knaur

Beer, R., Kaiser, F., Schmidt, K., Ammann, B., Carraro, G., Grisa, E., Tinner, W. (2008): Vegetation history of the walnut forests in Kyrgyzstan (Central Asia): natural or anthropogenic origin? In: Quaternary Science Reviews 27 (5–6). pp. 621–632

Benda, E. (1995): Rechtsstaat. In: Nohlen, D. {Hrsg.} (1995): Wörterbuch Staat und Politik. München. Piper. S. 632–635

Bennigsen, A. (1979): Several Nations or One People? Ethnic Consciousness among Soviet Central Asian Muslims.In: Survey. A journal of East & West studies 24 (3). pp. 51–64

Bensmann, M. (2010): Operation Roghun. Geschichte und Gefahren eines schwelenden Konfliktes. In: Zentralasien-Analysen 35. S. 2–5

Beyer, J. (2010): Ethnonationalismus in Kirgistan. Die Ereignisse im Juni 2010. In: Zentralasien-Analysen 31–32. S. 11–14

BF Bertelsmann Foundation {ed.} (2003): Bertelsmann Transformation Index 2003: Towards Democracy and a Market Economy. Gütersloh. Verlag der Bertelsmann Stiftung. Unter: http://bti2003.bertelsmann-transformation-index.de/fileadmin/pdf/laendergutachten_en/gus_mongolei/Kyrgyzstan.pdf, 2.2.2011

Bichsel, C. (2009): Conflict Transformation in Central Asia. Irrigation Disputes in the Ferghana Valley.Abingdon/ New York. Routledge

Bichsel, C., Fokou, G., Ibraimova, A., Kasymov, U., Steimann, B., Thieme, S. (2010): Natural Resource Institutions in Transformation: The Tragedy and Glory of the Private. In: Hurni, H., Wiesmann, U. {eds.} (2010): Global Change and Sustainable Development. A Synthesis of Regional Experiences from Research Partnerships (= Perspectives of the Swiss National Centre of Competence in Research (NCCR) North-South, University of Bern 5). Bern. Geographica Bernensia. pp. 255–269

Billwitz, K. (1997): Allgemeine Bodengeographie. In: Hendl, M., Liedtke, H. {Hrsg.} (1997): Lehrbuch der Allgemeinen Physischen Geographie. Gotha. Justus Perthes Verlag. S. 233–327

BK RKŽ Bazarkorgon rajonuna karaštuu orto žajyttardyn ižara akysy žana žer salygy bojunča. Maalymat (2007) (Mitteilung über die Pacht-und Bodensteuerzahlungen für die Weiden des *rajon* Bazar Korgon (2007)

Blaikie, P. (2008): Epilogue: Towards a future for political ecology that works. In: Geoforum 39 (2). pp. 765–772

– (1999): A Review of Political Ecology. In: Zeitschrift für Wirtschaftsgeographie 43 (3–4). pp. 131–147

– (1995): Changing environments or changing views? A political ecology for developing countries.In: Geography 80 (3). pp. 203–214
– (1985): The Political Economy of Soil Erosion in Developing Countries. Harlow. Longman
Blaikie, P., Brookfield, H. (1987): Land Degradation and Society. London/ New York. Methuen
Blank, M. (2007): Rückkehr zur subsistenzorientierten Viehhaltung als Existenzsicherungsstrategie. Hochweidewirtschaft in Südkirgistan (= Occasional Papers Geographie 32). Berlin. Zentrum für Entwicklungsländerforschung. Freie Universität Berlin
Blaser, J., Carter, J., Gilmour, D. {eds.} (1998): Biodiversity and Sustainable Use of Kyrgyzstan's Walnut-fruit Forests. Gland/ Cambridge/ Berne. State Agency for Forests and Wildlife, Republic of Kyrgyzstan/IUCN/Intercooperation
Bleek, W. (1991): Ostdeutschland im Wandel. 2. Sozialwissenschaftliche Transformations-Konferenz des BISS. In: Das Parlament Nr. 50 (6.12.1991). S. 11
BlF Bleyzer Foundation (2002): The Bleyzer Initiative: Completing the Economic Transition in FSU States. Houston/ Kyiv. SigmaBleyzer. Unter: http://www.sigmableyzer.com/files/Bleyzer_Initiative.pdf, 2.2.2011
Bloch, P., Rasmussen, K. (1998): Land reform in Kyrgystan. In: Wegren, S.K. {ed.} (1998): Land Reform in the Former Soviet Union and Eastern Europe. London/ New York.Routledge. pp. 111–135
Blommestein, H., Marrese, M., Zecchini, S. (1991): Centrally Planned Economies in Transition. An introductory Overview of selected Issues and Strategies. In: Blommestein, H., Marrese, M. {eds.} (1991): Transformation of Planned Economies: Property Rights Reform and Macroeconomic Stability. Paris. OECD
Bogdanovič, L.A. (1896): Uspehi russkoj civilizacij v Srednej Azii (Pis'mo iz Londona) (Erfolge der russischen Zivilisation in Mittelasien (Brief aus London)). In: Russkoe obozrenie. 42 (7). S. 751–766
Bohr, A. (2004): Regionalism in Central Asia: new geopolitics, old regional order. In: International Affairs 80 (3). pp. 485–502
Borchardt, P. (2009): Differenzierung der Vegetation der Walnuss-Wälder Süd-Kirgistans entlang eines Nutzungsgradienten. In: Toktoraliev, B., Kreutzmann, H. {Hrsg.} (2009): Internationaler Workshop „Herausforderungen für die Mensch-Umwelt-Beziehungen in Hochgebirgsregionen Tadschikistans und Kirgistans" 23.–24. August 2008. Technologische Universität Osch M. Adyšev. Osch. S. 96–105
Borchardt, P., Schickhoff, U., Scheitweiler, S., Kulikov, M. (2011): Mountain Pastures and Grasslands in the SW Tien Shan, Kyrgyzstan – Floristic Patterns, Environmental Gradients, Phytogeography, and Grazing Impact. In: Journal of Mountain Science 8 (3). pp. 363–373
Borchardt, P., Schmidt, M., Schickhoff, U. (2010): Vegetation Patterns in Kyrgyzstan's Walnut-Fruit Forests Under the Impact of Changing Forest Use in Post-Soviet Transformation. In: Die Erde 141 (3). pp. 255–275
Bozdağ, A. (1991): Konfliktregion Kirgisien. Dynamik und Eskalation der blutigen Zusammenstöße 1990. In: Orient 32 (3). S. 365–393
Bregel, Y. (2003): An Historical Atlas of Central Asia (= Handbook of Oriental Studies. Section 8. Volume 9). Leiden/ Boston. Brill
– (1996): Notes on the Study of Central Asia (= Papers on Inner Asia 28). Indiana. Bloomington
Brower, D.R. (2003): Turkestan and the Fate of the Russian Empire. London/New York. RoutledgeCurzon
Bryant, R. L. (1999): A political Ecology for Developing Countries? In: Zeitschrift für Wirtschaftsgeographie 43 (3–4). pp. 148–157
– (1998): Power, knowledge and political ecology in the third world: a review. In: Progress in Physical Geography 22 (1). pp. 79–94
Bryant, R. L., Bailey, S. (1997): Third World Political Ecology. New York. Routledge

Brylski, Ph., Schillhorn-van Veen, T., Eliste, P. (2001): Kyrgyz Republic. Mountain Rangeland and Forest Sector Note (= ECSSD Environmentally and Socially Sustainable Development Working Paper 33. September 10, 2001). Washington, D.C. World Bank

BS Bertelsmann Stiftung {ed.} (2008): Bertelsmann Transformation Index 2008. Politische Gestaltung im internationalen Vergleich. Gütersloh. Bertelsmann Stiftung

BSE Bol'šaja Sovetskaja Enciklopedija (o.J.): Kirgizskaja tonkorunnaja poroda (Kirgisische Feinvliesrasse). Unter: http://bse.sci-lib.com/particle012272.html, 26.8.2013

Bürkner, H.-J. (2000): Globalisierung, gesellschaftliche Transformation und regionale Entwicklungspfade in Ostmitteleuropa. In: Europa Regional 8 (3–4). S. 28–34

– (1996): Endogene und exogene Faktoren regionaler Transformationsprozesse in der Tschechischen Republik. In: Heinritz, G., Kulke, E., Wiessner, R. {Hrsg.} (1996): Raumentwicklung und Wettbewerbsfähigkeit (= Aufbruch im Osten. Umweltverträglich – Sozialverträglich – Wettbewerbsfähig. 50. Deutscher Geographentag. Potsdam 2.–5.10.1995. Tagungsbericht und wissenschaftliche Abhandlungen. Bd. 3). Stuttgart. Franz Steiner Verlag. S. 189–203

Bussler, S. (2010): Community based pasture management in Kyrgyzstan. A pilot project in Naryn region. Bishkek. GIZ/CAMP Alatoo. Unter: http://www.naturalresources-centralasia.org/assets/files/Community_based_pasture_%20management_in_%20KR_EN. pdf, 15.5.2013

CACIA Central Asia-Caucasus Institute Analyst (2009): Kyrgyz Village Leaders Taken Hostage by Uzbeks. In: News Digest (22.04.2010). Unter: http://www.cacianalyst.org/?q=node/5095, 25.7.2010

Calkins, S., Gertel, J. (2011): Einleitung. In: Gertel, J., Calkins, S. {Hrsg.} (2011): Nomaden in unserer Welt. Die Vorreiter der Globalisierung: Von Mobilität und Handel, Herrschaft und Widerstand. Bielefeld. transcript Verlag. S. 8–18

Carothers, T. (2002): The End of the Transition Paradigm. In: Journal of Democracy 13 (1). pp. 5–21

Carrére d'Encausse, H. (1989): Organizing and Colonizing the Conquered Territories. In: Allworth, E. {ed.} (1989): Central Asia. 120 years of Russian Rule. Durham/ London. Duke University Press. pp. 151–171

– (1966): Die russische Revolution und die Sowjetpolitik in Zentralasien. In: Hambly, G. {Hrsg.} (1966): Zentralasien (= Fischer Weltgeschichte 16). Frankfurt a.M. Fischer Bücherei KG. S. 237–251

CARU Central'nyj arhiv Respubliki Uzbekistan (Zentrales Archiv der Republik Usbekistan) 662/1/294 (Bestand 662, Inventarliste 1, Akte 294): Zavedyvajuŝij Ferganskim lesničestvom (Leiter des Ferganaer Forstreviers) (1917): Doklad o lesah, lesnom hozjajstve i lesoustrojstve v Ferganskoj oblasti (Bericht über die Wälder, die Forstwirtschaft und die Waldregelung im Gebiet Fergana). Blatt 1–5

– 662/1/198 (Bestand 662, Inventarliste 1, Akte 198): O samovol'noj past'be skota Kirgiza, 14.6.1916-25.8.1916 (Über die eigenmächtige Viehweidung durch den Kirgisen, 14.6.1916–25.8.1916)

– 662/2/292 (Bestand 662, Inventarliste 2, Akte 292): Cirkuljary, rasporjaženija i predpisanija Upravlenija Zemledelija i Gosudarstvennyh Imuŝestv (Rundschreiben, Verordnungen und Anweisungen der Leitung für Landwirtschaft und Staatsvermögen) (1917)

– 614/2/3 (Bestand 614, Inventarliste 2, Akte 3): Kopija s vypiski iz žurnala Soveta Turkestanskago general-gubernatorstva ot 24 sentjabrja 1892 g. za Nō 35 (Kopie des Auszuges aus dem Journal des Rates des Turkestaner Generalgouvernements vom 24.9.1892, Nr. 35). Blatt 49–52

– 87/1/1477a (Bestand 87, Inventarliste 1, Akte 1477a): Slova skazannyja g. Turkestanskim General'' Gubernatoram 22 janvarja 1868 g. imenitym ljudjam goroda Taškenta, v prisutstvii Voennago Gubernatora Syr'-darinskoj oblasti, Pravitelja Kanceljarii, Načal'nika okružnago štaba, uezdnyh načal'nikov Syr'-Darinskoj oblasti i členov komimissii po ustrojstvu goroda Taškenta (Rede des Generalgouverneurs von Turkestan am 22.1.1868 vor namhaften Bürgern Taschkents, in Anwesenheit des Militärgouverneurs der Provinz Syr Dar'ja, des Gebieters des

Kanzleramtes, des Leiters des Kreisstabes, der Amtsbezirkleiter der Syr Dar'ja-Provinz und Mitgliedern der Stadtplanungskomission Taschkent). Blatt 53–56

- 87/1/1477b (Bestand 87, Inventarliste 1, Akte 1477b): Porjadok vzimanija zjakata i podatej, na kotorye on razdrobilsja pri kokanskom vladyčestve i pri russkih do 1868 g. (Erhebungsordnung für die Viehsteuer und andere, während der Kokander Herrschaft und unter den Russen bestehende Abgaben). Blatt 63–71
- 87/1/26497 (Bestand 87, Inventarliste 1, Akte 26497): Podatnoj inspektor Andižanskago učastka gospodinu upravlajjuŝemu Turkestanskoj kazennoj palatoj ot 31 maja 1903 g. za Nō 45 (Schreiben des Steuerinspektors des Andižaner Abschnitts an den Herrn Leiter des Turkestaner Schatzamtes vom 31.5.1903, Nr. 45). Blatt 3–15
- 87/1/26801 (Bestand 87, Inventarliste 1, Akte 26801): O pereučete kibitok i vzimanii kibitočnoj podati po Andižanskamu uezdu (Über die Zählung der Zelte und die Erhebung der Zeltsteuer im uezd Andižan)
- 87/1/26949 (Bestand 87, Inventarliste 1, Akte 26949): O pereučete kibitok i vzimanii kibitočnoj podati po Andižanskamu uezdu na 1916 god (Über die Zählung der Zelte und die Erhebung der Zeltsteuer im uezd Andižan für 1916)
- 25/1/68 (Bestand 25, Inventarliste 1, Akte 68): Osoby žurnal soveta ministrov 9-go sentjabrja 1909 g. „Ob ustanovlenii odinakovyh srokov pereučjota kibitok kočevogo naselenija Semirečinskoj i treh korennyh oblastjah Turkestanskago kraja" (Sonderschrift des Ministerrates vom 9.9.1909 „Über die Festlegung einheitlicher Fristen der Zählung der Zelte der Nomaden der Provinzen Semireč'e und der drei ursprünglichen Provinzen der Region Turkestan")
- 25/1/15 (Bestand 25, Inventarliste 1, Akte 15): Svedenie o padšem ot bezkormicy i holodov skote po Andižanskamu uezdu va vremja zimnjago perioda 1906-1907 g. (Mitteilung über das Tiersterben infolge von Futtermangel und Kälte im Andižaner Amtsbezirk in der Winterperiode 1906-1907). Blatt 200–205
- I-715/16 (Bestand I-715, Akte 16): Komandir Sibirskago Korpusa Voennomu Ministru, 21.6.1855 za Nō 41, gor. Kopal (Kommandeur des Sibirischen Korps an den Kriegsminister, 21.6.1855, Schreiben Nr. 41, Stadt Kopal). Blatt 105–106
- I-1/11/783 (Bestand I-1, Inventarliste 11, Akte 783): Voennyj gubernator Ferganskoj oblasti. Oblastnoe pravlenie. Nō 9866, gor. Novyj Margelan. Raport Turkestanskomu General-gubernatoru (Militärgouverneur der Provinz Fergana. Provinzleitung. Nr. 9866, Stadt Novyj Margelan. Rapport an der Generalgouverneur von Turkestan)

Centrasia.ru (2010): Soh. Uzbeki i Kyrgyzy derutsja iz-za pastbiŝ (Soch. Usbeken und Kirgisen prügeln sich wegen Weiden) (27.5.2010). Unter: http://www.centrasia.ru/newsA.php?st=1274983920, 14.6.2010

Čehovič, O.D. (1976): K probleme zemel'noj sobstvennosti v feodal'noj Srednej Azii (Zur Frage des Bodeneigentums im feudalen Mittelasien). In: Akademija Nauk USSR (Akademie der Wissenschaften der USSR) {Hrsg.} (1976): Obŝestvennye nauki v Uzbekistane 11 (Gesellschaftswissenschaften in Usbekistan). Taškent. Fan. S. 36–44

Černova, E.P. (1982): Trud i trudovye resursy (Arbeit und Arbeitsressourcen). In: Akademija Nauk Kirgizskoj Sovetskoj Socialističeskoj Respubliki, Gosudarstvennyj Komitet Kirgizskoj Sovetskoj Socialističeskoj Respubliki po delam izdatel'stv, poligrafii i knižnoj torgovli [AN KSSR/GK KSSR IPK] (Akademie der Wissenschaften der KSSR, Staatliches Komitee der Kirgisischen Sozialistischen Sowjetrepublik für Verlagswesen, Druck und Buchhandel) (1982): Kirgizskaja Sovetskaja Socialističeskaja Respublika. Encyklopedija (Kirgisische Sowjetische Sozialistische Republik. Enzyklopädie). Frunze. Glavnaja Redakcija Kirgizskoj Sovetskoj Enciklopedii. S. 243–245

CEU Council of the European Union (2010): Relations with Central Asia – Joint Progress report by the Council and the European Commission to the European Council on the implementation of the EU Strategy for Central Asia. Brussels. CEU. Unter: http://register.consilium.europa.eu/pdf/en/10/st11/st11402.en10.pdf, 8.8.2011

CGAKFFD KSSR Central'nyj gosudarstvennyj arhiv kinofotofonodokumentov Kirgizskoj SSR (Zentrales Staatliches Archiv für Kino-, Foto- und Phonodokumente der Kirgisischen SSR) R3-20/2-1193 (Abteilung R3-20, Nr. 2-1193): Karta i statističeskie dannye zemel'no-vodnoj reformy 1927-1928 gg. (Karte und statistische Daten zur Boden-Wasserreform 1927-1928) (Fotoreproduktion 1957)

– R3-20/0-42914 (Abteilung R3-20, Nr. 0-42914): Džalalabadskaja Kantonnaja Zemel'naja Komissija (Bodenkommission des Žalal-Abader Kantons) (1928): Zemel'nyj document Nō 527 (Bodenurkunde Nr. 527) (Fotoreproduktion)

– R01-1.4/2-1195 (Abteilung R01-1.4, Nr. 2-1195): Stenografičeskij otčjot 2-oj Kirgizskoj oblastnoj partijnoj konferencii o razitii skotovodstva, nojabr' 1925 g. (Stenografischer Bericht der 2. Kirgisischen Oblast'-Parteikonferenz zur Entwicklung der Viehwirtschaft, November 1925). Frunze

Chatterjee, P. (2004): The Politics of the Governed. Reflections on Popular Politics in Most of the World. New York. Columbia University Press

Chołaj, H. (1998): Transformacija systemowa w Polce. Szkice teoretyczny. Lublin. Wydawn. Uniwersytetu Marii Curie-Skłodowskiej

Christophe, B. (2005): Metamorphosen des Leviathan in einer post-sozialistischen Gesellschaft. Georgiens Provinz zwischen Fassaden der Anarchie und regulativer Allmacht. Bielefeld. transcript

CIA Central Intelligence Agency (2011): The World Factbook 2010. Central Asia (updated on March 8, 2011). Unter: https://www.cia.gov/library/publications/the-world-factbook/region/region_cas.html, 11.1.2011

– (2009): The World Factbook 2009. Kyrgyzstan. Unter: https://www.cia.gov/library/publications/the-world-factbook/geos/kg.html, 11.1.2011

Conen, J. (1996): Kyrgysstan. Ruhiger Hinterhof in Zentralasien. In: Wostok. Informationen aus dem Osten für den Westen 41 (4). S. 18–19

Conrad, B. (2007): 254 Usbekistan (Ferganatal) (letzte Aktualisierung 31.12.2007) (= Kriege-Archiv: Kriege und bewaffnete Konflikte seit 1945 Arbeitsgemeinschaft Kriegsursachenforschung der AKUF der FKRE am Institut für Politische Wissenschaft der Universität Hamburg). Unter: http://www.sozialwiss.uni-hamburg.de/onTEAM/preview/Ipw/Akuf/kriege/254_kirgistan.htm, 23.7.2010

Coreth, E. (1969): Grundfragen der Hermeneutik. Freiburg/ Basel/ Wien. Herder

Cowan, P. J. (2007): Geographic usage of the terms Middle Asia and Central Asia. In: Journal of Arid Environments 69 (2). pp. 359–363

CSU KSSR Central'noe Statističeskoe Upravlenie Kirgizskoj Sovetskoj Socialističeskoj Respubliki (Zentrale Statistische Verwaltung der Kirgisischen Sozialistischen Sowjetrepublik) (1979): Narodnoe Hozjajstvo Kirgizskoj SSR v 1979 g. Statističeskij ežegodnik (Volkswirtschaft der Kirgisischen SSR im Jahre 1979. Statistischer Jahresband). Frunze. Kyrgyzstan

– (1973): Narodnoe Hozjajstvo Kirgizskoj SSR. Jubilejnyj statističeskij sbornik (Die Volkswirtschaft der Kirgisischen SSR. Statistischer Jubiläumsband). Frunze. Gosudarstvennoe statističeskoe izdatel'stvo

– (1957): Narodnoe Hozjajstvo Kirgizskoj SSR. Statističeskij sbornik (Die Volkswirtschaft der Kirgisischen SSR. Statistischer Jahresband). Frunze. Gos. Stat. Izd.-Kirgizskoe otdelenie

CSU TR Central'noe Statističeskoe Upravlenie Turkrespubliki (Zentralverwaltung für Statistik der Turkestanischen Republik) (1924): Statističeskij ežegodnik 1917–1923 gg. tom II (Statistischer Jahresband 1917–1923. Band 2). Taškent. Izdanie TES-a

– (1922): Otčët o dejatel'nosti soveta narodnyh komissarov i ekonomičeskogo soveta Turkestanskoj Respubliki na 1-e Oktjabrja 1922 g. (Bericht über die Tätigkeit des Rates der Volkskomissare und des Wirtschaftsrates der Turkestanischen Republik). Taškent. Izdatel'stvo TES-a

CSU USMKSSR Central'noe Statističeskoe Upravlenie pri Sovete Ministrov Kirgizskoj Sovetskoj Socialističeskoj Respubliki (Zentrale Statistische Verwaltung beim Ministerrat der Kirgisischen Sozialistischen Sowjetrepublik) (1979): Narodnoe Hozjajstvo Kirgizskoj SSR v 1978 g. Statističeskij eżegodnik (Die Volkswirtschaft der Kirgisischen SSR 1978. Statistischer Jahresband). Frunze. Kyrgyzstan

Curzon, G. N. (1889): Russia in Central Asia in 1889 and the Anglo-Russian question. London/ New York. Longmans, Green & Co

Dachšlejger, G. F. (1981): Sesshaftwerdung von Nomaden. Erfahrungen über die Dynamik traditioneller sozialer Einrichtungen (am Beispiel des kasachischen Volkes). In: Direktion des Museums für Völkerkunde zu Leipzig {Hrsg.} (1981): Nomaden in Geschichte und Gegenwart. Beiträge zu einem internationalen Nomadismus-Symposium am 11. und 12. Dezember 1975 im Museum für Völkerkunde Leipzig (= Veröffentlichungen des Museums für Völkerkunde zu Leipzig, H. 33). Berlin: Akademie-Verlag. S. 109–125

Dadabaev, T. (2007): Central Asian Regional Integration: Between Reality and Myth. Unter: http://www.cacianalyst.org/?q=node/4604, 3.3.11

Davis, D. K. (2009): Historical political ecology: On the importance of looking back to move forward. In: Geoforum 40 (3). pp. 285–286

Dear, C., Weyerhaeuser, H. (2012): Special Issue: Central Asian Mountain Societies in Transition. In: Mountain Research and Development 32 (3). pp. 265–266

De la Rocha, M. (2000): Private Adjustments: Household Responses to the Erosion of Work. United Nations Development Programme. Unter: http://hdr.undp.org/docs/events/global_forum/2000/rocha.pdf, 14.2.2008

Dekker, H.A.L. (2003): Property Regimes in Transition. Land reform, food security and economic development.A case study in the Kyrgyz Republic. Aldershot/ Burlington. Ashgate

Delehanty, J., Rasmussen, J. (1995): Land Reform and Farm Restructuring in the Kyrgyz Republic. In: Post-Soviet Geography 36 (9). pp. 565–586

Demin, Ju.I., Zarytovskij, V.S. (1977): Tablicy planirovanija kormovoj bazy v promyšlennom životnovodstve (Tabellen Futterbasisplanung in der industriellen Viehwirtschaft). Moskva. Kolos

Deppe, J. (2008): Zur Entwicklung eigenständiger Gerichte in Zentralasien. In: Zentralasien-Analysen 7. S. 2–6

Deutschland, I. (1993): Die zentralasiatischen GUS-Republiken Kirgistan, Usbekistan, Turkmenistan, Tadschikistan. Ausgangssituation und Ansatzpunkte für die Entwicklungszusammenarbeit (= Berichte und Gutachten 6). Berlin. Deutsches Institut für Entwicklungspolitik DIE

Diamond, L., Lipset, S.M. (1995): Legitimacy. In: Diamond, L., Lipset, S.M. {eds.} (1995): The Encyclopaedia of Democracy. Washington, DC. Congressional Quarterly Inc.

Dieter, H. (1996): Einleitung: Zur Notwendigkeit regionaler Integration in Zentralasien. In: Dieter, H. {Hrsg.} (1996): Regionale Integration in Zentralasien. Marburg. Metropolis. S. 13–20

Djatlenko, P. (2013): Kyrgyzstan Unwise to Squeeze Minority Languages. Drive to promote Kyrgyz language could leave minorities out in the cold. Unter: http://iwpr.net/report-news/kyrgyzstan-unwise-squeeze-minority-languages, 26.6.2013

DLD (Direktor Lesnogo Departamenta) (Direktor des Forstdepartments) (1901): Lesnoe delo v Turkestane (Das Forstwesen in Turkestan). In: Lesnoj Žurnal 3. S. 431–472

DOLUGOOSLH Departament Ohotničego i Lesnogo Ustrojstva Gosagentstva po Ohrane Okružajušej Sredy i Lesnomu Hozjajstvu (Departement für Jagdwesen und Waldeinrichtung der Staatlichen Agentur für Umweltschutz und Forstwirtschaft) (6.9.1990): Aerofotosnimki dlja pervoj lesoustroitel'noj ekspedicii lesoustroitel'nogo predprijatija V/O „Lesproekt". Masštab 1:7.000 (Luftbilder für die erste Waldeinrichtungsexpedition des Waldeinrichtungsunternehmens V/O „Lesprojekt"). Maßstab 1:7.000

Dörre, A. (2012): Legal Arrangements and Pasture-related Socio-ecological Challenges in Kyrgyzstan. In: Kreutzmann, H. {ed.} (2012): Pastoral Practices in High Asia. Agency of 'development' effected by modernisation, resettlement and transformation (Springer series "Advances in Asian Human-Environmental Research"). Heidelberg. Springer. pp. 127–144

– (2009): Weideländer als Ressource - Inwertsetzung durch unterschiedliche Akteure. Ein Beispiel aus dem Raum Arslanbob. In: Toktoraliev, B., Kreutzmann, H. {Hrsg.} (2009): Internationaler Workshop „Herausforderungen für die Mensch-Umwelt-Beziehungen in Hochgebirgsregionen Tadschikistans und Kirgistans“ 23.–24. August 2008. Technologische Universität Osch M. Adyšev. Osch. S. 115–126
– (2008): Weideland als Ressource in der postsowjetischen Transformation. Eine Akteursanalyse am Beispiel ausgewählter Weideflächen der Gebietskörperschaft Arslanbob im Süden der Republik Kirgisistan (= unveröffentlichte Masterarbeit an der Humboldt-Universität zu Berlin). Berlin
– (2007): Mittelasien: Risiken ausbleibender und Chancen praktizierter regionaler Kooperation und Integration. In: Friedensdienst. Zeitschrift für Zivile Konfliktbearbeitung (1). S. 5–12
– (2004): Transnationale soziale Lebenswelten jüdischer Zugewanderter aus den Nachfolgestaaten der UdSSR. Hamburg. Diplomica Verlag
Dörre, A., Borchardt, P. (2012): Changing systems, changing effects: Pasture utilization in the course of the post-Soviet transition. Case studies from southwestern Kyrgyzstan. In: Mountain Research and Development 32 (3). pp. 313–323
Dörre, A., Schmidt, M. (2008): Vom Schutz und Nutzen von Wäldern: Kirgistans Nusswälder im Lichte historischer und aktueller Schutzdiskurse. In: Geographische Zeitschrift 96 (4). S. 207–227
DREF Disaster Relief Emergency Fund (2008): Kyrgyzstan Earthquake (= DREF update, 25.11.2008). Unter: http://www.ifrc.org/docs/appeals/08/MDRKG004du1.pdf, 18.8.2010
Dšohovskij, A. (1885): O kolonizacii Fergany (Über die Kolonisierung Ferganas). In: Turkestanskija Vedomosti 21 (1885). S. 85–92
Duhovskoj, A. (1885): O kolonizacii Fergany (Über die Kolonisierung Ferganas). In: Turkestanskija Vedomosti 20 (1885). S. 21
Džamgerčinov, B. (1966): Očerki političeskoj istorii Kirgizii XIX veka (Grundzüge der politischen Geschichte Kirgisiens des 19. Jahrhunderts). Frunze. Izd. „Kyrgyzstan“
Džumanaliev, A. (2003): Kyrgyzskaja gosudarstvennost’ v XX veke (Kirgisische Staatlichkeit im 20. Jahrhundert). Biškek. o.V.
EAWG/EURASEC Eurasische Wirtschaftsgemeinschaft (o.J.): Internetauftritt. Unter: http://www.evrazes.com, 3.3.2011
EBRD European Bank for Reconstruction and Development (2009): Transition Report 2009. Transition in Crisis? London. EBRD. Unter: http://www.ebrd.com/downloads/research/transition/TR09.pdf, 11.1.2011
– (2008): Transition Report 2008. Growth in Transition. London. EBRD. Unter: http://www.ebrd. com/downloads/research/transition/TR08.pdf, 12.1.2011
– (2007): Transition Report 2007. People in Transition. London. EBRD. Unter: http://www.ebrd.com/downloads/research/transition/TR07.pdf, 11.1.2011
– (2006): Transition Report 2006. Finance in Transition. London. EBRD. Unter: http://www.ebrd.com/downloads/research/transition/TR06.pdf, 12.1.2011
– (2004): Transition Report 2004. Infrasctructure. London. EBRD. Unter: http://www.ebrd.com/downloads/research/transition/TR04.pdf, 12.1.2011
– (2003): Transition Report 2003. Integration and Cooperation. London. EBRD. Unter: http://www.ebrd.com/downloads/research/transition/TR03.pdf, 11.1.2011
– (2000): Transition Report 2000. Employment, Skills and Transition. London. EBRD. Unter: http://www.ebrd.com/downloads/research/transition/TR00.pdf, 11.1.2011
– (1999): Transition Report 1999. Ten years of Transition. London. EBRD. Unter: http://www.ebrd.com/downloads/research/transition/TR99.pdf, 11.1.2011
Efegil, E. (2006): Avtoritarnye / Konstitucionnye patrimonial’nye režimy v gosudarstvah Central’noj Azii (Autoritäre / Konstitutionelle Patrimonialregime in den Staaten Zentralasiens). In: In: Central’naja Azija i Kavkaz 47. S. 107–115

Egemberdiev, A. (2007). Lugopastbiŝnoe hozjajstvo Kyrgyzskoj Respubliki – ego prošloe, nastojaŝee i buduŝee (Grünland-Weidewirtschaft der Kirgisischen Republik – Ihre Vergangenheit, Gegenwart und Zukunft). In: Respublikanskaja pečat' (11). o.S.

Ehlers, E., Kreutzmann, H. (2000): High Mountain Ecology and Economy. Potential and Constraints. In: Ehlers, E., Kreutzmann, H. {eds.} (2000): High Mountain Pastoralism in Northern Pakistan (= Erdkundliches Wissen 132). Stuttgart. Franz Steiner Verlag. pp. 9–36

Ejvazov, D. (2002): Antiterrorističeskaja kampanija i novye tendencii geopolitiki i bezopasnosti v regional'nyh sistemah Central'noj Azii (Die Antiterrorismuskampagne und neue Tendenzen der Geopolitik und Sicherheit in den regionalen Systemen Zentralasiens). In: Central'naja Azija i Kavkaz 22. S. 21–33

Elebaeva, A., Omuraliev, N., Abazov, R. (2000): The Shifting identities and Loyalities in Kyrgyzstan: The Evidence from the Field. In: Nationalities Papers 28 (2). pp. 343–350

Elmhirst, R. (2011): Introducing new feminist political ecologies. In: Geoforum 42 (2). pp. 129–132

Emel'janov, G. (1885): Materialy dlja statistiki Turkestanskago kraja. Dviženie naselenija (Materialien für die Statistik der Region Turkestan. Bevölkerungsdynamiken). Turkestanskija Vedomosti 30–31. S. 137–142

Erklärung von Alma Ata. Veröffentlicht in: Neues Deutschland (23.12.1991). Unter: http://www.gus-manager.de/info/gus_erklaerung.htm, 19.7.2010

Eschment, B. (2010): Auf dem Weg zur parlamentarischen Demokratie? Auszüge aus der neuen Verfassung der Kirgisischen Republik. In: Zentralasien-Analysen 31–32. S. 19

– (2008): Erläuterung. In: Zentralasien-Analysen 1. S. 16

– (2007): Kirgistan: Von der Insel der Demokratie zum Zentrum der Anarchie? In: Nolte, H.-H. {Hrsg.} (2007): Transformationen in Osteuropa und Zentralasien. Polen, die Ukraine, Russland und Kirgisien. Schwalbach, Taunus. Wochenschau Verlag. S. 59–72

Eschment, B., Alff, H. (2010): Revolution, Umsturz, Volksaufstand... Materialien zur aktuellen Lage in Kirgistan. In: Zentralasien-Analysen 28. S. 10

Eschment, B., Mielke, K. (2002): Neue Schranken. Verwaltungsgrenzen zu Staatsgrenzen. In: Inamo 30. Berlin. S. 13–17

Eshieva, T. (2005): Pastures are not an eternal gift (Interview with Oleg Arkadievich Telpuhovskiy, General Director of the Pasture Department). In: Legal Assistance to Rural Citizens {ed.} (2005): The Law of the Land 1. Bishkek. pp. 9–10

Ešieva, T. (2006): Abdymalik Egemberdiev: „U pastbiŝ segodnja net hozjaina" (Abdymalik Egemberdiev: „Weiden sind heutzutage herrenlos"). In: Zakon Zemli. Bjulleten' Obŝestvennogo Ob''edinenija LARK No 5, 2006 (Gesetz des Landes. Bulletin der sozialen Vereinigung LARC 5, 2006). Biškek. o.V. S. 4

ESRI Environmental Systems Research Institute (o.J.): US National Park Service. Physical World. Unter: http://services.arcgisonline.com/arcgis/services, 18.10.2010

Études mongoles et sibériennes, centrasiatiques et tibétaines, vol. 43-44 (2013). Special double issue „Le pastoralisme en Haute-Asie: la raison nomade dans l'étau des modernisations"

Evers, H.-D. (1999): Globale Macht: Zur Theorie strategischer Gruppen (= Universität Bielefeld. Arbeitspapiere Entwicklungssoziologie 322). Bielefeld

Evers, H.-D., Schiel, T. (1988): Strategische Gruppen: vergleichende Studien zu Staat, Bürokratie und Klassenbildung in der dritten Welt. Berlin. Reimer

FAOSTAT Food and Agricultural Organization of the United Nations (2009): ResourceSTAT-Land (updated September 2010). Unter: http://faostat.fao.org/, 5.4.2011

Farrington, J. D. (2005): De-Development in Eastern Kyrgyzstan and Persistance of Semi-Nomadic Livestock Herding. In: Nomadic Peoples 9 (1–2). pp. 171–197

Fassmann, H. (2007): Transformationsforschung in der Geographie. In: Gebhardt, H., Glaser, R., Radtke, U., Reuber, P. {Hrsg.} (2007): Geographie. München. Elsevier/Spektrum. Akademischer Verlag. S. 672–673

– (2000): Zum Stand der Transformationsforschung in der Geographie. In: Europa Regional 8 (3–4). S. 13–19
– (1999): Regionale Transformationsforschung – Konzeption und empirische Befunde. In: Pütz, R. {Hrsg.} (1999): Ostmitteleuropa im Umbruch. Wirtschafts- und sozialgeographische Aspekte der Transformation (= Mainzer Kontaktstudium Geographie Bd. 5). Mainz. Geographisches Institut der Johannes-Gutenberg-Universität Mainz. S. 11–20
– (1997): Regionale Transformationsforschung. Theoretische Begründung und empirische Befunde. In: Mayr, A. {Hrsg.} (1997): Regionale Transformationsprozesse in Europa (= Beiträge zur Regionalen Geographie Bd. 44). Leipzig. Institut für Länderkunde. S. 30–47
– (1994): Transformation in Ostmitteleuropa. Eine Zwischenbilanz. In: Geographische Rundschau 46 (12). S. 685–691
Fedčenko, B.A. (1903): V Zapadnom Tjan'-Šane letom 1902 g. (Humsan, Pskem, Narpaj) (Im westlichen Tien Shan im Sommer 1902 (Humsan, Pskem, Narpaj)). In: Izvestija Imperatorskago Russkago Geografičeskago Obŝestva 39. S. 480–507
– (1873): Iz Kokana (Aus Kokand). In: Turkestanskij Statističeskij Komitet (Turkestaner Statistisches Komitee), Maev, N.A. {Hrsg.} (1873): Ežegodnik. Materialy dlja Statistiki Turkestanskago Kraja (Jahrbuch. Statistisches Material für das Gebiet Turkestan). Sankt Piter'burg. o.V.. S. 387–404
Fergana.ru (2010a): Kyrgyzstan: Žiteli sël osuščestvili massovyj zahvat polivnyh zemel' v Oškoj oblasti (Kirgisistan: Siedlungseinwohner setzten Massenbesetzung von Bewässerungsland im oblast' Osch durch) (7.11.2010). Unter: http://www.fergananews.com/news.php?id=15874, 8.3.2011
– (2010b): Uzbekistan i Kyrgyzstan postrojat zagraždenija na konfliktnyh učastkah gosgranicy i dogovorjatsja po pastbiŝam (Usbekistan und Kirgisistan bauen Absperrungen auf umstrittenen Abschnitten der Staatsgrenze auf und treffen Vereinbarungen zu Weiden) (2.6.2010). Unter: http://www.ferghana.ru/news.php?id=14855, 14.6.2010
FIDH Fèdèration Internationale des ligues des Droits de l'Homme, CAC Citizens against Corruption, KS Kylym Shamy (2010): Kyrgyzstan. A weak State, Political Instability: The Civil Society Caught up in the Turmoil. Paris/ Bishkek. Unter: http://www.reliefweb.int/ rw/ RWFiles2010.nsf/FilesByRWDocUnidFilename/ASAZ-89WDDH-full_report.pdf/$File/full_ report.pdf, 22.10.2010
FH Freedom House (2010): Freedom House Dismayed by Results of Askarov Appeal in Kyrgyzstan (Press release 10.11.2010). Unter: http://www.freedomhouse.org/printer_friendly.cfm? page=70&release=1278, 8.3.2011
Figes, O. (2001): Die Tragödie eines Volkes. Die Epoche der russischen Revolution 1891 bis 1924. München. Wilhelm Goldmann
Finke, P. (2005): Nomaden im Transformationsprozess. Kasachen in der post-sozialistischen Mongolei (= Kölner Ethnologische Studien Bd. 29). Münster. LIT
– (2002): Retraditionalisierung und gesellschaftliche Transformation. In: Strasser, A., Haas, S., Mangott, G., Heuberger, V. {Hrsg.} (2002): Zentralasien und Islam (= Mitteilungen des Deutschen Orient Instituts 63). Hamburg. Deutsches Orient Institut. S 137–149
Fischer-Rosenthal, W., Rosenthal, G. (1997): Narrationsanalyse biographischer Selbstpräsentation. In: Hitzler, R., Honer, A. {Hrsg.} (1997): Sozialwissenschaftliche Hermeneutik. Opladen. Leske+Budrich. S. 133–164
Fitzherbert, A. (2000): Country Pasture/Forage Resource Profiles. Kyrgyzstan. Unter: http://www. fao.org/ag/agp/agpc/doc/Counprof/Kyrgystan/kyrgi.htm#5.%20THE%20PASTURE, 30.3.2011
Flick, U. (2000): Triangulation in der qualitativen Forschung. In: Flick, U., von Kardorff, E., Steinke, I. {Hrsg.} (2000): Qualitative Forschung. Ein Handbuch. Reinbek bei Hamburg. Rowohlt Taschenbuch Verlag. S. 309–318
– (1999): Qualitative Forschung. Reinbek bei Hamburg. Rowohlt Taschenbuch Verlag

Flitner, M. (2003): Kulturelle Wende in der Umweltforschung? Aussichten in Humanökologie, Kulturökologie und Politischer Ökologie. In: Gebhardt, H., Reuber, P., Wolkersdorfer, G. {Hrsg.} (2003): Kulturgeographie. Aktuelle Ansätze und Entwicklungen. Heidelberg/ Berlin. Spektrum. Akademischer Verlag. S. 213–228

Förster, H. (2000): Transformationsforschung: Stand und Perspektiven. In: Europa Regional 8 (3–4). S. 54–59

FOES Ferganskoe oblastnoe ekonomičeskoe sovešanie (Wirtschaftskonferenz der Provinz Fergana) (1923): Otčët Ferganskogo oblastnogo ekonomičeskogo sovešanija Turkestanskomu ekonomičeskomu sovetu za janvar'-sentjabr' 1922g. (Bericht der Wirtschaftskonferenz der Provinz Fergana an den Wirtschaftsrat Turkestans für den Zeitraum Januar-September 1922). Kokand. Izd. Ferganskogo oblastnogo ekonomičeskogo sovešanija

Forschungsstelle Osteuropa Bremen {Hrsg.} (2002): Gewinner und Verlierer post-sozialistischer Transformationsprozesse. Beiträge für die 10. Brühler Tagung junger Osteuropa-Experten. (= Arbeitspapiere und Materialien 36). Bremen. Forschungsstelle Osteuropa an der Universität Bremen

Forsyth, T. (2008): Political ecology and the epistemology of social justice. In: Geoforum 39 (2). pp. 756–764

FOSK Ferganskij Oblastnoj Stastičeskij Komitet (Statistisches Komitee der Provinz Fergana) (1916): Stastičeskij obzor Ferganskoj Oblasti za 1913 god (Statistische Übersicht über die Provinz Fergana für 1913). Skobelev. Elektro-tipografija Ferganskogo oblastnogo pravlenija

– (1914): Stastičeskij obzor Ferganskoj Oblasti za 1911 god (Statistische Übersicht über die Provinz Fergana für 1911). Skobelev. Elektro-tipografija Ferganskogo oblastnogo pravlenija

– (1912): Stastičeskij obzor Ferganskoj Oblasti za 1910 god (Statistische Übersicht über die Provinz Fergana für 1910). Skobelev. Tipografija Ferganskogo oblastnogo pravlenija

– (1909): Stastičeskij obzor Ferganskoj Oblasti za 1908 god (Statistische Übersicht über die Provinz Fergana für 1908). Skobelev. Tipografija Ferganskogo oblastnogo pravlenija

– (1904): Ežegodnik Ferganskoj Oblasti (Jahrbuch der Provinz Fergana). Novyj Margelan. Tipografija Ferganskago oblastnago pravlenija

– (1903): Ežegodnik Ferganskoj Oblasti. Tom II (Jahrbuch der Provinz Fergana. Band 2). Novyj Margelan. Tipografija Ferganskago oblastnago pravlenija

– (1902): Ežegodnik Ferganskoj Oblasti. Tom I (Jahrbuch der Provinz Fergana. Band 1). Novyj Margelan. Tipografija Ferganskago oblastnago pravlenija

– (1900): Obzor Ferganskoj oblasti za 1898 g. (Überblick der Provinz Fergana für 1898). Novyj Margelan. Tipografija Ferganskago oblastnago pravlenija

– (1899): Obzor Ferganskoj oblasti za 1897 g. (Überblick der Provinz Fergana für 1897). Novyj Margelan. Tipografija Ferganskago oblastnago pravlenija

– (1897): Materialy dlja statističeskago opisanija Ferganskoj oblasti. Rezul'taty pozemel'nopodatnyh rabot. Vypusk 1. Andižanskij uezd (Materialien zur statistischen Beschreibung der Provinz Fergana. Ergebnisse der Boden-Steuer-Arbeiten. Ausgabe 1. Amtsbezirk Andižan). Novyj Margelan. Tipografija Ferganskago oblastnago pravlenija

– (1896): Obzor Ferganskoj oblasti za 1895 g. Priloženie k vsepoddanejšemu otčetu Voennago Gubernatora Ferganskoj oblasti (Überblick der Provinz Fergana für 1895. Anlage zum untertänigsten Bericht des Militärgouverneurs der Provinz Fergana). Novyj Margelan. Tipografija Ferganskago oblastnago pravlenija

Foucault, M. (1998): Der Wille zum Wissen. Sexualität und Wahrheit 1. Frankfurt a.M. Suhrkamp

– (1978): Dispositive der Macht. Über Sexualität, Wissen und Wahrheit. Berlin. Merve

Fragner, B. (2006): Zentralasien – Begriff und historischer Raum. In: Fragner, B., Kappeler, A. {Hrsg.}: Zentralasien. 13.-20. Jahrhundert. Geschichte und Gesellschaft. Wien. Verein für Geschichte und Sozialkunde/Promedia Verlag. S. 11–31

Frank, A. G. (1992): The Centrality of Central Asia. Amsterdam. W University Press

Freitag-Wirminghaus, R. (1992): Die islamische Welt und der Zerfall der Sowjetunion. In: Rissener Rundbrief 6. Hamburg. Institut für Politik und Wirtschaft. S. 191–203

G. (1885): K voprosu o zemlevladenii v Turkestanskom krae (Zur Frage des Landbesitzes in der Region Turkestan). In: Turkestanija Vedomosti 26–29 (1885). S. 120–130

GAOŽ Gosudarstvennyj arhiv oblasti Žalal-Abad (Staatliches Archiv des oblast' Žalal-Abad) 533 (Bestand 533): Istoričeskaja spravka na kolhoz „22. parts''ezd" Beš-Badamskogo sel'soveta Leninskogo rajona (Historische Auskunft über den Kollektivbetrieb 22. Parteitag des Siedlungsrates Beš Badam des Bezirks Leninsk)

– 478 (Bestand 478): Istoričeskaja spravka na kolhoz im. Kirova Kirovskogo sel'soveta Leninskogo rajona (Historische Auskunft über den Kollektivbetrieb Kirov des Siedlungsrates Kirov des Bezirks Leninsk)

– 478/1/6 (Bestand 478, Inventarliste 1, Akte 6): Vedomost' o sostojanii životnovodstva za 1946 god, kolhoz im. Kirova, sel'sovet Kirov, rajon Ačinskij (Mitteilung über den Zustand der Viehwirtschaft für 1946, Kollektivbetrieb Kirov, Siedlungsrat Kirov, rajon Ači)

– 474 (Bestand 474): Istoričeskaja spravka na kolhoz im Karla Marksa Beš-Badamskogo sel'soveta Bazar-Kurganskogo rajona (Historische Auskunft über den Kollektivbetrieb Karl Marx des Siedlungsrates Beš-Badam des Bezirks Bazar Korgon)

– 462 (Bestand 462): Istoričeskaja spravka na kolhoz im. Stalina Bazar-Kurganskogo sel'soveta Bazar-Kurganskogo rajona (Historische Auskunft über den Kollektivbetrieb Stalin des Bezirks Bazar Korgon, Siedlungsrat Bazar Korgon, Provinz Osch)

– 462/1/48 (Bestand 462, Inventarliste 1, Akte 48): Uš oblasti, Lenin rajoni „Komsomol" kolhozining ustavy 10.4.1965 (Provinz Osch, rajon Leninsk, Statut des Kollektivbetriebs Komsomol 10.4.1965)

– 461 (Bestand 461): Dopolnenie k istoričeskoj spravke po kolhozu „V.I. Lenina" (Ergänzung zur historischen Auskunft über den Kollektivbetrieb V.I. Lenin)

– 461/1/1 (Bestand 461, Inventarliste 1, Akte 1): Kirgizskaja SSR, Džalal-Abadskaja oblast', Bazar Kurganskij rajon, Ahmanskij selsovet. „Toktogul" ajyl-čarba artelining. Ustavy 15.11.1946 (Kirgisische SSR, Žalal-Abader Provinz, rajon Bazar Kurgan, Siedlungsrat Ahman. Landwirtschaftliches artel' Toktogul. Statut vom 15.11.1946)

– 460 (Bestand 460): Istoričeskaja spravka na kolhoz im. Frunze Sajdikumskogo sel'soveta Bazar-Kurganskogo rajona (Historische Auskunft über den Kollektivbetrieb Frunze des Siedlungsrates Sajdykum des Bezirks Bazar Korgon)

– 458/1 (Bestand 458, Inventarliste 1): Istoričeskaja spravka leshoza im. Kirova, Leninskogo rajona, Ošskoj oblasti, Kirgizskoj SSR (Historische Auskunft über den Leshoz Kirov, rajon Leninsk, Gebiet Oš, Kirgisische SSR)

– 458/1/108 (Bestand 458, Inventarliste 1, Akte 108): Doklad k godovomu otčëtu l/z im. Kirova, Južno-Kirgizskogo Upravlenija orehoplodovymi lesami za 1959 g. (Bericht zum Jahresrechenschaftsbericht des Forstbetriebes Kirov der Südkirgischen Verwaltung der Walnuss-Wildfrucht-Wälder für 1959)

– 457/1 (Bestand 457, Inventarliste 1): Istoričeskaja spravka na leshoz Kyzyl Ungur, Južno-Kirgizskogo upravlenija oreho-plodovymi lesami (Historische Auskunft über den Leshoz Kyzyl Unkur der Süd-Kirgisischen Leitung der Nuss-Obst-Wälder)

– 452/1 (Bestand 452, Inventarliste 1): Istoričeskaja spravka na kolhoz „60 let oktjabrja" Sovetskogo selsoveta, Bazar-Kurganskogo rajona (Historische Auskunft über den Kollektivbetrieb 60 Jahre Oktober des Siedlungsrates Sovetsk, Bezirk Bazar Korgon)

– 434 (Bestand 434): Istoričeskaja spravka na kolhoz im. Engel'sa Bazar-Kurganskogo rajona Sovetskogo sel'soveta (Historische Auskunft über den Kollektivbetrieb Engels des Bezirks Bazar Korgon, Siedlungsrat Sovetsk)

– 326/1/657 (Bestand 326, Inventarliste 1, Akte 657): Spravka o rezul'tatah proverki raboty rabočego komiteta profsojuza leshoza im. Kirova ot 28.3.1962 (Mitteilung über die Ergebnisse der Revision der Arbeit des gewerkschaftlichen Arbeitskomitees des Forstbetriebes Kirov vom 28.3.1962)

– 138/1 (Bestand 138, Inventarliste 1): Istoričeskaja spravka na Džalal-Abadskij kantzemotdel (Historische Auskunft über die Žalal-Abader Kantonale Bodenabteilung)

– 126/1/606 (Bestand 126, Inventarliste 1, Akte 606, Blatt 46): Prikaz Nō 14 po glavnomu upravleniju lesnogo hozjajstva i ohrany prirody pri Sovete ministrov Kirgizskoj SSR „Ob organizacii Gavinskogo opytno-pokazatel'nogo lesničestva" ot 16.2.1965 (Befehl Nr. 14, die Hauptleitung für Forstwirtschaft und Naturschutz beim Ministerrat der KSSR betreffend, „Über die die Bildung des Versuchs- und Musterforstreviers Gava" vom 16.2.1965)
– 126/1/o.A. (Bestand 126, Inventarliste 1, Akte o.A., Blatt 187): Leshoz imeni Kirova. Otčët po životnovodstvu na 1.7.1949 g. (Forstbetrieb Kirov. Bericht über die Viehwirtschaft, Stand 1.7.1949)
– 126/2/126 (Bestand 126, Inventarliste 2, Akte 126): Petrov, A.I. (1950): K voprosu o sisteme meroprijatij po bor'be s jablonevoj mol'ju v orehoplodovyh lesah južnoj Kirgizii (Zur Frage des Systems der Maßnahmen im Kampf gegen die Apfelmotte in den Walnuss-Wildobst-Wälder des südlichen Kirgisien). Alma-Ata
– 110/1/1 (Bestand 110, Inventarliste 1, Akte 1): Naimenovanie volostej Džalal-Abadskogo kantona v kotoryx budet provoditsja zemel'no-vodnaja reforma (Listung der volost' des Žalal-Abader Kantons, in denen die Boden-Wasserreform umgesetzt wird)
– 87/1/27022 (Bestand 87, Inventarliste 1, Akte 27022): Turkestanskaja kazennaja palata „O pereučëjote kibitok i vzimanii kibitočnoj podati po Andižanskomu uezdu 1917-1918 (Turkestaner Schatzkammer „Über die Zählung der Zelte und die Erhebung der Zeltsteuer im Andižaner uezd 1917-1918)
– 40/2 (Bestand 40, Inventarliste 2): Istoričeskaja spravka na kolhoz im. Dzeržinskogo Bazar-Kurganskogo rajona (Historische Auskunft über den Kollektivbetrieb Dzeržinskij des Bezirks Bazar Korgon)
– o.A.a (Bestand o.A.a): Tablica o dviženii kolhoznogo sektora po Bazarkurganskomu rajonu na 1.1.1931 (Tabelle über die Dynamik des Kollektivbetriebssektors im Bezirk Bazar Korgon, Stand 1.1.1931)
– o.A.b (Bestand o.A.b): Istoričeskaja spravka na kolhoz „Komsomol" Bazar-Kurganskogo rajona Bazar-Kurganskogo sel'soveta Ošskoj oblasti (Historische Auskunft über den Kollektivbetrieb Komsomol des Bezirks Bazar Korgon, Siedlungsrat Bazar Korgon, Provinz Osch)
– o.A.c (Bestand o.A.c): Istoričeskaja spravka na kolhoz „Taldy-Bulak" Bazar-Kurganskogo rajona (Historische Auskunft über den Kollektivbetrieb Taldy-Bulak des Bezirks Bazar Korgon)
– o.A.d (Bestand o.A.d): Istoričeskaja spravka na kolhoz im. Čkalova Mogolskogo selsoveta Bazar-Kurganskogo rajona (Historische Auskunft über den Kollektivbetrieb Čkalov des Siedlungsrates Moghol des Bezirks Bazar Korgon)
– o.A.e (Bestand o.A.e): Istoričeskaja spravka na kolhoz „Kyzyl oktjabr'" Mogolskogo selsoveta Bazar-Kurganskogo rajona (Historische Auskunft über den Kollektivbetrieb Kyzyl oktjabr' des Siedlungsrates Moghol des Bezirks Bazar Korgon)
– o.A.f (Bestand o.A.f): Istoričeskaja spravka na kolhoz „Pravda" Mogolskogo selsoveta Bazar-Kurganskogo rajona (Historische Auskunft über den Kollektivbetrieb Pravda des Siedlungsrates Moghol des Bezirks Bazar Korgon)
– o.A.g (Bestand o.A.g): Istoričeskaja spravka na kolhoz im Kalinina Beš-Badamskogo sel'soveta (Historische Auskunft über den Kollektivbetrieb Kalinin des Siedlungsrates Beš Badam)
– (o.J.): Spravka o važnejšyh datah po administrativno-territorial'nomu deleniju Žalal-Abadskoj oblasti (Auskunft über die wichtigsten Daten zur administrativ-territorialen Teilung der Provinz Žalal-Abad)

GAPOOSLHPKR-ŽTURLROS Gosudarstvennoe Agentstvo po Ohrane Okružajuŝej Sredy i Lesnomu Hozjajstvu pri Pravitel'stve Kyrgyzskoj Respubliki. Žalalabatskoe Territorial'noe Upravlenie Razvitija Lesa i Regulirovanija Ohotničih Resursov (Staatliche Agentur für Naturschutz und Waldwirtschaft bei der Regierung der Kirgisischen Republik. Žalal-Abader territoriale Leitung für Waldentwicklung und Regulierung der Jagdressourcen) (2007): Bujruk

„Baškarmanyn bujrugun žokko čygaruu žonundo“ Nō 16. 12.2.2007 (Befehl „Annullierung des Befehles der Leitung“. Nr. 16. 12.2.2007)

GAZZR PKR Gosudarstvennoe Agentstvo po Zemleustrojstvu i Zemel'nym Resursam pri Pravitel'stve Kyrgyzskoj Respubliki (Staatliche Agentur für Raumordnung und Landressourcen bei der Regierung der Kirgisischen Republik), GIPROZEM Gosudarstvennyj Proektnyj Institut po Zemleustrojstvu „Kyrgyzgiprozem“ (Staatliches Projektierungsinstitut für Raumordnung „Kyrgyzgiprozem“), ŽZE Žalal-Abadskaja Zemleustroitel'naja Ekspedicija (Žalal-Abader Raumordnungsekspedition) (1997): Proekt. Opredelenie i ustanovlenie granic i ploŝadej otgonnyh pastbiŝ Bazar-Kurganskogo rajona Žalal-Abadskoj oblasti (Projekt. Ermittlung und Festsetzung der Grenzen und Flächen der Ferntriebweiden des Bezirks Bazar Korgon der Provinz Žalal-Abad). Žalal-Abad

Geiß, P. G. (2007): Andere Wege in die Moderne. Recht und Verwaltung in Zentralasien. In: Osteuropa 57 (8–9). Machtmosaik Zentralasien. Traditionen, Restriktionen, Aspirationen. S. 155–173

– (2006): Staat und Gesellschaft im sowjetischen Zentralasien. In: Fragner, B., Kappeler, A. {Hrsg.}: Zentralasien. 13.-20. Jahrhundert. Geschichte und Gesellschaft. Wien. Verein für Geschichte und Sozialkunde/Promedia Verlag. S. 161–182

– (1995): Nationenwerdung in Mittelasien. Frankfurt a.M./ Berlin/ Bern/ New York/ Paris/ Wien. Peter Lang

Geist, H. (1992): Die orthodoxe und politisch-ökologische Sichtweise von Umweltdegradierung. In: Die Erde 123 (4). S. 283–295

Gellner, E. (1997): Nationalismus: Kultur und Macht. Frankfurt a.M./ Wien. Büchergilde Gutenberg

– (1991): Nationalismus und Moderne. Berlin. Rotbuch Verlag

Gerasimov, I.P. (1949): Rel'ef i geologičeskoe stroenie rajona plodovyh lesov južnoj Kirgizii (Relief und geologischer Bau des Gebiets der Obstwälder des südlichen Kirgisien). In: Akademija Nauk SSSR (Akademie der Wissenschaften der UdSSR), Sovet po izučeniju proizvoditel'nyh sil (Rat zur Erforschung der Produktivkräfte) {Hrsg.} (1949): Plodovye lesa južnoj Kirgizii i ih ispol'zovanie (= Trudy južno-kirgizskoj ekspedicii. Vypusk 1) (Fruchtwälder des südlichen Kirgiziens und ihre Nutzung (= Schriften der südkirgisischen Expedition. Ausgabe 1)). Moskva/ Leningrad. Isd. AN SSSR. S. 32–48

Gertel, J. (2011): Konflikte um Weideland. Zwischen Aneignung und Enteignung. In: Geographische Rundschau 63 (7–8). S. 4–11

Giddens, A. (1997): Die Konstitution der Gesellschaft. Grundzüge einer Theorie der Strukturierung. Frankfurt a.M./ New York. Campus Verlag

Giese, E. (1983a): Der private Produktionssektor in der sowjetischen Landwirtschaft. In: Geographische Rundschau 35(11). S. 554–565

– (1983b): Nomaden in Kasachstan. Ihre Seßhaftwerdung und Einordnung in das Kolchos- und Sowchossystem. In: Geographische Rundschau 35 (11). S. 575–589

– (1982): Seßhaftmachung der Nomaden in der Sowjetunion. In: Scholz, F., Janzen, J. {Hrsg.} (1982): Nomadismus – Ein Entwicklungsproblem? Beiträge zu einem Nomadismus-Symposium, veranstaltet in der Gesellschaft für Erdkunde zu Berlin vom 11.-14. Februar 1982. (= Abhandlungen des Geographischen Instituts – Anthropogeographie – 33). Berlin. Reimer. S. 219–231

– (1973): Sovchoz, Kolchoz und persönliche Nebenerwerbswirtschaft in Sowjet-Mittelasien. Eine Analyse der räumlichen Verteilungs- und Verflechtungssysteme (= Westfälische Geographische Studien 27). Münster. Institut für Geographie und Länderkunde/ Geographische Kommission für Westfalen

– (1970): Hoflandwirtschaften in den Kolchosen und Sovchosen Sowjet-Mittelasiens. In: Geographische Zeitschrift 58. S. 175–197

Giese, E., Sehring, J., Trouchine, A. (2004a): Zwischenstaatliche Wassernutzungskonflikte in Mittelasien. In: Geographische Rundschau 56 (10). S. 10–16

– (2004b): Zwischenstaatliche Wassernutzungskonflikte in Zentralasien (= Zentrum für internationale Entwicklungs- und Umweltforschung Discussion Papers 18). Giessen. Unter: http://www.uni-giessen.de/zeu/Papers/DiscPapProzent2318.pdf, 1.7.2006

Gills, B.K., Frank, A.G. (1991): 5000 years of World system History. The Cumulation of Accumulation. In: Chase-Dunn, C., Hall, T.D. {eds.} (1991): Core/Periphery Relations in Precapitalist Worlds. Boulder. Westview Press. pp. 66–111

Girtler, R. (2001): Methoden der Feldforschung. Wien/ Köln/ Weimar. Böhlau Verlag

Gisiger, M., Thomet, W. (2008): Das Schuldenmanagement in Kirgisistan. In: Die Volkswirtschaft (7–8). S. 52–55. Unter: http://dievolkswirtschaft.ch/editions/200807/pdf/Gisiger.pdf, 16.9.2010

GK KRS Gosudarstvennyj Komitet Kyrgyzskoj Respubliki po Statistike (Staatliches Komitee der Kirgisischen Republik für Statistik) (1994): Kyrgyzstan v cifrah 1993. Kratkij statističeskij sbornik (Kirgisistan in Zahlen 1993. Kurzer statistischer Sammelband). Biškek. o.V.

GK KSSRS Gosudarstvennyj Komitet Kirgizskoj Sovetskoj Socialističeskoj Respubliki po Statistike (Staatliches Komitee der Kirgisischen Sozialistischen Sowjetrepublik für Statistik) (1991): Narodnoe Hozjajstvo Kirgizskoj SSR v 1989 g. Statističeskij ežegodnik (Die Volkswirtschaft der Kirgisischen SSR im Jahre 1989. Statistischer Jahresband). Frunze. Kyrgyzstan

– (1987): Narodnoe Hozjajstvo Kirgizskoj SSR za gody sovetskoj vlasti. Statističeskij ežegodnik (Volkswirtschaft der Kirgisischen SSR in den Jahren der Sowjetmacht. Statistischer Jahresband). Frunze. Izd. „Kyrgyzstan"

GKR Gimn Kyrgyzskoj Respubliki (Hymne der Kirgisischen Republik, angenommen vom Parlament am 18.12.1992). Unter: http://country.turmir.com/anthem_71_text.html, 11.2.2011

GK SSSRL Gosudarstvennyj Komitet SSSR po Lesu (Staatliches Komittee der UdSSR für Wald), VOL Vsesojuznoe Ob"edinenie „Lesproekt" (Allsowjetische Vereinigung „Lesprojekt"), CLP Central'noe Lesoustroitel'noe Predprijatie (Zentraler Betrieb für Forstwesen), PLE Pervaja Lesoustroitel'naja Ekspedicija (Erste Forsteinrichtungsexpedition) (1990–1991a): Proekt organizacii i razvitija lesnogo hozjajstva Kirovskogo leshoza Južno-Kirgizskogo upravlenija po orehovodstvu i pererabotke produkcii pobočnogo pol'zovanija lesom proizvodstvennogo lesohozjajstvennogo ob''dinenija „Kirgizles". tom 1. Ob''jasnitel'naja zapiska (Projektbericht zur Organisation und Entwicklung der Forstwirtschaft des Leshoz Kirov der Südkirgisischen Leitung für Nusswirtschaft und Verarbeitung nebenwirtschaftlicher Produkte der Waldbewirtschaftung der forstwirtschaftlichen Produktionsvereinigung Kirgizles. Bd. 1. Erläuternder Bericht). o.O.

– (1990–1991b): Proekt organizacii i razvitija lesnogo hozjajstva Kyzyl Ungurskogo leshoza Južno-Kirgizskogo upravlenija po orehovodstvu i pererabotke produkcii pobočnogo pol'zovanija lesom proizvodstvennogo lesohozjajstvennogo ob''dinenija „Kirgizles". tom 1. Ob''jasnitel'naja zapiska (Projektbericht zur Organisation und Entwicklung der Forstwirtschaft des Kyzyl Unkurer Leshoz der Südkirgisischen Leitung für Nusswirtschaft und Verarbeitung nebenwirtschaftlicher Produkte der Waldbewirtschaftung der forstwirtschaftlichen Produktionsvereinigung Kirgizles. Bd. 1. Erläuternder Bericht). o.O.

Grin'ko, G. (1929): Pjatiletnij plan narodnogo hozjastva (Der Fünfjahrplan der Volkswirtschaft). Moskva/ Leningrad. Gosudarstvennoe izdatel'stvo

Gleason, G. (2006): Autoritär im demokratischen Gewand. Warum die Übertragung westlicher Modelle in Zentralasien scheitert. In: Der Überblick. Zeitschrift für ökumenische Begegnung und internationale Zusammenarbeit 1. S. 6–10

GLSKR Gosudarstvennaya Lesnaya Služba Kyrgyzskoj Respubliki (Staatlicher Forstdienst der Kirgisischen Republik), GUL Glavnoe Upravlenie Lesoustrojstva (Hauptleitung des Forstwesens) (2005): Proekt organizacii i razvitija i lesohozjajstvennaja vedomost' Žai Terekskogo lesničestva (Projekt der Organisation und Entwicklung sowie forstwirtschaftliches Register des Žai Tereker Forstreviers). Biškek. GLSKR/ GUL

– (2004a): Proekt organizacii i razvitija leshoza „Arstanbap-Ata" (Projekt der Organisation und Entwicklung des Forstbetriebs Arstanbap-Ata). Biškek. GLSKR/ GUL

– (2004b): Proekt organizacii i razvitija. Kyzyl-Ungurskii leshoz (Projekt der Organisation und Entwicklung. KyzylUnkurer Forstbetrieb). Biškek. GLSKR/ GUL
– (2004c): Arstanbap-Atinskij leshoz. Dašmanskoe lesničestvo. Planšety. Masštab 1:15.000 (Forstbetrieb Arstanbap-Ata. Forstrevier Dašman. Messtischblätter. Maßstab 1:15.000). Biškek. GLSKR/ GUL
– (2004d): Arstanbap-Atinskij leshoz. Koš-Terekskoe lesničestvo. Planšety. Masštab 1:15.000 (Forstbetrieb Arstanbap-Ata. Forstrevier Koš-Terek. Messtischblätter. Maßstab 1:15.000). Biškek. GLSKR/ GUL
– (2004e): Lesničestvo: Kogojskoe. Leshoz Kyzyl Unkurskij. Planšety. Masštab 1:15.000 (Forstrevier Kogoj. Forstbetrieb Kyzyl Unkur. Messtischblätter. Maßstab 1:15.000). Biškek. GLSKR/ GUL
– (2002): Žaj Terekskoe lesničestvo. Planšety. Masštab 1:15.000 (Žaj Tereker Forstrevier. Messtischblätter. Maßstab 1:15.000). Biškek. GLSKR/ GUL
Goetsch, A. L., Gipson, T. A., Askar, A. R., Puchala, R. (2010): Invited review: Feeding behavior of goats. In: Journal of Animal Science 88 (1). pp. 361–373
Gönenç, L. (2002): Prospects for Constitutionalism in Post-Soviet Countries. The Hague/ London/ New York. Martinus Nijhoff Publishers
Götz-Coenenberg, R., Halbach, U. (1996): Politisches Lexikon GUS. München. C.H. Beck
Gorshenina, S. (2009a): L'Asie centrale russe, fin des anées 1890 (map). In: Gorshenina, S., Abašin, S. {eds.} (2009): Le Turkestan russe: une colonie comme les autres? (= Cahiers d' Asie centrale 17/18 (2009)). Tashkent. IFEAC
– (2009b): La conquête russe et les premiers essays d'organisation de l'espace (map). In: Gorshenina, S., Abašin, S. {eds.} (2009): Le Turkestan russe: une colonie comme les autres? (= Cahiers d' Asie centrale 17/18 (2009)). Taschkent. IFEAC
GOSREGISTR KR Gosudarstvennoe agentstvo po registracii prav na nedvižimoe imuŝestvo pri pravitel'stve Kyrgyzskoj Respubliki (Staatliche Agentur zur Registrierung der Rechte auf immobiles Vermögen bei der Regierung der Kirgisischen Republik) (2009): Svedenie ob ispol'zovanii pastbiŝnyh ugodij po Respublike na 1.1.2009 god (v razreze rajonov i ajyl okmotu) (Mitteilung über die Nutzung der Weideflächen in der Republik, Stand 1.1.2009 (differenziert nach Bezirken und Einheiten der lokalen Selbstverwaltung))
– (2008): Svedenie ob ispol'zovanii pastbiŝnyh ugodij po Respublike na 1.1.2008 god (v razreze rajonov) (Mitteilung über die Nutzung der Weideflächen in der Republik, Stand 1.1.2008 (differenziert nach Bezirken))
– (2007): Svedenie ob ispol'zovanii pastbiŝnyh ugodij po Respublike na 1.1.2007 god (v razreze rajonov i ajyl okmotu) (Mitteilung über die Nutzung der Weideflächen in der Republik, Stand 1.1.2007 (differenziert nach Bezirken und Einheiten der lokalen Selbstverwaltung))
– (2006): Svedenie ob ispol'zovanii pastbiŝnyh ugodij po Respublike na 1.1.2006 god (v razreze rajonov i ajyl okmotu) (Mitteilung über die Nutzung der Weideflächen in der Republik, Stand 1.1.2006 (differenziert nach Bezirken und Einheiten der lokalen Selbstverwaltung))
– (2005): Svedenie ob ispol'zovanii pastbiŝnyh ugodij po Respublike na 1.1.2005 god (Mitteilung über die Nutzung der Weideflächen in der Republik, Stand 1.1.2005)
Gottschling, H. (2002): Umweltgerechte Landnutzung im Biospherenreservat Issyk-Kul, Kirgistan. Kasparek. Heidelberg. Kasparek
Gottschling, H., Amatov, I., Laz'kov, G. (2007): K voprosu ob ekologii orehovo-plodovyh lesov na juge Kyrgyzstana (Zur Frage der Ökologie der Walnuss-Wildobst-Wälder im Süden Kirgisistans). In: Oreho-plodovye lesa. Vsemirnoe nasledie prirody (= Vestnik Kyrgyzskogo Agrarnogo Universiteta im. K.I. Skrjabina 2 (8)). S. 18–25
Gottschling, H., Amatov, I., Lazkov, G. (2005): Zur Ökologie und Flora der Walnuss-Wildobst-Wälder in Süd-Kirgisistan In: Archiv für Naturschutz und Landschaftsforschung 44 (1). S. 85–130
Gozulov, A.I., Grankov, V.P., Meržanov, G.S. (1967): Statistika sel'skogo hozjajstva (Statistik der Landwirtschaft). Moskva. Izdatel'stvo „Statistika“

GPKNK SSSR Gosudarstvennaja planovaja komissija pri sovete narodnyh komissarov Sojuza SSR (Staatliche Planungskomission beim Rat der Volkskomissare der UdSSR) (1934): Vtoroj pjatiletnij plan razvitija narodnogo hozjajstva SSSR (1933-1937 gg.). Tom 2. Plan razvitija rajonov (Zweiter Fünfjahresplan zur Entwicklung der Volkswirtschaft der UdSSR (1933-1937). Bd. 2. Plan zur Entwicklung der Bezirke). Moskva. Izdanie Gosplana SSSR

Grävingholt, J. (2007). Statehood and Governance: Challenges in Central Asia and the Southern Caucasus (= DIE Briefing Paper 02/2007). Bonn. Deutsches Institut für Entwicklungspolitik. Unter: http://www.die-gdi.de/CMS-Homepage/openwebcms3.nsf/ %28ynDK_contentByKey%29/ENTR-7BQD9U/$FILE/2%202007%20EN.pdf, 2.2.2011

– (2004): Krisenpotenziale und Krisenprävention in Zentralasien. Ansatzpunkte für die deutsche Entwicklungszusammenarbeit (= Deutsches Institut für Entwicklungspolitik. Berichte und Gutachten 6). Bonn. Deutsches Institut für Entwicklungspolitik

Grävingholt, J., Doerr, B., Meissner, K., Pletziger, S., von Rümker, J., Weikert, J. (2006): Strengthening Participation through Decentralisation. Findings on local economic development in Kyrgyzstan (= Studies 16). Bonn. Deutsches Institut für Entwicklungspolitik

Graf Lambsdorff, J. (2009): Corruption Perceptions Index 2008. In: Transparency International {ed.} (2009): Global Corruption Report 2009. Corruption and the Private Sector.Cambridge/New York.Cambridge University Press. pp. 395–402. Unter: http://www.transparency.org/publications/publications/global_corruption_report/gcr2009, 16.12.2010

– (2006): Corruption Perceptions Index 2005. In: Transparency International {ed.} (2009): Global Corruption Report 2006. Corruption and Health. London. Pluto Press. pp. 298–303. Unter: http://www.transparency.org/publications/gcr/gcr_2006#press, 16.12.2010

Griza, E., Venglovskij, B., Sarymsakov, Z., Karraro, G. (2008): Tipologija lesov Kyrgyzskoj Respubliki. Praktičeskij orientirovannyj dokument dlja polevoj ocenki lesnyh nasaždenij i ih pravil'noe upravlenie (Typologie der Wälder der Kirgisischen Republik. Ein praxisorientiertes Dokument für die empirische Bewertung von Wäldern und ihr korrektes Management). Bishkek. Intercooperation/ Departament razvitija lesnyh resursov

Grodekov, N. I. (1889): Kirgizy i Karakirgizy Syr-Dar'inskoj oblasti. Tom 1. Juridičeskij byt (Kirgisen und Kara-Kirgisen der Proving Syr Dar'ja. Band 1. Rechtspraktiken). Taškent. Lahtin

GSA PRK Gosudarstvennoe Statističeskoe Agentstvo pri Pravitel'stve Respubliki Kyrgyzstan (Staatliche Agentur für Statistik bei der Regierung der Republik Kirgisistan) (1992): Statističeskij ežegodnik Kyrgyzstana 1991 (Razvitie material'nogo proizvodstva) (Statistischer Jahresband Kirgisistans 1991 (Die Entwicklung der materiellen Produktion)). Biškek. GSA PRK

GUGK Glavnoe upravlenie geodezii i kartografii (Hauptleitung für Geodäsie und Kartografie beim Ministerrat der UdSSR) (1987a): Geografičeskoe položenie i obšaja harakteristika (Geographische Lage und allgemeine Charakteristik). In: Glavnoe upravlenie geodezii i kartografii (Hauptleitung für Geodäsie und Kartografie beim Ministerrat der UdSSR) (1987): Atlas Kirgizskoj Soveckoj Socialističeskoj Respubliki. (Atlas der Kirgisischen Sozialistischen Sowjetrepublik). Moskva. GUGK. S. 16

– (1987b): Fizičeskaja Karta (Physische Karte). In: Glavnoe upravlenie geodezii i kartografii (Hauptleitung für Geodäsie und Kartografie beim Ministerrat der UdSSR) (1987): Atlas Kirgizskoj Soveckoj Socialističeskoj Respubliki. (Atlas der Kirgisischen Sozialistischen Sowjetrepublik.). Moskva. GUGK. S. 18–19. Maßstab 1:1.500.000

– (1987c): Gipsometričeskaja Karta (Hypsometrische Karte). In: Glavnoe upravlenie geodezii i kartografii (Hauptleitung für Geodäsie und Kartografie beim Ministerrat der UdSSR) (1987): Atlas Kirgizskoj Soveckoj Socialističeskoj Respubliki (Atlas der Kirgisischen Sozialistischen Sowjetrepublik). Moskva. GUGK. S. 34–35. Maßstab 1:1.500.000

– (1987d): Četvertičnye otloženija (Quartäre Sedimente). In: Glavnoe upravlenie geodezii i kartografii (Hauptleitung für Geodäsie und Kartografie beim Ministerrat der UdSSR) (1987):

Atlas Kirgizskoj Soveckoj Socialističeskoj Respubliki (Atlas der Kirgisischen Sozialistischen Sowjetrepublik). Moskva. GUGK. S. 48–49. Maßstab 1:1.500.000
– (1987e): Srednjaja Mesjačnaja Temperatura Vozduha. Veter (Mittlere monatliche Lufttemperatur. Wind). In: Glavnoe upravlenie geodezii i kartografii (Hauptleitung für Geodäsie und Kartografie beim Ministerrat der UdSSR) (1987): Atlas Kirgizskoj Soveckoj Socialističeskoj Respubliki (Atlas der Kirgisischen Sozialistischen Sowjetrepublik). Moskva. GUGK. S. 62–63. Maßstab 1:3.000.000
– (1987f): Termičeskij Režim (Thermisches Regime). In: Glavnoe upravlenie geodezii i kartografii (Hauptleitung für Geodäsie und Kartografie beim Ministerrat der UdSSR) (1987): Atlas Kirgizskoj Soveckoj Socialističeskoj Respubliki (Atlas der Kirgisischen Sozialistischen Sowjetrepublik). Moskva. GUGK. S. 64–65. Maßstab 1:6.000.000
– (1987g): Važnejšie Issledovanija Dorevoljucjonnogo Perioda (XVII v.-1917 g.) (Die wichtigsten Erkundungen der vorrevolutionären Periode (18. Jahrhundert bis 1917)). In: Glavnoe upravlenie geodezii i kartografii (Hauptleitung für Geodäsie und Kartografie beim Ministerrat der UdSSR) (1987): Atlas Kirgizskoj Soveckoj Socialističeskoj Respubliki (Atlas der Kirgisischen Sozialistischen Sowjetrepublik). Moskva. GUGK. S. 26. Maßstab 1:3.000.000
– (o.J.). Prirodnye resursy Kirgizskoj Sovetskoj Socialističeskoj Respubliki. Pochvy (Naturressourcen der Kirgisischen Sozialistischen Sowjetrepublik. Böden). Taškent. Taškentskaja kartografičeskaja fabrika
Guilliny, E. (1881a): La Russie et L'Angleterre dans L'Asie Centrale. In: Revue Du Monde Catholique 71 (3). pp. 545–557
– (1881b): La Russie et L'Angleterre dans L'Asie Centrale. In: Revue Du Monde Catholique 72 (12). pp. 725–741
GUZZ PU Glavnoe Upravlenie Zemleustrojstva i Zemledelija.Pereselenčeskoe Upravlenie (Hauptleitung für Raumordnung und Landwirtschaftschaft. Amt für Übersiedlung) (1915a): Karta kirgizskago zemlepol'zovanija južnoj časti Ferganskoj oblasti (Ošskij, Skobelevskij i Kokandskij uezd) (Karte der kirgisischen Landnutzung des südlichen Teiles der Provinz Fergana. Amtsbezirke Osch, Skobelev und Kokand)). In: GUZZ PU (1915): Materialy po zemlepol'zovaniju kočevogo Kirgizskago naselenija južnoj časti Ferganskoj oblasti (Ošskij, Skobelevskij i Kokandskij uezd) (Materialien zur Landnutzung der nomadischen kirgisischen Bevölkerung des südlichen Teiles der Provinz Fergana (Amtsbezirke Osch, Skobelev und Kokand). Taškent. Tipo-litografija V.M. Il'ina
– (1915b): Materialy po zemlepol'zovaniju kočevogo Kirgizskago naselenija južnoj časti Ferganskoj oblasti (Ošskij, Skobelevskij i Kokandskij uezd) (Materialien zur Landnutzung der nomadischen kirgisischen Bevölkerung des südlichen Teiles der Provinz Fergana (Amtsbezirke Osch, Skobelev und Kokand). Taškent. Tipo-litografija V.M. Il'ina
– (1913a): Karta kirgizskago zemlepol'zovanija Namangaskago uezda Ferganskoj oblasti (Karte der kirgisischen Landnutzung des Amtsbezirks Namanagan der Provinz Fergana). In: GUZZ PU (1913): Materialy po Kirgizskamu zemlepol'zovaniju. Ferganskaja oblast'. Namanganskij uezd (Materialien zur kirgisischen Landnutzung. Provinz Fergana. Amtsbezirk Namangan). Taškent. Tipo-litografija V.M. Il'ina
– (1913b): Karta Andižanskago uezda, Ferganskoj oblasti s'' pokazaniem'' plošadej kirgizskago zemlepol'zovanija (Karte der des Amtsbezirks Andižan, Provinz Fergana mit Darstellung der kirgisischen Landnutzung). In: GUZZ PU (1913): Materialy po Kirgizskamu zemlepol'zovaniju. Ferganskaja oblast'. Andižanskij uezd. (Materialien zur kirgisischen Landnutzung. Provinz Fergana. Amtsbezirk Andižan). Taškent. Tipo-litografija V.M. Il'ina
– (1913c): Materialy po Kirgizskamu zemlepol'zovaniju. Ferganskaja oblast'. Namanganskij uezd (Materialien zur kirgisischen Landnutzung. Provinz Fergana. Amtsbezirk Namangan). Taškent. Tipo-litografija V.M. Il'ina
– (1913d): Materialy po Kirgizskamu zemlepol'zovaniju. Ferganskaja oblast'. Andižanskij uezd (Materialien zur kirgisischen Landnutzung. Provinz Fergana. Amtsbezirk Andižan). Taškent. Tipo-litografija V.M. Il'ina

– (1913e): Priloženija k'' otdelu o pastbiŝnoj norme v'' gl. III. Raspisanie izlišnih'' zemel' po obŝinam'' i kočevym'' ploŝadjam'' (Anhang zum Abschnitt über die Weidenorm im Kapitel 3. Liste der überflüssigen Landflächen der Gemeinschaften und Nomadenländer). In: GUZZ PU Glavnoe Upravlenie Zemleustrojstva i Zemledelija. Pereselenčeskoe Upravlenie (Hauptleitung für Raumordnung und Landwirtschaftschaft. Amt für Übersiedlung) (1913): Materialy po Kirgizskamu zemlepol'zovaniju. Ferganskaja oblast'. Andižanskij uezd (Materialien zur kirgisischen Landnutzung. Provinz Fergana. Amtsbezirk Andižan). Taškent. Tipo-litografija V.M. Il'ina. S. 16–20

Halbach, U. (2008): Regionalorganisationen in Zentralasien zwischen Integrationstheater und realer Kooperation.In: Zentralasien-Analysen 1. S. 3–6

– (2007): Das Erbe der Sowjetunion. Kontinuitäten und Brüche in Zentralasien. In: Osteuropa 57 (8–9). Machtmosaik Zentralasien. Traditionen, Restriktionen, Aspirationen. S. 77–98

Halbach, U., Eder, F. (2005): Regimewechsel in Kirgistan und Umsturzängste im GUS-Raum (= SWP Aktuell 15, April 2005). Berlin. Stiftung Wissenschaft und Politik

Hambler, C., Canney, S.M., Coe, M.J., Henderson, P.A., Illius, A.W. (2007): Grazing and "Degradation". In: Science 316 (5831). pp. 1564–1565

Hambly, G. (1966a): Einleitung. In: Hambly, G. {Hrsg.} (1966): Zentralasien (= Fischer Weltgeschichte 16). Frankfurt a.M. Fischer Bücherei KG. S. 11–27

– (1966b): Vorwort. In: Hambly, G. {Hrsg.} (1966): Zentralasien (= Fischer Weltgeschichte 16). Frankfurt a.M. Fischer Bücherei KG. S. 9–10

Hanf, T., Kreckel, R. (1996): Identitätsvorstellungen in Transformationsprozessen. In: Schmidt, G., Hodenius, B. {Hrsg.} (1996): Transformationsprozesse in Mittelost-Europa (= Soziologische Revue. Sonderheft 4). München. Oldenbourg. S. 39–59

Hangartner, J. (2002): Dependent on snow and flour. Organization of herding life and socio-economic strategies of Kyrgyz mobile pastoralists in Murghab, Eastern Pamir, Tajikistan.(= Unveröffentlichte Diplomarbeit. Universität Bern)

Hardin, G. (1968): The Tragedy of the Commons. In: Science 162. pp. 1243–1248

Hartwig, J. (2008): Die Vermarktung der Taiga. Zur Politischen Ökologie der Nutzung von Nicht-Holz-Waldprodukten in der Mongolei. In: Geographische Rundschau 60 (12). S. 18–25

– (2007): Die Vermarktung der Taiga. Die politische Ökologie der Nutzung von Nicht-Holz-Waldprodukten und Bodenschätzen in der Mongolei. Stuttgart. Franz Steiner Verlag

Harvey, D. (1993): The Nature of Environment: Dialectics of Social and Environmental Change. In: Miliband, R., Panitch, L. {eds.} (1993): Real Problems false Solutions. London. Merlin. pp. 1–51

Hauner, M. (1989): Central Asian geopolitics in the last hundred years. A critical survey from Gorchakov to Gorbachev. In: Central Asian Survey 8 (1). pp. 1–19

Havlik, P., Vertlib, V. (1996): Die wirtschaftliche Lage der zentralasiatischen Nachfolgestaaten der UdSSR. In: Mangott, G. {Hrsg.}: Bürden auferlegter Unabhängigkeit: neue Staaten im post-sowjetischen Zentralasien (= Laxenburger internationale Studien 10. Österreichisches Institut für Internationale Politik). Wien. Braumüller. S. 147–240

Hebel, A. (1995): Bodendegradation und ihre internationale Erforschung. Geographische Rundschau 47 (12). S. 686–691

Heertje, A., Wenzel, H.-D. (2001): Grundlagen der Volkswirtschaftslehre. Berlin/ Heidelberg/ New York. Springer

Heinemann-Grüder, A., Haberstock, H. (2007): Sultan, Klan und Patronage. Regimedilemmata in Zentralasien. In: Osteuropa 57 (8–9). Machtmosaik Zentralasien. Traditionen, Restriktionen, Aspirationen. S. 121–138

Herbers, H. (2006): Postsowjetische Transformation in Tadschikistan: Die Handlungsmacht der Akteure im Kontext von Landreform und Existenzsicherung (= Erlanger Geographische Arbeiten. Sonderbände 33). Erlangen. Selbstverlag der Fränkischen Geographischen Gesellschaft

Herrmann-Pillath, C. (1997): Ökonomische Tranbsformationstheorie: Quo vadis? In: Bundesinstitut für Ostwissenschaftliche und Internationale Studien {Hrsg.} (1997): Der Osten Europas im Prozeß der Differenzierung: Fortschritte und Mißerfolge der Transformation (= Bundesinstitut für Ostwissenschaftliche und Internationale Studien. Jahrbuch 1996/97). München/ Wien. Hanser. S. 203–214

Hirsch, F. (2000): Toward an Empire of Nations: Border-Making and the Formation of Soviet National Identities. In: Russian Review 59 (2). pp. 201–226

Hoetzsch, O. (1913a): Russisch Turkestan und die Tendenzen der heutigen russischen Kolonialpolitik. In: Schmoller, G. {Hrsg.} (1913): Schmollers Jahrbuch für Gesetzgebung, Verwaltung und Volkswirtschaft im Deutschen Reiche 37 (2). Berlin/ Leipzig. Duncker & Humblot. S. 371–409

– (1913b): Russisch Turkestan und die Tendenzen der heutigen russischen Kolonialpolitik. In: Schmoller, G. {Hrsg.} (1913): Schmollers Jahrbuch für Gesetzgebung, Verwaltung und Volkswirtschaft im Deutschen Reiche 37 (3). Berlin/ Leipzig. Duncker & Humblot. S. 343–389

Holdsworth, M. (1959): Turkestan in the Nineteenth Century. A Brief History of the Khanates of Bukhara, Kokand and Khiva.London/ Oxford. Central Asian Research Centre, St. Antony's College, Soviet Affairs Study Group

Hopfmann, A., Wolf, M. (1998a): Vorwort. In: Hopfmann, A., Wolf, M. {Hrsg.} (1998): Transformation und Interdependenz: Beiträge zu Theorie und Empirie der mittel-und osteuropäischen Systemwechsel. Münster. LIT. S. 7–11

– (1998b): Transformation in einem interdependenten Weltsystem als wissenschaftlich-theoretische und gesellschaftlich-politische Herausforderung. In: Hopfmann, A., Wolf, M. {Hrsg.} (1998): Transformation und Interdependenz: Beiträge zu Theorie und Empirie der mittel- und osteuropäischen Systemwechsel. Münster. LIT. S. 13–37

Hopkirk, P. (1990): The Great Game. On Secret Service in High Asia.London. Murray

Horsman, S. (2003): Transboundary water management and security in Central Asia. In: Sperling, J., Kay, S., Papacosma, S.V. {eds.}: Limiting institutions? The challenge of Eurasian security governance. Manchester/ New York. Manchester University Press. pp. 86–104

HRW Human Rights Watch (2010): Kyrgyzstan: Ensure Safety, Fair Trial for Rights Defender (September 3, 2010). o.O.. Unter: http://www.hrw.org/en/news/2010/09/01/kyrgyzstan-ensure-safety-fair-trial-rights-defender, 5.2.2011

Humphrey, C., Sneath, D. (1999): The End of Nomadism? Society, state and the environment in Inner Asia. Cambridge. The White Horse Press

Huntington, S. (1991): The Third Wave: Democratization in the Late Twentieth Century. London. Norman

Huskey, E. (2003): National identity from Scratch: Defining Kyrgyzstan's Role in World Affairs. In: Journal of Communist Studies and Transition Politics 19 (3). pp. 111–138

Im, S. J., Jalali, R., Saghir, J. (1993): Privatization in the Former Republics of the Former Soviet Union. Framework and Initial Rules. Washington, D.C. The World Bank

IBRD International Bank for Reconstruction and Development (2008): Project Appraisal Document on a Proposed Grant in the Amount of SDR 5.7 Million (US$ 9.0 Million Equivalent) to the Kyrgyz Republic for an Agricultural Investments and Services Project (March 20, 2008) (Report: 43107-KG). o.O. Sustainable Development Sector Unit/ Central Asia Country Unit/ Europe and Central Asia Region. Unter: http://www-wds.worldbank.org/external/default/WDSContentServer/WDSP/IB/2008/04/11/000333037_20080411010009/Rendered/PDF/431070PAD0P096101official0use0only1.pdf, 12.11.2012

– (2004a): Kyrgyz Republic. Agricultural policy update.Sustaining Pro-poor Rural Growth.Emerging Challenges for Government and Donors.o.O.. Unter: http://www-wds.worldbank.org/external/default/WDSContentServer/WDSP/IB/2005/01/03/000160016_20050103143004/Rendered/PDF/310400KG0white0cover0P08400701public1.pdf, 13.1.2011

– (2004b): Farm Structure and Agricultural Productivity (= Kyrgyzstan Agriculture Sector: Policy Note 2). In: International Bank for Reconstruction and Development [IBRD] (2004): Kyrgyz Republic. Agricultural policy update.Sustaining Pro-poor Rural Growth.Emerging Challenges for Government and Donors.o.O. o.V. pp. 89-91. Unter: http://www-wds.worldbank.org/external/default/WDSContentServer/WDSP/IB/2005/01/03/000160016_20050103143004/Rendered/PDF/310400KG0white0cover0P08400701public1.pdf, 13.1.2011
– (2002): Weltentwicklungsbericht 2002. Institutionen für Märkte schaffen. Bonn. UNO-Verlag
– (2001): Kyrgyz Republic. Country Assistance Evaluation (Report 23278). Washington, D.C. IBRD/ The World Bank. Unter: http://lnweb90.worldbank.org/oed/oeddoclib.nsf/DocUNIDViewForJavaSearch/079E0FAF183B4BBC85256B2F006AEF1A/$file/kyrgyz.pdf, 18.10.2010
– (1996): From Plan to Market (= World Development Report 1996, Report 15892). New York. Oxford University Press
– (1993): Kyrgyzstan. The Transition to a Market Economy. Washington, D.C. IBRD/ The World Bank. Unter: http://www.worldbank.org/oed/transitioneconomies/caes/kyrgyz_cae.pdf, 28.11.2007
– (o.J.): World Data Bank. World Development Indicators {WDI}& Global Development Finance {GDF}.Unter: http://databank.worldbank.org/dpp/home.do, 29.11.2010
IBRD International Bank for Reconstruction and Development, IDA International Development Association, IFC International Finance Corporation, MIGA Multilateral Investment Guarantee Agency (2007): Joint Country Support Strategy for the Kyrgyz Republic (2007-2010) (= Report No. 39719-KG). o.O.. Unter: http://www-wds.worldbank.org/external/default/WDS ContentServer/WDSP/IB/2007/05/30/000020439_20070530104914/Rendered/PDF/39719.pdf, 9.9.2010
ICG International Crisis Group (2012): Kyrgyzstan: Widening Ethnic Divisions in the South (= Asia Report No 222, 29.3.2012). Bishkek/Brussels. Unter: http://www.crisisgroup.org/en/regions/asia/central-asia/kyrgyzstan/222-kyrgyzstan-widening-ethnic-divisions-in-the-south.aspx, 4.4.2012
– (2011): Central Asia: Decay and Decline (= Asia Report No 201, 3.2.2011). Bishkek/ Brussels. Unter: http://www.crisisgroup.org/~/media/Files/asia/central-asia/ 201%20Central %20Asia% 20-%20Decay%20and%20Decline.ashx, 4.2.2011
– (2010a): Kyrgyzstan: A Hollow Regime Collapses (= Asia Briefing 102, 27.4.2010). Bishkek/ Brussels. Unter: http://www.crisisgroup.org/~/media/Files/asia/central-asia/kyrgyzstan/ B102 Prozent20KyrgyzstanProzent20-Prozent20AProzent20HollowProzent20RegimeProzent 20Collapses.ashx, 25.6.2010
– (2010b): The Pogroms in Kyrgyzstan (= Asia Report 193, 23.8.2010). Bishkek/ Brussels. Unter: http://www.crisisgroup.org/~/media/Files/asia/central-asia/kyrgyzstan/193%20The%20Pogroms%20in%20Kyrgyzstan.ashx, 24.8.2010
– (2010c): Central Asia: Migrants and the Economic Crisis (= Asia Report 183, 5.1.2010). Bishkek/ Brussels. Unter: http://www.crisisgroup.org/~/media/Files/asia/central-asia/183%20Central%20Asia%20Migrants%20and%20the%20Economic%20Crisis.ashx, 24.8.2010
– (2008a): Kyrgyzstan: A Deceptive Calm (= Asia Report 79, 14.8.2008). Bishkek/ Brussels. Unter: http://www.crisisgroup.org/~/media/Files/asia/central-asia/kyrgyzstan/b79_kyrgyzstan___a_deceptive_calm.ashx, 24.8.2010
– (2008b): Kyrgyzstan: The Challenge of Judicial Reform (= Asia Report 150, 10.4.2008). Bishkek/ Brussels. Unter: http://www.crisisgroup.org/en/regions/asia/central-asia/kyrgyzstan/150-kyrgyzstan-the-challenge-of-judicial-reform.aspx, 26.1.2011
– (2006): Kyrgyzstan on the Edge (= Asia Briefing 55, 9.11.2006). Bishkek/ Brussels. Unter: http://www.crisisgroup.org/~/media/Files/asia/central-asia/kyrgyzstan/b55_kyrgyzstan_on_the_ edge.ashx, 17.12.2010

– (2005a): Kyrgyzstan: After the Revolution (= Asia Report No 97, 04.05.2005). Bishkek/ Brussels. Unter: http://www.crisisgroup.org/~/media/files/asia/central-asia/kyrgyzstan/097_kyrgyzstan_after_the_revolution.ashx, 2.8.2010
– (2005b): Kyrgyzstan: A Faltering State (= Asia Report 109, 16.12.2005). Bishkek/ Brussels. Unter: http://merln.ndu.edu/archive/icg/centralasiakyrgyzstanfaltering.pdf, 2.8.2010
– (2004): Political Transition in Kyrgyzstan: Problems and Prospects (= Asia Report 81, 11.8.2004). Osh/ Brussels. Unter: http://www.crisisgroup.org/~/media/Files/asia/central-asia/kyrgyzstan/081_political_transition_in_kyrgyzstan__problems_and_prospects.ashx, 2.8.2010
– (2002): Central Asia: Border disputes and conflict potential (= Asia Report 33, 4.4.2002). Osh/ Brussels. Unter: http://www.crisisgroup.org/~/media/Files/asia/central-asia/Central%20Asia%20Border%20Disputes%20and%20Conflict%20Potential.ashx, 3.3.2011
– (2001a): Kyrgyzstan at Ten: Trouble in the "Island of Democracy" (= Asia Report 22, 28.8.2001). Osh/ Brussels. Unter: http://www.crisisgroup.org/~/media/Files/asia/central-asia/kyrgyzstan/KyrgyzstanProzent20atProzent20TenProzent20TroubleProzent20inProzent20the Prozent20IslandProzent20ofProzent20Democracy.ashx, 2.8.2010
– (2001b): Central Asia: Islamist Mobilisation and Regional Security (= Asia Report No 14, 01.03.2001). Osh/ Brussels. Unter: http://www.crisisgroup.org/~/media/files/asia/central-asia/centralProzent20asiaProzent20islamistProzent20mobilisationProzent20andProzent20regional Prozent20security.ashx, 4.5.2006
Il'jasov, S. I. (1963): Zemel'nye otnošenija v Kirgizii v konce XIX-načale XX vv. (Landverhältnisse in Kirgisien zu Ende des 19. bis Anfang des 20. Jahrhunderts). Frunze. Izd. Akademii Nauk KSSR
– (1953): Kooperativno-kolhoznoe stroitel'stvo v Kirgizii (1918–1929 gg.) (Der Kooperativen-Kolhozaufbau in Kirgisisen (1918-1929)). Frunze. Kirg. Gosudarstvennoe Izdatel'stvo
IMF International Monetary Fund, IBRD World Bank (2004): Recent Policies and Performance of the Low-Income CIS-Countries. An Update of the CIS-7 Initiative. o.O.. IBRD/IMF
Isakov, K. I. (1974a): Opyt ulučšenija i ispol'zovanija gornyh pastbiŝ Kirgizii (Verbesserungsmassnahmen und Nutzungspraktiken der Gebirgsweiden Kirgisiens). In: Trudy Kirgizskogo Naučno-issledovatel'nogo Instituta Životnovodstva i veterinarii 21. S. 3–14
– (1974b): Pastbiŝa i senokosy Kirgizii (ispol'zovanie, ulučenie i intensifikacija) (Weiden und Mähwiesen Kirgisiens (Nutzung, Verbesserung und Intensivierung)). In: Trudy Kirgizskogo Naučno-issledovatel'nogo Instituta Životnovodstva i veterinarii 23. S. 90–96
Isakova, T. (2007): Problemy pastbiŝ b''jut v nabat (Weideprobleme läuten Sturm). In: Argumenty i Fakty 2007 (13). S. 9
IUCN International Union for Conservation of Nature (2011): The land we graze: A synthesis of case studies about how pastoralists' organizations defend their land rights. Nairobi, Kenya. IUCN ESARO office
Ivanov, P. P. (1939): Kazahi i Kokandskoe hanstvo (Die Kasachen und das Kokander Khanat). In: Barranikov, A.P. {Hrsg.} (1939): Zapiski Instituta Vostokovedenija Akademii Nauk SSSR VII (Mitteilungen des Orientalistik-Instituts der Akademie der Wissenschaften der UdSSR 7). Moskva/Leningrad. Izd. Akademii Nauk SSSR. S. 92–128
Jackson, N. J. (2007): Sicherheitskooperation in Zentralasien. Der Kampf gegen Drogenhandel und Terrorismus. In: Osteuropa 57 (8–9). Machtmosaik Zentralasien. Traditionen, Restriktionen, Aspirationen. S. 357–367
Jahn, T., Wehling, P. (1998): Gesellschaftliche Naturverhältnisse - Konturen eines theoretischen Konzepts. In: Brand, K.-W. {Hrsg.}: Soziologie und Natur - Theoretische Perspektiven. Opladen. Leske+Budrich. S. 75–93
Jacquesson, S. (2010): Reforming pastoral land use in Kyrgyzstan: from clan and custom to self-government and tradition. In: Central Asian Survey 29 (1). pp. 103–118
Jarvis, A., Reuter, H.I., Nelson, A., Guevara, E. (2008): Hole-filled seamless Shuttle Radar Topographic Mission 90m [SRTM 90] data V4. Digital Elevation Database v 4.1. Tiles X50–Y4,

X50–Y5, X51–Y4, X51–Y5, X52–Y4, X52–Y5. International Centre for Tropical Agriculture [CIAT]. Unter: http://srtm.csi.cgiar.org/SELECTION/inputCoord.asp, 20.10.2009

Joas, H. (1992): Die Kreativität des Handelns. Frankfurt a.M. Suhrkamp

Johnson, D. L., Lewis, L. A. (1995): Land Degradation: Creation and Destruction. Cambridge, MA. Blackwell Publishers

Kalašnikov, A.P., Klejmenov, N.I. {Red.} (1988): Spravočnik sel'skohozjastvennyh životnyh (Handbuch der landwirtschaftlichen Nutztiere). Moskva. Rosagropromizdat

Kappeler, A. (2008): Russland als Vielvölkerreich. Entstehung, Geschichte, Zerfall. München. C.H. Beck

– (1989): Die zaristische Politik gegenüber den Muslimen des Russischen Reiches. In: Kappeler, A. {Hrsg.} (1989): Die Muslime in der Sowjetunion und in Jugoslawien. Identität, Politik, Widerstand. Köln. Markus-Verlag. S. 117–129

Karabaev, A., Amanov, T., Kurbanov, T. (2010): Situacija na kyrgyzsko-uzbekskoj granice ostaëtsja naprjažënnoj. Vlasti Kyrgyzstana i Uzbekistana pytajutsja uregulirovat' prigraničnyj konflikt (An der kirgisisch-usbekischen Grenze bleibt die Lage angespannt. Die Behörden Kirgisistans und Usbekistans bemühen sich, den Grenzkonflikt beizulegen). Unter: http://centralasiaonline.com/ru/articles/caii/features/main/2010/06/01/feature-03, 13.2.2012

Karklins, R. (1986): Ethnic Relations in the USSR. The Perspective from Below. Boston/ London/ Sydney. Allen & Unwin

Kasatkin'', A. (1906): K'' zemel'nomu voprosu v'' Fergane (Zur Bodenfrage in Fergana). In: Sredne-aziatskaja žizn' za 1906 g. S. 49–50

Kasybekov, A. (2009): Spletni zagorodili dorogu (Gerüchte versperrten den Weg). In: Večernij Biškek (8.7.2009, No 125). Unter: http://members.vb.kg/2009/07/08/panorama/7_print.html, 24.7.2010

Kazbekov, Ju. (1877): Tuzemnye mery i vesy v Ferganskoj oblasti. In: Turkestanskija Vedomosti 6 (1877). S. 22

Kazybekov, E. (2007): Žajloo – žalpy èldik bajlyk (Žajloo – gesellschaftlicher Reichtum). In: Beles 6–7 (875–76). S. 5

Kelle, U. (2001): Sociological Explanations between Micro and Macro and the Integration of Qualitative and Quantitative Methods. In: In: Forum Qualitative Sozialforschung 2 (1) (Themenheft: Qualitative and Quantitative Research: Conjunctions and Divergences). Unter: http://www.qualitative-research.net/index.php/fqs/article/view/965/2109, 24.5.11

Kemme, D. M. (1991): Economic Transition in Eastern Europe and the Soviet Union: Issues and Strategies. (= Occasional Paper Series. Institute for East West Security Studies 20). Boulder. Westview Press

Kenisarin, M. M., Andrews-Speed, P. (2008). Foreign direct investment in countries of the former Soviet Union: Relationship to governance, economic freedom and corruption perception. In: Communist and Post-Communist Studies 41 (3). pp. 301–316

Kenžesariev, U. (2010): Oh etot Soh! (Oh dieses Soch!). In: Večernij Biškek (1.6.2010). Unter: http://members.vb.kg/2010/06/01/panorama/2_print.html, 20.7.2010

Kerven, C., Steimann, B., Dear, C., Ahley, L. (2012): Researching the Future of Pastoralism in Central Asia's Mountains: Examining Development Orthodoxies. In: Mountain Research and Development 32 (3). pp. 368–377

Kerven, C. (2003): Agrarian Reform and Privatisation in the wider Asian Region. In: Kerven, C. {ed.} (2003): Prospects for Pastoralism in Kazakstan and Turkmenistan. From state farms to private flocks. London. RoutledgeCurzon. pp. 10–26

Khanykoff, N. de (1862): Mémoire sur la partie méridionale de 'l Asie Centrale. Paris. Imprimerie de L. Martinet

Khazanov, A.M. (1998): Pastoralists in the Contemporary World: The Problem of Survival. In: Ginat, J., Khazanov, A.M. {eds.} (1998): Changing Nomads in a Changing World. Brighton. Sussex Academic Press. pp. 7–23

KIRGIZGIPROZEM Kirgizskii Gosudarstvennyj Proektnyj Institut po Zemleustrojstvu Kirgizskoj Sovetskoj Socialističeskoj Respubliki (Kirgisisches staatliches Projektierungsinstitut für Raumordnung der Kirgisischen SSR) (1984a): Eksplikacija estestvennyh kormovyh ugodii kolhoza 60 let oktjabrja rajona Bazar-Kurganskogo (Auflistung der natürlichen Futterpflanzenländereien des Kollektivbetriebes 60 Jahre Oktober des Bezirks Bazar Korgon)

– (1984b): Korrektirovka materialov geobotaničeskogo obsledovanija estestvennyh kormovyh ugodii kolhoza imeni Engel'sa Bazar-Kurganskogo rajona Oŝskoj oblasti (Korrektur der Materialien der geobotanischen Untersuchung der natürlichen Futterpflanzenländereien des Kollektivbetriebes Engels des Bezirks Bazar Korgon des oblast' Osch). Frunze

– (1984c): Protokol soglasovanija korrektirovki materialov geobotaničeskogo obsledovanija estestvennyh kormovyh ugodii hozjajstv Bazar-Kurganskogo rajona Oŝskoj oblasti, 20.3.1984 (Zustimmungsprotokoll über die Korrektur der Materialien der geobotanischen Untersuchung der natürlichen Futterpflanzenländereien der Betriebe des Bezirks Bazar Korgon des oblast' Osch). o.O.

– (1983a): Karta Bazar-Kurganskogo Rajona Oŝskoj oblasti Kirgizskoj SSR (Karte des *rajon* Bazar Korgon des *oblast'* Osch der Kirgisischen SSR. Maßstab 1:50.000)

– (1983b): Kormovo-Botaničeskaja Karta. Gosudarstvennoe Kolhoznoe Ob''edinenie „Živprom". Masŝtab 1:50.000 (Botanische Futterpflanzenkarte. Staatliche Kollektivbetriebsvereinigung Živprom. Maßstab 1:50.000)

– (1983c): Kormovo-Botaničeskaja Karta. Kolhoz imeni „Frunze" (Botanische Futterpflanzenkarte. Kollektivbetrieb Frunze. Maßstab 1:50.000)

– (1983d): Kormovo-Botaničeskaja Karta. Sovhoz „Sajdykum" (Botanische Futterpflanzenkarte. Staatsgut Sajdykum. Maßstab 1:50.000)

– (1983e): Kormovo-Botaničeskaja Karta. Kolhoz „Taldy Bulak" (Botanische Futterpflanzenkarte. Kollektivbetrieb Taldy Bulak. Maßstab 1:50.000)

– (1983f): Kormovo-Botaničeskaja Karta. Kolhoz „22. Parts''ezd" (Botanische Futterpflanzenkarte. Kollektivbetrieb 22. Parteitag. Maßstab 1:50.000)

– (1983g): Kormovo-Botaničeskaja Karta. Kolhoz „imeni Lenina" (Botanische Futterpflanzenkarte. Kollektivbetrieb Lenin. Maßstab 1:50.000)

– (1983h): Kormovo-Botaničeskaja Karta. Kolhoz „imeni Dzeržinskogo" (Botanische Futterpflanzenkarte. Kollektivbetrieb Dzeržinskij. Maßstab 1:50.000)

– (1983i): Kormovo-Botaničeskaja Karta. Kolhoz „imeni Engel'sa" (Botanische Futterpflanzenkarte. Kollektivbetrieb Engels. Maßstab 1:50.000)

– (1983j): Kormovo-Botaničeskaja Karta. Kolhoz „Komsomol"(Botanische Futterpflanzenkarte. Kollektivbetrieb Komsomol. Maßstab 1:50.000)

– (1983k): Kormovo-Botaničeskaja Karta. Kolhoz „60 let Oktjabrja" Bazar-Kurganskogo rajona Oŝskoj oblasti (Botanische Futterpflanzenkarte. Kollektivbetrieb 60 Jahre Oktober des *rajon* Bazar Korgon des oblast' Osch. Maßstab 1:50.000)

– (1983l): Eksplikacija estestvennyh kormovyh ugodii Kolhoza „60 let Oktjabrja" Bazar-Kurganskogo rajona Oŝskoj oblasti Kirgizskoj SSR (= Beschreibung der natürlichen Futterflächen des Kollektivbetriebs 60 Jahre Oktober des *rajon* Bazar Korgon des *oblast'* Osch der Kirgisischen SSR)

– (1958): Shematičeskaja karta Bazar-Kurganskogo r-na Džalal-Abadskoj oblasti s ukazaniem ploŝadej pastbiŝnyh zemel', podležaŝih obvodneniju v 1958–1959–1960 godah (Schematische Karte des Bezirks Bazar Korgon des *oblast'* Žalal-Abad mit Darstellung der 1958–1959–1960 zu bewässernden Weideflächen)

Kirsch, O.C., 1997: Kirgisistan: Landwirtschaftliche Genossenschaften im Transformationsprozess (= Discussion Paper 61). Heidelberg. Forschungsstelle für Internationale Wirtschafts- und Agrarentwicklung e.V. Unter: http://www.sai.uni-heidelberg.de/abt/intwep/fia/DISKUS61.htm, 5.3.2007

Klaproth, J., Berthe, Louis H., Dufart, P. (1836): Carte de l'Asie Centrale Dressée d'aprés les Cartes levées de ordre de l'Empereur Khian Loung, Par les Missionaires de Peking, et d'aprés un grand nombre de notions extraites et traduiter de livres chinois. Maßstab ca. 1:2.600.000. Paris. P. Dufart

Klötzli, S. (1991): Tourismus in der Sowjetunion. Zürich. o.V.

Knjazev, A. A. (2002): Istorija afganskoj vojny 1990-h gg. i prevraŝenie Afganistana v istočnik ugroz dlja Central'noj Azii (Geschichte des afghanischen Krieges in den 199er Jahren und die Wandlung Afghanistans in eine Quelle der Bedrohung für Zentralasien). Biškek. Izdatel'stvo Kyrgyzsko-Rossijskogo Slavjanskogo Universiteta

Kobonbaev, M. (2007): The Failed Transition from a Planned to a Market System in Kyrgyzstan. In: Sanghera, B., Amsler, S., Yarkova, T. (eds.) (2007): Theorising Social Change in Post-Soviet Countries. Critical Approaches. Oxford/ Bern/ Berlin/ Bruxelles/ Frankfurt a.M./ New York/ Wien. Peter Lang. pp. 315–335

Koichumanov, T., Otorbaev, D., Starr, S. F. (2005): The Path Forward (= Silk Road Paper November 2005). Washington, D.C./ Uppsala. Central Asia-Caucasus Institute & Silk Road Studies Program – A Joint Transatlantic Research and Policy Center

Kojčukulova, Ž. (2005): Pastbiŝa: Aktual'nye pravovye problemy (Weiden. Aktuelle Rechtsprobleme). In: Zakon zemli 4/2005. Biškek. S. 10–11

Kojčumanov, T., Otorbaev., D., Starr, S. F. (2005): Kyrgyzstan: put' vperëd (Kirgisistan: Der Weg nach vorn) (= Silk Road Paper November 2005). Washington, D.C./ Uppsala. Central Asia-Caucasus Institute & Silk Road Studies Program – A Joint Transatlantic Research and Policy Center

Kollmorgen, R. (2003): Postsozialistische Gesellschaftstransformationen in Osteuropa. Prozesse, Probleme und Perspektiven ihrer Erforschung. In: Kollmorgen, R., Schrader, H.H. {Hrsg.} (2003): Postsozialistische Transformationen: Gesellschaft, Wirtschaft, Kultur. Theoretische Perspektiven und empirische Befunde (= Transformationen: Gesellschaften im Wandel 6). Würzburg. Ergon. S. 19–60

Kolodko, G. W. (1999): Transition to a market economy and sustained growth. Implications for the post-Washington consensus. In: Communist and Post-Communist Studies 32 (3). pp. 233–261

Kolov, O. (1998): Ecological characteristics of the walnut-fruit forests of Southern Kyrgyzstan. In: Blaser, J., Carter, J., Gilmour, D. {eds.} (1998): Biodiversity and sustainable use of Kyrgyzstan's walnut-fruit forests. Gland/ Cambridge/ Berne. State Agency for Forests and Wildlife, Republic of Kyrgyzstan/ IUCN/ Intercooperation. pp. 59–61

Koržinskij, S. (1896): Očerki rastitel'nosti Turkestana I–III. Zakaspijskaja oblast', Fergana i Alaj (= Zapiski Imperatorskoj Akademii Nauk VIII. Serija po Fiziko-Matematičeskomu Otdeleniju. tom 4 Nō 4) (Grundzüge der Vegetation Turkestans I–III. Transkaspisches Gebiet, Fergana, Alaj (= Notizen der Imperialen Akademie der Wissenschaften VIII. Serie zur Physisch-Mathematischen Abteilung. Bd. 4 Nr. 4)). S.-Peterburg''. Imperatorskaja Akademija Nauk

Kožonaliev, S.K. (1966): Vidy nalogov, poborov i povinnostej v Kirgizii vo vtoroj polovine XIX I v načale XX vv. (Formen der Steuern, Abgaben und Pflichten im Kirgisien der 2. Hälfte des 19. und des beginnenden 20. Jahrhunderts). In: Kirgizskij Gosudarstvennyj Universitet {Hrsg.} (1966): Trudy Juridičeskogo Fakul'teta. Vypusk 3 (Schriften der Juristischen Fakultät. Heft 3). Frunze. Mektep. S. 62–68

Kraemer, K. (2008): Die soziale Konstitution der Umwelt. Wiesbaden. VS Verlag für Sozialwissenschaften

Kraudzun, T. (2012): Livelihoods of the 'New Livestock Breeders' in the Eastern Pamirs of Tajikistan. In: Kreutzmann, H. {ed.} (2012): Pastoral Practices in High Asia. Agency of 'development' effected by modernisation, resettlement and transformation (Springer series "Advances in Asian Human-Environmental Research"). Heidelberg. Springer. pp. 89–107

Kreutzmann, H. {ed.} (2012): Pastoral Practices in High Asia. Agency of 'development' effected by modernisation, resettlement and transformation (Springer series "Advances in Asian Human-Environmental Research"). Heidelberg. Springer.

Kreutzmann, H. (2012a): Pastoral Practices in Transition: Animal Husbandry in High Asian Contexts. In: Kreutzmann, H. {ed.} (2012): Pastoral Practices in High Asia. Agency of 'development' effected by modernisation, resettlement and transformation (Springer series "Advances in Asian Human-Environmental Research"). Heidelberg. Springer. pp. 1–29

– (2012b): Pastoralism: A Way Forward or Back? In: Kreutzmann, H. {ed.} (2012): Pastoral Practices in High Asia. Agency of 'development' effected by modernisation, resettlement and transformation (Springer series "Advances in Asian Human-Environmental Research"). Heidelberg. Springer. pp. 323–336

– (2011a): Pastoral Practices on the Move – Recent Transformations in Mountain Pastoralism on the Tibetan Plateau. In: Kreutzmann, H., Yong, Y., Richter, J. {eds.} (2011): 21 - 25 October 2010. Regional Workshop in Lhasa, P.R. China "Pastoralism and Rangeland Management on the Tibetan Plateau in the Context of Climate and Global Change". Bonn. Deutsche Gesellschaft für Internationale Zusammenarbeit/ Bundesministerium für Wirtschaftliche Zusammenarbeit und Entwicklung. pp. 200–224

– (2011b): Pastoralism in Central Asian Mountain Regions. In: Kreutzmann, H., Abdulalishoev, K., Zhaohui, L., Richter, J. {eds.} (2011): 14 - 21 July 2010. Regional Workshop in Khorog and Kashgar "Pastoralism and Rangeland Management in Mountain Areas in the Context of Climate and Global Change". Bonn. Deutsche Gesellschaft für Internationale Zusammenarbeit/ Bundesministerium für Wirtschaftliche Zusammenarbeit und Entwicklung. pp. 38–63

– (2009a): Transformations of high mountain pastoral strategies in the Pamirian Knot. In: Nomadic Peoples 13 (2). pp. 102–123

– (2009b): Weidewirtschaftliche Transformationen in zentralasiatischen Hochgebirgswüsten. In: Blümel, W. D. {Hrsg.} (2009): Wüsten – natürlicher und kultureller Wandel in Raum und Zeit (= Nova Acta Leopoldina. Neue Folge Bd. 108. 373). Stuttgart. Wissenschaftliche Verlagsgesellschaft. S. 79–107

– (2006): Agrarreformen im Verlauf der Geschichte. Aktualität einer Debatte zur Verbesserung der ländlichen Lebensbedingungen. In: Geographische Rundschau 58 (12). S. 4–11

– (2004): Mittelasien: politische Entwicklung, Grenzkonflikte und Ausbau der Verkehrsinfrastruktur. In: Geographische Rundschau 56 (10). S. 4–9

– (2003a): Yak-keeping in the Pamirs: strategies under changing frame conditions. In: Breckle, S.-W. {Hrsg.} (2003): Natur und Landnutzung im Pamir (= Bielefelder Ökologische Beiträge 18). Bielefeld. Abt. Ökologie der Universität Bielefeld. S. 54–63

– (2003b): Theorie und Praxis in der Entwicklungsforschung. Einführung zum Themenheft. In: Geographica Helvetica 58 (1). S. 2–10

– (2002): Great Game in Zentralasien – eine neue Runde im „Großen Spiel"? In: Geographische Rundschau 54 (7–8). S. 47–51

– (2000a): Water Towers of Humankind: Approaches and Perspectives for Research on Hydraulic Resources in the Mountains of South and Central Asia. In: Kreutzmann, H. {ed.} (2000): Sharing Water. Irrigation and Water Management in the Hindukush – Karakoram – Himalaya. Oxford/New York. Oxford University Press. pp. 13–31

– (2000b): Gemeinsamkeiten und Widersprüche strategischer Entwicklungsvorstellungen: vom Modernisierungsszenario zur Kultur-Knall-Theorie Samuel Huntingtons. In: Bahadir, Ş. A. {Hrsg.} (2000): Kultur und Region im Zeichen der Globalisierung. Wohin treiben die Regionalkulturen? Beiträge zum 14. Interdisziplinären Kolloqium des Zentralinstituts. (= Schriften des Zentralinstituts für Regionalforschung der Universität Erlangen-Nürnberg 36). Neustadt an der Aisch. Degener & Co. 36. S. 129–151

– (1997): Vom "Great Game" zum "Clash of Civilizations"? Wahrnehmung und Wirkung von Imperialpolitik und Grenzziehungen in Zentralasien. In: Petermanns Geographische Mitteilungen 141 (3). S. 163–186

– (1996): Ethnizität im Entwicklungsprozeß. Die Wakhi in Hochasien. Berlin. Dietrich Reimer Verlag

– (1995): Mobile Viehwirtschaft der Kirgisen am Kara Köl: Wandlungsprozesse an der Höhengrenze der Ökumene im Ostpamir und im westlichen Kun Lun Shan. In: Petermanns Geographische Mitteilungen 139 (3). S. 159–178

Kreutzmann, H., Abdulalishoev, K., Zhaohui, L., Richter, J. {eds.} (2011): 14-21 July 2010. Regional Workshop in Khorog and Kashgar "Pastoralism and Rangeland Management in Mountain Areas in the Context of Climate and Global Change". Bonn. Deutsche Gesellschaft für Internationale Zusammenarbeit/ Bundesministerium für Wirtschaftliche Zusammenarbeit und Entwicklung

Kreutzmann, H., Young, Y., Richter, J. {eds.} (2011): 21-25 October 2010. Regional Workshop in Lhasa, P.R. China "Pastoralism and Rangeland Management in Mountain Areas in the Context of Climate and Global Change". Bonn. Deutsche Gesellschaft für Internationale Zusammenarbeit/ Bundesministerium für Wirtschaftliche Zusammenarbeit und Entwicklung

Krings, T. (2008): Politische Ökologie. Grundlagen und Arbeitsfelder eines geographischen Ansatzes der Mensch-Umwelt-Forschung. In: Geographische Rundschau 60 (12). S. 4–9

– (1999): Editorial: Ziele und Forschungsfragen der Politischen Ökologie. In: Zeitschrift für Wirtschaftsgeographie 43 (3–4). S. 129–130

– (1996): Politische Ökologie der Tropenwaldzerstörung in Laos. In: Petermanns Geographische Mitteilungen 140 (3). S. 161–175

Krings, T., Müller, B. (2001): Politische Ökologie: Theoretische Leitlinien und Aktuelle Forschungsfelder. In: Reuber, P., Wolkersdorfer, G. {Hrsg.} (2001): Politische Geographie. Handlungsorientierte Ansätze und Critical Geopolitics. Heidelberg. Selbstverlag des Geographischen Instituts der Universität Heidelberg. S. 93–116

KRPKMTBUK Kyrgyz Respublikasynyn Prezidentine Karaštuu Mamlekettik Til Bojunča Uluttuk Komissija (Nationale Kommission für die Staatssprache beim Präsidenten der Kirgisischen Republik) (2003): Žalalabat Oblusu. Enciklopedija (Oblast' Žalal-Abat. Enzyklopädie). Biškek. Mamlekettik Til Žana Enciklopedija Borboru

KRTSSBMK Kyrgyz Respublikanynyn Turizm, sport žana žaštar sajasaty bojunča mamlekettik komiteti (Staatliches Komitee für Tourismus, Sport und Jugend) (2001): Programma meroprijatij po razvitiju turizma v Kyrgyzskoj Respublike do 2010 goda (Programm der Maßnahmen für die Entwicklung des Tourismus in der Kirgisischen Republik bis zum Jahr 2010). Biškek

Krumm, R. (2005): Central'naja Azija: Stabil'nost' ljuboj cenoj. Analiz (Zentralasien: Stabilität um jeden Preis. Analyse). Almaty/ Biškek/ Dušanbe/ Taškent. Friedrich Ebert-Stiftung

Kühne, O. (2001): Transformation und kybernetische Systemtheorie. Kybernetisch-systemtheoretische Erklärungsansätze für den Transformationsprozeß in Ostmittel- und Osteuropa. In: Osteuropa. Zeitschrift für Gegenwartsfragen des Ostens. Sonderdruck 2. S. 148–170

Kulov, S. (2005) Otgonnoe Životnovodstvo v Kyrgyzskoj Respublike (Ferntriebviehwirtschaft in der Kirgisischen Republik). Unter: http://www.virtualcentre.org/ru/enl/A2/A2_03_00_ru.htm, 29.1.2008

Kun, A. (1876): Nekotoryja Svedenija o Ferganskoj Doline (Einige Mitteilungen über das Fergana-Tal). In: Voennyj Sbornik 2. S. 417–448

Kuropatkin, A.N. (1899): Zavoevanie Turkmenii (Pohod v Ahal-Teke v 1880–1881 gg.) s očerkom voennyh dejstvii v Srednej Azii s 1839 g. po 1876 g. (Die Eroberung Turkmeniens (Feldzug nach Ahal-Teke von 1880–1881) mit einer Beschreibung der militärischen Handlungen in Mittelasien von 1839 bis 1876). S.-Peterburg''. V. Berezovskij

Kuševelskij, V.I. (1891): Materialy dlja medicinskoj geografii i sanitarnago opisanija Ferganskoj oblasti. Tom 2 (Materialien für die medizinische Geographie und die sanitäre Beschreibung der Provinz Fergana. Band 2). Novyj Margelan. Tipgrafija Ferganskago oblastnago pravlenija

– (1890): Materialy dlja medicinskoj geografii i sanitarnago opisanija Ferganskoj oblasti. Tom 1 (Materialien für die medizinische Geographie und die sanitäre Beschreibung der Provinz Fergana. Band 1). Novyj Margelan. Tipografija Ferganskago oblastnago pravlenija

Kvitko, A. Z. (1981): Etapy evoljucii i praktika skotovodstva Kirgizii (Evolutionsetappen und Praxis der Viehzucht Kirgisiens). Frunze. Kyrgyzstan

Kyrgyz Nomads, o.J.: Welcome to Kyrgyzstan! Unter: http://kyrgyznomads.com/about, 31.7.2010

Lamnek, S. (2005): Qualitative Sozialforschung. Lehrbuch. Weinheim/ Basel. Beltz Verlag

Larin, I.V. (1956): Lugovodstvo i pastbiŝnoe hozjajstvo (Grünlandwirtschaft und Weidewirtschaft). Moskva/ Leningrad. Gosudarstvennoe Izdatel'stvo Se'lskohozjajstvennoj Literatury

Laruelle, M. (2007): Wiedergeburt per Dekret. Nationsbildung in Zentralasien. In: Osteuropa 57 (8–9). Machtmosaik Zentralasien. Traditionen, Restriktionen, Aspirationen. S. 139–154

Lattimore, O. (1962): Studies in Frontier History. Collected papers 1928–1958. London/ New York/ Toronto. Oxford Univesity Press

L.B. (1876): Die neue russische Provinz Ferghana. In: Das Ausland 32. S. 633–635

Le Donne, J.P. (1997): Russian Empire and the World, 1700–1917. The Geopolitics of Expansion and Containment. New York/ Oxford. Oxford University Press

Liechti, K. (2012): The Meanings of Pasture in Resource Degradation Negotiations: Evidence From Post-Socialist Rural Kyrgyzstan. In: Mountain Research and Development 32 (3). pp. 304–312

Lindner, P. (2008): Der Kolchoz-Archipel im Privatisierungsprozess. Wege und Umwege der russischen Landwirtschaft in die globale Marktgesellschaft. Bielefeld. transcript

Lisnevskij, V.I. (1884): Gornye lesa Ferganskoj oblasti (Die Gebirgswälder des Fergana-Gebiets). Novyj Margelan/ S.-Peterburg''. Tip. V.S. Balaševa

List, D. (2005): Regionale Kooperation in Zentralasien – Hindernisse und Möglichkeiten. (= Dissertation im Fachbereich Gesellschaftswissenschaften. Justus-Liebig-Universität Giessen)

Ljaŝenko, I.V. (1973): Leninskoe učenie o specializacii sel'skogo hozjastva i pretvorenie ego v žizn' v Kirgizii (Lenins Lehre über die Spezialisierung der Landwirtschaft und ihre Umsetzung in Kirgisien). In: Sadykov, R.E. {Red.} (1973): Soveršenstvovanie metodov razvedenija sel'skohozjajstvennyh životnyh (Verwirklichung der Zuchtmethoden für landwirtschaftliches Vieh). In: Trudy Kirgizskogo naučno-issledovatel'skogo instituta životnovodstva i veterinarii 21. S. 3–11

Ljašenko, I. V., Botbaeva, I.M. (1976): Gornoe ovcevodstvo Kirgizii i perspektivy ego razvitija (Kirgisiens Schafshaltung im Gebirge und Perspektiven ihrer Entwicklung). Frunze. Kyrgyzstan

Ljusilin (Oberstleutnant) (ca. 1880): Karta Turkestanskago General'' Gubernatorstva. Hivinskago Buharskago i Kokanskago hanstv' s'' pograničnymi častjami Srednej Azii (Karte des Generalgouvernements Turkestan, der Khanate Chiwa, Buchara und Kokand mit Grenzgebieten Mittelasiens). o.O. Izd. Kartografičeskago Zavedenija A. Il'ina. Maßstab: 1:2.100.000

– (1871): Karta Turkestanskago General'' Gubernatorstva. Sostavlenna pri Aziatskoj časti Glavnago štaba, Korpusa voennyh topografov'' štabs kapitanom Ljusilinym, pod rukovodstvom'' General'nago štaba podpolkovnika Narbut'' (Karte des Generalgouvernements Turkestan. Erstellt bei der Asienabteilung des Hauptstabes, Korps der Militärtopographen, durch den Stabskapitän Ljusilin unter Leitung des Oberstleutnants Narbut). Izd. Kartografičeskago Zavedenija A. Il'ina. Maßstab: 1 englischer Zoll auf der Karte entspricht 50 verst in der Natur

– (1868): Karta Turkestanskago General'' Gubernatorstva. Sostavlenna pri Aziatskoj časti Glavnago štaba, Korpusa voennyh topografov'' štabs kapitanom Ljusilinym, pod rukovodstvom'' General'nago štaba podpolkovnika Narbut'' (Karte des Generalgouvernements Turkestan. Erstellt bei der Asienabteilung des Hauptstabes, Korps der Militärtopographen, durch den Stabskapitän Ljusilin unter Leitung des Oberstleutnants Narbut). Izd. Kartografičeskago Zavedenija A. Il'ina. Maßstab: 1 englischer Zoll auf der Karte entspricht 50 verst in der Natur

LKU Leshoz Kyzyl Unkur (Forstbetrieb Kyzyl Unkur) (o.J.): Objazannosti lesnika (Pflichten des Forstaufsehers). Aushang im Verwaltungssitz und bestätigt durch den Direktor des Kyzyl Unkurer Forstbetriebs

Lobysevič, V.N. (1898): Opisanie Hivinskago Pohoda 1873 goda (Beschreibung des Khiva-Feldzuges von 1873). S.-Peterburg''. Tipografija Vysočajŝ. Utverždënnago Tovariŝestva „Obŝestvennaja Pol'za"

Lorenz, R. (1972): Die Sowjetunion (1917-1941). In: Die russische Revolution und die Sowjetpolitik in Zentralasien. In: Goehrke, C., Hellmann, M., Lorenz, R., Scheibert, P. {Hrsg.} (1972): Russland (= Fischer Weltgeschichte 31). Frankfurt a.M. Fischer Taschenbuch Verlag. S. 271–352

Lowe, R. (2003): Nation Building and Identity in the Kyrgyz Republic. In: Everett-Heath, T. {ed.} (2003): Central Asia. Aspects of Transition. London/ New York. RoutledgeCurzon

Ludi, E. (2003): Sustainable Pasture Management in Kyrgyzstan and Tajikistan: Development Needs and Recommendations. In: Mountain Research and Development 23 (2). pp. 119–123

Luhmann, N. (1987): Soziale Systeme. Grundriß einer allgemeinen Theorie. Frankfurt a.M. Suhrkamp

Luneva, G. (2006): Pastbiŝam nužen hozjain (Weiden benötigen einen Eigentümer). In: Slovo Kyrgyzstana (19.12.2006). Unter: www.sk.kg, 29.1.2008

Lupinovič, I.S. (1949): Osnovnye rezul'taty rabot Južno-Kirgizskoj kompleksnoj ekspedicii (Grundlegende Resultate der Arbeit der süd-kirgisischen Komplexexpedition). In: Akademija Nauk SSSR (Akademie der Wissenschaften der UdSSR), Sovet po izučeniju proizvoditel'nyh sil (Rat zur Erforschung der Produktivkräfte) {Hrsg.} (1949): Plodovye lesa južnoj Kirgizii i ih ispol'zovanie (= Trudy Južno-Kirgizskoj ekspedicii 1) (Die Nusswälder Süd-Kirgisiens und ihre Nutzung (= Schriften der süd-kirgisischen Expedition. Ausgabe 1)). Moskva/ Leningrad. Izdatel'stvo Akademii nauk SSSR. S. 7–31

Luŝihin, M.N. (1963): Kirgizskaja tonkorunnaja poroda (Kirgisische Feinvliesrasse). In: Esaulova, P.A., Litovčenko, G.R. {Red.} (1963): Ovcevodstvo (Schafzucht). Moskva. Izd. Sel'skohozjajstvennoj literatury, žurnalov i plakatov. S. 180–185

Maev, N.A. (1872): Topografičeskij očerk Turkestanskago kraja. Orografija i gidrografija kraja (Topografische Skizze der Region Turkestan. Topographie und Hydrographie der Region). In: Turkestanskij Statističeskij Komitet {Hrsg.} (1872): Ežegodnik. Materialy dlja statistiki Turkestanskago kraja. S.-Peterburg''. Tipografija F.M. weiter unleserlich. S. 5–115

Makarenko, T. (2001): Soviet-era borders contribute to Central Asia's new instability. In: Jane's Intelligence Review 9. pp. 23–25

Malabaev, Dž. (1982): Kollektivizacija sel'skogo hozjastva i perehod ot kočevničestva k osedlosti (Die Kollektivierung der Landwirtschaft und der Übergang vom Nomadismus zur Sesshaftigkeit). In: Akademija Nauk Kirgizskoj Sovetskoj Socialističeskoj Respubliki, Gosudarstvennyj Komitet Kirgizskoj Sovetskoj Socialističeskoj Respubliki po delam izdatel'stv, poligrafii i knižnoj torgovli [AN KSSR/GK KSSR IPK] (Akademie der Wissenschaften der KSSR, Staatliches Komitee der Kirgisischen Sozialistischen Sowjetrepublik für Verlagswesen, Druck und Buchhandel) (1982): Kirgizskaja Sovetskaja Socialističeskaja Respublika. Encyklopedija (Kirgisische Sowjetische Sozialistische Republik. Enzyklopädie). Frunze. Glavnaja Redakcija Kirgizskoj Sovetskoj Enciklopedii. S. 144–146

Mamaraimov, A. (2007): Tajërga Ajër Likmi? (Mit List auf das Angerichtete?). In: Didor 2 (225, 29.1.2007). S. 1, 4

Mangott, G. (1996a): Einführung: Unwillkommene Neue? In: Mangott, G. {Hrsg.}: Bürden auferlegter Unabhängigkeit: neue Staaten im post-sowjetischen Zentralasien (= Laxenburger internationale Studien 10. Österreichisches Institut für Internationale Politik). Wien. Braumüller. S. 1–4

– (1996b): Die innere Dimension. In: Mangott, G. {Hrsg.}: Bürden auferlegter Unabhängigkeit: neue Staaten im post-sowjetischen Zentralasien (= Laxenburger internationale Studien 10. Österreichisches Institut für Internationale Politik). Wien. Braumüller. S. 5–146

– {Hrsg.} (1996c): Bürden auferlegter Unabhängigkeit: neue Staaten im post-sowjetischen Zentralasien (= Laxenburger internationale Studien 10. Österreichisches Institut für Internationale Politik). Wien. Braumüller

Marat, E. (2009): Labor Migration in Central Asia: Implications of the Global Economic Crisis (= Silk Road Paper May 2009). Washington, D.C./ Uppsala. Central Asia-Caucasus Institute & Silk Road Studies Program – A Joint Transatlantic Research and Policy Center

– (2008): National Ideology and State-building in Kyrgyzstan and Tajikistan (= Silk Road Paper January 2008). Washington, D.C./ Uppsala. Central Asia-Caucasus Institute & Silk Road Studies Program – A Joint Transatlantic Research and Policy Center

– (2007): Kyrgyzstan faces rampant inflation for food products. In: The Times of Central Asia (12.9.2007). p. 8

– (2006): Kyrgyz Government Unable to Produce New National Ideology (22.2.2006). Unter: http://www.cacianalyst.org/?q=node/126/print, 11.2.2011

Masevič, M.G. {Hrsg.} (1960): Materialy po istorii političeskogo stroja Kazahstana (so vremeni prosoedinenija Kazaxstana k Rossii do Velikoj Oktjabr'skoj socialističeskoj revoljucii). Tom 1 (Materialien zur politischen Ordnung Kasachstans (vom Anschluss Kasachstans an Russland bis zur Großen Sozialistischen Oktoberrevolution). Bd. 1. Alma-Ata. Izd. Akademii Nauk Kazahskoj SSR

Matveev, P.N. (1998): Disturbance of the ecological balance in walnut-fruit forests by human pressure. In: Blaser, J., Carter, J., Gilmour, D. {eds.} (1998): Biodiversity and sustainable use of Kyrgyzstan's walnut-fruit forests. Gland/ Cambridge/ Berne. State Agency for Forests and Wildlife, Republic of Kyrgyzstan/IUCN/Intercooperation. pp. 125–127

Mayring, P. (2002): Einführung in die Qualitative Sozialforschung. Eine Anleitung zu qualitativem Denken. Weinheim/ Basel. Beltz

– (2001): Kombination und Integration qualitativer und quantitativer Analyse. In: Forum Qualitative Sozialforschung 2 (1) (Themenheft: Qualitative and Quantitative Research: Conjunctions and Divergences). Unter: http://www.qualitative-research.net/index.php/fqs/article /view/967, 24.5.11

Mc Carthy, J. J., Canziani O. F., Leary N. A., Dokken D. J., White K. S. {eds.} (2001): Climate Change 2001: impacts, adaptation and vulnerability. Cambridge. Cambridge University Press

MČSKR-DMPČOH Ministerstvo Črezvyčjajnyh Situacij Kyrgyzskoj Respubliki. Departament monitoringa, prognozirovanija črezvyčjajnyh situacij i obraŝenija s hvostohraniliŝami (Ministerium für Notstandssituationen der Kirgisischen Republik. Department für Monitoring, Prognose von Notstandssituationen und Umgang mit Absetzbecken (und Abraumhalden) (2007): Monitoring, prognoz i podgotovka k reagirovaniju na vozmožnye aktivizacii opasnyh processov i javlenij na territorii Bazar-Korgonskogo rajona Džalal-Abadskoj oblasti (Monitoring, Prognose und Vorbereitung der Reaktion auf mögliche Aktivierungen gefährlicher Prozesse und Erscheinungen auf dem Gebiet des rajon Bazar Korgon des oblast' Žalal-Abad). Biškek. MČSKR-DMPČOH

Meadows, D. H., Meadows, D.L., Randers, J., Behrens, W.W. (1972): The Limits of Growths. New York. Universe Books

Meier Kruker, V., Rauh, J. (2005): Arbeitsmethoden der Humangeographie. Darmstadt. Wissenschaftliche Buchgesellschaft

Meissner, B. (1982): Nationalitätenfrage und Sowjetideologie. In: Brunner, G., Meissner, B. {Hrsg.} (1982): Nationalitäten-Probleme in der Sowjetunion und Osteuropa. Köln. Markus. S. 11–44

Melvin, N. (2011): Promoting a Stable and Multiethnic Kyrgyzstan: Overcoming the Causes and Legacies of Violence (= Central Eurasia Project. Occassional Papers Series 3). New York. Open Society Foundations

Merkel, W. (1999): Systemtransformation. Opladen. Leske+Budrich

– (1996a): Einleitung. In: Merkel, W. {Hrsg.} (1996): Systemwechsel: 1 Theorien, Ansätze und Konzepte der Transitionsforschung. Opladen. Leske+Budrich. S. 9–20

– (1996b): Struktur oder Akteur, System oder Handlung: Gibt es einen Königsweg in der sozialwissenschaftlichen Transformationsforschung? In: Merkel, W. {Hrsg.} (1996): Systemwechsel: 1 Theorien, Ansätze und Konzepte der Transitionsforschung. Opladen. Leske+Budrich. S. 303–332

– (1996c): Theorien der Transformation: Die demokratische Konsolidierung postautoritärer Gesellschaften. In: von Beyme, K., Offe, C. {Hrsg.} (1996): Politische Theorien in der Ära der Transformation (=Politische Vierteljahresschrift Sonderheft 26). Opladen. Westdeutscher Verlag. S. 30–58

Mertin, W. (2009): Die neuen Nomaden von Kirgistan (= 360° – Geo Reportage, Deutschland/Frankreich). Erstausstrahlung: ARTE, 31.10.2009, 20:15 Uhr

Meuser, M., Nagel, U. (1991): ExpertInneninterviews – vielfach erprobt, wenig bedacht. In: Garz, D., Kraimer, K. {Hrsg.} (1991): Qualitativ-empirische Sozialforschung. Konzepte, Methoden, Analysen. Opladen. S. 441–471

Michell, R. (1876a): Ferghâna. In: The Geographical Journal 5. pp. 124–127

– (1876b): Ferghâna. In: The Geographical Journal 6. pp. 149–152

Mihajlov, G. (2010): Uzbekskie beteery uhodjat iz Kirgizii. Meždunacional'nyj konflikt v prigranič'e dvuh stran isčerpan (Usbekische Schützenpanzer verlassen Kirgisistan. Ethnischer Konflikt im Grenzraum beider Länder ist beendet). In: Nezavisimaja Gazeta (3.6.2010). Unter: http://www.ng.ru/cis/2010-06-03/6_kirgizia.html, 23.7.2010

Mininzon, E.S. (1929): Sel'skoe hozjajstvo v pjatiletke (Landwirtschaft im Fünfjahrplan). Moskva/ Leningrad. Gosudarstvennoe izdatel'stvo

Miroshnikov, L. I. (1992): A note on the meaning of the term 'Central Asia' as used in this book. In: Dani, A. H., Masson, V.M. (eds.): History of Civilizations of Central Asia. Volume I: The dawn of civilizations earliest times to 700 B.C. Paris. UNESCO Publishing. pp. 477–480

MLH SSSR Ministerstvo Lesnogo Hozjajstva SSSR (Ministerium für Forstwirtschaft der UdSSR), VOL Vsesojuznoe Ob"edinenie „Lesproekt" (Allsowjetische Vereinigung „Lesprojekt"), PMLECAT Pervaja Moskovskaja Lesoustroitel'naja Ekspedicija Central'nogo Aerofotolesoustroitel'nogo Tresta (Erste Moskauer Forsteinrichtungsexpedition des zentralen Luftbildforsteinrichtungstrustes) (1951): Ob''jasnitel'naja zapiska i proektnye vedomosti po osnovnym meroprijatijam perspektivnogo plana organizacii lesnogo hozjastva po lesničestvam leshoza i. Kirova, Južno-Kirgizskogo upravlenija lesnogo hozjajstva. Lesoustrojstvo (Bericht und Projektdaten zu den grundlegenden Maßnahmen des Entwicklungsplanes der Forstwirtschaft in den Forstrevieren des Forstbetriebes Kirov der Südkirgisischen Leitung für Forstwirtschaft. Waldeinrichtung). Frunze

Moldokulov, A. (1982): Promyšlennost' (Industrie). In: Akademija Nauk Kirgizskoj Sovetskoj Socialističeskoj Respubliki, Gosudarstvennyj Komitet Kirgizskoj Sovetskoj Socialističeskoj Respubliki po delam izdatel'stv, poligrafii i knižnoj torgovli (Akademie der Wissenschaften der KSSR, Staatliches Komitee der Kirgisischen Sozialistischen Sowjetrepublik für Verlagswesen, Druck und Buchhandel) (1982): Kirgizskaja Sovetskaja Socialističeskaja Respublika. Encyklopedija (Kirgisische Sowjetische Sozialistische Republik. Enzyklopädie). Frunze. Glavnaja Redakcija Kirgizskoj Sovetskoj Enciklopedii. S. 195–197

Mollinga, P. P. (2008): Field Research Methodology as Boundary Work. An introduction. In: Wall, C. R. L., Mollinga, P. P. {eds.} (2008): Fieldwork in Difficult Environments. Methodology as Boundary Work in Development Research (= ZEF Development Studies 7). Zürich/ Berlin. LIT. pp. 1–17

Momot, S.M. (1940a): Fiziko-geografičeskoe stroenie massiva (Physisch-geographischer Bau des Massivs). Kollektiv naučnyh sotrudnikov Arslanbobskogo opornogo punkta Vsesojužnogo naučno-issledovatel'skogo instituta suhih subtropikov, Narodnyj komissariat zemledelija SSSR, Vsesojuznyj naučno-issledovatel'skij institut suhih subtropikov (Kollektiv der wissenschaftlichen Mitarbeiter des Arslanbober Stützpunktes des Allsowjetischen wissenschaftlichen Forschungsinstituts „Trockene Subtropen", Volkskommissariat des Landbaus der UdSSR, Allsowjetisches wissenschaftliches Forschungsinstitut „Trockene Subtropen") {Hrsg.} (1940): Greckij oreh južnoj Kirgizii (Die Walnuss des südlichen Kirgisien). Taškent.

Gosudarstvennoe izdatel'stvo naučno-tehničeskoj social'no-ekonomičeskoj literatury Uzbekskoj SSR. S. 3–29

– (1940b): Sovremennoe sostojanie hozjajstva v orehovyh lesah južnoj Kirgizii (Der aktuelle Zustand der Betriebe in den Nusswäldern des südlichen Kirgisien). In: Kollektiv naučnyh sotrudnikov Arslanbobskogo opornogo punkta Vsesojužnogo naučno-issledovatel'skogo instituta suhih subtropikov, Narodnyj komissariat zemledelija SSSR, Vsesojuznyj naučno-issledovatel'skij institut suhih subtropikov (Kollektiv der wissenschaftlichen Mitarbeiter des Arslanbober Stützpunktes des Allsowjetischen wissenschaftlichen Forschungsinstituts „Trockene Subtropen", Volkskommissariat des Landbaus der UdSSR, Allsowjetisches wissenschaftliches Forschungsinstitut „Trockene Subtropen") {Hrsg.} (1940): Greckij oreh južnoj Kirgizii (Die Walnuss des südlichen Kirgisien). Taschkent. Gosudarstvennoe izdatel'stvo naučno-tehničeskoj i social'no-ekonomičeskoj literatury Uzbekskoj SSR. S. 30–45

Montero, R. G., Mathieu, J.Singh, C. (2009): Mountain Pastoralism 1500-2000: An Introduction. In: Nomadic Peoples 13 (2). pp. 1–16

Mountain Research and Development 32 (3/2012). Special Issue „Central Asian Mountain Societies in Transition"

Muhtarov, A. (1964): Očerk istorii Ura-Tjubinskogo vladenija v XIX v. (Grundzüge der Geschichte der Ura-Tjubiner Besitzungen im 19. Jahrhundert) Dušanbe. AN TSSR

Müller, B. (2004): Dörfer im Transformationsprozess Kirgistans. Tasma und Toru Aigyr im Biosphärenreservat Issyk-Kul. Eine entwicklungsanalytische Studie (= Occasional Papers Geographie 25). Berlin. Zentrum für Entwicklungsländerforschung. Freie Universität Berlin

Müller-Hohenstein, K. (1999): Weideökologisches Management. In: Geographische Rundschau 51 (5). S.275–279

Mürle, H. (1997): Entwicklungstheorie nach dem Scheitern der „großen Theorie" (= INEF Report 22). Duisburg. Institut für Entwicklung und Frieden der Gerhard-Mercator-Universität Duisburg

MZ PU SOSR Ministerstvo Zemledelija. Pereselenčeskoe Upravlenie. Statističeskie Otdel Syr-Dar'inskago Rajona (Landbauministerium. Umsiedlungsamt. Statistische Abteilung des Rajon Syr Dar'ja) (1916): Sel'skohozjastvennyj obzor Turkestanskago kraja (Syr-Dar'inskaja, Ferganskaja, Samarkandskaja I Zakaspijskaja oblasti) za 1915 g. po dannym tekušej statistiki (Überblick über die Landwirtschaft der Region Turkestan (Provinz Syr Dar'ja, Fergana, Samarkand und Transkaspien) im Jahre 1915 auf Grundlage der laufenden Statistik). Taškent. Tipo-litografija V.M. Il'ina

Nabiev, R.N. (1973): Iz istorii Kokandskogo hanstva (Aus der Geschichte des Kokander Khanats). Taschkent. Fan

Nadžibulla, F. (2010): Uzbekskij anklav Soh v Kyrgyzstane, naselënnyj tadžikami (Usbekische Enklave Soch in Kirgisistan, besiedelt von Tadschiken) (14.6.2010). Unter: http://rus.azattyq.org/content/Sokh/2068831.html, 14.6.2010

Nalivkin, V. (1886): Kratkaja Istorija Kokandskago Hanstva (Kurze Geschichte des Kokander Khanats). Kazan'. Tipografija Imperatorskago Universiteta

– (1883a): Zametki po voprosu o lesnom hozjajstve v Fergane (Anmerkungen zur Frage der Forstwirtschaft in Fergana). In: Turkestanskija Vedomosti 16 (26.4.1883). S. 62–63

– (1883b): Zametki po voprosu o lesnom hozjajstve v Fergane. Prodolženie (Anmerkungen zur Frage der Forstwirtschaft in Fergana. Fortsetzung). In: Turkestanskija Vedomosti 17 (3.5.1883). S. 65–66

NANKR Nacional'naja Akademija Nauk Kyrgyzskoj Respubliki (Nationale Akademie der Wissenschaften der Kirgisischen Republik), KRSU Kyrgyzsko-Rossijskij Slavjanskij Universitet (Kirgisisch-Russländisch Slawische Universität) {Hrsg.} (2003): Istorija Kyrgyzov i Kyrgyzstana: Učebnik dlja vuzov (Geschichte der Kirgisen und Kirgisistans: Lehrbuch für Hochschulen). Biškek. Ilim

Navrockij, S. (1900): Zapiska predstavlennaja Lesničim 1 razrjada Samarkandskoj Oblasti Navrockim v 3-e zasedanie 1-go Turkestanskogo S"ezda Lesničih v 1899 godu (Bericht des Försters des 1. Dienstranges Navrozkij des Samarkander Gebiets auf dem 3. Treffen des 1. Försterkongresses 1899). In: Upravlenie Zemledelia i Gosudarstvennyh Imuŝestv v Turkestanskom krae (Leitung für Landwirtschaft und Staatsvermögen im Gebiet Turkestan) {Hrsg.} (1900): Materialy dlja lesnoj statistiki Turkestanskago kraja. Lesnyja dači Turkestanskago kraja (Materialien für die Waldstatistik der Region Turkestan. Walddatschen der Region Turkestan). Taschkent. S. II–IV

Neubert, S. (2001): Wasser und Ernährungssicherheit. Problemlagen und Reformoptionen. In: Aus Politik und Zeitgeschichte 48–49. S. 13–22. Unter: http://www.bpb.de/apuz/25865/wasser-und-ernaehrungssicherheit, 23.8.2013

Neumann, R. P. (2009): Political ecology: theorizing scale. In: Progress in Human Geography 33 (3). pp. 398–406

Nikolaev, A.I. (1960): Ovcevodstvo (Schafzucht). Moskva. Gosudarstvennoe Izdatel'stvo Sel'skohozjajstvennoj Literatury

Nogojbaeva, E. (2007): Kyrgyzstan: Formirovanie i vzaimodejstvie političeskih elit (Kirgisistan: Herausbildung und Zusammenarbeit der politischen Eliten). In: Central'naja Azija i Kavkaz 10 (49). S. 118–127

Nohlen, D, Thibaut, B. (1996): Transitionsforschung in Lateinamerika: Ansätze, Konzepte, Thesen. In: Merkel, W. {Hrsg.} (1996): Systemwechsel: 1 Theorien, Ansätze und Konzepte der Transitionsforschung. Opladen. Leske+Budrich. S. 195–228

Nohlen, D, Nuscheler, F. (1992): Handbuch der Dritten Welt. Bd. 1. Grundprobleme, Theorien, Strategien. Bonn. J.H.W.Dietz

Nori, M., Davies, J. (2007): Change of Wind or Wind of Change? Climate change, adaptation and pastoralism. Nairobi. IUCN

North, D. C. (1990): Institutions, Institutional Change and Economic Performance. Cambridge. Cambridge University Press

Novinomad (2010): Nomadic Culture Tours. Poetry of the Nomads' Way of Life. Unter: http://www.novinomad.com, 31.7.2010

NSCKR National Statistical Committee of the Kyrgyz Republic (2010): Population and Housing Census of the Kyrgyz Republic 2009. Population of Kyrgyzstan. Book II (part 1). Bishkek. NSCKR

NSKKR Nacional'nyj Statističeskij Komitet Kyrgyzskoj Respubliki (Nationales Statistisches Komitee der Kirgisischen Republik) (2010a): Itogi učëta skota i domašnej pticy po Kyrgyzskoj Respublike na konec 2009 g. (Ergebnisse der Vieh- und Hausgeflügelzählung in der Kirgisischen Republik. Stand Ende 2009). Biškek. NSKKR

– (2010b): Perepis' naselenija i žiliŝnogo fonda Kyrgyzskoj Respubliki 2009 goda. Kniga III v Tablicah. Regiony Kyrgyzstana. Džala-Abadskaja Oblast (Zensus der Bevölkerung und des Wohnungsbestandes der Kirgisischen Republik 2009. Buch 3 in Tabellen. Regionen Kirgisistans. Provinz Žalal-Abad). Biškek. NSKKR

– (2009a): Kyrgyzstan v cifrah 2009 (Kirgisistan in Zahlen 2009). Biškek. NSKKR

– (2009b): Perepis' naselenija i žiliŝnogo fonda Kyrgyzskoj Respubliki 2009 goda. 1 Kniga: Osnovnye social'no-demografičeskie harakteristiki naselenija i količestvo žiliŝnyh edinic (Zensus der Bevölkerung und des Wohnungsbestandes der Kirgisischen Republik 2009. 1. Buch: Grundlegende sozial-demographische Merkmale der Bevölkerung und Anzahl der Wohneinheiten). Biškek. NSKKR

– (2009c): Itogi učëta skota i domašnej pticy po Kyrgyzskoj Respublike na konec 1.1.2009 g. (Ergebnisse der Vieh- und Hausgeflügelzählung in der Kirgisischen Republik. Stand 1.1.2009). Biškek. NSKKR

– (2007): Itogi učëta skota i domašnej pticy po Kyrgyzskoj Respublike na 1.1.2007 g. (Ergebnisse der Vieh- und Hausgeflügelzählung in der Kirgisischen Republik. Stand 1.1.2007). Biškek. NSKKR

– (2006a): Uroven' žizni naselenija Kyrgyzskoj Respubliki 2001–2005 (Lebensstandard der Bevölkerung der Kirgisischen Republik 2001–2005). Biškek. NSKKR

– (2006b): Itogi učëta skota i domašnej pticy po kategorijam hozjajstv, v razreze oblastej, rajonov, gorodov i aiyl ôkmôty Kyrgyzskoj Respublike po sostojaniju na 1.1.2006 g. (Ergebnisse der Vieh- und Hausgeflügelzählung nach Betriebsarten, differenziert nach Gebieten, Bezirken, Städten und Einheiten der lokalen Selbstverwaltung der Kirgisischen Republik. Stand 1.1.2006). Biškek. NSKKR
– (2006c): Kyrgyzstan v cifrah 2006 (Kirgisistan in Zahlen 2006). Biškek. NSKKR
– (2005a): Kyrgyzstan v cifrah 2004 (Kirgisistan in Zahlen 2004). Biškek. NSKKR
– (2005b): Itogi učëta skota i domašnej pticy po kategorijam hozjajstv, v razreze oblastej, rajonov i gorodov Kyrgyzskoj Respubliki po sostojaniju na 1.1.2005 g. (Ergebnisse der Vieh- und Hausgeflügelzählung nach Betriebsarten, differenziert nach Gebieten, Bezirken und Städten der Kirgisischen Republik. Stand 1.1.2005). Biškek. NSKKR
– (2003a): Naselenie Kyrgyzstana. Itogi Vsesojuznoj perepisi naselenija 1989 goda v tablicah (Kirgisistans Bevölkerung. Ergebnisse des Allsowjetischen Zensus 1989 in Tabellen). Biškek. NSKKR
– (2003b): Okončatel'nye itogi učëta skota i domašnej pticy po kategorijam hozjajstv, v razreze oblastej, rajonov, gorodov i aiyl ôkmôty Kyrgyzskoj Respublike po sostojaniju na 1.1.2003 g. (Endgültige Ergebnisse der Vieh- und Hausgeflügelzählung nach Betriebsarten, differenziert nach Gebieten, Bezirken, Städten und Einheiten der lokalen Selbstverwaltung der Kirgisischen Republik. Stand 1.1.2003). Biškek. NSKKR
– (2001): Itogi učëta skota i domašnej pticy po kategorijam hozjajstv, v razreze oblastej, rajonov, gorodov i aiyl ôkmôty Kyrgyzskoj Respublike po sostojaniju na 1.1.2001 g. (Ergebnisse der Vieh- und Hausgeflügelzählung nach Betriebsarten, differenziert nach Gebieten, Bezirken, Städten und Einheiten der lokalen Selbstverwaltung der Kirgisischen Republik. Stand 1.1.2001). Biškek. NSKKR
– (1997): Kyrgyzstan v cifrah 1996. Kratkij statističeskij sbornik (Kirgisistan in Zahlen 1996. Kurzer Statistischer Sammelband). Biškek. NSKKR
– (1996): Kyrgyzstan v cifrah 1995 (Kirgisistan in Zahlen 1995). Biškek. NSKKR
Nurakov, I. (1975): K voprosu o pastbišno-kočevoj ail'noj (aul'noj) obŝine u Kirgizov konca XIX – načala XX v. (Zur Frage der mobilen Weidenutzergemeinschaft bei den Kirgisen des späten 19. und beginnenden 20. Jahrhunderts). In: Akademija Nauk Sojuza Sovetskih Socialističeskih Respublik. Institut Etnografii im. N.N. Mikluho-Maklaja (Akademie der Wissenschaften der Union der Sozialistischen Sowjetrepubliken. Ethnographisches Institut „N.N. Mikluho-Maklaj") {Hrsg.} (1975): Social'naja Istorija Narodov Azii. Moskva. Izd. „Nauka". S. 65–73
Nurmatov, E. (2012): Čon-Alaj: Četyre pastbiŝa otošli Tadžikistanu? (Čon-Alaj: Sind vier Weiden an Tadschikistan gegangen?) (11.4.2012). Unter: http://www.gezitter.org/society/10378_chon-alay_chetyire_pastbischa_otoshli__tadjikistanu/, 24.7.2012
Nuscheler, F. (2006): Entwicklungspolitik (= Schriftenreihe 488). Bonn. Bundeszentrale für politische Bildung
O.A. (1873): O sostojanii skotovodstva v'' Turkestanskom'' krae (Über den Zustand der Viehwirtschaft in der Region Turkestan). In: Turkestanskij Statističeskij Komitet (Turkestaner Statistisches Komitee), Maev, N.A. {Hrsg.} (1873): Ežegodnik. Materialy dlja statistiki Turkestanskago Kraja (Jahrbuch. Statistisches Material für das Gebiet Turkestan). Sankt Piter'burg. o.V.. S. 477
– (1874): Pojasnitel'naja zapiska k proektu položenija ob upravlenii v oblastjah Turkestanskago general-gubernatorstva (Erläuternde Notiz zum Projekt der Verordnung über die Adminsitration in den Provinzen des Generalgouvernements Turkestan). S.-Peterburg''. Voennaja tipografija
ODIHR Office for Democratic Institutions and Human Rights (2010): Kyrgyz Republic. Presidential Election 23 July 2009 (= OSCE/ODIHR Election Observation Mission. Final Report, 22 October 2009). Warsaw. Unter: http://www.osce.org/documents/odihr/2009/10/40901_en.pdf, 18.12.2010

Offe, C. (1994): Der Tunnel am Ende des Lichts. Erkundungen der politischen Transformation im Neuen Osten. Frankfurt a. M./New York. Campus Verlag

OSCE Organization for Security and Co-operation in Europe (2007): Kyrgyz elections fail to meet a number of OSCE commitments in missed opportunity (= Press release, 17.12.2007). Bishkek. Unter: http://www.osce.org/item/28914.html, 20.12.2010

OSCE/ODIHR Organization for Security and Co-operation in Europe. Office for Democratic Institutions and Human Rights (2010): The Kyrgyz Republic. Constitutional Referendum 27 June 2010 (= OSCE/ODIHR Limited Referendum Observation Mission Report. 27 July 2010). Warsaw. Unter: http://www.osce.org/documents/odihr/2010/07/45515_en.pdf, 21.10.2010

OSCE/ODIHR Organization for Security and Co-operation in Europe. Office for Democratic Institutions and Human Rights, OSCE PA Organization for Security and Co-operation in Europe. Parliamentary Assembly, EP European Parliament (2010): International Election Observation. Kyrgyz Republic – Parliamentary Elections, 10 October 2010. Statement of Preliminary Findings and Conclusions. 11 October 2010. Bishkek. Unter: http://www.osce.org/documents/odihr/2010/10/47026_en.pdf, 21.10.2010

Osmonov, J. (2010a): Maevka Unrest Threatens Inter-Ethnic Stability in Kyrgyzstan (28.4.2010). Unter: http://www.cacianalyst.org/?q=node/5319, 11.2.2011

– (2010b): Incident in Kyrgyzstan actualizes border problems in Fergana (09.06.2010). Unter: http://www.cacianalyst.org/?q=node/5348, 28.6.2010

Ossenbrügge, J., Schätzl, L. (1996): Fachsitzung 4: Globalisierung ökonomischer Aktivitäten und Transformationsprozesse im Osten. Einleitung. In: Heinritz, G., Kulke, E., Wiessner, R. {Hrsg.} (1996): Raumentwicklung und Wettbewerbsfähigkeit (= Aufbruch im Osten. Umweltverträglich – Sozialverträglich – Wettbewerbsfähig. 50. Deutscher Geographentag. Potsdam 2.-5.10.1995. Tagungsbericht und wissenschaftliche Abhandlungen). Stuttgart. Franz Steiner Verlag. S. 182–188

Ostrom, E. (1999): Design Principles and Threats to Sustainable Organizations that Manage Commons (= Workshop in political theory and policy analysis. Paper W99-6). Unter: http://dlc.dlib.indiana.edu/dlc/bitstream/handle/10535/5465/Design%20Principles%20and%20Threats%20to%20Sustainable%20Organizations%20That%20Manage%20Commons.pdf?sequence=1, 19.9.2013

OUSHŽ Oblastnoe upravlenie sel'skogo hozjastva oblasti Žalal-Abad (Provinzleitung Landwirtschaft des oblast' Žalal-Abad) (1958): Spisok ob''edinivšihsja kolhozov Džalal-Abadskoj oblasti na 1-oe ijunja 1958 goda (Liste der zusammengeführten Kollektivbetriebe der Provinz Žalal-Abad, Stand 1.6.1958)

OVKS/ CSTO Organisation des Vertrages über kollektive Sicherheit (o.J.): Internetauftritt. Unter: http://www.dkb.gov.ru, 3.3.2011

OWZ/ ECO Organisation für wirtschaftliche Zusammenarbeit (o.J.): Internetauftritt. Unter: http://www.ecosecretariat.org, 3.3.2011

Palat, M. K. (1988): Tsarist Russian Imperialism. In: Studies in History 4 (1–2). pp. 157–297

Pandey, K., Misnikov, Y. (2001): Decentralisation and Community Development. Strengthening Local Participation in the Mountain Villages of Kyrgyzstan. In: Mountain Research and Development 21 (3). pp. 226–230

Pantusov, N.N. (1876a): Arhiv Kokandskago Hana (Das Archiv des Kokander Khans). In: Turkestanskija Vedomosti 12 (1876). S. 45–46

– (1876b): Podatnye sbory v g. Kokand (Steuererhebungen in der Stadt Kokand). In: Turkestanskija Vedomosti 13 (1876). S. 50–51

Paul, J. (2012): Zentralasien (= Neue Fischer Weltgeschichte 10). Frankfurt a.M.. S. Fischer

PD MAA Pasture Department of the Ministry for Agriculture and Amelioration, GIZ Deutsche Gesellschaft für Internationale Zusammenarbeit GmbH, CAMP Alatoo (2012): Documentation. Planning workshop GIZ/CAMP Alatoo project "Sustainable pasture management in Southern Kyrgyzstan" 8th June 2012, Bishkek

Peet, R., Watts, M. (1996): Liberation Ecology. Development, sustainability, and environment in an age of market triumphalism. In: Peet, R., Watts, M. {eds.} (1996): Liberation Ecologies. Environment, development, social movements. London/ New York. Routledge. pp. 1–45

Penkina, L. (2004): Estestvennye pastbiŝa i etnokulturnye tradicii (Natürliche Weiden und ethnokulturelle Traditionen). Biškek. o.V.. Unter: ftp://ftp.fao.org/docrep/nonfao/lead/x6400r/x6400r00.pdf, 24.3.2011

Peterson, J. T. (1994): Anthropological approaches to the household. In: Borooah, R., Cloud, K., Peterson, J. T., Seshadri, S., Saraswathi, T. S., Verma, A. {eds.} (1994): Capturing Complexity. An interdisciplinary look at woman, households and development. New Delhi/ Thousand Oaks/ London. Sage Publications. pp. 87–101

Petroniu, I. (2007): Privatisierung in Transformationsökonomien. Determinanten der Restrukturierungs-Bereitschaft am Beispiel Polens, Rumäniens und der Ukraine (= Soviet and Post-Soviet Politics and Society). Stuttgart. ibidem

Pickart, V., Stadelbauer, J. (1988): UdSSR-Atlas. Beilage in: Geographische Rundschau 40 (9)

Pierce, R. (1966): Die russische Eroberung und Verwaltung Turkestans (bis 1917). In: Hambly, G. {Hrsg.} (1966): Zentralasien (= Fischer Weltgeschichte 16). Frankfurt a.M. Fischer Bücherei KG. S. 217–236

– (1960): Russian Central Asia. 1867-1917. A Study in Colonial Rule. Berkeley/ Los Angeles. University of California Press

Pirozhnik, I. I. (1990): Territorial Structure of Tourist Services in the USSR and Trends in its Development. In: Soviet Geography 31 (9). pp. 679–687

Ploskih, V. M. (1968): Očerki patriarhal'no-feodal'nyh otnošenii v Južnoj Kirgizii (50–70e gody XIX v.) (Grundrisse der patriarchal-feudalen Verhältnisse im südlichen Kirgisien (50–70er Jahre des 19. Jahrhunderts)). Frunze. Izd. „Ilim“

- (1965): Očerk zemel'nyh otnošenij v južnoj Kirgizii na kanune vxoždenija v sostav Rossii (Grundrisse der Bodenverhältnisse im südlichen Kirgisien am Vorabend des Beitritts zu Russland. Frunze. Ilim

Posdnjakova, N. (2007): Kirgisistan: Das schmutzige Gold aus den Bergen (14.5.2007). Unter: http://www.dw-world.de/dw/article/0,,2430938,00.html, 26.3.2011

PTSDSH Protokol tehničeskogo soveŝanija departamenta sel'skogo hozjajstva sovmestno so specijami agentstva po zemleustrojstvu i zemel'nym resursam Bazar-Korgonskogo rajona Žalal-Abadskoj oblasti Kyrgyzskoj Respubliki ot 5 ijunja 1997 g. (Protokol der technischen Besprechung des Landwirtschaftsdepartements mit Spezialisten der Agentur für Raumordnung und Landressourcen des Bezirks Bazar Korgon der Provinz Žalal-Abad der Kirgisischen Republik vom 5.7.1997). Bazar Korgon

RABK Rajon Administration Bazar Korgon (2009a): Rajondun akyrky tôrt žyldygy duņ produkcijasynyn žyldyk ortočo strukturasy (Durchschnittliche Struktur der Wertschöpfung innerhalb des rajon der vergangenen vier Jahre) (Aushang im Verwaltungszentrum Bazar Korgon)

– (2009b): Bazar-Korgon rajonu bojunča ùjbùlôlùk socialdyk pasport tolturuunun žajyntygy bojunča 2009-žyldyn 1-janvaryna. Žakyrčylyk kartasy (Bekanntmachung des rajon Bazar-Korgon über den sozialen Zustand der Haushalte entsprechend der Armutspässe. Stand 1.1.2009) (Aushang im Verwaltungszentrum Bazar Korgon)

– (2006): Bazarkorgon rajonunda žakyrčylyktyn dengeeli 2004–2006-žyldardagy salyštyrmaluuluk (Vergleichende Zusammenstellung der Armutsniveaus im rajon Bazar Korgon für die Jahre 2004 bis 2006) (ausgehändigt bekommen im Verwaltungszentrum Bazar Korgon)

– (2005): Bazarkorgon rajonunda žakyrčylyktyn dengeeli 2001–2005-žyldardagy salyštyrmaluuluk (Vergleichende Zusammenstellung der Armutsniveaus im rajon Bazar Korgon für die Jahre 2001 bis 2005. Ausgehändigt bekommen im Verwaltungszentrum Bazar Korgon)

Rakitnikov, A.N. (1936): Central'nyj Tjan'-Šan' i Issykkul'skaja kotlovina. Voprosy postroenija gornogo životnovodčeskogo hozjastva (= Trudy Kirgizskoj kompleksnoj Ekspedicii 1932-1933 gg. tom IV, vypusk 4) (Der zentrale Tien Shan und das Issyk Kul-Becken. Fragen des

Aufbaus der Gebirgsviehwirtschaft (= Schriften der Kirgisischen Komplexexpedition 1932-1933, Bd. 4, Ausgabe 4)). Moskva, Leningrad. Izdatel'stvo Akademii nauk SSSR
– (1934): Puti socialističeskoj rekonstrukcii životnovodstva v central'nom Tjan-Šane (Wege der sozialistischen Rekonstruktion der Viehwirtschaft im zentralen Tien Shan). In: Akademija Nauk Sojuza Sovestskih Socialističeskih Respublik (Akademie der Wissenschaften der UdSSR), Sovet po izučeniju proizvoditel'nyh sil (Rat zur Erforschung der Produktionskräfte), Sovet narodnyh komissarov Kirgizskoj Avtonomnoj Sovetskoj Socialističeskoj Respubliki (Rat der Volkskommissare der KASSR) {Hrsg.} (1934): Trudy pervoj konferencii po izučeniju proizvoditel'nyh sil Kirgizskoj Avtonomnoj Sovetskoj Socialističeskoj Respubliki (Schriften der 1. Konferenz der Erforschung der Produktionskräfte der Kirgisischen Autonomen Sozialistischen Sowjetrepublik). Leningrad. Izd. AN SSSR. S. 298–331
Raschen, M. (2005): Zentralasien: „Erste", „Zweite" oder „Dritte Welt"? (= Weltwirtschaftliche Lage und Perspektiven März 2005). Frankfurt a.M. KfW Entwicklungsbank
Rauner, S. Ju. (1901): Gornye lesa Turkestana i značenie ih dlja vodnago hozjajstva kraja. Raboty po obleseniju gornyh sklonov s cel'ju prekrašenija silevyh potokov (Die Gebirgswälder Turkestans und ihre Bedeutung für den Wasserhaushalt der Region. Aufforstungsarbeiten an Gebirgshängen mit dem Ziel der Verhinderung von Muren). S.-Peterburg''. Izd. A.F. Devriena
Reuber, P., Pfaffenbach, C. (2005): Methoden der empirischen Humangeographie. Beobachtung und Befragung. Braunschweig. Westermann
Rhoades, R.E., Thompson, S.I. (1975): Adaptive strategies in alpine environments: Beyond ecological particularism. In: American Ethnologist 2 (3). pp. 535–551
Richter, E. (2004): Kooperation, regionale. In: von Gumppenberg, M.-C., Steinbach, U. {Hrsg.} (2004): Zentralasien. Geschichte, Politik, Wirtschaft. Ein Lexikon. München. C.H. Beck. S. 165–169
Robbins, P. (2004): Political Ecology. A Critical Introduction. Malden/ Oxford/ Carlton. Blackwell Publishing
Rothfels, H. (1953): Zeitgeschichte als Aufgabe. In: Vierteljahrshefte für Zeitgeschichte 1. S. 1–8
Roy, O. (2000): The New Central Asia: The Creation of Nations. New York. New York University Press
Rywkin, M. (1963): Russia in Central Asia. London. Collier Books
SAEPFUGKR State Agency on Environment Protection and Forestry under the Government of the Kyrgyz Republic, UNDPKR United Nations Development Programme in the Kyrgyz Republic (2007): Kyrgyzstan. Environment and Natural Resources for Sustainable Development. Bishkek. UNDP
SAEPFUGKR State Agency on Environment Protection and Forestry under the Government of the Kyrgyz Republic, UNDPKR United Nations Development Programme in the Kyrgyz Republic, CAMP Central Asian Mountain Partnership of Swiss Agency For Development and Cooperation, PFCA Public Foundation "Camp Ala-Too" (2006): Dialogue at Local and National Levels – Contribution to Sustainable Development. Bishkek. UNDP
Saharov, M.G. (1934a): Problema razmeščenija životnovodstva v KASSR v svjazi osedanija kočevnikov (Probleme der Aufstellung der Viehwirtschaft in der KASSR im Zusammenhang mit der Sesshaftmachung der Nomaden). In: Akademija Nauk Sojuza Sovestskih Socialističeskih Respublik (Akademie der Wissenschaften der UdSSR), Sovet po izučeniju proizvoditel'nyh sil (Rat zur Erforschung der Produktionskräfte), Sovet narodnyh komissarov Kirgizskoj Avtonomnoj Sovetskoj Socialističeskoj Respubliki (Rat der Volkskommissare der KASSR) {Hrsg.} (1934): Trudy pervoj konferencii po izučeniju proizvoditel'nyh sil Kirgizskoj Avtonomnoj Sovetskoj Socialističeskoj Respubliki (Schriften der 1. Konferenz der Erforschung der Produktionskräfte der Kirgisischen Autonomen Sozialistischen Sowjetrepublik). Leningrad. Izd. AN SSSR. S. 357–374
– (1934b): Osedanie kočevyh i polukočevyh hozjajstv Kirgizii (Die Sesshaftwerdung der nomadischen und halbnomdischen Wirtschaften Kirgisiens) (= Trudy naučno–issledovatel'-

skogo instituta životovodstav Kirgizskoj Avtonomnoj Sovetskoj Socialističeskoj Respubliki). Moskva. Izd. Central'nogo bjuro kraevedenija
Salzman, P. C. (2004): Pastoralists. Equality, Hierarchy, and the State. Boulder. Westview Press
Sanghera, B. (2010): Why are Kyrgyzstan's slum dwellers so angry? (15.6.2010). Unter: http://www.opendemocracy.net/od-russia/balihar-sanghera/why-are-kyrgyzstan%E2%80%99s-slum-dwellers-so-angry, 8.3.2011
Šarašova, V. S. (1961): Pastbiŝa Kirgizii i ih ispol'zovanie (Kirgisiens Weiden und ihre Nutzung). Frunze. Izd. Ministerstva Sel'skogo Hozjastva KSSR
Sartori, P. (2010a): Introduction: dealing with states of property in modern and colonial Central Asia. In: Central Asian Survey 29 (1). pp. 1–8
– (2010b): Colonial legislation meets sharī'a: Muslims' land rights in Russian Turkestan. In: Central Asian Survey 29 (1). pp. 43–60
Sasse, G. (2005): Lost in Transition: When is transition over? In: Development&Transition 1 (1). pp. 10–11
Savickij, A.P. (1963): Pozemel'nyj vopros v Turkestane (V proektah i zakone 1867-1886 gg.) (Die Bodenproblematik in Turkestan (In Projekten und im Gesetz 1867-1886) (= Novaja serija, vypusk 216. Istoričeskie nauki, kniga 44). Taškent. Izd. Samarkandskogo Gosdarstvennogo Universiteta
Schillhorn van Veen, T.W. (1995): The Kyrgyz Sheep herders at a Crossroads (= Pastoral Development Network. Network paper 38d). London. Overseas Development Institute
Schlager, E. (2009): Almauftrieb im Tien-Shan. In: Eurasisches Magazin (7). Unter: http://www.eurasischesmagazin.de/artikel/?artikelID=20090713, 19.7.2010
Schmidt, M. (2007): Die Erfindung Kirgistans und der unvollendete Prozess der Nationenbildung. In: Europa Regional 15 (4). S. 209–223
– (2006a): 15 Jahre der Unabhängigkeit der Kirgisischen Republik. Entwicklungshemmnisse der postsowjetischen Transformation. In: Geographische Rundschau 58 (11). S. 48–56
– (2006b): Transformation der *Livelihood Strategies* im ländlichen Kirgistan. Verlorene Sicherheiten und neue Herausforderungen (= Occassional Papers Geographie 32). Berlin. Zentrum für Entwicklungsländerforschung. Freie Universität Berlin
– (2005a): Kirgistans Walnusswälder in der Transformation. Politische Ökologie einer Naturressource. In: Europa Regional 13 (1). S. 27–37
– (2005b): Utilisation and Management Changes in South Kyrgyzstan's Mountain Forests. In: Journal of Mountain Science 2 (2). pp. 91–104
Schmidt, M., Doerre, A. (2011): Changing meanings of Kyrgyzstan's nut forests from colonial to post-Soviet times. In: Area 43 (3). pp. 288–296
Schmidt, P. (2001): The Scientific World and the Farmer's Reality: Agricultural Research and Extension in Kyrgyzstan. In: Mountain Research and Development 21 (2). pp. 109–112
Schmidt, M., Sagynbekova, L. (2008): Migration past and present: changing patterns in Kyrgyzstan. In: Central Asian Survey 27 (2). pp. 111–127
Schmitt, R. (2000): Die iranischen Sprachen in Geschichte und Gegenwart. Wiesbaden. Reichert Verlag
Schneider, A., Stadelbauer, J. (2007): Auf der Hochweide in Kirgisistan. Lokaler Tourismus und Regionalentwicklung. In: Osteuropa 57 (8–9). Machtmosaik Zentralasien. Traditionen, Restriktionen, Aspirationen. Berlin. Berliner Wissenschafts-Verlag. S. 559–566
Schoch, N., Steimann, B., Thieme, S. (2010): Migration and animal husbandry: Competing or complementary livelihood strategies. Evidence from Kyrgyzstan. In: Natural Resources Forum 34 (3). pp. 211–221
Schöner, H. (1952): Sowjetische Expeditionen im Pamir und Tienschan 1928–1947. In: Jahrbuch des Deutschen Alpenvereins (= Alpenvereinszeitschrift Bd. 77). S. 26–36
Scholz, F. (1999): Nomadismus ist tot – Mobile Tierhaltung als zeitgemäße Nutzungsform der kargen Weiden des Altweltlichen Trockengürtels. In: Geographische Rundschau 51 (5). S. 248–255

– (1992): Einführung in die Nomadismus-Bibliographie. In: Scholz, F. {Hrsg.} (1992): Nomadismus-Bibliographie. Berlin. Das Arabische Buch. S. 1–20
Schütte, S. (2006): Searching for Security: Urban Livelihoods in Kabul. Kabul. Afghanistan Research and Evaluation Unit
– (2003): Soziale Netzwerke als räumliche Ordnungssysteme. Konstruktionen von Raum und Lokalität der Wäscher von Banāras. Saarbrücken. Verlag für Entwicklungspolitik
Schuler, M., Dessemont, P., Torgashova, I., Abubakirova, T., Minbaev, M. (2004): Mountain Atlas of Kyrgyzstan. Lausanne/ Bishkek. Kyrgyz-Swiss Statistical Cooperation
Schuyler, E. (1876) [2004]: Turkistan. Notes of a Journey in Russian Turkestan, Khokand, Bukhara, and Kuldja. Vol. 1. New Delhi. Munshiram Manoharlal Publishers Pvt. Ltd. (Neuauflage)
Schwanitz, S. (1997): Transformationsforschung: Area Studies versus Politikwissenschaft? (= Arbeitspapiere des Bereichs Politik und Gesellschaft 3/1997). Berlin
Schwarz, F. (2010): Contested grounds: ambiguities and disputes over the legal and fiscal status of land in the Manghit Emirate of Bukhara. In: Central Asian Survey 29 (1). pp. 33–42
Sehring, J. (2008a): The Politics of Water Institutional Reform in Neo-Patrimonial States: A Comparative Analysis of Kyrgyzstan and Tajikistan. Wiesbaden. VS Verlag für Sozialwissenschaften
– (2008b): Mehr als ein technisches Problem: Wassermanagement in Zentralasien. In: Zentralasien-Analysen (8). S. 2–7
– (2005): Ein Strauß aus Mohn und Tulpen: Die „Revolution“ in Kirgistan verdient ihren Namen nicht. In: iz3w (287). S. 10–14
– (2004): Wasser und Wassermanagement. In: von Gumppenberg, M.-C., Steinbach, U. {Hrsg.} (2004): Zentralasien. Geschichte, Politik, Wirtschaft. Ein Lexikon. München. C.H. Beck. S. 308–313
Seliwanowa, I. (2003): Zehn Jahre GUS: Fortsetzung folgt? In: Alexandrova, O., Götz, R., Halbach, U. {Hrsg.} (2003): Russland und der postsowjetische Raum. Baden-Baden. Nomos. S. 321–333
Shahrani, M.N. (2002): The Kirghiz and Wakhi of Afghanistan. Adaptation to Closed Frontiers and War. Seattle/ London. University of Washington Press
Shamsiev, B., Katsu, S., Dixon, A., Voegele, J. (2007): Kyrgyz Republic. Livestock Sector Review: Embracing the New Challenges (= World Bank Report 39026). Washington, D.C. The World Bank. Unter: http://www-wds.worldbank.org/external/default/WDSContentServer/WDSP/IB/2007/03/14/000090341_20070314160221/Rendered/PDF/390260KG0Lives1iew0P09028701PUBLIC1.pdf, 19.11.2007
Sidikov, B. (o.J.): Zentralasien. Unter: http://eeo.uni-klu.ac.at/index.php/Zentralasien, 18.10.2010
Sidorov, O. (2007): Islamskij faktor vo vnutripolitičeskoj stabil'nosti gosudarstv Central'noj Azii. In: Central'naja Azija i Kavkaz 49. pp. 15–24
Simakov, G.N. (1982): O principah tipologizacii skotovodčeskogo hozjajstva u narodov Srednej Azii i Kazahstana v konce XIX – načale XX veka (Über die Typologisierungsprinzipien des Tierhalterhaushalts bei den Völkern Mittelasiens und Kasachstans zu Ende des 19. und Anfang des 20. Jahrhunderts). In: Sovetskaja Etnografija 4. S. 67–76
– (1978): Opyt tipologizacii skovodčeskogo hozjastva u Kirgizov (Konec XIX-načalo XX v.) (Versuch der Typologisierung der Tierhalterhaushalte bei den Kirgisen (Ende 19.–Anfang 20. Jahrhundert)). In: Sovetskaja Etnografija 6. S. 14–27
Simon, G. (1982): Nationalismus und Nationalitätenpolitik in der Sowjetunion seit Stalin. In: Brunner, G., Meissner, B. {Hrsg.} (1982): Nationalitäten-Probleme in der Sowjetunion und Osteuropa. Köln. Markus. S. 45–66
Smith, C. (1808): Central Asia. In: Smith's New General Atlas. London
Soliva, R. (2002): Der Naturschutz in Nepal. Eine akteursorientierte Untersuchung aus der Sicht der Politischen Ökologie. Münster/ Hamburg/ London. LIT

Soliva, R., Kollmair, M., Müller-Böker, U. (2003): Nature Conservation and Sustainable Development. In: Domroes, M. {ed.} (2003): Translating Development. The Case of Nepal. New Delhi. Social Science Press. pp. 142–177

Šokal'skij, Ju.M. (ca. 1900): Karta Turkestanskago General'' Gubernatorstva Hivinskago Buharskago i Kokanskago Hanstv'' s'' Pograničnymi Častami Srednej Azii Maßstab: 1:6.720.000

Soodanbekov, S. S. (1977): Feodal'noe Zemlevladenie v Kokandskom Hanstve (Konec XVIII - XIX v.) (Feudaler Landbesitz im Kokander Khanat (Ende 18.–19. Jahrhundert)). In: Vestnik Moskovskogo Universiteta. Serija XI: Pravo 3. S. 86–91

ŠOSK Štab Otdel'nago Sibirskago Korpusa (Stab des selbständigen sibirischen Korps) (1841): Karta Kokanskago Hanstva (Karte des Kokander Khanats). Omsk. Maßstab: 1 englischer Zoll entspricht 40 verst

SOZ/ SCO Shanghaier Organisation für Zusammenarbeit (o.J.): Internetauftritt. Unter: http://www.sectsco.org, 3.3.2011

Spatz, G. (1999): Almwirtschaft – Ökosystem in labilem Gleichgewicht. In: Geographische Rundschau 51 (5). S.241–247

SPOT Satellite Pour l'Observation de la Terre (5.9.2007): Scene ID 5 190-267 07/04/14 06:06:13 1A

SREDAZGOSPLAN Sredne-Aziatskoe Bjuro Gosudarstvennoj Planovoj Komisii SSSR (Mittelasienbüro der Staatlichen Planungskommission der UdSSR) (1932): Materialy ko vtoroj pjatiletke respublik Srednej Azii (Uzbekskaja SSR, Turkmenskaja SSR, Tadžikskaja SSR, Kirgizskaja ASSR, Kara-Kalpakskaja ASSR) 1932-1937 g. (Material zum zweiten Fünfjahrplan der Republiken Mittelasiens (Usbekische SSR, Turkmenische SSR, Tadschikische SSR, Kirgisische ASSR, ASSR Kara-Kalpakstan) 1932–1937). Taškent. Izd. Sredazgosplana

Stadelbauer, J. (2007a): Kyrgyzstan – Geographical structures and basic resources. In: Beyer, J., Knee, R. {Hrsg.} (2007): Kirgistan. Ein Bildband über Talas. München. Hirmer Verlag. S. 37–51

– (2007b): Zwischen Hochgebirge und Wüste. Der Naturraum Zentralasien. In: Osteuropa 57 (8–9). Machtmosaik Zentralasien. Traditionen, Restriktionen, Aspirationen. S. 9–26

– (2004): Zentralasien als Begriff. In: von Gumppenberg, M.-C., Steinbach, U. {Hrsg.} (2004): Zentralasien. Geschichte, Politik, Wirtschaft. Ein Lexikon. München. C.H. Beck. S. 318–326

– (2003): Mittelasien – Zentralasien: Raumbegriffe zwischen wirtschaftlicher Strukturierung und politischer Konstruktion. In: Petermanns Geographische Mitteilungen 147 (5). S. 58–63

– (2000a): Räumliche Transformationsprozesse und Aufgaben geographischer Transformationsforschung. In: Europa Regional 8 (3–4). S. 60–71

– (2000b): Zum Begriff Transformationsforschung. Unter: http://www.geographie.uni-freiburg.de/ikg/popup_index.php?id=10&index=1&thema=transform&level=bereich, 12.10.2009

– (1997): Zentral- und Hochasien – kontinentale Peripherie im Schnittpunkt der Kulturen. In: Geographische Rundschau 49 (5). S. 260–266

– (1996): Die Nachfolgestaaten der Sowjetunion. Großraum zwischen Dauer und Wandel (= Wissenschaftliche Länderkunden 41). Darmstadt. Wissenschaftliche Buchgesellschaft

– (1994): Die Nachfolgestaaten der Sowjetunion. Politische Auflösung eines Imperiums und Probleme einer Wirtschaftsintegration in der Erbengemeinschaft. In: Geographische Rundschau 46 (4). S. 190–198

Stalin, J. (1950): Werke. Bd. 2. Berlin. Dietz

Starr, S. F. (2006): Clans, Authoritarian Rulers, and Parliaments in Central Asia (= Silk Road Paper June 2006). Washington, D.C./ Uppsala. Central Asia-Caucasus Institute & Silk Road Studies Program – A Joint Transatlantic Research and Policy Center

Steimann, B. (2012): Conflicting Strategies for Contested Resources: Pastoralists' Responses to Uncertainty in Post-Socialist Rural Kyrgyzstan. In: Kreutzmann, H. {ed.} (2012): Pastoral Practices in High Asia. Agency of 'development' effected by modernisation, resettlement and transformation (Springer series "Advances in Asian Human-Environmental Research"). Heidelberg. Springer. pp. 145–160

– (2011a): Umstrittener Reichtum. Unsicherheit und Ungleichheit in Kirgistans Weidewirtschaft. In: Geographische Rundschau 63 (7–8). S. 54–59
– (2011b): Making a Living in Uncertainty. Agro-Pastoral Livelihoods and Institutional Transformations in Post-Socialist Rural Kyrgyzstan. Bishkek/ Zurich. University of Zurich
– (2009): Pastbiŝa – spornyj resurs (Weiden – eine umstrittene Ressource). In: Slovo Kyrgyzstana Bishkek (13.10.2009). S. 5
– (2008): „Niemand hier respektiert meine Grenzen“. Konflikte zwischen Hirten und Goldsuchern auf Kirgistans Weiden. In: Neue Zürcher Zeitung (16./17.2.2008). S. 6
Steimann, B., Thieme S. (2010): „Wir gehen nicht zurück“. Bischkeks Vororte als Spiegel gesellschaftlicher Umbrüche in Kirgistan. In: Neue Zürcher Zeitung (14.5.2010). S. 9
Steinberger, N., Göschel, H. {Hrsg.} (1979): Die Union der Sozialistischen Sowjetrepubliken. Handbuch. Leipzig. VEB Bibliographisches Institut
Stiglitz, J. (2004): Die Schatten der Globalisierung. München. Goldmann
Stölting, E. (1991): Eine Weltmacht zerbricht. Nationalitäten und Religionen in der UdSSR. Frankfurt a.M. Eichborn
Stokasimov, K. (1912): Ferganskij rajon. Voenno-statističeskoe opisanie Turkestanskogo voennogo okruga (Bezirk Fergana. Militär-statistische Beschreibung des Turkestaner Militärbezirks). Taškent. Izdanie štaba voennogo okruga
Succow, M. (2004): Schutz der Naturlandschaften in Mittelasien. In: Geographische Rundschau 56 (10). S. 28–34
– (1989): Die Mittelasiatischen Hochgebirge. In: Klotz, G. {Hrsg.} (1989): Hochgebirge der Erde und ihre Pflanzen- und Tierwelt. Leipzig/ Jena/ Berlin. Urania-Verlag. S. 187–204
Svečin, K.B. (1986): Vvedenie v zootehniju (Einführung in die Zootechnik). Moskva. Agropromizdat
TCA The Times of Central Asia (2010): Kyrgyz protesters block road from Uzbek enclave. In: The Times of Central Asia (3.6.2010). pp. 1, 5
Tchoroev, T. (2002): Historiography of Post-Soviet Kyrgyzstan. In: International Journal of Middle East Studies 34 (2). pp. 351–374
Teljatnikov, D., Beznosikov, A. (1849): Obozrenie Kokandskago Hanstva v nynešnem'' ego sostojanii (Überblick über das Kokander Khanat in seinem derzeitigen Zustand). In: Zapiski Russkago Geografičeskago Obŝestva. Knižka III (1849). S. 176–216
Temirkoulov, A. (2004): Tribalism, Social Conflict, and State-Building in the Kyrgyz Republic. In: Berliner Osteuropa Info 21. pp. 94–100
Terent'ev, M. A. (1906a): Istorija zavoevanija Srednej Azii. S kartami i planami. Tom I. (Geschichte der Eroberung Mittelasiens. Mit Karten und Plänen. Band I). S.-Peterburg''. Tipo-litografija V.V. Komarova
– (1906b): Istorija zavoevanija Srednej Azii. S kartami i planami. Tom II. (Geschichte der Eroberung Mittelasiens. Mit Karten und Plänen. Band II). S.-Peterburg''. Tipo-litografija V.V. Komarova
– (1906c): Istorija zavoevanija Srednej Azii. S kartami i planami. Tom III. (Geschichte der Eroberung Mittelasiens. Mit Karten und Plänen. Band III). S.-Peterburg''. Tipo-litografija V.V. Komarova
– (1875): Rossija i Anglija v Srednej Azii. S.-Peterburg''. Tipo-litografija P.P. Merkul'eva
Tishkov, V. (1995): 'Don't Kill me, I'm a Kyrgyz!': An Anthropological Analysis of Violence in the Osh Ethnic Conflict. In: Journal of Peace Research 32 (2). pp. 133–149
Toktogulowa, E. (1998): Wirtschaft von der Planung zum Markt. In: Wostok Spezial 1. S. 26–29
Toktomušev, K. (1982): Kirgizija v period vosstanovlenija narodnogo hozjajstva (Kirgisien in der Periode der Wiederherstellung der Volkswirtschaft). In: AN KSSR Akademija Nauk Kirgizskoj Sovetskoj Socialističeskoj Respubliki, GK KSSR IPK Gosudarstvennyj Komitet Kirgizskoj Sovetskoj Socialističeskoj Respubliki po delam izdatel'stv, poligrafii i knižnoj torgovli (Akademie der Wissenschaften der Kirgisischen Sozialistischen Sowjetrepublik, Staatskomitee der Kirgisischen Sozialistischen Sowjetrepublik für Verlagswesen, Druck und Buchhan-

del) {Hrsg.} (1982): Kirgizskaja Sovetskaja Socialističeskaja Respublika. Encyklopedija (Kirgisische Sowjetische Sozialistische Republik. Enzyklopädie). Frunze. Glavnaja Redakcija Kirgizskoj Sovetskoj Enciklopedii. S. 141–143

Torgoev, I.A., Alešin, Ju.G., Aširov, G.E. (2009): Ekologičeskie problemy v rajonah uranovyh rudnikov na territorii Ferganskoj doliny (Central'naja Azija) (Ökologische Probleme in den Gebieten der Uranlagerstätten auf dem Gebiet des Ferganatals (Zentralasien)). Biškek. Unter: http://www.un.org.kg/en/publications/article/Publications/UN%20Agencies/50-United%20 Nations%20Development%20Programme%20in%20Kyrgyzstan/4719-ekologicheskie-problemy-v-rajona-uranovy-rudnikov-na-territorii-ferganskoj-doliny-centralnaya-aziya, 14.4.11

Trenin, D., Malašenko, A. (2010): Afganistan: Vzgljad s severa (Afghanistan: Ein Blick von Norden). Washington, D.C./ Moskau/ Peking/ Beirut/ Brüssel. Carnegie Endowment for International Peace

Trilling, D. (2010): Inter-Ethnic Tension Rattles Bishkek (20.4.2010). Unter: http://www.eurasia net.org/node/60891, 8.3.2011

Trofimov, V. E. (2002): K voprosu ob etnoterritorjal'nyh i pograničnyh problemah v Central'noj Azii (Zur Frage ethnoterritorialer und grenzbezogener Probleme in Zentralasien). In: Central'naja Azija i Kavkaz 5 (19). S. 60–73

Troickaja, A.L. (1969): Materialy po istorii Kokandskogo Hanstva XIX v.. Po dokumentam arhiva kokandskih hanov (Materialien zur Geschichte des Kokander Khanats des 19. Jahrhunderts. Auf Grundlage von Dokumenten des Archivs der Kokander Khane). Moskva. Izd. „Nauka"

– (1968): Katalog Arhiva Kokandskih Hanov XIX veka (Katalog des Archivs der Kokander Khane des 19. Jahrhunderts). Moskva. Izd. „Nauka"

– (1955): „Zapovedniki"-kuruk kokandskogo hana Hudojara („Schutzgebiete"-quruq des Kokander Khans Khudojar). In: Ministerstvo Kul'tury RSFSR (Kulturministerium der RSFSR), Gosudarstvennaja Ordena Trudovogo Krasnogo Znameni Publičnaja Biblioteka imeni M.E. Saltykova-Ŝedrina (Öffentliche Bibliotek „M. E. Saltykov-Ŝedrin", Träger des Staatsordens „Rotes Banner für Arbeit") {Hrsg.} (1955): Sbornik Gosudarstvennoj Publičnoj Biblioteki Imeni M.E. Saltykova-Ŝedrina III (Sammelband der Öffentlichen Bibliotek „M. E. Saltykov-Ŝedrin"). Leningrad. S. 122–156

Trouchine, A., Zitzmann, K. (2005): Die Landwirtschaft Zentralasiens im Transformationsprozess (= Discussion Paper 23). Gießen. Zentrum für internationale Entwicklungs- und Umweltforschung der Justus-Liebig-Universität Gießen. Unter: http://www.uni-giessen.de/zeu/Papers/ DiscPapProzent2323.pdf, 15.1.2007

TVTC Turkestanskij Voenno-Topografičeskij Otdel (Turkestanische Militärtopographische Abteilung) (1877): Karta Turkestanskago Voennago Okruga. List XI (Karte des Turkestanischen Kriegsbezirks. Blatt 11). o.O. Kartographische Anstalt der militärtopographischen Abteilung des Generalstabs. Maßstab: 1 englischer Zoll entspricht 40 verst

UNCTAD United Nations Conference on Trade and Development (2003): World Investment Directory Country Profile: Kyrgyzstan. Geneva. Unter: http://www.unctad.org/sections/dite_ fdistat/ docs/wid_cp_kg_en.pdf, 2.2.2011

Undeland, A. (2005): Kyrgyz Livestock Study. Pasture Management and Use. o.O. World Bank. Unter: http://landportal.info/sites/default/files/kyrgyz_livestock_pasture_management_and_ use.pdf, 1.2.2012

UNDG United Nations Development Group (2004): Common Country Assessment 2003. o.O. o.V.. Unter: http://www.preventionweb.net/english/policies/v.php?id=10596&cid=93, 24.8. 2010

UNDP United Nations Development Programme (2010): National Human Development Report 2009/2010. Kyrgyzstan: Successful Youth – Successful Country. Bishkek. Unter: http://www. undp.kg/en/resources/e-library/article/28-e-library/1317-nacionalnyjdokladorazvitii-chelovek a-20092010, 17.9.2010

– (2009): Human Development Report 2009. Overcoming barriers: Human mobility and development. Houndmills, Basingstoke. Palgrave Macmillan. Unter: http://hdr.undp.org/en/media/HDR_2009_EN_Complete.pdf, 8.9.2010
– (2007): Human Development Report 2007/2008. Fighting Climate Change: Human Solidarity in a Divided World. Houndmills, Basingstoke. Palgrave Macmillan. Unter: http://hdr.undp.org/en/media/hdr_20072008_en_complete.pdf, 28.2.2008
– (2004): Human Development Report 2004. Cultural liberty in today's diverse world. New York. UNDP. Unter: http://hdr.undp.org/en/media/hdr04_complete.pdf, 2.9.2010
– (2003): Human Development Report 2003. Millenium Development Goals: A compact among nations to end human poverty. Oxford/ New York/ Athens/ Auckland/ Bangkok/ Calcutta/ Cape Town/ Chennai/ Dar es Salaam/ Delhi/ Florence/ Hong Kong/ Istanbul/ Karachi/ Kuala Lumpur/ Madrid/ Melbourne/ Mexico City/ Mumbai /Nairobi/ Paris/ Singapore/ Taipei/ Tokyo/ Toronto. Oxford University Press. Unter: http://hdr.undp.org/en/media/ hdr03_complete.pdf, 2.9.2010
– (2002): Human Development Report 2002. Deepening Democracy in a fragmented World. Oxford/ New York/ Athens/ Auckland/ Bangkok/ Calcutta/ Cape Town/ Chennai/ Dar es Salaam/ Delhi/ Florence/ Hong Kong/ Istanbul/ Karachi/ Kuala Lumpur/ Madrid/ Melbourne/ Mexico City/ Mumbai / Nairobi/ Paris/ Singapore/ Taipei/ Tokyo/ Toronto. Oxford University Press. Unter: http://hdr.undp.org/en/media/HDR_2002_EN_Complete.pdf, 2.9.2010
– (1990): Human Development Report 1990. Oxford/ New York/ Toronto/ Delhi/ Bombay/ Calcutta/ Madras/ Karachi/ Petaling/ Jaya/ Singapore/ Hong Kong/ Tokyo/ Nairobi/ Dar es Salaam/ Cape Town/ Melbourne/ Auckland. Oxford University Press. Unter: http://hdr.undp.org/en/reports/global/hdr1990/chapters/, 2.9.2010
UNDPK United Nations Development Programme in Kyrgyzstan (2006): Analysis of the Scale and Nature of the Shadow Economy in the Kyrgyz Republic. Bishkek. UNDPK. Unter: http://www.un.org.kg, 14.4.2011
– (2002): National Human Development Report 2002. Human Development in Mountain Regions of Kyrgyzstan. Bishkek. UNDPK. Unter: http://www.undp.kg/english/publications.phtml?2, 21.3.2007
UNDP RBECIS United Nations Development Programme. Regional Bureau for Europe and the Commonwealth of Independent States (2005): Central Asia Human Development Report. Bringing down barriers: Regional cooperation for human development and human security. Bratislava. UNDP RBECIS. Unter: http://hdr.undp.org/en/reports/regionalreports/europe thecis/central_asia_2005_en.pdf, 14.12.2010
UNEP United Nations Environment Programme, UNDP United Nations Development Programme, NATO North Atlantic Treaty Organisation, OSCE Organization for Security and Co-Operation in Europe (2005): Environment and Security. Transforming risks into cooperation. Central Asia. Ferghana/ Osh/ Khujand area. Vienna/ Geneva/ Bratislava/ Brussels. Unter: http://www.envsec.org/centasia/pub/ferghana-report-engb.pdf, 15.9.2010
UNEP United Nations Environment Programme, UNDP United Nations Development Programme, OSCE Organization for Security and Co-Operation in Europe (2003): Environment and Security. Transforming risks into cooperation. The Case of Central Asia and South Eastern Europe. Chatelaine/ Bratislava/ Vienna. Unter: http://www.envsec.org/pub/environment-and-security-english.pdf, 15.9.2010
UNITAR United Nations Institute for Training and Research (2010): Damage Analysis Summary for the Affected Cities of Osh, Jalal-Abad and Basar-Kurgan, Kyrgyzstan. Geneva. UNITAR. Unter: http://unosat-maps.web.cern.ch/unosat-maps/KG/CE20100614KGZ/UNOSAT_KGZ_CE2010_FinalSummary_v1_HR.pdf, 21.10.2010
UNS KR United Nations System in the Kyrgyz Republic (2003): Common Country Assessment 2003. o.O. o.V.. Unter: http://www.preventionweb.net/english/policies/v.php?id=10596&cid=93, 24.8.2010

Urumbaev, M. (2004): Pastbiŝe razdora (Weiden der Zwietracht). In: Večernij Biškek (15.4.2004). Unter: http://members.vb.kg/2004/04/15/panorama/17_print.html, 30.11.2010

USAID United States Agency for International Development (2007): Pasture Reform. Suggestions for Improvements to Pasture Management in the Kyrgyz Republic. Including a Table of Necessary Legislative Changes. Bishkek. USAID Land Reform and Market Development Project. Unter: http://pdf.usaid.gov/pdf.docs/PNADN532.pdf, 6.6.2013

Usenbaev, K. (1960): Prisoedinenie južnoj Kirgizii k Rossii (Angliederung des südlichen Kirgisien an Russland). Frunze. Kirgizskoe Gosudarstvennoe Izdatel'stvo

USGS United States Geological Survey, EROS Earth Resources Observation and Science Center (1996): Global 30 Arc Second Elevation Data. Tiles e020n40, e020n90, e060n90, e060n40. Unter: http://eros.usgs.gov/#/Find_Data/Products_and_Data_Available/gtopo30, 15.9.2011

Usubaliev, E., Usubaliev, E. (2002): Problemy territorial'nogo uregulirovanija i raspredelenija vodno-energetičeskih resursov v Central'noj azii (Probleme der territorialen Regulierung und Verteilung hydroenergetischer Ressourcen in Zentralasien). In: Central'naja Azija i Kavkaz 19. S. 74–81

UZGIPROZEM Uzbekskij Gosudarstvennyj Proektnyj Institut po Zemleustrojstvu Uzbekskoj Sovetskoj Socialističeskoj Respubliki (Usbekisches staatliches Projektierungsinstitut für Raumordnung der Usbekischen SSR) (1965): Karta Leninskogo Rajona Ošskoj oblasti Kirgizskoj SSR (Karte des Rajon Leninsk des oblast' Osch der Kirgisischen SSR). Maßstab 1:100.000

V.G. (1910): O zemleustrojstve kočevnikov'' (Über die Landeinrichtung der Nomaden). In: Turkestanskij Sbornik Nr. 542. S. 73–78

Vambery, A. (1876): The Russian Campaign in Khokand. In: The Geographical Journal 4. pp. 85–89

Vayda, A., Walters, B. (1999): Against Political Ecology. In: Human Ecology 27 (1). pp. 167–179

Venglovsky, B.I. (1998): Potentials and Constraints for the Development of the Walnut-fruit Forests of Kyrgyzstan. In: Blaser, J., Carter, J., Gilmour, D. {eds.} (1998): Biodiversity and sustainable use of Kyrgyzstan's walnut-fruit forests. Gland/ Cambridge/ Berne. State Agency for Forests and Wildlife, Republic of Kyrgyzstan/IUCN/Intercooperation. pp. 73–76

Vel'jaminov-Zernov, V.V. (1857): Svedenija o Kokanskom Hanstve (Mitteilungen über das Kokander Khanat). In: Vestnik Imperatorskago Russkago Geografičeskago Obŝestva 1856. Čast'18. S. 107–152

– (o.J.): Torgovoe značenie Kokanskago hanstva dlja Russkih'' (Die Handelsbedeutung des Kokander Khanats für die Russen). o.O. (Handschrift)

Vernadskij, G.M. (1972): Maršruty Ferganskoj doliny (Reiserouten des Fergana-Tals). Moskva. Fizkul'tura i Sport. Unter: http://www.skitalets.ru/books/fergan_dolina/index.htm, 24.6.2009

von Beyme, K. (1994). Systemwechsel in Osteuropa. Frankfurt a.M. Suhrkamp Sehring, J. (2008a): The Politics of Water Institutional Reform in Neo-Patrimonial States: A Comparative Analysis of Kyrgyzstan and Tajikistan. Wiesbaden. VS Verlag Steinberger, N., Göschel, H. {Hrsg.} (1979): Die Union der Sozialistischen Sowjetrepubliken. Handbuch. Leipzig. VEB Bibliographisches Institut

von Gumppenberg, M.-C. (2004a): Kirgistan. In: von Gumppenberg, M.-C., Steinbach, U. {Hrsg.} (2004): Zentralasien. Geschichte, Politik, Wirtschaft. Ein Lexikon. München. C.H. Beck. S. 153–162

– (2004b): Fergana-Tal. In: von Gumppenberg, M.-C., Steinbach, U. {Hrsg.} (2004): Zentralasien. Geschichte, Politik, Wirtschaft. Ein Lexikon. München. C.H. Beck. S. 76–82

von Humboldt, A. (1844/2009): Zentral-Asien. Untersuchungen zu den Gebirgsketten und zur vergleichenden Klimatologie. Nach der Übersetzung Wilhelm Mahlmanns aus dem Jahr 1844 (Neu bearbeitet und herausgegeben von Oliver Lubrich). Frankfurt a.M. S. Fischer

von Middendorf, A. (1882): Očerki Ferganskoj doliny (Grundzüge des Ferganatals). S.-Peterburg''. Tipografija Imperatorskoj Akademii Nauk

von Richthofen, F. (1877): China. Ergebnisse eigener Reisen und darauf gegründeter Studien. Erster Band. Einleitender Theil. Berlin. Dietrich Reimer

Vorobejčikov, A., Gafiz, o.A. (1924): Srednjaja Azija posle razmeževanija (Mittelasien nach der Grenzziehung). In: Sredne-Aziatskoe Bjuro Central'nogo Komiteta Rossijskoj Kommunističeskoj Partii, Turkestanskaja Pravda {Hrsg.} (1924): Na istoričeskom rubeže. Sbornik o nacional'no-gosudarstvennom razmeževanii Srednej Azii (An der historischen Grenzlinie. Sammelband über die national-staatliche Grenzziehung in Mittelasien). Taškent. S. 67–119

Vorob'ëv, P.A., Ožigov, L.M. (1977): Učebnaja kniga čabana (Lehrbuch des Schafhirten). Moskva. Kolos

Vošinin, V. (1914): Očerki novago turkestana. Svet i teni russkoj kolonizacii. S.-Peterburg''. Tipografija tovariščestva „Naš vek"

VSNH Vysšij Sovet Narodnogo Hozjajstva RSFSR (Höchster Volkswirtschaftlicher Rat der RSFSR) (1929): Pjatiletnij plan promyšlennosti VSNH RSFSR (1928/1929-1932/1933) (Fünfjahresplan der Industrie des VSNH der RSFSR (1928/1929-1932/1933)). Moskva/ Leningrad. Gosudarstvennoe Izdatel'stvo

Wädekin, K.-E. (1969): Die sowjetischen Staatsgüter. Expansion und Wandlungen des Sovchozsektors im Verhältnis zum Kolchozsektor von Stalins Tod bis heute. Wiesbaden. Otto Harrassowitz

– (1967): Privatproduzenten in der sowjetischen Landwirtschaft (= Aktuelle Studien 5). Köln. Wissenschaft und Politik

Wall, C. R. L. (2008): Working in Fields as Fieldwork. Khashar, participant observation and the Tamorka as ways to access local knowledge in rural Uzbekistan. In: Wall, C. R. L., Mollinga, P. P. {eds.} (2008): Fieldwork in Difficult Environments. Methodology as Boundary Work in Development Research (= ZEF Development Studies 7). Zürich/ Berlin. LIT. pp. 137–159

Walther, H. (1990): Vegetation und Klimazonen. Grundriß der globalen Ökologie. Stuttgart. Ulmer

Waterkamp, R. (1983): Das zentralstaatliche Planungssystem der DDR: Steuerungsprozesse im anderen Teil Deutschlands (= Beiträge zur politischen Wissenschaft 45). Berlin. Duncker & Humblot

Watts, M. (2005): Political Ecology. In: Sheppard, E., Barnes, T.J. {eds.} (2005): A Companion to Economic Geography. Malden/ Oxford/ Carlton. Blackwell Publishing. pp. 257–274

Wegerich, K. (2002): Konflikte um Wasser. In: Inamo 30 (8). S. 22–25

Wehler, H.-U. (2001): Nationalismus. Geschichte, Formen, Folgen. München. C.H.Beck

Weljaminov-Sernjow, W. (1857): Historische Nachrichten über Kokand, vom Chane Muhammed Ali bis Chudajar Chan. In: Archiv für wissenschaftliche Kunde von Russland 16. S. 544–562

Weymann, A. (1998): Sozialer Wandel. Theorien zur Dynamik der modernen Gesellschaft. Weinheim/ München. Juventa

Williams, A., Baláž, V. (2000): Tourism in Transition. Economic Change in Central Europe. London. I.B. Tauris

Williamson, John, 1990: What Washington Means by Policy Reform. In: Williamson, John {ed.}, 1990: Latin American Adjustment: How Much Has Happened? Washington, D.C. Institute for International Economics, United States. Unter: http://www.iie.com/publications/papers/paper.cfm?researchid=486, 11.1.2011

Wilson, T. R. (1997): Livestock, pastures, and the environment in the Kyrgyz Republic, Central Asia. In: Mountain Research and Development 17 (1). pp. 57–68

Witt, H. (2001): Forschungsstrategien bei quantitativer und qualitativer Sozialforschung. In: Forum Qualitative Sozialforschung 2 (1) (Themenheft: Qualitative and Quantitative Research: Conjunctions and Divergences). Unter: http://www.qualitative-research.net/index.php/fqs/article/view/969/2115, 24.5.11

Witzel, A. (1982): Verfahren der qualitativen Sozialforschung. Überblick und Alternativen. Frankfurt a. M./ New York. Campus Forschung

Wolf, M. (1998): Transformation als Systemwechsel – eine modelltheoretische Annäherung. In: Hopfmann, A., Wolf, M. {Hrsg.} (1998): Transformation und Interdependenz: Beiträge zu Theorie und Empirie der mittel- und osteuropäischen Systemwechsel. Münster. LIT. S. 39–64

Young, C., Light, D. (2001): Place, national identity and post-socialist transformations: an introduction. In: Political Geography 20 (8). pp. 941–955

ZAA Zentralasien-Analysen (2010): Chronik der Ereignisse vom 6. bis 23. April 2010. In: Zentralasien-Analysen 28. S. 11–17

Ždanko, T. A. (1970): Vstupitel'nye slova (Einführung). In: Ždanko, T. A. (1970): VII. Meždunarodnyj kongress antropologičeskih i etnografičeskih nauk. Tom 10. Simpozium „Vzaimootnošenija kočevogo i osedlogo naselenija“ (7. Internationaler Kongress der anthropologischen und ethnographischen Wissenschaften. Band 10. Symposium „Wechselbeziehungen nomadischer und sesshafter Bevölkerung“). Moskva. Nauka. S. 517–525

Zima, A.G. (1982): Pobeda Velikoj Oktjabr'skoj Socialističeskoj Revoljucii v Kirgizii (Der Sieg der Großen Sozialistischen Oktoberrevolution in Kirgisien). In: AN KSSR, GK KSSR IPK Akademija Nauk Kirgizskoj Sovetskoj Socialističeskoj Respubliki, Gosudarstvennyj Komitet Kirgizskoj Sovetskoj Socialističeskoj Respubliki po delam izdatel'stv, poligrafii i knižnoj torgovli (Akademie der Wissenschaften der Kirgisischen Sozialistischen Sowjetrepublik, Staatskomitee der Kirgisischen Sozialistischen Sowjetrepublik für Verlagswesen, Druck und Buchhandel) {Hrsg.} (1982): Kirgizskaja Sovetskaja Socialističeskaja Respublika. Encyklopedija (Kirgisische Sowjetische Sozialistische Republik. Enzyklopädie). Frunze. Glavnaja Redakcija Kirgizskoj Sovetskoj Enciklopedii. S. 132–138

Zimm, A., Markuse, G. (1980): Geographie der Sowjetunion. Gotha/ Leipzig. VEB Hermann Haack

Zimmerer, K. S., Bassett, Thomas J. (2003): Approaching Political Ecology: Society, Nature, and Scale in Human-Environment Studies. In: Zimmerer, K.S., Bassett, T.J. {eds.} (2003): Political Ecology: An Integrative Approach to Geography and Environment-Development Studies. New York. Guilford Press. pp. 1–25

Zholchubekova, G. (2005): Pastures: Who is entitled to grant them in ownership? In: Legal Assistance to Rural Citizens [LARC] {ed.} (2005): The Law of the Land 1. p. 8

ZOZ Zentralasiatische Organisation für Zusammenarbeit (o.J.): Internetauftritt. Unter: http://www.eurasianhome.org/xml/t/databases.xml?lang=en&nic=databases&intorg=8&pid=15, 3.3.2011

ZRWK Zentralasiatische Regionale Wirtschaftskooperation (o.J.): Internetauftritt. Unter: http://www.adb.org/carec/, 3.3.2011

ŽOUGS Žalal-Abadskoe Oblastnoe Upravlenie Gosudarstvennoj Statistiki (Leitung des Staatlichen Statistikamtes des *oblast'* Žalal-Abad) (2007): Ohne Titel (Fortschreibung der Preise für Lebensmittel und agrarische Güter im *oblast'* Žalal-Abad für das Jahr 2007). Žalal-Abad. ŽOUGS

Žuk, O. (2010): Vina Bakieva v Aksyjnskih sobytijah očevidna (Bakievs Schuld an den Ereignissen in Aksy ist offensichtlich). In: Obŝestvennaja-pravovaja eženedel'naja gazeta „Delo“ 39 (833). Unter: http://delo.kg/index.php?option=com_docman&task=cat_view&gid=43&Itemid=76, 3.12.2010

24.kg (2008): Parlament Kyrgyzstana soglasilsja razrešit' inostrancam vypasat' skot na otečestvennyh pastbiŝah liš' pri naličii soovetstvujuŝih meždunarodnyh dogovorov (Das Parlament Kirgisistans stimmt für Regelung, dass Ausländern die Nutzung vaterländischer Weiden nur bei Bestehen entsprechender internationaler Verträge erlaubt ist) (Agenturmeldung vom 18.12.2008). Unter: http://www.paruskg.info/?s=ProzentD0ProzentBFProzentD0ProzentB0ProzentD1Prozent81ProzentD1Prozent82ProzentD0ProzentB1ProzentD0ProzentB8ProzentD1Prozent89ProzentD0ProzentB5, 14.6.2010

RECHTSNORMEN UND KODIFIZIERTE RECHTSQUELLEN

CIK RDKD Central'nyj ispolnitel'nyj komitet rabočih, dehkanskih i krasnoarmejskih deputatov (Zentrales Exekutivkomitee der Deputierten der Arbeiter, Bauern und Rotarmisten), SNK KASSR Sovet narodnyh komissarov KASSR (Rat der Volkskommissare der KASSR) (1927): Dekret o zemel'noj reforme v Oškom i Džalal-Abadskom kantonah Kirgizskoj ASSR (Vorschrift über die Boden-Wasserreform in den Kantonen Osch und Žalal-Abad der KASSR) (12.11.1927). In: CIK KASSR Central'nyj ispolnitel'nyj komitet KASSR (Zentrales Exekutivkomitee der KASSR) {Red.} (o.J.): Itogi zemel'no-vodnoj reformy v južnyh kantonah Kirgizii. Frunze. Izdanie CIK KASSR . S. 68–71

CIKS TASSR Central'nyj ispolnitel'nyj komitet sovetov Turkestanskoj Respubliki (Zentrales Exekutivkomitee der Räte der Turkestanischen Republik) (1921): Postanovlenie Nō 102 „O sel'sko-hozjastvennoj Kooperacii" (Verordnung Nr. 102 „Über die landwirtschaftliche Kooperation") (21.9.1921). In: TSSR RSF Turkestanskaja Socialističeskaja Respublika Rossijskoj Socialističeskoj Federacii (Turkestanische SSR der Russländischen Sozialistischen Föderation) (1921): Sbornik dekretov, postanovlenij, prikazov i rasporjaženij central'nogo ispolnitel'nogo komiteta sovetov Turkestanskoj respubliki 10-j sessii. Čast' pervaja. S 25-ogo avgusta po 15-e nojabrja 1921 g. (Sammelband der Dekrete, Verordnungen, Befehle und Weisungen des Zentralen Exekutivkomitees der Räte der Turkestanischen Republik der 10. Sitzung. Erster Teil. 25.8.-15.11.1921). Taškent. Turkestanskoe gosudarstvennoe izdatel'stvo

DOKASSR Deklaracija ob obrazovanii Kirgizskoj Avtonomnoj SSR ot 7.3.1927. Prinjata 1 učreditel'nym s''ezdom Sovetov Kirgizskoj ASSR (Deklaration über die Bildung der Kirgisischen ASSR vom 7.3.1927. Angenommen durch die 1. Gründungsversammlung der Räte der Kirgisischen ASSR). In: Džumanaliev, A. (2003): Kyrgyzskaja gosudarstvennost' v XX veke (Kirgisische Staatlichkeit im 20. Jahrhundert). Biškek. o.V. S. 221–222

DOZ Dekret II Vserossijskogo s''ezda Sovetov o zemle (2. Dekret der Allrussländischen Rätekongresses „Über den Boden") (26.10.1917 [8.11.1917]). In: Dekrety Sovetskoj Vlasti. tom 1 (Dekrete der Sowjetmacht. Bd. 1). Moskau. Gosudarstvennoe izdatel'stvo političeskoj literatury. S. 17–20. Unter: http://www.hist.msu.ru/ER/Etext/DEKRET/o_zemle.htm, 21.3.2012

GAPOOSLHPKR Gosudarstvennoe Agentstvo Po Ohrane Okružajušej Sredy i Lesnomu hozjajstvu Pri Pravitel'stve Kyrgyzskoj Respubliki (Staatliche Agentur für Umweltschutz und Waldwirtschaft bei der Regierung der Kirgisischen Republik), ŽTURLROR Žalalabatskoe Territorial'noe Upravlenie Razvitija Lesa i Regulirovanija Ohotnič'ih Resursov (Žalal-Abater Gebietsleitung für die Waldentwicklung und Regulierung von Jagdressourcen) (2007): Prikas Direktora Nō 16, 12.2.2007 (Befehl des Direktors Nr. 16, 12.2.2007)

IFOZS 1877 Instrukcija otnositel'no vzimanija v'' Ferganskoj Oblasti ustanovlennago zjakatnago sbora so skota, 26.III.1877 (Instruktion zur Erhebung der Viehsteuer in der Provinz Fergana, 26.3.1877). (Central'nyj arhiv Respubliki Uzbekistan (Zentrales Archiv der Republik Usbekistan) fond I–19, opis' 1, delo 22516, listy 23–30 (Bestand I–19, Inventarliste 1, Akte 22516, Blatt 23–30)

KKR 2010 Konstitucija Kyrgyzskoj Respubliki. Prinjata referendumom (vsenarodnym golosovaniem) Kyrgyzskoj Respubliki 27.6.2010 goda (Verfassung der Kirgisischen Republik. Angenommen per Referendum (Volksabstimmung) der Kirgisischen Republik am 27.6.2010). Unter: http://akipress.org/constitution/news:1281, 21.1.2011

KKR 2007 Konstitucija Kyrgyzskoj Respubliki. Prinjata referendumom (vsenarodnym golosovaniem) Kyrgyzskoj Respubliki 21.10.2007 goda (Verfassung der Kirgisischen Republik. Angenommen per Referendum (Volksabstimmung) der Kirgisischen Republik am 21.10.2007). Unter: http://www.base.spinform.ru/show_doc.fwx?regnom=223&page=2, 21.1.2011

KKR 1998 Konstitucija Kyrgyzskoj Respubliki. Prinjata na 12. sessii Žogorku Keneša Kyrgyzskoj Respubliki 12. sozyva 5.5.1991. Izmenena i dopolnena Zakonom Kyrgyzskoj Respubliki „O vnesenii izmenenij i dopolnenij v Konstituciju Kyrgyzskoj Respubliki ot 17.2.1996 goda, prinjatogo Referendumom 10.02.1996 goda, Zakonom Kyrgyzskoj Respubliki „O vnesenii izmenenij i dopolnenij v Konstituciju Kyrgyzskoj Respubliki ot 21.10.1998 goda, prinjatogo Referendumom 17.10.1998 goda (Verfassung der Kirgisischen Republik. Angenommen bei der 12. Session der gesetzgebenden Versammlung des Parlaments Žogorku Keneš der Kirgisischen Republik, 12. Einberufung am 5.5.1993. Verändert und ergänzt durch das Gesetz „Über die Einschreibung von Veränderungen und Ergänzungen in die Verfassung der Kirgisischen Republik“ vom 17.2.1996, angenommen per Referendum am 10.2.1996, das Gesetz „Über die Einschreibung von Veränderungen und Ergänzungen in die Verfassung der Kirgisischen Republik“ vom 21.10.1998, angenommen per Referendum am 17.10.1998). Unter: http://constitution.acssc.kg/images/files/constitution/constitution_21_10_1998.pdf, 24.1.2008

KKR 1996 Konstitucija Kyrgyzskoj Respubliki. Prinjata na 12. sessii Žogorku Keneša Kyrgyzskoj Respubliki 12. sozyva 5.5.1993. Izmenena i dopolnena Zakonom Kyrgyzskoj Respubliki „O vnesenii izmenenij i dopolnenij v Konstituciju Kyrgyzskoj Respubliki ot 17.2.1996 goda, prinjatogo Referendumom 10.2.1996 goda (Verfassung der Kirgisischen Republik. Angenommen bei der 12. Session der gesetzgebenden Versammlung des Parlaments Žogorku Keneš der Kirgisischen Republik, 12. Einberufung am 5.5.1993. Verändert und ergänzt durch das Gesetz „Über die Einschreibung von Veränderungen und Ergänzungen in die Verfassung der Kirgisischen Republik“ vom 17.2.1996, angenommen per Referendum am 10.2.1996). Unter: http://constitution.acssc.kg/images/files/constitution/constitution_17_02_1996.pdf, 24.1.2008

KKR 1993Konstitucija Kyrgyzskoj Respubliki. Prinjata na 12. sessii Žogorku Keneša Kyrgyzskoj Respubliki 12. sozyva 5.5.1993 (Verfassung der Kirgisischen Republik. Angenommen bei der 12. Session der gesetzgebenden Versammlung des Parlaments Žogorku Keneš der Kirgisischen Republik, 12. Einberufung am 5.5.1993). Unter: http://constitution.acssc.kg/images/files/constitution/constitution_05_02_1993.pdf, 24.1.2008

LKKR 1999 Lesnoj kodeks Kyrgyzskoj Respubliki, 8.7.1999 Nō 66. V redakcii Zakonov Kyrgyzskoj Respubliki ot 28.6.2003 Nō 119, Nō 120, 3.3.2005 Nō 41 (Waldkodex der Kirgisischen Republik, 8.7.1999 Nr. 66. Mit Veränderungen entsprechend der Gesetze der Kirgisischen Republik vom 28.6.2003 Nr. 119, 120, 3.3.2005 Nr. 41)

LKKR 1993 Lesnoj kodeks Kyrgyzskoi Republiki N 1198–XII. 7.5.1993 (Waldkodex der Kirgisischen Republik, No. 1198–XII. 7.5.1993)

LK KSSR Lesnoj kodeks Kirgizskoj SSR (S izmenijami i dopolnenijami na 10 marta 1980 g.) (Waldkodex der Kirgisischen SSR (Mit Änderungen und Ergänzungen, Stand 10.3.1980))

PCIK SNKTR Postanovlenie Central'nogo Ispolnitel'nogo Komiteta i Soveta Narodnyh Komissarov Turkestanskoj Respubliki „Ob osvoboždenii ot obloženii edinym sel'sko-hozjastvennym nalogom v 1923–1924 g.“ Nō 141 ot 19.9.1923 (Verordnung des Zentralen Exekutivkomitees und des Rates der Volkskommissare der Turkestanischen Republik „Über die Befreiung von der einheitlichen Landwirtschaftssteuer für den Zeitraum 1923–1924“ Nr. 141 vom 19.9.1922). In: Komissija Soveta Narodnyh Komissarov (Kommission des Rates der Volkskommissare {Hrsg.} (1924): Sbornik važnejŝih dekretov i postanovlenij pravitel'stva T.S.S.R. za 1923 g. (Sammelband der wichtigsten Dekrete und Verordnungen der Regierung der Turkestanischen ASSR). Taškent. S. 26

PCIK STR Postanovlenie Central'nogo Ispolnitel'nogo Komiteta Soveta Turkestanskoj Respubliki „O merah k vosstanovleniju i razvitiju životnovodstva“ Nō 100 ot 15.8. 1922 (Verordnung des Zentralen Exekutivkomitees des Rates der Turkestanischen Republik „Über die Maßnahmen zur Wiederherstellung und Entwicklung der Viehwirtschaft“ Nr. 100 vom 15.8.1922). In: Komissija Soveta Narodnyh Komissarov (Kommission des Rates der Volkskommissare {Hrsg.} (1922): Sbornik važnejŝih dekretov, postanovlenij i rasporjaženii pravitel'stva T.S.S.R. za 1917–1922 gg. (Sammelband der wichtigsten Dekrete, Verordnungen und Anordnungen der Regierung der Turkestanischen ASSR 1917–1922). Taškent. S. 79–80

PCK VKP(b) Politbjuro Central'nogo Komiteta Vsesojuznoj Kommunističeskoj Partii (bol'ševikov) (Politbüro des Zentralkomitees der Kommunistischen Partei der Sowjetunion (bolševiki)) (1930): Postanovlenie „O meroprijatijah po likvidacii kulackih hozjastv v rajonah splošnoj kollektivizacii“, 30.1.1930) (Über die Maßnahmen zur Liquidierung der Kulakenwirtschaften in den Gebieten vollständiger Kollektivierung vom 30.1.1930). Unter: http://ru.wikisource.org/wiki/О_мероприятиях_по_ликвидации_кулацких_хозяйств_в_районах_сплошной_коллективизации, 2.4.2012

PGR ABK 1997 Postanovlenie Glavy Rajonnoj Administracii Bazar Korgon „Granicy otgonnyh pastbiŝ utverždeny” Nō 236b ot 2.7.1997 (Verordnung des Leiters der Rajonadministration Bazar Korgon „Die Grenzen der Ferntriebsweiden sind bestätigt“ Nr. 236b vom 2.7.1997)

PNGRNRA Postanovlenie 2 Sessii Vserossijskogo Central’nogo Ispolnitel’ogo Komiteta RSFSR o Nacional’no-Gosudarstvennom Razmeževanii Narodov Srednej Azii ot 14.10.1924 g. (Verordnung des 2. Treffens des Allrussländischen Zentralen Exekutivkomitees der RSFSR über die national-staatliche Delimitierung der Völker Mittelasiens vom 14.10.1924). In: Džumanaliev, A. (2003): Kyrgyzskaja gosudarstvennost’ v XX veke (Kirgisische Staatlichkeit im 20. Jahrhundert). Biškek. o.V. S. 185–186

POPKR 1998 Perečen’ otgonnyh pastbiŝ Kyrgyzskoj Respubliki. Utverždën postanovleniem Pravitel’stva Kyrgyzskoj Respubliki ot 30.11.1998 goda N 775 (Listung der siedlungsfernen Weiden der Kirgisischen Republik. Bestätigt per Verordnung der Regierung der Kirgisischen Republik vom 30.11.1998 Nr. 775)

PPKR MIOP 1998 Postanovlenie Pravitel’stva Kyrgyzskoj Respubliki „O merah po ispol’zovaniju otgonnyh pastbiŝ Kyrgyzskoj Respubliki“ ot 30.11.1998 goda N 775 (Verordnung der Regierung der Kirgisischen Republik „Über Maßnahmen bezüglich der Nutzung der Ferntriebweiden der Kirgisischen Republik“ vom 30.11.1998 Nr. 775)

PPPAIP 2002 Položenie „O porjadke predostavlenija v arendu i ispol’zovanija pastbiŝ“, utverždeno postanovleniem Pravitel’stva Kyrgyzskoj Respubliki ot 4.6.2002 goda N 360, v redakcii Postanovlenija Pravitel’stva Kyrgyzskoj Respubliki ot 27.9.2004 goda N 718 (Vorschrift „Über das Verfahren der Zuweisung von Weideflächen zur Pacht und ihre Nutzung“, rechtskräftig laut Verordnung der Regierung der Republik Kirgisistan vom 4.6.2002 Nr. 360, in der Fassung laut Verordnung der Regierung der Republik Kirgisistan vom 27.9.2004 Nr. 718)

PR KKAO OATD Postanovlenie Revkoma Kara-Kirgizskoj Avtonomnoj Oblasti o Administrativno-Territorial’nom Delenii ot 22.11.1924 (Verordnung des Revolutionskomitees der Kara-Kirgisischen Autonomen Provinz über die administrativ-territoriale Teilung vom 22.11.1924). In: Džumanaliev, A. (2003): Kyrgyzskaja gosudarstvennost’ v XX veke (Kirgisische Staatlichkeit im 20. Jahrhundert). Biškek. o.V. S. 191–192

PSM SSSR Postanovlenie Soveta Ministrov SSSR „O meroprijatijah v svjazi s ukrupneniem melkih kolhozov Nō 3179 ot 17.7.1950 (Verordnung des Ministerrates der UdSSR „Über die Maßnahmen zur Vergrößerung kleiner Kollektivbetriebe“ Nr. 3179 vom 17.7.1950)

PSNK TRS Postanovlenie Soveta Narodnyh Komissarov Turkestanskoj Sovetskoj Respubliki ot 18.12.1920 Nō 169 (Erlass des Rates der Volkskommissare der Turkestanischen Sowjetischen Republik vom 18.12.1920. Nr. 169). In: Turkestanskaja Sovetskaja Respublika Rossijskoj Sovetskoj Federacii (Turkestanische Sowjetischen Republik der Russländischen Sowjetischen Föderation), Narodnyj Komissariat Zemledelija (Volkskommissariat für Ackerbau) (1921): Sbornik položenij o central’nyh i mestnyh organah Narodnogo komissariata zemledelija i rukovodjaŝih instrukcij i zakonopoloženij po organizacii trudovogo zemledel’českogo naselenija, provedeniju zemel’noj reformy, organizacii i upravleniju sel’skim, vodnym i lesnym hozjajstvom (Sammelband der Verordnungen über die zentralen und örtlichen Organe des Volkskommissariates für Ackerbau und die Leiter der Instruktion und der gesetzlichen Bestimmungen für die Organisation der ackerbaulich arbeitenden Bevölkerung, der Durchführung der Bodenreform, der Organisation und Leitung der Land-, Wasser- und Forstwirtschaft). Taškent. Turkestankoe gosudarstvennoe izdatel’stvo. S. 144–145

PSNK TRS PPS Postanovlenie Soveta Narodnyh Komissarov Turkestanskoj Sovetskoj Respubliki O predostavlenii trudovomu skotovodčeskomu naseleniju prava besplatnoj past’by skota v gosudarstvennyh lesnyh dačah ot 23.12.1923 Nō 174 (Erlass des Rates der Volkskommissare der Turkestanischen Sowjetischen Republik „Über die Bereitstellung des Rechts der werktätigen Viehwirtschaft betreibenden Bevölkerung, Vieh in staatlichen Walddatschen kostenfrei zu weiden“ vom 23.12.1923. Nr. 174). In: Dembo, L.I. {Red.} (1924): Zakonopoloženija po sel'skomu, lesnomu i vodnomu hozjastvu Turkrespubliki (Sbornik uzakonenij, rasporjaženij, cirkuljarov, prikazov i pr. N.K.Z.T.S.S.R. po 1-oe oktjabrja 1924 g.) (Gesetzliche Bestimmungen zur Land-, Forst- und Wasserwirtschaft der Republik Turkestan (Sammelband der Gesetze, Verfügungen, Rundschreiben, Befehle u.a. des Volkskommissariats für Bodenfragen der Turkestanischen Sozialistischen Sowjetrepublik bis zum 1.10.1924)). o.O. Turknarkomzem. S. 140–141

PUSSO 1867 Položenija ob upravlenii Semirečinskoj i Syr'Dar'inskoj oblastej, 11 ijulja 1867 (Verordnung über die Verwaltung der Provinzen Semireč'e und Syr'Dar'ja vom 11.7.1867). In: Masevič, M.G. {Hrsg.} (1960): Materialy po istorii političeskogo stroja Kazahstana (so vremeni prosoedinenija Kazaxstana k Rossii do Velikoj Oktjabr'skoj socialističeskoj revoljucii). Tom 1 (Materialien zur politischen Ordnung Kasachstans (vom Anschluss Kasachstans an Russland bis zur Großen Sozialistischen Oktoberrevolution). Bd. 1. Alma-Ata. Izd. Akademii Nauk Kazahskoj SSR. S. 282–316

PUTK 1892 Položenija ob upravlenii Turkestanskogo Kraja, izdanie 1892 g. (Verordnung über die Verwaltung der Region Turkestan, Veröffentlichung 1892). Unter: http://www.pereplet.ru/history/Russia/Imperia/Alexandr_III/pol1892.html, 9.12.2008

PUTK 1886 Položenija ob upravlenii Turkestanskogo Kraja, 2 ijunja 1886 (Verordnung über die Verwaltung der Region Turkestan vom 2.6.1886). In: Masevič, M.G. {Hrsg.} (1960): Materialy po istorii političeskogo stroja Kazahstana (so vremeni prosoedinenija Kazaxstana k Rossii do Velikoj Oktjabr'skoj socialističeskoj revoljucii). Tom 1 (Materialien zur politischen Ordnung Kasachstans (vom Anschluss Kasachstans an Russland bis zur Großen Sozialistischen Oktoberrevolution). Bd. 1. Alma-Ata. Izd. Akademii Nauk Kazahskoj SSR. S. 352–380

PZKPPKS Položenie o zemleustrojstve kočevnikov, pereselenčeskih posëlkov i kazač'ih stanic ot 14.12.1920 Nō 364 (Verordnung „Über die Landeinteilung der Nomaden, der Siedlungen der Übersiedler und der Kosaken-Stanizas“ vom 14.12.1920. Nr. 364). In: Turkestanskaja Sovetskaja Respublika Rossijskoj Sovetskoj Federacii (Turkestanische Republik der Russländischen Sowjetischen Föderation), Narodnyj Komissariat Zemledelija (Volkskommissariat für Ackerbau) (1921): Sbornik položenij o central'nyh i mestnyh organah Narodnogo komissariata zemledelija i rukovodjaŝih instrukcij i zakonopoloženij po organizacii trudovogo zemledel'českogo naselenija, provedeniju zemel'noj reformy, organizacii i upravleniju sel'skim, vodnym i lesnym hozjajstvom (Sammelband der Verordnungen über die zentralen und örtlichen Organe des Volkskommissariates für Ackerbau und die Leiter der Instruktion und der gesetzlichen Bestimmungen für die Organisation der ackerbaulich arbeitenden Bevölkerung, der Durchführung der Bodenreform, der Organisation und Leitung der Land-, Wasser- und Forstwirtschaft). Taškent. Turkestankoe gosudarstvennoe izdatel'stvo. S. 63–65

PZKR OP (a) Proekt Zakona Kyrgyzskoj Respubliki „O pastbiŝah“. Vnositsja deputatami Žeenbekovym, S.Š, Malievym, A.K. (Projekt des Gesetzes der Kirgisischen Republik „Über die Weiden“. Eingebracht von den Abgeordneten Žeenbekov, S.Š, Maliev, A.K) (o.J.)

PZKR OP (b) Proekt Zakona Kyrgyzskoj Respubliki „O pastbiŝah“. Departament pastbiŝ Ministerstva sel'skogo, vodnogo hozjastva I pererabatyvajuŝej promyšlennosti (Projekt des Gesetzes der Kirgisischen Republik „Über die Weiden“. Departement Weide des Ministeriums für Wasser- und Landwirtschaft und verarbeitende Industrie) (o.J.)

PZZ TR Položenie o zemlepol'zovanii i zemleustrojstve v Turkestanskoj Respublike Rossijskoj Sovetskoj Federacii ot 17.11.1920 Nō 353 (Verordnung „Über die Landnutzung und Raumordung in der Turkestanischen Republik der Russländischen Sowjetischen Föderation“ vom 17.11.1920. Nr. 353). In: Turkestanskaja Sovetskaja Respublika Rossijskoj Sovetskoj Federacii (Turkestanische Republik der Russländischen Sowjetischen Föderation), Narodnyj Komissariat Zemledelija (Volkskommissariat für Ackerbau) (1921): Sbornik položenij o central'nyh i mestnyh organah Narodnogo komissariata zemledelija i rukovodjaŝih instrukcij i zakonopoloženij po organizacii trudovogo zemledel'českogo naselenija, provedeniju zemel'noj reformy, organizacii i upravleniju sel'skim, vodnym i lesnym hozjajstvom (Sammelband der Verordnungen über die zentralen und örtlichen Organe des Volkskommissariates für Ackerbau und die Leiter der Instruktion und der gesetzlichen Bestimmungen für die Organisation der ackerbaulich arbeitenden Bevölkerung, der Durchführung der Bodenreform, der Organisation und Leitung der Land-, Wasser- und Forstwirtschaft). Taškent. Turkestankoe gosudarstvennoe izdatel'stvo. S. 59–63

SNK SSSR Sovet Narodnyh Komissarov Sojuza SSR (Rat der Volkskommissare der Union der Sozialistischen Sowjetrepubliken) (1945): Postanovlenie Nō 1581–R ot 31.10.1945 (Befehl Nr. 1581–R vom 31.10.1945). Moskau

SNK SSSR Sovet Narodnyh Komissarov Sojuza SSR (Rat der Volkskommissare der Union der Sozialistischen Sowjetrepubliken), CK VKP(b) Central'nyj Komitet Vsesojuznoj Kommunističeskoj Partii (bol'ševikov) (Zentralkomitee der Kommunistischen Partei der Sowjetunion (bolševiki)) (1935a): Primernyj ustav sel'skohozjajstvennoj arteli, prinjatyj II vsesojuznym s''ezdom kolhoznikov-udarnikov i utverždënnyj Sovetom Narodnyh Komissarov Sojuza SSR i Central'nym Komitetom VKP(b) (17.2.1935) (Musterstatut des landwirtschaftlichen Artel', angenommen auf dem 2. allsowjetischen Zusammentreffen der Kolhozaktivisten und bekräftigt durch den Rat der Volkskommissare der UdSSR und das Zentralkomitee der KPdSU (bolševiki) vom 17.2.1935). Unter: http://www.gumer.info/bibliotek_buks/History/Aticle/prim_ustav.php, 16.1.2009

– (1935b): Postanovlenie „O gosudarstvennom plane razvitija životnovodstva na 1935 g. po Kirgizskoj ASSR (Verordnung „Über den staatlichen Plan zur Entwicklung der Viehwirtschaft in der Kirgisischen ASSR für 1935). In: CK VKP(b) Central'nyj Komitet Vsesojuznoj Kommunističeskoj Partii (bol'ševikov) (Zentralkomitee der Kommunistischen Partei der Sowjetunion (bolševiki)), Sojuznoe pravotel'stvo (Sowjetische Regierung) (o.J.): O Kirgizii (sbornik dokumentov za 1919–1937 god) (Über Kirgisien (Dokumentsammlung 1919–1937)). Frunze. Kirgizgosizdat. S. 67–71

SNK SSSR Sovet Narodnyh Komissarov Sojuza SSR (Rat der Volkskommissare der Sozialistischen Sowjetrepubliken), OK VKP(b) Oblastnoj Komitet Vsesojuznoj Kommunističeskoj Partii (bol'ševikov) (Oblast'komitee der Kommunistischen Partei der Sowjetunion (bolševiki)) (1935): Postanovlenie o meroprijatijah po vyrabotke, obsuždeniju i prinjatiju kolhozami ustavov sel'skohozjastvennoj arteli po Kirgiszkoj ASSR (Pravda, 17.6.1935) (Verordnung über die Maßnahmen zur Erarbeitung, Bewertung und Annahme von Statuten durch die Kollektivbetriebe in der Kirgisischen ASSR) (Pravda, 17.6.1935). In: Muhardži, A.T., Nazar'evskij, N.K. (1936): Životnovodstvo i kormovaja baza rajonov osedanija Kirgizskoj ASSR (Viehwirtschaft und Futterbasis der Sedentarisierungsbezirke der Kirgisischen ASSR). Frunze. Kirgosizdat. S. 58–62

TNIRVU 2008 Taksy i normativy dlja isčislenija razmerov vzyskanij za uŝerb, pričinënnyj lesnomu hozjajstvu, resursam životnogo i rastitel'nogo mira. Zaregistrirovano v Ministerstve justicii Kyrgyzskoj Respubliki 20.10.2008 g. Registracionnyj Nō 128–08 (Tarife und Richtsätze für die Berechnung der Strafen für die Schädigung der Forstwirtschaft, der Flora und der Fauna. Registriert beim Justizministerium der Kirgisischen Republik am 20.10.2008. Registrierungsnr. 128–08)

TP PUPIP Tipovoe položenie O porjadke ustanovlenija platy za ispol'zovanie pastbiŝ. Utverždeno postanovleniem Pravitel'stva Kyrgyzskoj respubliki ot 19.6.2009 goda N 386 (Mustervorschrift „Über die Festellung der Entgelte für Weidenutzung". Bekräftigt mittels Erlass der Regierung der Kirgisischen Republik vom 19.6.2009 Nr. 396)

TVSK Tret'ij Vsesojuznyj S''ezd Kolhoznikov (Dritter Gesamtsowjetischer Kongress der Kolhozmitglieder) (1969): Primernyj ustav Kolhoza (utverždën Postanovleniem Central'nogo Komiteta KPSS i Soveta Ministrov SSSR ot 28.11.1969 g. Nō 910) (Musterstatut des Kollektivbetriebs (bestätigt durch Erlass des Zentralkomitees der KPdSU und des Ministerrats der

UdSSR vom 28.11.1969 Nr. 910)). Unter: http://www.economics.kiev.ua./download/Zakony SSSR/data03/tex15092.htm, 4.4.2012

UPKR-MNRGPZAR Ukaz Prezidenta Kyrgyzskoj Respubliki „O merah po dal'nejšemu razvitiju i gosudarstvennoj podderžke zemel'noj i agrarnoj reformy v Kyrgyzskoj Respublike N 297. 3.11.1995 goda (Erlass des Präsidenten der Kirgisischen Republik „Über Maßnahmen zur weiteren Entwicklung und staatlichen Unterstützung der Boden- und der Agrarreform in der Kirgisischen Republik" Nr. 297 vom 3.11.1995)

VRCIK Vserossijskij Central'nyj Ispolnitel'nyj Komitet (Allrussländisches Zentrales Exekutivkomitee), SNK RSFSR Sovet narodnyh komissarov RSFSR (Rat der Volkskommissare der RSFSR) (1927): Položenie o zemel'no-vodnoj reforme v Oškom i Džalal-Abadskom kantonah Kirgizskoj ASSR (Vorschrift über die Boden-Wasserreform in den Kantonen Osch und Žalal-Abad der KASSR) (2.6.1927). In: CIK KASSR Central'nyj ispolnitel'nyj komitet KASSR (Zentrales Exekutivkomitee der KASSR) {Red.} (o.J.): Itogi zemel'no-vodnoj reformy v južnyh kantonah Kirgizii (Ergebnisse der Boden-Wasserreform in den südlichen Kantonen Kirgisiens). Frunze. Izdanie CIK KASSR. S. 64–68

V-UdSSR 1977 Verfassung der Union der Sozialistischen Sowjetrepubliken vom 7.10.1977. Unter: http://www.verfassungen.net/su/udssr77.htm, 5.4.12

V-UdSSR 1936 Verfassung der Union der Sozialistischen Sowjetrepubliken vom 5.12.1936. Unter: http://www.verfassungen.net/su/udssr36-index.htm, 5.4.12

V-UdSSR 1924 Verfassung der Union der Sozialistischen Sowjetrepubliken vom 24.1.1924. Unter: http:/www.verfassungen.net/su/udssr23-index.htm, 5.4.12

ZK KSSR 1971 Zemel'nyi kodeks Kirgizskoj Sovetskoj Socialističeskoj Respubliki (Bodenkodex der Kirgisischen Sozialistischen Sowjetrepublik, 1971)

ZKKR 1999, 2003 Zemel'nyi kodeks Kyrgyzskoj Respubliki, 2.6.1999 Nō 45. V redakcii Zakonov Kyrgyzskoj Respubliki ot 28.12.2000 Nō 93, 4.1.2001 Nō 2, Nō 3, 12.3.2001 Nō 30, 11.5.2002 Nō 78, 17.2.2003 Nō 36, 9.7.2003 Nō 123, 5.12.2003 Nō 227, 23.6.2004 Nō 77 (Bodenkodex der Kirgisischen Republik, 2.6.1999 Nr. 45. Mit Veränderungen entsprechend der Gesetze der Kirgisischen Republik vom 28.12.2000 Nr. 93, 4.1.2001 Nr. 2, Nō 3, 12.3.2001 Nr. 30, 11.5.2002 Nr. 78, 17.2.2003 Nr. 36, 9.7.2003 Nr. 123, 5.12.2003 Nr. 227, 23.6.2004 Nr. 77)

ZKRK 1991 Zemel'nyi kodeks Respubliki Kyrgyzstan. V redakcii Zakona RK ot 31.8.1991 goda N 574–XII (Bodenkodex der Republik Kirgisistan. In der Fassung des Gesetzes vom 31.8.1991 N 574–XII)

ZKR MSMGA 2006 Zakon Kyrgyzskoj Respubliki „O mestnom samoupravlenii i mestnoj gosudarstvennoj administracii" (v redakcii Zakonov Kyrgyzskoj Respubliki ot 25.9.2003 N 216, 27.1.2005 N 11, 2.2.2005 N 12, 30.7.2006 N 115, 6.2.2006 N 34, 30.10.2006 N 177, 30.1.2007 N 5). Prinjat Zakonodatel'nym sobraniem Žogorku Keneša Kyrgyzskoj Respubliki 28.12.2001 goda (Gesetz der Republik Kirgisistan „Über die lokale Selbstverwaltung und die lokale staatliche Administration" (mit Gesetzesänderungen vom 25.9.2003 Nr. 216, 27.1.2005 Nr. 11, 2.2.2005 Nr. 12, 30.7.2006 Nr. 115, 6.2.2006 Nr. 34, 30.10.2006 Nr. 177, 30.1.2007 Nr. 5), angenommen von der gesetzgebenden Versammlung des Parlaments Žogorku Keneš der Republik Kirgisistan am 28.12.2001)

ZKR NRKKRVKR 2007 Zakon Kyrgyzskoj Respubliki „O novoj redakcii Kodeksa Kyrgyzskoj Respubliki o vyborah v Kyrgyzskoj Respublike", 23.10.2007 Nō 158. Prinjat referendumom (vsenarodnym golosovaniem) Kyrgyzskoj Respubliki 21.10.2007 (Gesetz der Kirgisischen Republik „Über die Neufassung des Kodex der Kirgisischen Republik über Wahlen in der Kirgisischen Republik" vom 23.10.2007, Nr. 158. Angenommen per Referendum (Volksabstimmung) der Kirgisischen Republik am 21.10.2007)

ZKR OP 2011 Zakon Kyrgyzskoj Respubliki „O pastbiŝah", 26.1.2009 Nō 30. V redakcii Zakonov KR ot 11.7.2011 g. N 91, 28.12.2011 g. N 254 (Gesetz der Kirgisischen Republik „Über die Weiden" vom 26.1.2009, Nr. 30. Mit Veränderungen entsprechend der Gesetze der Kirgisischen Republik vom 11.7.2011 Nr. 91, 28.12.2011 Nr. 254)

ZKR OP 2009 Zakon Kyrgyzskoj Respubliki „O pastbiŝah“, 26.1.2009 Nō 30. Prinjat Žogorku Kenešem Kyrgyzskoj Respubliki 18.12.2008 goda (Gesetz der Kirgisischen Republik „Über die Weiden“ vom 26.1.2009, Nr. 30. Angenommen vom Parlament Žogorku Keneš der Kirgisischen Republik am 18.12.2008)

ZKR ORBKR 2007 Zakon Kyrgyzskoj Respubliki „O respublikanskom bjudžete Kyrgyzskoj Respubliki na 2007 god“, prinjat Zakonodatel'nym sobraniem Žogorku Keneša Kyrgyzskoj Respubliki 5.4.2007 goda (Gesetz der Kirgisischen Republik „Über den republikanischen Haushalt der Kirgisischen Republik für das Jahr 2007“, angenommen vom Parlament Žogorku Keneš der Kirgisischen Republikam 5.4.2007

ZKR RBKR 2010 Zakon Kyrgyzkoj Respubliki „O respublikanskom bjudžete Kyrgyzkoj Respubliki na 2010 god i prognoze na 2011–2012 gody. (Gesetz der Kirgisischen Republik „Über das republikanische Budget der Kirgisischen Republik für das Jahr 2010 und Prognose für die Jahre 2011–2012“)

ZKR RBKR 2009 Zakon Kyrgyzkoj Respubliki „O respublikanskom bjudžete Kyrgyzkoj Respubliki na 2009 god i prognoze na 2010–2011 gody. (Gesetz der Kirgisischen Republik „Über das Budget der Kirgisischen Republik für das Jahr 2009 und Prognose für die Jahre 2010–2011“)

ZKR RBKR 2008 Zakon Kyrgyzkoj Respubliki „O respublikanskom bjudžete Kyrgyzkoj Respubliki na 2008 god. (Gesetz der Kirgisischen Republik „Über das Budget der Kirgisischen Republik für das Jahr 2008“)

ZKR RBKR 2007 Zakon Kyrgyzkoj Respubliki „O respublikanskom bjudžete Kyrgyzkoj Respubliki na 2007 god (Gesetz der Kirgisischen Republik „Über das Budget der Kirgisischen Republik für das Jahr 2007“)

ZKR UZSN 2001 Zakon Kyrgyzkoj Respubliki „Ob upravlenii zemljami sel'skohozjastvennogo naznačenija“. V redakcii Zakonov KR ot 25.7.2006 goda N 129, 24.11.2006 N 189 (Gesetz der Kirgisischen Republik „Über das Management landwirtschaftlicher Nutzflächen“ in der Fassung der Gesetze der KR vom 25.7.2006 Nr. 129, 24.11.2006 Nr. 189)

FARBABBILDUNGEN

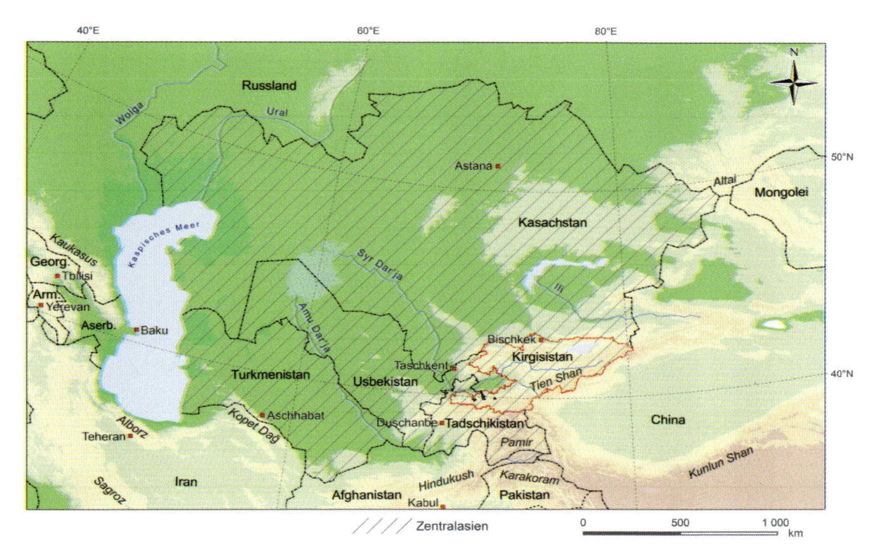

Abb. A.1: Zentralasien und benachbarte Länder.
Gestaltung: AD (2012) auf Basis von ESRI, o.J.; USGS/EROS, 1996. Projektion: Universale Transversale Mercator

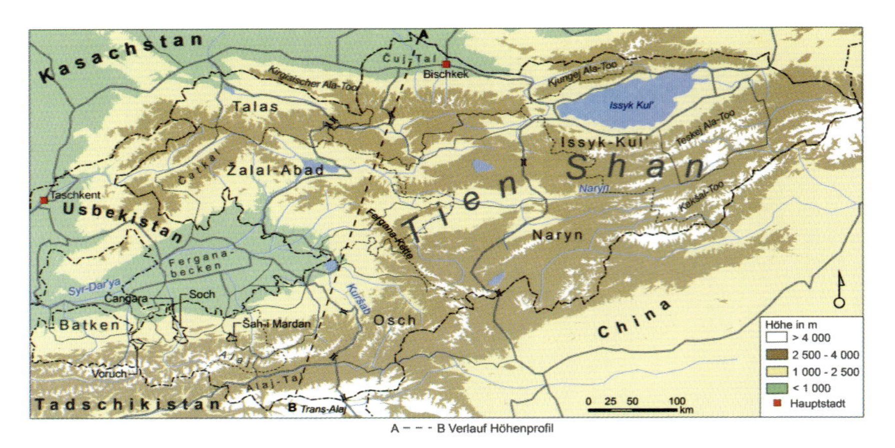

Abb. A.2: Höhenschichtenplan Kirgisistans.
Gestaltung: AD (2012) auf Grundlage von AN KSSR/GK KSSR IPK, 1982; GUGK, 1987 b, d; Jarvis et al., 2008. Projektion: Universale Transversale Mercator

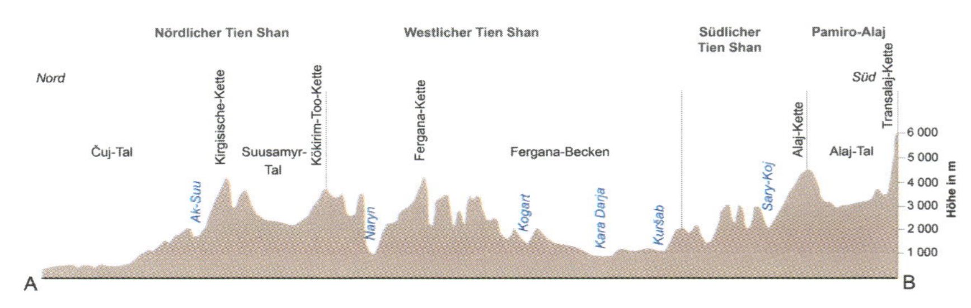

Abb. A.3: Nord-Süd-Profil Kirgisistans.
Gestaltung: AD (2012) nach GUGK, 1987c, d; Succow, 1989. Profil ca. 15-fach überhöht

Bedeutende Reformen und Strukturanpassungs-maßnahmen
1991: Souveränitätserklärung Beginn Privatisierung kleiner Unternehmen
1992 weitgehende Preisfreigabe
1993 Einführung der Nationalwährung K.S. und Wechselkursangleichung
1994 Zinssatzliberalisierung Aufhebung der Exportsteuer Einführung des 1. Strukturanpassungs-programms
1996 Einführung Mehrwertsteuer
1998 Zustimmung zu Landprivatisierung per Referendum
2002 Novelle Privatisierungsgesetz Paris Club gewährt Aufschiebung der Schuldentilgung bei Umsetzung der IWF-Strukturanpassungsprogrammauflagen
2003 Ausweitung der Mehrwertsteuer auf agrarische Produkte
2004 Privatisierung der volkswirtschaftlich bedeutenden Kumtor-Goldmine
2006 umfangreiche Senkung Einkommens-, Gewinn- und Mehrwertsteuer Absenkung des Arbeitgeberanteils an Sozialversicherungen
2008 neues Privatisierungsgesetz ermöglicht Privatisierungen von Staatsbetrieben unter Parlamentsausschluss
2010 neue Verfassung hebt Privatisierungsregelung von 2008 auf

Abb. A.4: Bedeutende Reformen und Strukturanpassungsmaßnahmen. Gestaltung: AD (2012) nach EBRD, 2003, 2004, 2006, 2007, 2008, 2009

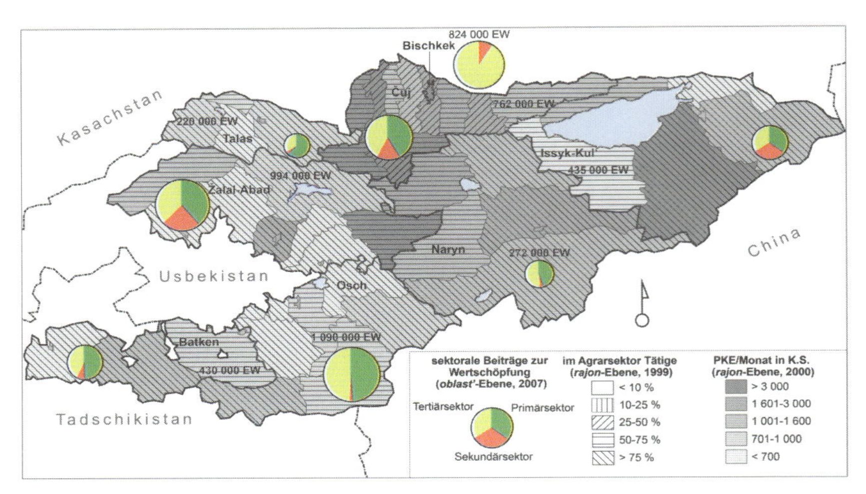

Abb. A.5: Sektorale Wertschöpfungen, agrarische Beschäftigung und Einkommensdisparitäten in Kirgisistan.
Gestaltung: AD (2012) auf Grundlage von Schuler et al, 2004: part 8.3, 11.4; UNDP, 2010: 84–94

Der tertiäre Sektor umfasst hier Handel, private und staatliche Dienstleistungen. Im Jahre 2000 betrug der durchschnittliche Wechselkurs 1,00 US$ = 47,72 K.S..

Abb. A.6: Skelett eines kolhoz-Stallgebäudes.
Foto: AD, 21.10.2008

Nach der Auflösung der *kolhozy* wurde deren bewegliches und unbewegliches Inventar unter ehemaligen Betriebsangehörigen aufgeteilt. Jedoch erwies sich die zuvor auf Großproduktion ausgerichtete Infrastruktur nunmehr häufig als ungeeignet für die Wirtschaftsweisen individueller Haushalte, die unter anderem die kostenintensive Instandhaltung nicht bewerkstelligen konnten. Das hatte zur Folge, dass viele Immobilien verfielen oder deren Bausubstanz zu anderweitigen Verwendungen abgetragen wurde. Von diesem am Rand der im Süden des Bezirks Bazar Korgon gelegenen Siedlung Bešik Žon gelegenen Schafstall des ehemaligen Kollektivbetriebs 22. Parteitag nur das Stahlbetonskelett erhalten geblieben.

Abb. A.7: Werbung für eine Ausstellung zum 3000-jährigen Bestehen von Osch.
Foto: Hermann Kreutzmann, 8.8.2007

Die Tafel kombiniert die Konturen des über der Stadt thronenden Sulajman Takht-Berges (SalomonsThron) mit einer arabisch anmutenden, mit kirgisischen Elementen und einer Altersangabe versetzten kalligraphisch gestalteten Ortsbezeichnung. Die jahrtausendalte Siedlungstätigkeit wird so mit dem Narrativ weit zurückreichender Bildungstradition sowie einem Abstammungsmythos verknüpft.

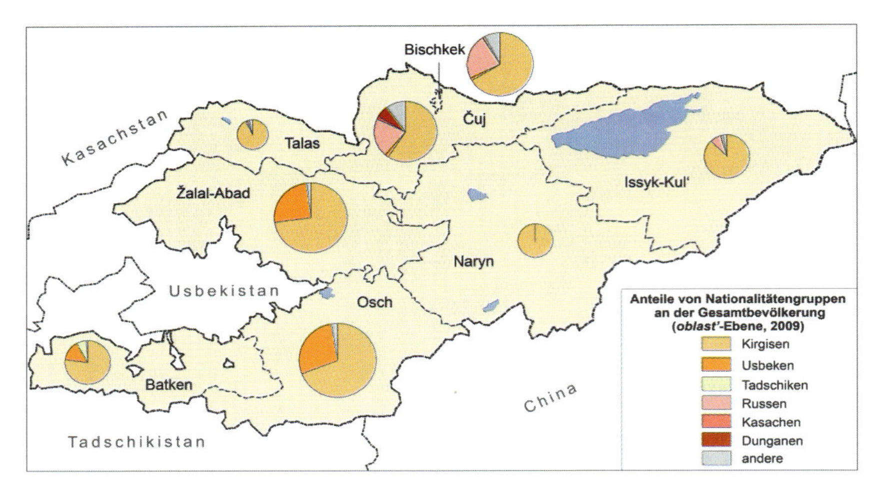

Abb. A.8: Bevölkerungsstruktur nach dem Kriterium der Nationalität in den Provinzen. Gestaltung: AD (2012) auf Grundlage von NSCKR, 2010: 92–96

Abb. A.9: Zentralasiatische und Nachbarstaaten in ausgewählten transregionalen Bündnissen. Gestaltung: AD (2013) auf Grundlage der im Text genannten Quellen

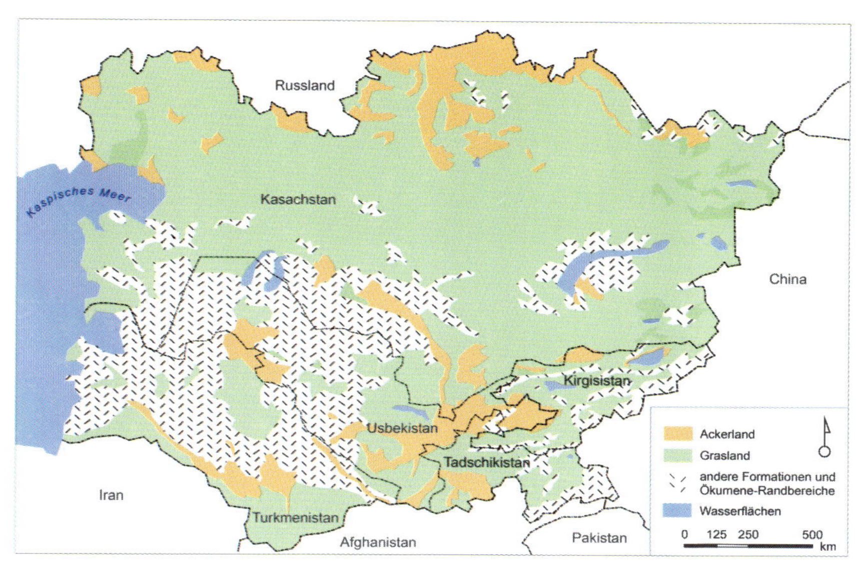

Abb. A.10: Vorherrschende Bodenbedeckungs- und Landnutzungsformen in Zentralasien. Gestaltung: AD (2013) auf Grundlage von ESRI, o.J.; ADB, 2010: 122–125

In der Kategorie des Landbaus werden Flächen des Bewässerungs- und des Regenfeldbaus zusammengefasst. Graslandflächen umfassen verschiedene, größtenteils viehwirtschaftlich genutzte Formationen. Teilflächen der als „Randbereiche der Ökumene" deklarierten Gebiete wurden und werden ebenfalls pastoral genutzt – beispielsweise Hochweiden des Tien Shan in Kirgisistan, die Pamire im Osten Tadschikistans oder Wüstengebiete in Turkmenistan.

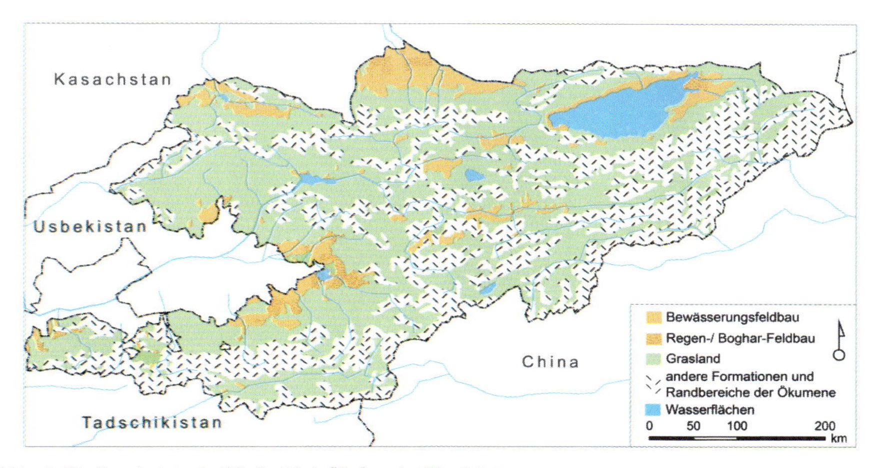

Abb. A.11: Landwirtschaftliche Nutzflächen in Kirgisistan. Gestaltung: AD (2012) auf Grundlage von AN KSSR/ GK KSSR IPK, 1982; Penkina, 2004

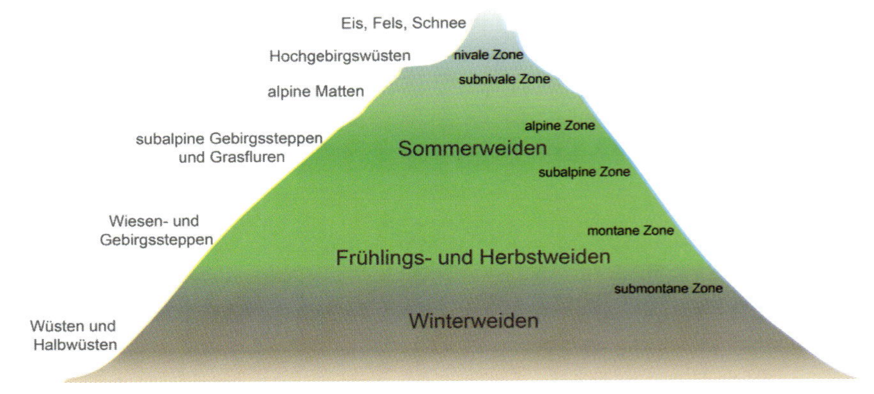

Abb. A.12: Idealtypische Höhenstufenzonierung: Saisonalweiden und Vegetationsformationen. Gestaltung: AD (2012) nach Šarašova, 1961, unter Verwendung von Steinberger/Göschel, 1979; GUGK, 1987a; Succow, 1989; Brylski et al., 2001; Shamsiev et al., 2007

Abb. A.13: Siedlungsnahe Weide in der Nusswaldregion.
Foto: AD, 10.8.2007

Saisonenübergreifende Beweidung und geringe intrasaisonale Standortwechsel können starke Weidebeanspruchungen generieren. Die hier abgebildete, bei Žaj Terek in der Gebietskörperschaft Arslanbob gelegene Sommeweide Šamaldy Gyr (krg. für ‚Windiger Gipfel') ist hierfür ein Beispiel.

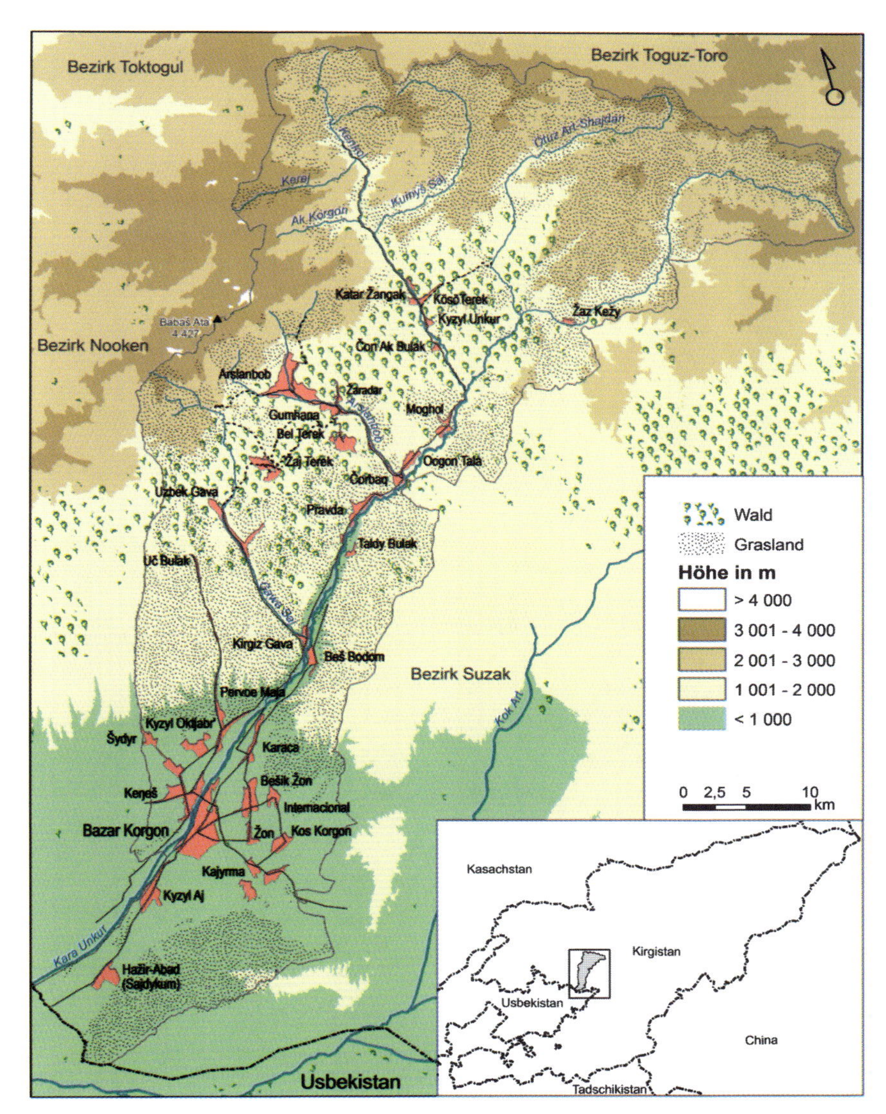

Abb. A.14: Rajon Bazar Korgon: Landbedeckungsformen und Höhenschichtenplan. Gestaltung: AD (2013) nach Dörre (2012) auf Grundlage von KIRGIZGIPROZEM 1983a, b, c, d, e, f, g, h, i, j, k; POPKR 1998; GLSKR/GUL 2004a, 2004b, 2005; Jarvis et al. 2008

Abb. A.15: Morgenauftrieb auf eine siedlungsnahe Tagesweide.
Foto: AD, 16.5.2007

Abb. A.16:Mitglieder eines Mehrgenerationen-Haushalts auf der Waldfonds-Sommerweide Uč Čoku.
Foto: AD, 16.5.2007

Abb. A.17: Schafhirten bei der Waldfonds-Sommerweide Kara Žurt.
Foto: AD, 16.6.2007

Abb. A.18: Ackerflächen auf der Waldfonds-Sommerweide Kara Art.
Foto: AD, 19.6.2007

Abb. A.19: Imker aus Kyzyl Unkur bei der Honigernte.
Foto: AD, 9.6.2007

Abb. A.20: Fermer-Haushalt auf der Landreserve-Sommerweide Čon Kerej.
Foto: AD, 16.7.2007

Abb. A.21: Durch Überstockung und selektives Fressverhalten der Tiere stark beanspruchter Abschnitt auf Šamaldy Gyr.
Foto: AD, 10.8.2007

Abb. A.22:Hohe Viehgangeldichte auf der siedlungsnahen, am Nusswaldsaum gelegenen Sommerweide Uč Čoku.
Foto: AD, 9.7.2007

Abb. A.23: Verbotene Ziegenweidung auf der Waldfonds-Sommerweide Togus Bulak, nördlich von Arslanbob.
Foto: AD, 16.6.2007

Abb. A.24: Lebendholzeinschlag auf Uč Čoku.
Foto: AD, 9.7.2007

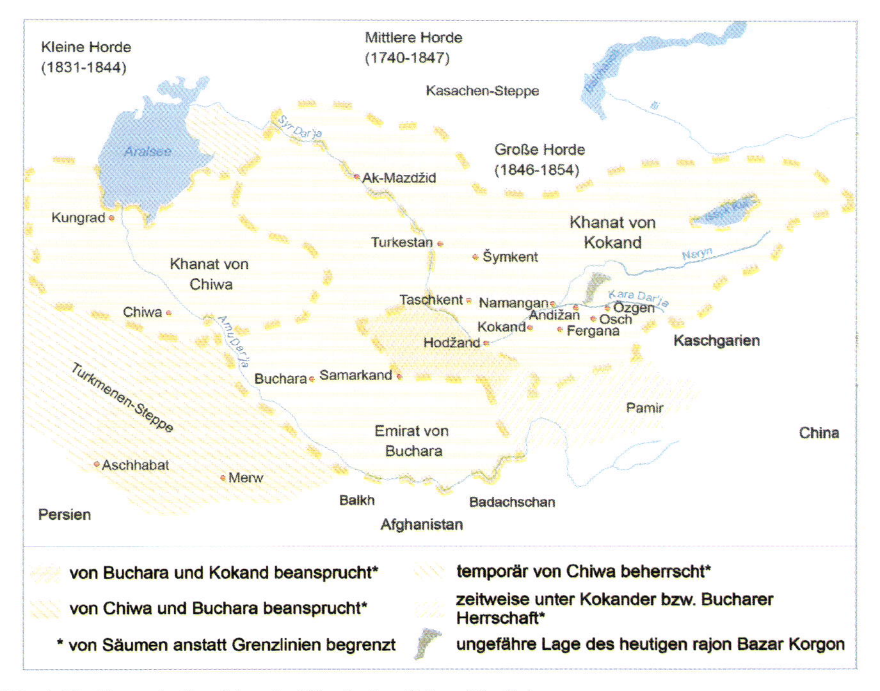

Abb. A.25: Herrschaftsgebiete in Mittelasien (Mitte 19. Jh.).
Gestaltung: AD (2012) auf Grundlage von ŠOSK, 1841; Ljusilin, ca. 1880; Šokal'skij, ca. 1900; Holdsworth, 1959; Pierce, 1966; Kreutzmann, 1997; Bregel, 2003; Gorshenina, 2009a, b

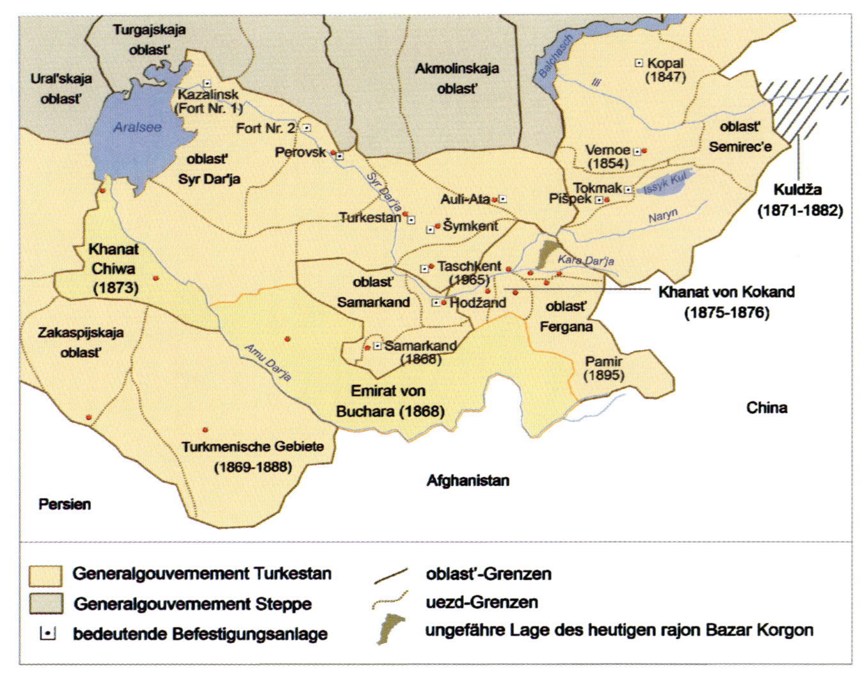

Abb. A.26: Koloniale Administrationsstruktur Mittelasiens (frühes 20. Jh.).
Gestaltung: AD (2012) auf Grundlage von ŠOSK, 1841; Ljusilin, ca. 1880; Šokal'skij, ca. 1900; Holdsworth, 1959; Pierce, 1966; Kreutzmann, 1997; Bregel, 2003; Gorshenina, 2009a, b

Die militärisch geführte und hierarchisch aufgebaute Kolonialadministration verwaltete die zwei Generalgouvernements ‚Steppe' und ‚Turkestan', die jeweils von mehreren Provinzen *oblasti* (rus.) gebildet wurden. Diesen untergeordnet waren Amtsbezirke *uezdy* (rus.), innerhalb der jeweils mehrere *volosti* (rus.) organisiert waren. In Klammern sind die Jahre bzw. die Zeiträume angegeben, in denen das entsprechende Gebiet unter russländische Herrschaft kam bzw. zum Protektorat Russlands wurde (Emirat von Buchara, Khanat Chiwa).

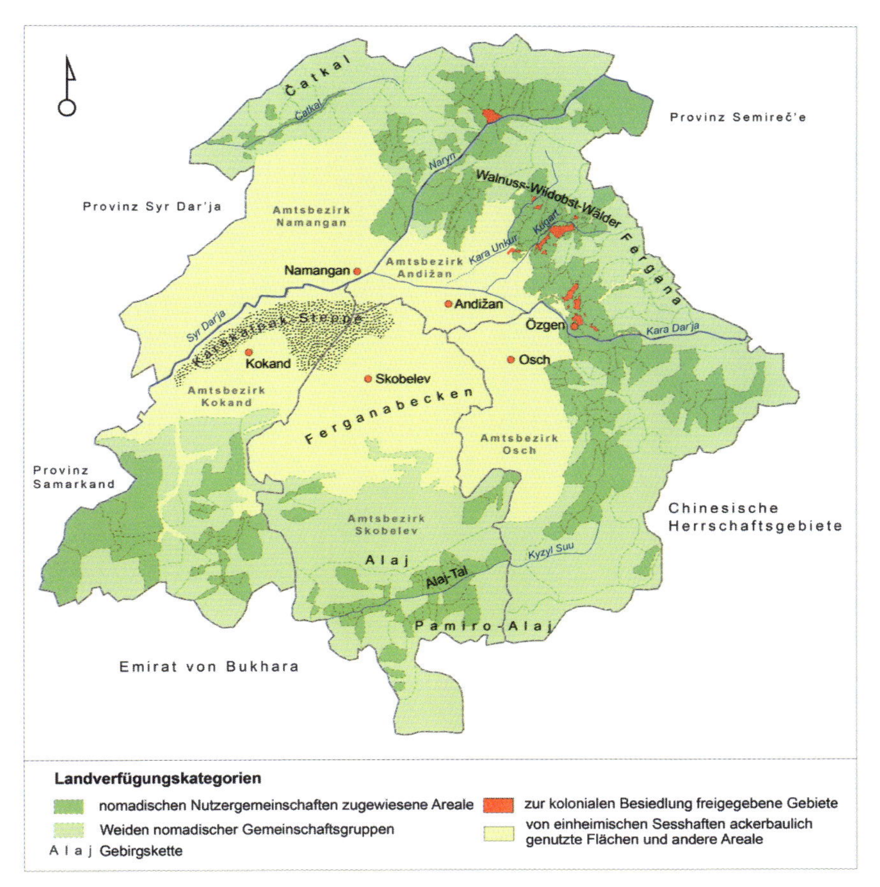

Abb. A.27: Koloniale Landkategorien in der Provinz Fergana.
Gestaltung: AD (2013) auf Grundlage von GUZZ PU 1913a, 1913b, 1915a; AN USSR/SIPS/IE, 1951: 12(Abbildung nicht maßstabsgetreu)

Der Amtsbezirk Osch umfasste zudem große Gebiete des heute als Autonome Provinz Berg-Badachschan weitgehend zu Tadschikistan gehördenden östlichen Pamir. Dieses südlich der Gebirgskette des Pamiro-Alaj liegende Gebiet ist hier nicht abgebildet.

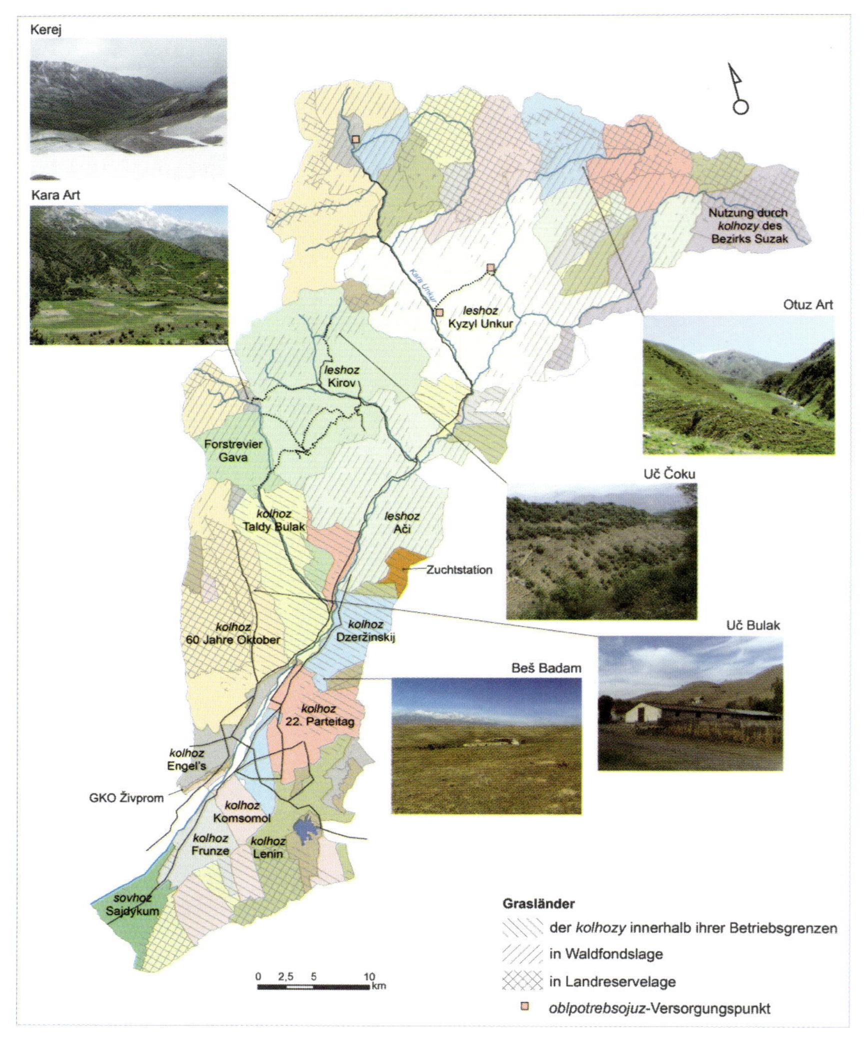

Abb. A.28: Rajon Bazar Korgon: Landverfügungen sozialistischer Land- und Forstwirtschaftsbetriebe.
Gestaltung: AD (2012) auf Grundlage von KIRGIZGIPROZEM, 1983 a, b, c, d, e, f, g, h, i, j, k; POPKR, 1998; GLSKR/GUL, 2004a, 2004b, 2005

Zentrale Güter und Verwaltungssitze der Kollektivbetriebe befanden sich in den südlich gelegenen tieferen Steppenbereichen des Bezirks. Die betriebseigenen Territorien sind durch die Betriebsbezeichnungen tragenden farblichen Flächen gekennzeichnet. Areale mit gleicher Einfärbung ohne Bezeichnung repräsentieren dem entsprechenden *kolhoz* zugewiesene, Grasland und andere Flächen umfassende Areale in Waldfonds- und Landreservelage.

Abb. A.29: Kolhoz-Rinderhirte und Melkerin mit Auszeichnungen.
Foto: AD, 17.10.2008

Abb. A.30: Kontrollpunkt des leshoz Kyzyl Unkur.
Foto: AD, 18.8.2007

Für die triftbedingte Durchquerung der von ihm verwalteten Waldfondsareale erhebt der Forstbetrieb an diesem Kontrollpunkt Gebühren.

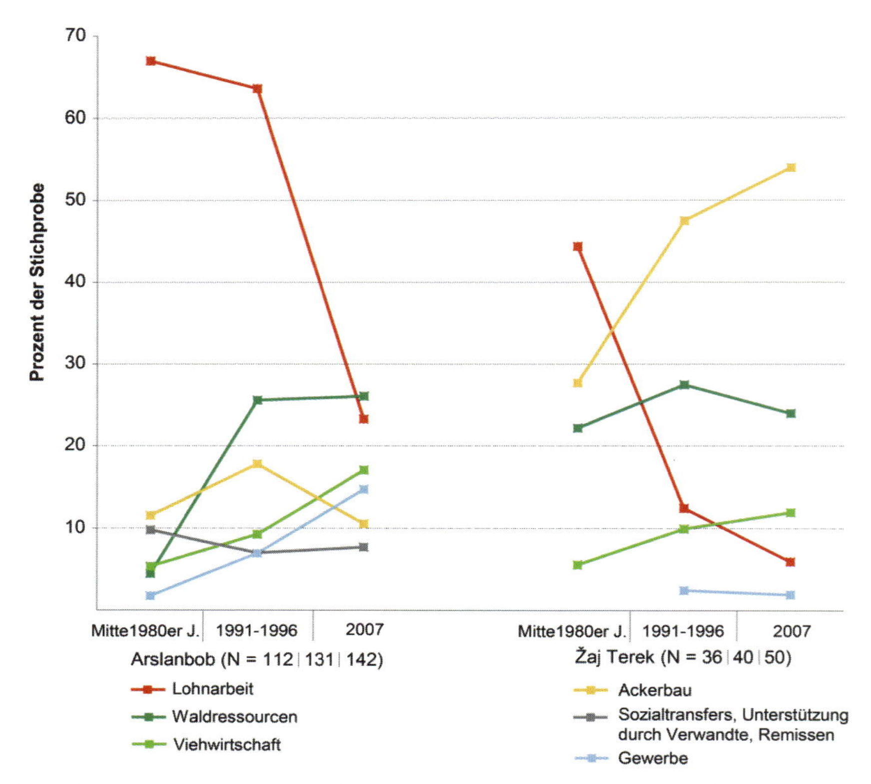

Abb. A.31: Bedeutungswandel der wichtigsten Einkommen in Arslanbober und Žaj Tereker Haushalten im Zuge der postsowjetischen Transformation.
Gestaltung: AD (2013) auf Grundlage der standardisierten Haushaltsstudie

Der Umfang der Auskunft gebenden Haushalte unterschied sich in synchronischer Hinsicht zwischen beiden Orten und in diachronischer Hinsicht über die drei erfragten Zeiträume und Zeitpunkte. In Arslanbob gaben 112 Haushalte Auskunft über ihre Situation zu Mitte der 1980er Jahre bis zu Auflösung der UdSSR, 131 für die frühen postsowjetische Transformationsphase 1991 bis 1996 und 142 für die Situation 2007. In Žaj Terek waren das 36, 40 und 50. Die Darstellung basiert auf den Antworten auf die Frage nach der aus Sicht der Befragten jeweils quantitativ wichtigsten Art des Haushaltseinkommens des entsprechenden Zeitabschnittes. So brach in der Siedlung Žaj Terek der Anteil der Haushalte, die geregelte Löhne als wichtigstes Einkommen nannten, in der ersten Phase der Transformation stark ein und nahm, etwas gebremst, bis in die jüngere Vergangenheit weiter ab. Ein ähnlicher Trend ist in Arslanbob zu beobachten, wenn auch der scharfe Einbruch erst nach 1996 erfolgte. Ackerbau ist in Žaj Terek im Verlauf des gesellschaftlichen Umbruches für zunehmend mehr Haushalte zum wichtigsten Einkommen aufgerückt. In Arslanbob gibt es diesbezüglich nach der ersten Transformationsphase eine Trendumkehr. Die relative Bedeutung der Viehwirtschaft hat in beiden Siedlungen relativ stetig zugenommen.

Abb. A.32: Markttag auf dem Viehmarkt in Bazar Korgon.
Foto: AD, 14.7.2013

Dieser samstags und an Sonntagen stattfindende Bazar zieht Verkäufer und Kunden aus dem gesamten Bezirk und darüber hinaus an und hat damit überlokale Bedeutung.

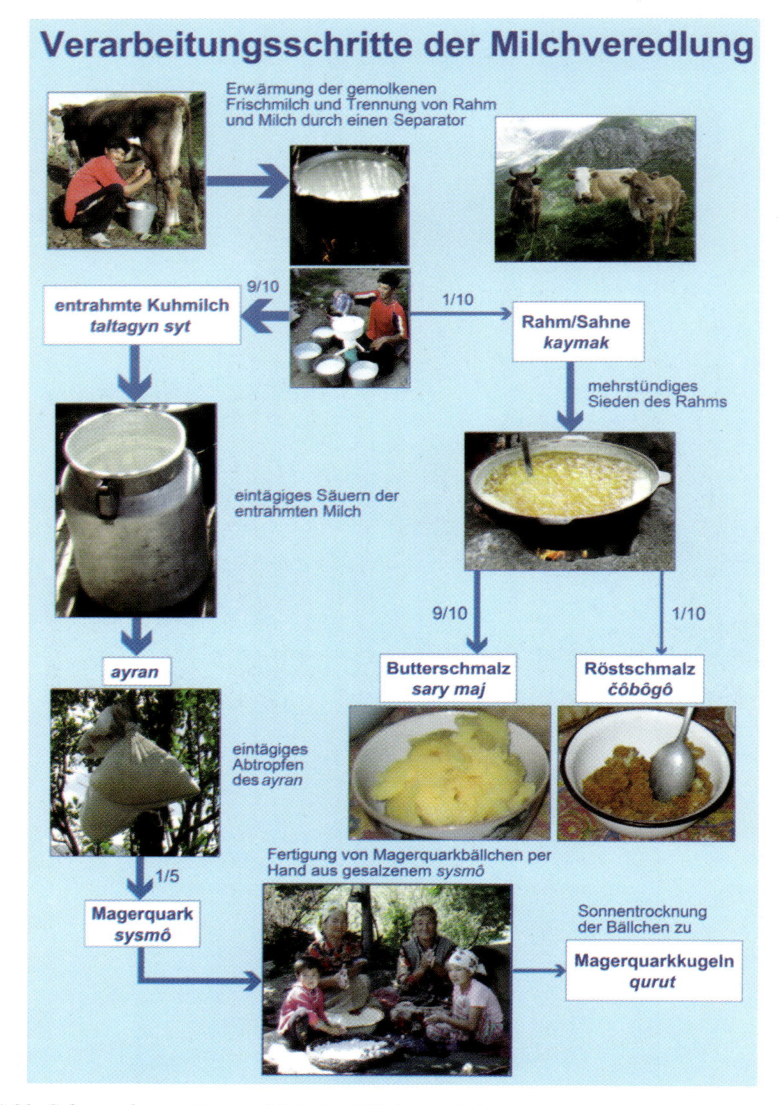

Abb. A.33: Schema der vor Ort praktizierten Milchverarbeitung.
Gestaltung: AD auf Grundlage von Respondentenauskünften, eigenen Beobachtungen und Fotos (2007 - 2009)

Die Veredlung verderblicher Frischmilch zu lang haltbaren Produkten erfolgt nach langjährig bewährten Vorgehensweisen, die lokal zwar geringfügige Unterschiede aufweisen, allgemein aber dem dargestellten Schema folgen.

Abb. A.34:Die Hochweide Čon Kerej von Osten gesehen.
Foto: AD, 11.7.2009 aus einem Flugzeug

Deutlich ist der steile, als Triftweg Verwendung findende Auf- bzw. Abstieg in das östlich der Weide gelegene Kenkol-Tal zu sehen sowie die Höhenzonierung der Hochtalweide. Im Hintergrund (Westen) sichtbar ist der schneebedeckte Kerej-Pass.

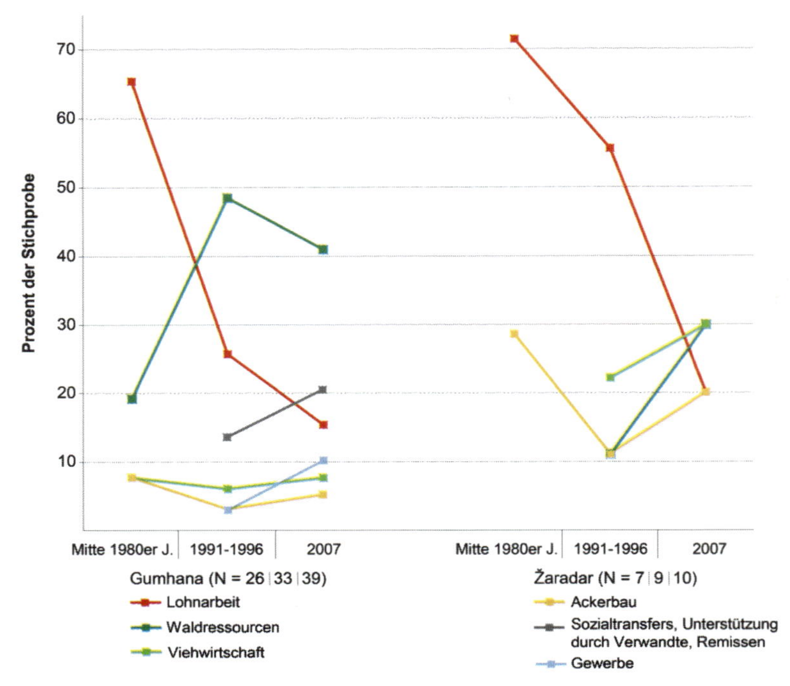

Abb. A.35: Bedeutungswandel der wichtigsten Einkommen in Gumhanaer und Žaradarer Haushalten im Zuge der postsowjetischen Transformation.
Gestaltung: AD (2013) auf Grundlage der standardisierten Haushaltsstudie

Wie die Siedlungen Arslanbob und Žaj Terek unterschied sich der Umfang der Auskunft gebenden Haushalte auch bei diesen beiden Orten in synchronischer Hinsicht zwischen beiden Siedlungen und in diachronischer Hinsicht über die drei erfragten Zeiträume und Zeitpunkte. In Gumhana gaben 26 Haushalte über ihre Situation zu Mitte der 1980er Jahre bis zu Auflösung der UdSSR, 33 für die frühen postsowjetische Transformationsphase 1991 bis 1996 und 39 für die Situation 2007 Auskunft. In deutlich kleineren Žaradar waren das 7, 9 und 10 Haushalte. Die Darstellung basiert wieder auf den Antworten auf die Frage nach der aus Sicht der Befragten jeweils wichtigsten Art des Haushaltseinkommens des entsprechenden Zeitabschnittes und ist genauso zu lesen wie die Abb. A.31.